Methoden
der Biochemie

Methoden der Biochemie

Keith Wilson · Kenneth H. Goulding

Übersetzt, bearbeitet und aktualisiert von
Hugo Fasold

3., neubearbeitete und erweiterte Auflage

140 Abbildungen, 24 Tabellen

1991
Georg Thieme Verlag Stuttgart · New York

Titel der Originalausgabe:
A Biologist's Guide to Principles and Techniques of Practical
Biochemistry

Second edition 1981
Third edition 1984
First Published 1975 by Edward Arnold (Publishers) Ltd.
25 Hill Street, London W1X8LL

Autoren:

Keith Wilson, B. Sc., Ph. D.
Reader in Pharmacological Biochemistry,
The Hatfield Polytechnic,
Hatfield, Great Britain

Kenneth H. Goulding
M.Sc., Ph.D.
Head of School of Applied Biology,
Lancashire Polytechnic

Übersetzer:

Prof. Dr. Hugo Fasold
Institut für Biochemie
Theodor-Stern-Kai 7
6000 Frankfurt/Main 70

CIP-Titelaufnahme der Deutschen Bibliothek

Methoden der Biochemie / Keith Wilson ; Kenneth H.
Goulding. Übers., bearb. und aktualisiert von Hugo Fasold. –
3., neubearb. und erw. Aufl. – Stuttgart ; New York : Thieme, 1990
   Einheitssacht.: A biologist's guide to principles and techniques of
   practical biochemistry <dt.>
NE: Wilson, Keith; Fasold, Hugo [Bearb.]

1. Auflage 1978
2. Auflage 1984

© 1978, 1991 Georg Thieme Verlag, Rüdigerstraße 14,
D-7000 Stuttgart 30
Printed in Germany
Satz: Mitterweger Werksatz GmbH, 6831 Plankstadt
Druck: aprinta, 8853 Wemding
ISBN 3-13-549303-2

1 2 3 4 5 6

Autorenverzeichnis

Stephen Boffey, B.Sc., Ph.D.

Senior Lecturer in Biochemistry, The Hatfield Polytechnic, Hatfield

David H. Burrin, B.Sc., Ph.D.

Principal Lecturer in Biochemistry, Coventry (Lanchester) Polytechnic Coventry

Michael G. Davis, M.Sc., Ph.D.

Senior Lecturer in Biochemistry, The Hatfield Polytechnic, Hatfield

Hugo Fasold, Prof. Dr.

Professor für Biochemie, Universität Frankfurt

Kenneth H. Goulding, M.Sc., Ph.D.

Head of School of Applied Biology, Lancashire Polytechnic, Preston Alwyn Griffiths, B.Sc., Ph.D.

Senior Lecturer in Biochemistry, Oxford Polytechnic, Oxford

M. Rosalind Jenkins, M.Sc., Ph.D.

Senior Lecturer in Biochemistry, The Hatfield Polytechnic, Hatfield

Ivor Simpkins, B. Sc., Ph.D.

Principal Lecturer in Biochemistry, The Hatfield Polytechnic, Hatfield

Keith Wilson, B.Sc., Ph.D.

Head of Division of Biological and Environmental Sciences, The Hatfield Polytechnic, Hatfield

Vorwort zur dritten Auflage

In der Dekade seit der 1. Auflage dieses Buches haben wir einen ganzen Quantensprung im Verständnis der Struktur der Gene, der Expression der Gene und ihrer Manipulation beobachtet, sie wurde auch durch das Auftreten der Biotechnologie gekennzeichnet. Die neuen Techniken, die sich aus diesen Entwicklungen ergeben haben, hatten große Hoffnungen für Diagnose und Therapie einer Reihe von genetischen Defekten des Menschen, auch für die Einfügung wirtschaftlich attraktiver Merkmale in Tiere, Pflanzen und Mikroorganismen zur Folge. Die Darstellung und Reinigung vieler Enzyme des Stoffwechsels der Nucleinsäuren machten diese Entwicklungen erst möglich. Hinzu kamen die Verfeinerung und Anwendung schon etablierter, analytischer Methoden und die Entwicklung neuer Technik. Eine der wichtigsten Neuentwicklungen waren die verhältnismäßig einfachen Vorschriften für die Erzeugung von monoklonalen Antikörpern, die für Auffindung und Bestimmung spezifischer Proteine benutzt werden können.

Die Grundzüge und Methoden dieser Verfahren haben sich alle sehr schnell auch in den Grundstudien durchgesetzt. Praktikumsvorschriften auf dieser Grundlage kommen in zunehmendem Maße in der Biochemie, Mikrobiologie, Genetik, Pflanzenphysiologie und Immunologie zur Anwendung. Dieser Entwicklung wollten wir durch die Aktualisierung aller Kapitel und durch die Aufnahme geeigneter neuer Abschnitte in dieser dritten Auflage entgegenkommen. Das Kap. 1 wurde ausgedehnt, um auch die Grundzüge und Methoden biochemischer Experimente zu berücksichtigen, die In-vitro- und In-vivo-Zell- und Gewebekulturen, Tiefkühlungen und Untersuchungen des Gesamtstoffwechsels beinhalten. Dieses Kapitel schließt auch die Bedeutung von Mutationen in biochemischen Untersuchungen und die Anwendungen der Licht- und Elektronenmikroskopie ein. Das Kap. 3 bildet einen neuen Abschnitt über Enzymtechniken, in dem die Grundzüge der Enzymologie, der Bestimmung von Enzymen und Substraten, auch Bindungsstudien behandelt werden. Das Kap. 4 über immunologische Methoden wurde in der zweiten Auflage neu eingeführt. Seine Erweiterung betrifft die monoklonalen Antikörper. Ein zweites ganz neues Kap. 5 über die Methoden der Molekularbiologie versucht, die Grundzüge der neueren Entwicklung in der Reinigung von Nucleinsäuren, ihrer Analyse und Strukturbestimmung und der genetischen Manipulation darzustellen. Hier ist auch die Isolierung spezifischer Gene, die Herstellung von Genbanken und die Klonierung von Genen berücksichtigt.

Die zugefügten Abschnitte des Buches machten auch einige Kürzungen notwendig, etwa bei den manometrischen Verfahren; ihre Grundzüge sind nun im Kap. 1 zu finden. Alle Buchautoren im Gebiet des Grundstudiums haben ja die gleiche Schwierigkeit, einen noch angemessen umfangreichen Text mit einem erträglichen Verkaufspreis zu vereinen. Wir hoffen, daß die mäßige Vergrößerung des Umfangs dieser dritten Auflage durch die verbreiterte Information wettgemacht wird.

Die Grundzüge der Bearbeitung aller dieser Abschnitte des Buches haben sich gegenüber den früheren Auflagen nicht geändert. Wir wollten keinen umfassenden Text für Spezialisten schreiben, sondern allgemeine und manchmal notwendigerweise vereinfachte Darstellungen für die Studenten bearbeiten, die während der Zeit ihres Fachstudiums und nach dem Diplom die hier aufgeführten Methoden benutzen müssen. Unsere besondere Aufmerksamkeit galt jenen Techniken, die häufig in Grundkursen vorkommen; weniger intensiv sind Methoden berücksichtigt, die zwar in Vorlesungen und Seminaren vorkommen, die die Studenten aber seltener im Labor antreffen. Die methodischen Grundzüge und die notwendige Geräteausstattung werden zusammen mit den vorwiegenden Anwendungen und auch Begrenzungen dargestellt. Das Buch wendet sich an Studenten in Diplomstudiengängen der Biologie, Medizin, Veterinärmedizin, verwandter Gebiete, in denen die Biochemie ein wichtiger Bestandteil ist. Es kann auch für Studenten von Nutzen sein, die in einem anderen naturwissenschaftlichen Fach stehen, oder die nach dem Studienabschluß zum ersten Mal mit biochemischen Fragestellungen konfrontiert werden.

Diese dritte Auflage wurde zum ersten Mal ohne die Mitwirkung von Bryan Williams zusammengestellt, der wertvolle Beiträge für die früheren Auflagen geliefert hat. Wir freuten uns sehr über die erstmalige Mitarbeit von Stephen Boffey. Unseren beiden Kollegen Dr. Donald Bailey und Dr. Michael Trevan möchten wir sehr für die Erlaubnis danken, in der Abb. 1.1 ihre elektronenmikroskopischen Aufnahmen zu verwenden. Wiederum möchten wir auch den Mitarbeitern des Herausgebers Edward Arnold Limited danken, besonders Nancy Loffler, die uns mit ihrer Unterstützung und gutem Rat sehr geholfen haben. Unsere dankbare Anerkennung gilt auch den einzigartigen wissenschaftlichen und sprachlichen Befähigungen, die bei den früheren Übersetzungen ins Deutsche, Italienische, Russische und Spanische zum Ausdruck gekommen sind. Auch in Zukunft sind wir dankbar für konstruktive Kommentare und Kritik von seiten aller derer, die dieses Buch für ihre Ausbildung benutzten.

Lancashire Polytechnic   Kenneth H. Goulding
The Hatfield Polytechnic   Keith Wilson
Herbst 1990

Inhaltsverzeichnis

Abkürzungen und SI-Einheiten

Die folgenden Abkürzungen wurden ohne weitere Definition übernommen:

AMP	Adenosin-5'-monophosphat
ADP	Adenosin-5'-diphosphat
ATP	Adenosin-5'-triphosphat
DDT	2,2-bis(p-chlorphenyl)-1,1,1-trichlorethan
DNA	Desoxiribonucleinsäure
e-	Elektron
EDTA	Ethylendiamintetraessigsäure
EMK	elektromotorische Kraft (engl.: e.m.f.)
FAD	Flavin-adenin-dinucleotid
FMN	Flavinmononucleotid
M_r	relative Molekülmasse
NAD$^+$	Nicotinamid-adenin-dinucleotid
NADH	Nicotinamid-adenin-dinucleotid (reduzierte Form)
NADP$^+$	Nicotinamid-adenin-dinucleotidphosphat (oxidierte Form)
NADPH	Nicotinamid-adenin-dinucleotidphosphat
Pi	anorganisches Phosphat
PPi	anorganisches Pyrophosphat
RNA	Ribonucleinsäure
s.t.p.	Standardtemperatur bzw. -druck

SI-Einheiten (Système International d'Unités)

physikalische Größe	SI-Einheit	Symbol
Grundeinheiten		
Länge	Meter	m
Masse	Kilogramm	kg
Zeit	Sekunde	s
elektrischer Strom	Ampere	A
thermodynamische Temperatur	Kelvin	K
Substanzmenge	Mol	mol

Abgeleitete Einheiten

Definition durch SI- oder abgeleitete Einheiten

physikalische Größe	Einheit	Symbol
Energie	Joule = $kg\ m^2\ s^{-2}$	J
Kraft	Newton = $kg\ m\ s^{-2}$	N
Druck	Pascal = $kg\ m^{-1}\ s^{-2}$	Pa
Leistung	Watt = $kg\ m^2\ s^{-3}$	W
elektrische Ladung	Coulomb = A s	C
elektrische Potentialdifferenz	Volt = WA^{-1}	V
elektrischer Widerstand	Ohm = VA^{-1}	Ω
Frequenz	Hertz = s^{-1}	Hz
magnetische Induktion (Flußdichte)	Tesla = $V\ sm^{-2}$	T
Fläche	m^2	A
Volumen	m^3	V
Geschwindigkeit	$m\ s^{-1}$	v
Beschleunigung	$m\ s^{-2}$	a
Dichte	$kg\ m^{-3}$	Q
elektrische Feldstärke	$V\ m^{-1}$	E
Konzentration	$mol\ m^{-3}$	C
magnetische Feldstärke	$A\ m^{-1}$	F
Dipolmoment	C m	D
Entropie	$J\ K^{-1}$	S

Volumina

Die SI-Einheit des Volumens ist der Kubikmeter, m^3. Der Liter ist neu zu einem Kubikdezimeter definiert worden. Obwohl diese Einheit noch allgemein benutzt wird, wird doch empfohlen, sowohl die Litereinheit, wie auch Anteile davon (z.B. Milliliter) in wissenschaftlichen Publikationen allmählich abzulösen.

1 Liter (l)	= $1\ dm^3$	= $10^{-3}\ m^3$
1 Milliliter (ml)	= $1\ cm^3$	= $10^{-6}\ m^3$
1 Mikroliter (μl)	= $1\ mm^3$	= $10^{-9}\ m^3$

Potenzen der SI-Einheiten-Präfixe

Potenz	Präfix	Symbol
10^9	Giga	G
10^6	Mega	M
10^3	Kilo	k
10	Deka	da
10^{-1}	Dezi	d
10^{-2}	Zenti	c
10^{-3}	Milli	m
10^{-6}	Mikro	μ
10^{-9}	Nano	n
10^{-12}	Piko	p
10^{-15}	Femto	f

Umwandlungstabelle für gebräuchliche Einheiten in SI-Einheiten

Einheit	SI-Einheit
Ångström Å	$100 \text{ pm} = 10^{-10} \text{ m}$
Atmosphäre (Standard) (760 mmHg bei s.t.p.)	$101\,325$ Pa
Kalorie	$4,186$ J
Grad Celcius °C	$(t°C + 273)$ K
Curie Ci	$3.7 \cdot 10^{10} \text{ s}^{-1}$
Frequenz/Sekunde	1 Hz
Erg	10^{-7} J
Gauss G	10^{-4} T
Mikron μ	$1 \, \mu\text{m}$
Millimeter Quecksilber mmHg	$133,322$ Pa
molar, M (1 mol l^{-1})	1 mol dm^{-3}
Gewichtskraft/Quadratzentimeter (kp cm^{-2}), (atm)	$101\,325$ Pa
für die englischen Bezeichnungen (lb f in^{-2}), (p.s.i.), die in der Literatur gelegentlich gefunden werden, gilt:	$6\,894,76$ Pa
ln X	$2,303 \log_{10} X$

Zahlenwerte einiger physikalischer Konstanten in SI-Einheiten

Gaskonstante R	$8,314 \ \text{JK}^{-1} \ \text{mol}^{-1}$
Plancksches Wirkungsquantum h	$6,63 \cdot 10^{-34} \ \text{J s}$
Molvolumen eines idealen Gases bei Standardbedingungen	$22,41 \ \text{dm}^3 \ \text{mol}^{-1}$
Faraday-Konstante (F)	$9,648 \cdot 10^4 \ \text{C mol}^{-1}$
Geschwindigkeit des Lichts im Vakuum (C)	$2,997 \cdot 10^8 \ \text{m s}^{-1}$

Kapitel 1

Allgemeine Grundlagen biochemischer Untersuchungen

1.1 Einführung

Die Biochemie beschäftigt sich mit der Erkundung und Anwendung der chemischen Gemeinsamkeiten, dann auch der Differenzierungen lebender Organismen. Sie versucht, die chemische Struktur mit der biologischen Aktivität auf verschiedenen Ebenen zu verbinden: Der subzellulären, der zellulären und derjenigen des Gesamtorganismus.

Immer haben biochemische Untersuchungen die Zelle als die grundlegende Einheit des Lebens hervorgehoben, da sie allein alle notwendigen Möglichkeiten zur Erzeugung eigenständiger Energie und zur Selbstreduplikation besitzt. Viele gemeinsame chemische Verbindungen, gemeinsame Stoffwechselwege, aber auch gemeinsame Regulationsmechanismen zeichnen alle Zellen aus. So finden wir nur 20 verschiedene Aminosäuren in fast allen Eiweißmolekülen, auch sind die Membranen ganz verschiedener Organellen aus verschiedenen Spezies in ihrer Phospholipid-Zusammensetzung sehr ähnlich. Diese Ähnlichkeit setzt sich auch bei der chemischen Struktur und Funktion von Enzymen fort, auch in den verschiedenen Stoffwechselwegen der Synthese und des Abbaus von Kohlenhydraten, Lipiden, Proteinen oder Nucleinsäuren. Diese gemeinsamen Züge führten auch zu der Entwicklung der Theorien über die biochemische Evolution und über phylogenetische Verwandtschaften vieler Organismen (vergleichende Biochemie). Auch leitet sich daraus die Möglichkeit ab, aus der Extrapolation der biochemischen Charakteristika einer Spezies – meist tiefer im phylogenetischen Stammbaum – für eine andere Schlüsse zu ziehen. So benutzen wir Kulturen tierischer Zellen, oder auch oft Versuchstiere, um die biochemischen, physiologischen, pharmakologischen oder toxikologischen Reaktionen auf Fremdsubstanzen (Xenobiotika) im Vorlauf zur Anwendung am Menschen zu untersuchen. Vorsicht ist hier allerdings deshalb geboten, weil Spezies oder Zellen unterschiedlicher Herkunft sich in ihren biologischen Eigenschaften stark unterscheiden können; vor allem treten natürlich zwischen Einzellern und Vielzellern außerordentlich große physiologische Unterschiede auf.

Der gesamte Stoffwechsel benutzt die enzymatisch katalysierte Umsetzung verhältnismäßig weniger energiereicher gruppenübertragender Moleküle – dazu gehören einige Acyl-Phosphorsäure-Anhydride, Nucleosiddiphosphate und -triphosphate, auch Enoylphosphorsäureester – und einiger stark reduzierender Stoffe, die bei Abbauwegen anfallen – dazu gehören die reduzierten Pyridinnucleotide und Flavinnucleotide. Dieses Potential überwindet dann thermodynamische Barrieren bei Biosynthesen. Die Einteilung der Nahrungsausnutzung benutzt sowohl die Quellen für Elektronen, die von außen den Reduktionsreaktionen zugeführt werden, wie auch die freiwerdende Reaktionsenergie. Bei anorganischen Elektronenquellen nennt man die betreffenden Organismen *lithotroph*; sind organische Substanzen die Zulieferer, so nennt man sie *organotroph*. Bei beiden Klassen setzt man die Vorsilbe *photo* voran, wenn der Energielieferant das Licht im sichtbaren und Infrarotbereich des Spektrums ist, auch *chemo*, wenn die Energie aus der Oxidation anorganischer oder organischer Verbindungen fließt.

Die Eukaryonten zeigen ein recht enges Spektrum in ihrer Nahrungszufuhr, verglichen mit den Prokaryonten ist ihre Varationsbreite bei der Differenzierung der Zellen, Gewebe und Organe für bestimmte physiologische Funktionen viel größer. Jeder Zelltyp eines Vielzellers wird biochemische und physiologische Eigenheiten zu einer biologischen Reaktion aufweisen; dadurch wird auch die Zusammenarbeit verschiedener Zellen in den physiologischen Vorgängen wieder bestimmt. Heute beschäftigt sich die Entwicklungsbiochemie intensiv damit, die Mechanismen der selektiven Genexpression während der einzelnen Differenzierungsvorgänge auf molekularer Ebene zu bestimmen.

Biochemische Untersuchungen bedienen sich hauptsächlich zweier Grundklassen von Verfahren. *In-vivo*-Versuche benutzen intakte, ganze Organismen (Pflanzen oder Tiere), auch Organe von Tieren, die durch Perfusion erhalten werden, um soweit wie möglich intakt zu erhalten. Der Vorteil dieser *In-vivo*-Techniken liegt darin, daß Artefakte umgangen werden können; andererseits sind exakte Analysen häufig nicht möglich, weil Permeabilitäten zu klein sein können oder der Stoffwechsel dieser Vielzellerorgane und die Wechselwirkung zwischen den Zellen zu komplizierte Bilder ergeben. Bei Versuchen *in vitro* werden die aus biologischem Material gewonnenen Präparate in künstlichem physikalischem und chemischem Milieu inkubiert. Dies gilt sowohl für Enzyme wie auch für isolierte Organellen oder intakte Mikroorganismen, schließlich für Schnittpräparate aus tierischem oder pflanzlichem Gewebe. Die Versuchsbedingungen können auch so verfeinert werden, daß zumindest ein begrenztes Maß an Wachstum, Differenzierung und Entwicklung möglich wird, etwa bei *Zell-, Gewebe-* und *Organ*kulturen aus Tieren und Pflanzen. Der Vorteil der Zell- und Gewebekulturverfahren liegt im Ausschluß der physiologischen und biochemischen Begrenzungen, die durch den Zellverband auferlegt werden. Diese Methoden haben nunmehr in den Biowissenschaften breite Anwendung gefunden. Die Zellkultur erleichtert im grundsätzlichen Sinn die Untersuchung des Entwicklungspotentials (*Totipotenz*) der Zellen; darunter verstehen wir die Fähigkeit einer Zelle, innerhalb ihrer genetischen Begrenzungen einen anderen Zelltyp anzunehmen, wenn dies durch das künstliche chemische und physikalische Milieu so bestimmt wird. Ein grundsätzlicher Einwand gegen *In-vitro*-Versuche liegt in der deutlichen Begrenzung einer Extrapolation auf die Funktion *in vivo*. Schlimmstenfalls untersucht man also *in vitro* einfach Artefakte.

Die Biochemie muß häufig eine bestimmte Verbindung aus einem komplizierten Gemisch rein darstellen. Bei *analytischen Trennungen* sucht man dabei kleine Mengen der Verbindungen zu identifizieren und quantitativ zu bestimmen. Dabei ist es oft nicht notwendig, die Verbindung nach der Trennung zu isolieren. Bei *präparativen Trennungen* möchte man hingegen eine möglichst große Menge der Verbindung abtrennen und in reiner Form in die Hand bekommen, um danach ihre Chemie und/oder ihre biologischen Eigenschaften zu untersuchen. Die Wahl der Trennungs- und Reinigungsmethoden hängt dabei oft davon ab, ob analytisch oder präparativ gearbeitet werden soll; schließlich benötigt das präparative Verfahren meist sehr viel größere Mengen an Ausgangsmaterial und benutzt nicht unbedingt Methoden mit möglichst hoher Ausbeute.

Die analytische Trennung läßt oft schnell die Identifizierung der Bestandteile in einem Gemisch zu. Vermutet man eine Verbindung im Gemisch, dann kann man häufig eine bekannte Verbindung (*Standard*) während der analytischen Trennung zusetzen. Verhalten sich während Trennung die beiden Verbindungen gleich, so sind sie wahrscheinlich auch identisch. Um nun aber das Verhalten des Standards und der Unbekannten zu vergleichen, müssen möglichst viele hochauflösende Verfahren eingesetzt werden, wobei der Standard jeweils genau die gleiche Behandlung erfahren muß, möglichst auch zur gleichen Zeit, wie die Unbekannte. Dadurch kann man die Notwendigkeit einer physikalischen Analyse der Verbindung zur Strukturaufklärung nach der Trennung umgehen.

Manchmal ist es auch nicht nötig, in Vorversuchen Abtrennung und Reinigung einzelner Verbindungen vorzunehmen, um dann ihre Konzentration im biologischen Material festzustellen, wenn sie nämlich ein charakteristisches Merkmal aufweisen, das man für ihre quantitative Bestimmung heranziehen kann. Solche typischen Merkmale kommen meist aus dem Kreis biologischer Wirksamkeiten, etwa bei der Bestimmung von Enzymen in Rohextrakten, in intakten Zellen oder in Zellorganellen. Auf S. 124 und S. 346 finden sich einige Beispiele für spektrophotometrische Enzymbestimmungen. Wenn solche spezifischen Eigenschaften nicht aufzufinden sind, wird man die Verbindung zumindest zum Teil aufreinigen müssen, bevor sie analysiert werden kann. Dabei müssen immer auch Substanzverluste in Kauf genommen werden. Deshalb sollte die Zahl der Reinigungsschritte so klein wie möglich gehalten werden, auch ist für die Wahl der Trennverfahren die größtmögliche Auflösung bei kleinen Substanzmengen maßgebend. Besonders nützlich und häufig sind heute die chromatographischen (Kap. 6) und elektrophoretischen (Kap. 7) Methoden.

Die hochauflösenden Trennmethoden sind meist wegen ihres begrenzten Probenvolumens auf große Mengen des Ausgangsmaterials nicht anwendbar. Die üblichen präparativen Trennungen durchlaufen deshalb eine erste Stufe mit großer Probenmenge, aber verhältnismäßig kleiner Trennkapazität. Hierzu gehören Verfahren wie Fällungen, Dialysen, Flüssigkeitschromatographie und Verteilungschromatographie, Gegenstromverteilungen und kontinuierliche Elektrophoresen, wie sie in den folgenden Kapiteln dargestellt werden. Sie sind wichtig, weil sie zwar im Vergleich zu anderen Verfahren keine so guten Trennungen liefern, jedoch auf große Mengen eingestellt werden können. Einige hochauflösende Methoden, wie Ionenaustausch-, Ausschluß- und Affinitätschromatographie, präparative GLC und HPLC und präparative Gelelektrophorese, können dann für die abschließenden Reinigungen benutzt werden. Diese aufeinanderfolgenden Trennmethoden sollten so viele unterschiedliche Eigenschaften des Moleküls wie möglich ausnutzen, da natürlich eine Weiterreinigung durch ein zweites Verfahren, das jedoch die gleiche physikalische Eigenschaft der Verbindung benutzt, kaum zu einer besseren Trennung führt.

Bei der Suche nach der Kombination bestimmter Verfahren zur Reinigung einer Verbindung sind offensichtlich häufig mehrere Techniken zwar möglich, in der Praxis werden aber nur einige wenige das beste Ergebnis liefern. Bei dieser Auswahl müssen mehrere Faktoren berücksichtigt werden:

- Die Unterscheidung zwischen einer analytischen oder einer präparativen Fragestellung, um entweder die Trennschärfe oder die zu trennende Menge in den Vordergrund zu stellen.

- Die physikalischen Eigenschaften der Verbindung, wie Löslichkeit, Flüchtigkeit, Molekulargewicht oder Ladung.
- Die Stabilität der Verbindung während einer bestimmten Bearbeitung.
- Der Vergleich mit verwandten erfolgreichen Trennungen, wie sie in der Literatur beschrieben sind.
- Zugang zu notwendiger Ausstattung und Erfahrung.
- Kosten des Verfahrens.

1.2 pH-Wert und Puffer

Auswirkungen des pH-Werts auf biologische Vorgänge

Lebewesen, oft auch ihre Einzelzellen, halten häufig recht große Schwankungen im pH-Wert des Milieus aus. Im Gegensatz dazu sind Reaktionsabläufe in der Zelle sehr empfindlich gegenüber pH-Schwankungen, der pH-Wert in ihrer Umgebung ist sorgfältig eingestellt. Es können aber durchaus lokale intrazelluläre pH-Schwankungen auftreten, z.B. an Membranoberflächen. Die Mehrheit der intrazellulären Reaktionen läuft bei einem pH-Wert nahe dem Neutralpunkt ab. Es ist meist auch der pH-Wert der Maximalgeschwindigkeit der verschiedenen Stoffwechselvorgänge. Andererseits besitzen aber die Hydrolasen der Lysosomen ihr pH-Optimum in der Gegend um 5; dieser Wert stellt sich nach dem Tod in der Zelle ein. Der Magensaft bei Säuren bildet mit seinem pH-Wert von ungefähr 1 eine deutliche Ausnahme. Dabei hat dann das Enzym Pepsin, das die Verdauung der Proteine im Magen einleitet, sein Optimum.

Die Regulation eines praktisch konstanten pH-Wertes in biologischen Systemen wird durch die Wirkung sehr effizienter Puffer sichergestellt. Nach ihrer chemischen Natur können sie pH-Schwankungen aus der Produktion von Säuren, wie Milchsäure oder Basen, wie Ammoniak im Stoffwechsel, auffangen. Die hauptsächlichen Puffersysteme in biologischen Materialien beinhalten Phosphat- und Bicarbonat-Anionen, Aminosäuren und Proteine.

Die Empfindlichkeit biologischer Reaktionen gegenüber pH-Schwankungen kann mehrere Gründe haben. Die Reaktion kann durch Wasserstoff-Ionen katalysiert werden, oder diese können einer der Reaktionspartner oder Produkt sein. Eine pH-Schwankung kann auch die Verteilung einer Verbindung oder eines Ions zwischen Innen- und Außenseite einer Membran verändern, und dies kann wieder eine Einwirkung auf die Permeabilität der Membran haben. Membranen haben wie viele andere biologische Strukturen und Moleküle ionisierbare Gruppen; die Lage des Dissoziationsgleichgewichtes kann in kleinen Schwankungen die molekulare Konformation und biologische Aktivität beeinflussen. Dies gilt vor allem für Proteine und damit für Enzyme. Einige Proteine nutzen kleine pH-Schwankungen ihrer Umgebung aus, um ihre biologische Funktion durchzuführen. Im Falle des Hämoglobins etwa, dessen Hauptfunktion der Transport von Sauerstoff von den Lungen zu peripherem Gewebe ist, unterstützt eine leichte Abnahme des pH-Werts im Gewebe nach der Produktion von CO_2 und Wasserstoff-Ionen durch die Atmungsprozesse der Zellen die beschleunigte Abgabe von Sauerstoff dort, wo er eben gebraucht wird. Diese Abgabe des Sauerstoffs wird von einer Aufnahme von Protonen durch Hämoglobin begleitet, das somit als Puffer wirken kann.

Untersuchungen von Stoffwechselreaktionen *in vitro* müssen oft Puffer einsetzen, die nicht „physiologisch" sind. Gezielte pH-Veränderungen können aber die Analyse einzelner Gruppen von Molekülen wie Aminosäuren, Proteine und Nucleinsäuren erleichtern, etwa bei Methoden wie der Elektrophorese oder der Ionenaustauschchromatographie.

ph-abhängige Dissoziation der Aminosäuren und Proteine

Der Dissoziationsgrad eines schwachen Elektrolyten hängt vom pH-Wert des Milieus und vom pK-Wert der dissoziierenden Gruppe ab. Für schwache Säuren, die nach der Gleichung

$$RCOOH \quad \rightleftharpoons \quad RCOO^- + H^+$$
Säure   konjugierte
                 Base

dissoziieren, gilt der Ausdruck

$$K_a = \frac{c(RCOO^-)c(H^+)}{c(RCOOH)} \ .$$

Bei schwachen Basen, wie Aminen, gilt

$$RNH_2 + H_2O \quad \rightleftharpoons \quad RNH_3^+ + OH^- \ .$$
Base   konjugierte
                        Säure

Das Massenwirkungsgesetz schreibt dann vor:

$$K_b = \frac{c(RNH_3^+)c(OH^-)}{c(RNH_2)c(H_2O)} \ ;$$

meist wird allerdings der K_a-Wert der konjugierten Säure angewandt:

$$K_a = \frac{c(RNH_2)c(H^+)}{c(RNH_3^+)} \ .$$

In allen solchen Fällen ist das Produkt aus K_a und K_b für eine schwache Base gleich K_w, dem Ionenprodukt des Wassers.

Da die K_a-Werte numerisch recht klein sind, ist es in der Praxis üblich, pK_a-Werte zu verwenden, wobei dann $pK_a = -\log 10^{K_a}$. Für schwache Basen folgt dann $pK_a + pK_b = 14$. Die Gleichung von Henderson-Hasselbalch liefert den exakten Verlauf der Dissoziation eines schwachen Elektrolyten mit dem pH-Wert; für eine schwache Säure also

$$pH = pK_a + \log \frac{c(\text{konjugierte Base})}{c(\text{Säure})}$$

oder

$$pH = pK_a + \log \frac{c(\text{dissoziiert})}{c(\text{nicht dissoziiert})} . \tag{1.1}$$

Im Falle einer schwachen Base würde die Gleichung in der Form der Dissoziation der konjugierten Säure lauten:

$$pH = pK_a + \log \frac{c(\text{Base})}{c(\text{konjugierte Säure})}$$

oder

$$pH = pK_a + \log \frac{c(\text{nicht dissoziiert})}{c(\text{dissoziiert})} . \tag{1.2}$$

Nach diesen Gleichungen sind schwache Säuren bei niedrigen pH-Werten kaum dissoziiert, bei hohen pH-Werten hingegen sehr weitgehend dissoziiert. Genau das Gegenteil gilt für schwache Basen, bei niedrigen pH-Werten wird die konjugierte Säure vorherrschen, bei hohen pH-Werten liegt die nicht dissoziierte freie Base vor. In der Biologie ist diese Reaktion des Dissoziationsgrades auf den pH-Wert wichtig, etwa bei der Absorption schwacher Elektrolyten im Gastrointestinaltrakt und ihrer Ausscheidung durch die Niere. Auch Methoden wie Elektrophorese und Ionenaustauschchromatographie machen Gebrauch hiervon.

Die α-Aminosäuren in Proteinen sind alle schwache Elektrolyte; mit Ausnahme des Prolins entsprechen sie der Form $RCH(NH_2)COOH$. Da sie sowohl eine Amino- wie eine Carboxy-Gruppe besitzen, liegen sie bei allen pH-Werten in dissoziierter Form vor. Die Neutralform dieser allgemeinen Formel gibt es in Lösung also bei keinem pH-Wert. In der Formelsprache sieht das so aus:

$$
\begin{array}{ccc}
\text{R} & \text{R} & \text{R} \\
| & | & | \\
\text{CH--NH}_3^{+} & \text{CH--NH}_3^{+} & \text{CH--NH}_2 \\
| & | & | \\
\text{COOH} & \text{COO}^{-} & \text{COO}^{-}
\end{array}
$$

with $\xrightarrow{\text{p}K_{a_1}}$ between the first and second, and $\xrightarrow{\text{p}K_{a_2}}$ between the second and third.

Nettoladung positiv   Nettoladung null „Zwitterion"   Nettoladung negativ

⬛⬛ zunehmender pH-Wert ➡

Bei niedrigen pH-Werten liegt eine Aminosäure also als Kation vor, bei hohen pH-Werten als Anion. Bei einem spezifischen dazwischenliegenden pH-Wert trägt die Aminosäure keine Nettoladung, dann nennt man sie **Zwitterion**. Im kristallinen Zustand und in der Lösung in Wasser ohne Zusätze bestehen solche Aminosäuren ganz vorwiegend als Zwitterionen. Insgesamt besitzen sie daher die physikalischen Eigenschaften von Ionen, also hohe Schmelz- und Siedepunkte, gute Wasserlöslichkeit, aber schlechte Löslichkeit in organischen Lösungsmitteln wie Ether und Chloroform. Der pH-Bereich des Milieus, in dem die Zwitterionenform vorherrscht, wird als **isoionischer Punkt** bezeichnet, denn bei diesem pH-Wert ist die Zahl der negativen Ladungen durch Dissoziation gleich der Zahl der positiven Ladungen durch Protonenaufnahme. Im Falle der Aminosäuren gilt dafür die Bezeichnung **isoelektrischer Punkt** (pI), da das Molekül keine Nettoladung besitzt und deshalb in der Elektrophorese mit der Endosmose wandert. Der numerische Wert dieses pH-Werts ist mit der Dissoziationskonstante der Säure durch die Gleichung

$$
\text{pH} = \text{pI} = \frac{\text{p}K_{a_1} + \text{p}K_{a_2}}{2}
$$

verbunden. Im Falle des Glycins etwa sind $\text{p}K_{a_1}$ und $\text{p}K_{a_2}$ gleich 2,3–9,6. Der isoionische Punkt ist dann 6,0. Bei tieferen pH-Werten werden die kationische und die zwitterionische Form nebeneinander in dem Verhältnis vorliegen, wie es die Henderson-Hasselbalch-Gleichung vorschreibt, bei höherem pH-Wert liegen die zwitterionische und die anionische Form vor.

Für „saure" Aminosäuren, wie Asparaginsäure, liegen die Dissoziationsbereiche weiter im Sauren, da hier eine zweite Carboxy-Gruppe erhalten ist:

$$\begin{array}{cccc}
\mathrm{COOH} & \mathrm{COOH} & \mathrm{COO^-} & \mathrm{COO^-} \\
| & | & | & | \\
\mathrm{CH_2} & \mathrm{CH_2} & \mathrm{CH_2} & \mathrm{CH_2} \\
| & | & | & | \\
\mathrm{CH-\overset{+}{N}H_3} & \mathrm{CH-\overset{+}{N}H_3} & \mathrm{CH-\overset{+}{N}H_3} & \mathrm{CH-NH_2} \\
| & | & | & | \\
\mathrm{COOH} & \mathrm{COO^-} & \mathrm{COO^-} & \mathrm{COO^-}
\end{array}$$

with equilibrium arrows labelled pK_{a_1} 2,1; pK_{a_2} 3,9; pK_{a_3} 9,8

| Kation (1 positive Nettoladung) | Zwitterion pH 3,0 (Isoionischer Punkt) | Anion (1 negative Nettoladung) | Anion (2 negative Nettoladungen) |

In diesem Fall liegt also das Zwitterion in wäßriger Lösung bei einem pH-Wert vor, wie ihn sowohl pK_{a_1} und pK_{a_2} gemeinsam vorschreiben.

Im Falle des Lysins, einer „basischen" Aminosäure, sind die Dissoziationsbereiche nach der anderen Richtung versetzt, der isoionische Punkt wird hier durch pK_{a_2} und pK_{a_3} bestimmt:

$$\begin{array}{cccc}
\mathrm{\overset{+}{N}H_3} & \mathrm{\overset{+}{N}H_3} & \mathrm{\overset{+}{N}H_3} & \mathrm{NH_2} \\
| & | & | & | \\
\mathrm{(CH_2)_4} & \mathrm{(CH_2)_4} & \mathrm{(CH_2)_4} & \mathrm{(CH_2)_4} \\
| & | & | & | \\
\mathrm{CH-\overset{+}{N}H_3} & \mathrm{CH-\overset{+}{N}H_3} & \mathrm{CH-NH_2} & \mathrm{CH-NH_2} \\
| & | & | & | \\
\mathrm{COOH} & \mathrm{COO^-} & \mathrm{COO^-} & \mathrm{COO^-}
\end{array}$$

with equilibrium arrows labelled pK_{a_1} 2,2; pK_{a_2} 9,0; pK_{a_3} 10,5

| Kation (2 positive Nettoladungen) | Kation (1 positive Nettoladung) | Zwitterion pH 9,8 (Isoionischer Punkt) | Anion (1 negative Nettoladung) |

Neben einer zweiten Amino- oder Carboxy-Gruppe kann eine Aminosäure-Seitenkette R auch andere chemische funktionelle Gruppen tragen, die bei einem charakteristischen pH-Wert ionisierbar sind. Dazu gehören Phenole (Tyrosin), Guanido-Gruppen (Arginin), Imidazol (Histidin) und Sulfhydryle (Cystein) (Tab. 1.**1**). Naturgemäß wird der Ionisationsgrad dieser funktionellen Gruppen der Aminosäuren bei bestimmten pH-Werten sehr verschieden sein. Auch werden sich innerhalb der Familie einer bestimmten funktionellen Gruppe kleinere Unterschiede finden, die von der Art und der Umgebung dieser Seitenkette R abhängen. Solche Unterschiede nutzen die elektropho-

Tabelle 1.1 Ionisierbare funktiuonelle Gruppen in Proteinen

funktionelle Gruppe an der Aminosäure	pH-abhängige Ionisierung	ungefährer pK_a-Wert
N-Endgruppe	$-\overset{+}{N}H_3 \rightleftarrows NH_2 + H^+$	8.0
C-Endgruppe	$-COOH \rightleftarrows COO^- + H^+$	3.0
Asp-β-carboxyl	$-CH_2COOH \rightleftarrows CH_2COO^- + H^+$	3.9
Glu-γ-carboxyl	$-(CH_2)_2COOH \rightleftarrows (CH_2)_2COO^- + H^+$	4.1
His-Imidazol	$-CH_2$ (Imidazol) $\rightleftarrows -CH_2$ (Imidazol) $+ H^+$	6.0
Cys-Sulfhidryl	$-CH_2SH \rightleftarrows -CH_2S^- + H^+$	8.4
Tyr-Phenol	(Phenol)$-OH \rightleftarrows$ (Phenol)$-O^- + H^+$	10.1
Lys-ϵ-amino	$-(CH_2)_4\overset{+}{N}H_3 \rightleftarrows -(CH_2)_4NH_2 + H^+$	10.8
Arg-guanidin	$-NH\text{-}\overset{\|}{\underset{\overset{\|}{\overset{+}{N}H_2}}{C}}\text{-}NH_2 \rightleftarrows -NH\text{-}\underset{\overset{\|}{NH}}{C}\text{-}NH_2 + H^+$	12.5

retischen und Ionenaustauschtrennungen aus, um Gemische von Aminosäuren, etwa in einem Proteinhydrolysat, aufzulösen.

Das Dissoziationsverhalten von Proteinmolekülen ist qualitativ ähnlich dem der Aminosäuren, quantitativ natürlich wegen der sehr großen Zahl der ionisierbaren Gruppen deutlich verschieden. Proteine entstehen ja durch die Kondensation der α-Amino-Gruppen der Aminosäure mit den Carboxy-Gruppen der benachbarten Partner. Mit Ausnahme der beiden endständigen Aminosäuren sind daher alle α-Amino und α-Carboxy-Gruppen in Peptidbindungen festgelegt und daher nicht mehr ionisierbar. Nur die Amino- und Carboxy-Gruppen der Seitenkette können noch normal dissoziieren, von ihnen können bis zu mehreren hundert vorliegen. Andererseits werden aber mehrere von ihnen an elektrostatischen Wechselwirkungen beteiligt sein, die wiederum die dreidimensionale Struktur des Proteins mit stabilisieren. Die Faltung der Proteinhauptkette ist meist so angeordnet, daß die Mehrheit dieser ionisierbaren Gruppen an der Außenfläche des Moleküls stehen, wo sie mit dem Milieu in Wechselwirkung treten können. Die Anzahl der positiven und negativen Ladungen an der Oberfläche eines Proteinmoleküls beeinflußt natürlich seine physikalische Charakteristik. Histone etwa haben überwiegend kationische Ladungen, während andere Proteine in etwa gleichviel anionische und kationische Gruppen tragen oder einen Überschuß von negativen Ladungen besitzen können.

Im Gegensatz zu Aminosäuren sind der isoionische Punkt eines Proteins und sein isoelektrischer Punkt meist nicht identisch. Denn nach der angeführten Definition ist der isoionische Punkt der pH-Wert, bei dem das Proteinmolekül eine gleichgroße Anzahl positiver und negativer Ladungen trägt. Sie sind durch Assoziation basischer Seitenketten mit Protonen und Dissoziation von Protonen aus sauren Seitenketten zustande gekommen. Im Gegensatz dazu ist der isoelektrische Punkt der pH-Wert, bei dem das Protein im elektrischen Feld unbeweglich liegen bleibt. Um diesen zu bestimmen, muß man das Protein in einem gepufferten Milieu lösen, in dem niedermolekulare Anionen und Kationen vorliegen, die ihrerseits wieder an das vielfach ionisierte Protein angeheftet werden können. Deshalb ist der Ausgleich der Ladungen beim isoelektrischen Punkt auch teilweise darauf zurückzuführen, daß mehr freibewegliche Anionen (oder Kationen) als gebundene Kationen (oder Anionen) bei diesem pH-Wert vorliegen. Es könnte so ein Ungleichgewicht der Ladungen auf dem Protein selbst maskiert werden.

In der Praxis werden Proteinmoleküle immer in gepufferten Lösungen untersucht, es ist dann also der isoelektrische Punkt entscheidend. Bei diesem pH-Wert hat das Protein seine minimale Löslichkeit, denn dann ist die Möglichkeit der Wechselwirkung zwischen entgegengesetzt geladenen Gruppen benachbarter Moleküle maximal, so daß es zur Aggregation und Ausfällung kommt.

Aggregation und nachfolgende Präzipitation von Proteinen läßt sich auch durch Zufügen von Salzen, wie Ammoniumsulfat (S. 106), zur Proteinlösung herbeiführen. In diesem Fall werden schließlich die anorganischen Ionen den Proteinmolekülen die Wassermoleküle entziehen, um ihre Hydratationshülle zu finanzieren. Bei jeweils charakteristischen Salzkonzentrationen werden dann Protein-Protein-Wechselwirkungen vorherrschend gegenüber den Wechselwirkungen mit der Wasserhülle, und es kommt zur Aggregation und Fällung. Sehr oft benutzt man diese Technik in den ersten Schritten der Reinigung eines Proteins. Auch bei den Trennungen durch Elektrophorese und Ionenaustauschchromatographie werden die Unterschiede der isoelektrischen Punkte der einzelnen Proteinmoleküle ausgebeutet.

Pufferlösungen in der Biochemie

Eine Pufferlösung verändert ihren pH-Wert bei der Zugabe von Säure oder Base nur wenig. Diesen Widerstand bezeichnet man als **Pufferwirkung**. Ihre Wirkungsbreite wird die **Pufferkapazität** β genannt. Ihre Meßeinheit ist die Menge an starker Base, die nötig ist, um den pH-Wert um eine Einheit zu ändern, d.h.

$$\beta = \frac{db}{d\,(pH)}\;;$$

dabei bedeutet d (pH) die Zunahme des pH-Wertes nach der Zugabe db einer Base.

In der Praxis bestehen Pufferlösungen meistens aus einem Gemisch einer schwachen Säure oder Base und ihren Salzen, also etwa Essigsäure und Natriumacetat (nach der Nomenklatur von Brönsted und Lowry eine Mischung einer schwachen Säure und ihrer konjugierten Base).

In einer Lösung einer schwachen Säure (RCOOH) und ihres dissoziierten Salzes (RCOO$^-$) werden zugefügte Wasserstoff-Ionen durch die Anionen aufgenommen, die hier also als schwache Base wirken; umgekehrt werden zugefügte Hydroxy-Ionen durch Neutralisierung der Säure abgefangen. Es wird daraus klar, daß die Pufferkapazität einer Säure und ihrer konjugierten Base beim Maximum liegen wird, wenn ihre Konzentrationen gleich groß sind, d.h., wenn pH = pK_a der Säure. Die Pufferkapazität hängt natürlich auch von der Gesamtkonzentration und vom Verhältnis der Konzentrationen von Säure und ihrem Salz ab – je größer die Gesamtkonzentration, desto größer die Pufferkapazität. Üblicherweise liegt die Konzentration der Säure und des Salzes in Pufferlösungen in der Größenordnung von 0,05–0,20 mol/l; häufig eingesetzte Gemische besitzen Pufferkapazitäten im Bereich von pH = pK_a $\pm$ 1.

Notwendige Kriterien für Puffer für biologische Versuche können wir wie folgt zusammenfassen:

- Ausreichende Pufferkapazität im beabsichtigten pH-Bereich.

- Leicht als Reinstsubstanzen zugänglich.

- Leicht wasserlöslich und für die meisten biologischen Membranen impermeabel.

- Hydrolysebeständig und kein Substrat der vorhandenen Enzyme.

- Geringe Abhängigkeit des eingestellten pH-Wertes von Konzentration, Temperatur, Begleitionen oder Salzbeimengungen im Milieu.

- Nicht toxisch oder Inhibitoren biologischer Prozesse.

- Keine schwerlöslichen Komplexe mit beigefügten Ionen bildend.

- Keine Lichtabsorption im sichtbaren oder Ultraviolettbereich.

Natürlich entsprechen nicht alle häufig eingesetzten Pufferlösungen diesen Kriterien. Z.B. bilden Phosphate mit manchen mehrwertigen Kationen schwerlösliche Salze, in einigen Systemen sind sie auch Metaboliten (Zwischenprodukte des Stoffwechsels) oder Hemmstoffe;

Tris ist manchmal toxisch oder kann hemmende Wirkungen zeigen. Im Gegensatz dazu erfüllen einige zwitterionische Puffer der HEPES- und PIPES-Reihe alle Voraussetzungen.

Sie werden auch oft zur Gewebekultur eingesetzt, wenn als Grundnährstoffe Natriumbicarbonat oder -phosphat dient. Ein Nachteil liegt in der Schwierigkeit, dann noch die Proteinbestimmung nach Lowry anzuwenden (S. 102).

Proteine stellen eine der besonders wichtigen Familien von Puffersubstanzen in der Physiologie. Sie tragen an ihrer Oberfläche viele schwach saure oder basische Gruppen und vereinigen deshalb im Molekül eine hohe Pufferkapazität. So liefert das Hämoglobin den größten Anteil der Pufferkapazität des Blutes.

Einige besonders häufig benutzte Pufferlösungen sind in der Tab. 1.2 zusammengestellt. Gelegentlich wird man Pufferlösungen benötigen, die über den angegebenen pH-Bereich hinausreichen, aber mit den gleichen Ionensorten arbeiten. Dann können einige dieser Systeme gemischt werden. So überstreicht z.B. der Puffer nach McIlvaine den pH-Bereich zwischen 2,2 und 8,0. Er wird aus Lösungen von Citronensäure und Dinatriumhydrogenphosphat zusammengemischt.

Tabelle 1.2   pK_a-Werte einiger häufig für Pufferlösungen benutzter Säuren und Basen

Säure oder Base	pk_a (bei 25 °C)		
Essigsäure	4,75		
Barbitursäure	3,98		
Kohlensäure	6,10	10,22	
Citronensäure	3,10	4,76	5,40
Glycylglycin	3,06	8,13	
HEPES[1]	7,50		
Phosphorsäure	1,96	6,70	12,30
PIPES[2]	6,80		
Phthalsäure	2,90	5,51	
Bernsteinsäure	4,18	5,56	
Weinsäure	2,96	4,16	
Tris[3]	8,14		

[1] HEPES = N-2-Hydroxyethylpiperazin-N'-2-ethansulfonsäure
[2] PIPES = Piperazin-N,N'-bis(2-ethansulfonsäure)
[3] Tris = 2-Amino-2-hydroxymethylpropan-1,3-diol

1.3   Physiologische Lösungen

Physiologische Lösungen sollten sowohl bei *In-vivo-* wie bei *In-vitro*-Versuchen möglichst den Eigenschaften der untersuchten Gewebe angeglichen sein. Häufig bestimmen die chemischen Untersuchungen des Zellmilieus und der Reaktionen der Zellkulturen auf Nährlösungen die Auswahl solcher effizienten physiologischen Lösungen. Man kann sie grob einteilen in Lösungen für Kurzzeitinkubationen und Nährlösungen für Zell- und Gewebekulturen. Wichtig ist in beiden Fällen, daß das Medium mit dem Gewebe *isotonisch* ist (d.h., daß es den gleichen osmotischen Druck aufweist). Außerdem muß es alle Stoffwechselprozesse abpuffern.

Nährstoffmedien der Mikrobiologie

Die Zusammensetzung der Medien für die *In-vitro*-Anzucht von Mikroorganismen wird vorwiegend durch die Rubrizierung der notwendigen Nährstoffe bestimmt. Es kann sich um eine chemolithotrophe, chemoorganotrophe, photolithotrophe oder photoorganotrophe Zelllinie handeln, auch kann sie vom Wildtyp oder einer Mutante sein. Ein typisches *Minimal*medium zur Anzüchtung eines vollständig biosynthetischen kompetenten Chemoorganotrophen (*Prototrophen*) würde dann Salze von Na^+, K^+, Ca^{2+}, Mg^{2+}, NH_4^+ und NO_3^-, Cl^-, HPO_4^{2-} und SO_4^{2-} enthalten, außerdem eine einfache Kohlstoffquelle, wie Glucose. Eine mutierte chemoorganotrophe Linie, bei der die Synthese von Alanin ausfällt, wäre dann Alanin-*Auxotroph*, sie müßte im Nährmedium Alanin erhalten. Solche auxotrophen Mutanten können zur Aufschlüsselung von Stoffwechselwegen dienen. Manchmal setzt man komplizierte organische Hilfsstoffe zu, um das Wachstum von Chemoorganotrophen zu beschleunigen, auch wenn der Nährstoffbedarf nur ungefähr bekannt ist. Agar-agar dient als gelierender Zusatz manchmal dazu, ein festes Medium zu erhalten, so daß das Oberflächenwachstum der Mikroorganismen erleichtert wird.

Nährstoffmedien für Pflanzenzellen

Die Zusammensetzung der Mineralsalze in Nährlösungen für die hydroponische Anzüchtung von Pflanzen (S. 18) ähnelt der für Mikroorganismen, zusätzlich gibt man hier jedoch Spurenelemente wie Nn^{2+}, B^{3+}, Zn^{2+}, Cu^{2+} und Mo^{2+} zu.

Für Pflanzenzellkulturen steht heute eine Reihe von verschiedenartigen Medien zur Verfügung. Zusätzlich zum ausgewogenen Gemisch von Makro- und Mikrobestandteilen werden Kohlenstoffquellen eingesetzt, da die Zellen höherer Pflanzen in Kultur normalerweise keine Photosynthese betreiben können. Stickstoffquellen sind NO_3^- oder NH_4^+, auch organische stickstoffhaltige Zusätze wie Harnstoff oder

Glutamin. B-Vitamine werden meist zugegeben. Kulturen normaler, also nicht krebsartig degenerierter Zellen benötigen oft Auxine oder verwandte Regulatorsubstanzen, die das Zellwachstum begünstigen; hierzu gehören die natürlich vorkommende Indol-3-essigsäure (IAA), auch synthetische Verbindungen wie Naphthalinessigsäure (NAA) oder 2,4-Dichlorphenoxyessigsäure (2,4-D). Cytokinine setzt man zur Anregung der Zellteilung zu, wie das natürlich vorkommende Zeatin, auch synthetische Analoga wie 6-Furfurylaminopurin (Kinetin). Die Induktion und Erhaltung wird mehr durch das günstige Verhältnis von Hormonen bestimmt als durch ihre einzelnen Konzentrationen. Die meisten der heute benutzten Medien sind chemisch definiert, einige aber enthalten komplizierte Gemische wie Kokosmilch oder Hefeextrakt.

Nährstoffmedien für tierische Zellen

Man hat viele physiologische Salzlösungen für Kurzzeitarbeiten mit tierischen Geweben zusammengestellt, so die Tyrode-, Young-, Locke, Meng-, und Da-Jalon-Lösungen. Viele leiten sich von der Ringer-Lösung ab, die als eine der ersten aufkam. Die 2 häufigsten sind wohl die Krebs-Ringer-Bicarbonat-Lösung, wobei das Bicarbonat ursprünglich zugesetzt wurde, um das Ionenmilieu des Säugerserums zu treffen. Meist enthalten Salzlösungen NaCl, KCl, $MgSO_4$, $CaCl_2$, $NaHCO_3$ und KH_2PO_4 in wechselnden Mengen, sie werden dann mit Gemischen von O_2 und CO_2 begast.

Um tierische Zellen längere Zeit in Kultur zu halten, benötigt man eine ausgewogene Salzlösung, Vitaminzusätze, eine Kohlenstoffquelle und Aminosäuren. Als Eiweißzusatz verwendet man Plasma oder Serum, obwohl sie komplizierte physiologische Gemische wenig definierter Zusammensetzung darstellen. Zusätze von Hormonen sind für tierische Zellen nicht so wichtig wie für Kulturen von Pflanzenzellen. Auch gibt man Antibiotika wie Streptomycin und Penicillin, antimykotische Substanzen wie Griseofulvin und Gentimycin zu, um eine mikrobielle Verunreinigung zu verhüten.

Medien zur Isolierung von Organellen und zum Gewebshomogenisieren

Die meisten Medien enthalten zusätzlich zu einer gepufferten und ausgewogenen Salzlösung eine Kohlenstoff-Quelle. Dabei wird Saccharose bevorzugt. Da sie aber manche Enzymtests stört, wählt man oft Mannit, der durch Pflanzen- und tierische Zellen nicht verstoffwechselt werden kann. Viele Vorschriften suchen die gewünschten Organellen unversehrt zu isolieren, auch einzelne Enzyme aktiv zu erhalten, dabei spielen Zusätze wie die Kohlenstoff-Quelle, komplexierende Reagenzien wie EDTA und SH-Schutzstoffe wie reduziertes Glutathion oder

2-Mercaptoethanol eine wichtige Rolle. Manchmal zieht man nicht-ionische Medien den Salzlösungen vor, da letztere oft polymorphkernige Leukozyten und Leberorganellen verkleben lassen. Zur Präparation von Zellkernen und Chromosomen werden oft Citronensäure-Puffer eingesetzt, da dabei Desoxiribonucleasen mit neutralem pH-Optimum gehemmt werden. Glycerin-Ethylenglykol-Lösungen dienen zur Präparation von Zellkernen, manche Glykol-Polymere zur Isolierung von Plastiden aus Pflanzenzellen.

Enzymtests sind in pflanzlichen Extrakten oft schwierig anzustellen, da während der Homogenisierung große Mengen an Phenolen freigesetzt werden. Werden sie über Peroxidasen und Polyphenoloxidasen aufoxidiert, dann bilden solche Substanzen mit den Carbonyl-Gruppen der Peptidbindungen in Proteinen Wasserstoff-Brücken aus, wodurch viele Enzyme inaktiviert werden. Häufig setzt man Polyvinylpyrrolidon PVP zu pflanzlichen Extrakten zu, um diese Inaktivierung hintanzuhalten. Es bildet mit vielen Phenolen schwerlösliche Komplexe, die dann durch Filtrieren abgetrennt werden können. Zur Präparation von Organellen kann man auch nichtwäßrige Medien heranziehen. Die Suspension erfolgt häufig in einem Gemisch eines Lösungsmittels geringer und eines hoher Dichte, wie etwa bei Ether/Chloroform oder Benzol/Tetrachlorkohlenstoff. Damit läßt sich die Dichte des Milieus variieren, so daß die gewünschten Organellen bei den anschließenden Zentrifugationsschritten entweder flotiert oder sedimentiert werden. Solche nichtwäßrigen Fraktionierungen kamen etwa zur Darstellung von Chloroplasten oder Hämosiderin-Granula aus Milz zur Anwendung. Nachteile sind bei dieser Arbeitsweise allerdings oft morphologische Veränderungen in einigen Geweben, außerdem werden die meisten Enzyme durch organische Lösungsmittel inaktiviert.

1.4   Untersuchungen an Gesamtorganismen

Gesamttier

Auch heute werden für sehr viele biochemische Versuche *in vivo* Labortiere eingesetzt, da man alternative Modellverfahren, wie Zellkulturen, noch für physiologisch zu vereinfacht hält, so daß sie den Zweck der Untersuchung nicht erfüllen. Tiere werden in der Grundlagenforschung, bei medizinischen und klinischen Untersuchungen, in der Veterinärmedizin und Landwirtschaftsforschung, zur Herstellung von Impfstoffen, Antikörpern und Hormonen benutzt, ferner bei der Erprobung von Medikamenten oder anderen biologischen Produkten, wo chemische Bestimmungen nicht ausreichen, schließlich in ausgedehntem Maß bei toxikologischen Tests. Viele Tierversuche dienen der Untersuchung des Stoffwechsels von Xenobiotika (Medikamente,

Nahrungsmittelzusätze) als unerläßliche Vorbereitung für klinische Versuche am Menschen. Mäuse, Ratten und Meerschweinchen sind wohl die häufigsten Versuchstiere, da sie nicht sehr teuer und leicht zu behandeln sind. Auch Kaninchen, Katzen, Hunde, Krallenaffe und verschiedene Affenrassen kommen vor. Die Tiere werden eigens für Versuchszwecke gezüchtet.

In der Bundesrepublik Deutschland unterliegt ihre Haltung der veterinärmedizinischen Überwachung nach dem einschlägigen Gesetz durch die Landesregierung. Vor solchen Versuchen sind eigens Genehmigungen einzuholen. Berücksichtigt werden müssen Alter, Geschlecht, Ernährungszustand, Streßfaktoren und andere Belastungen oder auch der Tagesrhythmus. Diese Bedingungen müssen sorgfältig reproduziert werden, um die Streubreite der Resultate möglichst klein zu halten. Die Versuche sollten deshalb mit möglichst kleinen Gruppen von Tieren, die einander physiologisch möglichst ähneln, durchgeführt werden; die Ergebnisse werden statistisch kontrolliert. Werden die Veränderungen des Stoffwechsels nach der Applikation von Xenobiotika gemessen, so muß parallel zum Versuch eine Kontrollgruppe mit einem *Plazebo* (einer einfachen inerten Substanz wie Milchzucker) einbezogen werden. Bei Menschen oder Versuchstieren wird der Weg der zugeführten Substanz, des Xenobiotikums, durch Ausmessungen der Konzentrationen der Verbindung und/oder seiner Metaboliten in Blut, Urin, Fäzes, Galle, Atemluft, Schweiß oder Speichel bestimmt. Das Ausscheidungsmuster wird bei kleinen Versuchstieren am besten durch einen Stoffwechselkäfig ausgemessen. Bei solchen Käfigen können Urin und Fäzes getrennt aufgefangen werden, das ausgeatmete Kohlendioxid wird in einer Falle abgefangen. Setzt man ^{14}C-markierte Verbindungen ein, so wird der Käfig mit CO_2-freier Luft durchströmt, das ausgeatmete $^{14}CO_2$ wird in Natronlauge aufgefangen. Die Bestimmung des abgeatmeten $^{14}CO_2$ erlaubt dann, das Ausmaß des vollständigen Abbaus der Verbindung zu bestimmen. Viele Ausscheidungsprodukte in Urin und Fäzes sind konjungiert (d.h. an polare Moleküle wie Glucuronsäure, Sulfat oder Glycin gebunden). Dann müssen Proben enzymatisch oder chemisch hydrolysiert werden, um die freien Metaboliten extrahieren und durch exakte analytische Verfahren wie GLC und HPLC indentifizieren zu können.

Die Ganzkörperautoradiographie (S. 417) war für die Darstellung der Verteilung radioaktiver Verbindungen in kleinen Versuchstieren durchaus nützlich. Es lassen sich ungefähr Kriterien über Verteilung, Anhäufung in bestimmten Geweben, Ausscheidungsraten und Permeation biologischer Membranen gewinnen.

Zu empirisch vorbestimmten Zeitpunkten nach der Injektion der radioaktiv markierten Verbindung wird das Versuchstier durch Anästhesie getötet und möglichst schnell in einer Aceton-Trockeneis-Mischung bei −78 °C oder in flüssigem Stickstoff eingefroren. Der Kadaver wird in einer wäßrigen Lösung von Pflanzenharz (gum acacia) bei niederer Temperatur eingebettet. Danach wird das Tier entweder bis zur gewählten Ebene mit einem automatischen Messer geschnitten, oder man fertigt Serienschnitte mit einem Mikrotom mit spezieller Wolframcarbid-Schneide an. Die verbleibende Schnittfläche des Tieres wird dann bei niederer Temperatur während 1 oder 2 Wochen auf einen Röntgenfilm aufgepreßt; dieser wird dann entwickelt.

Das Schicksal einer Substanz in einem lebenden Versuchstier läßt sich auch durch die Perfusion eines Organs, wie Leber oder Niere, durch das zuführende Blutgefäß untersuchen. Man führt dabei in die blutzuführende Arterie des Organs eine feine Hohlnadel ein, durch die die Verbindung infundiert wird. Danach entnimmt man Blutproben aus der ableitenden Vene des Organs für die geplanten Analysen.

Die zunehmenden Kosten und ethische Überlegungen bei Ganztierversuchen haben zu intensiven Anstrengungen geführt, Alternativen für diese Experimente zu finden und gleichzeitig die Zahl der Tiere für die einzelnen Versuche zu reduzieren. Meist versucht man, auf geeignete In-vitro-Verfahren überzugehen. Hierzu benutzt man isolierte perfundierte Organe (etwa Magen, Darm, Pankreas, Leber, Niere und Auge), schließlich einzelne Zellen (z.B. Erythrozyten, Fettzellen, Muskelzellen, Neurone, Hepathozyten) und Zellorganellen, schließlich Zellsubstanzen.

Pflanzen

Schon seit langem benutzt man die höheren Pflanzen in der Biochemie zur Untersuchung von Vorgängen wie der Photosynthese, der Photorespiration, der Zellatmung und Stickstoff-Fixierung. Diese Themen stehen auch in bezug zur Produktivität der Pflanze. Allerdings ist die Physiologie der Pflanzen besonders kompliziert, deshalb wissen wir über biochemische Faktoren, die das Wachstum und die Entwicklung steuern, noch wenig. Besonders umfangreich ist die Reihe der sekundären Pflanzenprodukte, die heute als bestehende und potentielle Möglichkeiten zur Produktion anwendbarer Produkte, wie Medikamente, Pigmente, Duftstoffe, landwirtschaftliche Chemikalien und Enzyme, interessant sind. Wiederum ist die Regulation des Stoffwechsels dieser Substanzen wenig aufgeklärt; daher sind die Möglichkeiten, genetische Manipulationen mit den Genen für nützliche pflanzliche Produkte einzusetzen, noch sehr begrenzt. Die Einschränkung der Photorespiration und die Integration der Nif-Gene für die Stickstoff-Fixierung in Getreidepflanzen mit genetischen Manipulationen stellen 2 Beispiele der Verbesserung von Pflanzen dar; könnte man sie verwirklichen, so würde das auf die Landwirtschaft der Welt einen revolutionierenden Einfluß haben.

Verfahren zur Untersuchung des Stoffwechsels ganzer Pflanzen sind sehr vom Differenzierungsgrad der Pflanze abhängig.

Für Untersuchungen am Gesamtorganismus werden Pflanzen in kleinem Maßstab in sterilen Kompostbetten oder in Nährlösungen (**hydropone** Lösungen) in eigenen Kammern gezüchtet, wobei die meisten der physikalischen Umgebungsbedingungen, wie Temperatur, Licht oder relative Luftfeuchtigkeit, eingestellt werden können. Zu testende Verbindungen können entweder über die Wurzel appliziert werden, wenn man die Verbindung dem Nährmedium zusetzt, oder über die Blätter, indem man die Verbindung aufträgt oder aufsprüht; schließlich läßt sie sich auch in die Pflanze injizieren. Die nachfolgende Verteilung der Verbindung oder ihrer Metaboliten innerhalb der Pflanze läßt sich dann durch Analyse der verschiedenen Teile der Pflanzen zusammenstellen. Einzelne makrobiologisch-physiologische Veränderungen lassen sich leicht an intakten Pflanzen messen, wie das etwa für die CO_2-Fixierung gilt, die man *in-vivo* mittels der Infrarotgasanalyse (S. 352) analysieren kann. Auch Auswirkungen potentieller Wachstumswirkstoffe lassen sich am Blattwachstum ablesen.

Der Pflanzenstoffwechsel ist oft deshalb so schwierig zu untersuchen, weil viele Pflanzenteile nicht so hoch ausdifferenziert sind wie bei Tieren. Ihre Enzyme und Reaktionsketten des Stoffwechsels liegen daher auch nicht in so großer Konzentration vor.

1.5   Schnittechniken für Organe und Gewebe

Perfusion isolierter Organe

Hier werden Organe wie Leber, Niere oder Herz aus dem Tier abgenommen und bei konstanter Temperatur in einer geeigneten Apparatur am Leben erhalten. Man muß das zu untersuchende Organ nicht immer völlig aus dem Tier heraustrennen; die Perfusion läßt sich auch am freigelegten Organ im anästhesierten Tier durchführen, so daß die Nervenbahnen und mindestens ein Teil der Gefäßverteilung noch funktionsfähig sind. Um den Stoffwechselweg einer Verbindung im Organ zu untersuchen, fügt man sie der Perfusionslösung zu, die normalerweise durch die Arterie appliziert wird; die abführende venöse Flüssigkeit wird dann analysiert. So läßt sich das Schicksal der eingegebenen Verbindung im Stoffwechsel des Organs bestimmen. Dabei läßt man die Perfusionsflüssigkeit entweder nur einmal oder durch Rezirkulation mehrere Male durch das Organ strömen, bevor man die Analyse vornimmt. Als Antriebskraft dient entweder einfach die Gravitation oder eine kleine Flüssigkeitspumpe. Die letztere Methode wird notwendig, wenn man die Perfusionsflüssigkeit rezirkulieren will. Bei manchen Perfusionssystemen wird das Medium mit periodischen Druckschwankungen eingepumpt (pulsierender Fluß), nicht durch einfachen Überdruck. Dieser pulsierende Fluß nähert sich den Verhältnissen *in vivo* besser an, da er den Herzschlag einigermaßen imitiert.

Der Effekt einer Verbindung auf manche Gewebe läßt sich gelegentlich auch durch mechanische Meßgrößen am isolierten Organ bestimmen. Man fügt die Verbindung dem Flüssigkeitsbad des Gewebes zu und verfolgt die Reaktion, indem man ein Ende des Gewebes festklemmt und das andere an einen Schreiber anschließt, der mechanisch durch das Gewebe in Bewegung gesetzt wird. Reaktionen isolierter Organe auf wirksame Substanzen sind so bis hinab zur Nanogrammebene aufgezeichnet worden.

Schnittechniken

Diese Arbeitsweise ist speziell für die Herstellung von Schnitten eines Gewebes geeignet, die dünn genug sein müssen, um sowohl Sauerstoff an die inneren Zellschichten gelangen zu lassen als auch eine ausreichende Abführung von Stoffwechselprodukten durch Diffusion zu gewährleisten. Diesen Voraussetzungen genügen meist Schnitte zwischen 0,5 und 5 mm Dicke, wobei dann das Verhältnis der zerschnittenen Zellen zu den intakten Zellen klein bleibt.

Das untersuchte Organ soll möglichst schnell nach dem Tod des Tieres entfernt werden, um Post-mortem-Veränderungen klein zu halten. Als Werkzeug für die Schneidetechnik benutzt man Rasierklingen, für einheitlichere Präparate ein Mikrotom. Die Gewebeschnitte werden dann in ein Gefäß mit geeignetem Nährmedium gegeben (S. 14).

So läßt sich der Stoffwechsel der Schnitte untersuchen oder ein Effekt zugeführter Verbindungen auf Stoffwechselprozesse bestimmen. Gewebsschnitte haben sich bei manometrischen Messungen (S. 50) bewährt, doch muß man in der Gasphase bei aerober Arbeitsweise etwa 95 % Sauerstoff zuführen, um die inneren Zellen der Schnitte noch zu versorgen, da die Schnitte nicht dünn genug sind. Deshalb liegt ein offensichtlicher Nachteil dieser Methode darin, daß man, um genügende Eindiffusion des Sauerstoffs in die innersten Zellen der Schnitte zu erreichen, toxische Sauerstoff-Konzentrationen in den äußeren Zelllagen riskieren muß.

1.6   Gewebe- und Zellkultur

Mikroorganismen

Die Bezeichnung „Mikroorganismus" schließt meist alle Bakterien, Pilze, Hefen, einzellige Algen, filamentförmige Algen und Protozoen ein. Werden sie, ihren angestammten Lebensbedingungen entsprechend, für experimentelle oder industrielle Zwecke in Kultur aufgezogen, so stellen diese Organismen eigentlich vollständige Individuen dar, doch sind sie natürlich viel einfacher als tierische oder pflanzliche Zellen aus Kulturen zu bearbeiten. Deshalb hat man auch eine große Zahl von biochemischen und physiologischen Untersuchungen über Reaktionen und Vorgänge in *Gesamtorganismen* an Bakterien durchgeführt (z.b. *Escherichia coli, Bacillus subtilis*), auch an Hefen (z.B. *Saccharomyces cerivisiae, Candida albicans*) oder Algen (z.B. *Chlorella vulgaris, Chlamydomonas dysosmos*). Besonders die sehr einfache Struktur bei Bakterien stellt hier einen großen Vorteil dar, etwa bei Untersuchungen von selbständig aggregierenden Reaktionen und bei der Morphogenese (als Beispiel sei der Lebenszyklus lysogener bakterieller Viren genannt), bei der DNS-Replikation, der RNS-Transkription und -Translation, bei der Regulation der Transkription; die haploide Struktur erleichtert die Einführung von Mutanten, um diese Vorgänge aufzuklären. Mutantenarten, ihre Induktion, Selektion und Anwendung werden ausführlich in Abschn. 1.7, S. 35, beschrieben.

Die Extrapolation der Ergebnisse an mikrobiellen Systemen auf höhere Organismen führt gelegentlich zu Fehlinterpretationen, aber die Biochemie ist, wie in Abschn. 1.1, S. 1, ausgeführt, der vereinheitlichende Zweig der biologischen Wissenschaften. Trotz solcher Schwierigkeiten der Extrapolation ergibt jedenfalls die Information aus Mikroorganismen eine Basis für den Vergleich mit höheren Organismen. Auch werden die an mikrobiellen Zellkulturen erarbeiteten Vorschriften nun mit einigen Modifikationen an Kulturen von tierischen und pflanzlichen Zellen eingesetzt; auch dies bedeutet einen großen Fortschritt, da diese Systeme viele Anwendungen in der Grundlagenforschung in der Industrie besitzen (S. 23 und S. 27). Außer in der biochemischen und physiologischen Forschung stellen die Mikroorganismen Quellen für viele industrielle Erzeugnisse dar, etwa Alkohol, Aminosäuren, Antibiotika, Cofermente (Coenzyme), organische Säuren, Polysaccharide, Lösungsmittel, Steroide und modifizierte Steroide, Zucker, Tenside und Vitamine. Da man nun Mikroben auch genetisch manipulieren kann, wie in Kap. 5 dargestellt, ergeben sich rasch Erweiterungen dieser Liste auf Fremdsubstanzen (d.h. Substanzen, die der betreffende Stamm nicht selbst produziert). Dazu gehören Proteine aus höheren Organismen (z.B. Insulin und menschlicher Wachstumsfaktor), da man die DNS, die diese Gene enthält, isolieren und in einen bakteriellen Wirt einführen kann (*einklonieren*), der dann das Protein produziert.

Der Abbau von Abfallstoffen, vor allem aus landwirtschaftlichen und Nahrungsmittelbetrieben, stellt eine weitere wichtige industrielle Anwendung für Mikrobenzellkulturen dar, vor allem bei der Zerstörung von giftigem Abfall (z.B. Pestizide) oder in der Umwandlung des Abfalls in nützliche Endprodukte (z.B. Erzeugung von Methan durch methanogene Bakterien aus tierischem Abfall oder die Umwandlung von Cellulose-Abfällen in Ethanol durch *Trichoderma reesi*). Die Produktion von Biomasse als Single cell protein (SCP) durch Anwachsen der Bakterien auf verschiedenen Substraten stellt einen weiteren wichtigen Ansatz für mikrobielle Kulturen dar (z.B. das Wachstum von *Methylosinus* auf Methanol im Pruteensystem der ICI oder von *Fusarium graminearum* auf Glucose bei der Darstellung von Mykoprotein). Auch bei vorläufigen toxikologischen Messungen an Xenobiotika können Mikroorganismen manchmal alternativ zu Tierversuchen herangezogen werden.

Zuchtmedien für Mikroben sind schon genannt worden (S. 14). Die Zucht kann in *geschlossenen* oder *offenen Systemen* erfolgen. Bei geschlossenen Systemen setzt man eine begrenzte Menge des Mediums ein, das Wachstum wird sich so lange fortsetzen, bis ein Faktor im Milieu es begrenzt. Das kann der Verbrauch eines Nährstoffes sein, auch von Sauerstoff, oder ein toxisches Nebenprodukt beim Wachstum. In offenen Systemen, der sogenannten *kontinuierlichen Kultur*, wird ein Teil des Mediums mit den darin enthaltenen Zellen ständig abgeführt und durch das gleiche Volumen frischen Mediums wieder aufgefüllt. Die geschlossenen Systeme in einem bestimmten aliquoten Teil des Mediums nennt man auch Ansatzkulturen (batch). Wird jedoch regelmäßig neues Medium zugesetzt, so daß jedesmal das Volumen des Ansatzes anwächst und dabei weiteres Wachstum induziert wird, so sprechen wir von additionellen Ansätzen (fed-batch). Das Ziel bei diesen letzteren ist dabei, die Konzentration wichtiger Nahrungsstoffe in einem engen Bereich zu regulieren, bei den offenen kontinuierlichen Kulturen reguliert man die Konzentration sowohl der Nährstoffe wie auch der Produkte und der Biomasse durch die *Verdünnungsrate* (d.h. die Geschwindigkeit, mit der die Kultur abgezapft und wieder erneuert wird).

Offene Systeme nennt man entweder *Chemostaten*, dabei hält man die Wachstumsgeschwindigkeit durch die ständige Nachverdünnung des Milieus, das bestimmten begrenzten Nährfaktor enthält, etwas unter dem Optimum. Oder sie heißen *Biostaten*, dabei wird die Populationsdichte in einem engen Bereich gehalten, indem man eine physiologische Eigenschaft der Kultur ausnützt (z.B. die Konzentration gasförmiger

Produkte oder die Zelldichte). Diese benutzt man als Meßwert für die Verdünnung und Abführung von überschüssigen Zellen. Der besondere Vorteil kontinuierlicher Anzuchten gegenüber den Einzelansätzen liegt in der Möglichkeit, das Wachstum in *konstanter Rate* (steady-state) durchzuführen; hier sind Biosynthese und Zellteilung eng gekoppelt. Alle Anteile des Stoffwechsels verlaufen dann in einem Fließgleichgewicht, das durch die Verdünnungsgeschwindigkeit vorgegeben wird (d.h. der Nahrungszufuhr). Wenn also die Geschwindigkeiten der Biosynthesen und der Zellteilung konstant und gleich sind, dann ändert sich die Zusammensetzung der Zellen in der Kultur während der gesamten Dauer nicht, man spricht von ausgeglichenem Wachstum. Für viele biochemische Untersuchungen ist dies besonders nützlich; im Gegensatz dazu ändert sich die Zusammensetzung der Zellen in den Einzelansätzen oder additionellen Ansätzen während des Lebenszyklus ständig.

Züchtung von tierischen Geweben und Zellen

Die Vermehrung von tierischen Zellen in Kulturen besitzt viele Möglichkeiten der Anwendung, vor allem in Modellsystemen für biochemische, physiologische und pharmakologische Untersuchungen, aber auch in der Erzeugung von Wachstumsfaktoren, Serumfaktoren, monoklonalen Antikörpern, Interferonen, Enzymen, Impfstoffen und Hormonen. Eine kurze Übersicht über einige Anwendungen bestimmter Zell- und Gewebskulturen gibt die Tab. 1.**3**. Die Unterscheidung zwischen einer einfachen Inkubation *in vitro*, wie bei einer Perfusion und der echten Zell- und Gewebskultur, ist manchmal willkürlich, da die einsetzbaren Bedingungen für die Kultur keine Zellteilung hervorrufen. Kann man jedoch lebensfähige Zellen über mehr als 24 h erhalten, so bezeichnet man diese Ansätze meistens als Zellkulturen.

Bei der Darstellung von Einzelzellen und Zellaggregaten aus Organgewebe ist die Prozedur der Auslösung der Zellen aus ihrer Gewebseinbettung ohne Verletzung der Zellmembran besonders schwierig. Zunächst versuchte man es dabei mit mechanischen Verfahren, etwa indem das Gewebe durch Leinen- oder Seidentücher gepreßt wurde, oder indem man es mit Glaskügelchen in geeigneten Puffern durch heftiges Schütteln zerschlug. Dabei wurden unausweichlich sehr viele Zellen verletzt, so daß es bei der niedrigen Zellausbeute fraglich war, ob die schließlich isolierten Zellen für die ursprünglich im Gewebe vorhandenen repräsentativ waren. Biochemische Verfahren haben gegenüber diesen mechanischen diese Probleme weitgehend überwunden. Bei der Herstellung von Hepathozyten kann man heute mittels Collagenase und Hyaluronidase im calciumfreien Medium das Grundgewebe so verdauen, daß mehr als 95 % lebensfähiger Zellen reproduzierbar ausgelöst werden können. Man kann dabei entweder die Leber

Tabelle 1.3   Beispiele der Anwendungen von tierischen Zell- und Gewebs-kulturen

Art der Zelle	untersuchter Vorgang
Monozyten und Makrophagen	Pinozytose und Phagozytose
Lymphozyten	Analyse des Chromosomenmusters zur Feststellung genetischer Defekte beim Menschen
normal und transformierte Fibro-blasten	Oberflächenadhäsionen an normale und maligne Zellmembranen
Epithelzellen aus Nierentubuli	Differenzierung von Monolayers; elektri-scher, vektorieller Transport gelöster Substanzen
Myelomzellen und B-Lymphozyten	Reinigung und Chrakterisierung speziel-ler Membranproteine, z.b. α- und β-ad-renerge Rezeptoren, Dopamin-Rezepto-ren, Erzeugung monoklonaler Antikör-per
Epithelzellen aus Niere	Untersuchung der Korrelation zwischen Membranpolarisation und Ausspros-sung von umhüllten RNS-Viren
transformierte Leukozyten, Fibro-blasten und Lymphozyten oder Lymphoblasten	die Zellen werden mit Sendai-Virus infi-ziert, um α-, β- und γ-Interferon zu er-zeugen
transformierte HeLa-Zellen, Säugerzellen	Bestrahlungstherapie, Entwicklung von sensitivierenden und schützenden Sub-stanzen bei Bestrahlung
Mäusefibroblasten	Prüfung von akuter und chronischer To-xizität und Verstoffwechselung von Xe-nobiotika, Herstellung von Impfstoffen
primäre Kulturen von Rattennieren-zellen	Herstellung von Poliovaccine, Hormon-sekretion
Fibroblasten, Säugergehirnzellen	Identifizierung von Chemikalien, die eine Aneuploidie der Chromosomen verursachen

entfernen, dünn schneiden und dann mit den Enzymen inkubieren oder sie *in situ* mit einer mit Sauerstoff begasten, calciumfreien Pufferlösung der Enzyme durchströmen. Schließlich wird sie auch dann entfernt und mit einem stumpfen Spatel zerquetscht. Das letzte Verfahren benötigt größere Übung, ergibt aber anscheinend größere und besser reprodu-zierbare Ausbeute bei guter Lebensfähigkeit. Diese wird bei all diesen

Verfahren meist mittels der Fähigkeit der Zellen, den Farbstoff Trypanblau auszuschließen, bestimmt; wahrscheinlich sind Verfahren, die die Zellatmung oder Proteinbiosynthese einsetzen, besser geeignet.

Zellen, die direkt aus embryonalem, ausgereiftem oder Tumorgewebe in den Ansatz überführt werden, heißen *Primärkulturen*. Einzelzellen und kleine Zellaggregate, wie man sie durch die enzymatische Verdauung der Gewebsprobe erhält, werden im geeigneten Kulturmedium dispergiert, sie heften sich dann an die Oberfläche des Gefäßes an, wo sie entweder ohne Zellteilung lebensfähig bleiben oder, je nach dem Zelltyp, mehr oder weniger häufig Teilungen eingehen. Primärzellen, die nicht aus Tumorgewebe stammen, entwickeln sich dann als Einzelschichten (monolayers); die Teilungen hören auf, wenn die gesamte Oberfläche belegt ist, d.h., wenn die Schicht völlig konfluent geworden ist und die dichte Packung der Zelle ihre Bewegung begrenzt. Man bezeichnet dies als *Kontakthemmung*.

Primärkulturen, die zur Zellteilung befähigt sind, umfassen ein heterogenes Gemisch der einzelnen Zellen in verschiedenem physiologischem Zustand. Wenn wichtige Nährstoffe zu fehlen beginnen oder toxische Produkte sich im Medium anhäufen, beginnen die Zellen zu altern und sterben ab. Einige Primärkulturen (z.B. menschliche Fibroblasten) können bei der Umsetzung in frisches Medium wieder auswachsen; sie können mehrfach in Subkulturen eingesetzt werden, bevor sie moribund sind. Obwohl also begrenzt lebensfähig, zeigen diese Kulturen eine gute Übereinstimmung zum *In-vivo*-Verhalten, wobei die Zellen sowohl den ursprünglichen diploiden Kerntyp als auch den Differenzierungsgrad wie bei der Auslösung behalten. Man nennt solche Kulturen oft Zellinien, sie sind als Modellsysteme und zur Anzüchtung von Viren für Impfstoffe geeignet (Tab. 1.3). Die Proliferation einer Mischpopulation verschieden differenzierter Zellen wird oft als *Organkultur* bezeichnet.

Eine Differenzierung oder auch Transformation primärer Zellkulturen kann spontan bei der Subkultur von Zellen bestimmter Typen der Primärkultur [z.B. Babyhamsternierenzellen (BHK)] auftreten, so daß sogenannte *etablierte Zellinien* entstehen. Die Transformation ist eine physiologische Anpassung, sie entsteht nicht durch Mutation, obwohl dabei häufig eine Aneuploidie in Erscheinung tritt. Gegenüber den normalen Zellen zeigen die transformierten Zellen eine sehr stark veränderte Physiologie, sie können beliebig oft subkultiviert werden, sie wachsen schneller, zeigen keine Kontakthemmung und stimmen in ihren physiologischen Eigenschaften sehr weit mit neoplastischen, also Tumorzellen überein. Eine Transformation kann in Primärkulturen auch durch die glcichcn Chemikalien oder Viren hervorgerufen werden,

die *in vivo* Tumoren erzeugen, z.B. durch 3,4-Benzpyren, Nitrosome-
thylharnstoff oder Rous-sarcoma-Virus. Injiziert man transformierte
Zellen in Versuchstiere, so läßt sich dadurch eine Tumorbildung *in vivo*
hervorrufen. Die nahe Verwandschaft zwischen transformierten und
Tumorzellen wird oft experimentell ausgenutzt, indem man anstelle der
Tumorzellen transformierte Zellen verwendet, da sie zytologisch meist
homogener sind. Tierische Zellen kann man grob in solche unterteilen,
die nur unter Anheftung an eine feste Unterlage lebensfähig bleiben
(z.B. Primärkulturen, normale diploide Fibroblastenzellinien), und
solche, die in dünner Suspension wachsen (z.B. menschliche Tumor-,
HeLa-Zellinien, Hybridome). Natürlich darf das Material, an das die
Zellen angeheftet sind, nicht toxisch wirken, auch sollte es sterilisierbar
und transparent sein, so daß man die Zellen im Mikroskop beobachten
kann. Viele solche Oberflächen waren erfolgreich, etwa Kunststoff,
Glas, Teflon und DEAE-Sephadex. Durch kurzzeitige Verdauung mit
Trypsin lassen sich die Zellen leicht wieder ablösen.

Die Kultur solcher *anheftungsabhängigen* Zellen benutzte immer eine
Reihe von modifizierten Kammern für Objektträger, Röhrchen, Petrischalen und Laborflaschen. Das Wachstum der Zellen ist unter diesen
Bedingungen recht ineffizient, da sich in diesen statischen Flüssigkeitsschichten Diffusionsgradienten einstellen und die Abfallprodukte dicht
bei der Oberfläche der Zellen bleiben. Man umgeht diese Schwierigkeit
durch Kulturröhren oder -flaschen, die sich langsam drehen, so daß die
Zelleinzelschichten ständig abwechselnd der Luft und dem Milieu
ausgesetzt sind. Das Verhältnis der Oberfläche zum Volumen (A/V) der
einzelnen Rollflaschen bleibt jedoch verhältnismäßig klein, so daß
niedrige Ausbeuten in der Größenordnung von 3×10^7 Zellen aus einer
Oberfläche von 500 cm^2 erhalten werden. Man hat versucht, diese
Grundkonstruktion der Rollflaschen unter Verbesserung des A/V durch
das Beifügen innerer Kunststoffspiralen oder -platten zu optimieren.
Rollflaschen, die bis zu 1500 cm^2 enthalten, werden für die kommerzielle Produktion von Viren für Impfstoffproduktionen eingesetzt. Das
Verfahren ist arbeitsintensiv und die Geräte teuer, da das System
inhärente Schwierigkeiten bei der Überwachung und Regulation des
Wachstums der Zellpopulationen, des geordneten Nachschubs an
Medium und des Aberntens der Zellen aufweist. Eine deutliche
Steigerung des A/V-Verhältnisses erzielte man durch oberflächlich
geladene Dextran-Trägerperlen, die im flüssigen Medium aufge-
schlämmt werden und zur Anheftung der davon abhängigen Zellen
dienen. So konnte man gerührte Kessel entwickeln, die sowohl die
Überwachung des Mediums der Zellen wie auch die automatische
Zufuhr bei additiven Ansätzen erlauben. Man konnte so auch teure und
voluminöse Bioreaktoren mit kontrolliertem Milieu umgehen.

Zellen, die man in *Suspensionskultur* halten kann, werden entweder in einem statischen Verfahren bei niedriger Dichte angesetzt, wobei sich die Zellen am Boden des Gefäßes absetzen, oder bei hoher Dichte unter Rühren, Schütteln, Drehen oder durch Lüften des Kulturgefäßes. Säugerzellen werden durch Flüssigkeitsscherkräfte wie in Pumpen, engen Rohren, Zentrifugen oder bei starkem Rühren des Mediums leicht verletzt. Um diese Schwierigkeit zu umgehen, setzt man bei großen Bioreaktoren für die Umwälzung des Mediums keine Rührflügel ein, sondern entweder die schnelle vertikale Bewegung einer horizontal gelagerten perforierten Metallscheibe oder die kreisförmige Bewegung biegsamer Blätter an einer vertikalen Achse. Zum Schutz der Zellen gegen Scherkräfte kann man sie auch in semipermeable Membranen einschließen, etwa in Calciumalginat mit einem polymeren Skelett. Diese Verkapselungen erlauben größere Zelldichten als die freie Suspension, die Kapseln leicht durch Absitzen gewinnen. Ein Nachteil der Verkapselung sind die höheren Betriebskosten. Weitere große Hindernisse bei der Umsetzung der Säugerzellkulturen auf große Mengen sind die Begrenzungen der Sauerstoff-Versorgung, die Anhäufung und Abführung von toxischen Abfallprodukten, die Kosten der vielfältigen Mediumbestandteile (z.B. Serum) und die ständige Sterilität und Sicherheit der Gefäße.

Züchtung von Pflanzengeweben und -zellen

Diese Bezeichnung beinhaltet die Anzucht von Gewebsteilen aus Moosen, Sukkulenten und Blattpflanzen *in vitro*. Das Verfahren hat sich aus einem Modellsystem zum Studium der Pflanzenentwicklung zu einer allgemeinen Methode in der Physiologie und der Biochemie höherer Pflanzen entwickelt (Tab. 1.**4**). Grundsätzlich gelten die Vorschriften zur Züchtung von Mikroorganismen und tierischen Zellen auch für pflanzliche Zellen und Gewebe. Viele pflanzliche Explantate lassen sich *in vitro* mit Erfolg vermehren, wenn die Oberflächen der Zuchtgefäße sorgfältig sterilisiert werden, etwa durch 10%ige Lösung (*V/V*) von Calciumhypochlorit mit anschließender ausführlicher Waschung in sterilem, destilliertem Wasser. Beispiele liefern einzelne Zellen, Kallus (d.h. vielzellige Aggregate vorwiegend undifferenzierter parenchymatöser Zellen), Zellsuspensionen, Gemische aus Einzel- und aggregierten Zellen in durchgerührtem flüssigem Milieu, Protoplasten (d.h. Zytoplasma, das durch eine Cellulase-Verdauung der Zellwand nur noch an dünnes Plasmalemma gebunden ist), Mikrosporen und Ovula, Antheren, Meristeme aus Wurzeln und Schößlingen, sogar vollständige Organe.

Tabelle 1.4   Beispiele der Anwendung von Kulturen aus Pflanzenzellen und -geweben

System	untersuchter Vorgang
Protoplasten	
Nicotiana tabacum	Vermehrung von Mutantenklonen, Hybride aus Stämmen, Einschleusung von *Rhizobium*
Solanum tuberosum	somaklonale Differenzierung in Kulturen von Russet Burbank; genetische Transformation mittels Ti-Plasmids; Transformation durch Cokultivierung von Protoplasten mit Zellen aus *Agrobacterium tumefaciens*
Arabidopsis thaliana und *Brassica campestris*	zwischengenetische Hybridisierung
Glycine max	Darstellung lebensfähiger Bakteroide aus den Protoplasten von Wurzelknöllchen
Zellsuspensionen	
Acer pseudoplatanus	Regulation der Zellteilung, Wachstum von Einzelzellen, Einzelansätze und kontinuierliche Züchtung bei Überwachung der zugehörigen biochemischen Veränderungen
Daucus carota	Totipotenz in höheren Pflanzen
Nicotiana tabacum	kommerzielle Herstellung der Biomasse für die Tabakindustrie; Selektion von Mutanten, die Nitrat nicht reduzieren können (NR^-) mittels ihrer Resistenz gegenüber Chlorat; Selektion, Regeneration und geschlechtliche Transmission bei Regenerationspflanzen in der Resistenz gegen das Herbizid Picloram
Digitalis purpurea	Biotransformation des Digitoxins zu Digoxin
Kallus	
Phaseolus vulgaris	Physiologie und Biochemie der Differenzierung

Tabelle 1.4   (Fortsetzung)

System	untersuchter Vorgang
Vicea faba	zytogenetische Untersuchungen zur Stabilität oder Instabilität von Chromosomen
Elaeis guineesis	Klonierung der Triebe von Palmenarten und Optimierung von Ernteerträgen
Antheren und Mikrosporen	
Nicotiana tabacum	Embryogenese aus Antheren in Zellkultur
Brassica napus	Embryogenese aus Mikrosporen in Kultur
Embryonales Gewebe	
Papaver somniferum	Pflanzenzüchtung, direkte Befruchtung isolierter Ovula, um Hemmnisse der Befruchtung kennenzulernen
Meristem	
Solanum tuberosum	Bekämpfung des Potato virus X durch Hitzeabtötung mit nachfolgender Sproßregeneration
Chrysanthemum morifolium	Mutantenzüchtung nach Bestrahlung

Die Handhabung von pflanzlichen Zellen in der Suspensions-Kultur ist nicht so einfach wie die der Mikroorganismen, dennoch lassen sie sich in Einzelansätzen, additionellen Ansätzen und kontinuierlichen Kulturen durchaus vermehren; die Bioreaktoren sind dabei den Fermentern für die Zellsuspensionen von Mikroorganismen und tierischen Zellen durchaus ähnlich. Spezifische Probleme stellen sich bei der Suspensionskultur von Zellen höherer Pflanzen durch die lange Generationszeit (meist 2 Tage), die schlechte Disaggregation der Zellen, den Anteil anaerober Zellen, die Anfälligkeit der Zellwände gegenüber Scherkräfte in großen Fermentern und die genetische Instabilität bei längerdauernden Subkulturen.

Ähnlich wie tierische Zellen können auch die Zellen höherer Pflanzen in der Kultur transformiert werden. Hier kann eine solche Transformation *in vivo* durch eine geschlechtliche Kreuzung stattfinden, z.B. *Nicotiana glauca* x *Nicotiana langsdorfii*, auch durch Virusinfektionen, z.B. durch Wundenkallusvirus, auch durch bakterielle Infektionen, etwa *Agrobacterium tumefaciens*. Solche in Kultur gehaltenen transformierten Zellen lassen sich gut als Modelle mit gesundem Gewebe vergleichen, sie haben noch ausgeprägtere biosynthetische Fähigkeiten und eine typische Prototrophie gegenüber Wachstumsregulatoren. Der besondere Vorteil bakterieller und viraler Transformationen liegt darin, daß fremde DNS in die Chromosomen des Wirts eingeführt und integriert werden kann, wenn einmal der DNS-Vektor, etwa ein kloniertes *Agrobakterium*, tumorinduzierendes (Ti) Plasmid angeboten wurde. Es führt zur Bildung von Tumoren und zur Einschleusung der DNS in den Protoplasten (Tab. 1.**4** und S. 232).

Auch sucht man die Möglichkeit einer somatischen Hybridisierung von Zellen höherer Pflanzen zu nutzen. Voraussetzung ist ein Transfer von Chromosomen nach einer Fusion von Protoplasten (Tab. **1.**4). Diese Fusion läßt sich durch Polyethylenglykol (PEG) herbeiführen. Die Selektionen können durch eine Mikromanipulation der verschmolzenen Protoplasten unter dem Mikroskop nach dem Kennzeichen der verschiedenen Plastiden oder durch den Einsatz genetischer Markierungen bei geeigneten Zuchtmedien oder anderen Milieubedingungen erfolgen. Dabei liegt der Schwerpunkt der Untersuchung der somatischen Hybridisierung mit Zellen aus höheren Pflanzen heute anders als bei tierischen Zellen (S. 151), er liegt mehr bei der Erzeugung neuer Arten, vor allem in jenen Fällen, in denen Spezies und Stämme normalerweise geschlechtlich nicht vereinbar sind.

Fraktionierung ganzer Zellen

Die einfache mechanische Abtrennung einer Zellsorte aus einem Gemisch in größeren Mengen, auch von Einzelzellen aus einer vermischten Population, stellt für den Zellbiologen ein häufiges Problem dar. Durch Einsatz eines Mangelmilieus, das die Fähigkeit bestimmter Zellen zur Teilung herabdrückt, kann man andere Zellen einfach durch ihre Überlebensrate als Klasse herauszüchten. Ihr Überleben, und damit auch ihre Selektion, kann auf mehreren Faktoren beruhen, etwa auf der Resistenz gegen eine Infektion oder ein Cytotoxin, auch das Fehlen bestimmter Rezeptoren, auf einer früheren Infektion mit entsprechender Immunisierung oder auf Zelltransformation.

Solche Gruppentrennungen lassen sich bei Zellen auch aufgrund verschiedener Sedimentationseigenschaften in einer differenziellen, Dichtegradienten-, einer isopyknischen und einer Durchflußzentrifugation erreichen (Kap. 2). Auch erlauben die unterschiedlichen Oberflächenladungen der Zellen ihre Trennung über eine kontinuierliche Durchflußelektrophorese oder über isoelektrische Fokussierung (Kap. 7). Auch andere Oberflächeneigenschaften können für diese Grobtrennungen durch eine Affinitätschromathographie wichtig werden (S. 291), für eine Anheftung polyvalenter Liganden, wie Immunoglobulinen und Lectinen zur Agglutination (Abschn. 4.8 S. 185), schließlich für die Verteilung zwischen Phasen (S. 266). Eine solche Verteilung wird auch als *Zelloberflächenchromatographie* bezeichnet, häufig verwendet man dabei die Trennung der Zellen zwischen einer PEG- oder Dextran- und Wasserphase, auch in einem Gegenstromverteilungsapparat. Die Trennung ist dann abhängig von der Art der exponierten polaren Gruppen der Phospholipide und Membran-Kohlenhydrate der tierischen Zellen. Eine weitere Grobtrennung benutzt einfach die *sequenzielle Filtration* durch feine Maschen verschiedener Porengrößen, um die Zelle nach der Grundlage ihrer Größe, Gestalt und Verformbarkeit zu trennen.

Einzelzellen lassen sich in Analogie zu den oben geschilderten Verfahren isolieren. Günstig sind natürlich seltene Mutanten mit typischen Resistenzen. Die Mikroskopie und Mikromanipulation kommt dabei wie bei den somatischen Hybridisierungstechniken zur Anwendung.

Feiner ausgearbeitete Durchflußmethoden benutzt man, um Einzelzellen aus einer gemischten Kultur auszusortieren. Besonders häufig ist dabei die durch *Fluoreszenz gesteuerte Zellsortierung* FACS, die die Fluoreszenz entsprechend markierter Zellen in einer Mischpopulation in einem *Zytofluorimeter* (auch *Zytofluorograph*) ausmißt. FACS-Geräte trennen die Zellen nach einer vorgegebenen Fluoreszenzmarkierung, indem sie sie innerhalb geladener Tröpfchen einschließen, die dann unter dem Einfluß eines angelegten elektrischen Feldes nach ihrer Polarität und Ladungszahl in verschiedene Auffanggefäße oder -träger abgelenkt werden können. Die übrigen Zellen, die in ungeladenen Tröpfchen verbleiben, fallen in ein anderes Gefäß. Die Fluoreszenz läßt sich dabei durch Farbstoffe, die für bestimmte Zellkomponenten spezifisch sind (z.B. Propidium-iodid für DNS), oder Antikörper gegen Oberflächenantigene erzeugen. Das Gerät benutzt einen Argon-Laser, um die Fluoreszenzfarbstoffe der markierten Zellen anzuregen, während sie einzeln durch eine Dünnschicht-Kammer hindurchlaufen. Dabei sind Einzelzellsuspensionen Voraussetzung. Proben aus Geweben oder Tumoren sind schwieriger zu bearbeiten, da sie sich ohne Verletzung oder Verlust der Oberflächenmarkierungssubstanzen kaum zerlegen lassen. Als Kontrolle benutzt man die Streuung monochromatischen Lichtes, die eine Funktion der Zellgröße und Überlebensfähigkeit ist, sie wird rechtwinkelig zum einfallenden Licht mit Hilfe eines Photomultipliers gemessen. Die Meßdaten solcher Zytofluorimeter werden im allgemeinen auf einem VDU als Histogramme der Fluoreszenzintensität und als Funktion der Zellzahl mit der betreffenden Intensität dargestellt, um Subpopulationen der Zellen zu erfassen.

Entspricht die Fluoreszenzintensität, Größe und Lebensfähigkeit einer Zelle den Kriterien, wie sie dem FACS-Gerät vorgegeben werden, so wird das Tröpfchen, das die Zelle enthält, beladen und abgetrennt.

Das Verfahren ist sehr empfindlich, Zytofluorimeter, die mit weniger als 100 Fluorophoren-Gruppen für einzelne Viruspartikel arbeiten, sind jetzt entwickelt worden. Bis zu 5000 Zellen können in den automatisierten Geräten pro s in lebensfähige Subpopulationen aufgetrennt werden.

Ein neues Verfahren, um Adherenzen bei der Zellteilung auszunutzen, liegt in der *magnetophoretischen Trennung*. Hier werden magnetische Mikrosphären mit angehefteten Liganden eingesetzt. Bis jetzt bestanden diese Mikrosphären aus Magnetit (Fe_3O_4), dieser Kern wurde von Polyacrylamid- und/oder Agarose-Schichten umgeben, an die die Fluoreszenzfarbstoffe und Proteine chemisch angeheftet waren. Die Zellen werden mit diesen Mikrosphären in Suspension gemischt, anschließend durchlaufen sie ein magnetisches Feld. Zellen, die an ferromagnetische Partikel angeheftet sind, werden zu den Polen des Magneten gesteuert und von den übrigen Zellen freigewaschen. Man hat diese Technik auf Neuroblastomzellen mit bestimmten Oberflächengangliosiden angewandt, dabei ließ sich eine Reinigung von über 98 % erreichen; die Lebensfähigkeit der Zellen blieb unbeeinflußt.

Zellzählung

Biochemische Untersuchungen beziehen sich oft auf Phasen des Wachstumszyklus oder den wichtigen physiologischen Parameter des Entwicklungszustandes des jeweiligen Organismus. Man bezieht die Ergebnisse meist auf die Zellzahl, Lebend- oder Trockengewicht, Zellvolumen oder die Gewichtseinheit des Stickstoffs. Zellzahlen müssen durch eine geeignete Zählmethode ermittelt werden. Unbewegliche Bakterien lassen sich bequem aus der Anzahl der Kolonien bestimmen, die sich an der Oberfläche eines festen Trägermediums nach Animpfen mit verschiedenen Verdünnungsgraden der ursprünglichen Lösung ausbilden.

Bevor man aber Suspensionen von Zellen auszählt, müssen Zellaggregate vorsichtig enzymatisch oder chemisch – etwa mit einer verdünnten Lösung von Chromtrioxid – getrennt werden. Dann wird ein aliquotes Volumen der Zellsuspension in eine Zellkammer eingegeben, die Zellzahl wird unter dem Mikroskop bestimmt. *Hämocytometer* sind die meistbenutzten Kammern für Blutzellen, Mikroorganismen und suspendierte tierische Zellen. Einige Zellkammern für Algen, Plankton und an einer Oberfläche aggregierte tierische Zelle in Kulturflaschen benützen Inversionsmikroskope, dabei fällt das Licht von oben durch die Zellkammer, und die Optik des Mikroskops erlaubt, die Probe von unten zu betrachten.

Die Zellzählung im Mikroskop ist langsam, arbeits- und zeitintensiv, vor allem bei niedrigen Zelldichten wird sie oft ungenau. Die *elektro-*

nischen Teilchenzähler überwinden diese Schwierigkeiten, viele sind vollautomatisiert und lassen auch durchschnittliche Zellgrößen mitbestimmen. Der *Coulter-Teilchenzähler* funktioniert nach folgendem Prinzip. Zwischen 2 Elektroden in einem flüssigen Elektrolyten fließt Strom. Eine der Elektroden liegt innerhalb einer Glasröhre (Zählröhre), die andere außerhalb, sie taucht jedoch in die Probe ein, die im gleichen Elektrolyten suspendiert ist. Eine kleine Öffnung in der Röhre garantiert den Stromfluß. Nun wird ein Aliquot bekannten Volumens, meist etwa 0,5 cm³, automatisch in die Röhre durch die Öffnung eingesogen; alle suspendierten Teilchen erhöhen dabei den Widerstand zwischen den 2 Elektroden, während sie durch die Öffnung fließen. Dies ruft ein Signal hervor, das auf einem Oszillographen und mit einem Digitalzählwerk registriert wird. Dabei ist die Größe jedes Signals direkt der Größe des Teilchens proportional. Die Signale sind natürlich sehr klein und müssen für eine exakte Registrierung verstärkt werden. Das Maß der Verstärkung hängt von der Größe der gezählten Teilchen ab, es muß für jede Probesorte eigens bestimmt werden. Auch die Größe des Zählrohrs und seiner Öffnung muß exakt ausgewählt werden. Für Zellen in Blutproben und für die meisten Bakterien ist eine Zählöffnung von 100 μm Durchmesser gut geeignet, für kleinere Teilchen wie Viren ergibt ein Durchmesser von 70 μm bessere Ergebnisse. Für größere Teile benutzt man natürlich größere Öffnungen.

Da die Größe des Signals der Größe des Teilchens direkt proportional ist, kann man mit einem „Signalhöhe"-Analysator die Zellpopulation nicht nur nach der Zahl, sondern auch nach durchschnittlicher Größe und dem gesamten Biovolumen der Population charakterisieren. Die mittlere Zellgröße wird dann durch Zählungen bei steigenden Einstellungen des Analysators und Berechnung der durchschnittlichen Schwelleneinstellung für die Auszählung gerade der halben Gesamtpopulation bestimmt. Man benutzt verschiedene Teilchen von gut bekannter Größe, wie Blütenstaub, oder meist Latexperlen, um das System zu eichen; eine bestimmte mittlere Signalhöhen-Analysator-Einstellung kann dann einem definierten Teilchenvolumen zugeordnet werden. Aus solchen Messungen und der Einstellung der mittleren Signalhöhe im Analysator läßt sich die Zellgröße bestimmen. Multipliziert mit der Zahl der Zellen, erhält man das Gesamtzellbiovolumen.

Fehler der Größenmessung können durch osmotische Effekte an den Zellen durch die eingesetzte Pufferlösung entstehen, Fehler bei der Zellzahl durch das Absetzen von Zellen, durch Bruchstücke in der Suspension und das teilweise Verstopfen der Öffnung. Für verhältnismäßig einfache Zellpopulationen ist das Verfahren sehr geeignet, nicht jedoch für natürliche Populationen etwa von Phytoplankton, bei dem die Streubreite der Größe der Organismen die Auswahl der geeigneten Öffnung erschwert.

Kälteaufbewahrung

Wenn Zellinien mehrfach einer Subkultur unterzogen werden, so kann dies eine genetische Abweichung und damit einen Verlust an biosynthetischen Fähigkeiten oder morphogenetischem Potential nach sich ziehen. Verschiedene Verfahren sind geeignet, diese Schwierigkeiten zu vermindern, dazu gehören Methoden, die in Stammkulturen das Wachstum verlangsamen, und bei manchen Mikroorganismen die Gefriertrocknung. Die *Kryopräservation* in flüssigem Stickstoff ist bei den meisten Eukaryonten vorzuziehen. Denn bei −196 °C, dem Siedepunkt des Stickstoffes, sind als einzige Reaktionen noch Ionisierungen durch die Hintergrundstrahlung möglich, die jedoch selten auftreten. Biochemische Umsetzungen enden bei etwa −130 °C. Für verschiedene Gewebearten sind eigene Vorschriften ausgearbeitet worden, häufig nur empirisch.

Eine erfolgreiche Aufbewahrung setzt voraus, daß die Lebensfähigkeit auch nach langen Zeiten der Aufbewahrung der Proben in flüssigem Stickstoff erhalten bleiben. Die Geschwindigkeit des Einfrierprozesses ist dabei sehr wichtig, da bei zu schnellem Frieren große Eiskristalle in der Zelle auftreten. Beim Auftauen könne solche Kristalle die Zellmembran zerstören. Langsames Einfrieren begünstigt die Ablagerung des extrazellulären Eises bei Temperaturen unter 0 °C. Dafür muß die Konzentration der gelösten Stoffe im Inneren genügend hoch sein, um das innere Wasserpotential niedriger zu halten als das an der Außenseite. Man kann diesen Prozeß noch unterstützen, indem man *kryoprotektive Substanz*, etwa Glycerin, das durch die Zellwand eindringen kann, dem Medium der Zellen zusetzt. Wenn sich an der Außenseite der Zellen Eis gebildet hat, so wird Wasser aus den Zellen herausgezogen, da der Dampfdruck von Eis niedriger ist als der des vorwiegend wäßrigen Zytoplasmas. Wasser strömt so lange aus, bis die beiden Dampfdrucke im Gleichgewicht stehen. Während dieses Vorganges schrumpft der Protoplast, pflanzliche und mikrobielle Zellen können plasmolysiert werden. Man kann andererseits auch kryoprotektive Substanzen wie Polyethylenglykol (PEG) und Polyvinylpyrrolidon (PVP) einsetzen, die nicht durch die Zellmembran treten können, damit wird ein langsamer Wasserentzug während des langsamen Einfrierens gewährleistet. Tritt er zu schnell ein, dann kann es zur Denaturierung der Proteine durch lokale Ausbildung hoher Salzkonzentrationen kommen, so daß wiederum die Membran beschädigt wird. Bei einer kritischen Temperatur, die dem eutektischen Punkt des Zytoplasmas entspricht, friert der Zellinhalt ohne Ausbildung von Eiskristallen ein.

Das langsame Einfrieren wird am besten in kommerziellen Geräten erreicht, das die Proben in ihren Ampullen um 0,1–10 °C min^{-1} abkühlt.

Solche Geräte bestehen aus Behältern für einen flüssigen Alkohol mit niedrigem Schmelzpunkt, die mittels einer Kühlschlange abgekühlt werden. Ähnlich wirkungsvoll kann auch eine schrittweise Abkühlung sein, bei der man die Probe für vorgeschriebene Zeiten bei einer bestimmten Temperatur in selbstgebauten Geräten hält. Erreicht die Temperatur –50 °C für solche Geräte oder –100 °C beim kontrollierten Einfrieren, so werden die Ampullen direkt in flüssigen Stickstoff eingebracht. Das Auftauen der Proben nimmt man am besten rasch in einem Wasserbad von 30–40 °C während einiger Minuten vor, die Proben werden dabei leicht geschwenkt. Das Auswaschen der kryoprotektiven Substanz sollte dabei nicht notwendig sein, da sie nicht toxisch wirken dürfen. Eine Beschädigung des Gewebes während des Versuches läßt sich durch Licht- oder Elektronenmikroskopie feststellen (Abschn. 1.9, S. 41). Die Lebensfähigkeit bestimmt man entweder über die Ausmessung der Zellatmung, über zytologische Färbungen (z.B. Ausschluß von Evans-Blau aus lebensfähigen Zellen) oder durch Wiederanzüchten in geeignetem Milieu.

Stammsammlungen

Der zunehmende Einsatz von Zellkulturen für experimentelle Untersuchungen beruht sehr stark auf Sammlungen von Referenzproben von pflanzlichen, tierischen und mikrobiellen Zellinien. Sie müssen leicht zugänglich sein, um aus verschiedenen Laboratorien vergleichende Studien durchführen zu können. Zu den besonderen Charakteristiken einer bestimmten Zellinie können biochemische Merkmale, Karyotypanalysen, Mutanten des Nährstoffbedarfs, Resistenz oder Empfindlichkeit gegen Medikamente, Tumorbildung, zelluläre Einschlüsse (z.B. mikrobielle Infektionen, Phagen oder andere Episome) oder Sekretionsprodukte (z.B. Hormone oder Immunglobuline) gehören. Eine deutsche Stammsammlung findet sich in Göttingen.

1.7   Mutanten in der Biochemie

Viele biochemische Untersuchungen der Molekularbiologie arbeiten mit den strukturellen und metabolischen Folgen von *Mutationen*, d.h. von Veränderungen der Basensequenz der DNS. Auch basiert unsere Kenntnis der Grundzüge der Zusammensetzung und Auswirkungen des genetischen Codes und der Regulation der Transkription und Translation in prokaryontischen und eukaryontischen Zellen weitgehend auf den Ergebnissen bei Mutanten. Der Wert der Mutationen liegt dabei in der Möglichkeit des Vergleichs mit normalen Zellen (Wildtyp), wenn sie im Phänotyp ausgedrückt werden.

Klassifizierung von Mutanten

Nach ihrer chemischen Beschreibung gibt es mehrere Arten der Mutation, sie können entweder auf natürlichem Weg oder mit physikalischen oder chemischen Mutagenen herbeigeführt werden, etwa Röntgen- oder Ultraviolettbestrahlung, Hydroxylamin, mit alkylierenden Substanzen wie Ethylmethansulfonat oder acridinen Farbstoffen, wie Proflavin. Die Auffindung der Restriktions-Endonucleasen und der genetischen Rekombination *in vitro* (Abschn. 5.12, S. 243) macht die *gezielte Mutagenese*, also die beabsichtigte Veränderung eines Gens an einer spezifischen Stelle für einen spezifischen Zweck möglich. Eine *Punktmutation* bedeutet den Austausch einer einzigen Base in der DNS; eine Doppelmutante tritt bei 2 solchen Austauschen auf. Deletionen und *Deletionssubstitutionen* nennen wir die Löschung oder den Austausch größerer basengepaarter Stücke eines Gens.

Die herkömmlichen Untersuchungen der Biochemie der Genetik benutzten Mikroorganismen, weil sie vorwiegend haploid sind, eine kurze Generationszeit besitzen, in oder auf definierten Medien gezüchtet werden können, wodurch die Isolierung von Mutanten einfacher wird. Schließlich können sie in großer Biomasse in industriellem Maßstab in Fermenten gezüchtet werden und dennoch aus biochemisch einheitlichen Zellpopulationen bestehen. Auch sind die genetischen Transfersysteme der Mikroorganismen einfacher als die der Eukaryonten; heute sind sie auch sowohl nach der genetischen Kartierung wie auch in der Komplementation verhältnismäßig gut definiert.

Mutationen lassen sich weiterhin ebenfalls vorwiegend als Ergebnis der Untersuchung an Mikroorganismen nach den Bedingungen rubrizieren, unter denen die Mutation im Phänotyp exprimiert wird. Sogenannte *nonkonditionale Mutanten* weisen den mutierten Phänotyp unter allen (natürlichen) Bedingungen auf. Beispiele dafür liegen bei den *auxotrophen* Mutanten, bei denen ein Defekt oder Ausfall eines Enzyms vorliegt, so daß er durch Hinzufügen des Produkts dieses fehlerhaften Enzyms kompensiert werden kann, wenn es in die Zelle transportiert werden kann. *Prototrophe* Mutanten gehören ebenfalls dazu, hier *erwerben* auxotrophe eine biosynthetische Reaktion, die sie von dem Zusatz dieses Nährstoffes unabhängig macht. Gewinnt man auf diese Weise den Phänotyp des Wildtyps zurück, so spricht man von *Reversion*; sie tritt meist bei Punktmutanten auf. Eine *Resistenzmutante* besitzt gegenüber einem Antimetaboliten oder einer anderen Belastung aus dem Milieu eine erhöhte Resistenz. Die Resistenz gegen antimikrobielle Medikamente bei Bakterien, Hefen oder Plasmiden sind Beispiele von Resistenzmutanten, sie beruhen oft auf einem einzelnen Gen.

Eine bedingte, *konditionelle* Mutante zeigt nicht unter allen Umständen den mutierten Phenotyp. *Suppressorsensitive Mutanten (sus)* zeigen mutierte Eigenschaft in Anwesenheit des Genprodukts eines Suppressors aus dem Wildtyp-Gen *nicht*. Die Expression der Mutation wird also unterdrückt. So kann etwa ein Bakteriophage mit einer *sus*-Mutation in einer Wirtszelle mit dem su^+-Gen vermehrt werden (die sogenannte *permissive Bedingung*). Fehlt der Wirtszelle das Suppressor-Gen (su^-), so ist dies nicht möglich (*nichtpermissive Bedingung*). Ein weiteres gutes Beispiel einer bedingten Mutante liefern die *temperatursensitiven Mutanten*, bei denen ein biologisch aktives Protein oberhalb oder unterhalb einer kritischen Temperatur rasch inaktiviert wird. Der besondere Vorteil dieser bedingten Mutanten bei biochemischen Untersuchungen liegt darin, daß sie konditionell oder potentiell lethal sind und damit Untersuchungen an Enzymen ermöglichen, die durch Zusatz von ergänzenden Nährstoffen nicht ersetzt werden können. So können etwa Mutationen an DNS- und RNS-Polymerasen oder Aminoacyl-tRNS-Synthetasen nicht durch einfache ergänzende Nährstoffe im Medium kompensiert werden, da diese Enzyme im Stoffwechsel der sehr komplexen Makromoleküle arbeiten.

Selektion von Mutanten

Um Mutanten bei genetischen, biochemischen oder physiologischen Untersuchungen einsetzen zu können, müssen sie aus einer Mischpopulation selektioniert werden. *In-vitro*-Verfahren werden für solche Selektionsversuche breit ausgenützt. Die Selektion von biochemischen Auxotrophen beruht meist auf dem Zusatz wirksamer Konzentrationen von Antibiotika (z.B. Penicillin oder Streptomycin) zu Minimalmedien der Bakteriensuspensionen, um teilbare Wildtypzellen abzutöten. Die enthaltenen Auxotrophen können zwar nicht wachsen, bleiben jedoch lebensfähig und lassen sich nach der Zentrifugation und dem Auswaschen des Antibiotikums weiterzüchten. Dazu benützt man dann das um den notwendigen Nährstoff erweiterte Medium. Die Art dieses Zusatzes zum Minimalmedium charakterisiert den Auxotrophen auch biochemisch. Das *Platieren* einer *Replika* von Nährböden mit komplettem Medium auf Minimalmedium mit einem sterilen Samtstempel dient ebenfalls zum Auffinden auxotropher Kolonien, die dann in ein komplettes Medium überführt werden können. Bei Eukaryonten gibt es keine solche effiziente Methode einer Replika. Zur Zeit beruht deshalb die Selektion der Auxotrophen meist auf dem Zusatz eines Antimetaboliten zum Minimalmedium, um Wildtypzellen während der Teilung abzutöten, so daß die Auxotrophen geschützt bleiben und nach dem Transfer in ein Medium mit angereichertem Ernährungsangebot angezüchtet werden können, oder auf dem umständlichen Verfahren der einzelnen Auszüchtung.

1.8   Fraktionierung des Zellinhalts

Zellfraktionierungsexperimente verlaufen notwendigerweise in 2 aufeinanderfolgenden Schritten, dem Homogenisieren und der Trennung. Homogenisieren bedeutet ein Zerreißen und Zergliedern des geordneten Gewebes zum Homogenat genannten Produkt. Beim zweiten Schritt der Trennung wird das System teilweise wieder in eine neue Ordnung umgruppiert, wobei Komponenten des Homogenats ähnlicher physikalischer Eigenschaften, wie Größe und/oder Dichte, zusammenkommen.

Eine ideale Reinigungsprozedur würde die gewünschten intrazellulären Komponenten so, wie sie in der Zelle vorliegen, anliefern; also im unveränderten morphologischen und Stoffwechselzustand, auch in quantitativer Ausbeute. Die meisten Zellfraktionierungs-Experimente bleiben dahinter zurück, einige Kompromisse werden notwendig; so zerstören einige Fraktionierungsmethoden, die morphologische Kriterien erhalten, die biologische Aktivität, andere Methoden mit guter Ausbeute an Aktivität nehmen den Verlust morphologischer Strukturen in Kauf.

Planung und Ziel eines Versuchs schränken die Wahl des Gewebes oft ein. Gewebe und Zelle aus verschiedenen Spezies unterscheiden sich in der Zusammensetzung, der Fragilität und der Dichte, daraus kann sich ein Vorzug für eine bestimmte Trennmethode ergeben. So ist Lebergewebe z.B. besonders gut für Untersuchungen an mitochondriellen Funktionen geeignet, weil in diesen Zellen eine große Zahl von Mitochondrien vorliegt, aus Thymus andererseits gewinnt man leicht Zellkerne, weil beinahe 50 % der Zellmasse der Thymozyten aus Kernen besteht. Die meisten Gewebe aber sind nach Zellform und -größe sehr verschieden, die subzellulären Fraktionen aus Homogenaten tierischer Gewebe spiegeln immer diese Heterogenität wider. Die chemische Analyse solcher Fraktionen liefert deshalb nur eine durchschnittliche Angabe der Zusammensetzung der Fraktion. Tierische Organe weisen verschiedene Anteile an Blutflüssigkeit und Bindegewebe auf. Meist sind die Schwierigkeiten beim Homogenisieren um so größer, je mehr Bindegewebe im Organ vorliegt, dann sind die Ausbeuten subzellulärer Komponenten um so kleiner.

Homogenisieren eines Gewebes bringt den Verlust morphologischer und biochemischer Kriterien mit sich. Dient es als erster Schritt bei der Reinigung einer Verbindung aus einem Gewebe, so wird das nicht weiter wichtig sein. Will man jedoch Stoffwechselvorgänge untersuchen, so ist es nötig, so viel wie möglich Morphologie und Biochemie des Gewebes unverletzt zu erhalten. Leider sind die Anwendungen der Homogenisierverfahren bei Untersuchungen an Gewebefraktionen noch rein empirisch. Im Vordergrund steht die Notwendigkeit, das

Gewebe zu zerreißen und die Zellgrenze (Zellwand und/oder Membran) aufzubrechen, um den Inhalt herauszulösen. Man hat viele verschiedene Geräte und Techniken bei solchen Versuchen eingesetzt, ihre Arbeitsweise wird aber nicht immer richtig eingeschätzt. Homogenisieren ist deshalb, nachdem die befriedigende theoretische Basis und ausreichende Standardisierung der Methoden meist fehlt, mehr eine Kunst als eine Wissenschaft. Wegen der großen Unterschiede zwischen verschiedenen Geweben, sowohl was die Fragilität gewisser zellulärer Organellen als auch den Widerstand einzelner Zellen und Gewebe betrifft, bringt das Homogenisieren jedes einzelnen Materials besondere Schwierigkeiten, die nur durch empirische Versuche gelöst werden können. Der größte Beitrag dieser Technik lag in ihrer Bedeutung als erster Stufe der Trennung zellulärer Komponenten, aus der dann die intrazelluläre Verteilung einzelner Stoffwechselvorgänge abgeleitet werden konnte. Homogenate hat man allerdings auch direkt als Versuchsobjekte benutzt, um die Aufnahme und Verstoffwechselung zugesetzter Verbindungen zu untersuchen. Diese Technik ist nützlich, wenn Verbindungen schwierig in intakte Zellen einzubringen sind, etwa wegen mangelnder Permeabilität der Membran.

Aufschluß von Geweben und Zellen

Bei höheren Temperaturen werden die meisten Enzyme denaturiert, deshalb werden Zellen meist in besonders eingerichteten Kältekammern bei Temperaturen um 0 °C durchgeführt. Der Aufschluß der Zellwand läßt sich oft durch eine einfache enzymatische Verdauung erzielen, wobei man eine geeignete Kombination von Zellulasen, Chitinasen, Lipasen, Proteasen (etwa Collagenase, Trypsin, Hyaluronidase) einsetzt. Auch durch einen osmotischen Schock, durch wechselndes Einfrieren und Auftauen lassen sich Zellen aufschließen, ebenso durch organische Lösungsmittel wie Toluol. Meistens sind allerdings stärkere Eingriffe notwendig. Tierische Zellen sind etwa schon durch mäßige Belastung aufzuschließen, die Zellwände der Bakterien- und Pflanzenzellen erschweren den Aufschluß. Die physikalischen Methoden lassen sich in 2 größere Gruppen einteilen, bei denen entweder Scherkräfte zwischen Zellen und festen Widerlagern („solid shear") oder innerhalb der flüssigen Zellsuspension erzeugt werden („liquid shear").

Scherkräfte gegen eine Festphase. Schüttelapparaturen, die Poliermittel enthalten, sind zum Beispiel Mickle-Schüttler, die die Suspension bei der Frequenz von 300–3000 min^{-1} bewegen. Dabei werden kleine Glaskügelchen von etwa 500 nm Durchmesser zugefügt. Zellorganellen werden dabei gelegentlich verletzt. Die Hughes Press liefert eine einheitlichere Aufschlußmethode, da hier ein Kolben entweder eine tiefgefrorene Zellpaste oder Zellen zusammen mit einem Aufschlußmittel durch eine Öffnung von nur 0,25 nm Durchmesser in der entsprechenden Druckkammer hindurchpreßt. Um die bakteriellen Präparate aufzuschließen, müssen dabei Drucke bis zu $55 \cdot 10^6$ Pa (8000 p.s.i.) erzeugt werden.

Scherkräfte im flüssigen Milieu. Man kann sie entweder mit rotierenden Messerklingen, Stempeln (*Mixer* oder *Blender*) oder durch Auf- und Abbewegungen eines Stempels oder einer Kugel (*Homogenisatoren*) in der Zellsuspension erzeugen. Die Schneidblätter der Blender stehen meist in einem schrägen Winkel, um die effiziente Durchmischung des Gefäßes zu gewährleisten. Dazu ordnet sich ein V2A-Stahlbecher, dessen Wandung eingebuchtet ist und somit eine maximale Durchmischung erlaubt. Die Geräte werden meist nur wenige Sekunden in Gang gesetzt, um eine lokale Überhitzung zu vermeiden. Für Mikroorganismen eignet sie sich nicht.

Homogenisatoren bestehen meist aus Stempeln aus Pyrex-Glas, Teflon oder PVC, die rotieren und in einem Glaszylinder von geringfügig größerem Durchmesser auf- und abbewegt werden. Dabei werden sie mit der Hand (Dounce oder Tenbroeck) oder mit einem Motor (Potter-Elvejham) angetrieben. Der Zwischenraum zwischen Stempel und Zylinderwand sollte exakt eingestellt sein, da das Maß der Scherkraft einmal von den Radien des Stempels und dem Zylinder, zum anderen von der Rotationsgeschwindigkeit des Stempels abhängt. Da der Zylinder festgehalten wird, während der Stempel rotiert, nimmt die Geschwindigkeit der Flüssigkeit von einem Minimum an der Wand des Zylinders bis zu einem Maximum an der Oberfläche des Stempel zu.

Die Scherkräfte in Homogenisatoren sind zu klein, um intakte pflanzliche und mikrobielle Zellmembranen zu zerstören, andererseits werden auch die sehr kleinen Scherkräfte bei mehrfachem Pipettieren in einer Pasteur-Pipette schon tierische Zellen, etwa polymorphnucleare Leukozyten aufschließen.

Aufbrechen durch Auspressen unter hohem Druck. Das häufigste Gerät hierzu ist die French-Druckzelle, in der Drucke von bis zu $10{,}4 \cdot 10^7$ Pa (mehrere hundert Atmosphären) erzeugt werden können. Mit dieser Methode lassen sich vor allem Mikroorganismen angehen.

Die Druckzelle besteht aus einer V2A-Kammer mit einem Nadelventil am unteren Ende. Die Zellsuspension wird bei geschlossener Ventilstellung eingebracht. Danach wird das Ventil nach oben gedreht, geöffnet und mit dem Kolben des Gerätes Luft in der Zelle ausgedrückt. Man schließt das Ventil, bringt die Zelle wieder in ihre ursprüngliche Lage auf einer festen Grundlage und kann danach den notwendigen Druck mit einer hydraulischen Presse auf den Kolben geben. Wenn dieser erreicht ist, wird das Nadelventil langsam geöffnet.

Während des Durchtritts werden die Zellen zerrissen. Das Ventil bleibt bei gleichem Druck offen, der Zellbrei wird aufgefangen.

Aufbrechen durch Ultraschall. Hochfrequenter Ultraschall hat sich für Zellaufbrechungen als nützlich erwiesen. Der Mechanismus, durch den Ultraschall Zellen verletzen kann, ist nicht genau bekannt. Allerdings entstehen hohe vorübergehende Drucke, wenn solche Suspensionen der Ultraschallschwingung ausgesetzt werden. Der hauptsächliche Nachteil der Arbeitsweise ist die beträchtliche Wärmefreisetzung. Um ihre Einwirkung herabzusetzen, hat man besonders konstruierte Glasgefäße für die Zellsuspensionen eingeführt. Diese Konstruktionen lassen die Zellen von der Ultraschallquelle zum Rand zirkulieren, wo eine Kühlung durch ein Eisbad möglich wird. Andere Gefäße haben eingebaute Kühlungen, die jedoch wahrscheinlich lokale Hitzeeffekte nicht völlig ausschließen können.

1.9 Mikroskopie

Licht- und elektronenmikroskopische Untersuchungen begleiten häufig die biochemische Analyse von Gewebe, Zellen oder Organellen, einmal, um die Unversehrtheit festzustellen, zum anderen, um die gefundene Struktur mit der Funktion zu vergleichen. Die Mikroskopie liefert dabei die beiden unabhängigen Aufgaben der Vergrößerung und der verbesserten Auflösung, also die Möglichkeit, 2 Objekte als getrennte Größen zu unterscheiden. Während die Lichtmikroskope eine Zusammensetzung optischer Linsen benutzen, um Objekte abzubilden, dienen hierfür elektromagnetische Fokussierungen der Elektronenmikroskopie. Sowohl Licht- wie auch Elektronenmikroskope können entweder in der Transmission oder der Oberflächenbeobachtung (*scanning*) arbeiten. Entweder werden die Strahlen des Lichts oder der Elektronen durch die Probe gelenkt und gebeugt, oder sie werden an der Oberfläche reflektiert. Polarisationsmikroskope dienen dazu, optisch aktive Substanzen in Zellen aufzufinden, etwa Kieselgel-Partikel, Asbest in der Lunge oder Stärkekörnchen in Amyloplasten. Im *Phasenkontrast* benutzt man Lichtmikroskope oft, um eine Verbesserung des Kontrasts ungefärbter Gewebe zu erzielen, etwa um bei Zellen oder Organellen eine Lyse nachzuweisen. Die Änderungen der Phase des ausgestrahlten Lichtes werden meist durch eine Diffraktion oder durch eine Änderung der Brechzahl des Materials in der Probe verursacht, schließlich durch unterschiedliche Dicke der Probe. An ihren Konvergenzpunkten ergibt sich dann eine Interferenz der Lichtstrahlen, so daß die Amplitude der beobachteten Welle ab- oder zunimmt (*konstruktive oder destruktive Interferenz*). Das Auge nimmt dann unterschiedliche Helle wahr.

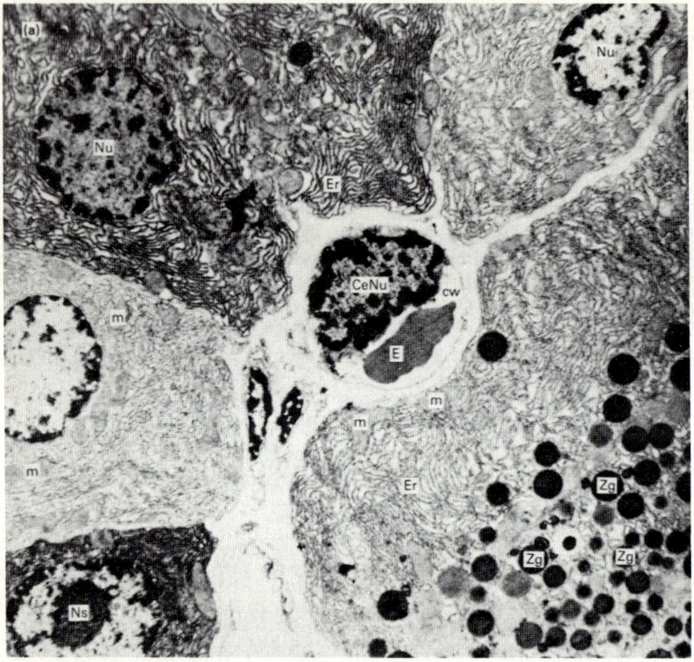

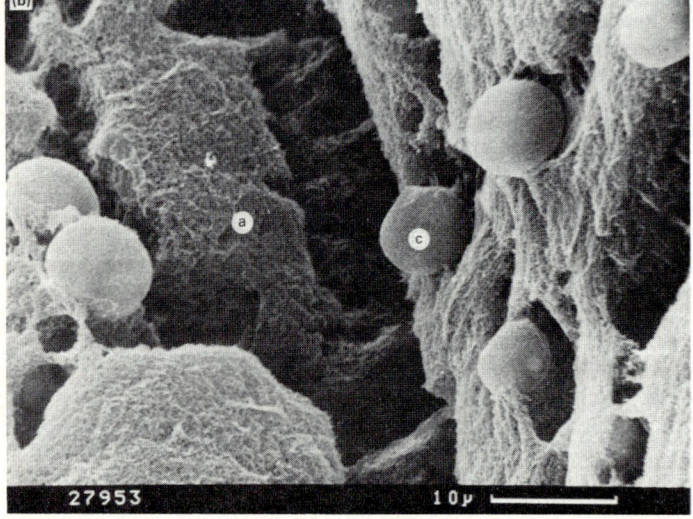

a

b

Lichtmikroskope vergrößern ungefähr 1500fach, damit bewegt sich die Vergrößerung bei 0,2 μm, Transmissionselektronenmikroskope können bis zu 200 000fach vergrößern, die Auflösungsgrenze liegt bei etwa 1 nm. Diese besondere Auflösung der Transmissionselektronenmikroskopie (TEM) beruht vorwiegend auf der sehr kurzen Wellenlänge der Elektronen, die durch das eingesetzte elektrische Feld beschleunigt werden (100 kV Beschleunigung liefern eine Wellenlänge von $4 \cdot 10^{-3}$ nm). Die Rasterelektronenmikroskope (scanning electron microscopes, SEM) setzen einen feinen Strahl von Elektronen ein, der sich über die Oberfläche der Probe bewegt, die mit Metalldampf behandelt wurde. Die Sekundärelektronen aus dieser Oberfläche werden dann durch Scintillationskristalle gebündelt, die die einzelnen abgestrahlten Elektronen in Lichtimpulse umwandeln. Jeder Impuls in diesen Kristallen wird dann wieder durch einen Photomultiplier verstärkt und dient dazu, ein Bild auf einem Fluoreszenzschirm aufzubauen. Hauptsächlich wird die SEM für die Beobachtung von Oberflächen eingesetzt, etwa bei Zellen. Die Auflösungsgrenze liegt dabei bei 6 nm. Die Abb. 1.1 stellt die Anwendung von TEM und SEM bei biologischen Untersuchungen dar.

Energiedispersive Röntgenmikroanalyse

Die Elektronenmikroskope lassen sich so ausrüsten, daß man damit eine *röntgenspektrochemische Analyse* durchführen kann. Bei der Bestrahlung einer Probe mit einem Elektronenstrahl kann ein Elektron aus einer inneren in eine äußere Schale überspringen. Danach wird das

Abb. 1.**1 a**   Transmissionselektronenmikroskopisches Bild des Querschnittes eines Ausführungsganges im exokrinen Pankreas der Ratte (x 9 750). In der unteren rechten Hälfte der Abbildung läßt sich die hohe Konzentration des rauhen endoplasmatischen Retikulums bei intensiver Proteinsynthese und -speicherung erkennen. Die Bausteine für diese Synthese kommen aus dem Blut über Kapillaren, wie im Mittelpunkt der Abbildung erkennbar. Die Fixierung des Gewebes erfolgte in gepuffertem Formaldehyd und Glutaraldehyd, danach in einer Lösung von Osmiumtetroxid. Die Färbung wurde mit Bleicitrat und Uranylacetat durchgeführt. **CeNu** Zellkern der kapillaren Endothelzelle, **cw** Kapillarwand, **E** Erythrozyt in der Kapillare, **Er** rauhes endoplasmatisches Retikulum, **m** Mitochondrion, **Ns** Nucleolus, **Nu** Nucleus, **Zg** Zymogen, **b** Rasterelektronenmikroskopie einiger Zellen von *Chlorella* sp. Die Zellen wurden durch das Aufschlämmen in einer Lösung von 5 % *w/V* Natrium-Alginat und 1 Tropfen dieser Lösung in eine 0,1 mol Lösung von $CaCl_2$ fixiert. Das schwerlösliche Calcium-Alginat bildet sofort Zellen, die einen Durchmesser von 2–3 mm haben. Für die Elektronenmikroskopie wurden diese Perlen durch eine Reihe ansteigender Konzentration an Aceton (bis zum Maximum von 100 %) passiert, danach in einem Trockner beim kritischen Dampfdruck präpariert und schließlich mit Gold bedampft (**c** *Chlorella*-Zelle, **a** Alginat)

unterbesetzte Orbital durch ein Elektron aus einem Orbital höherer Energie aufgefüllt, wobei ein Photon im Bereich des Röntgenspektrums freigesetzt wird, seine Energie der Differenz der Energieniveaus der beiden Orbitale. Die Bindungsenergie der Elektronen in den Orbitalen entspricht der Ladung des Kerns, deshalb produziert jedes Element dabei sein charakteristisches Emissionsspektrum. Die abgestrahlten Photonen werden meistens über die *energiedispersive Analyse* charakterisiert, dabei benutzt man Festkörperdetektoren, die mit Lithium dotiert sind. Jedes abgestrahlte Photon reagiert mit Silicium-Atomen und erzeugt einen elektrischen Impakt, der zu der Energie des Photons proportional ist. Analysatoren der elektronischen Amplituden und Mikrocomputer besorgen die Analyse der spektroskopischen Daten, die dann auf einem Videomonitor abgebildet werden. Diese röntgenspektrochemische Analyse vermag die Verteilung von Ionen *in situ* auszumessen. Sowohl für die SEM wie auch für die TEM wird dabei die hohe räumliche Auflösung der Elektronenmikroskopie mit der Möglichkeit kombiniert, subzelluläre Elementarverteilungen zu bestimmen. Man kann dabei unter optimalen Bedingungen Flächen ausmessen, die nur 100 nm^2 groß sind und dabei jedes Element oberhalb der Atomzahl 10 entdecken. Die Messungen bestimmen dabei die Gesamtkonzentration des Elements, nicht aber die Aktivität der freien Ionen, darin ähnelt die Methode der Flammenphotometrie (Abschn. 8.7, S. 369). Sie ist allerdings empfindlicher.

Eine weitere sehr empfindliche Messung der Verteilung der Elemente in biologischen Materialien setzt einen hochenergetischen Protonenstrahl ein, um charakteristische Röntgenstrahlen zu erzeugen. Das Verfahren wird als *protoneninduzierte Röntgenemission* (PIXE) bezeichnet, die Auflösung liegt bei 1 μm und der analytischen Empfindlichkeit von 10 ppm. Unter optimalen Bedingungen kann allerdings die Empfindlichkeit von einem Teilchen in 10^7 für viele Elemente erreicht werden. Das Prinzip der Verfahren nähert sich sehr der röntgenspektrochemischen Analyse an, allerdings werden bei PIXE Röntgenstrahlen durch den Stoß zwischen Protonen erzeugt, hier zwischen Elektronen und Zielatomen. Die Technologie der Linsen für Elektronenstrahlen läßt sich hier nicht direkt auf die PIXE-Methode anwenden, da die Linsen eine zu schwache Leistung haben, um hochenergetische Protonen einzusetzen. In der Folge wurden dann starke fokussierende magnetische Quadrupollinsen entwickelt. Der Vorteil der PIXE liegt darin, daß hochenergetische Protonen in die Probe weiter eindringen als Elektronen. Sie werden weniger leicht durch Zusammenstöße im Atom abgelenkt, daher reicht die Auflösung mittels Protonenstrahl in dickere Proben hinein.

Probenvorbereitung der Mikroskopie

Für die Transmissionselektronenmikroskopie benötigt man sehr dünne Präparate, Quetschungen, Ausstriche, hängende Tropfen oder Dünnschnitte. Um die interzellulären Strukturen unverletzt zu erhalten, muß das *Gewebe* zunächst entweder durch rasches Tiefgefrieren oder eine chemische Behandlung *fixiert* werden. Damit werden Quervernetzungen zwischen dem Eiweiß und den Lipiden der Membranen geschaffen. Die Fixierung mit Formaldehyd (vor allem bei der Lichtmikroskopie)

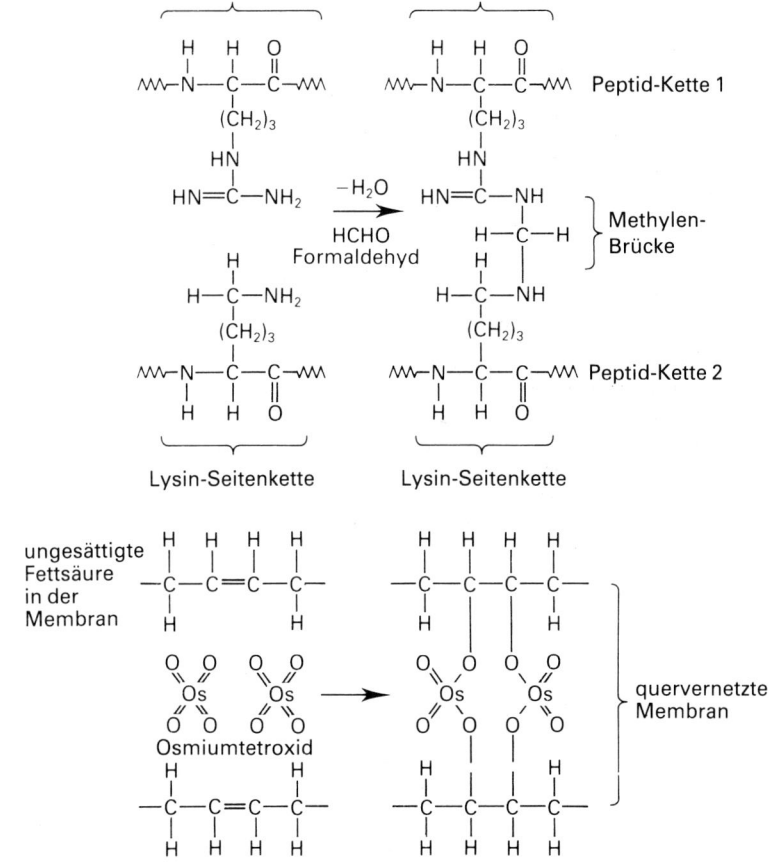

Abb. 1.**2** Quervernetzung durch einige chemische Fixierungsmittel: **a** Formaldehyd, **b** Osmiumtetroxid

und Glutaraldehyd (direkt oder in der Verbindung mit Formaldehyd für die Elektronenmikroskopie) beruhen auf der Ausbildung von Methylen-Brücken mit den Lysin-Seitenketten der Proteine. Osmiumtetroxid, ein häufiges Fixierungsmittel in der Elektronenmikroskopie, dient meist zur Quervernetzung mit ungesättigten Fettsäuren (Abb. **1.2**). Das fixierte Gewebe wird dann den nachfolgenden Prozeduren der Färbung und Schnitten unterworfen.

Proben für die energiedispersive Röntgenmikroanalyse (S. 43) werden entweder durch eine chemische Fixierung oder meist erfolgreicher durch Schnellgefrieren, etwa in flüssigem Propan oder halbflüssigem Stickstoff, vorbereitet. Dabei werden Ionen auch immobilisiert. Benutzt man tiefgefrorenes Gewebe, so müssen die Schnitte sehr dünn sein, dabei muß häufig ein Ultrakryomikrotom eingesetzt werden. *Histologische Färbungen* dienen dazu, Kontraste zu schaffen, die die Auflösung verbessern.

Da viele Färbungen der Lichtmikroskopie auf den anionischen oder kationischen Reaktionen der Farbstoffe mit intrazellulären ampholytischen Molekülen beruhen, wird ihre Effizienz durch den pH-Wert beeinflußt. Viele zytoplasmatische Substrate sind in diesem ganz leicht sauren Milieu vorwiegend positiv geladen, so daß sie vorzugsweise an Anionen-Farbstoffe wie Eosin binden, die leicht sauer sind. Chromatin und DNS sind bei pH 6,0 Anionen und binden deshalb gut an kationische Färbemittel, wie etwa Methylenblau. Für die Transmissionselektronenmikroskopie wird der Kontrast in der Probe durch die Einlagerung von Schwermetallen verbessert, da die Elektronen viel stärker absorbiert werden. Als Beispiele hierfür dienen die Bindungen von Uran-Salzen an Nucleinsäuren und Proteine und von Blei an Lipide.

Fixiertes und nicht tiefgefrorenes Gewebe muß vor dem Schnitt für das Mikroskop in Träger eingebettet werden. *Einbettungsmedien*, wie Wachse und Epoxidharze (Araldit oder Epon), sind weder mit Wasser noch mit Alkohol mischbar. Daher muß das fixierte Gewebe zunächst entwässert und dann durch eine Passage von Lösungen mit steigenden Ethanol-Konzentrationen vorbereitet werden, bis es schließlich in Xylol oder Propylenoxid als Vorbereitung zur Einbettung in dieser flüssigen Phase eingebracht wird. Schnitte von etwa 10 μm dieses Gewebes bei −20 °C in einem tiefgekühlten Mikrotom (*Kryostat*) lassen sich in der Lichtmikroskopie leicht und schnell untersuchen, sind jedoch gegen das Auftauen sehr empfindlich. Für die klassische lichtmikroskopische Untersuchung dienen Wachsschnitte von etwa 5 μm Dicke, die auf warmem Wasser flotiert, danach auf Objektträger aufgetrocknet und durch Lösungsmittel von Wachs befreit werden. Ultradünnschnitte für die TEM (= 100 nm) werden mit *Ultramikrotomen* geschnitten, die als

Messer entweder gläserne oder diamantene Bruchkanten benutzen, die Schnittfläche des fixierten Gewebes muß dabei auf 0,1 mm^2 abgeglättet sein. Schnitt*streifen* werden auf Wasser aufgebracht und mit dünnmaschigen Kupfernetzen für die Färbung und Auswertung aufgefangen. Zellorganellen werden im Elektronenmikroskop meist in der isolierten, intakten Form untersucht, seltener in Dünnschnitten.

Beim *negative staining* läßt man die Schwermetallfärbung, meist Phosphorwolframsäure, aus der Flüssigkeit über der Oberfläche der isolierten Zellpartikel auf einem dicken Kohlenstoff- oder Kunststoffband eintrocknen. Die Schwermetallsalze setzen sich in oberflächlichen Spalten der Probe während des Trocknens ab, dadurch kommt ein negatives Bild zustande, indem die Probe gegen einen dunklen Hintergrund hell aufscheint, so daß Strukturdetails oft sehr klar herauskommen. Durch die *Bedampfungs*technik werden Kontraste und Einzelheiten der eingespannten Probe oft noch deutlich hervorgehoben. Dabei legt sich ein dünner Film eines Schwermetalls, wie Platin, schräg von einer Seite auf die Oberfläche der Probe. In der elektronenmikroskopischen Aufnahme sieht das aus, als würde ein starkes Licht von einer Seite auf die Oberfläche der Probe geworfen, alle Spalten kommen als tiefe Schatten heraus. *Gefrierbruchtechniken* nutzen diese Bedampfungsvorschriften aus, um bei schräg gebrochenem zellulärem Material die oberflächlichen Membranstrukturen auf oder in Zellorganellen darzustellen; die gefrorenen Proben werden dabei mit dem Messer entlang der Bruchlinien der Membranen geschnitten.

Zytochemie

Die *Zytochemie* dient dazu, spezifische chemische Komponenten, vor allem Enzyme durch direkte mikroskopische Darstellung in Zellen in Gewebeschnitten *in situ* zu identifizieren. Sie benutzt dabei den kolorimetrischen Nachweis der Produkte oder Substrate im Stoffwechsel. Meist sind allerdings die Produkte enzymatischer Reaktionen leicht löslich, vor der Darstellung müssen sie fixiert werden. Die Ausbildung schwerlöslicher und elektronendichter Präzipitate für die Elektronenmikroskopie benutzt sogenannte Fangmechanismen. Die Tab. 1.5 stellt einige typische enzymatische zytochemische Verfahrensweisen dar. Für die Visualisierung der Enzyme etwa der oxidativen Phosphorylierung, der ß-Oxidation, der Fettsäure-Biosynthese usw. waren diese zytochemischen Verfahren sehr erfolgreich.

Die *immunozytochemische Mikroskopie* nutzt die Möglichkeit aus, zelluläre Bestandteile als Antigene zu benutzen und mit ihnen bindende Antikörper hervorzurufen. Der Antikörper, ein Immunoglobulin, wird aus dem Serum des immunisierten Tieres (etwa Kaninchen) isoliert und chromatographisch gereinigt. Damit kann man einen zweiten Antikör-

Tabelle 1.5   Beispiele der zytochemischen Auswertung von Enzymen in der Lichtmikroskopie (LM) und der Elektronenmikroskopie (EM)

Enzym	Funktion in der Zelle	Methode zur Visualisierung
Acyl-transferasen	Übertragung einer Acylgruppe nach Aktivierung durch CoA	Die Darstellung hängt von der Freisetzung der Sulfydryl-Gruppe ab, man benutzt zur Erzeugung eines elektronendichten Präzipitats Ferrocyanid, Inkubation in der Gegenwart von Cadmium/Lanthan, um schwerlösliche Mercaptide auszunutzen
Cytochrom-oxidase	Endglied des Elektronentransports im Mitochondrion zwischen Flavoproteinen und O_2	„Nadi-Reaktion", Naphthol und ein aromatisches Diamin werden in Anwesenheit von Cytochrom c zu einer Reaktion zusammengeführt, die ein farbiges Indophenol erzeugt; für die EM wird ein Indoanilin erzeugt, das polymerisiert
DNase, RNase	Freisetzung von Nucleotiden aus DNS und RNS	Bleisalz-Fällungen, zu denen eine notwendige Anfangsreaktion gehört, etwa die Hydrolyse des Nucleotids durch Phosphatase
Esterasen	Hydrolyse eines breiten Spektrums von Carbonsäureestern	Für die EM benutzt man Thioessigsäure als Substrat; enthält das Inkubationsmedium Bleinitrat, so entsteht ein Bleisulfid hoher Elektronendichte; für die LM und EM können andererseits auch Azo-Farbstoffe benutzt werden
Sulfatasen	Hydrolytische Spaltung von Schwefelsäure-Estern	Für die LM dienen Naphtholsulfate als Substrate, die freigesetzten Naphthole werden an Diazo-Salze gekuppelt (Azo-Farbstoffmethode), die Farbstoffe müssen schwerlöslich sein; für die EM benutzt man Komplexbildner für Schwermetalle wie Blei und Barium

per in einem anderen Tier (häufig Ziege) erzeugen. An diesen Ziegenantikörper gegen Kaninchen wird ein Fluoreszenzfarbstoff, etwa Fluorescein angeheftet. Er dient dazu, die Bindung der Kaninchenantikörper und den ersten Antigenen mit seiner charakteristischen Fluoreszenz in einem UV-Mikroskop darzustellen. Diese indirekte Methode hat eine breite Anwendung in der Pathologie. Der unspezifische Ziegenantikörper kann dabei an verschiedene Kaninchenantikörper binden.

Die Fluoreszenz-Analog-Zytochemie (FACS) stellt eine verhältnismäßig neue Methode dar. Dabei läßt sich die räumliche Verteilung zellulärer Komponenten in lebenden Zellen visualisieren, indem man funktionelle Moleküle oder Organellen mit fluoreszierenden Sonden markiert, und dann diese fluoreszierenden Analoga in den Zellen wieder einbringt. Als Beispiel soll die Verteilung des zytoskeletären Proteins Actin dienen, das mit 5-Iodacetamidofluorescein markiert und dann durch einen hypoosmotischen Schock in Zellen eingebracht wurde. Danach folgt die Fluoreszenzmikroskopie. Derartige Methoden dienen auch zur Trennung von Zellen (cell sorting, S. 31).

1.10   Grundtechniken zur Stoffwechseluntersuchung

Für die Erkundung von Stoffwechselwegen oder ihre Verbreitung in bestimmten Organellen, Zellen, Organen oder Organismen lassen sich einige allgemeine Regeln aufstellen. Sie betreffen hauptsächlich, allerdings nicht unbedingt, *In-vitro*-Präparate, daher kann man sie neben der Mikroskopie auch dazu benutzen, die Unversehrtheit von Organellen usw. festzustellen. Die Untersuchungen richten sich zunächst darauf, alle Zwischenprodukte und Enzyme eines Stoffwechselweges zu identifizieren und durch chromatographische, spektroskopische oder andere Methoden zu quantifizieren. Substituiert man dann Gewebsextrakte mit solchen Zwischenprodukten, so läßt sich die Beschleunigung der Reaktionen im Stoffwechselweg, bedingt durch den schnelleren Umsatz, vorhersagen. Eine Änderung der Geschwindigkeit des Stoffwechsels kann auch durch Milieubedingungen eintreten. So wird etwa der Abbau von Glucose im Embden-Meyerhof-Weg in fakultativen Anaerobiern wie in der Hefe *Saccharomyces cerevisiae* durch die Umstellung von aeroben zu aneroben Bedingungen beschleunigt. Derartige Veränderungen des Stoffwechsels sind eng an die kinetische Aktivität einiger Schlüsselenzyme der Regulation gebunden, da diese mehrere positive oder negative Effektoren binden, die dann wiederum (allosterische) Veränderungen der Enzyme bewirken (S. 109f). Die Identifizierung und Charakterisierung der begrenzenden Enzyme ist deshalb bei der Erforschung von Stoffwechselwegen, vor allem auch um ihre Regulation zu erforschen, ein wichtiger Aspekt.

Grundsätzlich muß zwischen der Geschwindigkeit eines physiologischen Vorganges und den kinetischen und regulatorischen Eigenschaften der Schlüsselenzyme ein direkter Zusammenhang bestehen. Durch den Einsatz von *Enzyminhibitoren* häufen sich Zwischenprodukte an, so daß sie leichter zu identifizieren sind.

Die Markierung mit Isotopen ist dabei für das Schicksal von Vorläufern und für die Auswertung des Turnover im Stoffwechsel ein nützliches Instrument (S. 424). Die Untersuchung des *zeitlichen Verlaufs* und die Arbeitsweise des *Pulse chase* stellen die 2 häufigsten Verfahren bei der Aufklärung des Stoffwechsels dar, bei denen mit Isotopen markierte Verbindungen identifiziert und isoliert werden. Oft lassen sich die verschiedenen Elemente in den Verbindungen markieren, dies erleichtert die Erkundung der Verläufe im Stoffwechselweg, etwa bei der Biosynthese von Aminosäuren. Der große Vorteil der radioaktiven Markierung liegt in der Empfindlichkeit und Spezifität der Messungen.

Ob ein bestimmter Stoffwechselweg beschritten wird oder nicht, läßt sich zunächst oft aus der Ausbeute an Biomasse oder aus Messungen des Gasaustausches bei Mikroorganismen bestimmen, die mit einem spezifischen Substrat wachsen. Der Wert solcher Untersuchungen hängt von der Erkenntnis der Stöchiometrie und der Abbauwege ab.

Die *Manometrie* mißt quantitativ die Aufnahme oder Abgabe von CO_2 und O_2, O_2- und CO_2-Elektroden können nur die Veränderungen der Konzentration von O_2 und CO_2 ausmessen, allerdings arbeiten sie mit größerer Empfindlichkeit. Die Manometrie erlaubt auch, den Austausch von O_2 und CO_2 gleichzeitig zu bestimmen. Ein Vorteil liegt auch darin, daß die Austauschrate vom Partialdruck des Gases zu Beginn des Versuches unabhängig ist. Man führt solche manometrischen Untersuchungen in kleinen Glaskolben durch, die an ein Manometer angeschlossen sind, welches die Änderungen der Gasmenge im Kolben ausmißt. Bei allen diesen Manometern werden die Kolben in einem Wasserbad mit auf $\pm 0,5\,°C$ konstanter Temperatur mechanisch mit 100–120 Schwingungen pro min geschüttelt. Damit ist sichergestellt, daß die Messung des Gasaustausches im Stoffwechsel nicht durch die Diffusion des Gases in die flüssige Phase begrenzt wird. Das Gesamtvolumen der Flüssigkeit im Kolben sollte im allgemeinen 4 cm³ wegen der Begrenzung der Diffusion des Gases nicht überschreiten. Hauptsächlich werden 2 Manometer benutzt: das von *Warburg* mit *konstantem Volumen* (Abb. 1.**3**) und das von *Gilson* mit *konstantem Druck* (Abb. 1.**4**).

Die biologischen Anwendungen der Manometrie sind breit gestreut. Ein **respiratorischer Quotient** RQ wird als das Verhältnis des freigesetz-

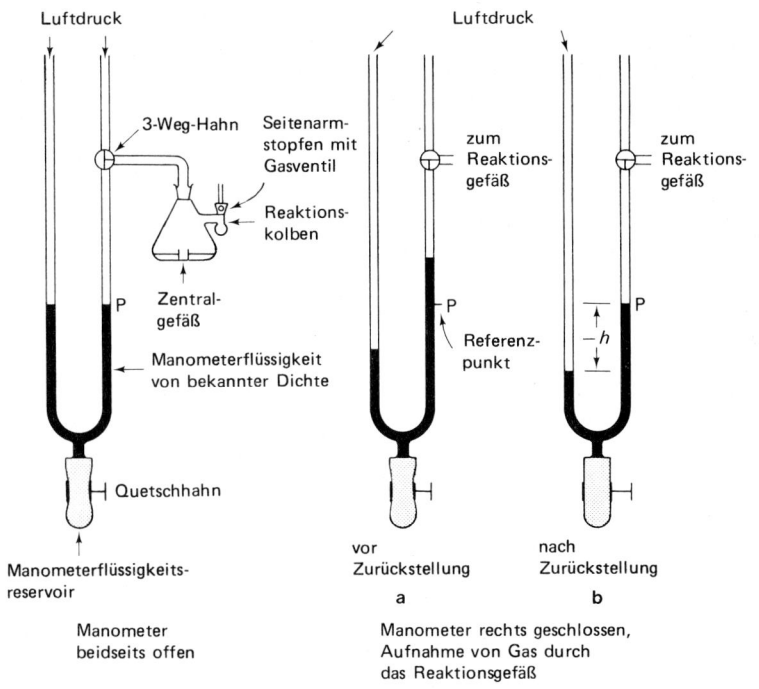

Abb. 1.3 Schematische Darstellung eines Warburg-Manometers. In diesem Beispiel nimmt das Reaktionsgefäß Gas auf, so daß sein Druck absinkt und die Manometerflüssigkeit im rechten Arm ansteigt, im linken Arm absinkt; um das Absinken des Druckes bei konstantem Volumen in Δh mm Manometerflüssigkeit zu messen, wird der Meniskus der Flüssigkeit im rechten Arm vom Stand **a** zum Referenzpunkt **P** zurückgestellt, indem man mittels des Quetschhahns Flüssigkeit in das Reservoir abzieht

ten Volumens Kohlendioxid zum aufgenommenen Sauerstoff-Volumen bei Atmungsvorgängen definiert:

$$RQ = \frac{CO_2 \text{ freigesetzt}}{O_2 \text{ aufgenommen}} .$$

Bei Untersuchungen an Organismen, die ihre Depotreserven angreifen müssen, kann der Wert etwas über die Art des verstoffwechselten Substrates aussagen. Die vollständige Oxidation eines einfachen Zuckers weist einen RQ von 1 auf, ein durchschnittliches Neutralfett ergibt etwa 0,7 und Eiweiß 0,8.

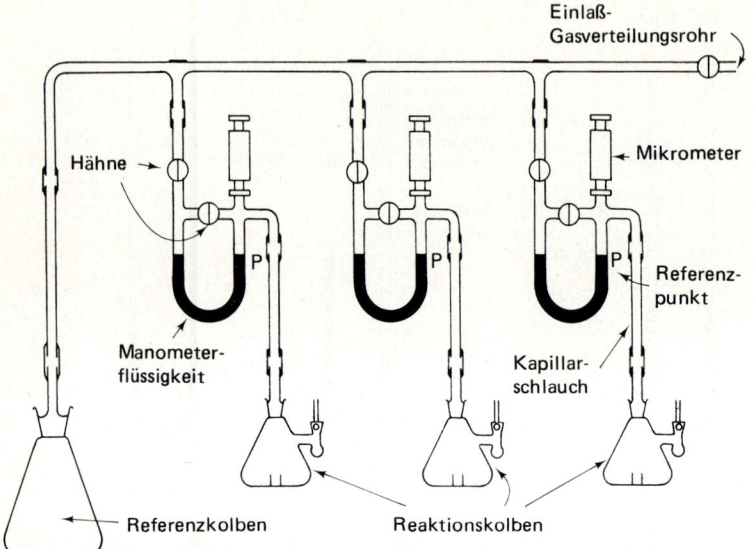

Abb. 1.4   Schematische Darstellung eines Gilson-Differential-Respirometers. Bis zu 14 Versuchskolben und kleine U-Rohrkapillaren sind an den gleichen Referenzkolben über einen Mehrweghahn angeschlossen. Man kann dadurch alle Kolben gleichzeitig mit Gas beschicken. Der Referenzkolben ist wesentlich größer als die Versuchskolben, dies vermeidet die Fehler aus den Schwankungen des Gasdrucks und der Wasserbadtemperatur. An jedes U-Rohr ist ein in µl geeichtes Mikrometer angeschlossen, damit stellt man das Niveau der Flüssigkeit im Rohr vor der Messung auf eine Eichmarke ein. So lassen sich alle Änderungen des Gasvolumens bei konstantem Druck ausmessen. Die Änderungen des Gasvolumens im Versuchskolben werden so direkt ausgemessen, so daß der Versuchskolben im Zusammenhang mit dem U-Rohr geeicht werden muß. Die Volumenänderungen müssen aber auf Standardbedingungen umgerechnet werden, dabei ist der Dampfdruck des Wassers im Kolben zu berücksichtigen

Die Aufnahme- oder Abgabegeschwindigkeit für Sauerstoff oder Kohlendioxid wird manchmal auch durch den *metabolischen Quotienten* Q_x ausgedrückt, wobei x das untersuchte Gas angibt. So ist also Q_{O_2} als das Sauerstoff-Volumen definiert, das pro mg Trockengewicht einer biologischen Präparation pro Stunde aufgenommen wird. In manchen Fällen wird es auf mg Stickstoff nach der Kjeldahl-Bestimmung (S. 103) oder mg Protein oder DNA bezogen. In diesen Fällen lautet der Ausdruck:

$$Q_{O_2}(N) = mm^3\ O_2\ mg\ \text{Gewebestickstoff}^{-1}\ h^{-1}.$$

Solche metabolischen Quotienten bestimmt man oft in einem Milieu von sehr verschiedenartiger Gaszusammensetzung, dies wird mit einem zusätzlichen Suffix angegeben:

$$Q_{CO_2}^{N_2}(N) = mm^3 \ CO_2 \ mg \ Gewebestickstoff^{-1} \ h^{-1}$$ in einer Stickstoff-Atmosphäre.

Scheint der Ausdruck nicht eindeutig, so kann man die Quotienten noch mit positivem oder negativem Vorzeichen versehen, um Freisetzung oder Aufnahme der Metaboliten anzugeben.

Diese manometrischen Verfahren wurden vielfach bei Gewebsschnitten und -Homogenaten eingesetzt, die gleichförmige Zufuhr der Gase, sowie Artefakte gaben dabei Probleme auf. An Mitochondrien dienten sie der Untersuchung der Regulation der Zellatmung und des Einflusses von Inhibitoren auf den Umsatz in Mitochondrien (obwohl diese Methode weniger empfindlich ist als die O_2-Elektrode, Abschn. 10.5, S. 456).

Man mißt dabei die Druckabnahme bei konstantem Volumen als $-h$ mm.

Die mathematische Ableitung ergibt zwischen der Änderung von h, der Steighöhe der Manometerflüssigkeit, und X, der bei konstanter Temperatur und konstantem Druck freigesetzten oder aufgenommenen Gasmenge, die Beziehung:

$$X = h \left[\frac{V_g \dfrac{273}{T} + V_j\alpha}{P_O} \right]$$

V_g = Volumen der Gasphase im Reaktionskolben einschließlich dem Volumen der Kapillare zwischen Reaktionskolben und Referenzpunkt P in mm^3
V_f = Volumen der Flüssigkeit im Reaktionskolben in mm^3
α = Löslichkeit des Gases (Sauerstoff oder Kohlendioxid) in der Flüssigkeit im Reaktionskolben; man drückt sie in mm^3 Gas bei konstantem Druck und konstanter Temperatur aus, die sich in 1 mm^3 Flüssigkeit im Gleichgewicht mit einem Partialdruck von P_O lösen
T = Temperatur des Thermostaten in K
P_O = Standarddruck in mm Manometerflüssigkeit; die spezifische Dichte der Manometerflüssigkeit wird meist auf 1,034 eingestellt (Brodie-Lösung), dann ist $P_O = 10\,000$ mm

Da bei ein und demselben Reaktionskolben alle Werte in der Klammer gleich sind, wenn man ihn für eine Meßreihe unter gleichen Bedingungen einsetzt, gilt für diesen Fall

$$X = h \ k,$$

wobei k die **Gefäßkonstante** ist.

Die Gefäßkonstanten werden für die einzelnen Manometer meist durch den Hersteller angegeben, sie lassen sich auch durch Eichungen feststellen.

Bei Untersuchungen der Photosynthese müssen Kontrollen in der Dunkelheit ablaufen, um den Partialdruck eines Gases während des Versuchs konstant zu halten. Für Kohlendioxid läßt sich das mittels eines Carbonat-Bicarbonat-Puffers erzielen, Sauerstoff kann ständig über chemische Umsetzungen abgesaugt werden. Der Wert dieser Maßnahme ist allerdings begrenzt, da der Kohlendioxid-Austausch ja vom Sauerstoff-Gehalt des Milieus abhängig ist.

Literatur

Altman, P.L., Katz, D.D. (1976), Cell Biology, The Federation of American Societies for Experimental Biology (guter Grundlagentext für allgemeine Zellbiologie).

Freifelder, D. (1983), Molecular Biology, Jones & Bartlett Publishers Inc., Boston (umfassende Einführung über Prokaryonten und Eukaryonten).

Hall, J.L. (1978), Elekectron Microscopy and Cytochemistry of Plant Cells, Elsevier/North Holland Biomedical Press, Oxford.

Morris, J.G. (1974), A Biologists Physical Chemistra, 2. Aufl. Edward Arnold, London (präzise Darstellung über pH-Wert, Säure- und Basenstärken, Pufferwirkung und andere physikalisch-chemische Grundzüge bei biologischen Abläufen).

Smyth, D.H. (1978), Alternatives to Animal Experiments, Scolar Press in association with the Research Defence Society.

Stanbury, P.F., Whitaker, A (1984), Principles of Fermentation Technology, Pergamon Press, Oxford (ausgezeichnete Einführung in mikrobielle Techniken).

Thomas, E., Davey, M.R. (1975), From single Cells to Plants, Wykeham, London (Monographie mittlerer Schwierigkeit über Kulturtechniken bei pflanzlichen und anderen Zellen).

Umbreit, W.W., Burris, R.H., Stauffer, J.F. (1972), Manometric and Biochemical Techniques, 5. Aufl. Burgess Publishing Company, Minneapolis (umfassende Darstellung über manometrische Verfahren).

Kapitel 2

Zentrifugation

2.1 Einführung

Trennungen durch Zentrifugationen gründen sich auf das Verhalten der Teilchen in einem künstlichen Zentrifugalkraftfeld. Dabei sind die untersuchten Teilchen in einer geeigneten Lösung suspendiert; sie befinden sich in einem Zentrifugenröhrchen in einem Rotor. Der Rotor sitzt zentral austariert auf der Antriebswelle der Zentrifuge.

Teilchen verschiedenartiger Dichte, Größe oder Form setzen sich im Zentrifugalkraftfeld verschieden schnell ab, jedes Partikel aber sedimentiert mit einer zum eingesetzten Zentrifugalkraftfeld proportionalen Geschwindigkeit.

Wir unterscheiden hauptsächlich 2 Arten der Zentrifugation. Die **präparative Zentrifugation** dient zur Trennung, Isolierung und Reinigung von etwa ganzen Zellen, subzellulären Organellen, Plasmamembranen, Polysomen, Ribosomen, Chromatin, Nucleinsäuren, Lipoproteinen und Viren in nennenswerten Mengen, um sie dann für biochemische Untersuchungen einzusetzen. Sehr große Materialmengen müssen bewältigt werden, wenn man Mikroorganismen aus Zuchtmedien, pflanzliche und tierische Zellen aus Gewebekulturen oder Plasma aus Blut gewinnen will. Verhältnismäßig große Mengen zellulärer Teilchen werden auch für die Untersuchung ihrer Morphologie, ihrer Zusammensetzung und biologischen Aktivitäten benötigt. Man kann auch biologische Makromoleküle, wie Nucleinsäuren und Proteine aus Präparaten anreichern, die schon vorgetrennt wurden, etwa durch fraktionierte Fällung (S. 103). Im Gegensatz dazu dient die **analytische Zentrifugation** vorwiegend der Untersuchung von reinen oder praktisch gereinigten Makromolekülen und Partikeln. Vorwiegend untersucht sie die Sedimentationscharakteristik biologischer Makromoleküle und molekularer Strukturen, weniger sucht sie einzelne Fraktionen präparativ zu gewinnen. Dazu benötigt man nur kleine Materialmengen, eigens entwickelte Rotoren und Detektoren werden eingesetzt, um den

Vorgang der Sedimentation des Materials im Zentrifugalkraftfeld ständig auszumessen. Solche Untersuchungen ergeben Nachrichten über die Reinheit, relative Molekülmasse und Form des Materials. In unseren Hauptstudiengängen wird vorwiegend die präparative Zentrifugation eingesetzt, deshalb beschäftigt sich dieses Kapitel in der Hauptsache damit; die analytischen Zentrifugationsverfahren werden nur gestreift.

2.2 Grundlagen

Die Sedimentationsgeschwindigkeit hängt von der eingesetzten **Zentrifugalkraft** G ab, die im Radius des Rotors nach außen wirkt und durch die Winkelgeschwindigkeit des Rotors (ω in Winkelgraden pro Sekunde), sowie durch den Abstand des Teilchens vom Mittelpunkt des Rotors (r in cm) bestimmt wird. Daraus folgt

$$G = \omega^2\, r. \tag{2.1}$$

Da eine Umdrehung des Rotors die Strecke $2\,\pi\, r$ bedeutet, läßt sich die Winkelgeschwindigkeit des Rotors, angegeben in Umdrehungen pro Minute ($U \cdot min^{-1}$), ausdrücken durch

$$\omega = \frac{2\ U \cdot min^{-1}}{60}, \tag{2.2}$$

die Zentrifugalkraft als

$$G = \frac{4\pi^2\ (U \cdot min^{-1})^2 r}{3600}. \tag{2.3}$$

Man bezeichnet dies auch als **relative Zentrifugalkraft** RCF und drückt sie in Vielfachen von g, der Gravitationskonstante ($980\ cm\ s^{-1}$) aus, d.h. das Verhältnis der Masse des Teilchens im Zentrifugalkraftfeld zu dem Gewicht des gleichen Teilchens im einfachen Schwerkraftfeld. Daraus ergibt sich

$$RCF = \frac{4\ \pi^2\ (U \cdot min^{-1})^2\ r}{3600 \cdot 980}, \tag{2.4}$$

was wiederum abgekürzt werden kann zu

$$RCF = 1{,}11 \cdot 10^{-5}\ (U \cdot min^{-1})^2 r. \tag{2.5}$$

Gibt man also die experimentellen Bedingungen für Zentrifugentrennungsmethoden an, so müssen die Geschwindigkeit der Rotoren, radiale Abstände und Zeit der Zentrifugation angegeben werden. Da biochemische Untersuchungen meist an gelösten oder in Lösung suspendierten Teilchen vorgenommen werden, ist die Sedimentationsgeschwindigkeit des Teilchens nicht nur vom eingesetzten Zentrifugalkraftfeld abhängig, sondern auch von der Dichte und Größe des Teilchens, Dichte und Viskosität des Milieus der Sedimentation und von dem Ausmaß, in dem seine Form vom idealrunden Partikel abweicht. Sedimentiert ein Teilchen, so muß es einen Teil der Lösung, in der es suspendiert ist verdrängen, dies bedingt einen scheinbaren Auftrieb, der der Masse der verdrängten Flüssigkeit gleich ist. Nimmt man an, daß ein Teilchen bekannten Volumens und bekannter Dichte ideal rund ist, dann entspricht die Nettokraft F bei der Zentrifugation mit einer Winkelgeschwindigkeit (Winkelgrade pro Sekunde):

$$F = \frac{4}{3}\, \pi r_p^3 (\varrho_p - \varrho_m) \omega^2 r \tag{2.6}$$

$\frac{4}{3}\, \pi r_p^3$ = Volumen einer Kugel vom Radius r_p
ϱ_p = Dichte des Teilchens
ϱ_m = Dichte des Milieus
r = Abstand des Teilchens vom Rotormittelpunkt

Bei der Wanderung durch die Lösung erzeugen die Teilchen Reibung, jedoch überwinden die Teilchen auch Reibungswiderstand. Bei einem runden Partikel mit bekannter Sedimentationsgeschwindigkeit ist die der Sedimentation entgegengesetzte Reibungskraft nach *Stokes*:

$$f_o = 6\pi\eta r_p v \tag{2.7}$$

f_o = Reibungskoeffizient für ein rundes Partikel
η = Viskositätskoeffizient des Milieus
v = Geschwindigkeit oder Sedimentationsrate des Teilchens

Ein Teilchen bekannten Volumens und bekannter Dichte wird deshalb in einem Medium konstanter Dichte im Zentrifugalkraftfeld solange beschleunigt werden, bis die Nettokraft der entgegengesetzten Kraft gleich ist, d.h.

$$F = f_o \tag{2.8}$$

oder

$$\frac{4}{3}\, \pi r_p^3 (\varrho_p - \varrho_m) \omega^2 r = 6\pi\eta r_p v. \tag{2.9}$$

In der Praxis gleichen sich diese Kräfte schnell aus, so daß die Teilchen mit konstanter Geschwindigkeit sedimentieren. Die Sedimentationsgeschwindigkeit v wird dann durch

$$v = \frac{dr}{dt} = \frac{2}{9}\, \frac{r_p^2 (\varrho_p - \varrho_m) \omega^2 r}{\eta} \tag{2.10}$$

gegeben.

Wie aus Gl. (2.10) ersichtlich ist, hängt die Sedimentationsgeschwindigkeit eines Teilchens direkt von seiner Größe, aber auch von der Dichte des umgebenden Milieus ab; ist sie mit der Dichte des Teilchens gleich, so wird die Sedimentationsgeschwindigkeit gleich Null. Da aber die Gleichung auch das Quadrat des Radius des Teilchens beinhaltet, hat die Größe des Teilchens die größte Auswirkung auf die Sedimentationsgeschwindigkeit. Teilchen ähnlicher Dichte, aber mit geringen Größenunterschieden, können deshalb dennoch sehr verschiedene Sedimentationsgeschwindigkeiten aufweisen.

Integriert man Gl. (2.10), so resultiert Gl. (2.11), die die Sedimentationszeit eines runden Partikels bei gegebener Zentrifugationskraft als Funktion der verschiedenen Variablen und in Abhängigkeit von der Weglänge des Teilchens im Zentrifugenröhrchen wiedergibt

$$t = \frac{9}{2} \frac{\eta}{\omega^2 r_p^2 (\varrho_p - \varrho_m)} \ln \frac{r_b}{r_t} \tag{2.11}$$

t = Zeit der Sedimentation in s
r_t = Abstand des Flüssigkeitsmeniskus vom Rotormittelpunkt
r_b = Abstand des unteren Endes des Zentrifugenröhrchens vom Rotationsmittelpunkt

Man kann also ein Gemisch heterogener, in etwa runder Teilchen durch Zentrifugation nach ihrer verschiedenen Dichte und/oder ihrer verschiedenen Größe trennen. Dabei kommt entweder die Zeit für ihre vollständige Sedimentation bei vorgegebener Zentrifugalkraft oder das Maß der Sedimentation nach vorgegebener Zeit bei vorgegebener Zentrifugalkraft ins Spiel. Diese beiden Möglichkeiten werden bei der Trennung biologischer Makromoleküle und Zellorganellen aus Gewebehomogenaten eingesetzt. Dabei folgen in der Trennung der hauptsächlichen Zellbestandteile im allgemeinen nach ganzen Zellen und „Zell-Debris" die Kerne, danach Chloroplasten, Mitochondrien, Lysosomen (oder andere „Mikrokörperchen"), „Mikrosomen" (Fragmente des glatten und rauhen endoplasmatischen Retikulums) und Ribosomen.

Zwischen der Theorie und der Praxis der Zentrifugationstechnik klafft ein beträchtlicher Spalt. Dabei spielen komplexe Variablen, die in den Gl. (2.10) und (2.11) nicht erwähnt sind, wie etwa die Konzentration der Suspension und die Charakteristik der Zentrifuge, für die Sedimentationseigenschaften eines Teilchengemisches eine beträchtliche Rolle. Außerdem gehorchen abgeflachte Teilchen der Gl. (2.11) nicht und so sedimentieren Teilchen gleicher Masse, aber verschiedener Form auch mit verschiedener Geschwindigkeit.

Tritt eine deutliche Assymetrie auf, etwa bei stäbchenförmigen Molekülen wie DNS und Proteinen wie F-Actin und Myosin, so kann sich der Reibungskoeffizient f der Moleküle bis auf das 10fache des Koeffizienten einer Kugel f_0 erhöhen. Demnach sedimentieren die

Teilchen mit kleinerer Geschwindigkeit. Die Gl. (2.10) verändert sich dann zu der Gl. (2.12):

$$v = \frac{dr}{dt} = \frac{2}{9} \frac{r_p^2(\varrho_p-\varrho_m)\omega^2 r}{\eta(f/f_0)} \qquad (2.12)$$

Sie berücksichtigt den Effekt wechselnder Größen und Formen auf die Sedimentationsgeschwindigkeit der Teilchen. Das Reibungsverhältnis f/f_0 ist bei kugelförmigen Molekülen ungefähr 1 und wird bei abgeflachten Molekülen größer. Deshalb sedimentieren Teilchen gleicher Masse aber verschiedener Form auch verschieden schnell. In der analytischen Zentrifugation (S. 64) wird dies zur Untersuchung der Konformation der Moleküle ausgenutzt.

Üblicherweise betrachtet man die Teilchensedimentation in einem homogenen Zentrifugalkraftfeld. Bei präparativen Rotoren ist dies in der Praxis nicht richtig. Aufgrund der Rotorbauweise (Abb. 2.**1**) wird sich die wirksame radiale Abmessung eines vorgegebenen Teilchens mit ihrer Position in der Probenlösung zwischen r_{min} und r_{max} ändern. Das angelegte Zentrifugalkraftfeld ist $\omega^2 r$ proportional, das Kraftfeld wächst also mit dem Abstand vom Rotationsmittelpunkt. Das wirksame Zentrifugalkraftfeld kann etwa in einem Schrägwinkelrotor zwischen dem oberen und unteren Ende des Zentrifugenröhrchens bis zu einem Faktor von 2 unterschiedlich groß sein. Die Sedimentationsgeschwindigkeit der Teilchen nahe dem unteren Ende des Röhrchens ist dann 2mal so groß wie die der Teilchen am oberen Ende. Deshalb werden die Teilchen sich auf ihrem Weg durch ein nicht viskoses Medium immer schneller bewegen. Deshalb gibt man üblicherweise das relative Zentrifugalkraftfeld an, wie es sich für den mittleren Abstand vom Rotationsmittelpunkt (r_{av}) errechnet (d.h. den Abstand zwischen dem Rotationsmittelpunkt zur Mitte der Flüssigkeitssäule im Zentrifugenröhrchen). Das mittlere relative Zentrifugalkraftfeld (RCF_{av}) ist deshalb der numerische Durchschnitt der Werte bei r_{min} und r_{max}. Ist das Röhrchen nur teilweise gefüllt, so wird bei den Festwinkel- und Ausschwingrotoren der kleinste Radius (r_{min}) tatsächlich größer sein, so daß die Teilchen ihren schon bei höherem Schwerkraftfeld beginnen und eine geringere Wegstrecke vor sich haben. Die Sedimentation verläuft dann schneller. Die Handbücher für unsere Zentrifugen geben meistens die Daten für die maximal mögliche Betriebsgeschwindigkeit eines Rotors an, daneben die Zentrifugalkraftfelder und Nomogramme, *mit Hilfe* derer man *RCF* in Abhängigkeit von der Umdrehungszahl bei r_{min}, r_{av} und r_{max}.

Die Sedimentationsgeschwindigkeit v eines Teilchens läßt sich auch in Abhängigkeit von der Größe des Zentrifugalkraftfeldes darstellen, man spricht dann vom *Sedimentationskoeffizienten s*. Aus Gl. (2.12) ergibt

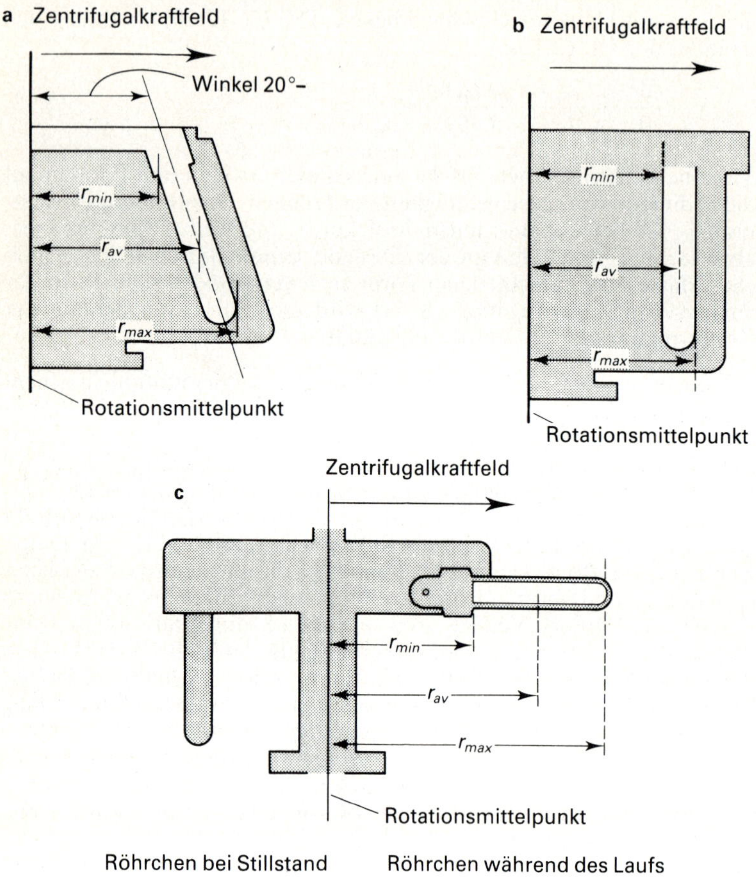

a Zentrifugalkraftfeld

Winkel 20°–

r_{min}

r_{av}

r_{max}

Rotationsmittelpunkt

b Zentrifugalkraftfeld

r_{min}

r_{av}

r_{max}

Rotationsmittelpunkt

Zentrifugalkraftfeld

c

r_{min}

r_{av}

r_{max}

Rotationsmittelpunkt

Röhrchen bei Stillstand   Röhrchen während des Laufs

Abb. 2.1   Schematische Querschnittsdarstellung eines **a** Festwinkelrotors, **b** Vertikalrotors, **c** Ausschwingrotors (dargestellt sind die kleinsten, mittleren und größten Abstände vom Rotationsmittelpunkt)

sich, daß die Sedimentationsgeschwindigkeit direkt proportional zu $\psi_2 r$, dem Zentrifugationskraftfeld ist, wenn die Zusammensetzung des Milieus definiert ist. Die Gl. (2.12) vereinfacht sich dann zu

$$v = s\omega^2 r \tag{2.13}$$

oder

$$s = \frac{v}{\omega^2 r} = \frac{dr}{dt} \cdot \frac{1}{\omega^2 r} . \qquad (2.14)$$

Sedimentationskoeffizienten werden über eine große Breite von verschiedenartigen Lösungsmitteln und gelösten Stoffen bestimmt. Da der ausgemessene Wert durch Temperatur, die Viskosität und die Dichte der Lösung beeinflußt wird, korrigiert man ihn oft auf einen Wert wie er sich bei der Dichte und Viskosität des Wassers bei 20 °C ergeben würde; dies ist der *Standardsedimentationskoeffizient* $s_{20,w}$. Oft nimmt der Wert des Sedimentationskoeffizienten für viele Makromoleküle, wie Nucleinsäuren und Proteine, mit der Zunahme der Konzentration der gelösten Stoffe ab. Dieser Effekt wird bei höheren Molekülmassen und größerer Ausdehnung der Moleküle immer deutlicher. Deshalb mißt man $s_{20,w}$ meist bei mehreren Konzentrationen und extrapoliert auf unendliche Verdünnung, man erhält so den $s_{20,w}$-Wert bei der Konzentration 0, $s_{20,w}^0$. Für die meisten biologischen Partikel sind die Sedimentationskoeffizienten sehr klein, als bequeme Einheit hat man deshalb die Dimension 10^{-13}s gewählt, die als *Svedberg-Einheit* (S) definiert wird. Svedberg hatte die ersten analytischen Ultrazentrifugen gebaut. Besitzt etwa ein ribosomales RNS-Molekül einen Sedimentationskoeffizienten von $5 \cdot 10^{-13}$, so wird dies mit 5 S angegeben.

Die Gl. (2.12) und (2.14) sagen aus, daß der Sedimentationskoeffizient durch die Form, die Größe und die Dichte des Teilchens beeinflußt wird, er läßt sich zur Charakterisierung eines bestimmten Moleküls oder einer Struktur heranziehen. Je größer die Moleküle oder Teilchen sind, desto größer ist meist die Zahl der Svedberg-Einheiten und damit auch die Geschwindigkeit der Sedimentation. Für Enzyme, Peptidhormone und lösliche Proteine liegen die Sedimentationskoeffizienten bei 2–25 S, bei Nucleinsäuren 3–100 S, bei Ribosomen und Polysomen 20–200 S, bei Viren 40–1000 S, bei Lysosomen 4000 S, bei Membranen 100–$100 \cdot 10^3$ S, bei Mitochondrien $20 \cdot 10^3$ S bis $70 \cdot 10^3$ S, bei Zellkernen $4000 \cdot 10^3$ S–$40\,000 \cdot 10^3$ S.

2.3   Zentrifugen und ihre Anwendung

Zentrifugen unterteilen wir in 4 größere Gruppen

– Tischzentrifugen,
– großvolumige Kühlzentrifugen,
– Hochgeschwindigkeitskühlzentrifugen,
– präparative und analytische Ultrazentrifugen.

Tischzentrifugen

Sie sind die einfachsten und billigsten, in vielen Ausführungen erhältlichen Zentrifugen. Man benutzt sie oft, um kleinere Mengen von
schnell sedimentierendem Material zu gewinnen (Hefezellen, Erythrozyten, grobe Niederschläge), meist drehen sie bis zu 4 000–6 000 Umin⁻¹
bei maximalen relativen Zentrifugalkraftfeldern von 3 000–7 000 g.
Meist betreibt man sie bei Zimmertemperatur, der Luftstrom am Rotor
stellt dann seine Temperatur ein. Manche der neueren Bauweisen sehen
allerdings auch ein Kühlsystem für die Rotoren vor, um Denaturierungen von Proteinen zu vermeiden. Kleinere *Mikrofugen* erlauben heute
eine sehr schnelle Beschleunigung bis auf 8 000–13 000 Umin⁻¹, wobei
Felder bis 10 000 g wirken. Sie erwiesen sich als sehr nützlich für kleine
Volumina (250 mm³–1,5 cm³), wobei das Material sehr schnell (1–2 min)
sedimentiert. Typische Anwendungen umfassen die schnelle Zentrifugation von Blutproben oder von Synaptosomen zur Untersuchung der
Wirkung von Medikamenten etwa auf die Aufnahme biogener
Amine.

Großvolumige Kühlzentrifugen

Sie laufen mit einer Höchstgeschwindigkeit von etwa 6 000 Umin⁻¹,
wobei das relative Zentrifugalkraftfeld bis etwa 6 500 g reicht. Die
Rotorkammern werden gekühlt und unterscheiden sich nur in ihrer
maximalen Kapazität, bei allen Typen läßt sich eine Reihe von
Schwingbecher- und *Festwinkelrotoren* austauschen; die Röhrchengrö-
ße liegt etwa bei 10,50 oder 100 cm³. Erhältlich sind auch Zentrifugen
mit größerer Gesamtkapazität (4–6 dm³), in denen man zusätzlich zu
den kleineren Röhrchen auch Becher oder Flaschen von 1,25 dm³
verwenden kann. In allen diesen Zentrifugen laufen die Rotoren meist
auf einer starren Welle, deshalb müssen die Zentrifugengefäße und ihr
Inhalt sehr exakt austariert werden (bis auf 0,25 g Gewichtsdifferenz).
Die Rotoren können deshalb nie eine ungerade Anzahl von Röhrchen
enthalten, außerdem müssen, wenn der Rotor nur partiell gefüllt ist,
tarierte Röhrchen einander gegenübergesetzt werden, so daß auf jeden
Fall das Gewicht gleichmäßig um den Rotormittelpunkt verteilt ist.
Diese Zentrifugen werden häufig zur Verpackung und Isolierung von
Material mit hoher Sinkgeschwindigkeit, wie Erythrozyten, grobe oder
voluminöse Fällungen, Hefezellen, Zellkerne und Chloroplasten
benutzt.

Hochgeschwindigkeitskühlzentrifugen

Diese Geräte laufen mit Geschwindigkeiten bis zu 25 000 Umin⁻¹ und
relativen Zentrifugalkraft von etwa 60 000 g. Sie bewältigen meist
Volumina bis zu 1,5 l, Festwinkel- und ausschwingende Rotoren können
eingesetzt werden. Hier sedimentiert man oft Mikroorganismen, Zell-

trümmer, größere subzelluläre Organellen oder Proteinniederschläge nach Ammoniumsulfat-Fällungen. Kleinere Zellorganellen, wie Ribosomen oder Viren, können in diesem Zentrifugalkraftfeld noch nicht erfolgreich zentrifugiert werden.

Durchflußzentrifugen

Die *Durchflußzentrifuge* ist eine verhältnismäßig einfache hochtourige Zentrifuge. Der Rotor, durch den die im Medium suspendierten Teilchen kontinuierlich fließen (meist mit 1–1,5 dm^{3}min^{-1}), ist aber länglich und röhrenförmig, er läßt sich nicht auswechseln. Während die Flüssigkeit in den drehenden Rotor einströmt, werden die Teilchen gegen seine Wandung sedimentiert, das überschüssige geklärte Medium fließt durch einen Auslaß ab. Die häufigste Anwendung dieses Zentrifugentyps liegt in der Ernte von Bakterien- oder Hefezellen aus großen Volumina an Kulturflüssigkeit (10–500 dm^3). Man kann in einige hochtourige Zentrifugen einen kontinuierlichen Durchflußrotor besonderer Bauart einsetzen (S. 69).

Präparative Ultrazentrifugen

Präparative Ultrazentrifugen weisen Geschwindigkeiten bis zu 80 000 Umin^{-1} und relative Zentrifugalkraftfelder von bis zu 600 000 *g* auf. Hier wird die Rotorkammer nicht nur gekühlt sondern auch abgedichtet und evakuiert, um die Luftreibungswärme des sehr schnell drehenden Rotors zu verringern. Die Temperaturmeßgeräte sind deshalb auch weiter ausgebaut als in den einfacheren Zentrifugen; mittels eines Infrarottemperatursensors werden die Rotortemperaturen und das Kühlsystem ständig überwacht. Daneben besitzen diese Zentrifugen ein Schutzsystem gegen Überdrehzahlen, so daß der Rotor nicht über seine vorgegebene Maximalgeschwindigkeit beschleunigt werden kann, schließlich werden über elektronische Schaltkreise auch Unwuchten der Rotoren gemessen. Um Schwingungen durch kleine Rotor-Unwuchten, wie bei nicht völlig gleichen Füllungen der Zentrifugenröhrchen entstehen können, zu vermeiden besitzen diese Zentrifugen flexible Antriebswellen. Dennoch müssen die Zentrifugenröhrchen und ihre Inhalte genau bis auf 0,1 g Gewichtsunterschied austariert werden. Aus Sicherheitsgründen sind die Rotorkammern der hochtourigen und Ultrazentrifugen immer mit schweren Metallschutzplatten umgeben.

Eine luftgetriebene präparative Tischzentrifuge – *Airfuge* – kann einen Rotor von nur 3,7 cm Durchmesser mit 6 · 175 mm^3 fassenden Röhrchen auf einem praktisch reibungsfreien Luftkissen in einer luftgefüllten Kammer in etwa 30 s auf 100 000 Umin^{-1} (160 000 *g*) beschleunigen. Diese Airfuge hat für kleine Probenvolumina bei notwendigen hohen Zentrifugalkräften im biochemischen und klinischen Bereich viele Anwendungen gefunden. Hierzu gehören etwa Bestimmungen von Steoridhormon-Rezeptoren, Messung von Bindungen einzelner Liganden an Makromoleküle, Trennung der meisten Lipoprotein-Klassen aus Blutplasma und die Entfernung von Proteinen aus physiologischen Flüssigkeiten vor der Bestimmung von Aminosäuren.

Analytische Ultrazentrifugen

Diese Geräte drehen bis zu 70 000 Umin^{-1} (500 000 g), sie bestehen aus einem Motor, dem Rotor in einer gepanzerten, gekühlten und evakuierten Kammer und einem optischen System mittels dessen man die Sedimentationsgeschwindigkeit des Materials in der Probe über die Konzentrationsverteilung während der ganzen Laufzeit der Zentrifugation ausmessen kann (Abb. 2.2).

Der Rotor hängt an einem Draht aus der flexiblen Welle eines Hochgeschwindigkeitsantriebssystems, so daß der Rotor seine Drehachse einstellen kann. Die untere Seite des Rotors enthält eine Thermistornadel, um die Temperatur messen zu können. Im Rotor sitzen 2 Zellen, die *analytische Zelle* und die *Gegengewichtszelle*, die das Gewicht der analytischen Zelle ausgleicht. Durch die Gegengewichtszelle laufen 2 vertikal stehende Bohrungen, und zwar bei genau geeichten Abständen vom Rotationsmittelpunkt (Abb. 2.2 b). Sie dienen als Eichung für Abstandsmessungen in der analytischen Zelle. Die üblichen analytischen Zellen haben ein Sektorenmittelstück mit 4° Seitenneigung, um die Konvexion zu unterdrücken. Ist die Zelle völlig gefüllt, so steht in ihr eine Flüssigkeitssäule von etwa 40 mm Höhe (ca. 1 cm^3 Kapazität). Die Mittelstücke der Zellen sind so konstruiert, daß ihre Wände bei korrekter Justierung im Rotor parallel zu den Linien der Zentrifugalkraft stehen. Es herrschen dann die gleichen Verhältnisse wie in einem ausschwingendem Zentrifugenbecher (S. 68), so daß die Sedimentation unter nahezu idealen Bedingungen verläuft. So verhindert man, daß sich das Material während der Zentrifugation an der Wand der analytischen Zelle anhäuft. Die oberen und unteren planen Fenster derarter analytischer Zellen bestehen aus Quarz oder synthetischem Saphir. Man benutzt die Saphirfenster bei Anwendung der Interferenzoptik, weil sie sich bei hohem Schwerkraftfeld weniger leicht verbiegen.

Die Rotorkammer enthält eine obere und eine untere Linse, die erste fokussiert zusammen mit einer Kameralinse das Licht auf eine fotografische Platte, die letztere wirkt als Kollimator, so daß die analytische Zelle von parallelem Licht durchlaufen wird. Zur Ausmessung der Sedimentation benutzt man entweder die Absorption des ultravioletten Lichtes oder Messungen der Änderungen der Brechzahl mit einer Schlierenoptik oder Rayleigh-Interferogrammen. Die Schlierenoptik

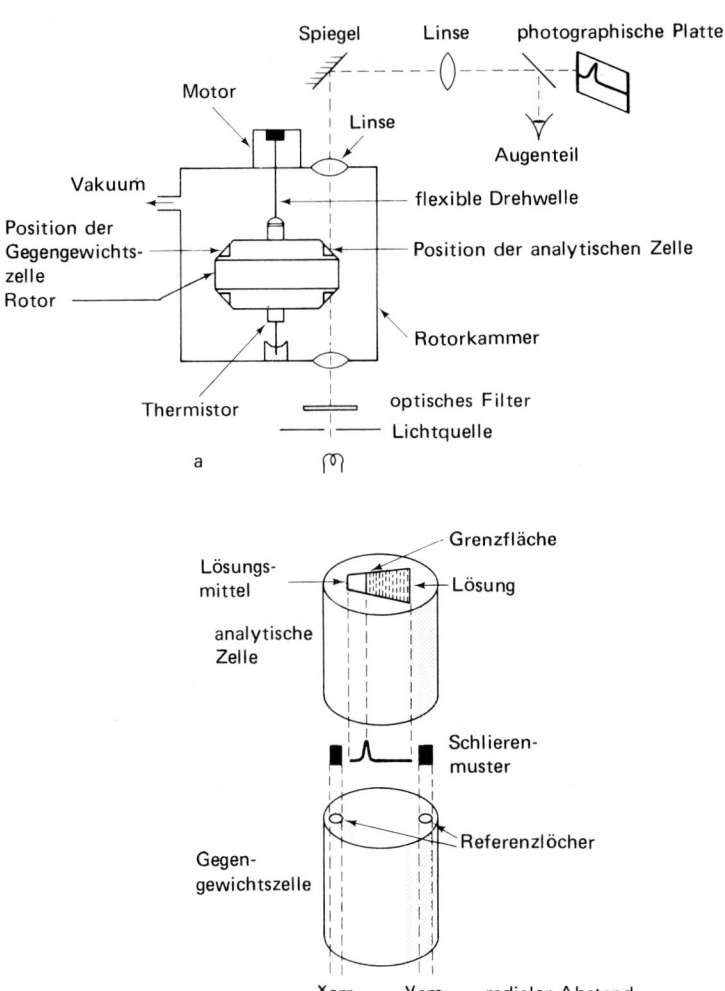

Abb. 2.**2**   Skizze einer **a** optischen Registrierung in der analytischen Ultrazentrifuge und **b** einer analytischen und Gegengewichtszelle

nutzt die Tatsache aus, daß Licht beim Durchlaufen einer Lösung gleichmäßiger Konzentration nicht abgelenkt wird, jedoch beim Auftreffen auf Zonen verschiedener Dichte an den Grenzen dieser Zonen

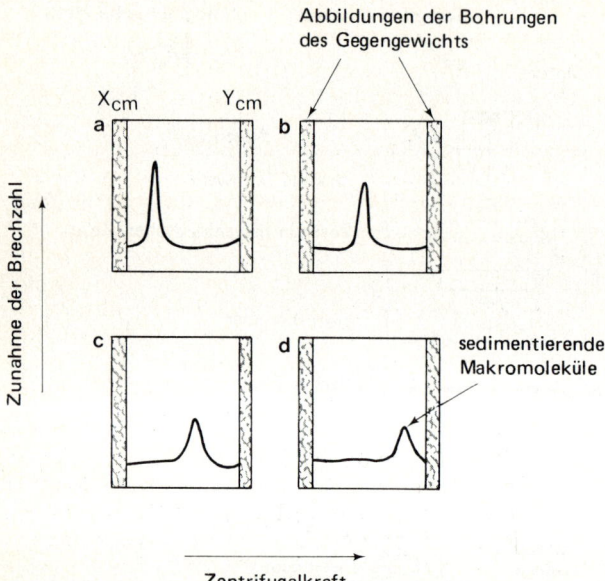

Abb. 2.**3**   Schematische Darstellungen der Sedimentation eines Makromoleküls unter Aufzeichnung der Sedimentationsgeschwindigkeit. Dabei wurde ein Schlierensystem benutzt, das den Gradienten der Brechzahl im Verlauf der Zelle, hier bei verschiedenen Zeiten, mißt. Während die Makromoleküle dem Boden der Zelle zustreben, verbreitert sich infolge der Diffusion der Peak, gleichzeitig nimmt seine Höhe ab

gebrochen wird. Das System zeichnet die Änderungen der Brechzahl der Lösung auf, die durch die Konzentrationsänderungen bedingt sind. Im Falle der Sedimentation in einer analytischen Zelle bildet sich zwischen dem Lösungsmittel, aus dem die Teilchen schon nach unten ausgewandert sind und dem Rest der Lösung mit dem angereicherten sedimentierenden Material eine Grenze aus. Sie wirkt wie eine Brechungslinse, so daß auf der fotografischen Platte im Detektorsystem ein Gipfel entsteht. Die Konzentration kann aus der Fläche des Gipfels abgeleitet werden. Mit fortschreitender Sedimentation wandert dann dieser Gipfel fort. Seine Wanderungsgeschwindigkeit liefert wiederum ein Maß für die Sedimentationsgeschwindigkeit der Partikel (Abb. 2.**3**). Nach einiger Zeit nimmt die Höhe des Gipfels ab, während er sich verbreitert, da das Material auch stets diffundiert. Die Fläche des Gipfels bleibt dabei konstant. Die Schlierenoptik mißt die Änderung der Brechzahl in Abhängigkeit vom Abstand vom Rotormittelpunkt, so daß damit die Sedimentationsgeschwindigkeit anhand solcher Zonengrenzen berechnet werden kann (S. 92). Für einige Meßmethoden (etwa für die Bestimmung der relativen Molekülmasse nach der Methode des Sedimentationsgleichgewichtes (S. 92) ist die Schlierenoptik nicht empfindlich genug, um die kleinen Konzentrationsänderungen aufzuzeichnen. Hier kommt die empfindlichere Rayleigh-Interferenz-Methode zur Anwendung, die eine Doppelsektorenzelle verwendet, in der der eine Sektor das Lösungsmittel und der andere die Lösung enthält. Das Detektorsystem mißt die Unterschiede der Brechzahl zwischen der Referenzlösung und der Meßlösung über die Verschiebung von Interferenzstreifen aus, die durch Schlitze über der analytischen Zelle verursacht werden, jeder Streifen stellt eine Kurve der Brechzahlgradienten über den Laufweg der Zelle dar. Da die Lagerung der Streifen durch die Konzentration des gelösten Stoffes bestimmt wird, ist es so möglich, die Konzentration an jedem Punkt längs der Zelle auszumessen.

Bei den heutigen weiterentwickelten analytischen Ultrazentrifugen wurde die fotografische Platte als Detektor durch ein exakteres elektronisches Meßsystem ersetzt, das die Konzentration der Probe überall in der Zelle zu jeder Zeit abtasten kann. Dabei lassen sich auch verschiedene Wellenlängen des Lichtes auswählen, so daß man die getrennte Sedimentation einzelner Komponenten in einem Gemisch überwachen kann, soweit die sich eben durch ihre Lichtabsorption unterscheiden.

2.4   Bau und Pflege präparativer Rotoren

Materialmerkmale der Rotoren

Die Zentrifugalkraft beansprucht in einem sich drehenden Rotor das Material sehr stark. Natürlich erleiden die Rotoren bei niedertourigen Zentrifugen viel geringere Belastungen gegenüber den hochtourigen Rotoren, deshalb kann man sie aus Messing, Stahl oder sogar Kunststoff herstellen.

Die großen Kräfte der hochtourigen Zentrifugation machen Aluminium- oder Titan-Legierungen notwendig. Rotoren aus Titan-Stählen besitzen beträchtlich höhere Widerstandskraft und können deshalb gegenüber den Rotoren aus Aluminium-Legierungen fast die doppelte Zentrifugalkraft aushalten. Außerdem sind sie gegenüber der chemischen Korrosion widerstandsfähiger, sie ermüden auch weniger leicht. Obwohl preiswerter, sind die Aluminium-Legierungsrotoren viel empfindlicher gegenüber der Korrosion. Säuren und alkalische Lösungen, auch Lösungen hoher Salz-Konzentration greifen sie schnell an (etwa

NaCl und KBr, wie man es bei der Fraktionierung von Lipoproteinen verwendet, Ammoniumsulfat für die Proteinfällungen, Cäsium- oder Rubidium-Salze bei der Herstellung von Dichtegradienten). Die Aluminium-Rotoren werden deshalb eloxiert, um die darunter liegende metallische Oberfläche des Rotors zu schützen.

Festwinkel- und Schwingbecher-Rotoren

In den *Festwinkelrotoren* (Abb. 2.**1**) bewegen sich die Teilchen unter dem Einfluß des Zentrifugalkraftfeldes radial nach außen, deshalb stoßen sie nach einer kurzen Weglänge auf die äußere Wandung des Zentrifugenröhrchens. Nach ihrem Auftreffen rutschen sie die Wandung hinab und bilden am Boden des Röhrchens einen Niederschlag (pellet). Das Sediment wird so schnell abgesammelt. Allerdings verursachen starke Konvexionsströme infolge der dichten Teilchenschicht an der Außenwandung unerwünschte Folgen, wenn man Teilchen ähnlicher Sedimentationscharakteristik trennen will. Deshalb waren die Festwinkelrotoren immer wichtige Werkzeuge bei Teilchen, deren Sedimentationsgeschwindigkeiten deutlich um Größenordnungen verschieden sind.

In viel geringerem Maße treten solche Konvektionen in den Zentrifugenröhrchen auch in ausschwingenden Rotoren auf. Dies geschieht deswegen, weil sich in einem zentrifugalen Kraftfeld die einzelnen Partikel fächerartig vom Rotormittelpunkt weg bewegen, sie sedimentieren also nicht parallel zueinander. Wiederum treffen sie auf der Innenwand des Röhrchens auf und rutschen daran bis zum Boden hinab. Man hat Auswirkungen dieser Konvektionen und Turbulenzen durch Einsatz sektorenförmiger Zentrifugenröhrchen (**Strohmaier-Zellen**) im ausschwingenden Rotor, auch langsame Beschleunigung und Abbremsung des Rotors und schließlich durch Dichtegradienten unterdrückt.

Vertikalrotoren

Da die Sedimentation der Teilchen hier quer zur Längsachse des Röhrchens erfolgt, ergibt der *Vertikalrotor* (Abb. 2.**1**) die kürzeste Weglänge für das Teilchen. Da die Röhrchen hier am Rand des Rotors stehen, wird r_{min} größer sein, so daß ein größeres minimales Zentrifugalkraftfeld erzeugt wird. Die Sedimentation der Teilchen verläuft hier deshalb schneller als in den Festwinkel- oder Schwingbecherrotoren. Allerdings wird hier der Niederschlag entlang der gesamten Länge der Außenwandung des Zentrifugenröhrchens abgesetzt; dies kann von Nachteil sein, da er am Ende der Zentrifugation oft in die Lösung zurückfällt.

Durchflußrotoren

Durchflußrotoren benutzt man für die Abtrennung verhältnismäßig kleiner Mengen schwerer Materie aus großen Flüssigkeitsvolumina. Besonders nützlich sind sie etwa für die Abtrennung von Zellen oder großer Mengen von Viren. Die Suspension wird während der Zentrifugation ständig in den Rotor eingegeben. Die Durchflußgeschwindigkeit hängt von der zu isolierenden Materie ab, sie bewegt sich aber im allgemeinen zwischen 100 cm³min⁻¹ und 1,4 dm³min⁻¹. Diese Rotoren dienen der direkten Sedimentation oder, mithilfe eines Dichtegradienten, zur Trennung von Teilchen nach dem Unterschied ihrer Dichten.

Elutriationsrotoren

Der *Elutriationsrotor* (Abb. 2.**4 a**) gehört zu den Durchflußrotoren, allerdings enthält er nur eine konisch geformte Trennkammer und eine Durchflußkammer auf der gegenüberliegenden Seite des Rotors, sie dient als Gegengewicht.

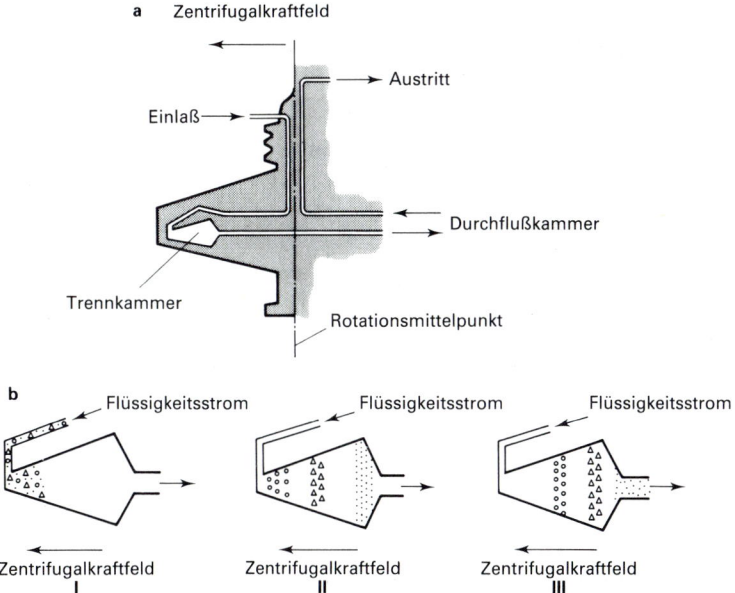

Abb. 2.**4** Schematische Darstellung **a** eines Querschnittes durch einen Elutriationsrotor und **b** der Trennung der Teilchen in der Trennkammer dieses Rotors während der Zentrifugalelutriation

Mit Hilfe eines Zentrifugendeckels mit Fenster und einer synchronisierten stroboskopischen Lampe läßt sich der Inhalt der Trennkammer durch Öffnungen im Rotor während der Zentrifugation ausmessen. Die Elutriationsflüssigkeit wird vom *peripheren Rand* über eine drehbare Dichtung in den sich drehenden Rotor bei dessen Endgeschwindigkeit (meist zwischen 1000 und 3000 Umin^{-1}) eingepumpt. Da die Trennkammer konisch ist, (Abb. 2.**4 b**) wird sich ein Gradient des Flüssigkeitsstromes in der Kammer ausbilden, der mit zunehmendem Durchmesser der Kammer, also zu ihrem *zentripetalen Ende* hin (d.h. gegen den Rotationsmittelpunkt) abnimmt. Er richtet sich also gegen das Zentrifugalkraftfeld. So tariert sich die Tendenz der Teilchen unterschiedlicher Sedimentationsgeschwindigkeit, sich im Zentrifugalkraftfeld abzusetzen (Abb. 2.**4 b I**), gegen den vorgegebenen Flüssigkeitsstrom aus, den man durch die Trennkammer zum zentripetalen Ende hin pumpt. Die Teilchen bilden dann in der Trennkammer Einzelbanden, und zwar dort, wo die Strömungsgeschwindigkeit und die Zentrifugalkraft sich jeweils für sie aufheben. Die Lage dieses Gleichgewichts hängt von der Form, der Dichte und vor allem von der Größe der Partikel (Abb. 2.**4 b II**) ab. Um die getrennten und jeweils einheitlichen Teilchen abzuernten, kann man entweder die Rotationsgeschwindigkeit herabsetzen oder den Flüssigkeitsstrom durch die Kammer zunehmen lassen. Die Teilchen werden dann mit zunehmenden Durchmessern aus der Kammer ausgespült (Abb. 2.**4 b III**).

Mit dieser Technik der *Zentrifugalelutriation* (S. 87) hat man diese Rotoren erfolgreich für die Trennung verschiedener Arten mononukleärer Leukozyten aus menschlichem Blut, die Reinigung von Kupfer- und Endothelialzellen aus Lebersinuszellen, von Fettzellen aus Rattenleber, der Gruppentrennung von Rattengehirnzellen und der Fraktionierung von Hefezellpopulationen benutzt.

Zonalzentrifugationsrotoren

Man hat die *Zonalrotoren* eingeführt, um die Adhäsionseffekte an der Wandung des Zentrifugenröhrchens, wie man sie bei ausschwingenden und Festwinkelrotoren in Kauf nehmen muß, herabzusetzen und um das zentrifugierte Volumen zu erhöhen. Die Volumenkapazität solcher Zonalrotoren liegt zwischen 300 cm^3 und 2000 cm^3. Zonalrotoren niederer Geschwindigkeiten, die etwa bei 5000 Umin^{-1} laufen, sind aus einer Aluminium-Legierung hergestellt, die Ober- und Unterseite besteht aus durchsichtigem Kunststoff, so daß eine direkte Beobachtung des Sedimentationsprozesses möglich wurde. Hochtourige Zonalrotoren bestehen aus Aluminium- oder Titan-Legierungen, sie drehen bis zu 60000 Umin^{-1} (256000 *g*). Die üblichen Zonalrotoren bestehen aus einem großen zylindrischen Behälter oder einer Schüssel mit einem Deckel. Der Mittelteil des Rotors wird durch einen Kern gebildet, an dem Flügel angebracht sind, die den Rotor in 4 Sektoren aufgliedern. Die Flügel oder Septen beinhalten 4 radial verlaufende Röhren, so daß der Gradient aus dem Kern in die Peripherie des Rotors gepumpt werden kann. Eine Durchmischung des Rotorinhalts wird durch die Flügel sehr gering gehalten.

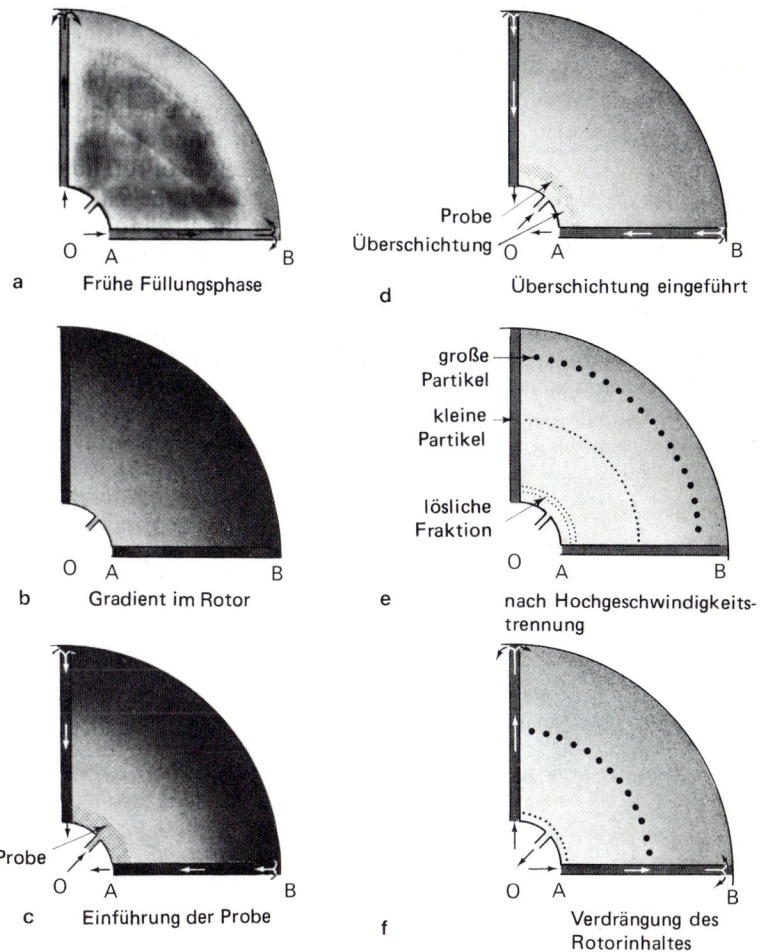

a   Frühe Füllungsphase

b   Gradient im Rotor

Probe

c   Einführung der Probe

Probe
Überschichtung

d   Überschichtung eingeführt

große Partikel

kleine Partikel

lösliche Fraktion

e   nach Hochgeschwindigkeitstrennung

f   Verdrängung des Rotorinhaltes

Abb. 2.5 a–f Schematische Darstellung der Phasen beim Betrieb eines Zonalrotors (mit Genehmigung der Measuring and Scientific Equipment Ltd.)

Zwei Ausführungen gibt es bei den Rotorkernen. Der meistbenutzte **Standardkern** erlaubt während des Laufes die Suspension zu- und abzuführen (**dynamische Methode**); die zweite Ausführung (**Kern für umformende Gradienten**) sieht eine Füllung und Entleerung bei stillstehendem Rotor vor (**statische Methode**). Bei dynamischer Arbeitsweise wird der Standardkernrotor bei ungefähr 3000 Umin^{-1} gefüllt. Im Gegensatz zu den meisten anderen Gradienten, die in einer Zentrifuge erst erzeugt werden, wird hier der weniger dichte Teil des vorgeformten Gradienten zuerst in den Rotor durch ein eingebautes oder aufsetzbares Ventil in die Peripherie geleitet, er bildet durch die Zentrifugalkraft eine einheitliche Schicht in vertikaler Anordnung an der Rotorinnenwand (Abb. 2.**5a**). Die nachfolgende Zuführung der dichteren Gradientenanteile führt zu einer kontinuierlichen zentripetalen Verdrängung der leichteren Schichten zum Kern hin (Abb. 2.**5b**). Wenn der ganze Gradient in den Rotor eingelassen ist, wird ein flüssiges **Kissen** eingelassen, dessen Dichte dem unteren Ende des vorgeformten Gradienten entspricht oder höher ist. Damit wird der Rotor aufgefüllt. Dann wird die Probe durch eine Zufuhr zum Rotorzentrum (Abb. 2.**5c**) aufgelegt und von dort durch eine **Überschichtung** mit Flüssigkeit niederer Dichte verdrängt (Abb. 2.**5d**). Dadurch wird ein gleiches Volumen des Kissens aus der Peripherie abgedrängt. Nach der Abnahme der zuführenden Leitungen wird der Rotor auf die vorgesehene Trenngeschwindigkeit beschleunigt, um nach der vorgesehenen Zeit eine Trennung nach den Sedimentationsgeschwindigkeiten oder nach isopyknischen Zonen zu ermöglichen (Abb. 2.**5e**). Ist die Trennung beendet, gewinnt man den Inhalt nach Abbremsen des Rotors auf 3000 Umin^{-1} wieder, indem ein weiteres Flüssigkeitskissen in die Peripherie des Rotors eingelassen wird, so daß der Gradient zum Kern mit den Fraktionen niedriger Dichte zuerst ausfließt (Abb. 2.**5f**).

Man hat nun **modifizierte Rotorkerne** eingeführt, die die Anwendbarkeit der Zonenrotoren erhöhen, da man Fraktionen auch aus der Rotorperipherie gewinnen kann. Hierbei kann man einen Puffer niedriger Dichte oder deionisiertes Wasser am Rotormittelpunkt einführen und Fraktionen durch die Randventile des Kerns entnehmen. Diese Anordnung besitzt den Vorteil einfacherer Arbeitsweise und der Einsparung der Verdrängungsstufe.

Bei der statischen Methode der Zonalzentrifugation, bei der man den reorientierenden Gradientenkern (Reograd) benutzt, wird die Probenlösung auf den Dichtegradienten aufgelegt, während der Rotor noch stillsteht (Abb. 2.**6a**).

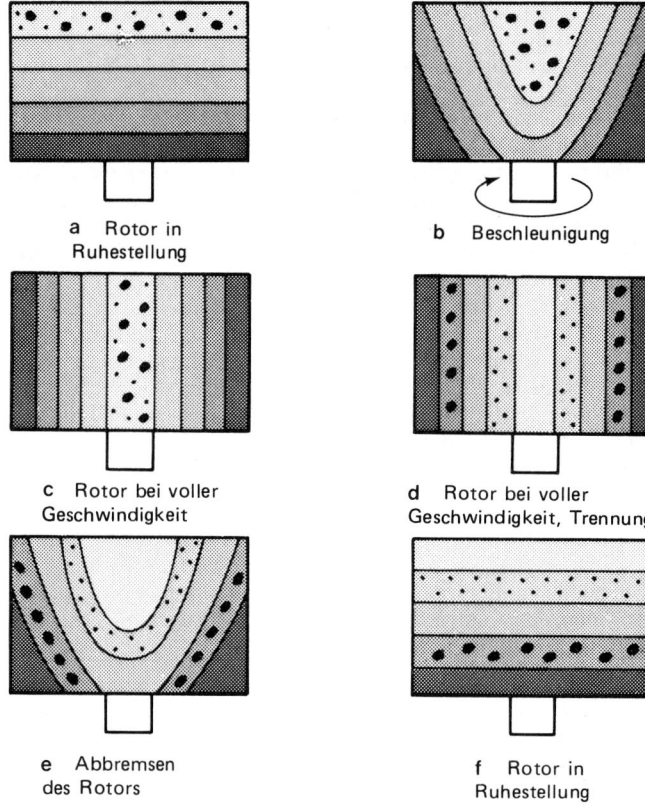

a Rotor in
Ruhestellung

b Beschleunigung

c Rotor bei voller
Geschwindigkeit

d Rotor bei voller
Geschwindigkeit, Trennung

e Abbremsen
des Rotors

f Rotor in
Ruhestellung

Abb. 2.6 Schematische Darstellung eines reorientierenden Gradienten-(Reo-grad-)Rotors: **a** Rotor wird im Stillstand mit dem Dichtegradienten und der Probenschicht gefüllt, **b** während der Beschleunigung lagern sich die Schichten unter Einfluß der Zentrifugalkraft um, **c** bei genügender Zentrifugalbeschleuni-gung stehen die Schichten senkrecht, **d** die Partikel sedimentieren jetzt während des Laufes durch den Gradienten, **e** während des Abbremsens lagern sich die Schichten mit den einzelnen Partikeln wieder um, **f** im Stillstand kann der Inhalt abgezogen und die Trennung ausgewertet werden (• = kleine Partikel, ● = größere Partikel)

Der Rotor wird dann langsam auf etwa 1 000 Umin^{-1} beschleunigt, um eine Durchmischung des Inhalts zu vermeiden; während dieser Zeit lagern sich Probenschicht und die Gradientenschichten im Zentrifugalfeld um (Abb. 2.**6b**). Schon unterhalb der Betriebsgeschwindigkeit nähern sich die Zonen einer rein vertikalen Anordnung, und bei hohen Geschwindigkeiten, wo das Verhältnis zwischen Zentrifugalkraft und Schwerkraft in der vertikalen Richtung sehr groß ist, werden die Zonen linear senkrecht (Abb. 2.**6c**). Die Trennung der Partikel findet dann bei dieser Geschwindigkeit statt (Abb. 2.**6d**); nach Beendigung des Laufes wird der Rotor auf 1 000 Umin^{-1} abgebremst, anschließend sehr langsam bis zum Stillstand. Wiederum soll die Durchmischung des Inhaltes während der Umformung der Probe- und Gradientenschichten zurück zur Horizontallage vermieden werden (Abb. 2.**6e**). Bei stillstehendem Rotor kann der Inhalt entweder durch Ablassen durch den Boden oder durch Verdrängung des Gradienten nach oben gewonnen werden (Abb. 2.**6f**). Diese Be- und Entladung des Rotors eignet sich besonders für die Reindarstellung langer, fragiler Partikel, wie DNA-Stränge, da diese durch das rotierende Ventilsystem der dynamischen Methode beschädigt werden können.

Für die Trennung von Lipoprotein-Fraktionen aus großen Volumina an Plasma oder Serum ist die Methode heute üblich. Heute kann man bei allen Zonalrotoren die einzelnen Zonen ohne merklichen Verlust an Trennschärfe nach der Zentrifugation gewinnen. Statische und dynamische Methoden ergeben gleich gute Trennungen.

Um die Abtrennung der einzelnen Banden zu erleichtern gibt man den Gradienten während des Auspumpens durch einen geeigneten Detektor, etwa durch eine Photozelle zur Messung des Proteingehaltes über die Absorption bei 280 nm (S. 102) oder durch einen Monitor zur Auswertung der Radioaktivität (S. 403); dann wird die Flüssigkeit in Fraktionen gesammelt, um die Konzentration des Gradienten (mit einem Refraktometer), oder die spezifische biologische Aktivität oder andere verwertbare Kriterien zu bestimmen.

Zonalrotoren dienten zur Abscheidung von verunreinigenden Proteinen aus verschiedenen Präparationen und zur Trennung und Isolierung von Hormonen, Enzymen, Makroglobulinen, ribosomalen Untereinheiten, Viren und subzellulären Organellen aus den Gewebshomogenaten aus Pflanzen oder Tieren.

Wartung der Rotoren

Der Schutzüberzug ist bei Aluminium-Rotoren sehr dünn (ca. 0,025 mm), er schützt deshalb auch nicht sehr gut gegen Korrosionen. Diese Rotoren müssen schonend behandelt werden. Kratzer oder stark alkalische Reagenzien (z.B. Decon 90) verletzten den Schutzmantel leicht, so daß eine Korrosion einsetzt, die schließlich den Rotor nicht mehr einsatzfähig beläßt. Nach dem Gebrauch sollten die Rotoren deshalb mit lauwarmem Wasser gründlich ausgespült werden. Da Feuchtigkeit zur Korrosion beiträgt, müssen sie auch getrocknet und dann in einem sauberen trockenen Behälter aufbewahrt werden. Nur die Außenflächen des Rotors kann man mit einem schützenden Überzug aus Lanolin oder Siliconöl versehen. Rotoren mit ausschwingenden Bechern sollte man jedoch nie völlig ins Wasser eintauchen, da die Aufhängung der Becher schwer zu trocknen ist und Rost ansetzen kann.

Wichtig ist noch, daß alle Rotoren bei ihrer Höchstgeschwindigkeit mit maximaler Beladung arbeiten können. Dabei legt man in den Röhrchen oder Flaschen eine Lösung 1,2 spezifischer Dichte zugrunde. Übersteigt die spezifische Dichte der Lösung diesen Wert, so muß die Maximalgeschwindigkeit reduziert berechnet werden (man *setzt* den Rotor *herab*). Diese Reduktion berechnet man nach der Gleichung:

$$N_\mathrm{S} = \sqrt{\frac{1{,}2N^2}{S}} \qquad\qquad (2.15)$$

N = maximale Geschwindigkeit des Rotors für eine Lösung von 1,2 spezifische Dichte

N_s = neue Maximalgeschwindigkeit des Rotors für eine Lösung der spezifischen Dichte S

Eine solche Reduktion der Geschwindigkeit wird auch notwendig, wenn rostfreie Stahlverschlüsse und/oder -röhrchen benutzt werden oder auch um das Auskristallisieren von Salzlösungen hoher Dichte zu vermeiden; dies könnte eintreten, wenn die Salzkonzentration das Löslichkeitsprodukt des Salzes überschreitet.

Die beladenen Röhrchen sollten innerhalb der Grenzen, wie sie der Hersteller angibt, austariert werden, um Schäden an der Antriebswelle der Zentrifuge durch Schwingungen des unwuchtigen Rotors zu vermeiden. Die einander gegenüberliegenden Röhrchen werden jeweils gegeneinander austariert, und man verteilt die Gesamtmenge möglichst symmetrisch im Rotor. Ausschwingrotoren sollten immer mit der vollen Zahl der eingehängten Becher und Verschlüsse gefahren werden, auch wenn einige dann leer sind. Die einzelnen Becher dürfen nicht gegeneinander ausgetauscht werden, da sie vom Hersteller auf den Rotor in einer bestimmten Reihenfolge tariert wurden.

Das periodische Ausdehnen und Zusammenziehen des Rotormetalls während der Beschleunigung und des Abbremsens führt manchmal zur Ermüdung und schließlich zum Zerreißen des Rotors. Um den Rotor nicht zu überlasten und seinen Betrieb sicher zu halten, muß über seinen Einsatz genau Buch geführt werden. Die Zahl der Läufe (bei allen

Geschwindigkeiten, auch unter der Maximaldrehzahl) und die Laufzeit werden notiert, so daß der Rotor entweder nach einer bestimmten Zahl der Läufe (ca. 1 000) oder Betriebsstunden (ca. 2 500 h) herabgesetzt oder schließlich nach einer festgesetzten Zeit, die der Hersteller angibt, ersetzt werden kann.

2.5   Material der Behältnisse

Zentrifugenröhrchen, -becher und -flaschen gibt es in sehr unterschiedlichen Größen (100 mm^3–1 dm^3). Sie werden aus ganz verschiedenem Material (Glas, Celluloseester, Polypropylen, Polycarbonat, Polyethylen, Nylon und rostfreiem Stahl) hergestellt. Um optimale Abtrennungen der Teilchen aus der Probenlösung zu erreichen, ist die richtige Wahl des Behältnisses bedeutsam. Vor Beginn der Zentrifugation sollte man die Angaben des Herstellers zurate ziehen, um Begrenzungen des Materialbehältnisses berücksichtigen zu können. Der Einsatz des Behältertyps wird dann von Faktoren, wie Art und Volumen der zentrifugierten Probe, vom Rotortyp, von der Zentrifuge, von den Zentrifugalkräften die eingesetzt werden müssen, von der chemischen gegenüber verschiedenen Lösungsmitteln, von der oberen und unteren Temperaturgrenze und anderen physikalischen Größen, abhängen, etwa ob das Röhrchen transparent oder undurchsichtig ist, ob man es für eine Analysentechnik nach der Zentrifugation anschneiden oder durchbohren kann.

Die Zentrifugenröhrchen und -becher sollten immer bis zur vorgeschriebenen Grenze gefüllt werden, zu beachten sind noch die maximal erlaubten Rotorgeschwindigkeiten für ein bestimmtes Behältnis. Meist hängt eine Notwendigkeit Röhrchen und Becher zu verschließen davon ab, mit welcher Geschwindigkeit man zentrifugiert, außerdem vom Behältertyp und der Art der Probe. Dünnwandige Kunststoffröhrchen sollten für Festwinkel-Ultrazentrifugenrotoren immer vollständig gefüllt und fest verschlossen werden, da sich dann das Röhrchen gegen die sehr hohen Zentrifugalkräfte an der Wand des Rotors richtig abstützt. Besonders wichtig ist der völlig abgedichtete Verschluß mit speziellen lecksicheren Deckeln, wenn infektiöses oder radioaktives Material zentrifugiert wird. Auch bei Vertikalrotoren ist der Verschluß und die Dichtung wichtig, da hier während der Zentrifugation der Flüssigkeit im Röhrchen ein hoher nach oben gerichteter hydrostatischer Druck entsteht.

2.6 Dichtegradientenzentrifugation

Herstellung und Wahl der Dichtegradienten

Alle *Dichtegradienten*methoden verwenden eine tragende Flüssigkeitssäule, deren Dichte zum Boden des Röhrchens zu ansteigt. Der
Gradient stabilisiert die Flüssigkeitssäule im Zentrifugenröhrchen, so
daß die Durchmischung der getrennten Teilchen durch Konvektions-
ströme vermieden wird, außerdem wird die Trennschärfe für die
getrennten Komponenten verbessert, da Faktoren wie mechanische
Schwingungen und thermische Gradienten ausgeschaltet oder zumindest verringert werden. Sie könnten die glatte Wanderung der Teilchen
durch das suspendierende Milieu stören. So kommt es zu quantitativen
Trennungen mehrerer oder aller Komponenten in einem Gemisch.

Dichtegradienten stellt man entweder **diskontinuierlich**, also in
„Stufen"-Gradienten, oder als **kontinuierliche Dichtegradienten** her.

Bei diskontinuierlichen Gradienten legt man mit einer Pipette im
Zentrifugenröhrchen Lösungen abnehmender Dichte sorgfältig übereinander. Schließlich setzt man die Probenschicht als enge Zone oben
auf diesen diskontinuierlichen Gradienten (also auf die Schicht gering-
ster Dichte) auf. Das Röhrchen wird dann unter geeigneten Bedingungen zentrifugiert. Läßt man hingegen derartige Stufengradienten einige
Zeit stehen, so vermischen sich die einzelnen Lösungen zu einem
kontinuierlichen linearen Gradienten. Dabei dauert der Diffusionsvor-
gang um so länger, je höher die Viskositäten liegen. Die Vermischung
der Schichten läßt sich aber durch vorsichtiges Rühren mit einem Draht
oder Neigen des Röhrchens beschleunigen.

Bei der Herstellung kontinuierlicher Dichtegradienten, der häufige-
ren Technik, benötigt man einen als Gradientenmischer bezeichneten
Apparat. Er besteht aus 2 zylindrischen Kammern gleichen Durchmessers. Am Boden werden sie durch ein Glasrohr oder geeignete
Schläuche verbunden; daran ist ein Hahn angebracht, mit dem man den
Austausch zwischen den beiden Kammern regulieren kann. Die erste
Kammer (Mischungskammer), welche die dichtere Lösung enthält, wird
magnetisch gerührt und entläßt durch einen Schlauch die Lösung direkt
in die Zentrifugenröhrchen. Die zweite Kammer enthält die gleiche
Menge (nach dem Gewicht) einer weniger dichten Lösung. Der
hydrostatische Druck muß in beiden Flüssigkeitssäulen gleich groß sein,
sonst fließt ein Teil der Flüssigkeit sofort durch die Verbindung, sobald
der Hahn geöffnet wird. Während man nun die dichtere Flüssigkeit
durch den Einfüllschlauch aus der Mischkammer in das Zentrifugenröhrchen laufen läßt, fließt das gleiche Volumen der weniger dichten
Flüssigkeit durch den Hahn nach, so daß die beiden Zylinder im

hydrostatischen Gleichgewicht bleiben. Da aber die Mischkammer konstant weitergerührt wird, sinkt die Dichte der Lösung darin konstant und linear während der Entleerung des Gerätes ab. Die Konzentration der Gradientenlösung im Zentrifugenröhrchen sinkt deshalb während der Füllung linear ab, man setzt dabei den Einfüllschlauch langsam immer höher. Man kann auch, ebenso als Funktion des Einfüllvolumens, nichtlineare Gradienten erzeugen, entweder konvex oder konkav, indem man Mischkammern ungleichen Durchmessers oder unterschiedlicher Geometrien (also z.B. Erlenmeyerkolben anstelle von Bechergläsern) einsetzt. Alternativ können auch mechanisch betriebene Spritzen mit Lösungen verschiedener Dichten eingesetzt werden. Dabei kann die Form des Gradienten durch Programmierung unterschiedlicher Geschwindigkeiten der Pumpen für die beiden Spritzen bestimmt werden.

Für bestimmte Zwecke werden Gradienten auch anderer Form (d.h. mit einem vorgezeichnetem Konzentrationsprofil längs des Röhrchens) hergestellt, da sie eine bestimmte Trennung und Reinigung erzielen sollen. Diskontinuierliche Gradienten eignen sich für die Trennung ganzer Zellen oder subzellulärer Organellen aus pflanzlichem oder tierischem Gewebshomogenat. Meist allerdings benutzt man lineare Gradienten; es stellte sich heraus, daß dieser allmähliche Wechsel der Dichte im Gradienten eine viel bessere Trennung vieler Komponenten wie ribosomale Untereinheiten und bestimmter Viren erzielte. Für einige Anwendungen sind allerdings nichtlineare Gradienten besser geeignet. Konkave Gradienten etwa dienen von leichten Teilchen durch eine Flotation (z.B. Serum-Lipoproteine), schwerere Teilchen setzen sich dabei schnell unter die weniger dichten oberen Bereiche des Gradienten ab und ergeben Banden in den Flüssigkeitsschichten hoher Dichte am Boden des Zentrifugenröhrchens. Große Teilchen wie ribosomale Untereinheiten, Polysomen und einige Viren benötigen meist steile und lange Gradienten für eine gute Trennung. Man benutzt dazu Rotoren mit langen schlanken Bechern, die Gradientensäulen und *Linear-log-Gradienten* erlauben, dabei ist der Logarithmus der Gradientenschichttiefe eine lineare Funktion des Logarithmus des Sedimentationskoeffizienten des Teilchens.

Probenauftrag

Vor dem Auflegen einer Probe auf den Dichtegradienten sollte man das optimale Volumen und die optimale Konzentration bestimmen. Die Querschnittsfläche des Gradientenröhrchens bestimmt das Probenvolumen, das man auflegen kann. So lassen sich Volumina im Bereich von 0,2–0,5 cm^3 auf Röhrchen von 1,0–1,5 cm Durchmesser auflegen, Volumina von bis zu 1 cm^3 auf Röhrchen von ungefähr 2,5 cm Durchmesser. Bei größeren Volumina würde man keine gute Trennung der Partikel mehr erzielen, da die radialen Abstände im Zentrifugen-röhrchen zu klein werden. Wenn andererseits die Konzentration in der Probe auf dem Gradienten zu hoch oder zu niedrig wird, so überlädt man entweder den Gradienten, was eine starke Verbreitung der getrennten Zonen und eine Verminderung der Auflösung bedeutet, oder es ergeben sich Schwierigkeiten bei der Identifizierung der getrennten Banden. Als einfache Regel können Dichtegradienten Proben auflösen, wenn das Verhältnis des Massengehaltes in der Probe zum Anfangsmassengehalt des Gradienten in der Größenordnung von 1:10 liegt. Es wird also ein Saccharose-Gradient mit einem Massenge-halt zwischen 5 und 30 % eine Probe mit einem Massengehalt von 0,5 % noch auftrennen.

Rückgewinnung und Auswertung der Gradientenlösungen

Nach der Trennung der einzelnen Teilchen muß die Flüssigkeit im Gradientenröhrchen abgelassen werden, um die einzelnen Banden voneinander zu trennen. Dafür gibt es mehrere Methoden. Kann man die Banden mit bloßem Auge sehen, so kann man sie mit einer Spritze oder über ein Röhrchen absaugen. Häufig wendet man die Verdrängung von unten an. Das Röhrchen wird an der Spitze angestochen und eine Flüssigkeit hoher Dichte, etwa 60–70 % (*m/m*) Saccharose-Lösung, langsam durch diese Öffnung über eine lange Nadel in das Röhrchen eingepumpt. Der Gradient wird nach oben geschoben, die Fraktionen lassen sich mit einer Spritze oder Pipette abnehmen; meist verschließt man das Röhrchen oben mit einem durchbohrten Stopfen oder einer Dichtung, an der sich eine Schlauchverbindung zum Fraktionssammler befindet. Sie kann dorthin auch über eine Durchflußzelle eines UV-Spektrophotometers geleitet werden.

Man kann auch das Röhrchen unten mit einer dünnen Hohlnadel anbohren. Während die Tropfen der Gradientenflüssigkeit aus der Nadel fallen, kann man sie entweder von Hand oder über einen Fraktionssammler abtrennen und weiter untersuchen. Diese Analyse des abgelassenen Gradienten läßt sich mit der UV-Spektrophotometrie (Abschn. 8.2, S. 340), mit Messungen der Brechzahl, Szintillationszäh-lung, enzymatisch (Abschn. 3.4, S. 123) oder durch chemische Analyse bewerkstelligen.

Art und Wahl der Gradienten

Es gibt keinen idealen Allzweckgradienten. Die Wahl der Lösung hängt von der Art der zu trennenden Teilchen ab. Das Gradientenmaterial sollte die gewünschte Trennung erzielen, außerdem in Lösung stabil, gegenüber biologischen Substanzen inert sein, es sollte Licht bei den Wellenlängen für die spektrophotometrische Auswertung der Trennung (im Sichtbaren oder Ultravioletten) nicht absorbieren oder auf andere

Weise die analytischen Auswertungen stören. Es sollte sterilisierbar, nicht toxisch und nicht brennbar sein, der osmotische Druck sollte sehr klein sein, es sollte nur geringe Änderungen der Ionenstärke, des pH-Werts und der Viskosität bewirken, es sollte billig, in reiner Form leicht zugänglich sein und in dem für eine bestimmte Anwendung notwendigen Bereich der Dichte wäßrige Lösungen bilden, schließlich den Rotor nicht überlasten.

Für die Trennung subzellulärer Teilchen bilden Alkalimetall-Salze (z.B. Cäsium- und Rubidiumchlorid), kleine neutrale hydrophile organische Moleküle (z.B. Saccharose), hydrophile Makromoleküle (z.B. Proteine und Polysaccharide) Gradienten der geeigneten Dichte. Hinzu kommen einige erst kürzlich aufgefundene Verbindungen, etwa kolloidales Kieselgel (z.B. Percoll und Ludox) und nichtionische aromatische Iod-Verbindungen (z.B. Metrizamid, Nycodenz und Renograffin). Obwohl die Saccharose-Lösungen bei Dichten über $1,1$–$1,2$ g cm^{-3} sehr viskos sind und schon bei niederen Konzentrationen (etwa 10% m/V) starke osmotische Effekte setzen, sind sie doch für sehr viele Gradienten, auch im Zonalrotor, besonders bequem. Ficoll (ein Copolymer aus Saccharose und Epichlorhydrin) ließ sich für die Trennung ganzer Zellen und subzellulärer Organellen in der zonal- und isopyknischen Zentrifugation erfolgreich einsetzen. Während es aber bei niedrigen Konzentrationen osmotisch verhältnismäßig inert ist, steigen bei höheren Konzentrationen (d.h. über 20% m/V) sowohl die Osmolarität wie auch die Viskosität steil an. Für die isopyknische Trennung (S. 85) gelöster Substanzen hoher Dichte, wie der Nucleinsäuren, sind sehr häufig Cäsium- und Rubidium-Salze eingesetzt worden. Einige der häufig benutzten Gradientenmaterialien und ihre Anwendungen finden sich in Tab. 2.**1**.

Tabelle 2.1 Häufig benutzte gradientenbildende Substanzen und Anwendungen

Substanz	Ionenstärke der Lösung	maximale Dichte der wäßrigen Lösung bei 20 °C (g cm⁻³)	Absorption im UV	osmotische Wirkung	häufige Anwendung
Cäsiumchlorid	+++	1,91	+	+++	Bandieren von DNS, Nucleoproteinen, Viren, Plasmidisolierung
Cäsiumsulfat	+++	2,01	+	+++	Bandieren von DNS und RNS, Reinigung von Proteoglykanen
Natriumbromid	+++	1,53	+	+++	Trennung von Lipoproteinen
Natriumiodid	+++	1,90	+++	+++	Bandieren von DNS und RNS
Glycerin	–	1,26	+	+++	Bandieren von Membranfragmenten, Proteintrennungen
Saccharose	–	1,32	+	+++	Trennung subzellulärer Partikel von Proteinen, Viren, Nucleinsäuren und Membranen
Ficoll (Pharmacia)	–	1,17	+	+[1]	Trennung ganzer Zellen, subzellulärer Partikel, Nucleinsäuren
Dextran	–	1,13	+	+[1]	Trennung ganzer Zellen, Bandieren von Mikrosomen
Rinderserumalbumin	–	1,35	+++	+	Trennung ganzer Zellen
Percoll (Pharmacia)	–	1,30	++++	+	Trennung ganzer Zellen und subzellulärer Partikel
Metrizamid (Nyegaard)	–	1,46	+++	++[2]	Trennung ganzer Zellen, subzellulärer Partikel, von Kernen, Ribonucleinteilchen, Membranen
Nycodenz (Nyegaard)	–	1,42	+++	++[2]	Trennung ganzer Zellen, subzellulärer Partikel von Nucleoproteinen, Membranen, Viren

+++ stark, ++ mittel, + schwach, – nichtionisch

[1] sehr schwache osmotische Wirkung unter 20 % (m/V); nimmt oberhalb 30 % (m/V) nahezu expotentiell zu

[2] osmotische Wirkung nimmt mit der Konzentration nahezu linear zu

2.7   Präparative Zentrifugation

Differentialzentrifugation

Die Arbeitsweise beruht auf den verschiedenen Sedimentationskonstanten einzelner Teilchen verschiedener Größe und Dichte. Wie aus der Gl. (2.12) ersichtlich, werden dabei zunächst die größten Teilchen abgesetzt. Teilchen der gleichen Masse, aber verschiedener Dichte, werden diejenigen mit der höchsten Dichte (z.B. Peroxisomen, $\varrho = 1,23$ g cm^{-3}, in einer Saccharose-Lösung) sich mit größerer Geschwindigkeit als diejenigen mit kleinerer Dichte absetzen (z.B. Plasmamembranen, $\varrho = 1,16$ g cm^{-3}, in einer Saccharose-Lösung). Teilchen mit ähnlichen Dichtebereichen (z.B. die meisten subzellulären Organellen, die um $\varrho = 1,1$–$1,3$ g cm^{-3} in Saccharose-Lösungen liegen) können voneinander durch Differential- oder Zonalzentrifugation (S. 85) noch gut getrennt werden, wenn ihre Sedimentationsgeschwindigkeit sich um Faktor 10 unterscheidet.

Bei der *Differentialzentrifugation* teilt man das zu trennende Material, etwa ein Gewebehomogenat, in verschiedene Fraktionen auf, indem man das Zentrifugalkraftfeld stufenweise erhöht. Dabei wählt man die Zentrifugationsgeschwindigkeit bei jeder Stufe möglichst so, daß ein charakteristischer Anteil des Materials während der vorgegebenen Zeit bis zum Boden des Zentrifugenröhrchens sedimentiert, so daß man verschiedene *Pellets* und im *Überstand* eine Lösung der noch nicht abgesetzten Teilchen erhält. Jede Partikelfraktion im ursprünglichen Homogenat findet sich in einem Pellet oder einem Überstand oder in beidem, je nach der Zeit und der Geschwindigkeit der Zentrifugation und der Größe und der Dichte der Partikel. Bei jeder Stufe werden Pellets und Überstand voneinander getrennt, man wäscht das Pellet durch Resuspension im Homogenisiermilieu und Rezentrifugation unter den gleichen Bedingungen unter Umständen mehrfach. Dieses Vorgehen verringert gegenseitige Verunreinigungen, verbessert die Trennung der Teilchen und ergibt schließlich eine verhältnismäßig reine Präparation einer Pellet-Fraktion. Um jedoch zu verstehen, warum ein solches Pellet nie vollständig rein (homogen) ist, müssen wir uns die Bedingungen vorstellen, die im Zentrifugenröhrchen zu Beginn jeder Stufe herrschen.

Anfänglich sind alle Teilchen im Homogenat über das Zentrifugenröhrchen homogen verteilt (Abb. 2.7 a). Während der Zentrifugation bewegen sie sich im Röhrchen gemäß ihrer verschiedenen Sedimentationskonstanten nach unten (Abb. 2.7 b–e) und beginnen, am Boden des Röhrchens ein Pellet zu bilden. Man zentrifugiert im Idealfall gerade lange genug, um alle Teilchen der größten Sorte (Abb. 2.7 c) abzusetzen. Der so erhaltene Überstand wird dann mit höherer

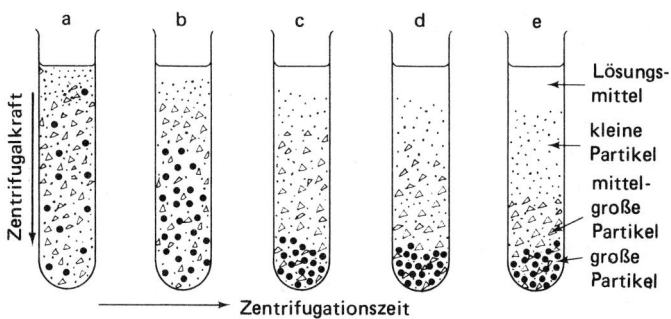

Abb. 2.7   Differentialzentrifugation einer Partikelsuspension: **a** Teilchen sind noch gleichmäßig im Gefäß verteilt, **b−e** Sedimentation der Teilchen im Gefäß während der Zentrifugation, abhängig von ihrer Größe und Gestalt

Geschwindigkeit zentrifugiert, um Teilchen mittlerer Größe usw. zu trennen. Da aber die Teilchen der verschiedenen Größen und Dichten ursprünglich zu Beginn der Zentrifugation homogen verteilt waren, wird nun ersichtlich, daß das Pellet nicht homogen sein kann, sondern eine Mischung aller abgesetzten Komponenten enthalten muß. Dabei sind die schnellsten (schwersten) Teilchen angereichert. Während der Zeit, die für die vollständige Sedimentation der schweren Teilchen benötigt wird, werden nämlich einige der leichteren und mittelgroßen Teilchen, die schon ursprünglich nahe des Bodens des Röhrchens suspendiert waren, sich ebenfalls absetzen und damit die Fraktion verunreinigen. In einem Zentrifugationsschritt kann man deshalb reine Präparationen des Pellets der schwersten Teilchensorte nicht erzielen. Nur die Komponente mit der langsamsten Sedimentationsgeschwindigkeit wird noch im Überstand verbleiben, nachdem alle größeren Teilchen abgetrennt sind, sie kann also in einem einzigen Zentrifugationsschritt rein erhalten werden, doch ist hier die Ausbeute oft sehr klein.

Zwar kann man die Trennung der Differentialzentrifugation durch mehrfache (2- bis 3mal) Resuspension des Pellets im Homogenisiermilieu und Rezentrifugation mit den gleichen Bedingungen verbessern. Allerdings leidet darunter die Ausbeute. Die nachfolgenden Zentrifugationen der Überstände mit immer steigenden Tourenzahlen erlauben, die mittleren, schließlich die kleinsten oder am wenigsten dichten Teilchen zu sedimentieren. Ein Schema der Fraktionierung eines Leberhomogenats bis zu einzelnen subzellulären Fraktionen zeigt Abb. 2.**8**. Trotz ihrer immanenten Schwierigkeiten wird die Differenzialzentrifugation heute wohl immer noch überwiegend für die Präparation von Zellorganellen benutzt.

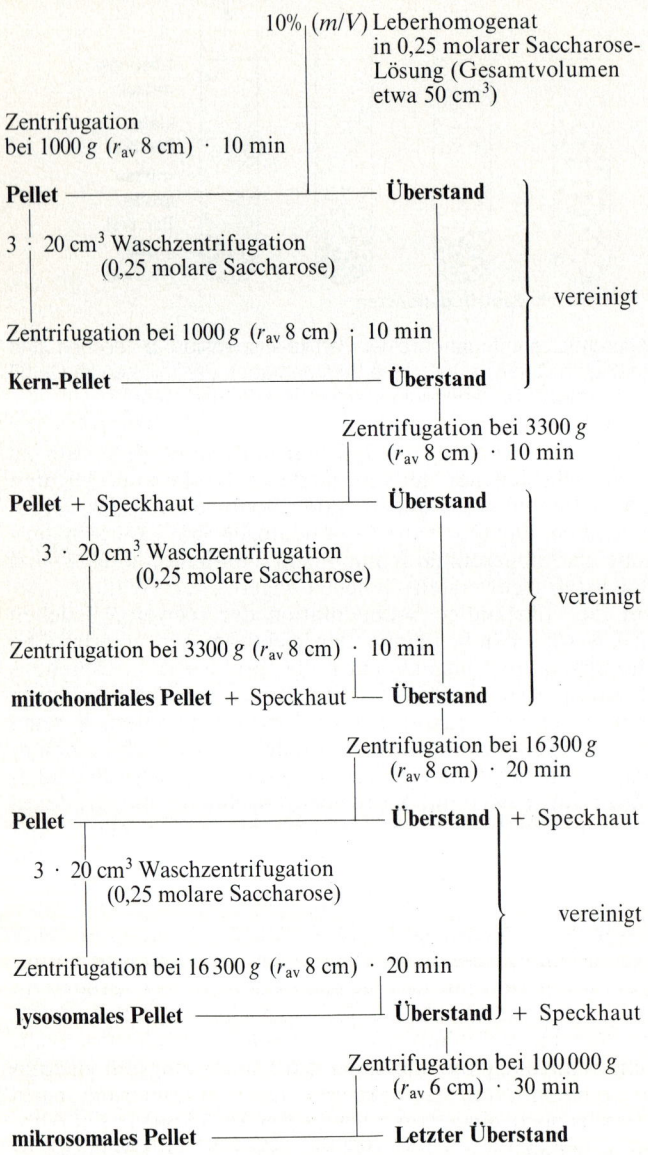

10% (m/V) Leberhomogenat
in 0,25 molarer Saccharose-
Lösung (Gesamtvolumen
etwa 50 cm^3)

Zentrifugation
bei 1000 g (r_{av} 8 cm) · 10 min

Pellet ——————— **Überstand**

3 · 20 cm^3 Waschzentrifugation
(0,25 molare Saccharose)

Zentrifugation bei 1000 g (r_{av} 8 cm) · 10 min

Kern-Pellet ——————— **Überstand**

vereinigt

Zentrifugation bei 3300 g
(r_{av} 8 cm) · 10 min

Pellet + Speckhaut ——————— **Überstand**

3 · 20 cm^3 Waschzentrifugation
(0,25 molare Saccharose)

Zentrifugation bei 3300 g (r_{av} 8 cm) · 10 min

mitochondriales Pellet + Speckhaut —— **Überstand**

vereinigt

Zentrifugation bei 16 300 g
(r_{av} 8 cm) · 20 min

Pellet ——————— **Überstand** + Speckhaut

3 · 20 cm^3 Waschzentrifugation
(0,25 molare Saccharose)

Zentrifugation bei 16 300 g (r_{av} 8 cm) · 20 min

lysosomales Pellet ——————— **Überstand** + Speckhaut

vereinigt

Zentrifugation bei 100 000 g
(r_{av} 6 cm) · 30 min

mikrosomales Pellet ——————— **Letzter Überstand**

Abb. 2.**8**   Schema der Differentialzentrifugation eines Rattenleberhomogenats
in verschiedene subzelluläre Fraktionen

Dichtegradientenzentrifugation

2 Methoden der Zentrifugation im Dichtegradienten sind geläufig: die *Bandengeschwindigkeit* (Zonal) und *isopyknische Zentrifugation (Gleichgewichtsdichte)*. Beide können zur quantitativen Trennung aller Komponenten eines Teilchengemisches dienen. Auch gewinnt man so Werte für die Schwebedichten und Sedimentationskoeffizienten.

Bei der Trennung nach der Bandengeschwindigkeit nutzt man Unterschiede der Molekülgröße oder der Sedimentationsgeschwindigkeiten aus. Die Probenlösung muß sorgfältig auf einen vorgeformten Dichtegradienten aufgelegt werden, dabei darf dessen oberste Dichtegrenze die des dichtesten zu trennenden Teilchens nicht überschreiten. Man zentrifugiert dann so lange, bis die gewünschte Trennung erreicht ist. Die Teilchen müssen also genügend Zeit haben, um durch den Dichtegradienten bis zu ihren Banden zu gelangen (Abb. 2.**9**). Die Banden bilden sich nach der relativen Sedimentationsgeschwindigkeit der Teilchen. Das Verfahren ist also zeitabhängig, der Lauf muß abgebrochen werden, bevor Banden sich am Boden absetzen. Man hat die Methode zur Trennung von Enzymen, Hormonen, Hybriden aus DNS und RNS, ribosomalen Untereinheiten und subzellulären Organellen benutzt. Auch die Größenverteilung von Polysomen und Lipoprotein-Fraktionen kann so bestimmt werden.

Die isopyknische Zentrifugation hängt nur von der Schwebedichte der Teilchen, nicht von ihrer Größe oder Form ab, sie ist auch von der Zeit unabhängig. Deshalb kann man meist lösliche Proteine, die sehr

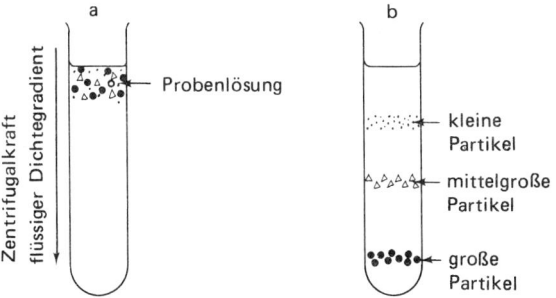

Abb. 2.**9**   Geschwindigkeits- und isopyknische Trennung in einem Dichtegradienten: **a** Gemisch wird auf den Dichtegradienten vor der Zentrifugation aufgelegt, **b** Zentrifugation; bei der Trennung nach der Wanderungsgeschwindigkeit erreichen die einzelnen Fraktionen ihre isopyknische Position nicht; bei der isopyknischen Trennung wird die Zentrifugation so lange fortgesetzt, bis die einzelnen Partikel ihre isopyknische Position im Gradienten erreicht haben

ähnliche Dichten aufweisen (z.B. ϱ = 1,3 g cm^{-3} in Saccharose-Lösung) nicht mit dieser Arbeitsweise trennen, doch eignet sie sich hervorragend für subzelluläre Organellen (z.B. Golgiapparat, ϱ = 1,11 g cm^{-3}, Mitochondrien, ϱ = 1,9 g cm^{-3} und Peroxisomen, ϱ = 1,23 g cm^{-3}, in Saccharose-Lösungen).

Die Probenlösung wird oben auf einen kontinuierlichen Dichtegradienten aufgelegt, der die ganze Spannweite der Dichte der Partikel, die man trennen will, überstreicht. Die höchste Dichte des Gradienten muß deshalb immer die der Partikel mit der höchsten Dichte übertreffen. Während der Zentrifugation sedimentieren die Teilchen bis ihre Schwebedichte und die Dichte des Gradienten an dieser Stelle gleich sind [d.h. wo $\varrho_p = \varrho_m$ in Gl. (2.12)]. Auch bei längerer Zentrifugation können die Teilchen von da ab nicht mehr weiterwandern, da sie auf einem Kissen des Gradienten liegen, das von höherer Dichte als ihre eigene ist. Die isopyknische Zentrifugation ist also im Gegensatz zu der Zonalzentrifugation eine Gleichgewichtsmethode, die Teilchen häufen sich in Banden oder Zonen ihrer eigenen charakteristischen Schwebedichte an (Abb. 2.**9**). Will man nicht alle Komponenten eines Gemisches von Teilchen abtrennen, so kann man einen Bereich des Gradienten wählen, in dem sich die unerwünschten Anteile des Gemisches am Boden des Zentrifugenröhrchens absetzen, während sich die gesuchten Teilchen in isopyknischen Positionen zu einer Bande anhäufen. Diese Vorgehensweise kombiniert sowohl die Zonalzentrifugation wie auch die isopyknische Technik.

Man kann auch, anstatt das zu trennende Teilchengemisch auf einen vorgeformten Gradienten aufzubringen, die Probe einfach mit dem

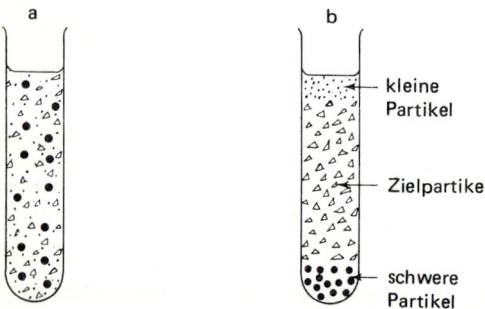

Abb. 2.**10**   Isopyknische Trennung ohne Gradienten: **a** homogene Verteilung der Teilchen im Gefäß vor der Zentrifugation, **b** nach der Zentrifugation werden weitere Partikel zum oberen Ende des Gefäßes flottiert, schwerere Partikel sedimentieren, die untersuchte Fraktion bleibt in der Mitte suspendiert

Gradientenmilieu zu einer Lösung einheitlicher Dichte vermischen. Der Gradient muß sich dann selbst im Sedimentationsgleichgewicht während der Zentrifugation bilden. Bei dieser Methode (als *Dichtegleichgewichtszentrifugation* bezeichnet) verwendet man meist Schwermetallsalze (z.b. Cäsium oder Rubidium), auch Saccharose, kolloidales Kieselgel oder Metrizamid. Die Probe (z.b. DNS) wird homogen mit z.b. einer konzentrierten Lösung von Cäsiumchlorid (Abb. 2.**10 a**) vermischt.

Während der Zentrifugation dieser konzentrierten Cäsiumchlorid-Lösung, sedimentieren CsCl-Moleküle und bilden so einen Konzentrationsgradienten, damit auch einen Dichtegradienten. Die gelösten Moleküle (DNS), die ursprünglich einheitlich über das Röhrchen verteilt waren, flottieren oder sedimentieren nun, bis sie einen Gradientenabschnitt erreichen, wo die Dichte der Lösung ihrer eigenen Schwebedichte gleich ist (d.h. ihre isopyknische Position). Dort werden sie sich in Banden oder Zonen anhäufen (Abb. 2.**10 b**). Ein Nachteil bei dieser Methode liegt in den häufig sehr langen notwendigen Zentrifugationszeiten (36–48 h), bis sich das Gleichgewicht eingestellt hat. Bei der analytischen Zentrifugation wird sie jedoch sehr häufig eingesetzt, um die Schwebedichte eines Teilchens, die Basenzusammensetzung doppelsträngiger DNS zu bestimmen, oder um lineare von zirkulären Formen der DNS zu trennen. Viele solcher Trennungen lassen sich auch durch die Vergröberung der Dichteunterschiede zwischen den verschiedenen Formen der DNS verbessern, indem man während der Biosynthese schwere Isotope (z.b. ^{15}N) einfügen läßt. Für die Aufklärung des Mechanismus der DNS-Replikation in *Escherichia coli* haben Meselson und Stahl diese Arbeitsweise gewählt. Auch die Bindung von Schwermetall-Ionen oder Farbstoffen, wie Ethidiumbromid (S. 205) dient diesem Zweck. Isopyknische Gradienten wurden auch zur Trennung und Reinigung von Viren und für die Analyse von menschlichen Plasma-Lipoproteinen verwendet.

Elutriationszentrifugation

Bei dieser Arbeitsweise lassen sich sehr verschiedenartige Zellen aus unterschiedlichen Geweben und Spezies durch eine vorsichtige Waschprozedur in einem Elutriationsrotor (S. 69 und Abb. 2.**4**) trennen und reinigen. Diese Technik hebt auf Unterschiede im Gleichgewicht in der Trennkammer des Rotors zwischen zentripetalen Flüssigkeitsstrom und der entgegengesetzt wirkenden Zentrifugalkraft ab, um Teilchen vor allem nach ihrer Größe zu trennen. Sie verwendet keinen Dichtegradienten. Jedes Milieu in dem man Zellen abzentrifugieren kann, ist auch hier brauchbar. Da sich die Teilchen ja nicht in ein Pellet festsetzen, können auch empfindliche Zellen oder subzelluläre Strukturen zwischen 5 und 50 μm Durchmesser mit großer Schonung fraktioniert werden, so daß etwa Zellen ihre Lebensfähigkeit behalten. Die Trennungen verlaufen schnell, auch bei hoher Konzentration an Zellen und mit guter Ausbeute.

2.8   Auswahl, Ausbeute und Anwendung bei präparativen Rotoren

Die Wahl eines geeigneten Rotors für eine bestimmte Trennung hängt von Bedingungen wie der Menge und der Art der Probe, der notwendigen Zeit für die Trennung und von der Zentrifugationstechnik ab.

In der Praxis benutzt man etwa die Schwingbecherrotoren vorwiegend für die unvollständige Trennung von Teilchen in einem Dichtegradienten. Für die Differentialzentrifugation ist er verhältnismäßig wenig geeignet, viel besser ist er für die Zonalzentrifugation der Teilchen. Festwinkelrotoren eignen sich besonders für die schnelle, vollständige Sedimentation der Teilchen in der Differentialzentrifugation. Andererseits verwendet man sie selten für eine Zonalzentrifugation, obwohl sie bei ihrer kurzen Sedimentationsweglänge die Zeit des Laufes deutlich verkürzen, weil unerwünschte Wandeffekte die Sedimentation der Banden stören und die Trennung der Teilchen sehr begrenzen kann. Vertikalrotoren eignen sich nicht zum Pelletieren der Teilchen in der Differentialzentrifugation, obwohl sie eine sehr kurze Sedimentationsweglänge haben. Hingegen setzt man sie für die Zonalzentrifugation ganzer Zellen und subzellulärer Organellen ein; allerdings ist die Qualität der Trennung nicht so hoch wie die der Schwingbecherrotoren. Insbesondere gilt dies für die Trennung von Makromolekülen mit einem Molekulargewicht von weniger als $2 \cdot 10^5$ Da. Schwingbecher-, Festwinkel- und Vertikalrotoren eignen sich aber für die isopyknische Zentrifugation. Hier zieht man allerdings oft die Festwinkel- und Vertikalrotoren vor, da sich dort größere Volumina umsetzen lassen, bessere Trennungen werden so in kürzerer Zeit möglich.

Die Zonalrotoren unterscheiden sich von den üblichen anderen Rotoren in ihrer Fähigkeit zur Teilchentrennung nicht sehr deutlich, allerdings machen sie die großen Gradientenvolumina besonders geeignet für präparative Trennungen in größerem Maßstab, auch für analytische Trennungen, wenn sich eine größere Zahl von analytischen Tests anschließt. Der Durchflußrotor erlaubt nur sehr schlechte Trennungen in der Zonalzentrifugation, da die Sedimentationsweglänge sehr kurz ist (ca. 1 cm). Er eignet sich jedoch für die Sedimentation und Isolierung in einer isopyknischen Zentrifugation bei Teilchen die sonst bei der Pelletierung leicht verletzt werden könnten.

Der Elutriationsrotor dient der schnellen, hochauflösenden, großvolumigen Trennung ganzer Zellen und größerer subzellulärer Organellen ohne die Notwendigkeit eines Gradienten oder eines Pellets. Für Lehrveranstaltungen ist er allerdings von begrenztem Nutzen, da die Ausrüstung teuer ist, ein versierter Benutzer ebenso zur Verfügung stehen muß, wie spezialisierte Hilfsgeräte. Die Tab. 2.**2** führt die verschiedenen Rotorarten und ihre hauptsächlichen Anwendungen auf.

Bei der Auswahl präparativer Rotoren für die Sedimentation einzelner Teilchen sind die k- und k'-Faktoren nützlich, da sie die Effizienz des Rotors für das zu untersuchende Material abschätzen lassen. Der k-Faktor gibt die Zeit in Stunden zur vollständigen Sedimentation eines Teilchens mit bekannter Sedimentationskonstante, $s_{20,w}$ (in Svedberg-Einheiten), bei der Höchstgeschwindigkeit an. Der k'-Faktor wird bei zonaler Zentrifugation in einem Dichtegradienten angewandt und erlaubt eine Abschätzung der Zeit, die für die Bewegung einer Zone von Partikeln mit bekannter Sedimentationskonstante und definierter Dichte bis zum Boden des Zentrifugenröhrchens durch einen linearen Saccharose-Gradienten (meist 5–20 % m/V bei 5 °C) bei Höchstgeschwindigkeit benötigt wird. Der k-Faktor des Rotors läßt sich entweder aus Angaben des Herstellers oder aus der Gleichung

$$k = 2{,}53 \cdot 10^{11} \frac{[\ln(r_{max}) - \ln(r_{min})]}{(\text{rev min}^{-1})^2_{max}} \tag{2.16}$$

entnehmen.

Ist also der k-Faktor des Rotors und der Sedimentationskoeffizient (in Svedberg-Einheiten) des Teilchens bekannt, so läßt sich die Zeit in Stunden, die für die Zentrifugation des Teilchens bei der Maximalgeschwindigkeit des Rotors benötigt wird, berechnen:

Tabelle 2.**2**   Präparative Rotoren und ihre Anwendungen

Rotor	Differential-Zentrifugation	Zonal-Zentrifugation	Isopyknischzonal-Zentrifugation	Elutriations--Zentrifugation
Schwing-becher	–	++	+	○
Festwinkel	+++	–	++	○
Vertikal	–	+	+++	○
Zonal	–	++	++	○
Durchfluß	+++	–	++	○
Elutriator	○	○	○	+++

Anwendbarkeit: +++ hervorragend, ++ gut, + mittel, – schlecht, ○ nicht anwendbar

$$t = \frac{k}{s_{20,w}} \tag{2.17}$$

Läuft der Rotor unterhalb seiner Maximalgeschwindigkeit, so wird der k-Faktor erhöht:

$$k_u = k \frac{(\text{rev min}^{-1})^2_{max}}{(\text{U min}^{-1})^2_{gewählt}} \tag{2.18}$$

Der k'-Faktor errechnet sich aus der Gleichung

$$k' = 2,53 \cdot 10^{11} \frac{[l(Z_2) - l(Z_1)]}{(\text{U min}^{-1})^2_{max}} \tag{2.19}$$

Z_1 = untere Grenze der Saccharose-Konzentration (m/m)
Z_2 = obere Grenze der Saccharose-Konzentration (m/m)
I = Integralzeitwerte, die man aus Tabellen der Hersteller des Gerätes entnimmt, nachdem die Größe Z_0 aus der Gleichung

$$Z_0 = \frac{Z_1 r_{max} - Z_2 r_{min}}{r_{max} - r_{min}} \tag{2.20}$$

Z_0 = Konzentration des gelösten Stoffes nach einer Extrapolation eines linearen Gradienten auf den Radius = 0

Die Zeit in Stunden, die die Teilchen für ihren Weg durch den Gradienten benötigen, wird nach

$$t = \frac{k'}{s_{20,w}} \tag{2.21}$$

errechnet.

Ist für einen Rotor A die Zeit für die Trennung eines Teilchengemisches bekannt, dann läßt sich mit Hilfe der Gl. (2.22) die benötigte Zentrifugationszeit in Stunden für das gleiche in einem zweiten Rotor B, wenn man den Rotor A gerade nicht zur Verfügung hat.

$$t_1 = t_2 \left[\frac{k_1}{k_2} \right] \tag{2.22}$$

t_1 = Sedimentationszeit im Rotor B
t_2 = Sedimentationszeit im Rotor A
k_1 = k oder k'-Faktor für Rotor B bei Maximalgeschwindigkeit
k_2 = k oder k'-Faktor für Rotor A bei Maximalgeschwindigkeit

Da sich die Konstanten k und k' aus den Gl. (2.16), (2.19) und (2.20) errechnen, die die Größen r_{min} und r_{max} des Rotors benutzen, muß man einen neuen r_{min} dann bestimmen, wenn die Zentrifugation in nur teilweise gefüllten Röhrchen vorgenommen wird, was wiederum zu revidierten k- oder k'-Faktoren führt.

2.9   Untersuchung subzellulärer Fraktionen

Kriterien der Homogenität

Nur wenn eine Trennmethode subzelluläre Partikel ohne jegliche Verunreinigung durch andere Partikel liefert, kann man die Eigenschaften solcher Fraktionen den Partikeln selbst direkt zuschreiben. Deshalb ist die Bestimmung des *Reinheitsgrades* so wichtig. Häufig wurde die Untersuchung im Elektronenmikroskop eingesetzt, um den Erfolg einer Homogenisiermethode oder den Grad der Verunreinigung einer Fraktion nach der Zentrifugation abzuschätzen. Die Abwesenheit hier erkennbarer Verunreinigungen ist aber kein schlüssiger Beweis der Reinheit. Die quantitative Bestimmung der Reinheit muß durch chemische Analysen gewonnen werden, beispielsweise durch Protein-, DNA-, Enzymaktivitäts- oder möglicherweise immunologische Bestimmungen. Fehlen bei Organellen und Molekülen leicht bestimmbare charakteristische Enzymaktivitäten, so können sie manchmal über ihre Lichtabsorption oder durch radioaktive Markierung aufgefunden werden.

Als Grundlage für die Interpretation der Muster der Enzymverteilungen bei Gewebefraktionierungen ist man häufig von 2 einfachen Voraussetzungen ausgegangen. Die erste Voraussetzung nimmt an, daß alle Individuen einer bestimmten subzellulären Partikelfamilie die gleiche Enzymzusammensetzung aufweisen. Die zweite Voraussetzung nimmt an, daß jedes Enzym auf ein einzelnes Kompartiment in der Zelle beschränkt ist. Gelten beide, so könnte man alle Enzyme als „Leitenzyme" für ihre respektiven Organellen benutzen, z.B. die Cytochrom-oxidase und Monoamino-oxidase als mitochondrielle Leitenzyme, saure Hydrolase als lysosomale Leitenzyme, Katalase als Leitenzym für Peroxisomen und Glucose-6-phosphatase als Leitenzym für mikrosomale Membranen. Es zeigte sich aber dann, daß manche Enzyme in mehr als einer Fraktion enthalten sind, so Malat-dehydrogenase, ß-Glucoronidase, NADPH-Cytochrom-c-Reduktase. Die Auswahl eines Fermentes als Leitenzym für eine bestimmte subzelluläre Fraktion muß deshalb mit Vorsicht getroffen werden. Auch kann die Abwesenheit eines Leitenzyms nicht als Beweis für die Abwesenheit einer bestimmten Organelle dienen, denn während des Trennprozesses können Enzyme aus ihren Organellen freigesetzt, gehemmt oder inaktiviert werden. Man bestimmt deshalb meist mindestens 2 Leitenzyme in jeder Fraktion.

Auswertung

Enzymaktivität und Proteingehalte werden in allen Stufen vom Homogenat bis zu den einzelnen subzellulären Fraktionen bestimmt. Die

Summe der Enzymaktivitäten und Proteingehalte der einzelnen Fraktionen sollte nicht allzu stark vom Gehalt des anfänglichen Homogenats abweichen, da man daraus die Ausbeute berechnen kann. Wie in Tab. 2.**3** gezeigt, werden die Enzymaktivitäten und Proteinmengen der einzelnen Fraktionen als Anteile der Gesamtausbeute dargestellt. Aus diesem Grund ist es dann überflüssig, Absorptionseinheiten in genaue Einheiten der Enzymaktivität oder mg Protein umzurechnen.

Die Ergebnisse aus solchen Gewebefraktionen lassen sich auch grafisch darstellen, dabei werden die Enzymverteilungen als Histogramme zur Verdeutlichung angegeben. Im Histogramm wird dann jede Fraktion getrennt nach ihrer relativen spezifischen Aktivität in der Ordinate dargestellt; so ergibt sich ein Maß des erzielten Reinheitsgrades. Auf der Abszisse gibt man die aufeinanderfolgenden Fraktionen von links nach rechts in der Reihenfolge ihrer Isolierung und nach ihrem Anteil am Gesamtprotein an. Dabei ergeben sich rechteckige Flächen, die dem Anteil der Enzymaktivität in den einzelnen Fraktionen entsprechen.

2.10   Anwendungen der analytischen Ultrazentrifuge

In der Biologie hat die analytische Ultrazentrifugation viele Anwendungen gefunden, vor allem in der Chemie der Proteine und Nucleinsäuren. Mit ihrer Hilfe konnte man die relative Molekülmasse M_r, Reinheit und auch Form der untersuchten Moleküle bestimmen.

Bestimmung der relativen Molekülmasse M_r

Zur Bestimmung von relativen Molekülmassen liefert die analytische Ultrazentrifuge vor allem 2 Lösungsmöglichkeiten. Man mißt entweder die Sedimentationsgeschwindigkeit oder das Sedimentationsgleichgewicht.

Am meisten wird die Messung der **Sedimentationsgeschwindigkeit** benutzt. Die Ultrazentrifuge wird dabei mit verhältnismäßig hohen Umdrehungszahlen betrieben, so daß die statistisch verteilten Partikel vom Rotormittelpunkt durch das Lösungsmittel zum Boden der Sektorzelle wegwandern. Es bildet sich dann eine scharf abgegrenzte Trennlinie zwischen jenem Anteil des Lösungsmittels, das an Partikel schon völlig verarmt ist, und dem übrigen Teil, in dem die sedimentierenden Partikel noch enthalten sind. Die Fortbewegung dieser Grenzlinie mit der Zeit ist ein Maß für die Sedimentationsgeschwindigkeit der Partikel; man registriert sie mit einere der oben beschriebenen Methoden und zeichnet dies fotografisch oder über ein Lichtstrahldetektorsystem mit angeschlossenem Schreiber (Scanner) auf.

Tabelle 2.3 Verteilungsmuster der lysosomalen ß-Glycero-phosphatase aus Leber in der Differentialzentrifugation

Enzymbestimmungen

Fraktion	Volumen (cm³)	Verdünnungen	Absorption bei 660 nm	Enzymaktivität in der Fraktion (willkürliche Einheiten)	Ausbeute der Aktivität in der Fraktion (in %)
Gesamthomogenat	120	1: 30	0,50	1 800	–
Kerne	30	1: 20	0,22	132	7,4
Mitochondrien	20	1:100	0,33	660	36,9
Lysosomen	16	1:100	0,34	544	30,4
Mikrosomen	20	1: 25	0,44	220	12,3
Überstand	290	1: 20	0,04	232	13,0
				1 788	100,0

Proteinbestimmungen

Fraktion	Volumen (cm³)	Verdünnungen	Absorption bei 540 nm	Proteingehalt der Fraktion (willkürliche Einheiten)	Ausbeute an Protein in der Fraktion (in %)
Gesamthomogenat	120	1:100	0,16	1 920	–
Kerne	30	1: 80	0,13	312	16,4
Mitochondrien	20	1:200	0,13	520	27,4
Lysosomen	16	1:100	0,08	128	6,7
Mikrosomen	20	1:100	0,18	360	19,0
Überstand	290	1: 25	0,08	580	30,5
				1 900	100,0

Berechnung der relativen spezifischen Aktivitäten

$$\frac{\% \text{ Enzymaktivität der Fraktion}}{\% \text{ Proteingehalt der Fraktion}}$$

Kerne $\dfrac{7,4}{16,4} = 0,45$ Mitochondrien $\dfrac{36,9}{27,4} = 1,35$

Lysosomen $\dfrac{30,4}{6,7} = 4,53$ Mikrosomen $\dfrac{12,3}{19} = 0,65$

Überstand $\dfrac{13}{30,5} = 0,43$

Die Sedimentationsgeschwindigkeit eines Teilchens wird durch die Gl. (2.14) beschrieben, daraus läßt sich wiederum die M_r des Teilchens mit Hilfe der *Svedberg-Gleichung* errechnen:

$$M_r = \frac{RT_{S_{20,w}}}{D(1 - \bar{v} \varrho)} \qquad (2.23)$$

M_r = relative Molekülmasse des Moleküls ohne Wasserhülle
D = Diffusionskoeffizient des Moleküls
$\bar{v}$ = Partielles spezifisches Volumen des Moleküls (das ist das Volumen der Substanz, wenn 1 g in einem großen Volumen der Flüssigkeit gelöst wird)
ϱ = Dichte des Lösungsmittels bei 20 °C

Die gemessenen Werte für s und D werden auf die Standardbedingungen der unendlichen Verdünnung des gelösten Stoffes in Wasser bei 20 °C korrigiert.

Mit Zentrifugationen im **Sedimentationsgleichgewicht** lassen sich die M_r gelöster Stoffe zwischen wenigen Hundert und mehreren Millionen Da bestimmen. Diese breite Anwendungsmöglichkeit basiert auf dem großen Bereich der Zentrifugationsgeschwindigkeiten, den die Ultrazentrifuge bietet. Denn das zentrifugale Kraftfeld, das mit dem Quadrat der Rotorgeschwindigkeit zunimmt, reicht über einen mehrtausendfachen Bezirk bei Rotorgeschwindigkeiten zwischen 800 und 68 000 Umin^{-1}. Bei der Gleichgewichtsmethode wird die Ultrazentrifuge so eingesetzt, daß sich zwischen Sedimentation im zentrifugalen Kraftfeld und der Diffusion der Teilchen, die dieser entgegengesetzt ist, ein Gleichgewicht einstellt, also keine Wanderung der gelösten Partikel auf den Boden der Sektorzelle zu erfolgt. Aus dem Konzentrationsgradienten der gelösten Teilchen kann man dann ebenfalls die M_r errechnen:

$$M_r = \frac{2\,RT\ln\,(c_2/c_1)}{\omega^2\,(1 - \bar{v}\varrho)\,(r_2^2 - r_1^2)} \qquad (2.24)$$

c_2 und c_1 = Konzentration des gelösten Stoffes bei den Abständen r_2 und r_1 vom Rotationsmittelpunkt

Dabei setzt die M_r des untersuchten Teilchens die Zentrifugationsgeschwindigkeit fest. Im allgemeinen ist bei **Gleichgewichtsläufen, die bei niederen Geschwindigkeiten** ablaufen, ein Konzentrationsverhältnis von etwa 4:1 in den beiden Endteilen der Flüssigkeitssäule wünschenswert [d.h. $c_2/c_1 \approx 4$ in Gl. (2.24)]. So errechnet sich aus Gl. (2.24) für ein Molekül mit der M_r von 50 000 eine Zentrifugationsgeschwindigkeit von 10 000 Umin^{-1}. Moleküle mit höheren M_r benötigen dementsprechend niederere Umdrehungszahlen. Für Materialien mit M_r, die größer als $5 \cdot 10^6$ sind, wird es allerdings schwierig, gute Gleichgewichtsläufe anzustellen, da bei den niedrigen Umdrehungszahlen von etwa 1 000 Umin^{-1} der Rotor bereits in Schwingungen gerät.

Lange Zeit bedeuteten die notwendigen extremen Versuchszeiten einen gewichtigen Nachteil der Gleichgewichtsläufe bei niederen Umdrehungszahlen – es waren Tage bis Wochen bis zur Einstellung des Gleichgewichts nötig. Die modernere Arbeitsweise verwendet aber kurze analytische Zellen mit einer Schichthöhe von nur 1–3 mm. Da die Zeit bis zur Gleichgewichtseinstellung mit dem Quadrat der Tiefe der Flüssigkeitssäule wächst, läßt sich dadurch sehr viel Zeit einsparen. Bei der Methode des Sedimentationsgleichgewichts ist im Gegensatz zur Auswertung der Sedimentationsgeschwindigkeit die Kenntnis des Diffusionskoeffizienten [vgl. Gl. (2.23) und (2.24)] nicht notwendig, so daß diese Methode einfacher ist und häufig zur Bestimmung unbekannter M_r von Proteinen dient.

Gleichgewicht bei hohen Geschwindigkeiten oder **Verdünnung am Meniskus (Methode nach Yphantis)**. Wieder setzt man Zellen mit niedriger Flüssigkeitssäule (1–3 mm) ein, die Technik gleicht den Gleichgewichtsläufen bei niedrigen Geschwindigkeiten. Hier wird aber die Zentrifuge so schnell gefahren, daß die Konzentration der gelösten Substanz im Meniskus praktisch gleich Null wird. Die Konzentrationen in den verschiedenen Regionen der Zelle sind dann dem Unterschied der Brechzahlen zwischen Meniskusregion und am gewählten Punkt der Zelle proportional. Der Nachteil dieser Hochgeschwindigkeitsmethode liegt jedoch darin, daß für M_r unter 10 000 Umdrehungszahlen oberhalb 65 Umin^{-1} notwendig würden, um eine Konzentration von nahezu Null im Bereich des Meniskus zu erreichen. Diese sehr hohen Geschwindigkeiten führen zu Verwerfungen der Zellenfenster auch bei Saphirmaterial. Trotzdem ist diese schnelle Methode besonders für Bestimmungen der M_r geeignet – Voraussetzung ist eine sehr hoch gereinigte Substanz.

Reinheitskontrolle bei Makromolekülen

Man hat die analytische Ultrazentrifuge sehr ausführlich bei Bestimmungen der Reinheit von DNA-, Virus- und Proteinpräparaten benutzt. Will man exakte Bestimmungen der M_r durchführen, so ist natürlich der Reinheitsgrad des Präparates außerordentlich wichtig. Noch heute ist dabei die Analyse der Sedimentationsgrenzschicht zur Bestimmung der Homogenität eines Präparates mit der Sedimentationsgeschwindigkeitstechnik häufig. Eine reine Präparation ergibt meist eine einzelne scharfe Grenzschicht, also einen symmetrischen Gipfel in der Schlierenoptik. Verunreinigungen drücken sich als zusätzliche Gipfel, Schultern oder Asymmetrien des Hauptgipfels aus.

Konformationsänderungen von Makromolekülen

Auch hier hat die analytische Ultrazentrifuge einige erfolgreiche Beispiele geliefert. So kann DNA als Einzel- oder Doppelstrang auftreten, beide können wiederum offen linear oder kreisförmig in der Natur vorkommen. Verschiedene Einflüsse, wie organische Lösungsmittel oder erhöhte Temperaturen, können die Konformation der DNA außerdem noch reversibel oder irreversibel verändern. Solche Konformationswechsel drücken sich in verschiedenen Sedimentationsgeschwindigkeiten der Proben aus. Je kompakter das Molekül ist, desto kleiner wird sein Reibungswiderstand im Lösungsmittel. Je ungeordneter das Molekül vorliegt, desto größer wird der Reibungswiderstand und desto kleiner die Sedimentationsgeschwindigkeit. Man vergleicht deshalb das Sedimentationsverhalten der Proben vor und nach der Behandlung.

Im Falle allosterischer Enzyme (z.B. Aspartat-transcarbamylase) kann die Anbindung von Substraten oder kleinen Liganden (Aktivatoren oder Inhibitoren) Konformationsänderungen hervorrufen. Zusätzlich zerlegt eine Behandlung mit Verbindungen wie Harnstoff oder *p*-Chlormercuribenzoat das Enzym in seine Untereinheiten (Protomeren). Derartige Veränderungen lassen sich gut in der analytischen Ultrazentrifuge charakterisieren.

2.11   Sicherheitsbestimmungen bei dem Betrieb von Zentrifugen

Zentrifugen können sehr gefährliche Geräte sein, wenn sie nicht sorgfältig gewartet und benutzt werden. Alle Benutzer von Zentrifugen sollten deshalb das Handbuch des Herstellers für die Zentrifugen durchlesen und auch verstehen.

Der technische Überwachungsverein hat für Zentrifugen festgelegt, daß die Deckel mit Schlössern versehen werden, die den Zugang zur Rotorkammer während des Laufes versperren. Um eine körperliche Verletzung, etwa beim Füllen und Entleeren von Zonalrotoren oder vor allem bei der Bedienung von Durchflußrotoren zu vermeiden, muß vor allem sichergestellt werden, daß der laufende Rotor nicht berührt wird und langes Haar oder lose Kleidungsteile (z.B. Krawatten) nicht an den rotierenden Rotor gelangen. Dies ist heute noch wichtig, da eine beträchtliche Zahl von alten Zentrifugen in Gebrauch sind, bei denen der Deckel noch vor Ende des Laufes geöffnet werden kann.

Ein ebenso großes Risiko stellt der Riß von Rotoren – der dann immer einer Explosion gleichkommt – dar; es läßt sich nur durch sorgfältige Beachtung der Instruktionen des Herstellers der Rotoren vorbeugend bekämpfen (S. 74). Besonders schwierig wird dies, wenn gefährliche Materialien (z.b. pathogene Mikroorganismen, infektiöse Viren, karzinogene, ätzende oder toxische Chemikalien, radioaktive Materialien) zentrifugiert werden. Dies gilt besonders für ungekühlte und niedrigtourige Zentrifugen, bei denen die Rotortemperatur durch die umschließende Luft konstant gehalten wird. Dort müssen die Proben in luftdicht abgeschlossenen Behältnissen bearbeitet werden. Sonst könnte sich ein Aerosol bilden, etwa durch zufälliges Überfließen oder ein Leck, damit würde dann aber der Rotor, die Zentrifuge und möglicherweise das ganze Laboratorium kontaminiert.

Literatur

Birnie, G.D., Rickwood, D. (1978), Centrifugal Separations in Molecular and Cell Biology, Butterworth, London (schildert im Detail die Theorie und Praxis der heutigen Zentrifugations-Verfahren in der Molekular- und Zellbiologie).

Griffith, O.M (1983), Techniques in Preparative, Zonal and Continuous Flow Ultrocentrifugation, 4. Aufl. Beckman Instruments Inc., Palo Alto (Darstellung der heute gebräuchlichen Verfahren der präparativen und Dichtegradienten-Ultrazentrifugation mit ihren Anwendungen).

Rickwood, D. (Ed.) (1984), Centrifugation, 2. Aufl. Published in Practical Approaches to Biochemistry Series, IRL Press Ltd., Oxford/Washington DC (Theorie und Praxis der Zentrifugation, wichtige Hinweise für die Optimierung der Trennungen über die Zentrifuge mit Versuchsvorschriften).

Kapitel 3

Enzymatische Methoden

3.1 Einführung

Die meisten biochemischen Vorgänge in der Zelle werden durch Enzyme katalysiert, die die Fähigkeit besitzen, eine Reaktion, für die sie allein spezifisch sind, unter den schonenden Bedingungen, wie sie in der Zelle vorliegen, zu fördern. Alle Enzyme sind *globuläre Proteine,* ihre katalytische Fähigkeit beruht auf der dreidimensionalen Struktur ihrer Polypeptid-Ketten. Allerdings kann die katalytische Wirkung eines Enzyms auch von der Verfügbarkeit eines andersartigen *Cofaktors* oder *Coenzyms* beruhen. Oft ist diese Substanz an die Polypeptid-Kette als *prostethische Gruppe* fest gebunden. Beispiele solcher Cofaktoren sind NAD^+, $NADP^+$, FMN, FAD, auch kompliziertere organische Strukturen, wie Häm (Hämoproteine), oder auch Oligosaccharide (Glykoproteine), schließlich einfache Metallionen, wie Mg^{++}, Fe^{++} und Zn^{++}. *Apoenzym* nennt man ein wirksames Enzym, dem aber sein Cofaktor fehlt, gewinnt es ihn hinzu, so bezeichnen wir es als *Holoenzym.*

In der Proteinchemie hat man 4 Strukturebenen definiert: Primär-, Sekundär-, Tertiär- und Quaternärstruktur. Die **Primärstruktur** eines Proteins ist die genetisch festgelegte Struktur und bezeichnet die Folge der Aminosäuren. Proteine, die nur aus Aminosäuren bestehen, nennen wir *einfache Proteine,* jene, die mit einem kovalent gebundenem Cofaktor arbeiten, nennen wir *konjugierte Proteine.* **Sekundärstrukturen** beschreiben den räumlichen Aufbau einer Polypeptid-Kette, wie er etwa durch Wasserstoff-Brücken festgelegt wird; dazu gehören Strukturen, wie die α-Helix und das β-Faltblatt. Einige der 20 Aminosäuren, die wir in unseren Proteinen haben – etwa Prolin und Leucin – stören manche Sekundärstruktur; ihr Gehalt in vielen Proteinen ist deshalb auf 70% eingeschränkt. Die **Tertiärstruktur** umschreibt die gesamte Raumformel einer Polypeptid-Kette; sie wird vorwiegend durch elektrostatische und Van-der-Waals-Kräfte gehalten, erst sekundär dann durch kovalente Bindungen, wie Disulfid-Brücken. Die **Quaternärstruktur** ist *oligomeren Proteinen* vorbehalten, sie bestehen aus 2 oder mehreren Tertiärstrukturen, die nur durch schwache, nicht kovalente Kräfte zusammengehalten werden, selten allerdings auch durch Disulfid-Brücken.

Diese Tertiärstrukturen in einem oligomeren Protein nennt man dann auch *Untereinheiten* – sie können identisch oder unterschiedlich sein. Sowohl in monomeren wie auch in oligomeren Enzymen führt die spezifische Faltung der Polypeptid-Ketten zur engen Nachbarschaft bestimmter Aminosäure-Seitenketten, die dann ein *aktives* oder *katalytisches* Zentrum bilden. In oligomeren Enzymen können mehrere solcher Zentren vorkommen. Häufig liegt ein aktives Zentrum in einem tiefen Spalt in dem Enzym, der mit *hydrophoben* (unpolaren) Aminosäure-Seitenketten ausgekleidet ist. Aminosäure-Seitenketten können zusätzlich zu den katalytischen Seitenketten im aktiven Zentrum auch an der Bindung des Substrats an das aktive Zentrum beteiligt sein.

Einige oligomere Enzyme weisen multible Formen auf, die wir als *Isoenzyme* oder *Isozyme* bezeichnen. Dahinter stecken 2 Gene, die ähnliche, aber nicht identische Untereinheiten codieren. Ein sehr bekanntes Beispiel der Isoenzyme ist die Lactat-dehydrogenase, die völlig reversibel Pyruvat in Lactat umwandelt. Das Enzym besitzt 4 Untereinheiten und kommt in 5 Spezies vor (LDH1-5), je nach dem, wie man die 2 Untereinheiten in ein Tetramer einbaut. Jedes Isoenzym katalysiert zwar die gleiche Reaktion, hat aber unterschiedliche kinetische Konstanten, ist auch gegenüber Wärmezufuhr unterschiedlich empfindlich; die verschiedenen Vertreter lassen sich auch in der Elektrophorese voneinander trennen. Die Verteilung dieser Isoenzyme in den Geweben ist innerhalb eines Organismus sehr unterschiedlich. Beim Menschen ist etwa die LDH1 das vorwiegende Isoenzym im Herzmuskel, die LDH5 desgleichen in der Leber. Solche Unterschiede kann man in der diagnostischen Enzymologie verwenden, wenn spezifische Organe zu Schaden gekommen sind und ihre Enzyme an das Blutplasma abgeben. Sie liefern so einen Beitrag zu der klinischen Diagnose und Prognose.

Durch eine *Denaturierung* verlieren Enzyme ihre Aktivität, sie sind dann auch schlechter löslich und für einen proteolytischen Angriff empfindlicher. Verschiedene Einwirkungen können dies bewirken: Hitze, Säuren und Alkalien, Detergenzien, organische Lösungsmittel und Schwermetallkationen, wie Quecksilber und Blei. Da sich vor allem die Tertiärstruktur – also die dreidimensionale Raumformel – auflöst, treten viele der hydrophoben Gruppen, die normalerweise in der gefalteten Struktur innen vorliegen, an die Oberfläche. Alle Arbeiten mit gereinigten Enzymen müssen deshalb Vorsorge gegen die Denaturierung treffen. Dazu gehört ein Milieu mit ausreichender Pufferkapazität im Bereich 0–40 °C, auch der Einsatz sehr gut gereinigter Geräte und Glaswaren. Bei manchen analytischen Auswertungen enzymatischer Reaktionen, etwa der Bestimmung von Substraten oder Produkten in der Chromatographie, ist es demgegenüber vorteilhaft, die Proben vor der Analyse vom Protein zu befreien. Dabei erhitzt man meistens mit *Proteinfällungsmitteln*, wie etwa Perchlorsäure, Trichloressigsäure, Sulfosalicylsäure, Wolframsäure, Zinkhydroxid, Ammoniumsulfat und Phenol/Chloroform.

Die internationale Nomenklatur der Enzyme unterscheidet 6 große Klassen nach der Art der katalysierten Reaktion. Jede Klasse wird wieder nach der chemischen Gruppe, nach Conenzymen und anderen Teilnehmern der Reaktion unterteilt. Nach den Empfehlungen der Enzymkommission kann dann jedem Enzym ein Code aus 4 Buchstaben und ein eindeutiger systematischer Name nach der katalysierten Reaktion zugeordnet werden:

Gruppe 1 **Oxireductasen,** sie übertragen Wasserstoff-Atome, Sauerstoff-Atome oder Elektronen von einem auf ein anderes Substrat;

Gruppe 2 **Transferasen,** die funktionelle Gruppen zwischen Substraten übertragen;

Gruppe 3 **Hydrolasen,** die hydrolytische Reaktionen katalysieren;

Gruppe 4 **Lyasen,** die Substrate anders als durch eine Hydrolyse spalten;

Gruppe 5 **Isomerasen,** die Isomere durch intramolekulare Umlagerung ineinander überführen;

Gruppe 6 **Ligasen (Synthetasen),** die die Bildung einer kovalenten Bindung unter gleichzeitiger Spaltung einer nucleosidtriphosphat-Bindung katalysieren.

Die umfassende Aufklärung einer Enzymstruktur beinhaltet die *molekulare Struktur* (Primär-, Sekundär-, Tertiär-, Quaternärstruktur sowie Cofaktoren), die *Proteineigenschaften* (isoelektrischer Punkt, elektrophoretische Beweglichkeit, pH- und Temperaturempfindlichkeit, spektroskopische Daten), die *enzymatischen Eigenschaften* (Spezifität, Reversibilität, Kinetik), die *Thermodynamik* (Aktivierungsenergie, freie Energien und Entropien), das *aktive Zentrum* (Zahl, molekulare Struktur, Mechanismus) und die *biologischen Eigenschaften* (Verteilung in der Zelle, Isoenzyme, Relevanz der katalysierten Reaktion für den Stoffwechsel). Für diese Untersuchungen muß ein Enzym in reiner Form isoliert und *in vitro* untersucht werden. Die Reinigung der Enzyme ist oft ein schwieriger Vorgang, vor allem dann, wenn das Enzym in einer Membran lokalisiert ist. Die Untersuchung gereinigter Enzyme ist eine der Grundrichtungen der Biochemie, da hiermit die Bedingungen vorgeschrieben werden können, unter denen der Biochemiker die Situation des Stoffwechsels in der Zelle *in vivo* verstehen und ausbeuten kann. Zu dieser Ausbeutung gehört die Synthese von selektiven Hemmstoffen, die als Biozide benutzt werden können, aber auch die industrielle Verwendung der Enzyme für bestimmte chemische Umwandlungen und der Einsatz der Enzyme in Biosensoren zur Bestimmung spezifischer Substrate.

3.2 Aktivitätseinheiten und Reinigung von Enzymen

Aktivitätseinheiten

Die Mengenangabe über ein Enzym in einer bestimmten Präparation wird meistens nicht in Gewichtseinheiten oder in Molen angegeben, sondern als Einheiten anhand der Geschwindigkeit der durch das Enzym katalysierten Reaktion. Die *internationale Einheit* U ist als jene Enzymmenge definiert, die 1 μmol des Substrats in 1 min unter definierten Bestimmungen (meist 25 oder 30 °C und optimalem pH) überführen kann. Die *SI-Einheit* dieser Aktivität gibt jene Menge des Enzyms, die 1 mol des Substrats in 1 s in das Produkt umwandeln kann. Die Einheit der katalytischen Fähigkeit (kat) besagt dabei, daß 1 kat $= 6 \times 10^7$ U und 1 U $= 1{,}7 \times 10^{-8}$ kat. Bei einigen Enzymen kann man diese Einheiten nicht genau definieren. Dies gilt vor allem, wenn das makromolekulare Substrat eine unbekannte Molekülmasse aufweist (Amylase, Pepsin, RNase, DNase). In diesen Fällen benutzt man willkürliche Einheiten; meist werden sie auf eine gut meßbare Veränderung in den chemischen oder physikalischen Eigenschaften des Substrats bezogen.

Der Reinheitsgrad eines Enzyms wird meist durch die Angabe der *spezifischen Aktivität* definiert, sie setzt die katalytische Gesamtaktivität ins Verhältnis zum Proteingehalt der Präparation:

$$\text{spezifische Aktivität} = \frac{\text{Einheiten des Enzyms}}{\text{Proteingehalt}}$$

Die Messung der Enzymeinheiten beruht auf bestimmten kinetischen Vorgaben und vor allem darauf, daß eine geeignete analytische Auswertung gegeben ist. Ausführlich ist dies in den Abschn. 3.3, S. 107 und 3.4, S. 123 besprochen.

Proteinbestimmungen

Der Proteingehalt eines Präparates kann mit verschiedenen analytischen Vorschriften bestimmt werden; einige davon liefern keine absoluten Werte und müssen auf einen Standard bezogen werden. Als Standard wird sehr häufig Rinderserumalbumin benutzt, da es einerseits billig und andererseits leicht zugänglich ist.

Absorption im UV. Die aromatischen Aminosäure-Seitenketten (Tyrosin, Phenylalanin, Tryptophan) eines Proteins absorbieren Licht bei den Wellenlängen um 280 nm. Diese Extinktion benutzt man als direktes Maß für den Proteingehalt. Da aber der Gehalt an diesen Seitenketten unter den Proteinen sehr stark variiert, ist diese Methode nur mit Vorsicht zu gebrauchen, obwohl sie bis zu einer Konzentration von 10 µg cm^{-3} meßbare Ergebnisse liefert. Auch Nucleinsäuren besitzen eine Absorption bei 280 nm. Mißt man aber die Absorption bei 280 und 260 nm, so kann man eine Korrektur für den Nucleinsäure-Gehalt einer Probe rechnerisch durchführen.

Lowry-(Folin-Ciocalteau-)Verfahren. Das Folin-Ciocalteau-Reagenz besteht aus Natriumwolframat, -molybdat und -phosphat. Die phenolischen Gruppen der Tyrosine eines Proteins rufen damit eine blauviolette Färbung hervor, deren Absorptionsmaximum in der Gegend von 660 nm liegt. Heute ist dies immer noch die meistbenutzte Eiweißbestimmung, obwohl sie Schwankungen unterworfen ist. Störungen treten durch Tris, zwitterionische Puffer wie PIPES, HEPES und EDTA auf; auch hat die Inkubationszeit Einfluß auf die Bestimmung. Sie ist bis etwa 20 µg cm^{-3} reproduzierbar. Wahrscheinlich ist die Reduktion eines Kupfer-Ions auf die einwertige Stufe die Grundlage der Bestimmung, danach erfolgt die Reduktion des Folin-Ciocalteau-Reagenz. In neuerer Zeit sind einige andere Reagenzien zur Ausmessung des Kupfer(-I)-Ions vorgeschlagen worden, die vielleicht bequemere und einfacher zu reduzierende Bestimmungen liefern. Eines dieser Reagenzien ist die Bicinchoninsäure.

Biuret. Das Biuret-Reagenz besteht aus einer alkalischen Kupfersulfat-Lösung, die durch Natrium-Kalium-Tartrat stabilisiert ist. Mit 4 der NH-Gruppen aus Peptidbindungen bilden die Kupfer-Ionen einen Koordinationskomplex, der bei 540 nm ein Absorptionsmaximum hat. Da das Verfahren direkt Peptidbindungen ausmißt, sollte es verhältnismäßig geringe Streubreiten aufweisen, es ist auch sehr gut reproduzierbar. Der Nachteil liegt in der Empfindlichkeit, Konzentrationen unter 1 mg cm^{-3} an Protein können sehr schlecht noch gemessen werden.

Coomassie-Brilliant-Blue-Färbung. Coomassie Brilliant Blue ist einer der vielen Farbstoffe, die sich an Proteine anheften, in diesem Falle liegt das Absorptionsmaximum bei 595 nm. Der Vorteil dieser Methode liegt darin, daß das Reagenz einfach herzustellen ist, die Färbung sich rasch entwickelt und einige Zeit stabil ist. Obwohl das Verfahren bis zu 20 μg cm^{-3} gut reproduzierbar ist, schwankt eine Eichkurve bei verschiedenen Proteinen, da die Menge des gebundenen Farbstoffs vor allem mit dem Gehalt an basischen Aminosäuren im Protein wechselt. Ein Standard ist daher nur schlecht zu finden. Außerdem lösen sich viele Proteine nicht gut in dem sauren Reaktionsmilieu.

Kjedahl-Bestimmung. Ein allgemein angewandtes chemisches Verfahren zur Bestimmung des Stickstoff-Gehaltes von Verbindungen. Man baut die Probe in kochender konzentrierter Schwefelsäure unter Zusatz von Natriumsulfat (zur Erhöhung des Siedepunktes) ab, ein Kupfer- und/oder Selen-Katalysator wird zugesetzt. Dabei wird aller organisch gebundener Stickstoff in Ammoniak umgewandelt, der als Ammoniumsulfat abgefangen wird. Meist läßt sich der vollendete Abbau durch die Bildung einer klaren Lösung erkennen. Nun gibt man einen Überschuß an Natriumhydroxid zu, der freigesetzte Ammoniak wird durch eine Wasserdampf-Destillation in einer Markham-Apparatur ausgetrieben. Durch Einleiten in eine Borsäure-Lösung wird er abgefangen und mit geeichter Salzsäure und Methylrot/Methylenblau als Indikatoren titriert. Es stehen automatische Autokjedahl-Apparaturen zur Verfügung. Auch selektive Ammoniumionen-Elektroden (Abschn. 10.3, S. 448) werden für die direkte Ammoniak-Bestimmung des Abbaus eingesetzt. Obwohl die Kjedahl-Bestimmung sehr genau und reproduzierbar den Stickstoff-Gehalt bestimmen kann, wird das Verfahren bei der Messung des Proteingehalts einer Probe durch die unterschiedlichen Stickstoff-Gehalte einzelner Proteine und vor allem durch Verunreinigungen, wie DNS, kompliziert. In der Praxis verwendet man einen Faktor von 16 % Stickstoff-Gehalt der Proteine.

Turbidimetrie. Mit starken organischen Säuren, wie Trichloressigsäure und Sulfosalicylsäure, kann man Proteine fällen. Die Menge des gebildeten Präzipitats wird durch die Intensität der Lichtstreuung gemessen (Turbidimetrie) (S. 352). Das Verfahren benötigt Eichkurven für die Proteine; auch müssen die Bestimmungen so eingehalten werden, daß zwar die Fällung vollständig ist, daß aber kein Ausflocken auftritt.

Reinigungsmethoden

Zytoplasmatische Enzyme oder auch solche aus den Organellen der Eukaryonten werden durch die Aufschlußtechniken, wie auf S. 39 beschrieben, freigesetzt. Membrangebundene Enzyme ergeben bei ihrer Reinigung größere Probleme, sie lassen sich meist nicht durch einfache Zellaufschlüsse freisetzen. Enzyme, die nur an die Oberfläche der Membran (*extrinsische Proteine*) gebunden sind, lassen sich meist durch Behandlung mit 1 mol/l NaCl oder durch Einfrieren und Auftauen ablösen. Enzyme, die tief in die Membran eingelagert sind *(intrinsische Proteine)* müssen durch Behandlung mit einem Detergens oder einem Lösungsmittel ausgelöst werden. Natriumdodecylsulfat (SDS) zerlegt den Protein-Lipid-Komplex, so kann man das Protein extrahieren. Organische Lösungsmittel haben den gleichen Einfluß, dabei wird meist n-Butanol benutzt, da es noch mit Wasser mischbar ist. Da organische Lösungsmittel Proteine denaturieren können, muß die Extraktion bei 0 bis −5 °C ausgeführt werden. In jedem Falle muß man Sorge dafür tragen, daß die Denaturierung oder der proteolytische Abbau durch verunreinigende Enzyme herabgesetzt werden. Manche Thiol-Verbindungen, wie Mercaptoethanol, Glutathion oder Dithiothreitol *(Clelands Reagenz)*, vermögen die Oxidation der Sulfhydryl-Gruppen zu verhindern; Verbindung *N*-Tosyl-*L*-phenylalanylchloromethyl-Keton wirken als Inhibitoren für proteolytische Enzyme.

Will man ein Enzym reinigen, um seine biologischen Fähigkeiten auszutesten, so muß die native Struktur durch geeignete Maßnahmen möglichst erhalten bleiben. Will man hingegen Strukturaufklärung betreiben, die jedenfalls Abbaumethoden beinhaltet, dann sind Denaturierungen nicht so problematisch, in vielen Fällen ist sie sogar erwünscht, da das denaturierte Protein für die chemische und enzymatische Hydrolyse zugänglicher wird. Proteine unterscheiden sich in ihrer Empfindlichkeit gegenüber einer Denaturierung, auch dies wird bei der Reinigung ausgenützt. Die Löslichkeit nativer Proteine wird durch den pH-Wert beeinflußt (die Löslichkeit ist dabei am isoelektrischen Punkt am geringsten), auch durch Zusatz von Salzen wie Ammoniumsulfat oder von kleinen Mengen organischer Lösungsmittel bei tiefen Temperaturen. Kleine Unterschiede solcher Eigenschaften von Enzymen werden bei der Fraktionierung und Reinigung ausgenutzt.

Viele Fraktionierungen erlauben die Anreicherung eines gewünschten Enzyms aus einem komplexen heterogenen Gemisch mit verhältnismäßig billigen, schnellen und einfachen Methoden unter Abscheidung der verunreinigenden Proteine. Jedoch ist hervorzuheben, daß es keine allgemein anwendbare Reihenfolge für diese Vorschriften gibt. Eine für ein Enzym sehr vorteilhafte Abfolge kann bei einem anderen erfolglos sein oder sogar zu seiner Denaturierung führen. Dies ist eine direkte Folge der kleinen, aber entscheidenden Unterschiede in der Proteinstruktur und damit -stabilität. In der Praxis verlangt daher die Erarbeitung einer erfolgreichen Vorschrift viele einzelne erfolgreiche und erfolglose Vorversuche, wobei man eine Anzahl von ihnen im kleinen Maßstab für jede einzelne Stufe der Reinigung durchführen wird. Dazu wiederum benötigt man eine empfindliche und spezifische Bestimmung für das zu reinigende Enzym und für den gesamten Proteingehalt.

Jede Trennung teilt das Gemisch der Proteine in eine Reihe von Fraktionen auf (6–8 in Vorversuchen, meist 2 oder 3 in den Versuchen mit größeren Mengen), in jeder wird dann das Gesamtprotein und die enzymatische Aktivität bestimmt. Eine erfolgreiche Trennung zeichnet sich durch eine Fraktion aus, in der eine hohe *spezifische Aktivität* und damit ein hoher *Reinigungsfaktor* mit guter *Ausbeute* gemessen wird:

$$\text{Ausbeute} = \frac{\text{Enzymeinheiten in der Fraktion}}{\text{Enzymeinheiten im Ausgangspräparat}}$$

$$\text{Reinigungsfaktor} = \frac{\text{spezifische Aktivität in der Fraktion}}{\text{ursprüngliche spezifische Aktivität}}$$

In der Praxis haben wenige Trenngänge die erwünschte Selektivität, man muß daher zwischen einer starken Anreicherung und Erhöhung der spezifischen Aktivität und der niedrigen Ausbeute einen Kompromiß schließen.

Im anfänglichen Stadium einer Enzymtrennung und -reinigung werden häufig 2 Verfahren eingesetzt. Zunächst versucht man verunreinigende Nucleinsäuren durch Zusatz des stark basischen Proteins Protamin zu fällen. Dabei erhält man einen schwer löslichen Komplex mit elektrostatischen Bindungen zur Nucleinsäure, der dann durch Zentrifugation entfernt werden kann. Zum zweiten nutzt man die Unterschiede in der Hitzebeständigkeit der Proteine durch eine *Hitzedenaturierungsfraktionierung* aus. In einem kleineren Vorversuch bestimmt man die Temperatur, bei der das zu reinigende Enzym denaturiert wird. Ist diese einmal bekannt, so lassen sich hitzeempfindlichere Begleitproteine durch Erwärmen des Gemischs während 15–30 min auf Temperaturen, die 5–10 °C unter diesem kritischen Bereich liegen, entfernen. Auch diese denaturierten, nicht gefragten werden dann durch Zentrifugation abgetrennt. Oft wird ein Enzym durch Zusatz des Substrates, des Produktes oder eines kompetitiven Inhibitors stabilisiert, so daß dann sogar noch höhere Denaturierungstemperaturen angewandt werden können.

Salzfällungen werden mittels stufenweisen Zusatzes geeigneter Salze ausgeführt. In der Praxis ist wohl Ammoniumsulfat das meist benutzte Salz; es ist sehr gut wasserlöslich, mit hohem Reinheitsgrad, billig und ohne schädlichen Einfluß auf die Struktur von Proteinen. Nach jedem Zusatz, der in kleiner Menge vorgenommen wird, muß die vollständige Auflösung zu einer homogenen Lösung abgewartet werden. Das präzipitierte Protein wird abzentrifugiert, in neuem Puffer aufgelöst, und dann folgt die Bestimmung des Gesamtgehalts an Protein und der Enzymaktivität. Man führt diese Stufen meist zwischen 0 und 10 °C durch, um die Denaturierung klein zu halten. Jedes Protein wird meist im kleinen Bereich der Ammoniumsulfat-Konzentration gefällt (*ausge-*

salzt). Dabei wird die Aggregation der Proteinmoleküle plötzlich über die Protein-Wasser- und Protein-Salz-Wechselwirkungen überwiegen. Das Ergebnis einer erfolgreichen Ammoniumsulfat-Fraktionierung zeigt Abb. 3.**1**.

Trennung mit organischen Lösungsmitteln gehen von den Unterschieden der Löslichkeit einzelner Proteine in wäßrigen Lösungen der organischen Lösungsmittel wie Ethanol, Aceton und Butanol aus. Das organische Lösungsmittel erniedrigt die Elektrizitätskonstante des Milieus, damit wird die Anziehungskraft zwischen den geladenen Proteinmolekülen erhöht und ihre Wechselwirkung mit Wasser erniedrigt. Die Löslichkeit der Proteine nimmt deshalb ab. Da die Gemische zwischen organischen Lösungsmitteln und Wasser gleichzeitig aber auch Denaturierungen von Proteinen setzen können, muß diese Fraktionierung zwischen -10 und $-20\,°C$ durchgeführt werden, jede präzipitierte Fraktion muß vorsichtig in frischem Puffer, bevor man die Lösung langsam auf Zimmertemperatur kommen läßt. Dennoch lassen sich auch durch diese Vorsichtsmaßnahmen einige denaturierende Effekte nicht vermeiden, so daß im Gegensatz zu der Salzfraktionierung diese Arbeitsweise meist einen Verlust an Enzym bedeutet. Die experimentellen Vorschriften für die Fraktionierung mit organischen Lösungsmitteln ähneln denen der Salzfällungen.

Fraktionierte Adsorptionen an Gelen benutzen selektivaffine Adsorptionen von Proteinen in bestimmten Bereichen des pH-Wertes und der Ionen-Konzentration. Häufig sind Gele aus Calciumphosphat (Hydro-

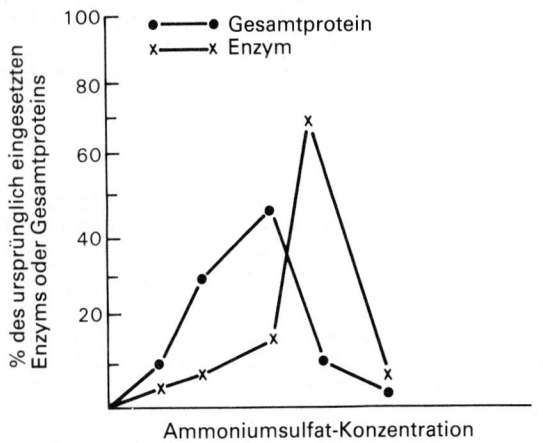

Abb. 3.**1** Ammoniumsulfat-Fraktionierung eines Enzympräparats

xylapatit) und Aluminiumoxid (γ). Zu der heterogenen Proteinlösung setzt man steigende kleine Mengen des Gels zu. Nach jedem Zusatz wartet man das Absorptionsgleichgewicht ab und entfernt das Gel durch Zentrifugation. Das adsorbierte Protein wird dann aus jeder Gelfraktion entweder durch Änderung des pH-Wertes und/oder der Ionen-Konzentration oder durch Abdrängung mittels einer anderen Verbindung, die eine größere Affinität als das Protein zum Gel hat, ausgelöst. Man kann diese fraktionierte Absorption ans Gel auch als eine Form der Säulenchromatographie durchführen. Während die Fraktionierung durch Hitzedenaturierung nur einmal in einem Trenngang eingesetzt werden kann, ist es häufig von Vorteil, die anderen Arten der Fraktionierung gelegentlich mehrfach einzusetzen, so daß die angereicherte Enzymfraktion eines Schrittes das Ausgangsmaterial des nächsten darstellt.

Der Grad der Reinigung durch solche Trennungen ist begrenzt; selektivere chromatographische und elektrophoretische Methoden müssen dann für die vollständige Reinigung eingesetzt werden. Besonders gut geeignete analytische Methoden für die Reinigung eines Enzyms sind die Ionenaustauschchromatographie (Abschn. 6.5, S. 273), die Ausschlußchromatographie (Abschn. 6.6, S. 280), die Affinitätschromatographie (Abschn. 6.7, S. 286), die Block- und Polyacrylamid-Gelelektrophorese (Abschn. 7.6, S. 321) die Isotachophorese (Abschn. 7.8, S. 326) und die isoelektrische Fokussierung (Abschn. 7.7, S. 322). Die sogenannte schnelle Proteinflüssigkeitschromatographie (S. 301) gilt als besonders wirksame Trennung. Der Reinheitsgrad des abschließenden Produktes wird am besten durch die Ultrazentrifugation (Abschn. 2.10, S. 92), durch Elektrophorese oder durch eine immunologische Methode (Kap. 4, S. 141) bestimmt. Die M_r des Proteins läßt sich durch Ultrazentrifugation (S. 92), Ausschlußchromatographie (Abschn. 6.6, S. 280) oder SDS-Gelektrophorese (S. 321) bestimmen.

3.3   Kinetik bei konstantem Umsatz (steady-state)

Anfangsgeschwindigkeiten

Gibt man zu der Lösung eines Enzyms einen deutlichen Überschuß an Substrat zu, so bilden sich die Zwischenstufen der Reaktion zum Produkt innerhalb einer kurzen Anfangszeit (einige wenige 100 µs) (Abb. 3.**9**). Dieser sogenannte *Pre-steady-state* kann nur mit besonderen Methoden untersucht werden, wie sie in Abschn. 3.6, S. 131 angeführt werden. Nach diesem Anfangsstadium verändern sich die Reaktionsgeschwindigkeiten und die Konzentrationen der Zwischenprodukte mit der Zeit verhältnismäßig langsam, so daß nun die sogenannte *Steady-state-Kinetik* eintritt. Die Messungen des Fortgangs der Reaktion während dieser Phase ergeben die Kurven der Abb. 3.2. Zieht man die Tangenten durch den Ursprung für die Kurven der Substrat- und Produkt-Konzentration gegen die Zeit, so läßt sich die Anfangsgeschwindigkeit, v_O, extrapolieren. Der Einfachheit halber werden manchmal die Anfangsgeschwindigkeiten mittels einer standardisierten Einzelmessung des Verbrauchs an Substrat oder der Bildung des Produkts nach einer bestimmten Zeit festgesetzt, die Tangenten werden vernachlässigt. Dies ist allerdings nur während der kurzen Zeitspanne gültig, während derer die Reaktion tatsächlich mit konstanter Geschwindigkeit verläuft. Dieser lineare Abschnitt umfaßt höchstens

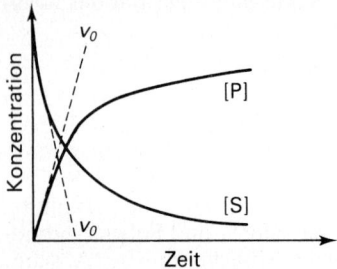

Abb. 3.2 Extrapolation der Anfangsgeschwindigkeit v_0 aus der zeitabhängigen Veränderung der Konzentration des Substrates [S] und des Produktes [P] einer durch ein Enzym katalysierten Reaktion

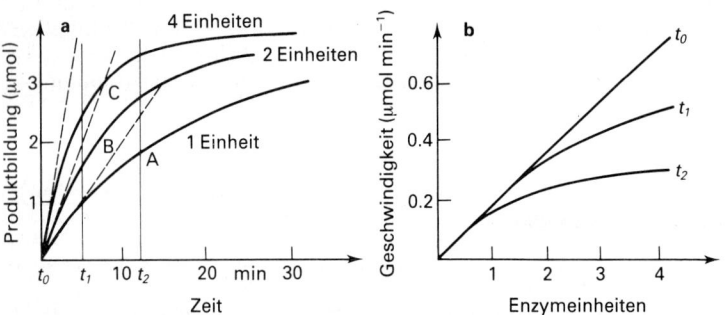

Abb. 3.3 Bedeutung der Messung der Anfangsgeschwindigkeit bei der Bestimmung von Enzymaktivitäten: **a** zeitabhängige Veränderung der Konzentration des Produktes in Anwesenheit von 1, 2 und 4 Einheiten an Enzym, **b** Veränderung der Reaktionsgeschwindigkeit gegen die Enzym-Konzentration unter Verwendung der wahren Anfangsgeschwindigkeit t_0 und zweier willkürlich festgesetzter Zeiten t_1 und t_2

die ersten 10 % der Gesamtänderung, hier ist dann der Fehler offensichtlich kleiner, je früher die Geschwindigkeit gemessen wird.

In diesen Fällen ist die Anfangsgeschwindigkeit entweder der Zeit reziprok proportional, die bis zu einem bestimmten Umsatz benötigt wird *(umsatzbestimmte Tests)* oder der Menge an Substrat direkt proportional, die in einer bestimmten Zeit umgesetzt wird *(zeitbedingte Tests)*. Die möglichen Schwierigkeiten bei zeitbedingten Tests zeigt die Abb. 3.**3**, wo der Einfluß der Enzym-Konzentration auf den Fortgang der Reaktion bei vorgegebener konstanter anfänglicher Substrat-Konzentration dargestellt ist (Abb. 3.**3 a**). Die Messung der Reaktionsgeschwindigkeit bei der durch die Tangentenmethode gegebenen Möglichkeit, die wahre Anfangsgeschwindigkeit bei der Zeit t_0 zu extrapolieren, wird in der Abb. 3.**3 b**) mit der Messung von 2 vorgegebenen Zeiten, t_1 und t_2, verglichen. In beiden Fällen soll das Verhältnis der Anfangsgeschwindigkeit zu der Enzym-Konzentration dargestellt werden. Nur das Tangentenverfahren ergibt die richtige lineare Steigerung. Da die Bestimmung der Anfangsgeschwindigkeiten damit behaftet ist, daß die Änderungen der Konzentrationen des Substrats oder des Produkts zunächst sehr klein sind, liefern die Messungen der Zunahme der Produktkonzentration genauere Ergebnisse, da diese Konzentrationsänderung deutlich größer ist als die entsprechende Abnahme der Substrat-Konzentration.

Die Messung der Anfangsgeschwindigkeit einer durch ein Enzym katalysierten Reaktion trägt sehr zum Verständnis des Mechanismus des Enzyms bei, auch zu der Abschätzung der Wirkungsweise des Enzyms im biologischen Milieu. Dieser Zahlenwert wird durch viele Faktoren beeinflußt, etwa durch Konzentrationen des Substrats und des Enzyms, den pH-Wert, die Temperatur und die Wirkung von Aktivatoren oder Inhibitoren. In der Folge sollen diese variablen Größen dargestellt werden.

Änderungen der Anfangsgeschwindigkeit durch die Substrat-Konzentration

Bei den meisten Enzymen ändert sich die Geschwindigkeit der chemischen Grundreaktion gegenüber der Substrat-Konzentration gemäß einer hyperbolischen Kurve (Abb. 3.**4 a**). Bei niedrigen Substrat-Konzentrationen beobachtet man ungefähr *Reaktionen erster Ordnung,* bei hohen Substrat-Konzentrationen allerdings greift die *Kinetik der Sättigung (nullter Ordnung)* durch, so daß die Anfangsgeschwindigkeit von der Substrat-Konzentration unabhängig ist. Mathematisch hängt die Anfangsgeschwindigkeit von der Substrat-Konzentration gemäß der *Michaelis-Menten-Gleichung* ab:

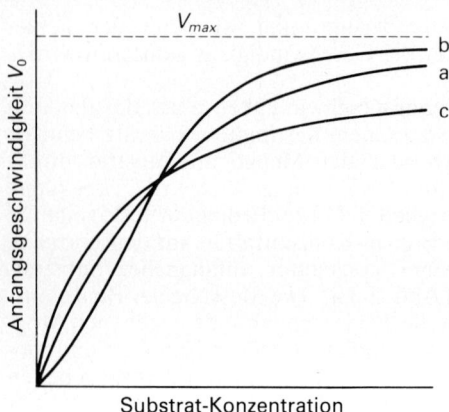

Abb. 3.4 Auswirkung der Substrat-Konzentration auf die Anfangsgeschwindigkeit einer durch ein Enzym katalysierten Reaktion: **a** Substratbindung nicht kooperativ; **b** Substratbindung positiv kooperativ; **c** Substratbindung negativ kooperativ. (Beachte: Eine negative homotrope Kooperativität erstellt eine Kurve, die weder einer Hyperbelgleichung direkt folgt, noch auch sigmoidal ist.)

$$v_0 = \frac{V_{max}\,[\mathrm{S}]}{K_m + [\mathrm{S}]} \tag{3.1}$$

$[\mathrm{S}]$ = Substrat-Konzentration
V_{max} = Grenzwert der Geschwindigkeit v_0
K_m = Michaelis-Konstante

Aus der Gl. (3.1) ist ersichtlich, daß bei $v_0 = 1/2\,V_{max}$ der Wert von K_m zu [S] wird. K_m ist als numerisch gleich der Substrat-Konzentration, bei der die Anfangsgeschwindigkeit der Hälfte der Maximalgeschwindigkeit entspricht. K_m hat deshalb die Dimension einer Molarität; es ist von der Enzym-Konzentration unabhängig und charakteristisch für das jeweilige System. Meist treten Werte im Bereich von 10^{-2}–10^{-5} mol/l auf. Diese Werte sind wichtig, da sie im Zusammenhang mit dem Wert der V_{max} und den relativen Mengen an Enzymen den Verlauf über Verzweigungen im Stoffwechsel festlegen. Wenn man allerdings K_m und V_{max} so vergleicht, muß man sich darüber im Klaren sein, daß diese *In-vitro*-Bedingungen – um nämlich die Werte auszumessen – oft nichts mit der Bedeutung *in vivo* zu tun haben. In der Praxis sind K_m-Werte wichtig, da sie eine Berechnung der Substrat-Konzentration, die alle aktiven Zentren des Enzyms absättigt, erlauben. Ist nämlich $[\mathrm{S}] \geqq K_m$, so vereinfacht sich die Gleichung zu $v_0 \sim V_{max}$, jedoch läßt sich einfach errechnen, daß bei [S] = 10 K_m dann v_0 nur 90 % des Wertes von V_{max} beträgt und bei [S] = 100 K_m schließlich v_0 zu 99 % von V_{max} wird. Für Enzymbestimmungen werden diese Überlegungen sehr wichtig. Denn V_{max} hängt auch mit der *Wechselzahl* des Enzyms zusammen, sie gibt die Zahl der Mole an Substrat an, die von 1 mol des Enzyms in 1 s in Produkt überführt werden können. Die Werte liegen zwischen 1 und 10^6.

Eine Reihe von oligomeren Enzymen ergeben keine einfache Michaelis-Menten-Kinetik, sondern weisen zwischen der Anfangsgeschwindigkeit gegen die Substrat-Konzentration eine *sigmoidale* Kurve auf (Abb. 3.**4 b**). Derartige Kurven deuten auf *allosterische Enzyme* hin. Solche Enzyme ändern ihre molekulare Konformation nach der Bindung von Substraten, man bezeichnet dies als *homotropen Effekt.* Dieser Konformationswechsel kann entweder eine erhöhte Aktivität *(positive Kooperativität)* oder verminderte Aktivität *(negative Kooperativität)* gegenüber weiteren Substratmolekülen bewirken. Veränderungen der Aktivität gegenüber dem Substrat können auch durch substratfremde Moleküle bewirkt werden. Man nennt solche Verbindungen dann *heterotrope Effektoren.* Meist sind sie Schlüsselmetaboliten, wie ATP, ADP, AMP und Pi, die an eine *allosterische* (regulatorische) *Bindungsstelle* anheften, und zwar so, daß die Struktur des aktiven Zentrums verändert wird. Heterotrope Aktivatoren erhöhen die Reaktivität des Enzyms, so daß die Kurve weniger sigmoidal und außerdem nach links verschoben wird, während heterotrope Inhibitoren eine Verminderung der Aktivität bedeuten, damit wird die Kurve stärker sigmoidal und verschiebt sich nach rechts. Die Wirkung dieser kooperativen Effekte läßt sich nach dem *Hill plot* auswerten:

$$\log \left(\frac{v_0}{V_{max}-v_0} \right) = h \, \log[S] + \log K \qquad (3.2)$$

h = Hill-Konstante oder -Koeffizient
K = Bindungskonstante für das gesamte Enzym, das von den einzelnen Bindungskonstanten der n Bindungsstellen im Enzym über den Ausdruck $K = (K_{a_1} \cdot K_{a_2} \ldots \ldots K_{a_n})^{1/n}$ abhängt.

Die Hill-Konstante, die gleich der Neigung der resultierenden Gerade ist, ist ein Maß der Kooperativität; bei $h = 1$ ist die Bindung nicht kooperativ, hier herrscht die normale Michaelis-Menten-Kinetik. Ist $h > 1$ so unterliegt die Bindung einer positiven Kooperativität, bei $h < 1$ ist die Wechselwirkung zwischen den Bindungsstellen negativ kooperativ. Bei sehr niedrigen Substrat-Konzentrationen, bei denen kaum mehr als eine Bindungsstelle besetzt werden kann und bei sehr hohen Konzentrationen, bei denen die meisten Bindungsstellen besetzt sind, nähern sich die Steigerungen der Hill plots dem Wert 1. Der eigentliche Hill-Koeffizient wird deshalb aus der linearen mittleren

Strecke der Grafik entnommen. Eine gewisse Schwierigkeit ist bei dieser Darstellung die ungenaue Bestimmung von V_{max}. Man erhält sie meist aus einer Lineweaver-Burk-Darstellung [Gl. (3.7)] oder aus einem Eadie-Hofstedplot [Gl. (3.9)]. Bei allosterischen Enzymen verwendet man die Michaelis-Konstante K_m kaum. Hier tritt die Bezeichnung $S_{0,5}$ ein, sie ist die Substrat-Konzentration, bei der das Enzym zu 50 % gesättigt ist. Die sigmoidale Kinetik bedeutet allerdings keineswegs in allen Fällen, daß allosterische Effekte auftreten, eine Sigmoidalität kann auch durch das Zusammenwirken mehrerer Enzyme in einer Präparation auf das gleiche Substrat zustande kommen. Allerdings ist die Wirkung mehr als eines Enzyms leicht nachzuweisen, da sich eine Diskrepanz zwischen der Menge des verbrauchten Substrats und des erwarteten Produkts ergeben wird. Auch besitzen durchaus nicht alle Enzyme, die allosterisch reguliert sind auch eine sigmoidale Kinetik. Auch einige monomere Enzyme, wie etwa die Hexokinase aus Weizen, unterliegen einer solchen Regulation, dennoch zeigen sie eine einfache Michaelis-Menten-Kinetik.

Die durch ein Enzym katalysierten Reaktionen verlaufen zunächst über die Bildung eines *Enzym-Substrat-Komplexes* ES, dabei ist das Substrat S zunächst nicht kovalent an das aktive Zentrum des Enzyms E gebunden. Die Bildung dieses Komplexes verläuft schnell, aber reversibel, rechnerisch läßt sie sich durch die Dissoziationskonstante K_s des Komplexes definieren:

$$E + S \underset{k_{-1}}{\overset{k_{+1}}{\rightleftharpoons}} ES$$

$$K_s = \frac{[E][S]}{[ES]} = \frac{K_{-1}}{k_{+1}} \tag{3.3}$$

k_{+1} und k_{-1} = Geschwindigkeitskonstanten 1. Ordnung.

Meist geht man von der Voraussetzung aus, daß die Umwandlung des gebundenen Substrates in das Produkt langsamer läuft und damit der geschwindigkeitsbestimmende Schritt ist. Im einfachsten Fall wird das Produkt nur in einem Schritt aus dem Zwischenprodukt gebildet, so daß die Gleichgewichtskonzentration von ES erhalten bleibt. Man kann zeigen, daß dann die gemessene K_m gleich der K_s ist, die Michaelis-Menten-Gleichung wird dann:

$$v_0 = \frac{V_{max} [S]}{K_s + [S]} \tag{3.4}$$

In der Mehrzahl der Fälle ist allerdings die Umwandlung von ES in EP so schnell, daß die Konzentration von ES zwar ungefähr konstant bleibt, jedoch nicht der Gleichgewichtskonzentration entspricht. In diesen Fällen wendet man die *Briggs-Haldane-Kinetik* an:

$$K_m = \frac{k_{+2} + k_{-1}}{k_{+1}} = K_s + \frac{k_{+2}}{k_{+1}} \tag{3.5}$$

k_{+2} = Geschwindigkeitskonstante 1. Ordnung für die Umwandlung von ES in EP.

In diesen Fällen ist also K_m zahlenmäßig größer als K_s. Die moderneren enzymologischen Untersuchungen, wie sie in Abschn. 3.6, S. 131 geschildert werden, zeigten allerdings, daß die Umwandlung von ES in EP häufig über eine ganze Reihe von Zwischenprodukten verläuft, einige davon beinhalten die Ausbildung einer kovalenten Bindung. Ein Beispiel ist die Wirkungsweise des Chymotrypsins gegenüber Proteinen, bei der die acylierte Form des Enzyms EA ein zusätzliches Zwischenprodukt darstellt, die 2 Produkte P_1 und P_2 nacheinander daraus produziert:

$$E + S \rightleftharpoons ES \xrightarrow{k_{+2}} EA \xrightarrow{k_{+3}} E + P_2$$
$$\downarrow$$
$$P_1$$

Unter diesen Bedingungen ist

$$K_m = K_s \left(\frac{k_{+3}}{k_{+2} + k_{+3}} \right) \tag{3.6}$$

so daß K_m zahlenmäßig kleiner K_s ist. Die Interpretation für K_m im Verhältnis zu der gesuchten Größe K_s muß deshalb mit aller Vorsicht vorgenommen werden. Eigentlich kann man nur bei genauer Kenntnis des Reaktionsmechanismus das Verhältnis zwischen K_m und K_s gut abschätzen.

Aus der Michaelis-Menten-Gleichung kann man K_m und V_{max} errechnen; Fehler werden sich durch die hohen Anfangsgeschwindigkeiten bei hohen Substrat-Konzentrationen einschleichen. Deshalb hat man nach linearen Transformationsgleichungen der Michaelis-Menten-Gleichung gesucht. Meistbenutzt ist die Darstellung nach *Lineweaver-Burk:*

$$\frac{1}{v_0} = \frac{K_m}{V_{max}} \frac{1}{[S]} + \frac{1}{V_{max.}} \tag{3.7}$$

Der Graph von $1/v_0$ gegen $1/[S]$ (Abb. 3.**5**) ergibt dann eine Gerade mit der Steigung K_m/V_{max}, sie schneidet die $1/v_0$-Achse am Punkt $1/V_{max}$, hingegen die $1/[S]$-Achse am Punkt $-1/K_m$. Diese doppelt reziproke Darstellung läßt auch eine Substrathemmung (S. 120) durch eine bei hohen nach oben abweichende Kurve erkennen (niedrige 1/[S]-Werte) (Abb. 3.7 **b**). Eine positive Kooperativität deutet sich durch eine nach oben konkave, eine negative Kooperativität durch eine nach unten konkave Kurve an (Abb. 3.7 **c**). Wegen der reziprok aufgetragenen Konzentration ist es sehr notwendig, eine solche Meßreihe der Substrat-Konzentrationen sorgfältig zu planen, sonst ergibt die Lineweaver-Burk-Darstellung eine sehr ungleiche Verteilung der Meßpunkte, wobei diese bei niedrigen Substrat-Konzentrationen anhäufen. Dies umgehen andere Darstellungen (Abb. 3.5), etwa *Hanes-Gleichung*:

$$\frac{[S]}{v_0} = \frac{K_m}{V_{max}} + \frac{[S]}{V_{max}} \tag{3.8}$$

oder die *Eadie-Hofsted-Gleichung:*

$$v_0 = V_{max} - K_m \frac{v_0}{[S]} \tag{3.9}$$

Reaktionen mit 2 Substraten (Abb. 3.6), wie sie etwa durch Transferasen, Kinasen und Dehydrogenasen katalysiert werden, wandeln 2 Substrate S_1 und S_2 in 2 Produkte P_1 und P_2 um *(Zweisubstrat-Zweiprodukt, Bi-bi-Reaktionen)*. Sie sind demgemäß komplizierter als Reaktionen mit einem Substrat. Sie verlaufen entweder als *sequenzielle*

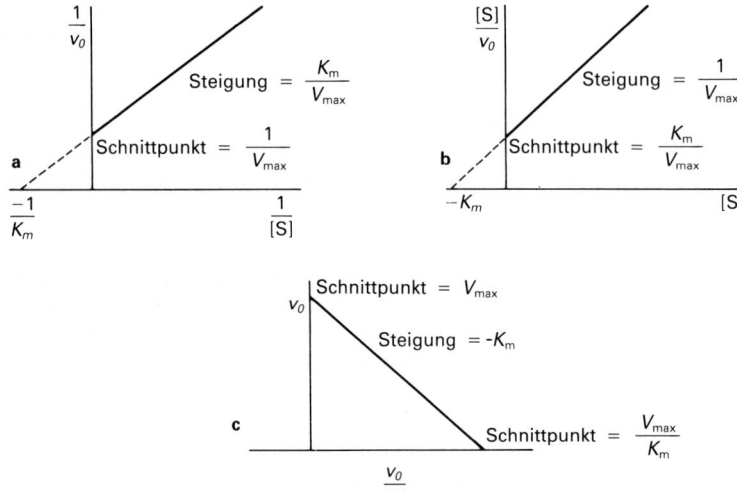

Abb. 3.**5**   Geradendarstellung zur Bestimmung von K_{max} und V_{max}: **a** Lineweaver-Burk; **b** Hanes, **c** Eadie-Hofsted

a Zwangsläufig sequenzieller Mechanismus

$$E + S_1 \rightleftharpoons ES_1 \overset{S_2}{\rightleftharpoons} ES_1S_2 \rightleftharpoons EP_1P_2 \rightleftharpoons P_2 + EP_1 \rightleftharpoons P_1 + E$$

b Statistischer sequenzieller Mechanismus

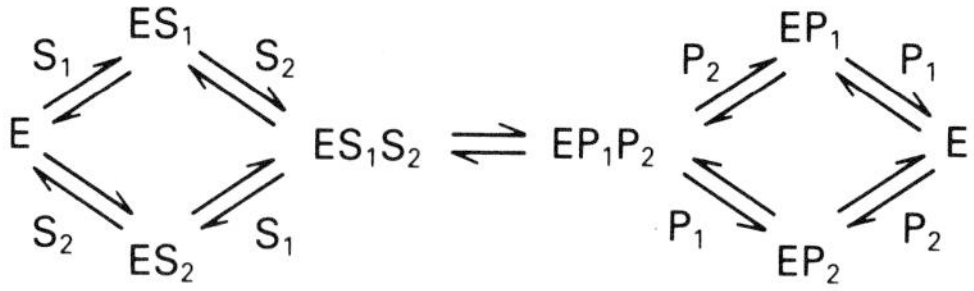

c Nichtsequenzieller ping-pong-Mechanismus

$$E + S_1 \rightleftharpoons ES_1 \rightleftharpoons \epsilon P_1 \rightleftharpoons \epsilon + P_1$$

$$\epsilon + S_2 \rightleftharpoons \epsilon S_2 \rightleftharpoons EP_2 \rightleftharpoons E + P_2$$

Abb. 3.**6** Verschiedene mögliche Reaktionsmechanismen bei 2 Enzymsubstraten

Reaktionen, in diesem Falle binden beide Substrate an das Enzym zu einem *ternären Komplex;* erst dann werden die Produkte gebildet. Diese sequenziellen Reaktionen können in einer *zwangsläufigen Reihenfolge* stehen, dabei müssen die beiden Substrate nacheinander in einer definierten Folge gebunden werden; sie können auch in *statistischer Folge* stehen, dabei kann dann jedes der beiden Substrate zuerst angeheftet werden. In beiden Fällen bestehen getrennte Bindungsstellen für jedes Substrat. Andererseits kann die Reaktion auch *nichtsequenziell* verlaufen, dann muß das erste Produkt freigegeben werden, bevor das zweite Substrat gebunden wird. Ein Beispiel dieses Mechanismus ist eine *Ping-pong*-Reaktion, die über eine modifizierte Form des Enzyms ϵ verläuft, etwa in der Form eines acylierten Enzyms. Ein *Ping-pong-bi-bi*-Mechanismus wird durch parallele Verläufe in mehreren doppelt reziproken Graphen wahrscheinlich gemacht (aber nicht sichergestellt), wobei die Änderung der Anfangsgeschwindigkeit mit zunehmender Konzentration eines Substrats mit festgelegten, steigenden Konzentrationen des zweiten Substrats untersucht wird. Die doppelt reziproken Kurven schneiden dann die 1/[S]-Achse immer niedriger bei steigender Konzentration des zweiten Substrates. Arbeitet das Enzym mit einem zwangsläufig sequenziellen oder unbestimmten ternären Komplex, so würde man nichtparallele doppelt reziproke Graphen erhalten, die jeweils zunehmend kleinere Schnittpunkte auf der $1/v_0$-Achse bei stufenweise steigenden Konzentrationen des zweiten

Substrates haben. Für alle Reaktionen mit 2 Substraten gilt, daß bei der Festsetzung der Konzentration des einen mit hohem Überschuß und veränderlicher Konzentration des zweiten, die Messungen der Anfangsgeschwindigkeiten gute V_{max}-Werte und K_m-Werte für jedes Substrat liefern. Bei derartigen Reaktionen ist V_{max} definiert als die maximale Anfangsgeschwindigkeit bei den Sättigungskonzentrationen beider Substrate. Das K_m eines der beiden Substrate errechnet sich dann als die Konzentration dieses Substrats bei der halbmaximalen Geschwindigkeit ($1/2\ V_{max}$) bei der Sättigungskonzentration des anderen Substrates. Man bestimmt diese K_m-Werte, indem man die Anfangsgeschwindigkeiten in Abhängigkeit von den Konzentrationen eines Substrates mißt, wobei das zweite Substrat jeweils in bestimmter Konzentration festgelegt ist. Für jedes der beiden Substrate erstellt man dann einen doppeltreziproken Graph *(primary plots)*, danach werden die $1/v_0$-Schnittpunkte der primären Lineweaver-Burk-Plots gegen die reziproke Konzentration des zweiten (jeweils in vorgegebener Konzentration eingesetzten) Substrats aufgetragen *(secondary plot)*. Damit erhält man eine Gerade mit Steigung K_m (für das *zweite* Substrat)/V_{max} mit dem Schnittpunkt $1/V_{max}$. Man setzt die Messungen dann fort, indem man jeweils die Substrate auswechselt und variiert. Das Prinzip dieser Secondary plots stellt die Abb. 3.**8** dar. Um daraus Reaktionsmechanismen abzuleiten, muß man bei diesen Reaktionen mit 2 Substraten auch die Veränderung der Anfangsgeschwindigkeit mit den Änderungen der Konzentrationen des einen Substrates bei festgelegten Konzentrationen des zweiten Substrates in Abwesenheit und Gegenwart der beiden Reaktionsprodukte untersuchen, Cleland hat dafür eine Reihe von Regeln aufgestellt. 2 dieser Regeln als Beispiel:

1 Der Ordinatenabschnitt $1/v_0$ der doppeltreziproken Graphen wird nur durch reversibel bindenden Inhibitor des Enzyms beeinflußt, wenn er an eine andere Enzymkonformation bindet als das variierte Substrat.

2 Die Steigung der doppelt reziproken Graphen wird durch einen Inhibitor verändert, der an die gleiche Enzymkonformation bindet, wie das variierte Substrat oder an eine Enzymkonformation, die durch eine Reihe von reversiblen Schritten mit der Form gekoppelt ist, an die das variierte Substrat bindet.

Als Folgerung aus der ersten Regel ergibt sich, daß die charakteristische Kurve eines kompetitiven Inhibitors (S. 120) dann erscheint, wenn der Inhibitor und das Substrat, dessen Konzentration verändert wird, an der gleichen Bindungsstelle angreifen. Als Folgerung der zweiten Regel zeigt sich, daß die charakteristische nichtkompetitive Hemmung (S. 120) ausgemessen wird, wenn zwischen der Bindungsstelle des Inhibitors und des Substrates, das man in veränderlicher

Konzentration einsetzt, keine reversible Bindung besteht. So hat man über derartige Untersuchungen herausgefunden, daß die Histamin-N-methyl-transferase über einen zwangsläufig sequenziellen Mechanismus, während etwa die Phosphoglyceratmutase einen Ping-pong-Mechanismus besitzt, bei dem das Enzym in der Zwischenstufe phosphoryliert ist.

Änderungen der Anfangsgeschwindigkeit durch die Enzym-Konzentration

Die bisherigen Ableitungen zeigten, daß auch

$$v_0 = \frac{k_{+2}\,[E]}{\dfrac{K_m}{[S]} + 1} \tag{3.10}$$

gilt, damit wird

$$v_0 = \frac{k_{+2}\,[E][S]}{K_m + [S]} \ .$$

Wird also die Konzentration des Substrats sehr groß, so wird die Anfangsgeschwindigkeit der Enzym-Konzentration direkt proportional. Das bildet die Grundlage der meisten Bestimmungen der Enzymaktivität in biologischen Proben (Abschn. 3.4, S. 123). Die Abb. 3.3 zeigt die Bedeutung der exakten Messung der Anfangsgeschwindigkeit auf.

Änderungen der Anfangsgeschwindigkeit durch die Temperatur

Die Geschwindigkeit einer enzymkatalysierten Reaktion ändert sich nach der Arrhenius-Gleichung mit der Temperatur:

$$\text{Geschwindigkeit} = A\mathrm{e}^{-E/RT} \tag{3.11}$$

A = Konstante
E = Aktivierungsenergie (in J/mol)
R = Allgemeine Gaskonstante (8,2 J mol^{-1}K^{-1})
T = Temperatur (Kelvin)

Diese Gleichung stellt den Einfluß der Temperatur auf enzymkatalysierte Reaktionen dar, die Beziehung zwischen der Geschwindigkeit der Reaktion und der Temperatur verläuft exponentiell. Bei den meisten dieser Reaktionen verdoppelt sich die Geschwindigkeit bei einer Temperatursteigerung von jeweils 10 °C (Q_{10}-Wert). Bei einer für jedes Enzym charakteristischen Temperatur wird dieses Protein denaturiert und verliert damit seine Aktivität, meist liegt sie zwischen 40 und 70 °C. Zum Teil hängt diese Enzymaktivität zwischen 40 und 70 °C auch davon ab, wie lange man vor Beginn der Reaktion die Partner ins Gleichge-

wicht gelangen läßt. Die sogenannte *optimale Temperatur,* bei der das
Enzym scheinbar die höchste Aktivität besitzt, ist deshalb auch
zeitabhängig; meist wird man sie nicht für Bestimmungen der Enzymaktivität verwenden. Die meisten Aktivitätsbestimmungen für Enzyme
werden zwischen 30 und 37 °C (S. 123) ausgeführt.

Änderungen der Anfangsgeschwindigkeit durch den pH-Wert

Der Ionisierungsgrad der Aminosäure-Seitenketten im aktiven Zentrum eines Enzyms hängt vom pH-Wert ab. Da aber die katalytische
Aktivität von diesen Ionisierungsgraden abhängt, wird sie auch vom
pH-Wert abhängig. Das pH-Aktivitätsprofil eines Enzyms ist entweder
glockenförmig (2 entscheidend wichtige Aminosäure-Seitenketten stehen dann im aktiven Zentrum), wodurch ein enges *pH-Optimum*
eingegrenzt wird, oder das Profil weist ein Plateau auf (dann steht nur
eine entscheidend wichtige Aminosäure-Seitenkette im aktiven Zentrum). In beiden Fällen untersucht man meist das Enzym bei dem
pH-Wert, bei dem seine Aktivität ihr Maximum erreicht. Aus der
Abhängigkeit des $\log K_m$ und $\log V_{max}$ vom pH-Wert lassen sich die
pK_a-Werte der zentralen Aminosäure-Seitenketten des katalytischen
Zentrums ableiten. Die Tab. 1.**1**, S. 10, führt die einzelnen ionisierbaren
Gruppen in Proteinen auf.

Einfluß von Inhibitoren auf die Anfangsgeschwindigkeit

Enzyminhibitoren E verringern durch eine Bindung an ein Enzym seine
Fähigkeit, das Substrat in Produkt umzuwandeln. *Irreversible Inhibitoren,* wie etwa die organischen Phosphate oder Quecksilber-Verbindun-
gen, auch Cyanid, Kohlenmonoxid und Schwefelwasserstoff bilden
meist kovalente Bindungen aus. Die beobachtete Hemmung ist dann
von der Geschwindigkeitskonstanten ihrer Reaktion (damit auch von
der Zeit) abhängig, des weiteren von der Menge des eingesetzten
Inhibitors. Der Einfluß irreversibler Hemmstoffe, den man nicht
einfach wieder durch eine Dialyse oder andere physikalische Methoden
entfernen kann, schränkt die Menge an Enzym ein, die noch für die
Katalyse der Reaktion zur Verfügung steht. Diese kovalente Hemmung
beruht auf einer Reaktion mit einer funktionellen Gruppe, etwa einer
Hydroxy- oder Sulfhydryl-Gruppe oder mit einem Metall-Ion einer
prosthetischen Gruppe im aktiven Zentrum oder in einer spezifischen
allosterischen Bindungsstelle. *Reversible Hemmstoffe* binden nichtko-
valent an das Enzym, sie lassen sich also durch Dialyse leicht entfernen.
Kompetitive reversible Hemmstoffe binden an die gleiche Stelle wie das
Substrat, sie sind meist in ihrer Struktur mit dem Substrat nahe
verwandt. Ein Beispiel liefert die Hemmung der Succinat-Dehydrogen-
ase durch Malonat. Ein *nichtkompetitiver* reversibler Inhibitor heftet
sich an eine Bindungsstelle an, die von der des Substrates abgegrenzt ist,

dennoch bildet sich dabei ein sogenannter *Dead-end-Komplex*, von der Anheftung des Substrates ist seine Ausbildung ganz unabhängig. *Unkompetitive* reversible Inhibitoren binden nur an ES-Komplexe, nicht aber an das leere Enzym, diese Bindung wird wohl durch die Substratanheftung im aktiven Zentrum erst ermöglicht (etwa durch einen Konformationswechsel im Enzym bei der Substratbindung) oder auch durch eine Bindung an das Substrat selbst. Der dabei entstehende ternäre Komplex, ESI, ist dann auch die Endstufe der Reaktion. Alle reversiblen Inhibitoren werden durch ihre Dissoziationskonstante K_i charakterisiert, die man auch als *Inhibitorkonstante* bezeichnet, sie gibt die Dissoziation des Enzymkomplexes EI *(K_{EI})* oder ESI *(K_{ESI})* an.

Bei kompetitiven Hemmungen verwenden wir die beiden folgenden Gleichungen:

$$E + S \rightleftharpoons ES \longrightarrow E + P$$
$$E + I \rightleftharpoons EI$$

Da sowohl das Substrat wie auch der Inhibitor sich an der gleichen Bindungsstelle anheften, kann man die Wirkungen eines reversiblen Hemmstoffes durch Steigerung der Substrat-Konzentration überspielen. Dies bedeutet, daß V_{max} sich in der grafischen Darstellung nicht verändern wird, man benötigt dazu jedoch eine höhere Substrat-Konzentration:

$$v_0 = \frac{1}{2} V_{max}, \quad [S] = K_m \left(1 + \frac{[I]}{K_i} \right)$$

[I] = Konzentration des Hemmstoffes

Damit zeigt sich, daß K_i der Inhibitor-Konzentration entspricht, die scheinbar den K_m-Wert verdoppelt. Bei diesem Hemmtyp $K_i = K_{EI}$, wobei K_{ESI} eine unendliche Größe annimmt, da sich der Komplex ESI nicht bilden kann. In Anwesenheit eines kompetitiven Hemmstoffes wird die Lineweaver-Burk-Gl. (3.7) zu:

$$\frac{1}{v_0} = \frac{K_m}{V_{max}} \frac{1}{[S]} \left(1 + \frac{[I]}{K_i} \right) + \frac{1}{V_{max}} \tag{3.12}$$

Man kann so kompetitive Inhibitoren charakterisieren (Abb. 3.**7a**. Der numerische Wert von K_i läßt sich aus einer Lineweaver-Burk-Darstellung für ungehemmte und gehemmte Reaktionen ableiten. In der Praxis wird man allerdings mit exakteren Ergebnissen eine Sekundärdarstellung wählen. Man führt die Reaktion in Anwesenheit einer Reihe von vorgegebenen Inhibitor-Konzentrationen durch und stellt die Ergebnisse für jede Inhibitor-Konzentration in einer Lineweaver-Burk-Darstellung zusammen. Diese Sekundärdarstellungen der Steigungen der primären Graphen gegen Inhibitor-Konzentrationen oder der scheinbaren K_m, K'_m-Werte gegen die Hemmstoff-Konzentration werden beide die Abszisse der Inhibitor-Konzentration bei -K_i schneiden. Sie sind mit K_m $(1 + [I]/K_i)$ gleichzusetzen und lassen sich aus dem Schnittpunkt auf der negativen 1/[S]-Achse errechnen. Manchmal können auch 2 Moleküle des Hemmstoffes im aktiven Zentrum gebunden werden. Zwar sind dann alle die primären doppelt reziproken Graphen linear, die sekundären Graphen sind jedoch parabelförmig. Man nennt das auch *parabolische kompetitive Hemmung,* um sie von einer *linear-kompetitiven Hemmung* zu unterscheiden. Bei nichtkompetitiven Hemmstoffen kann der Inhibitor auch an ES binden:

$$ES + I \rightleftharpoons ESI$$

Da diese Hemmung auf eine Bindungsstelle außerhalb des aktiven Zentrums zurückgeht, läßt sie sich durch steigende Substrat-Konzentrationen nicht überwinden. Deshalb wird dann V_{max} kleiner, doch bleibt K_m gleich, da der Hemmstoff und das Substrat sich in ihrer Bindung gegenseitig nicht beeinflussen. Bei diesem Hemmtyp sind K_{EI} und K_{ESI} identisch, K_i stimmt numerisch mit beiden überein. Deshalb wird dann die Lineweaver-Burk-Gl. (3.7) zu:

$$\frac{1}{v_0} = \left(\frac{K_m}{V_{max}} \frac{l}{[S]} + \frac{1}{V_{max}} \right) \left(1 + \frac{[I]}{K_i} \right) \qquad (3.13)$$

Hat man einmal eine nichtkompetitive Hemmung festgestellt (Abb. 3.**7 a**), so läßt sich der K_i-Wert am besten aus einem Sekundärgraph entweder der Neigung der primären Graphen ableiten oder 1/V'_{max} (dies entspricht dem Schnittpunkt mit der 1/v_0-Achse) gegen die Inhibitor-Konzentration. Beide sekundären Graphen schneiden dann die Abszisse der Inhibitor-Konzentration (Abb. 3.**8**) bei -K_i.

Bei unkompetitiver Hemmung bindet der Inhibitor *nur* an ES:

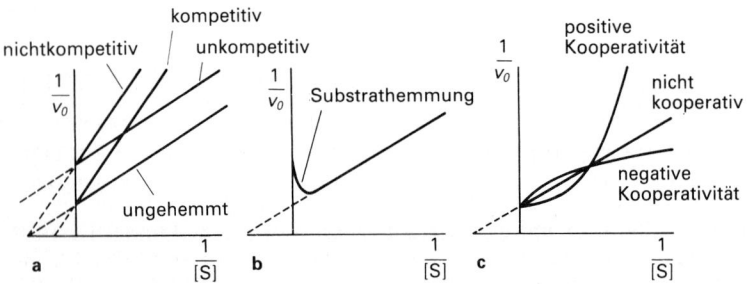

Abb. 3.**7**   Lineweaver-Burk-Darstellung **a** der Auswirkungen der 3 möglichen reversiblen Hemmstoffe, **b** der Substrathemmung und **c** der homotropen Kooperativität

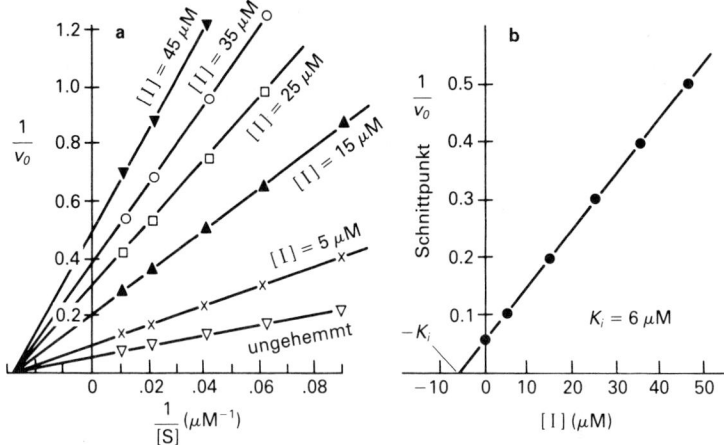

Abb. 3.8 a Primäre Lineweaver-Burk-Darstellungen der Auswirkung eines einfachen linearen nichtkompetitiven Inhibitor bei verschiedenen Konzentrationen, **b** dazugehörige Sekundärgraphen, aus denen man die Inhibitorkonstante K_i errechnen kann

$$E + S \rightleftharpoons ES \longrightarrow E + P$$
$$-I \, \updownarrow \, + I$$
$$ESI$$

Wie bei der nichtkompetitiven Hemmung läßt sich auch hier die Wirkung des Hemmstoffes nicht durch die Erhöhung der Substrat-Konzentration überspielen; in diesem Fall werden allerdings sowohl K_m und V_{max} um den Faktor $(1 + [I]/K_i)$ verringert. Deswegen halbiert eine Inhibitor-Konzentration, die K_i gleich ist, sowohl K_m wie V_{max}. Bei dieser Art des Hemmstoffes wird K_{EI} unendlich groß, da der Inhibitor nicht von dem leeren Enzym gebunden wird, K_i ist deshalb mit K_{ESI} gleich. Die Lineweaver-Burk-Gl. (3.7) wird dann zu:

$$\frac{1}{v_0} = \frac{K_m}{V_{max}} \frac{1}{[S]} + \frac{1}{V_{max}} \left(1 + \frac{[I]}{K_i}\right) \tag{3.14}$$

K_i erhält man am besten aus einem Sekundärgraph entweder für $1/V'_{max}$ oder für $1/K'_m$ (erhältlich wieder aus dem Abschnitt auf der Abszisse $1/[S]$) gegen die Inhibitor-Konzentration. Auf der Abszisse der Inhibitor-Konzentration zeigen beide Sekundärgraphen einen Abschnitt von -K_i.

Die Einordnung des ausgemessenen Hemmtyps läßt sich nicht immer glatt vollziehen. Auch wenn ein Hemmstoff an eine Bindungsstelle außerhalb des aktiven Zentrums bindet, wird man gelegentlich eine kompetitive Hemmung finden, weil etwa der Bindung des Substrats ein Konformationswechsel im Enzym folgt, der die Anheftung des Inhibitors beeinträchtigt. Auch wird bei einigen Reaktionen mit 2 Substraten ein Inhibitor gelegentlich die Bindung des einen Substrates kompetitiv, des zweiten aber nichtkompetitiv hemmen (S. 109). Auch kann ein ESI-Komplex gelegentlich katalytische Aktivitäten aufweisen, oder K_{EI} und K_{ESI} sind weder gleich noch unendlich groß; in allen diesen Fällen erhält man eine *gemischte Hemmkinetik*. Diese Mischtypen zeigen einen linearen Lineweaver-Burk-Graph, der in keines der Muster der Abb. 3.**7 a**. Die Darstellung der ungehemmten oder gehemmten Kinetik hat dann Abschnitte über oder unter der 1/[S]-Achse. Das zugehörige K_i erhält man aus einem Sekundärgraph entweder der Neigungen der primären Graphen oder vom $1/V'_{max}$ für die Primärgeraden gegen die Inhibitor-Konzentration. In beiden Fällen beträgt der Abschnitt auf der Abszisse der Inhibitor-Konzentration $-K_i$. Eine nichtkompetitive Hemmung kann man auch als einen Sonderfall einer gemischten Hemmung betrachten.

Bei hoher Substrat-Konzentration zeigen manche Enzyme eine *Substrathemmung,* die sich durch eine verringerte Anfangsgeschwindigkeit bei steigender Substrat-Konzentration auszeichnet. Eine grafische Darstellung dieser Hemmung zeigt die Abb. 3.**7 b**.

Derartige Ausmessungen mit Hilfe von Enzymhemmstoffen tragen zur Aufklärung des Mechanismus der Fermente bei. Inhibitoren benutzt man auch zur Untersuchung von Stoffwechselwegen, vor allem um Zwischenprodukte zu charakterisieren. Das ganze Gebiet der selektiven Toxizität, etwa bei Antibiotika und Insektiziden, nutzt unterschiedliche Empfindlichkeiten der verschiedenen Spezies gegenüber Enzymhemmstoffen aus.

Regulation der Enzymaktivität durch die Zelle

Die Regulation von Enzymaktivitäten *in vivo* ist für die Kontrolle des zellulären Stoffwechsels lebenswichtig. Von den bisher dargestellten Einwirkungen auf die Aktivität einzelner Enzyme *in vitro* sind im lebenden Organismus nicht alle wirksam. Eine grobe oder Langzeitkontrolle wird schon auf der Ebene der Proteinbiosynthese, der Induktion oder Hemmung bei einzelnen Enzymen auftreten. Eine Feinkontrolle mit kurzen Wirkungszeiten verläuft über verschiedene Wege. Schwankungen in der Substrat-Konzentration oder Konzentration eines reversiblen Inhibitors beeinflussen die Aktivität entweder direkt über die Konzentration der ES-Zwischenstufe oder über einen allosterischen Effekt. Neuere Untersuchungen heben auch die Bedeutung einer *reversiblen kovalenten Modifizierung* hervor. Hierfür kommt eine Adenylierung oder Phosphorylierung des Enzyms in Frage, wie sie etwa durch zyklisches AMP aus einer Adenylat-cyclase-Reaktion hervorgerufen wird, mit aktiven und inaktiven Proteinkinasen. Beispiele dieser Regulation finden sich in der Glykogenolyse und Gluconeogenese. Auch hängt die Aktivität einiger Enzyme von der intrazellulären Konzentration an Calcium-Ionen ab. Diese Ionen werden von spezifischen Proteinen gebunden, wie etwa von Calmodulin und Troponin C. Beispiele dieser Reaktion finden sich bei Actomyosin, Phosphorylasekinase und der Phosphor-diesterase für zyklische Nucleotide. Auch die *irreversible spezifische Proteolyse* dient zur Regulation einiger Enzyme. Sie werden dann in einer inaktiven Vorstufe den *Proenzymen* oder *Zymogenen* biosynthetisiert. Für ihren Einsatz werden sie dann durch proteolytische Abspaltung von Peptiden etwa durch Trypsin aktiviert. Beispiele finden sich bei Chymotrypsinogen, dem Vorläufer des Chymotrypsins, auch bei Thrombinogen, dem Vorläufer des Thrombins.

3.4   Bestimmung der Enzymaktivität

Die Aktivitätsbestimmung eines Enzyms beruht auf der Messung des Verbrauchs an Substrat oder der Bildung des Produkts unter definierten Bedingungen. Sehr häufig wählt man 30 °C, manchmal auch, wegen der physiologischen Rolle dieser Temperatur, 37 °C. Die Pufferkapazität muß genügend groß sein, auch müssen alle Gerätschaften besonders sauber gehalten werden. Man mißt entweder kontinuierlich *(Kinetik)* oder *diskontinuierlich (Endpunkt).* Kontinuierliche Verfahren benutzen die direkte Messung der Änderung einer Eigenschaft des Reaktionsgemisches (z.B. Lichtabsorption oder gasförmiges Volumen), bei den diskontinuierlichen Arbeitsweisen müssen dem Gemisch Proben entnommen und mit geeigneten Methoden analysiert werden. Wenn möglich, sind kontinuierliche Verfahren vorzuziehen, da ihnen größere Genauigkeit innewohnt.

Abgesehen von diesen Grundsätzen der Analytik benötigt man für diese Enzymtests einen sättigenden Überschuß an Substrat (mindestens 10 K_m; Kinetik 0ter Ordnung) und ausreichende Kontrollmessungen. Die Änderung des Meßparameters im Kontrollversuch ohne Enzym gibt das Ausmaß der nichtenzymatischen Grundreaktion an, diejenige im Kontrollversuch ohne Substrat eine Reaktion in der Enzympräparation. Alle Reaktionsansätze werden mindestens 2 min bei der gewählten Temperatur inkubiert, bevor man die Reaktion durch Zusatz der voräquilibrierten Lösung des Enzyms oder Substrates startet. Es lohnt sich oft, die Enzymbestimmung in mehreren verschiedenen Endvolumina der Testlösung durchzuführen und so das lineare Verhältnis zwischen der Anfangsgeschwindigkeit und der Enzym-Konzentration zu bestätigen, damit werden Aktivatoren oder Inhibitoren im Enzympräparat ausgeschlossen.

Spektrophotometrische Verfahren im sichtbaren und ultravioletten Licht

Viele Substrate und Produkte absorbieren Licht im sichtbaren oder ultravioletten Bereich; dabei gilt das Lambert-Beersche Gesetz (Abschn. 8.1, S. 335). Absorbieren Substrat und Produkt nicht bei gleichen Wellenlängen, so läßt sich die Änderung der Extinktion dem Test zugrundelegen. Dafür benutzt man am besten ein registrierendes Doppelstrahlgerät mit thermostatisiertem Küvettengehäuse.

Viele Bestimmungen messen die Umsetzungen zwischen $NAD(P)^+$ und $NAD(P)H$. Bei 260 nm absorbieren sowohl die oxidierten wie die reduzierten Formen dieser Cofermente, bei 340 nm jedoch nur die reduzierten Verbindungen (molarer Extinktionskoeffizient $E = 6,3 \cdot 10^3$ $dm^3 mol^{-1} cm^{-1}$). Enzyme, die nicht selbst diese Umwandlungen katalysieren, lassen sich oft dennoch darüber durch *gekoppelte Reaktionen* bestimmen. Dabei wird das zu bestimmende Enzym über gemeinsame Zwischenprodukte oder -substrate an eines gekoppelt, das NAD^+ oder NADH als Substrat besitzt. Als Beispiel soll die Bestimmung der Phosphofructo-kinase (PfK) dienen. Über die Aldolase koppelt man sie an die von Glycerinaldehyd-3-phosphat-dehydrogenase (G3PDH) katalysierte Reaktion:

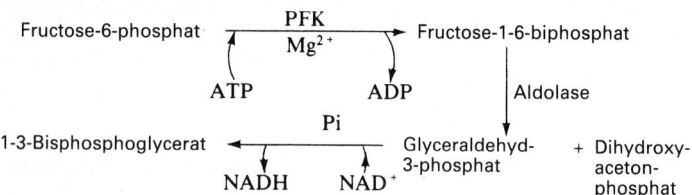

Der Bestimmungsansatz enthält dann Fructose-6-phosphat, ATP, Mg^{2+}, Aldolase, 63 PDH, NAD^+ und P_i stets im Überschuß, so daß die Zunahme der Extinktion bei 340 nm nur durch die Konzentration der PFK in dem eingesetzten Volumen der Enzymlösung bestimmt wird. Im Prinzip ist die Zahl der so aneinander gekoppelten Reaktionen unbegrenzt, wenn nur das zu bestimmende Enzym in der begrenzenden Menge vorliegt. Man errechnet dann die Enzymeinheiten im getesteten Präparat:

$$\text{Enzymeinheiten (kat cm}^{-3}) = \frac{\Delta E_{340}}{6,3 \cdot 10^3} \frac{a}{1000} \frac{1000}{x} \qquad (3.15)$$

$\Delta E_{340} = $ Änderung der Extinktion bei 340 nm pro s nach Abzug der Kontrollen

a = Endvolumen des Testansatzes (meist etwa 3 cm³) in einer Küvette von 1 cm Weglänge

x = eingesetztes Volumen der Lösung des getesteten Enzyms

Die allgemeine Form dieser Gleichung läßt sich auf alle spektrophotometrischen Enzymbestimmungen anwenden. Gelegentlich ist die Stöchiometrie der Reaktion (die Zahl der Moleküle des Substrates, die während der gemessenen Absorptionsänderung eingesetzt wird) keine einfache ganze Zahl (meist 1), in diesen Fällen muß eine Korrektur eingeführt werden. Die allgemeine Gleichung lautet dann:

$$\text{Enzymeinheiten} = \frac{\Delta E\, a}{\epsilon\, d\, n} \qquad (3.16)$$

ϵ = molarer Extinktionskoeffizient des Chromophors
n = Stöchiometrie
d = Lichtweglänge der Küvette (cm)
ΔE = Änderung der Extinktion bei der gewählten Wellenlänge

Teilt man die Gl. (3.15) und (3.16) durch C_p, die Gesamtkonzentration des Proteins in der Enzymlösung, so ergibt sich die spezifische Aktivität des Präparats.

Der Anwendungsbereich der spektrophotometrischen Enzymtests läßt sich noch durch synthetische Substrate und die Darstellung farbiger Derivate des Substrates oder Produktes erweitern. Viele Enzyme, etwa die Hydrolasen, wirken auch auf synthetische Analoga der natürlichen Substrate ein und können dann ein gefärbtes Produkt wie p-Nitrophenol oder Phenolphthalein freisetzen. Ein Beispiel ist die Bestimmung der α-Glucosidase (Maltase):

p-Nitrophenol-α-D-glucopyranosid   D-Glucose p-Nitrophenol (gelb)

Eine erweiterte Anwendung dieses Prinzips ist der Einsatz synthetischer Farbstoffe bei Oxido-reduktasen. Die oxidierten und die reduzierten Formen dieser Verbindungen zeigen verschiedene Farben, so etwa die Tetrazol-Farbstoffe, Methylenblau, 2,6-Dichlorphenolindophenol, Methyl- und Benzylviologen. Auf S. 455 wird gezeigt, daß sie gegenüber dem natürlichen Substrat ein geeignetes Redoxpotential haben müssen.

Man kann auch geeignete funktionelle Gruppen der Substrate und Produkte zur Synthese farbiger Derivate benutzen. Hierzu gehören die orangefarbenen Dinitrophenylhydrazone der Aldehyde und Ketone. Man bestimmt so die Aktivität der Isocitratlyase nach:

$$
\begin{array}{c}
\mathrm{CH_2COOH} \\
| \\
\mathrm{CHCOOH} \\
| \\
\mathrm{HOCHCOOH}
\end{array}
\xrightarrow[\text{lyase}]{\text{Isocitrat-}}
\begin{array}{c}
\mathrm{CH_2COOH} \\
| \\
\mathrm{CH_2COOH} \\
\text{Succinat}
\end{array}
+
\begin{array}{c}
\mathrm{COOH} \\
| \\
\mathrm{CHO} \\
\text{Glyoxylat}
\end{array}
$$

Isocitrat

Glyoxylat $\xrightarrow{\text{Dinitrophenyl-hydrazin}}$ Glyoxylat-dinitrophenylhydrazon

Dabei werden entweder in bestimmten Zeitabständen Proben für die Reaktion mit Dinitrophenylhydrazin entnommen, oder dies wird zu einem ausgewählten Endzeitpunkt dem gesamten Reaktionsansatz zugefügt. In einigen Fällen kann auch das Produkt einer enzymkatalysierten Reaktion direkt in ein gefärbtes Derivat überführt werden, ohne die Katalyse selbst zu beeinflussen. Dies gilt für die Glucose-oxidase, deren Produkt, Wasserstoffperoxid, zugesetztes o-Dianisidin zu einem gelben Produkt oxidiert.

Spektrofluorimetrische Verfahren

In der Praxis haben die an sich sehr empfindlichen fluorimetrischen Verfahren zur Aktivitätsbestimmung den Nachteil, daß schon Spuren von Verunreinigungen im Enzympräparat die Lichtemission teilweise löschen können (Abschn. 8.5, S. 357). Außerdem sind viele fluoreszierende Stoffe, vor allem gegen ultraviolettes Licht, unbeständig. Dennoch kommen sie bei Enzymtests häufig zur Anwendung. Auch NAD(P)H fluoresziert, so daß wiederum viele Enzyme durch geeignete gekoppelte Reaktionen (S. 124) ausgemessen werden können. Auch gibt es synthetische Substrate, die fluoreszierende Produkte abgeben. Ein Beispiel ist das 4-Methylumbelliferyl-β-D-glucuronid für die Vermessung der β-Glucoronidase (S. 361).

Lumineszenzverfahren

Zunehmend werden Biolumineszenzverfahren eingesetzt (Abschn. 8.6, S. 367), bei denen die Intensität der Lichtemission zur Untersuchung der enzymkatalysierten Reaktion dient, weil die Messungen hochempfindlich sind. Manchmal läßt allerdings die Reproduzierbarkeit zu wünschen übrig. Die Luciferase aus Leuchtkäfern und Glühwürmchen katalysiert die Oxidation des Luciferins in einer ATP-verbrauchenden Reaktion:

$$\text{Luciferin} + \text{ATP} + \text{O}_2 \xrightarrow{\text{Luciferase}} \text{Oxyluciferin} + \text{AMP} + \text{PPi} + \text{CO}_2 + \text{Licht}$$

Man kann so ATP und, über geeignete gekoppelte Reaktionen, manche Enzyme (S. 368) bestimmen. Die entsprechende bakterielle Luciferase verwendet reduziertes FMN, um langkettige aliphatische Aldehyde zu oxidieren. Das entstehende FMN läßt sich an die Umsetzung von NAD(P)H ankoppeln, so daß damit wieder viele andere Enzyme, etwa Malat-dehydrogenase, vermessen werden können:

$$\text{Malat} + \text{NAD} + \xrightarrow{\text{Malat-dehydrogenase}} \text{Oxalacelat} + \text{NADH} + \text{H}^+$$

$$\text{NADH} + \text{H}^+ + \text{FMN} \xrightarrow{\text{Oxido-reductase}} \text{FMNH}_2 + \text{NAD}^+$$

$$\text{FMNH}_2 + \text{RCHO} + \text{O}_2 \xrightarrow{\text{Luciferase}} \text{FMN} + \text{RCOOH} + \text{H}_2\text{O} + \text{Licht}$$

Das Luminol-Aminophthalsäure-System kann mittels der Mikroperoxidase zur Bestimmung vieler Enzyme, auch Acetylcholin-esterase (ACE) aus Synapsen dienen:

$$\text{Acetylcholin} \xrightarrow{\text{ACE}} \text{Acetat} + \text{Cholin}$$

$$\text{Cholin} + \text{O}_2 + \text{H}_2\text{O} \xrightarrow{\text{Cholin-oxidase}} \text{Betain} + 2\text{H}_2\text{O}_2$$

$$\text{H}_2\text{O}_2 + \text{Luminol} \xrightarrow{\text{Mikro-peroxidase}} \text{Aminophthalinsäure} + \text{N}_2 + \text{Licht}$$

Einsatz von Radioisotopen

Obwohl natürlich sehr empfindlich, kann die Arbeitsweise mit Radioisotopen (S. 426) bei der Bestimmung von Enzymaktivitäten nur dann eingesetzt werden, wenn sich die radioaktiv markierten Substrate und Produkte leicht voneinander trennen lassen. Einfach ist dies, wenn das

Produkt gasförmig anfällt. So benutzt etwa die Bestimmung der Glutamat-decarboxylase die Freisetzung von $^{14}CO_2$:

$$HOOCCH_2CH_2CH(NH_2)^{14}COOH \xrightarrow[\text{decarboxylase}]{\text{Glutamat-}} {}^{14}CO_2 +$$

$HOOCCH_2CH_2CH_2NH_2$ γ-Aminobutyrat

Dieses freigesetzte $^{14}CO_2$ läßt sich in Lauge abfangen, somit die Reaktionsgeschwindigkeit messen. In anderen Fällen können Substrat und Produkt durch Extraktion der Lösung getrennt werden. Bei der Bestimmung der Monoamin-oxidase (MAO) werden Proben des Ansatzes angesäuert (wobei das Amin in ein Salz überführt wird), der markierte Aldehyd wird durch Extraktion mit Ether gewonnen. Der Extrakt wird einem Szintillationscocktail zur Zählung der Radioaktivität zugesetzt.

$$R^{14}CH_2NH_2 + O_2 + H_2O \xrightarrow{\text{MAO}} R^{14}CHO + H_2O_2 + NH_3$$
Monamin   Aldehyd

Manometrische Verfahren

Führt eine enzymkatalysierte Reaktion in der Bilanz zur Freisetzung oder Aufnahme von Gas, so kann sie mittels der Warburg-Manometers oder des Gilson-Respirometers ausgemessen werden (Abschn. 1.10, S. 49). Beide Geräte können kleine Änderungen des Gasvolumens gut bestimmen. Voraussetzungen sind gute Temperaturkonstanz und Korrekturfaktoren für die Löslichkeit der Gase im Reaktionsmilieu. Die Anwendungsbreite der Methode kann auch auf Fälle ausgedehnt werden, in denen ein Gas freigesetzt und ein anderes gebunden wird, wenn man das freigesetzte Gas auf chemischem Weg entfernt. Im Fall des CO_2 verläuft dies über die Absorption in Natriumhydroxid-Lösung, für O_2 in Lösungen von Pyrogallol oder Chrom(III)-chlorid. Manometrisch können Enzyme wie Glutamat-dehydrogenase (s. oben), Katalase, Malat-Enzym und Monoamin-oxidase (s. oben) bestimmt werden:

$$2H_2O_2 \xrightarrow{\text{Katalase}} 2H_2O + O_2$$

$$CH_3COCOOH + CO_2 + NADPH + H^+ \xrightarrow[\text{Enzym}]{\text{Malat-}}$$

Pyruvat

$HOOCCH(OH)CH_2COOH + NADP^+$
Malat

Verfahren mit ionenselektiven und Sauerstoff-Elektroden

Die Entwicklung der ionenselektiven Elektroden (Abschn. 10.3, S. 456), etwa für Ammonium-Ionen oder Sauerstoff, führte zu interessanten Enzymtests. Sie sind empfindlich, gut reproduzierbar und benötigen nur sehr kleine Volumina der Reaktionsansätze. Die üblichen Glaselektroden dienen zur Messung der pH-Änderung bei der Freisetzung von Protonen oder Hydroxyl-Ionen durch Enzyme, etwa bei Proteasen in schwach gepuffertem Medium. Da diese Freisetzungen den pH-Wert des Ansatzes und damit die Enzymaktivität ändern würden, benutzt man einen *pH-Staten,* um einen vorgewählten pH-Wert konstant zu halten. Er zeichnet die dafür automatisch zugefügte Menge an Säure oder Lauge auf. Die Reaktionsgeschwindigkeit wird hier also als Geschwindigkeit des Verbrauchs von Säure oder Lauge durch den Reaktionsansatz ausgedrückt.

Immunochemische Verfahren

Polyklonale oder monoklonale Antikörper gegen ein bestimmtes Enzym können für eine hochspezifische Bestimmung der Enzymmenge benutzt werden. Sie vermögen sogar zwischen Isoenzymen zu unterscheiden, was bei den klinischen Messungen von Enzymaktivitäten wichtige diagnostische Aspekte zuliefert. Für die saure Phosphatase der Prostata ist ein monoklonaler Antikörper erhältlich, der eine der besten Diagnosemöglichkeiten des Prostatakarzinoms ergibt.

Mikrokalometrische Verfahren

Bei den meisten biologischen Reaktionen werden winzige Wärme-(Enthalpie-)mengen umgesetzt, die Temperaturänderungen in der Größenordnung von 10^{-2}–10^{-4} °C bedingen. Sie lassen sich mit *Thermistoren* messen, die aus temperatursensitiven Metalloxiden bestehen. Diese Arbeitsweise verlangt eine sehr strenge Wärmedämmung des Reaktionsgefäßes. Sie läßt sich empfindlicher machen, indem man die erste Reaktion an eine zweite koppelt, die eine größere Wärmemenge freisetzt. So kann man etwa protonenfreisetzende Reaktionen in Trispuffer durchführen, der bei der Protonierung eine hohe Enthalpieänderung aufweist:

$$\text{Glucose} + \text{ATP} \xrightarrow{\text{Hexokinase}} \text{Glucose-6-phosphat} + \text{ADP} + \text{H}^+$$
$$\Delta H^0 = -28 \text{ kJ mol}^{-1}$$

$$\text{Tris} + \text{H}^+ \longrightarrow \text{TrisH}^+ \qquad \Delta H^0 = -47 \text{ kJ mol}^{-1}$$

Automatisierte Enzymaktivitätsbestimmungen

Die geläufigste Art der Enzymbestimmungen benutzt die Spektrophotometrie, auf ihr sind auch viele kommerzielle *Analysatoren* der *Reaktionsgeschwindigkeit* aufgebaut. Man bestimmt damit die Enzym- oder die Substrat-Konzentration. Viele von ihnen sind automatisiert, sie arbeiten kontinuierlich oder diskontinuierlich. *Probenanalysatoren* mischen nach einem vorgegebenen Programm über automatische Pipetten Enzym und Substrat. Das Reaktionsgemisch fließt nach der gewählten Zeit durch einen Detektor. *Durchflußanalysatoren* pumpen die Substratlösung kontinuierlich durch ein Schlauchsystem und speisen in regelmäßigen Abständen eine Probe der zu untersuchenden Enzymlösung ein, getrennt werden diese Abschnitte durch Luftblasen. Die Reaktionspartner werden in einer engen Mischschlange durchmischt und durch den Detektor geleitet. Die Durchflußgeschwindigkeit bestimmt dann die richtige Meßzeit im Detektor. Eine interessante Variante ist der *schnelle (Zentrifugal-)Analysator*. Darin werden die Lösungen des Substrats und des Enzyms in kleine Tröge in der Nähe des Mittelpunkts einer Zentrifugationsscheibe (Rotor) eingegeben, bis zu 30 verschiedene Proben finden Platz. Läuft die Scheibe an, so werden die Lösungen zentrifugal in eine Küvette am Rande der Scheibe getrieben, wodurch die Reaktion gestartet wird. Die Extinktionsänderung bei geeigneter Wellenlänge in jeder Küvette wird kontinuierlich registriert, man erhält eine gute Vermessung der Anfangsgeschwindigkeit.

3.5   Bestimmung von Substraten

Enzymatische Bestimmungen liefern bequeme Verfahren zur Messung der Menge der Substrate in einer biologischen Probe. Man könnte dabei das Enzym im Überschuß einsetzen und die Substrat-Konzentration aus der Anfangsgeschwindigkeit ableiten. Die Schwierigkeit liegt aber in der wenig exakten Messung einer rasch abfallenden Reaktionsgeschwindigkeit bei kleinen Substrat-Konzentrationen. Die tatsächlich angewandten Verfahren lösen dieses Problem auf verschiedene Weise; grundsätzlich sind sie alle Varianten der sogenannten *Endpunktmethode*. Das gesamte Substrat wird in das Produkt umgewandelt und dabei die gesamte Änderung des Meßparameters (z.B. Ultraviolettextinktion) bestimmt. Daraus errechnet man dann die ursprünglich vorhandene Substratmenge. Benötigt wird eine ausreichende Enzymmenge, die garantiert, daß die Reaktion in einer brauchbaren Zeit vollständig zu Ende geht. Bei reversiblen Reaktionen muß die Lage des Gleichgewichtes so eingestellt werden, daß die Reaktion praktisch quantitativ verläuft. Dazu kann man etwa den pH-Wert vom Optimum des Enzyms abrücken, oder bei Reaktionen mit 2 Substraten das zweite in hohem

Überschuß zugeben. Bei Reaktionen mit NAD(P)$^+$ wird ein Analog wie APAD (Acetylpyridin-adenin-dinucleotid) verwendet, da es ein günstigeres Redoxpotential aufweist. Bei diesen Substratbestimmungen sind gekoppelte Reaktionen sehr häufig. Die Substrat-Konzentration sollte immer weit unter K_m liegen, die Enzymmenge sollte die Reaktion in 2– 10 min vollständig zu Ende führen. Liegt die Enzymmenge so hoch, daß $V_{max}/K_m \sim 1$, so zeigt sich, daß die Reaktion in etwa 5 min zu 99 % abläuft. Die Erfassungsgrenze solcher Bestimmungen werden durch den molaren Extinktionskoeffizienten der ausgemessenen Verbindung festgelegt. Im Fall des NAD(P)H liegt sie für die UV-Spektrophotometrie bei 10^{-2}–10^{-3} µmol cm^{-3} in einer Küvette mit 1 cm Weglänge.

Die Erfassungsgrenze für Substratbestimmungen läßt sich durch das *enzymatische Recycling* drastisch verbessern. Das Verfahren ist besonders bei sehr niedrigen Substrat-Konzentrationen wertvoll. Das Substrat wird dabei mit einer gekoppelten Reaktion regeneriert. Das Produkt, das sich dann in einer bestimmten Zeit (30–60 min) bildet, wird ausgemessen. Zunächst muß mit bekannten Mengen des zu bestimmenden Substrates vorgeeicht werden, alle anderen Komponenten der Bestimmung liegen im Überschuß vor. Für die Spektralphotometrie im sichtbaren und ultravioletten Bereich setzt die so erzielte 10^4-10^5fache Steigerung der Empfindlichkeit die Erfassungsgrenzen auf 10^{-6}–10^{-8} µmol cm^{-3} herab. Man benutzt das Verfahren häufig zur Bestimmung von NAD(P)$^+$ und ATP/ADP. Im letzteren Fall regeriert man ATP mittels Pyruvat-Kinase und Phosphoenolpyruvat. Im Fall des NAD$^+$ oder NADP$^+$ kann man Glutamat-dehydrogenase verwenden. Bei der Bestimmung von NADP$^+$ koppelt man etwa Glucose-6-phosphat-dehydrogenase (G6PDH) UND Glutamat-dehydrogenase (GDH):

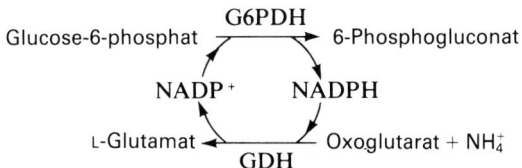

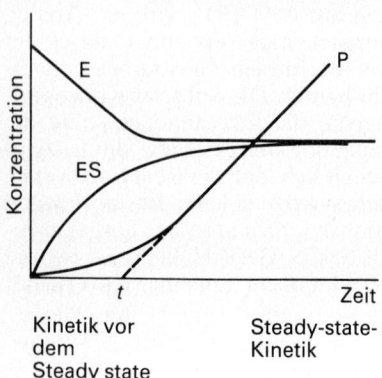

Abb. 3.**9** Verlaufskurve im Anfangsstadium: E + S $\rightleftharpoons$ ES + P, wobei [S] » [E]

3.6 Kinetik vor dem Steady-state

Schnelle Durchmischung

Die bisher dargestellten experimentellen Verfahren zur Steady-state-Kinetik dienen zur Bestimmung der Werte von K_m und V_{max}. Zur Ermittlung der Geschwindigkeitskonstanten der Einzelschritte zwischen Substrat und Produkt benötigt man jedoch spezielle Techniken, da die Zwischenprodukte stets weiter umgesetzt werden. Abb. 3.**9** zeigt den Verlauf der Konzentrationskurven im Anfangsstadium der Umwandlung des Substrates zum Produkt über ES. Die Induktionszeit t wird durch k_{+1}, k_{-1} und k_{+2} festgelegt.

Bei der **Durchflußmethode** werden die Lösungen des Enzyms und des Substrates durch Spritzen in eine kleine Mischkammer (oft von etwa 100 mm³ Volumen) eingebracht und dann mit vorgewählter Geschwindigkeit durch ein enges Glasrohr gepumpt. In geeignetem Abstand ist eine Lichtquelle und ein Photomultiplier oder ähnlicher Detektor angebracht. Die Lösung fließt so schnell durch das Rohr (etwa 10 m s⁻¹), daß der Fluß turbulent ist und sie so homogen durchmischt wird. Die genaue Reaktionszeit nach der Durchmischung läßt sich aus der vorgegebenen Fließgeschwindigkeit der 2 Lösungen errechnen. Die Reaktionszeit bis zum Erreichen des Meßpunktes kann durch ihre Änderung variiert werden, man kann so den Reaktionsablauf als Funktion der Zeit untersuchen. Daraus lassen sich die Geschwindigkeitskonstanten berechnen. Das Verfahren benötigt verhältnismäßig große Volumina der Reaktionslösungen, ist aber sonst nur durch die notwendige Mischzeit der Lösungen begrenzt.

Die **Stopped-flow-Methode** hat sich aus der Durchflußmessung entwickelt, hier wird der Fluß kurz nach dem Auspumpen aus der Mischkammer abgestoppt. Gleichzeitig wird die Registrierung eingeschaltet, von da an wird der Meßparameter (z.B. Extinktion) kontinuierlich aufgezeichnet. Die Methode geht mit den Reaktionslösungen also vorteilhaft sparsam um. Bei beiden Verfahren kann die Schwierigkeit, während der ersten 100 µs die Reaktion zu messen, teilweise durch Änderungen des pH-Wertes oder der Temperatur zu langsamerer Umsetzung umgangen werden. Auch alternative Substrate mit kleinerer Wechselzahl (Zahl der umgesetzten Substratmoleküle pro Enzymmolekül je Zeiteinheit) kommen in Frage. Die Anwendungsbreite sowohl der Durchfluß- wie auch der Stopped-flow-Methode kann noch mit synthetischen Substraten erweitert werden, aus denen ein Chromophor freigesetzt wird, oder die ein chromophores Acyl- oder Phosphoryl-Derivat als Zwischenprodukt liefern. Ein Beispiel war das *p*-Nitrophenylacetat bei Untersuchungen an Chymotrypsin.

Eine Variante dieser schnellen Durchflußverfahren ist die **Lösch-(quenching-)methode.** Dabei fließen die Lösungen aus der Mischkammer in eine zweite, in der sie mit einem Reagenz wie etwa Trichloressigsäure durchmischt werden, so daß die Reaktion abgestoppt wird. Durch eine geeignete analytische Methode werden dann die Mengen der Reaktionsteilnehmer bestimmt. Stoppt man nach verschiedenen Zeiten ab, so ergibt auch dies die Abfolge des Reaktionsverlaufs.

Relaxationsverfahren

Die entscheidende Begrenzung dieser schnellen Mischmethoden liegt in der Totzeit für die Durchmischung von Enzym und Substrat. Bei den Relaxationsmethoden läßt man zuerst ein Reaktionsgleichgewicht sich einstellen und verschiebt es dann durch eine Veränderung der Reaktionsbedingungen. Meist erreicht man dies nach dem *Temperatursprung-verfahren*, bei dem die Temperatur, etwa durch Entladen eines Kondensators oder durch einen Infrarot-Laser, sehr schnell um 5–10 °C erhöht wird. Die Geschwindigkeit, mit der sich das System auf die neue Gleichgewichtslage einstellt, ist den Geschwindigkeitskonstanten erster Ordnung der Reaktionsfolge umgekehrt proportional (Relaxationszeit τ). Man verfolgt die Einstellung auf die neue Gleichgewichtslage mit spektrophotometrischen Messungen. Oft ist es dabei von Vorteil, mehr als eine Methode einzusetzen, etwa die Messung der Extinktion im UV und die Fluorometrie, da man komplementär ergänzende Informationen erhalten kann. Die sorgfältige Analyse aller Relaxationszeiten gibt Hinweise auf die Zahl der Zwischenprodukte im

Gesamtprozeß, neben den Werten der zugehörigen Geschwindigkeits-konstanten.

Die Relaxationsmethoden sind wohl für unsere schnellsten Reaktionen die am besten geeigneten, für enzymkatalysierte Reaktionen eignen sich häufig die schnellen Durchflußmethoden besser. Diese schnellen kinetischen Verfahren haben gezeigt, daß Enzym und Substrat meist sehr schnell, mit Geschwindigkeitskonstanten erster Ordnung zwischen 10^6-10^8 mol s^{-1} zusammentreten. Die Dissoziation erfolgt langsamer, mit Geschwindigkeitskonstanten zwischen $10-10^4$ s^{-1}. Die Assoziation verläuft meist langsamer als aus der Kollisionstheorie errechnet. Dies weist auf notwendige spezifische Orientierungen der Substrate und Teile des Enzyms hin, vielleicht auch auf Konformations-änderungen und die Beteiligung von Solvatationsprozessen.

Messung von Zwischenprodukten

Obwohl die kinetischen Messungen im Pre-steady-state die Berechnung von Geschwindigkeitskonstanten möglich machen, können sie doch nicht direkt das (die) Zwischenprodukt(e) eines vorgeschlagenen Reaktionsmechanismus identifizieren. Dazu müßte das (die) Zwischen-produkt(e) isoliert und charakterisiert werden. Eine Möglichkeit hierzu bieten die **Affinitätsmarkierungen.** Dazu verwendet man irreversible Inhibitoren, die in ihrer Struktur dem Substrat ähneln, jedoch mit einer Aminosäure-Seitenkette im aktiven Zentrum eine kovalente Bindung eingehen. Der so fixierte Enzym-Inhibitor-Komplex wird dann isoliert und mit den üblichen analytischen Methoden untersucht. Als Beispiele seien einige organische Phosphor-Verbindungen genannt, wie Diisopro-pylfluorophosphat und seine Verwandten, die irreversibel an einen Serin-Rest in der Acetylcholin-esterase und verwandten Esterasen binden. Iodacetonphosphat blockiert die Triosephosphat-isomerase. **Photoaffinitätsmarkierungen** stellen eine Variante dieser Technik dar. Sie werden zunächst versibel vom Enzym gebunden, bei der Photolyse werden sie dann in reaktive Zwischenprodukte umgewandelt und irreversibel gebunden. Beispiele sind Diazo-Verbindungen, die zu Carbenen, und Azide, die zu Nitrenen photolysiert werden.

$$RCOCH_2N_2 \xrightarrow{\text{Licht}} RCO\ddot{C}H_2 + N_2$$

Diazo-
Komponente   Carbene

$$RN_3 \xrightarrow{\text{Licht}} RN: + N_2$$

Azid   Nitren

Die Affinitätsmarkierungen geben nicht nur Auskunft über die chemische Art der Zwischenprodukte, sondern identifizieren natürlich auch spezifische Aminosäure-Seitenketten im aktiven Zentrum. Diese Identifizierung kann man noch dadurch ausbauen, daß man Reagenzien verwendet, die mit dem Substrat nicht verwandt sind, jedoch spezifisch mit bestimmten Seitenketten (etwa Amino-Gruppen) reagieren. Der Erfolg dieser Anwendung liegt darin, daß manche dieser Seitenketten im aktiven Zentrum aktiviert und damit reaktiver sind als die übrigen an anderen Stellen des Proteins. Beispiele sind die Reaktionen von N-Tosyl-L-phenylalanyl-chloromethylketon (TPCK) mit Histidin-Seitenketten und Iodessigsäure und Iodacetamid mit Cystein-Sulfhydrylen.

3.7   Bindungsmessungen an Proteinen

Grundlagen

Die Dissoziationskonstante K_s des ES-Komplexes gibt die Affinität eines Enzyms für sein Substrat an. K_s-Werte lassen sich aus kinetischen Messungen nicht direkt ableiten, wenn auch die leicht meßbare Michaelis-Konstante K_m sich numerisch an K_s annähern kann (S. 109). Hingegen läßt sich die Dissoziationskonstante für reversible Inhibitor-Enzym-Komplexe, K_i, direkt aus der Steady-state-Kinetik erhalten (S. 118), ohne daß man Annahmen wie bei Vergleich von K_m und K_s treffen muß.

Die Ansätze zur direkten Bestimmung von K_s ähneln denen der Untersuchungen der Wechselwirkungen zwischen anderen Proteinen und ihren Liganden, etwa der Bindung von Hormonen an Rezeptorproteine in der Plasmamembran, oder der Bindung von Medikamenten und Hormonen an Plasmaproteine wie Albumin, saures Glykoprotein und steroidhormonbindende Globuline. Alle diese reversiblen Bindungen folgen der allgemeinen Gl.:

$$\underset{\text{Protein}}{P} + \underset{\text{Ligand}}{n L} \underset{K_s}{\overset{K_a}{\rightleftharpoons}} \underset{\text{Komplex}}{PLn}$$

n = Zahl der identischen, aber nicht kooperativen Ligandenbindungsstellen
K_a = Bindungs-Affinitäts-Konstante des Proteins für den Liganden
K_s = Dissoziationskonstante des Komplexes zwischen Protein und Ligand = $1/K_a$

Bringt man sie in die Form des Massenwirkungsgesetzes und entwickelt den Ausdruck für K_a algebraisch, so erhält man die *Scatchard-Gl.:*

$$\frac{r}{[L]} = nK_a - rK_a \tag{3.17}$$

r = Zahl der pro Proteinmolekül gebundenen Ligandenmoleküle,

d.h. $r = \dfrac{[PLn]}{[P]}$

[P] = molare Konzentration des Proteins
[L] = molare Konzentration des freien (nicht gebundenen) Liganden

Um die numerischen Werte für n und K_a zu erhalten, mißt man die Bindung des Liganden an das Protein im Gleichgewicht als Funktion der Liganden-Konzentration bei gleichbleibender Protein-Konzentration [P]. Bei Enzymen und Substraten muß man durch geeignete experimentelle Bedingungen verhindern, daß sich das Produkt bildet. Man stellt dann $\tau/[L]$ graphisch gegen r dar (Abb. 3.**10**). Manchmal wird diese Kurve biphasisch ausfallen (Abb. 3.**10**), dies weist auf eine Kooperativität zwischen den Bindungsstellen oder auf zwei Gruppen von Bindungsstellen mit verschiedenen Affinitäten hin. Im letzteren Fall ist die Charakterisierung der zwei Gruppen von Bindungskonstanten meist schwierig. Obwohl die Scatchard-Gleichung häufig zur Anwendung kommt, weist sie wie die Eadie-Hofstee-Darstellung den prinzipiellen Nachteil auf, daß eine der beiden Variablen r in beiden Achsen enthalten ist. Eine doppelt reziproke Darstellung von $1/r$ gegen $1/[L]$ [Gl. (3.18)], analog der Lineweaver-Burk-Graphik, umgeht diese Bedenken, führt aber wie diese zu einer meist sehr unregelmäßigen Verteilung der Meßpunkte.

$$\frac{1}{r} = \frac{1}{n} + \frac{1}{n[L]K_a} \tag{3.18}$$

Ist der numerische Wert für [P] unbekannt, etwa bei Plasma- und Serumproben, so stellt man die Konzentration des gebundenen Liganden/Konzentration des nichtgebundenen Liganden dar, d.h. $[PLn]/[L]$ gegen $[PLn]$. Die Gerade hat eine Neigung von K_a, die Schnittpunkte liegen mit der x-Achse bei n [P]. Der Ausdruck n [P] wird oft als **Bindungskapazität** bezeichnet.

Die Bindung einiger Peptidhormone an ihre membranständigen Rezeptorproteine weist eine Kooperativität auf. In diesen Fällen ist die Scatchard-Kurve für eine negative Kooperativität nach oben konkav, für eine positive Kooperativität nach unten konkav, der Abschnitt auf der x-Achse jedoch in beiden Fällen n (Abb. 3.**10**). Vermutet man eine positive Kooperativität, so sollte man eine Hill-Darstellung anschließen [Gl. (3.2)], hier in der Form:

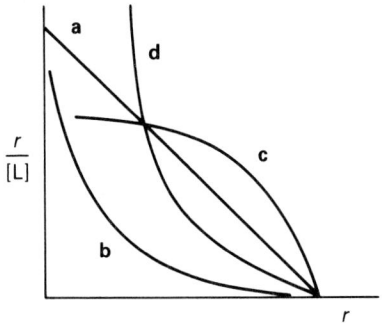

Abb. 3.**10**   Scatchard-Darstellung: **a** eine Gruppe von Bindungsstellen ohne Kooperativität, **b** 2 Gruppen von Bindungsstellen ohne Kooperativität, **c** 1 Gruppe von Bindungsstellen mit positiver Kooperativität, **d** 1 Gruppe von Bindungsstellen mit negativer Kooperativität

$$\lg \left(\frac{\overline{Y}}{1-\overline{Y}} \right) = h\log[L] + \log K \qquad (3.19)$$

$\overline{Y}$ = Anteil der besetzten Bindungsstellen

Bei einem Protein mit mehreren Bindungsstellen ohne Kooperativität ist $h = 1$ und $n = 1,2,3,...$, bei einem Protein mit mehreren kooperativen Bindungsstellen ist $n = 1,2,3,....$ und $1<h<1$.

Man hat viele Methoden, wie Ultrazentrifugation (Abschn. 2.10, S. 92), Molekularsiebchromatographie (Abschn. 6.6, S. 280), Zirkulardichroismus (Abschn. 8.4, S. 353) und Kernresonanzspektrometrie (Abschn. 8.9, S. 379) zur Untersuchung der Ligandenbindung eingesetzt. Durch die spektrophotometrischen Verfahren lassen sich zusätzlich zu den Werten für die Errechnung der Dissoziationskonstanten Hinweise auf die funktionellen Gruppen im Protein, die den Liganden berühren, erhalten. Die Grundzüge dieser Methoden werden in eigenen Kapiteln des Buches behandelt, hier sollen nur die Details der beiden einfachsten Techniken, der Gleichgewichtsdialyse und der Ultrafiltration dargestellt werden.

Gleichgewichtsdialyse

Lösungen des Proteins und des Liganden, zum gleichen pH-Wert gepuffert, werden in die beiden Hälften einer Dialysenkammer eingebracht. Sie hat meist ein Gesamtvolumen von etwa 3 cm³ und besteht aus durchsichtigem Kunststoff, wie Plexiglas. Die Kammer läßt sich in 2 Hälften auseinanderschrauben, zwischen die eine semipermeable

Membran aus Cellulosenitrat oder -acetat auf einem inerten feinen Netz eingespannt wird. Viele Varianten dieser Kammern sind kommerziell verfügbar, manchmal werden bis zu 6 davon auf einen Rahmen zusammengespannt. Die Temperatur wird mittels eines Thermostaten konstant gehalten, die Kammern rotieren langsam, um die Gleichgewichtseinstellung zu beschleunigen. Die kleinen und leicht diffusiblen Ligandenmoleküle gelangen leicht durch die Membran, es stellt sich auf beiden Seiten die gleiche Konzentration der *ungebundenen* Moleküle ein. Das Protein verbleibt in einer der beiden Halbkammern. Nach der Gleichgewichtseinstellung werden aus beiden Halbkammern Proben zur Bestimmung der Gesamtkonzentration des Liganden entnommen. Die Proben aus der proteinhaltigen Halbkammer weisen die Summe der Konzentrationen des gebundenen und ungebundenen Liganden auf, aus der anderen Halbkammer erhält man die Konzentration des ungebundenen Liganden, die in beiden Halbkammern gleich sein muß. Da die Protein-Konzentration vorgegen, also bekannt ist, lassen sich die Werte für r errechnen und in eine Scatchard-Graphik einbringen. Meist wird der Ligand als teilweise mit ^{3}H- oder ^{14}C-markierter Form eingesetzt, so daß die Konzentrationsbestimmung einfach über eine Szintillationszählung erfolgt. Verläßliche Ergebnisse verlangen eine minimale Bindung des Proteins und des Liganden an die Membran, auch muß die Gesamtionen-Konzentration in beiden Halbkammern gleich sein, um jeden Ladungsunterschied und damit ungleiche Verteilung des Liganden nach dem *Donnan-Effekt* auszuschließen. Ein Nachteil der Methode liegt in der verhältnismäßig langen Zeit bis zur Gleichgewichtseinstellung. Auch darf der Ligand natürlich nicht selbst ein Makromolekül sein, so daß etwa die Bindung von tRNA an Aminoacyl-tRNA-Synthetase so nicht untersucht werden kann.

Ultrafiltration

Protein und Ligand werden hier in gepufferter Lösung in eine thermostatisierte Kammer (meist 1–3 cm^3 Volumen) eingegeben, die unten durch eine semipermeable Membran auf einem inerten Netz verschlossen ist. Hier ist also keine Diffusion durch die Membran zur Gleichgewichtseinstellung nötig, es wird rasch erreicht (ca. 20 min). Danach wird eine kleine Probe (100 mm^3) durch die Membran in ein Auffanggefäß gepreßt. Dazu wird auf die Kammer ein erhöhter Gasdruck gesetzt, oder sie wird in eine niedertourige Zentrifuge gebracht und einige min bei etwa 3 000 g zentrifugiert. Man analysiert das Ultrafiltrat und erhält die Konzentration der ungebundenen Liganden. Der Kammerinhalt ergibt die Gesamtkonzentration des gebundenen und ungebundenen Liganden. So läßt sich die Bindung in Abhängigkeit von der Ligandenkonzentration rasch ausmessen. Die Schnelligkeit des Verfahrens ist sein Vorteil, man muß jedoch die Adsorption der Komponenten an die Membran überprüfen und das Volumen der abgepreßten Probe klein

halten, um eine Verschiebung des Gleichgewichts durch die Probeent-
nahme zu vermeiden. Wie die Gleichgewichtsdialyse ist auch diese
Methode für hochmolekulare Liganden nicht anwendbar. Die Bindung
solcher Liganden muß mittels der Ultrazentrifugation und der Molekularsiebchromatographie untersucht werden.

3.8   Immobilisierte Enzyme

Obwohl unsere vielfältigen kinetischen Messungen gute Einblicke in
Enzymmechanismen gebracht haben, bleibt doch zweifelhaft, ob diese
Informationen wirklich für die *In-vivo*-Bedingungen relevant sind.
Einige intrazelluläre Enzyme liegen z.b. nach histochemischen Untersuchungen in hohen Konzentrationen vor, andere sind kaum frei gelöst,
sondern vorwiegend membranständig. Untersuchungen an immobilisierten Enzymen zeigten auch eine gegenüber den frei gelösten eine
leicht veränderte Kinetik. Die Ursachen dafür sind komplex, jedenfalls
spielen die Veränderung der dreidimensionalen Struktur des Enzyms
durch den immobilisierenden Träger und der Mikroumgebung des
aktiven Zentrums des immobilisierten Enzyms eine Rolle. Kinetische
Messungen an immobilisierten Enzymen sind deshalb für unser Verständnis der Wirkung *in vivo* sehr wichtig. Dies gilt insbesondere für die
Enzymregulation. Immobilisierte Enzyme sind jedoch auch wegen ihres
großen analytischen und industriellen Potentials interessant. Enzymlö-
sungen werden in der Industrie vor allem bei der Synthese von
Antibiotika und Steroiden für viele Umsetzungen eingesetzt. Mehr und
mehr ersetzen sie dabei die Verfahren der klassischen organischen
Chemie. Enzyme besitzen den Vorteil der chemischen und Stereospe-
zifität und liefern damit reinere Produkte. Sie sind aber oft unstabil und
lassen sich schwer aus den Reaktionsgemischen zurückgewinnen. Die
Möglichkeit, Enzyme an Träger zu fixieren, in Säulen einzufüllen und
viele Male wiederzuverwenden, ist daher im Prinzip kommerziell
äußerst attraktiv.

Viele Verfahren dienen zur Enzymimmobilisierung, man kann sie in
2 Gruppen einteilen. Bei der **physikalischen Immobilisierung** entstehen
keine kovalenten Bindungen und dem immobilisierenden Träger.
Ursprünglich benutzte man die Adsorption an Aktivkohle oder Alumi-
niumhydroxid-Gel für die Immobilisierung; heute sind ionische Adsorptionen an Ionenaustauscher, vor allem vom Sephadex-Typ (Abschn. 6.6,
S. 280) und an feinporiges poröses Glas hinzugetreten. Diese Adsorp-
tionsimmobilisierungen sind vorteilhaft einfach, allgemein anwendbar,
von hoher Ausbeute. Läßt die katalytische Wirkung des immobilisierten Enzyms allzu stark nach, so kann der Träger neu beladen werden.
Begrenzend wirkt die Notwendigkeit, die Anwendungsbedingungen
genau einzuhalten, um eine Desorption auszuschließen. Einfach sind

auch die Verfahren, Enzyme in Liposomen (künstlich erzeugte konzentrische Kugelschalen aus Phospholipid-Doppelschichten) und wasserschwerlöslichen Polymeren, wie Polyacrylamid und Agarose, einzuschließen. Sie sind auch allgemein anwendbar, doch geben die Produkte fortlaufend Enzym ab, sind wenig effizient und zeigen schlechte Durchflußeigenschaften.

Bei der **chemischen Immobilisierung** bildet sich zumindest eine kovalente Bindung zwischen Enzym und Träger. Die chemischen Methoden dafür ähneln denen für die Affinitätschromatographie (S. 291). Die Anheftung darf nicht über Aminosäure-Seitenketten im aktiven Zentrum erfolgen. Als Träger kommen Polysaccharide, Polymere wie Nylon und anorganisches Material wie Glas und Titandioxid in Frage.

Immobilisierte Enzyme finden vor allem in der klinischen Chemie zunehmend Anwendung, wo sie schnelle, empfindliche und präzise Bestimmungen von Substanzen wie Glucose und Harnstoff im Blut ermöglichen. Eine besonders interessante Entwicklung ist die Kombination immobilisierter Enzyme mit ihrer hohen Spezifität mit der elektroanalytischen Chemie mit ihrer charakteristischen Empfindlichkeit. Die sogenannte *Enzymelektrode* bietet die Möglichkeit der genauen Analyse ohne Probenaufbereitung. Die Grundzüge des Verfahrens werden im Abschn. 10.6, S. 466 ausführlicher dargestellt.

Literatur

Bergmeyer, H.U. (Hrsg.) (1978), Handbuch der enzymatische Analyse, Verlag-Chemie (Ausführliche Vorschriften für enzymatische Bestimmungen).

Cleland, W.W. (1970), Steady-state kinetics, in The Enzymes, 3. Aufl. (Boyer, Hrsg.) Academic Press, New York, 1–65 (Übersicht über kinetische Messungen und Mechanismen).

Colowick, S.P., Kaplan, N.O. (Hrsg.), Methods and Enzymology, Academic Press, New York [Beiträge führender Wissenschaftler in allen genannten Kapiteln: Für die Enzymologie besonders: Bd. 48, 49, 61, 91 (Strukturen), 22 und 104C (Reinigung), 63, 64 und 87 (Kinetik und Mechanismus), 46 (Affinitätsmarkierung) und 44 (immobilisierte Enzyme)].

Dixon, M., Webb, E.C., Thorm, C.J.R., Tipton, K.F. (1979), Enzymes, 3. Aufl. Longman, London (Lehrbuch der Enzymologie).

Fersht, A. (1985), Enzyme Structure and Mechanism, 2. Aufl. Freeman, Reading (Grundlegender Text, auch für Enzymmechanismen).

Halford, S.E. (1974), Rapid reaction techniques in Companion to Biochemistry, (Bull, A.T., Lagnado, J.R., Thomas, J.D., Tipton, K.F., Hrsg.) Longman, London (Gute Darstellung dieser spezialisierten Methode).

Palmer, T. (1985), Understanding Enzymes, 2. Aufl. Ellis Horwood, Chichester (Einfacher Grundlagentext der Enzymologie).

Trevan, M. (1980), Immobilised Enzymes, Wiley, Chichester (sehr gute Darstellung der Präparation, Kinetik und industriellen Anwendung immobilisierter Enzyme).

Kapitel 4

Immunochemische Verfahren

4.1 Grundlagen

Die Immunologie beschäftigt sich mit den Mechanismen der Immunantworten, mit der sich tierische Organismen gegen eine Infektion mit Fremdkörpern wehren. Immunantworten lassen sich 2 grundlegenden Kategorien zuordnen:

a die **humorale Abwehr** (die durch Antikörper vermittelt wird);

b die **zellständige Abwehr**.

Beide Abwehrmechanismen werden durch Zellen des lymphatischen Systems vermittelt. Immunochemische Arbeitsweisen benutzen die Antikörper, die im Verlauf einer humoralen Immunisierung entwickelt werden.

Dringt ein **Antigen**, also ein Fremdorganismus oder eine artfremde Verbindung in geeignetem Kontext in das Gewebe eines Versuchstieres ein, so werden Lymphozyten zur Teilung und Differenzierung angeregt. Nach den Mechanismen der humoralen Abwehr führt dies schließlich zur Reifung von Plasmazellen. Plasmazellen wiederum sezernieren spezifische **Antikörper**-Moleküle, die sich zwar nicht kovalent, aber mit sehr kleinen Dissoziationskonstanten mit dem ursprünglichen Antigen verbinden und schließlich seine Ausfällung, Neutralisierung oder seinen Tod verursachen; dazu können Phagozytose oder Zellyse durch Komplement führen. Dies hängt davon ab, ob das Antigen ein Makromolekül, ein Toxin oder ein Mikroorganismus ist. Antikörper sind alle Mitglieder einer Familie, die als **Immunoglobuline** (Ig) bezeichnet werden, und die wiederum 5 Klassen – IgG, IgM, IgA, IgD und IgE – zugeordnet werden. Einige Eigenschaften sind in Tab. 9.**1** aufgeführt.

Die meisten immunochemischen Verfahren benutzen IgG-Globulin, das 80 % der Serum-Immunoglobuline ausmacht. Alle bis jetzt bekannten Immunoglobuline setzen sich aus vier Polypeptid-Ketten zusammen, wobei jeweils zwei identische leichte und schwere Ketten gepaart sind. Die in Tab. 4.1 aufgeführten Immunoglobulin-Klassen werden nach dem Typ ihrer schweren Kette zugeordnet: γ, μ, α, δ oder ϵ. Von den leichten Ketten gibt es nur 2 Typen, nämlich $\varkappa$ und λ, diese vervollständigen alle Klassen der Immunoglobuline. Das proteolytische Enzym Papain spaltet eine typischen IgG-Antikörper in 3 Fragmente mit ähnlichen M_r: 2 identische Fab (antibody binding fragments) und ein Fc (crystalizable fragment). Das Fc-Fragment bindet und aktiviert das Komplementsystem. Diese Daten sind in Abb. 4.1 zusammengefaßt, in der auch deutlich wird, daß Papain das IgG-Molekül in der sog. Scharnier-Region (hinge region) spaltet. Diese „hinge region" scheint dem Molekül eine begrenzte Flexibilität in den Winkeln zwischen den Fab- und den Fc-Fragmenten im intakten IgG-Molekül zu vermitteln. Zu berücksichtigen ist dabei auch, daß die verschiedenen IgG-

Tabelle 4.1 Physikalisch-chemische und biologische Eigenschaften der Immunoglobulin-Klassen

Immunoglobulin-Klassen	IgG	IgM	IgA	IgD	IgE
alte Bezeichnungen	γG, 7SG	β_2M, 19SG	γA, β_2A	γD	γE
Klasse der schweren Kette	γ	μ	α	δ	ϵ
schwere Kette (M_r)	50 000	70 000	55 000	65 000	65 000
Zusammensetzung des Gesamtmoleküls	$\gamma_2 K_2$ $\gamma_2 \lambda_2$	$(\mu_2 K_2)_5$ $(\mu_2 \lambda_2)_5$	$\alpha_2 \lambda_2, \alpha_2 K_2$ $(\alpha_2 \lambda_2)_2 T,$ $(\alpha_2 K_2)_2 J$	$\delta_2 K_2$ $\delta_2 \lambda_2$	$\epsilon_2 K_2$ $\epsilon_2 \lambda_2$
Aggregate	Monomer	Pentamer	Monomer Dimer	Monomer	Monomer
Svedberg-Einheiten	7S	19S	7–13S	7S	8S
M_r	150 000	900 000	160 000– 380 000	180 000	180 000
Wertigkeit	2	5–10	2,4	2	2
Wanderung in der Elektrophorese	mittel	schnell	langsam	schnell	schnell
Gehalt an Zuckern (%)	3	12	7,5–10	12	12
Angreifbar durch Mercaptoethanol	–	+	–	–	–
Denaturierung bei 56 °C, 4 h	+	+	+	?	–
Komplementbindung	+	++	–	–	–
Mittelwert im Serum (mg cm^{-3})	8–16	0,6–2	1–4	0,001	0,0003
Halbwertszeit (Tage)	23	5	6	3	2

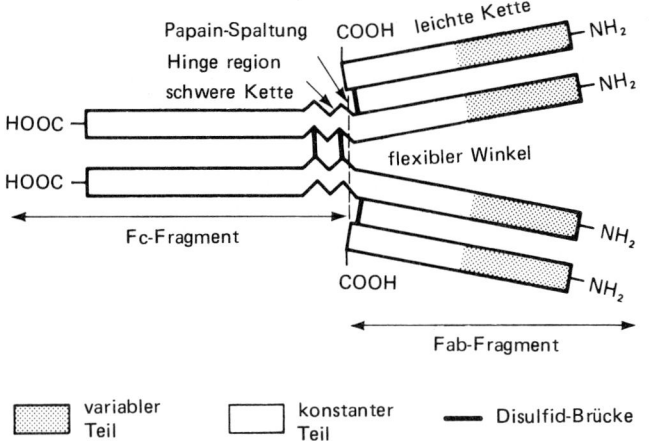

Abb. 4.**1**   Schematische Darstellung der Struktur eines IgG-Moleküls

Unterklassen im Bereich dieser Region zwischen 2 und 4 Disulfid-Brücken zwischen den Ketten enthalten und sowohl die schweren wie die leichten Ketten aller Immunoglobuline eine wechselnde Zahl von internen Disulfid-Brücken tragen, die auch zur Stabilisierung der kompakten globulären Struktur dienen können.

In den einzelnen IgG-Molekülen sind viele der 100–110 Aminosäuren N-terminalen Enden sowohl der leichten wie der schweren Ketten häufig ausgetauscht. Sie werden als die *variable Region* bezeichnet. Die übrigen Sequenzen der leichten und schweren Ketten sind innerhalb einer IgG-Unterklasse weitgehend konstant *(konstante Region)*. Einige wenige Aminosäuren in der N-terminalen variablen Region, die besonders stark variiert werden *(hypervariable Region)* bilden die spezifische Topographie der Antigen-Bindungsstelle des betreffenden Immunoglobulins, dort wird also die individuelle Spezifität jedes Antikörpers festgelegt. IgG ist ein monomeres Molekül, das 2 jeweils identische leichte und schwere Ketten enthält, es hat daher die Antigen-Wertigkeit 2, d.h., der Antikörper hat 2 identische Antigen-Bindungsstellen. Die variablen Regionen jeweils einer leichten und schweren Kette bilden zusammen eine globuläre Domäne *(variable Domäne)*. Die konstante Region einer leichten Kette bildet mit der zugehörigen konstanten Region der schweren Kette eine globuläre *konstante Domäne,* die weiteren konstanten Regionen der schweren Ketten bilden noch einmal 2 konstante Domänen. So enthält also jedes Fc- und Fab-Fragment 2 globuläre Domänen, ein einzelnes IgG-Molekül enthält 2 variable Domänen und 4 konstante Domänen. Die

Domänen sind auch in der Raumstruktur deutlich abgegrenzt, dazwischen besteht geringe Flexibilität.

Die hohe Spezifität der Immunreaktion ist allgemein bekannt, jeder von uns ist gegen Krankheiten, die durch einzelne Stämme von Mikroorganismen verursacht werden, immun, kann jedoch durch andere Stämme wieder infiziert werden. Die Immunreaktion spielt auch bei Transplantationen, etwa der Niere, eine deutliche Rolle, da die Spenderniere aus einem anderen Menschen häufig abgestoßen wird, auch wenn die antigenen Eigenschaften des Empfängers denen des Spenders nahezu gleich zu sein scheinen, etwa bei einem sehr nahen Verwandten. Den analytischen Biochemiker interessieren allerdings mehr die Anwendungen immuologischer Techniken *in vitro* als die komplizierten *In-vivo*-Wechselwirkungen der Immunologie. Man sollte auch beachten, daß eine ausführliche Ausbildung als Immunologe notwendig ist, um die immunochemischen Arbeitsweisen anwenden und verstehen zu können.

Der größte Vorteil dieser Immunochemie liegt in der hohen Spezifität, mit der eine biologische Wechselwirkung auf molekularer Ebene auch in Anwesenheit sehr hoher Spiegel als Verunreinigungen erreicht werden kann. So können *monospezifische Antiseren* sogar auf der submolekularen Ebene zwischen Makromolekülen unterscheiden, die die (+)- und (-)-Konfiguration einer einzelnen Aminosäure enthalten. Da sowohl die meisten Antigene, wie auch die meisten Antikörper, multivalent sind, bildet sich leicht ein Präzipitat. Die Möglichkeit, Antigene oder Antikörper mit Radioisotopen zu markieren, erlaubt es dem Biochemiker, die Spezifität der biologischen Reaktion mit der Empfindlichkeit von Zählmethoden zu kombinieren. Die immunologischen Arbeitsweisen erweitern deshalb die Möglichkeiten, spezifische molekulare Strukturen nachzuweisen und zu quantifizieren, auch wenn sie nur in Spurenmengen mit nahe verwandten Substanzen vergesellschaftet sind, wie z.B. in Seren, Kulturfiltraten aus Mikroorganismen, Gewebsextrakten oder in Fraktionen einer Gradientenzentrifugation oder einer Säulenchromatographie.

Definitionen

Die Immunologie besitzt ein recht eigenständiges Vokabular. Deshalb soll hier zunächst eine Reihe von Definitionen wichtiger Fachausdrücke dieses Kapitels aufgeführt werden.

Adjuvans. Ein Hilfsmittel, das die Biosynthese von Antikörpern gegen eingebrachte Antigene unterstützt.

Äquivalenz. Das Verhältnis zwischen Antigen und Antikörper-Molekülen, das zu einer vollständigen Präzipitation beider Stoffe ohne meßbare Aktivität im Überstand führt.

Affinität. Die abgegrenzte Bindungskraft einer einzelnen Determinante gegenüber einer einzelnen Antigen-Bindungsstelle.

Antikörper. Ein Eiweißkörper mit den molekularen Eigenschaften eines Immunoglobulins, das sich mit einem Antigen, das seine Bildung in einem Versuchstier hervorgerufen hat, spezifisch verbinden kann.

Wertigkeit eines Antikörpers. Anzahl der Antigen-Bindungsstellen in einem Antikörper-Molekül.

Antigen. Eine Fremdsubstanz, die nach Injektion in die Gewebe eines geeigneten Versuchstieres eine Immunantwort (z.B. die Produktion eines spezifischen Antikörpers) hervorruft, und die sich mit niedriger Dissoziationskonstante mit den produzierten Antikörpermolekülen verbindet. Antigene besitzen meist hohe M_r und gehören zur Klasse der Proteine oder Polysaccharide.

Antigen-Bindungsstelle. Die Bindungsstelle eines Antikörpers, die spezifisch mit der zugehörigen Antigen-Determinante reagiert. Sie besteht meist aus einer begrenzten Anzahl von Aminosäure-Seitenketten, die einen Spalt an der Bindungsstelle des Antikörpers auskleiden, die aber nicht miteinander kovalent verbunden sind.

Wertigkeit des Antigens. Die Zahl der Bindungsstellen auf dem Antigen, die durch Antikörper erkannt werden.

Determinanten eines Antigens. Eine kleine Region auf dem Antigen, an die sich ein spezifischer Antikörper mit seiner Bindungsstelle anheftet. Ihre Größenordnung liegt bei 0,3 nm² (30 Å²), d.h. 1–6 Monosacchariden oder Aminosäuren auf der Oberfläche des Antigens, die nicht kovalent miteinander verbunden sein müssen.

Antigen-Eigenschaften. Die Fähigkeit eines Antigens, eine Immunantwort in einem bestimmten Versuchstier hervorzurufen.

Antiserum. Ein Serum, das Antikörper gegen ein spezifisches Antigen oder ein Antigen-Gemisch enthält, also etwa ein Antiovalbumin-Serum, oder ein Antischaferythrozyten-Serum.

Autoimmunität. Bildet sich ein Antikörper gegen ein Makromolekül des eigenen Organismus (Autoantikörper), etwa gegen DNS oder gegen Schilddrüsenhormon, so sprechen wir von Autoimmunität. Diese Antikörper kommen in gesunden Individuen nicht vor und zeigen meist eine pathologische Situation an.

Avidität. Die Bindungsfähigkeit eines Antikörper-Moleküls gegenüber seinem Antigen.

B-Lymphozyt. Zelle, die nach dem Kontakt mit einem bestimmten Epitop zur Teilung und Differenzierung angeregt wird. Der resultierende Klon von Plasmazellen synthetisiert ein Immunoglobulin, das mit diesem Epitop spezifisch reagiert.

Klon. Familie von Zellen genetisch identischer Zusammensetzung, die aus einer Einzelzelle durch mehrfache ungeschlechtliche Teilung hervorgegangen sind.

Komplement. Gruppe von neun Serumproteinen, die eine durch Antikörper vermittelte Zellyse durchführen können.

Epitop. S. Determinanten eines Antigens.

Hapten. Eine Substanz, die mit einem spezifischen Antikörper reagieren kann, jedoch selbst kein Antigen ist, d.h. eine Immunantwort nur über eine kovalente Verbindung mit einem antigenen Träger, wie Serumalbumin, hervorrufen kann. Haptene sind meist Verbindungen mit einer M_r unter 1000, wie einfache Zucker, Aminosäuren, kleine Oligopeptide, Phospholipide, Triglyceride, Medikamente.

HAT-Medium. Zellzucht-Milieu, das Hypoxanthin, Aminopterin und Thymin enthält, geeignet für die Herauszüchtung von Zellinien, denen das Enzym HPGRT fehlt.

HPGRT. Hypoxanthin-guanin-phosphoribosyl-transferase. Enzym der Biosynthese von Nucleinsäuren.

Hybridom. Zellinien, die aus der Verschmelzung von B-Lymphozyten mit Myelomzellen entstanden sind. Aus diesen Hybridomen kann man monoklonale Antikörper gewinnen.

Immunoglobulin. Teil der größten Proteinfamilie in Tieren (s. Antikörper).

Lymphozyt. Zelle, die nach Einwirkung einer spezifischen antigenen Determinante eine Immunantwort hervorrufen kann.

Makrophage. Allgemeiner Name für viele morphologisch variable, langlebige phagozytische Zellen. Sie können sessil (im Gewebe angesiedelt) oder motil (im strömenden Blut) sein und haben eine wichtige Funktion bei der Immunantwort. Sie bauen Antigene ab und präsentieren Epitope für B- und T-Lymphozyten.

Monoklonale Antikörper. Immunoglobulin, das aus einem spezifischen Klon produziert wird und deshalb homogen ist.

Myelom oder Plasmozytom. Neoplasma aus einem B-Lymphozyten oder einer Plasmazelle.

Plasmazelle. Ausdifferenzierte Zelle nach der Stimulierung eines B-Lymphozyten durch sein spezifisches Epitop.

Neoplasma. Krebs.

Polyklonales Antiserum. Antiserum, das eine Reihe von Antikörpern gegen ein Antigen enthält. Da das Antigen verschiedene Epitope aufweist, stammen die Antikörper aus verschiedenen Plasmazellenklonen (alle Antiseren sind zunächst polyklonal).

T-Lymphozyt. Eine in der Thymus ausgereifte Zelle, die nach Kontakt mit einem Epitop regulierend in die Immunantwort gegenüber Antigenen eingreift, die dieses Epitop besitzen.

Wertigkeit. S. Antigen- und Antikörper-Wertigkeit.

Präzipitation

Bei den meisten immunochemischen Techniken wird das Prinzip ausgenutzt, daß ein spezifisches Antigen mit seinem spezifischen Antikörper zu einem Antigen-Antikörper-Komplex reagiert, wie dies in Abb. 4.**4 a**, S. 159 dargestellt ist. Da sowohl die Antigene, wie auch die Antikörper mehrwertig sind, ergibt sich daraus ein meist schwerlöslicher Antigen-Antikörper-Komplex, der eine leicht sichtbare Trübung verursacht.

Präparative Anwendungen der Antigen-Antikörper-Reaktion

Die meisten immunochemischen Verfahren werden für analytische Zwecke benutzt. Ein spezifisches Antiserum läßt sich jedoch auch präparativ einsetzen, um dann das zugehörige Antigen aus einer heterogenen Lösung zu isolieren. Dazu wird der Antikörper zugemischt und das Antigen-Antikörper-Präzipitat abzentrifugiert. Ist der Protein-Antikörper-Komplex nicht völlig unlöslich, so kann man zusätzlich einen zweiten Antikörper einsetzen, der den ersten Antikörper präzipitiert. Das Protein A aus Staphylokokken dient zur Quervernetzung von IgG-Molekülen, sein Zusatz dient dem gleichen Zweck. Man kann andererseits auch ein *Immunoadsorbens* herstellen, wenn ein bestimmtes Protein isoliert und gereinigt werden soll. Dazu dient die Affinitätschromatographie (Abschn. 6.7, S. 286), auch eine direkte Adsorption. Vorteile solcher Immunoadsorbenzien sind die Reindarstellung des Antigens (aus Serum sind dann keine anderen Bestandteile mehr beigemischt), geringere Proteolyse durch Serumproteasen, schnellere Trennung des Antigens und Antikörpers im Endstadium der Reinigung. Vorteile der Präzipitation sind der geringere Verbrauch an Antiserum und, in den meisten Fällen, die höhere Ausbeute an Antigen.

Bei den Versuchen der Reinigung von Protein-Antigenen über Antiseren ist meist die Dissoziation des Antigen-Antikörper-Komplexes der schwierigste Teil. Dabei müssen die Bedingungen zur Dissoziation zu einer minimalen Denaturierung des zu reinigenden Proteins angepaßt sein. Meist muß der Komplex entweder einem recht niedrigen pH-Wert oder hohen Konzentrationen an Guanidin-Salzen oder Harnstoff ausgesetzt werden. Durch Vorversuche wählt man die günstigen Bedingungen aus. Üblicherweise versucht man den Komplex nach einem Reihenvorversuch mit noch tragbaren Konzentrationen zu dissoziieren, etwa: 10 % Dioxan (pH 7,2), 25 % Ethylenglykol (pH 6,5), 3 mol/l Kaliumthiocyanat (pH 6,4), 0,2 mol/l Glycin/HCl (pH 2,8), 1 mol/l Propionsäure (pH 2,4). Ein Vorteil der Affinitätssäulenchromatographie liegt darin, daß das abgelöste Antigen in einem anderen Puffer eingebracht wird, so daß die Verweildauer im denaturierenden pH-Bereich kleingehalten wird (z.B. 0,3 mol/l Borat-Puffer, pH 8,2).

4.2   Herstellung von Antikörpern

Erzeugung von Antiseren (polyklonale Antikörper)

Die meisten in der Immunochemie benutzten Antikörper werden durch eine Injektion einer Lösung oder Suspension des Antigens in Kaninchen erzeugt. Nach der notwendigen Zeit werden 5–50 cm³ Blut vom immunisierten Tier abgenommen, meist setzt man dazu eine kleine Inzision an der randständigen Obervene. Zunächst läßt man das Blut bei 37 °C eine Stunde lang gerinnen. Der Blutkuchen vorsichtig vom Rand des Gefäßes abgelöst, damit er sich weiter besser zusammenziehen kann. Bei Stehen über Nacht bei 4 °C werden 2–25 cm³ Serum abgepreßt. Durch Zentrifugation trennt man es vom Blutkuchen und Einzelzellen ab. Proteasen und Komplement werden durch eine Inkubation bei 56 °C während 45 min inaktiviert, das Serum wird meist in kleinen Anteilen getrennt bei −20 °C eingefroren. Vor der Immunosierung nimmt man meist aus dem gleichen Versuchstier eine Kontrolle des Serums ab. Für größere Mengen an Antiserum werden Schafe, Ziegen und Pferde verwendet.

Schon eine einzige Injektion eines starken Antigens, gelöst in geeigneten Puffern, in ein Kaninchen ruft die Erzeugung spezifischer Antikörper hervor, die man ungefähr nach 10 Tagen im Serum nachweisen kann. Nach 15–20 Tagen wird die maximale Menge an Titer verbraucht und nimmt dann über mehrere Wochen ab. Man spricht dann von der **primären humoralen Immunantwort**, die ganz vorwiegend IgM-Antikörper aufweist. Eine zweite oder wiederholte Injektion des gleichen Antigens, irgendwann nach dieser primären Periode, bewirkt eine **Sekundärantwort**. Sie erfolgt schneller, so daß bereits nach 3 Tagen erhöhte Antikörper-Werte gefunden werden, die schon 10 Tage nach der zweiten Injektion ein Maximum ergeben. Auch dann findet man einen Spiegel der IgM-Antikörper, der demjenigen der primären Reaktion vergleichbar ist, zusätzlich treten aber 3- bis 10fache Mengen an IgG-Antikörpern auf. Weitere Injektionen des gleichen Antigens – in etwa 14tägigen Intervallen – induzieren schließlich ein hyperimmunisiertes Kaninchen, dessen Serum sehr stark erhöhte Spiegel spezifischer IgG-Antikörper enthält (1–5 mg spezifischer IgG cm^{-3}).

Bei schwachen Antigenen stehen 2 Wege zur Erzeugung von Antiseren mit brauchbaren *Titern,* d.h. von Antiseren mit einem gut nachweisbaren Spiegel an spezifischen Antikörpern, zur Verfügung. Einmal kann man die Zeit, in der das Immunsystem mit dem Antigen belastet wird, verlängern, indem man entweder mehrfach injiziert oder Depots des Antigens im Versuchstier setzt, die das Antigen langsam über mehrere Wochen hin abgeben. Für diese Depots benutzt man intermuskuläre, subkutane oder intradermale Injektionen des am Partikel oder Präzipitat gebundenen Antigens. Zum anderen kann man die Antigeneigenschaften einer Verbindung durch Adjuvanzien verstärken. Ein einfaches Adjuvans ist das gelartige Kaliumaluminiumsulfat, mit dem man lösliche Protein-Antigene, etwa Tetanus- oder Diphtherietoxin vor der Impfung copräzipitiert. Daraus ergibt sich im Versuchstier eine langsame Freisetzung des Antigens, die einer langen Serie von Injektionen gleichkommt und auch die Phagozytose des Antigens durch Makrophagen, wie sie in der Immunantwort wichtig wird, unterstützt.

Am häufigsten wird das **Freundsche komplette Adjuvans** benutzt, das auf der Grundlage eines hochsiedenden Kohlenwasserstoffes, also eines Paraffins, einen Emulgator, z.B. Mannosemonoölsäureester, und außerdem hitzeinaktivierte **Tuberkulosebakterien** enthält. Die Lösung des Antigens muß mit dem Adjuvans – z.B. durch wechselseitiges Durchpressen aus 2 Spritzen durch einen engen Kapillarschlauch – feinemulgiert werden. Man drittelt dann etwa 1 cm^3 dieser gleichteiligen Emulsion und spritzt die Aliquots an 3 verschiedenen Stellen in das Kaninchen ein. Ein Drittel könnte subkutan, die anderen beiden in die Muskulatur der Hinterbeine gegeben werden, um dem Kaninchen den Schmerz einer einzelnen großen Injektion zu ersparen und auch um die Zahl der Lymphknoten zu erhöhen, mit denen das Antigen in seiner Emulsion über das lymphatische System in Berührung kommt. Das Antigen, das als Emulsion in die Blutbahn gelangt, kann auch Lymphozyten in der Milz und im Knochenmark aktivieren. In jedem Injektionsdepot bleibt eine gewisse Menge des Antigens in Emulsion zurück, wobei die inaktivierten Tuberkeln die entzündliche Invasion dieser Stelle durch das zelluläre Abwehrsystem begünstigen. Dadurch entsteht ein *Granulom,* das wiederum die Immunantwort gegen das Antigen insgesamt unterstützt. Bei der Erzeugung von Antiseren für immunochemische Untersuchungen werden die letzten Injektionen vor der Entblutung meist aus der Antigenlösung in der Emulsion mit dem *Freundschen unvollständigen Adjuvans* zusammengestellt, in der die inaktivierten Tuberkelbazillen fehlen, so daß vor allem die humorale Immunantwort stimuliert wird.

Partikuläre Antigene, wie Erythrozyten oder abgetötete Bakterien als Suspension in isotonischen Salzlösungen, rufen nach intravenöser Applikation in ein geeignetes Versuchstier meist schnell Antikörper hervor. Niedermolekulare Haptene, wie Medikamente und nichtpeptidische Hormone, müssen vor der Immunisierung an stärker antigene Strukturen, wie Proteine, Polysaccharide oder Schafserythrozyten, angekoppelt werden. Die Methodik ist dabei die gleiche wie bei der Zubereitung von Affinitätschromatographieträgern (Abschn. 6.7, S. 286). Der Zusatz eines Überschusses an makromolekularem Träger oder Erythrozyten zum Antiserum bewirkt dann die Präzipitation des Träger-Antikörper-Komplexes. Nach Abzentrifugieren enthält der Überstand ein nun monospezifisches Antiserum gegen das Hapten.

Man muß sich dabei unbedingt vergegenwärtigen, daß auch ein kleines Hapten des M_r von nur 200 in einem Säuger bis zu 6 verschiedene Immunoglobuline hervorrufen kann. Diese unterscheiden sich dann in ihrer Aminosäure-Zusammensetzung und binden an verschiedene Teile der Oberfläche des Haptens. Es ist dann nicht mehr überraschend, daß große Antigene, wie mittlere Serumproteine, eine ganze Vielzahl von verschiedenartigen Immunoglobulinen induzieren können. Sie reagieren dann alle mit unter Umständen nur geringfügigen Epitopen auf der Oberfläche des Antigens. Dies führt wiederum zu wenig affinen Kreuzreaktionen zwischen einem Antiserum und Antigenen, die nur kleine Gemeinsamkeiten der Oberflächenstruktur aufweisen. Die Induktion erfolgt aufgrund der Wechselwirkung zwischen den Epitopen auf der Oberfläche des Antigens und verschiedenen Klonen von B-Lymphozyten, die jeweils auf ihrer Oberfläche einen spezifischen Rezeptor für ihr Epitop tragen. Daher rührt auch die Bezeichnung *polyklonales Antiserum*. Die relativen Mengen der einzelnen Immunoglobuline in einem derartigen polyklonalen Serum hängt von der Art der Immunisierung mit dem Antigen, außerdem von der Spezies und dem Stamm der Versuchstiere und von Adjuvans und der Häufigkeit der Injektion ab. Die Standardisierung der sogenannten antigenspezifischen polyklonalen Antiseren ist deshalb natürlich sehr schwierig zu bewerkstelligen; die meisten Tiere enthalten sehr verschiedenartige Klone von B-Lymphozyten, die auch wieder mit verschiedenen Epitopen auf dem Antigen zu mehr oder weniger erfolgreicher Induktion von IgG reagieren. In der Praxis kann man heute eine homogene Population eines einzigen Immunoglobulin-Moleküls aus einem polyklonalen Antiserum (d.h. einen *monoklonalen Antikörper*) nicht herausreinigen, obwohl das über lange Zeit durch die Immunochemiker versucht worden ist. Erst die modernen zellbiologischen Verfahren, etwa die

Fusion von B-Lymphozyten mit unsterblichen Krebszellkulturen öffneten den Weg zur Herstellung von monoklonalen Antikörpern.

Herstellung von monoklonalen Antikörpern

In der IgG-Fraktion eines normalen gesunden Individuums finden sich 10^5–10^6 verschiedene IgG-Moleküle, in der Elektrophorese zeigt diese Fraktion deshalb auch eine sehr breite Bande von Beweglichkeiten. Bei Patienten mit einer Myelomatose sieht das Spektrum der IgG-Fraktion aus dem Serum allerdings viel einfacher aus, dort dominiert ein einzelner Vertreter der IgG-Moleküle. Bei diesem Krankheitsbild sind die meisten Lymphozyten krebsartig zu *Myelomzellen* degeneriert, so daß sie einen einzelnen Klon neoplastischer B-Lymphozyten darstellen. Im Gegensatz zu gesunden B-Lymphozyten teilen sich allerdings die Myelomzellen immer weiter und sezernieren ein einziges Immunoglobulin-Molekül auch in der Abwesenheit einer immunogenen Stimulation. Normale B-Lymphozyten überleben nur wenige Stunden *in vitro,* Myelomzellen sind aber, wie andere neoplastische Zellen in der Kultur, praktisch unsterblich.

Normale Säugerzellen synthetisieren DNS über 2 mögliche Wege: Eine *De-novo*-Synthese, in der Nucleinsäuren aus den Bausteinen der Purin- und Pyrimidin-Basen, der Desoxiribose und anorganischem Phosphat zusammengesetzt werden und zum anderen einen wieder aufbereitenden Weg, der aus anfallenden Nucleotiden wieder Nucleinsäuren bildet. Das Stoffwechselgift Aminopterin blockiert den *De-novo*-Weg vollständig. Zellen, die das Schlüsselenzym Hypoxanthin-guanin-phosphoribosyl-transferase (HGPRT) enthalten, können den wiederaufbereitenden Weg benutzen und auch in der Anwesenheit von Aminopterin überleben. Da allerdings die Basen-Zusammensetzung besondere Ansprüche stellt, müssen Hypoxanthin und Thymidin zu dem sogenannten HAT-Medium (*Hypoxanthin, Aminopterin, Thymidin*) zugesetzt werden. Das HAT-Medium läßt also alle Zellen, die HGPRT enthalten wachsen, die HGPRT⁻-Zellen sterben ab. Man hat nun Mäusemyelom selektioniert, die keine HGPRT enthalten (HGPRT⁻-Klone), sie können somit im HAT-Medium auch nicht überleben. Zusätzlich ließen sich auch noch HGPRT⁻-Myelom selektionieren, die wenig oder gar kein unerwünschtes Immunoglobulin abgeben.

Die heute meistbenutzte Methode, um monoklonale Antikörper herzustellen, zeigt die Abb. 4.**2 a**. Die Milz einer Maus, die mit einem bestimmten Antigen immunisiert worden ist, wird als Quelle für eine Suspension aktivierter B-Lymphozyten benutzt. Solche aktivierten B-Zellen und HGPRT⁻-Myelomzellen werden *in vitro* kultiviert und durch Beigabe von 30–50 % (*m/V*) Polyethylenglykol während einiger weniger min. verschmolzen, da das Polyethylenglykol toxisch wirkt. Das

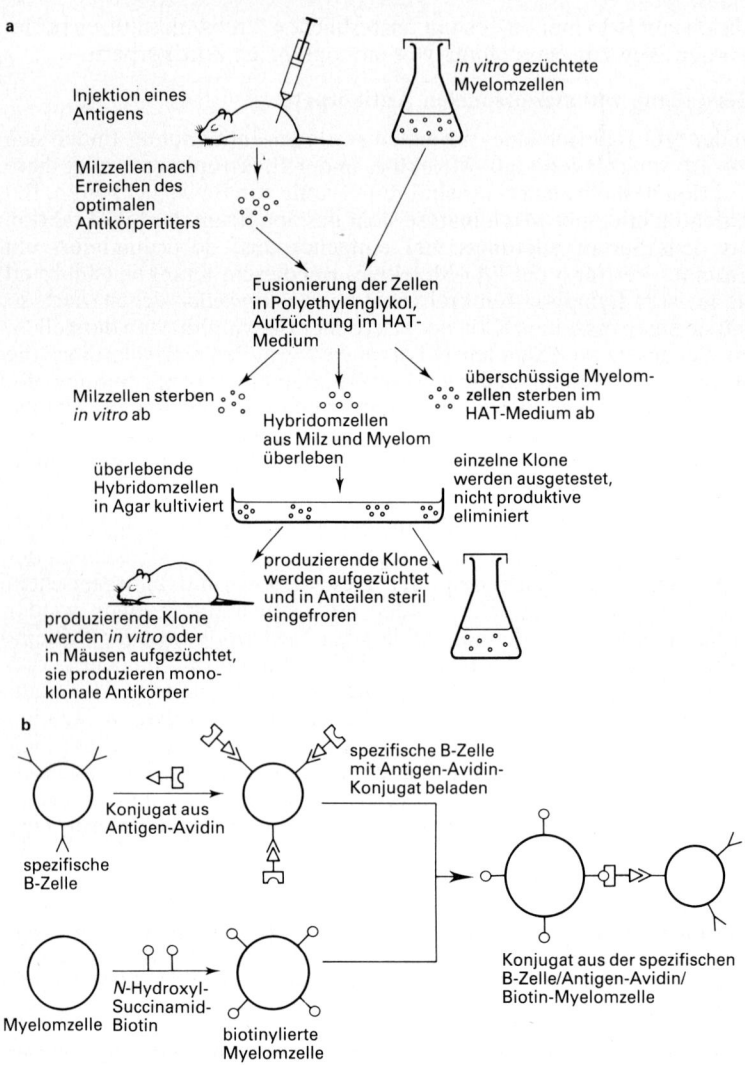

Abb. 4.**2**   Herstellung von monoklonalen Antikörpern: **a** Schema der meistbenutzten Methode, **b** Schema zur Herstellung eines großen Anteils spezifischer
Hybridomzellen durch antigenvermittelte Adhäsion der B-Zellen an Myelomzellen

Gemisch aus dieser Fusion wird in Kulturgefäße eingegeben, die mit HAT-Milieu beschickt sind. Die normalen Lymphozyten und auch fusionierte Lymphozyten sterben bald ab, da sie so *in vitro* nicht kultiviert werden können. Die Myelomzellen und fusionierten Myelomzellen werden durch Aminopterin in dem HAT-Medium vergiftet, da sie keine HGPRT enthalten. Nur die Hybridomzellen, also die Verschmelzungsprodukte aus B-Lymphozyten und HGPRT⁻-Myelomzellen, überleben, da die Myelomzellen ihre Fähigkeit, *in vitro* zu wachsen, übertragen und die B-Lymphozyten die HGPRT zum Überleben im HAT-Medium beisteuern. Nach 10–14 Tagen werden also die Hybridomzellen die einzigen Überlebenden sein. Allerdings produzieren die meisten von ihnen unerwünschte oder gar keine Immunoglobuline. Leider überwuchern oft die Hybridomzellen, die gar kein Immunoglobulin produzieren, die anderen, deshalb muß man während der folgenden 7–14 Tage die einzelnen Zellkulturen nach ihrer Immunoglobulin-Produktion überprüfen und den Ausschuß verwerfen. Die Klone, die schließlich brauchbares Immunoglobulin produzieren, sollten dann weiter subkultiviert werden. Einzelne Proben bewahrt man bei −196 °C (S. 34) auf, um zu vermeiden, daß eine Kontamination mit Mikroorganismen die Arbeit mehrerer Monate vernichtet. Einzelne Klone werden schließlich auf 2 Wegen isoliert. Entweder verdünnt man die Kulturen soweit, daß nach der Verteilung auf einzelne Löcher einer *Mikrotiterplatte* jedes Aliquot nur noch eine Hybridomzelle enthält. Um solche Klone dann noch wachsen zu lassen, muß man das Milieu meistens in regelmäßigen Zeitabständen mit Nährstoff liefernden Schichten normaler Zellen, wie Makrophagen, ergänzen. Wenn die Klone genügend aufgewachsen sind, testet man nach einer spezifischen Immunoglobulin-Produktion mit empfindlichen immunochemischen Techniken, wie Radioimmunoassay oder enzymgebundenen Immunoassays (Abschn. 4.5, S. 170 bzw. 4.6, S. 174). Zum anderen verdünnt man das Hybridmedium und gießt es in weichen nährstoffhaltigen Agar, so daß einzelne Klone während ihres Wachstums sichtbar werden, sie lassen sich dann mit einer Pasteur-Pipette absaugen. Diese Klone werden dann in anderen Mikrotiterplatten weitergezüchtet und ständig nach ihrer spezifischen Immunoglobulin-Produktion kontrolliert. Aliquote Anteile der erwünschten Klone werden weiter charakterisiert und schließlich bei −196 °C eingefroren. Meist kloniert man zumindest ein weiteres Mal, um auch sicherzustellen, daß das produzierte Immunoglobulin der erwünschte monoklonale Antikörper ist. Durch die Züchtung solcher Zellen in größerem Maßstab *in vitro* – allerdings ein teurer und arbeitsintensiver Weg – oder durch Anzüchten der Hybridomzellen als *Aszites*-(Suspensions-)Tumor in der Bauchhöhle von Mäusen können dann größere Mengen des monoklonalen Antikörpers produziert werden. Der Nachteil der letzteren Methode liegt in der Verunreinigung mit anderen Proteinen aus der Aszitesflüssigkeit, allerdings stört dies nur selten.

Der große Nachteil dieser üblichen Methodik zur Produktion von monoklonalen Antikörpern liegt darin, daß man eine heterogene Population von B-Lymphozyten mit Myelomzellen statistisch fusionieren muß. Anzucht und Austestung der Hybride, die eine große Vielzahl von Immunoglobulinen produzieren, benötigen viel Zeit. Andere Methoden (Abb. 4.2 b) suchen sicherzustellen, daß nur B-Lymphozyten, die auch das Immunoglobulin für das eingesetzte Antigen produzieren können, genügend dicht für eine chemische Ankupplung von Biotin an die Oberfläche der Myelomzellen und von Avidin an das eingesetzte Antigen provozieren (Avidin bindet sehr spezifisch und mit hoher Affinität an Biotin). Mischt man das Avidin-Antigen-Konjugat mit Lymphozyten aus der Milz einer Maus, die mit dem Antigen behandelt wurde, so bindet es spezifisch an solche B-Lymphozyten, die Rezeptoren für das Antigen besitzen. Bei der Durchmischung dieser Suspension mit einer der biotintragenden Myelomzellen schließen Avidin und Biotin ihre Bindung, so daß die Myelomzellen und die für das Antigen spezifischen B-Lymphozyten durch die Biotin-Avidin-Antigen-Brücke zusammengehalten werden. Danach schickt man einen intensiven elektrischen Feldstoß durch die Suspension (4 kVcm^{-3}, 5 s bei 30 °C), dadurch fusionieren alle Zellen, die dicht beieinander liegen, hier die Myelomzellen und B-Lymphozyten, die das erwünschte Immunoglobulin synthetisieren können. Die Hybridzellen können dann wiederum in HAT-Medium selektioniert und wie oben beschrieben kloniert werden.

Der große Vorteil der Arbeiten mit monoklonalen Antikörpern ist die Zuverlässigkeit der Immunreaktion. Da ihre Herstellung viel Zeit, Arbeit und Kosten verschlingt und so auch kommerziell erhältliche monoklonale Antikörper sehr teuer sind, verwendet man meist polyklonale Seren, wenn sich nicht ein ganz eindeutiger Vorteil des Einsatzes monoklonaler Antikörper ergibt. Manchmal ist auch die extreme Spezifität der monoklonalen Antikörper, die nur einzelne Epitope erkennen, von Nachteil, polyklonale Seren sind dann günstiger.

Trotz der hohen Kosten und der mühsamen Herstellung sind heute monoklonale Antikörper gegen eine sehr große Zahl von Antigenen verfügbar, dazu gehören Serumproteine, Enzyme, Rezeptoren der Zelloberfläche, Hormone, Medikamente, tumorspezifische Antigene, Viren und Antigene aus der Differenzierungsphase. Gerade letztere sind bei der Klassifizierung von Zellen wertvoll. Die hohe Spezifität monoklonaler Antikörper stellt sicher, daß ein solches Produkt ein Zielmolekül erkennt. Monoklonale Antikörper führen daher zu der interessanten Möglichkeit, bisher unbekannte oder wenigstens schlecht charakterisierte Moleküle zu identifizieren und auch zu reinigen. Hierzu gehörte der T-Lymphozytenrezeptor für Antigene. Solche Anwendungen könnten für monoklonale Antikörper in der Zukunft in der Forschung besonders bedeutsam sein.

4.3   Präzipitation in Lösung

Grundlagen

Setzt man zu aliquoten Anteilen einer spezifischen Antikörper-Lösung (beispielsweise einem Kaninchenserum gegen Humanalbumin) steigende Mengen einer Antigen-Lösung (also hier Humanserumalbumin) zu, so bildet sich in einigen der Teströhrchen ein Präzipitat. Nach der Einstellung des Gleichgewichts trennt man das Antigen-Antikörper-Präzipitat von der Lösung durch Zentrifugation und Dekantierung ab und mißt seine Menge mit einer geeigneten Proteinbestimmung (S. 102).

Ein Überschuß des Antigens oder des Antikörpers in den einzelnen Überständen läßt sich feststellen, indem man weiterhin Antikörper- oder Antigen-Lösung zusetzt und weitere Niederschläge beobachtet. Das Ergebnis eines solchen Versuches stellt Abb. 4.3 dar.

Das Ergebnis eines Versuches, bei dem steigende Mengen des Antigens zu einer vorgegebenen Menge des Antikörpers zugegeben wurden, zeigt Abb. 4.3. Wie erwartet, nimmt zunächst die Menge des Antigen-Antikörper-Präzipitats mit steigenden Antigen-Mengen zu.

Man erreicht aber kein scharf abgegrenztes Plateau, das eine vollständige Ausfällung des Antikörpers anzeigen würde, außerdem löst sich das Präzipitat anscheinend bei höheren Konzentrationen des Antigens wieder auf. Dies erklärt sich aus der recht guten Löslichkeit von Antigen-Antikörper-Komplexen, in denen nur ein Antigen pro Antikörper-Molekül enthalten ist, sogar wenn Antikörper-Moleküle an jede antigene Determinante angeheftet sind. Deshalb läßt sich diese Kurve in 3 Abschnitte unterteilen:

– Bereich des Antikörper-Überschusses, bei dem der Zusatz weiterer Antigens die Menge des Präzipitats beträchtlich vermehrt,

– Äquivalenzbereich, in dem eine maximale Antigen-Antikörper-Präzipitation erfolgt und

– Bereich des Antigen-Überschusses, der das Präzipitat mehr und mehr wieder auflöst.

Zuverlässige Daten können also nur aus der Präzipitation im Äquivalenzbereich gewonnen werden.

Qualitative Bestimmung der Antigene

Setzt man zu einer bestimmten Menge eines monospezifischen Antiserums (das nur Antikörper gegen ein einzelnes Antigen enthält) eine Reihe vermuteter Antigene in verschiedenen Konzentrationen zu, so läßt sich die Anwesenheit oder das Fehlen eines bestimmten Antigens nachweisen. Man kann so, etwa während der Reinigung einer Serum- oder Zellextraktkomponente, ein bestimmtes Protein oder Kohlenhydrat in einem sehr komplizierten Gemisch nachweisen. Ein beträchtlicher Nachteil dieses Vorgehens liegt in der Möglichkeit, daß man fälschlicherweise negative Ergebnisse erhält, wenn das Verhältnis zwischen Antigen- und Antikörper-Menge im Experiment nicht in den Äquivalenzbereich fällt.

Quantitative Bestimmung der Antigene

Kann man den Äquivalenzbereich einhalten, so erlaubt die Präzipitatreaktion eine sehr genaue Bestimmung des Antigens. Das Gesamtvolumen des Tests überschreitet meist 100 mm³ nicht. Man läßt die Teströhrchen über Nacht bei 4 °C stehen. Der Antigen-Antikörper-Komplex wird mittels Zentrifugation gewaschen und durch eine empfindliche Protein- oder Stickstoff-Bestimmungsmethode quantitativ bestimmt (S. 102). Ist der Antikörper mit einem β-Strahler markiert, so läßt sich der Komplex auch durch Szintillationszählung ausmessen, ist er mit einem γ-Strahler, etwa ^{131}I markiert, auch durch γ-Zählung. In allen diesen Fällen benötigt man eine Eichkurve.

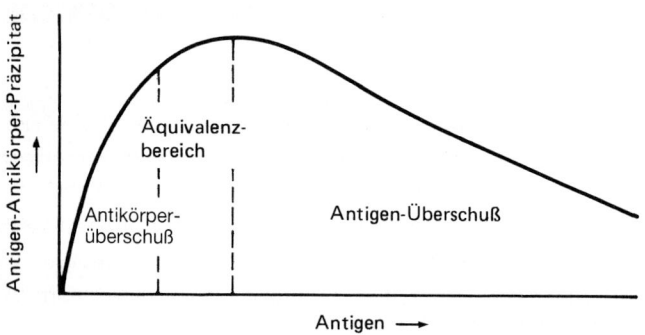

Abb. 4.**3** Typische Heidelberger Präzipitationskurve der Reaktion eines Proteinantigens mit seinem spezifischen Antiserum

Die klassische Präzipitatreaktion aus der Lösung der Immunkomponenten hat in der Geschichte der Immunologie eine große Rolle gespielt – heute wird sie durch einfachere Arbeitsweisen, wie radiale Immundiffusion (Abschn. 4.4, S. 161) verdrängt. Sie ist allerdings immer noch zum Nachweis eines mittels isolierter und synthetisierter mRNA *in vitro* hergestellten Proteins wichtig. Ein Beispiel liefert die Synthese von Hämoglobin mittels der mRNA aus Hühnererythrozyten in *E.-coli*-Ribosomen. Dabei läßt man das System eine radioaktive Aminosäure in das Protein einbauen. Zum Nachweis wird unmarkiertes homologes Protein als Träger in das System eingegeben, danach die äquivalente Menge des spezifischen Antikörpers – in diesem Falle also ein Kaninchenantiserum gegen Hühnerhämoglobin. Bei der Präzipitation wird dann praktisch das gesamte *in vitro* synthetisierte Protein mit erfaßt, so daß es nach der Zentrifugation und Abtrennung des Überstandes durch einfache Szintillationszählung ausgemessen werden kann.

Hapten-Inhibitionstests

Die hohe Spezifität der Antigen-Antikörper-Reaktion erlaubt sogar, die funktionellen Gruppen der antigenen Determinanten eines Makromoleküls wenigstens in ungefähr zu charakterisieren. Bei der Strukturaufklärung der Monosaccharid-Sequenzen in bakteriellen Heteropolysacchariden hat man z.B. monospezifische Antiseren gegen Di- und Trisaccharide auf das Polysaccharid angesetzt und aus den Präzipitationskurven der Polysaccharid-Antikörper-Komplexe mit den einzelnen Seren gegen die Oligosaccharide auf die Determinanten im Polysaccharid zurückgeschlossen. Allerdings benötigt man dazu die Antiseren gegen eine Reihe von Oligosacchariden. Sie sind schwer zu gewinnen, da solche Zucker nur Haptene und keine kompletten Antigene sind und vor der Immunisierung an ein Trägerprotein gekuppelt werden müssen. Ein *Hapten-Inhibitionstest*, wie er in Abb. 4.4 dargestellt ist, spart viel von dieser Arbeit ein.

Inkubiert man ein Antigen, das eine Determinante mehrfach enthält, mit Antiseren, die für diese Determinanten typische Antikörper enthalten, so bildet sich ein deutliches Präzipitat (Abb. 4.4 a). Inkubiert man das Antiserum mit einem Hapten, dessen Determinante mit der des kompletten Antigens überlappt, so kommt es zwar zu einer Immunreaktion, doch bildet sich kein Präzipitat. Die Reaktion läßt sich dann aber nachweisen, indem man das ursprüngliche Antigen dem Gemisch des Haptens mit dem Antiserum zusetzt, da nun kein freier Antikörper mehr zur Verfügung steht, der das Antigen präzipitieren könnte (Abb. 4.4 b). Das Ausbleiben der Fällung zeigt hier also eine Gemeinsamkeit zwischen der Struktur des bekannten Haptens und der unbekannten des Antigens auf. Inkubiert man das spezifische Antiserum mit einem zweiten Hapten, dessen Determinante mit denen des Antigens keine gemeinsamen Strukturen aufweisen, so tritt auch keine Immunreaktion ein. Nach Zufügen des Antigens bildet sich in diesem Fall ein Präzipitat, das nun das Fehlen solcher gemeinsamen Determinanten nachweist (Abb. 4.4 c). Man kann so mit einer bekannten Reihe kleinerer Moleküle und den dazugehörigen Antiseren die chemischen Charakteristika eines hochmolekularen Antigens abtasten.

Derartige Hemmtests erbrachten schon früh den Nachweis, daß die obere Grenze der Größe der meisten Polysaccharid- und Protein-Determinanten bei der Größe von 5–6 Monosacchariden oder Aminosäure-Seitenketten liegt. Man konnte damit z.B. nachweisen, daß der bestimmende Unterschied zwischen den Determinanten der Blutgruppen A und B durch die Zucker am Ende einer Oligosaccharid-Kette zustande kommt (N-Acetylgalactosamin bzw. Galactose). Auch heute noch werden so Antigene aus der Familie der Blut- und Gewebsantigene untersucht. Einen ganz entscheidenden Beitrag lieferte diese Methode zur Aufklärung der Struktur der oberflächlichen bakteriellen Heteropolysaccharide.

Diese Ergebnisse, zusammen mit den Charakterisierungen durch Antikörper, die nur auf eine einzelne Determinante eingestellt sind, haben zu einem viel besseren Verständnis der komplizierten Kreuzreaktionen zwischen verschiedenen Bakterienstämmen geführt, so daß heute Stämme von klinischer Bedeutung, wie Salmonellen, damit klassifiziert werden können. Antikörper gegen Determinanten, die bei 2 Bakterienstämmen gleich sind, können aus einem polyklonalen Antiserum gegen den einen Stamm durch Inkubation mit einem Überschuß der Bakterienzellen des anderen Stammes absorbiert werden. Man kann schließlich Antiseren gegen nur eine Determinante erhalten, indem man diese Absorptionen mit mehreren verwandten Stämmen wiederholt.

Ein beträchtlicher Nachteil der Fällungsreaktionen aus freier Lösung liegt in der Notwendigkeit, das Verhältnis von Antigen zu Antikörper im Äquivalenzbereich zu halten. Dadurch werden diese Methoden aufwendig und benötigen oft recht große Mengen sehr wertvoller Antiseren oder Antigene.

a

Antigen + Antikörper   Antigen-Antikörper-Präzipitat

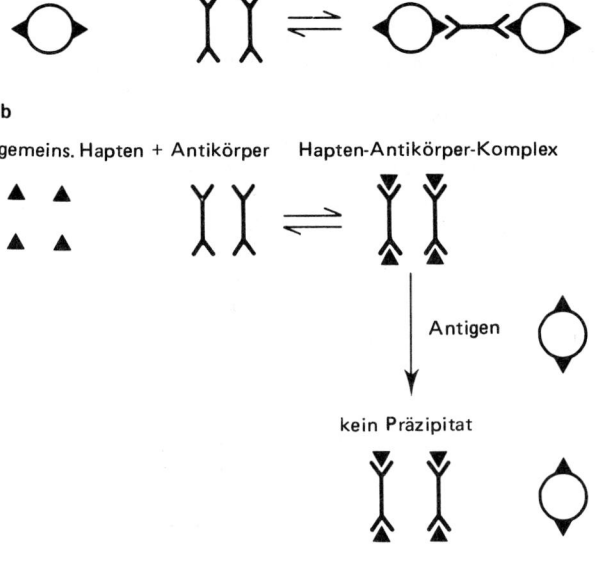

b

gemeins. Hapten + Antikörper   Hapten-Antikörper-Komplex

Antigen

kein Präzipitat

c

Hapten + Antikörper   Hapten   Antikörper

Antigen

Antigen-Antikörper-Präzipitat

Abb. 4.4   Prinzip des Hapten-Inhibitionstest

4.4 Präzipitation in Gelen: Immunodiffusion ID

Grundlagen

Läßt man lösliche Antigene aus homogener Lösung in ein Agar-Gel eindiffundieren, so fällt die Konzentration vom Maximum an der Lösungsgel-Grenzschicht bis zur äußersten Grenze des Diffusionsbereiches auf Null ab. Man erhält hier also einen lückenlosen Antigen-Konzentrationsgradienten. In seinem Verlauf müssen Antigen-Konzentrationen auftreten, die für fast alle vorgegebenen Antikörper-Konzentrationen im Äquivalenzbereich liegen. Schon seit 1905 hat man aus derartigen Geldiffusionen eine Reihe differenzierter Arbeitsweisen ausgebaut.

Unidirektionale (einfache) Immunodiffusion

Diese Methode nutzt meist die Diffusion eines Antigens aus der Lösung in ein Gel, das den Antikörper enthält.

Eindimensional (Oudin-Röhrchen). Hier handelt es sich um einen qualitativen Nachweis, bei dem ein oder mehrere Antigene in einer Lösung oder in einem Gel dem antikörperhaltigen Agar in einem Teströhrchen überschichtet werden (Abb. 4.5 a). Bei der Diffusion des

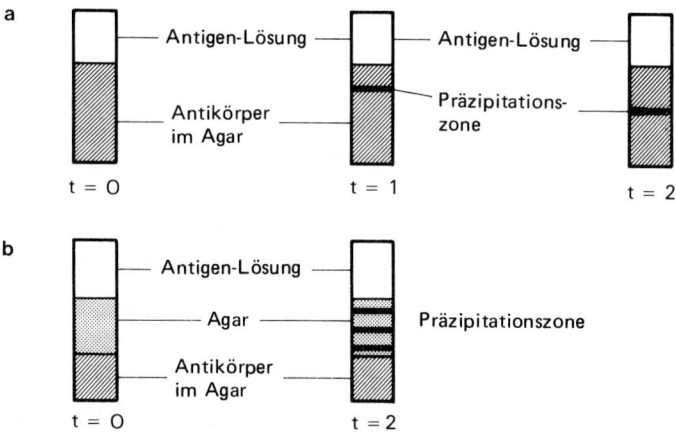

Abb. 4.5   Eindimensionale Immunodiffusion (t in Tagen): **a** Zeitlicher Verlauf in einem Oudin-Röhrchen bei nur einem Antigen und dem spezifischen Antikörper, **b** doppelte Diffusion mit einem Antigen-Gemisch und oligovalentem Antiserum

Antigens in den antikörperhaltigen Agar sind die Antigen-Antikörper-Komplexe, die sich zuerst ausbilden, noch im Überschuß des Antikörpers löslich. Bei einem einfachen System mit nur einem Antigen bildet sich eine enge Präzipitationszone im Äquivalenzbereich des Antigens und des Antikörpers. Da noch mehr Antigen in den Antikörper-Agar nachdiffundiert, löst sich dieses Präzipitat wieder im Überschuß des Antigens, so daß die Präzipitationszone langsam im Teströhrchen nach unten wandert.

In zusammengesetzten Systemen bildet sich für jedes vorhandene Antigen eine eigene Bande, wenn das Antiserum die zuständigen Antikörper enthält. Man kann so recht schnell Antigene in Seren, Kulturfiltraten, Gewebsextrakten oder Fraktionen aus Gradientenzentrifugationen nachweisen.

Zweidimensional: einfache Radialimmunodiffusion (single radial immunodiffusion, SRID). Bei dieser Arbeitsweise (nach **Mancini**) füllt man eine Verdünnungsreihe des Antigens in kleine Tröge in einem Agar-Gel ein, das das spezifische Antiserum enthält und auf einem Objektträger oder einer Kulturplatte ruht. Während das Antigen radial aus den Trögchen ausdiffundiert, bilden sich Präzipitationsringe, die

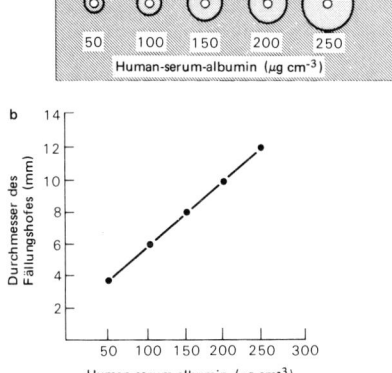

Abb. 4.**6**   Einfache radiale Immunodiffusion zur Bestimmung von menschlichem Serumalbumin. **a** Objektträger mit Agar, der Antihumanserumalbumin aus Kaninchen enthält; Tröge von 4 mm Durchmesser wurden mit gleichen Mengen der Lösungen der angegebenen Konzentrationen an Humanserumalbumin gefüllt; der Versuch lief bei 4 °C über Nacht ab, **b** Eichkurve zur Bestimmung des Antigens

nach außen weiterzuwandern scheinen, bis sie schließlich am Ende der Diffusion im Äquivalenzbereich stehen bleiben (Abb. 4.**6 a**). Der Durchmesser des Präzipitationshofes zu diesem Zeitpunkt ist eine Funktion der Antigen-Konzentration. Trägt man den Durchmesser oder die Fläche des Präzipitationshofes gegen die Antigen-Konzentration auf, so erhält man eine Eichkurve, mit der man die Antigen-Konzentration in unbekannten Lösungen ermitteln kann (Abb. 4.**6 b**).

Man benutzt diese Methode häufig zur Bestimmung der Plasma-Konzentrationen verschiedener Eiweißköprer, wie IgG und IgM, bei Patienten, bei denen der Verdacht einer Agammaglobulinämie oder eines multiplen Myeloms besteht.

Doppeldiffusion

Diese Methode benutzt die Diffusion sowohl des Antigens sowie auch des Antikörpers gegeneinander in einem Gel.

Eindimensional. Diese seltene Methode ähnelt dem Oudin-Röhrchen-test, doch liegt hier zwischen Antigen und Antikörper eine Agar-Zwischenschicht, so daß in ihr beide Reaktionsteilnehmer aufeinander zudiffundieren. Es bilden sich wiederum bei den Äquivalenzpunkten der einzelnen Antigen-Antikörper-Konzentrationen Präzipitationszonen (Abb. 4.**5 b**). Doch sind diese Röhrchentests heute durch zweidimensionale Plattendiffusionsmethoden praktisch verdrängt.

Zweidimensional: Ouchterlony-Test. Wahrscheinlich ist er heute noch der meistbenutzte immunochemische Test. Man kann damit z.B. nachweisen, ob ein Serum, ein Zellhomogenat oder chromatographische Fraktionen ein bestimmtes Antigen enthalten und ob 2 Antigene miteinander identisch, nicht identisch oder nahe verwandt sind. Ursprünglich wurden 5–10 mm durchmessende Tröge mit einem Korkbohrer aus einer 1–2 mm dicken Agarschicht in einer Petrischale ausgestanzt. Ein typisches Muster zum Vergleich verschiedener Antigen-Präparate zeigt Abb. 4.**7 a**. Die Platten wurden in einer feuchten Kammer aufbewahrt. Die Tröge wurden täglich mit den jeweiligen Lösungen aufgefüllt, und ihre Umgebung wurde ausgewertet. Heute schneidet man vorgegebene Muster aus solchen Agarschichten, häufig auf Objektträgern, mit V2A-Stahlstanzen aus (Abb. 4.**7 b**). So kann man einerseits viel kleinere Mengen der Antigene und Antiseren einsetzen und erhält andererseits die Ergebnisse schon in Stunden, anstatt nach Tagen. Die zweidimensionale Doppeldiffusion kann auch in sehr dünnen Schichten des Agars durchgeführt werden, indem man ein kleines Kunststoffscheibchen, in das die Löcher des üblichen Ouchter-lony-Tests schon vorgebohrt sind, mit nur einem einzelnen Agartropfen an einen Objektträger anklebt. Der Agar dient dann zur Fixierung und

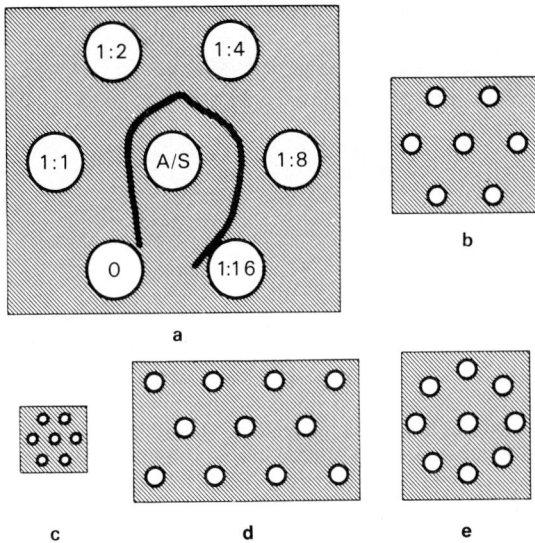

Abb. 4.**7** Zweidimensionale doppelte Immunodiffusion (im Originalmaßstab); **a, c** häufigstes Muster zum Vergleich von Antigen-Präparaten: **a** große Ausführung in Petrischalen, hier wird der Einfluß der Antigen-Konzentration auf die Lage der Präzipitationszonen zwischen den Trögen gezeigt (A/S = Antiserum; die einzelnen Verdünnungen des Antigens sind bei den ringförmig angeordneten äußeren Trögen angegeben), **b** häufiges Muster auf Objektträgern; **c** Muster für einen Agartropfen auf einem kleinen Kunststoffplättchen; **d, e** andere häufige Stanzmuster

als Diffusionsschicht. Die Ablesung wird noch früher möglich, und man kann auch verhältnismäßig verdünnte Antigen-Lösungen einsetzen, da der Abstand zwischen den Trögen sehr klein ist und das Verhältnis des Trogvolumens zum Agar-Volumen recht groß wird (Abb. 4.**7 c**).

Eine *Identitätsmarkierung* stellt sich zwischen Antikörper und verschiedenen Antigenen ein, wenn sie identische Antigene-Determinanten enthalten, man sieht dann (Abb. 4.**8 a**) glatt übergehende Präzipitationslinien. Nichtidentische Reaktionen stellen sich ein, wenn das Antiserum Antikörper gegen beide Antigene enthält, die beiden Antigene aber keine gemeinsame Determinante haben. Die beiden Präzipitationslinien bilden sich dann unabhängig mit verschiedenen Antikörper-Molekülen aus, deshalb kreuzen sie sich ohne Wechselwirkung (Abb. 4.**8 b**). Die *Reaktion teilweiser Identität* tritt dann ein, wenn 2 Antigene wenigstens eine gemeinsame Determinante besitzen, wenn

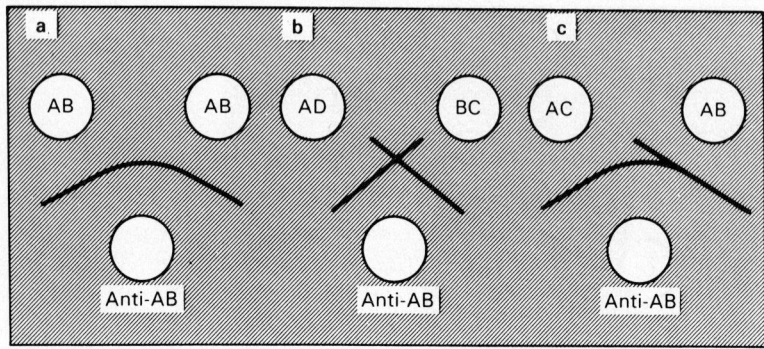

Abb. 4.**8** Präzipitationsmuster bei der zweidimensionalen Doppeldiffusion (Ouchterlony-Test); A, B, C, D bezeichnen Antigen-Determinanten, in allen Fällen wird Anti-AB-Serum eingesetzt: **a** identische Determinanten – die Präzipitationszonen sind verschmolzen, **b** nichtidentische Determinanten – die Zonen überkreuzen sich, **c** Determinanten sind teilweise identisch – die Präzipitationszonen zeigen Sporenbildung

aber die Antiseren andererseits Antikörper gegen eine Determinante in dem einen Antigen tragen, die in dem anderen Antigen fehlt (Abb. 4.**8 c**).

Quantitative Anwendungen. Die relative Position einer Präzipitationszone zwischen dem Antigen- und dem Antikörper-Trog liefert eine semiquantitative Aussage über die Antigen-Konzentration. Je höher

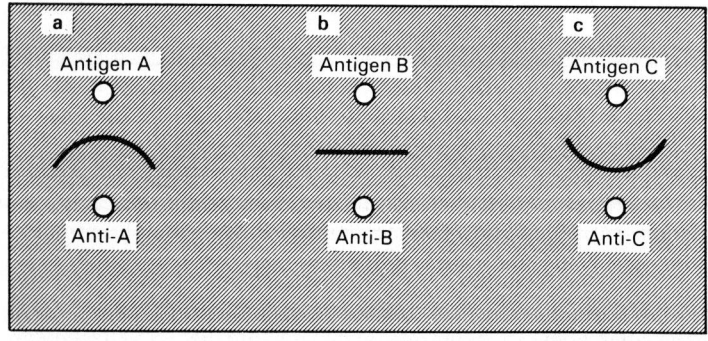

Abb. 4.**9**   Einfluß der M_r des Antigens auf die Form der Präzipitationszonen im Ouchterlony-Test: **a** M_r des Antigens A $\ll M_r$ eines IgG (z.B. Humanserumalbumin, 68 000, **b** M_r des Antigens B $\approx M_r$ des IgG (z.B. IgA), **c** M_r des Antigens C $\gg M_r$ eines IgG (z.B. Hämocyanine um $3 \cdot 10^6$)

konzentriert nämlich das Antigen vorliegt, desto näher am Antiserum-Trog bildet sich die Zone aus (Abb. 4.**7 a**). Die Form der Präzipita-tionszone sagt aber etwas über die M_r eines Antigens aus der Familie der globulären Proteine aus. Als hauptsächlich wirksamer Antikörper kommt meist ein IgG in Frage, das eine M_r um 150 000 besitzt. Globuläre Proteine, deren M_r deutlich darunter liegt, diffundieren im Agar-Gel schneller, so daß der Bogen der Präzipitationszone in der Form von Abb. 4.**9 a** liegt. Antigene, deren M_r deutlich höher als 150 000 liegen, diffundieren dagegen langsamer, so daß der Bogen in die entgegengesetzte Richtung weist (Abb. 4.**9 c**). Antigene mit M_r im IgG-Bereich verursachen in etwa gerade Präzipitationszonen (Abb. 4.**9 b**).

Immunoelektrophorese IE

Qualitative Immunoelektrophorese. Diese Arbeitsweise benutzt die elektrophoretische Trennung von Makromolekülen in einem Moleku-larsieb-Gel und schließt die hochspezifische immunochemische Präzi-pitationsreaktion an. Meist wird sie auf einem Objektträger in Agarose-Gel in Barbitursäure-Puffern durchgeführt. Mit einer Stanze schneidet man ein geeignetes Muster (Abb. 4.**10 a**) aus; in die Tröge werden dann 1–5 mm^3 der Antigen-Lösung mit einem Gehalt zwischen 1–100 µg eingefüllt. Das Geld wird mit dicken Filterpapierdochten an die puffergefüllten Elektrodengefäße angeschlossen; man legt während 1–2 h einen Gleichstrom von 8 mA pro Träger an und erhält so ein Spannungsgefälle von 4–8 V cm^{-1}. Die geladenen Makromoleküle sind dann zwar elektrophoretisch getrennt (Abb. 4.**10 b**), aber so nicht nachweisbar. Man füllt deshalb die länglichen Tröge sofort nach Abschalten des Stromes mit den geeigneten Antiseren und inkubiert die Träger über Nacht in einer feuchten Kammer bei Zimmertemperatur. Die Antigene diffundieren radial aus ihren Zonen, die Antikörper lateral aus ihren Trögen, wie dies Abb. 4.**10 c** zeigt. Man erhält dann Bogen der Präzipitationszonen (Abb. 4.**10 d**). Obwohl man hier meist Agarose einsetzt, deren interne Ladungen kleiner als die des Agars sind, verbleibt eine lebhafte Endosmose zur Kathode, die die Antigene mitnimmt (S. 310). So scheinen dann die IgG-Antikörper und die andern γ-Globuline kathodisch zu wandern, obwohl sie in ungeladenen Trägern in der Elektrophorese nur sehr kleine Strecken zurücklegen. Man kann mit dieser Methode die Reinheit bestimmter Antigene in Seren, Kulturfiltraten, Gewebs- oder Zellextrakten oder auch in Fraktionen verschiedener präparativer Methoden überprüfen oder sie überhaupt nachweisen.

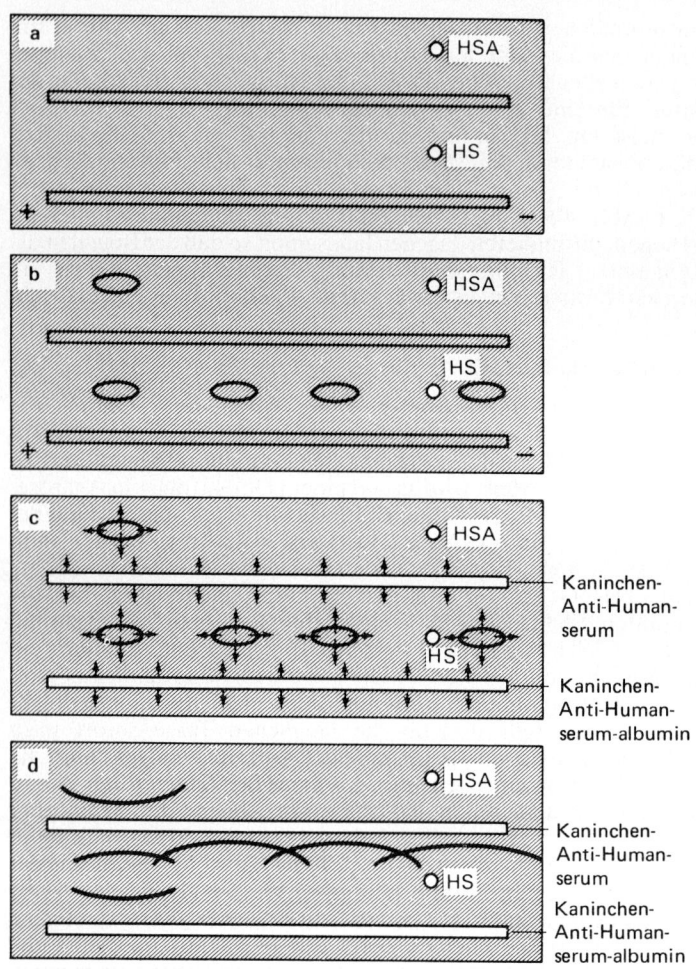

Abb. 4.**10** Mikroimmunoelektrophorese: **a** Stanzmuster im Agar; in die leeren runden Tröge werden die Antigene eingefüllt, und zwar Humanserumalbumin HSA und Humanserum HS, **b** nach der Elektrophorese sind die so nicht nachweisbaren Proteine getrennt; der Agar wird aus den länglichen Trögen entfernt, **c** nach Zugabe der Antiseren in die Tröge beginnt die Diffusion der Antigen- und Antikörper-Moleküle, **d** Präzipitationszonen, wie sie in diesem Versuch erwartet werden können

Kreuzelektrophorese. Aufgrund der starken Endosmose wandern bei pH 8,0 die meisten IgG zur Kathode, wie das auch Abb. 4.**10** zeigt. Die in Abb. 4.**11** dargestellte Kreuzelektrophorese benutzt diesen Effekt, indem sie im Gel die IgG-Antikörper (γ-Globuline) und die Antigene aufeinander zuwandern läßt. Die Präzipitationszonen bilden sich schon dabei aus, weshalb das Verfahren viel schneller (15–20 min) als der Ouchterlony-Test verläuft. Außerdem ist die Methode empfindlicher, da die Moleküle, anstatt radial nach allen Richtungen zu diffundieren, bevorzugt aufeinander zuwandern. In der Gerichtsmedizin hat sich diese Technik zum schnellen Nachweis der Herkunft von Körperflüssigkeiten, wie Blut, Samen oder Speichel, durchgesetzt. In der Agar-Schicht auf einem Objektträger lassen sich bis zu 12 Proben untersuchen, wodurch Zeit und kostspielige Reagenzien eingespart werden.

Quantitative Immunoelektrophorese. Die „Raketen"-Elektrophorese **nach Laurell** verhält sich zu der einfachen radialen Immunodiffusion wie die Kreuzelektrophorese zum Ouchterlony-Test. Wie bei der radialen Immunodiffusion wird hier die Antigen-Lösung in Tröge in einem Agar eingefüllt, der das spezifische Antiserum zum gesuchten Antigen enthält. Nach Anlegen einer Spannung wandern in den hier benutzten Puffersystemen die meisten Antigene zur Anode, während die IgG-Antikörper zur Kathode laufen. Wiederum bilden sich im Antigen-Überschuß zunächst lösliche Antigen-Antikörper-Komplexe. Ist alles Antigen in das Gel abgewandert, so verdünnt es sich allmählich zum Äquivalenzbereich und die Antigen-Antikörper-Komplexe bilden Präzipitationszonen aus (Abb. 4.**12**).

Die Fläche des Präzipitationsbereichs ist der Antigen-Konzentration direkt proportional. Nehmen schließlich die Präzipitations-„Raketen" nicht mehr weiter zu (1–10 h) so ergeben die Präzipitationsflächen gegen die Antigen-Konzentration aufgetragen, eine lineare Eichkurve. Sie wird mit bekannten Konzentrationen erstellt und erlaubt dann die Bestimmung von Antigen-Konzentrationen in unbekannten Lösungen.

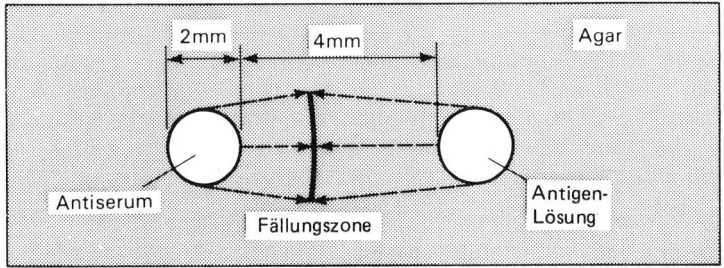

Abb. 4.**11** Prinzip der Kreuzelektrophorese

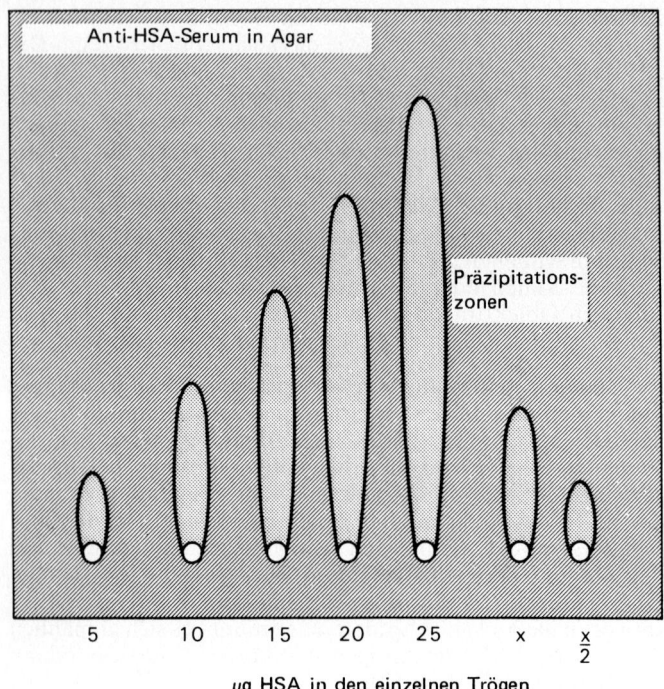

Abb. 4.**12** „Raketen"-Elektrophorese einer bekannten Verdünnungsreihe von menschlichem Serumalbumin HSA und zweier unbekannter Lösungen (x und x/2)

Im Gegensatz zur einfachen radialen Immunodiffusion kann man hier die Konzentration von IgG nicht bestimmen, da es in den Puffersystemen kathodisch wandert.

Zweidimensionale Immunoelektrophorese. Diese Methode kombiniert die Molekularsiebelektrophorese mit der schnellen und spezifischen Technik der „Raketen"-Elektrophorese. Zunächst werden die Antigene durch Agar-Elektrophorese eindimensional getrennt (Abb. 4.**10 b**). Ein Ausschnitt dieses Gels wird dann auf eine kleine quadratische Glasplatte streifenförmig am unteren Rande aufgelegt, den Rest der Fläche gießt man mit einer neuen Agar-Lösung aus, die ein spezifisches Antiserum enthält. Bei der nun in der zweiten Dimension folgenden „Raketen"-Elektrophorese bilden sich Präzipitationsbogen aus, wie sie Abb. 4.**13** zeigt. Durch Flächenvergleich mit Standardlösungen läßt sich

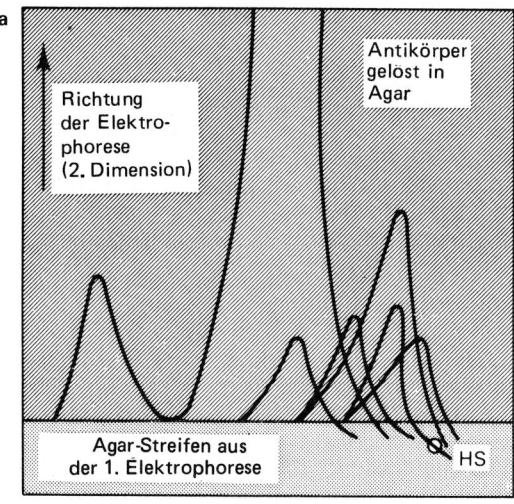

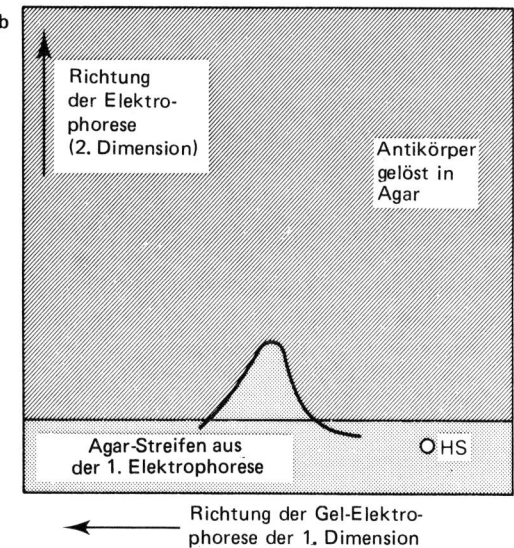

Abb. 4.**13** Zweidimensionale Immunoelektrophorese von Humanserum HS:
a bei der Elektrophorese in der zweiten Dimension wird ein Agar eingesetzt, der
Antihumanserumantikörper aus Kaninchen enthält, **b** hier enthält der Agar der
zweiten Dimension Antihuman-IgM-Serum aus Kaninchen

eine semiquantitative Bestimmung der einzelnen Antigen-Mengen erzielen.

Darstellung und Aufzeichnung der Präzipitationsbanden

Die Präzipitationszonen in den Gelen müssen sich immer in wassergesättigter Atmosphäre entwickeln können, die Tröge sollte man nicht trockenlaufen lassen. Meist lassen sie sich leicht ohne Hilfsmittel erkennen; das Gel wird dazu von der Seite her beleuchtet und gegen einen dunklen Hintergrund abgelesen (wie dies Abb. 4.**14** zeigt).

Will man sie anfärben, so werden die löslichen Proteine zunächst mit phosphatgepufferter Natriumchlorid-Lösung, die mehrfach erneuert wird, innerhalb von 12–24 h herausgewaschen. Die Präzipitationszonen lassen sich dann vor oder nach einer Trocknung mit den üblichen Methoden, etwa durch Coomassieblau anfärben. Die Gele werden danach über Nacht unter stark saugendem Filterpapier oder in einem kommerziell erhältlichen Trockenapparat getrocknet. Nach leichtem Anfeuchten kann man das Papier wieder abziehen und das getrocknete Gel zur Dokumentation aufheben. Auch Abzeichnen oder Fotografieren ist hier üblich. Mit Polaroidkameras lassen sich mehrere Aufzeichnungen während des Präzipitationsvorganges festhalten.

4.5   Radioimmunoassay RIA

Grundlagen

Der Radioimmunoassay stellt eine der wichtigsten Methoden in der klinischen und biochemischen Forschung für die quantitative Analyse von Hormonen, Steroiden und Medikamenten dar. Er verbindet die

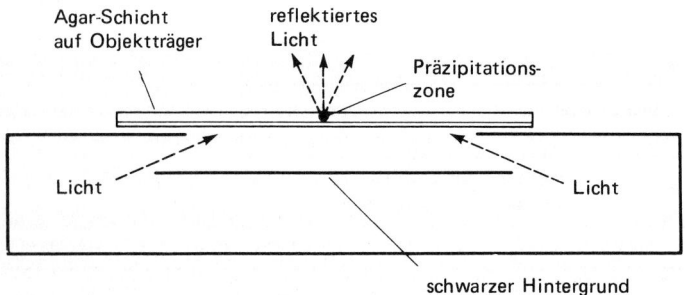

Abb. 4.**14**   Prinzip eines Schaukastens mit schwarzem Hintergrund zur Ablesung von Präzipitationstests

Spezifität der Immunreaktion mit der Empfindlichkeit der Verfahren über Radioisotopen. Anstelle der Bezeichnung RIA benutzt man auch *Sättigungsanalyse, Verdrängungsanalyse* und *kompetitiver Radioassay.*

Bei dieser Bestimmung konkurrieren unmarkiertes Antigen (unbekannte Menge) und radioaktiv markiertes Antigen (bekannte Menge) um eine begrenzte Zahl von Antikörper-Bindungsstellen in einer vorgegebenen Menge des Antiserums. Im Gleichgewichtszustand liegt das Antigen, da es im Überschuß ist, sowohl gebunden wie auch frei gelöst vor. Bleibt nun in einer Reaktionsserie die Menge des radioaktiv markierten Antigens gleich, so wird der an den Antikörper gebundene Anteil in dem Maße abnehmen, wie in den einzelnen Proben mehr und mehr nichtmarkiertes Antigen zugesetzt wird:

$$4Ag^* + 4Ab \qquad 4Ag^*Ab$$
$$4Ag + 4Ag^* + 4Ab \leftrightharpoons 2Ag^*Ab + 2AgAb + 2Ag^* + 2Ag$$
$$12Ag + 4Ag^* + 4Ab \leftrightharpoons Ag^*Ab + 3AgAb + 3Ag^* + 9Ag$$

Hier bedeuten Ab, Ag, Ag* und AgAb jeweils ein Äquivalent eines Antikörpers, eines nichtmarkierten Antigens, eines markierten Antigens und eines Antigen-Antikörper-Komplexes.

Setzt man nun zunächst in einer Versuchsserie bekannte Mengen des nichtmarkierten Antigens, die für den Versuch vorgesehenen Mengen des markierten Antigens und gleichbleibende Mengen des Antikörpers ein, so erhält man eine Eichkurve, mit der man schließlich die unbekannte Menge eines Antigens in den verschiedenen Proben bestimmen kann (Abb. 4.**15**).

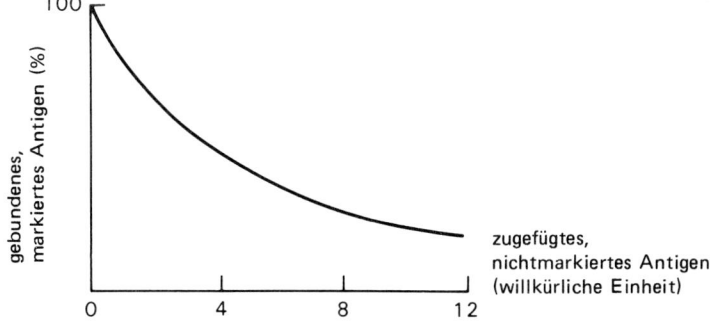

Abb. 4.**15**   Eichkurve eines Radioimmunoassays

Praktische Durchführung

Man benötigt für die Methode das gereinigte Antigen, das markierte Antigen und ein spezifisches Antiserum. Das gereinigte Antigen dient einmal für die Erstellung einer Eichkurve, für die radioaktive Markierung und zur Erzeugung des spezifischen Antiserums. Das markierte Antigen muß möglichst unter Erhalt der Immunoreaktivität des Moleküls hergestellt werden. Es sollte auch eine hohe *spezifische Aktivität* (S. 396) besitzen, um die Bestimmung genügend empfindlich zu gestalten. Meist wird die Phenol-Gruppe eines Tyrosins im Protein mit ^{125}I nach Oxidation mit Chloramin oder der weniger agressiven Lactoperoxidase markiert (Abb. 4.**16**).

Das markierte Protein wird sofort von überschüssigem Iodid befreit, denaturiertes Protein wird durch eine Gelfiltration abgetrennt. Niedermolekulare Haptene werden meist mit Tritium markiert. Für die Einrichtung eines brauchbaren RIA ist wohl die Verfügbarkeit des geeigneten Antiserums der wichtigste Faktor. Das Serum muß deshalb möglichst spezifisch und bindungskräftig erzeugt werden. Meist arbeitet man mit einer Serum-Verdünnung, die noch 30–60 % des markierten Antigens abbindet.

Die Fraktionen des freien und des antikörpergebundenen Antigens kann man abtrennen, so daß die Radioaktivität jeweils einer oder beider Fraktionen ausgemessen werden kann. So kann man den Anteil des gebundenen radioaktiv markierten Antigens abschätzen, damit auch unter Zuhilfenahme der Eichkurve die Menge des nicht gebundenen, nicht markierten Antigens. Abtrennungen des ungebundenen Antigens basieren auch auf der Ionenaustauschchromatographie und Adsorption an Aktivkohle oder Kieselgel. Die Methoden zur Abtrennung des

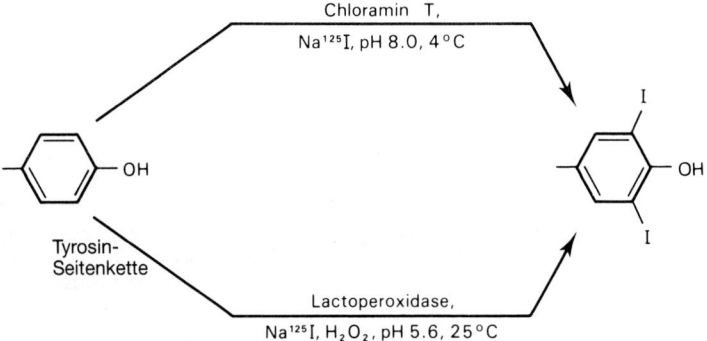

Abb. 4.**16**   Markierungen der Tyrosin-Reste in Proteinantigenen mit ^{125}I

Antigen-Antikörper-Komplexes benutzen die Methode des zweiten Antikörpers, bei der ein Antiserum, das mit dem ersten Antikörper zu einem schwerlöslichen Präzipitat reagieren kann, benutzt wird. Die unspezifische Präzipitation eines an den Antikörper gebundenen Antigens mittels geeigneter Konzentrationen von Salzen oder organischen Lösungsmitteln, etwa Anteilen einer gesättigten Ammoniumsulfat-Lösung, von Dioxan oder Ethanol, wird ebenfalls benutzt. Sind allerdings die Antikörper in diesem RIA an Sephadex-Perlen oder andere Träger gebunden, so wird es auch möglich, die ungebundenen Antigen-Moleküle abzuzentrifugieren, zu dekantieren und auch auszuwaschen. Für alle Bestimmungen des RIA müssen Kontrollversuche unter identischen Bedingungen mitlaufen, da die Bedingungen des Milieus fast nie gleichartig sind. Außerdem sollten die Meß- und Kontrollwerte immer doppelt angesetzt werden. Viele Radioimmunbestimmungen werden bei Zimmertemperatur ausgeführt. Übersteigt die Inkubationszeit allerdings 6 h, so muß man die Proben bei 4 °C aufbewahren, um die Proteolyse und das Anwachsen von Bakterien zu verhindern.

Die *Vorteile* der RIA-Methode sind:

1 die Möglichkeit, alle immunogenen Verbindungen zu bestimmen, wenn sie rein und radioaktiv markiert zur Verfügung stehen,

2 hohe Empfindlichkeit – manche Verbindungen lassen sich in der Konzentration von pg cm^{-3} bestimmen,

3 hohe Spezifität,

4 die Genauigkeit, die sich mit der anderer physikalischen-chemischen Methoden gut vergleicht und die der biologischen Bestimmungsmethoden manchmal übertrifft und

5 Möglichkeit der Automatisierung, die ein Minimum der manuellen Manipulation notwendig macht, so daß auch viele Proben mit kleinen Kosten verarbeitet werden können.

Die *Nachteile* der RIA-Methode sind:

1 die verhältnismäßig hohen Kosten der Ausstattung und der Reagenzien; γ-Szintillationszähler sind im Kauf und der Unterhaltung teuer, radioaktiv Iod trägt stark zu den Kosten bei,

2 die kurze Lebenszeit der Reagenzien – die Halbwertszeit ^{125}I und ^{131}I betragen 60 bzw. 8 Tage, so daß häufige Nachmarkierung der Antiseren notwendig wird,

3 auch die radiologischen Gefahren der Iod-Isotopen tragen vor allem während des kurzzeitig notwendigen Markierens der Proteine zur Gefahr bei; die beteiligten Personen sollten regelmäßig im Bereich

der Schilddrüse untersucht und dann freigestellt werden, wenn die Menge an Radioaktivität deutlich zunimmt und

4 alle Bestimmungen benötigen meistens mehrere Tage, nicht nur mehrere Stunden.

Immunoradiometrische Bestimmungen IRMA

Hier benutzt man einen radioaktiv markierten gereinigten Antikörper, so daß die Methode oft empfindlicher als die üblichen RIA ist. So läßt sich z.b. Thyreoidea-Stimulierungshormon TSH quantitativ bestimmen, indem man es zunächst durch einen an Sephadex gekuppelten Antikörper, der gegen die α-Untereinheit des Hormons gerichtet ist, abbinden läßt. Danach setzt man einen radioaktiv markierten Antikörper gegen die β-Untereinheit ein:

4.6   Enzymgebundener Immunoassay ELISA

Grundlagen

Die Enzymimmunoassay-Methoden, deren Abkürzung ELISA aus den Bezeichnungen **Enzyme-linked immunosorband assay** oder **Enzyme-linked immuno-stimulated assay** herrührt, vereinen die hohe Spezifität der Antikörper mit der Empfindlichkeit einfacher spektrophotometrisch ausgewerteter Enzymtests. Man benutzt Antikörper oder Antigene, die an einfach zu bestimmende Enzyme mit hoher Wechselzahl kovalent gebunden sind. Vielleicht wird ELISA eines Tages RIA verdrängen, obwohl die radioaktive Methode schon länger eingeführt ist, heute teilweise automatisiert werden kann und manchmal wesentlich empfindlicher reagiert. Vorzüge bei ELISA liegen aber in der billigen Verfahrensweise und in der Möglichkeit, die Strahlungsgefähr-

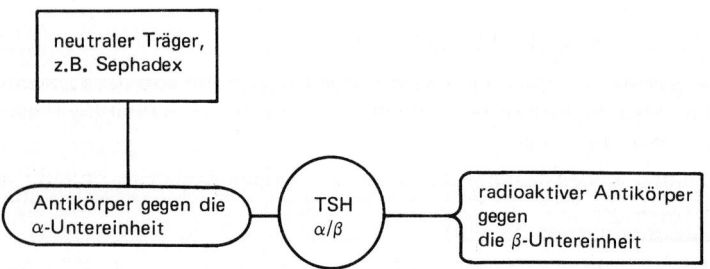

Abb. 4.**17** Immunoradiometrische Bestimmung des thyroidstimulierenden Hormons

dung und die Schwierigkeit der Abfallbeseitigung des RIA zu umgehen. Die Methode kann daher auch in kleineren Laboratorien, die keine Gammazähler zur Verfügung haben, d.h. in den Labors kleinerer Kliniken, vor allem in den Entwicklungsländern, eingesetzt werden. Einen Vergleich der beiden Methoden zeigt Tab. 4.**2**.

Einen Vergleich dieser Methoden mit FIA (Abschn. 4.7, S. 181) ist in Tab. 4.**2** dargestellt.

ELISA wird zur Bestimmung von Antigenen – oder Antikörper-Titern – kompetitiv oder Sandwich-Methode mit 2 Antikörpern durchgeführt. Dabei muß jeweils eine Eichkurve erstellt werden.

Abb. 4.**18** stellt die *kompetitive Methode* dar. Man läßt ein Gemisch des mit Enzym gekoppelten Antigens (S. 179) in bekannter Menge und des freien Antigens in unbekannter Menge mit einem spezifischen Antikörper reagieren, der an eine feste Phase adsorbiert ist. Nach einer Waschprozedur setzt man den Teströhrchen die Lösung des Enzymsubstrates zu und mißt die gebundene Enzymaktivität. Als Kontrollwerte dienen einmal Ansätze, denen kein freies Antigen zugesetzt wurde und Ansätze, bei denen kein Antikörper an die feste Phase adsorbiert war (Abschn. 3.4, S. 123).

Aus der Differenz läßt sich die unbekannte Konzentration des nicht mit Enzym gekoppelten Antigens ablesen. Ein Nachteil des Verfahrens liegt darin, daß die Antigene oft mit ganz verschiedenartigen Reagenzien an die Enzyme gekoppelt werden müssen, wenn deren Aktivität nicht beeinträchtigt werden soll, dies trifft für die Sandwich-Methode nicht zu.

Tabelle 4.**2** Vergleich der Effizienz des enzymstimulierten (ELISA), des Radio-immunoassay (RIA) und des Fluoreszenzimmunoassay (FIA)

		ELISA	RIA	FIA
1	Spezifität	+	+	+
2	Empfindlichkeit	+	+	+
3	Reproduzierbarkeit	+	+	+
4	Kosten	+	−	±
5	Lebensdauer der Reagenzien	+	−	+
6	Auswertung			
	a objektiv mit Geräten	+	+	+
	b automatisierbar	±	+	±
	c subjektiv	+	−	−
7	Sicherheit	+	−	+
8	Anwendbarkeit in			
	a großen klinischen Zentrallaboratorien	+	+	+
	b kleinen diagnostischen Laboratorien	+	−	±

Spezifische Antikörper,
an eine Festphase ad-
sorbiert

Zusatz von freiem Antigen
(▼) und dem Kupplungsprodukt
aus Antigen und einem Enzym
(⬇̲F̲), Inkubation, Waschen

Bindung des freien und
des derivatisierten Anti-
gens

Zusatz des Enzymsubstrates,
Inkubation

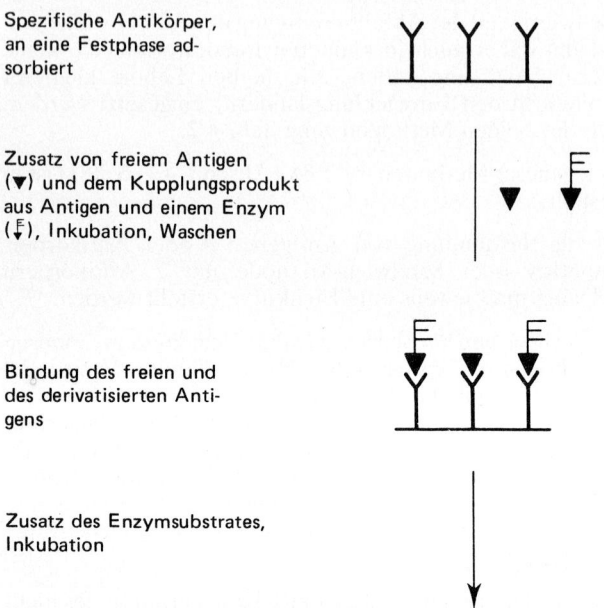

Die unter Standardbedingungen ausgemessene
Enzymaktivität ist der Menge des Antigen-
Enzymkupplungsproduktes im Gemisch pro-
portional

Abb. 4.**18**   Prinzip des kompetitiven Enzymimmunoassays

Die **Sandwich-Methode (double-antibody method)** des ELISA ist in Abb. 4.**19** schematisch dargestellt. Der spezifische, an eine feste Phase adsorbierte Antikörper wird mit der Antigen-Lösung unbekannten Gehaltes inkubiert; der Komplex wird gewaschen und mit einem zweiten, nun mit Enzym gekoppeltem spezifischem Antikörper inkubiert. Dessen Überschuß wird erneut ausgewaschen, die unter Standardbedingungen ausgemessene verbleibende, gebundene Menge der Enzymaktivität ist dann der Menge des gebundenen Antigens direkt proportional (s. IRMA, Abschn. 4.3, S. 155). Hier benötigt man nur eine Standardmethode für die Kupplung des Enzyms an alle Antikörper-Präparate.

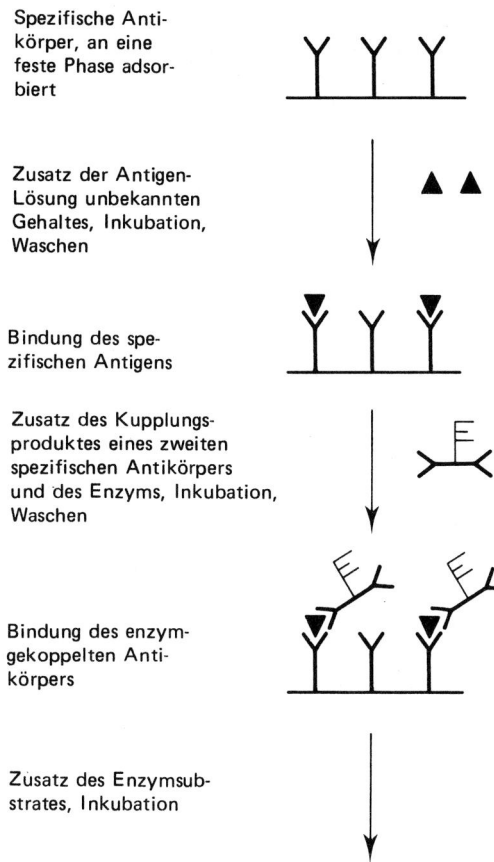

Spezifische Antikörper, an eine feste Phase adsorbiert

Zusatz der Antigen-Lösung unbekannten Gehaltes, Inkubation, Waschen

Bindung des spezifischen Antigens

Zusatz des Kupplungsproduktes eines zweiten spezifischen Antikörpers und des Enzyms, Inkubation, Waschen

Bindung des enzymgekoppelten Antikörpers

Zusatz des Enzymsubstrates, Inkubation

Die unter Standardbedingungen ausgemessene Enzymaktivität ist der Menge des spezifischen Antigens in der Lösung unbekannten Gehaltes proportional

Abb. 4.**19**   Sandwich-Methode des Enzymimmunoassay mit 2 Antikörpern

Wie die Abb. 4.**20** zeigt, kann man zur Ausmessung von Antikörper-Titern auch einen *indirekten* ELISA benutzen (s. a. indirekte Immunofluoreszenz Abb. 4.**21 b**).

Hier wird das spezifische Antigen an die fest Phase angeheftet. Man inkubiert es dann mit dem Serum, so daß die zugehörigen Antikörper-

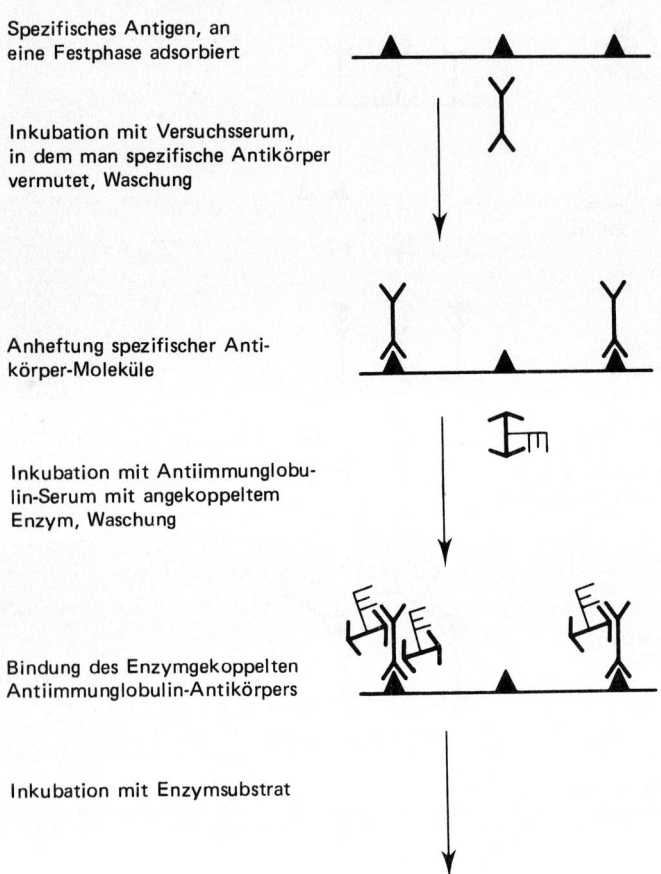

Spezifisches Antigen, an
eine Festphase adsorbiert

Inkubation mit Versuchsserum,
in dem man spezifische Antikörper
vermutet, Waschung

Anheftung spezifischer Antikörper-Moleküle

Inkubation mit Antiimmunglobu-
lin-Serum mit angekoppeltem
Enzym, Waschung

Bindung des Enzymgekoppelten
Antiimmunglobulin-Antikörpers

Inkubation mit Enzymsubstrat

Die unter Standardbedingungen gemessene Menge
der Enzymaktivität ist der Menge des spezifischen
Antikörpers im Versuchsserum direkt proportional

Abb. 4.20   Indirekter ELISA

Moleküle an das Antigen binden und alle anderen Komponenten
abgewaschen werden können. Nach einer zweiten Inkubation mit einem
Antiimmunglobulin-Antikörper, der jetzt mit Enzym gekoppelt ist,
erhält man einen aufgeladenen Immunkomplex mit den spezifischen
Antikörper-Molekülen, die aus dem unbekannten Serum aufgenom-

men wurden. Der Komplex wird gewaschen, nach Zusatz von Substrat ist die gemessene Menge der Enzymaktivität dem Gehalt an spezifischem Antikörper im Versuchsserum proportional.

Die Empfindlichkeit des ELISA läßt sich durch eine **Enzymverstärkung** deutlich erhöhen. Bei der einfachsten Form wird das primäre Enzymprodukt dazu benutzt, ein zweites Enzymsystem zu speisen, das dann eine größere Menge eines gefärbten Produktes erzeugen kann. Dabei sollte das Produkt der ersten Enzymreaktion gar nicht meßbar sein, aber katalytisch auf das zweite System einwirken. Enzyme, die bis jetzt noch nicht für den ELISA benutzt werden, könnten in der Zukunft für solche Systeme wichtig werden, etwa Aldolase oder Glucose-6-phosphatase. Eine Enzymverstärkung eines Tests mit 2 Antikörpern, bei dem die alkalische Phosphatase, das erste Enzym, das Substrat $NADP^+$ zu NAD^+ abbaut, läßt sich etwa mit der Alkohol-dehydrogenase als verstärkendem Enzym einstellen. Ein Tetrazol-Farbstoff dient dann als Redoxakzeptor. Wird in die Alkohol-dehydrogenase Substrat eingespeist, so erzeugt sie aus dem Tetrazol-Körper ein gefärbtes Formazan, das sich spektrophotometrisch bestimmen läßt. So kann etwa Iodnitrotetrazol-Violett zu einem roten Formazan reduziert werden; das gelbe Thiazolyl-Blau wird zu einem blauen Formazan reduziert. Bei geeigneten Reaktionsbedingungen werden 500 Moleküle des Formazans pro min durch einen solchen Redoxverstärker für jedes einzelne Molekül von NAD erzeugt. Eine solche Enzymverstärkung läßt sich entweder in einem Schritt erstellen, dann reagieren beide Enzyme und Substrate zu gleicher Zeit, es kommen aber auch Verstärkungen in 2 Schritten vor, bei denen das erste Enzym vor oder während der Zugabe des zweiten Enzyms und Substrats noch gehemmt bleibt.

Solche Enzymverstärkungsimmunotests sind bis jetzt schon für Hormone, Pathogene, Viren und Bakterien, auch Tumormarker entwickelt worden. Ein möglicher bedeutsamer Vorteil derartiger Verstärkungsmechanismen liegt gegenüber den Gegebenheiten für RIA (S. 170) und FIA (Abschn. 4.7, S. 181) darin, daß sie mit einem einfachen Spektrophotometer oder sogar durch Augenschein abgeschätzt werden können.

Praktische Durchführung

Die beim ELISA eingesetzten adsorbierenden festen Phasen umfassen Cellulose, quervernetzte Dextrane, Polyacrylamid, Polystyrol und Polypropylen. Man kann sie in Form von Perlen, Scheibchen oder Röhrchen benutzen, sehr häufig kommen kleine Mikrotitrationsplättchen zur Anwendung, vor allem für große Probenzahlen. Alle diese Festphasen können nur einmal im Versuch eingesetzt werden.

Das Antigen oder der Antikörper kann einfach durch Inkubation, passive Adsorption, aber auch durch kovalente Verknüpfung über Aktivierung mit Cyanogenbromid an die Festphase gebunden werden. Die Versuchsproben werden meist mit dem gleichen Puffer verdünnt, den man auch zur Waschung der beladenen festen Phase benutzt hat.

Häufig enthält er ein wasservermittelndes Detergens, wie Triton X-100.

Das Konjugat muß aus einem hochspezifischen, sehr reaktiven Antikörper und einem Enzym mit hoher Wechselzahl bestehen. Als besonders geeignet haben sich alkalische Phosphatase und Meerrettich-peroxidase erwiesen. Zur Herstellung des Konjugates muß man häufig Glutaraldehyd, aber auch viele andere Quervernetzungsreagenzien benutzen.

Die Periodat-Oxidation der oberflächlichen Kohlehydrat-Gruppen der Peroxidase aus Meerrettich erzeugt Aldehyd-Gruppen, mit denen man die Amino-Gruppen der Immunoglobuline zu Schiffschen Basen verbinden kann, die sich dann wiederum durch Reduktion mit Natriumborhydrid stabilisieren lassen.

Die Enzymsubstrate sind im Idealfall stabil, ungefährlich und billig. Ungefärbte Substrate, die durch das Enzym zu einem gefärbten Produkt umgesetzt werden, sind besonders beliebt. Die alkalische Phosphatase spaltet z.B. p-Nitrophenylphosphat zu dem in alkalischem Milieu stark gelb gefärbten p-Nitrophenol. Als Substrate der Peroxidase kommen Diaminobenzidin, 5-Aminosalicylsäure und o-Phenylendiamin in Frage. Kontrollbestimmungen unter Zusatz und in Abwesenheit des Enzym-Antikörper-Konjugats müssen bei jeder Versuchsserie mitlaufen, um genaue und reproduzierbare Ergebnisse zu sichern.

Anwendungen

Der ELISA kann im Prinzip zur Bestimmung jedes Antigens, Haptens oder Antikörpers ausgearbeitet werden, seine Anwendung hat er heute vor allem in der klinischen Biochemie gefunden. Man mißt damit beispielsweise hämatologische Faktoren sowie die Konzentrationen der Immunglobuline G und E, der onkofötalen Proteine, der Immunkomplexe und Hormone, wie Insulin, Östrogene und menschliches Choriongonadotropin. Bei Arbeiten über infektiöse Erkrankungen werden bakterielle Toxine, Candida albicans, Rotaviren, Herpesviren oder Hepatitis-B-Oberflächenantigen so nachgewiesen.

Auch zur Titerbestimmung von Antikörpern nach Infektionen ist er häufig, Beispiele sind:

– Antikörper gegen Viren, wie z.b. Adenovirus, Coxsackie-Virus, Zytomegalievirus, Epstein-Barr-Virus oder Rötelnvirus,

– Antikörper gegen Bakterien, wie z.b. **Brucellen, Rickettsien,** oder **Salmonellen,**

– Antikörper gegen Hefepilze, wie z.b. gegen **Aspergillus** oder **Candida,**

– **Antikörper gegen Parasiten, wie z.b. Amöben, Plasmodien, Schistosoma** oder **Trypanosomen** und

– Autoantikörper, z.b. gegen DNA oder Thyreoglobulin.

4.7 Fluoreszenzimmunoassay FIA

Immunofluoreszenz IF

Die Immunofluoreszenz erlaubt einen sehr empfindlichen Nachweis von Antigenen in gefrorenen oder fixierten Gewebsschnitten oder in lebensfähigen Zellen. Man setzt dabei einen spezifischen Antikörper ein, an den ein Fluoreszenzfarbstoff angekuppelt wurde und weist dann die Bindung an das spezifische Antigen in einer Gewebs- oder Zellpräparation im ultravioletten Licht nach. Fluorescein-Derivate senden dann grünes, Rhodamin-Derivate orangefarbenes Licht aus; die schwache natürliche Fluoreszenz einiger biochemischer Verbindungen liegt im blauen Teil des Spektrums. Von dieser Methode sind mehrere Variationen ausgearbeitet worden, die in Abb. 4.**21** schematisch dargestellt sind. Die differenzierteren Methoden mit mehreren Antikörpern sind dabei empfindlicher, da sie die Menge des gebundenen fluoreszierenden Antikörpers vermehrfachen. Die Proben müssen zwischen den einzelnen Inkubationen mit den Reagenzien sehr sorgfältig ausgewaschen werden, auch sollte man sowohl positive wie negative Kontrollversuche mitlaufen lassen. Die IF ist besonders zum Nachweis von Autoantikörpern geeignet, z.b. gegen Thyreoglobulin, DNA, Mitochondrien, Kerne und Nucleoli, Immunkomplexe oder Oberflächenrezeptoren, wie die Immunoglobulinrezeptoren an der Oberfläche von Lymphozyten.

Monoklonale Antikörper haben den Bereich und die Effektivität dieser Immunofluoreszenzmessungen sehr erweitert. Beispiele sind die Identifizierung von Helfer und Supressorpopulationen bei den T-Lymphozyten.

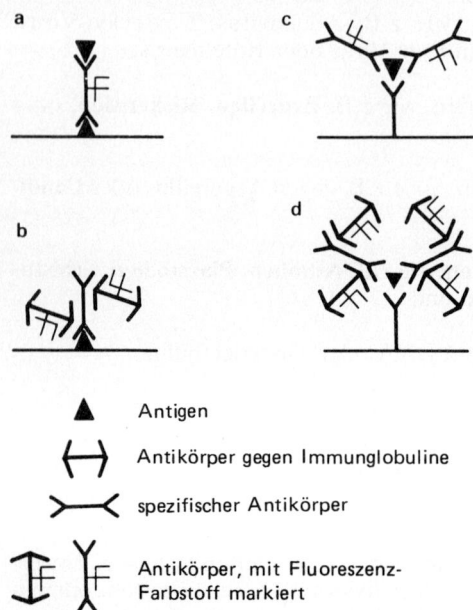

▲   Antigen

Ⱶ⟨   Antikörper gegen Immunglobuline

>─<   spezifischer Antikörper

Ⅎ ⱵF   Antikörper, mit Fluoreszenz-
         Farbstoff markiert

Abb. 4.21   Schematische Darstellung verschiedener Immunofluoreszenzbestimmungen: **a** direkter Immunofluoreszenztest oder Einfachschicht, **b** indirekte Immunofluoreszenzreaktion oder Doppelantikörpermethode, **c** einfache Sandwich-Methode zum Nachweis spezifischer Antikörper, **d** mehrschichtige Sandwich-Methode

Fluoreszenzimmunoassay mit homogenem markiertem Substrat SLFIA

Bei der SLFIA werden kompetitive Bindungsmessungen eingesetzt, um die Konzentration von niedermolekularen Verbindungen, wie von Medikamenten in den Körperflüssigkeiten, zu bestimmen. Diese Verbindung ist dabei kovalent an ein fluorogenes Enzymsubstrat gebunden (z.b. Galactosylumbelliferon), so daß das Substrat selbst nicht fluoresziert. Durch ein geeignetes Enzym (z.b. β-Galactosidase) wird dann ein fluoreszierendes Produkt freigesetzt. Wichtig ist, daß die Bindung des Antikörpers zu dem nicht fluoreszierenden Substrat auch die enzymatische Hydrolyse des Substrates verhindert. Das Enzym kann deshalb fluoreszierendes Produkt aus nicht gebundem Substrat, nicht aber aus dem an den Antikörper gebundenen Substrat freisetzen. Begrenzend sind die Mengen des Reagenz und des spezifischen

Antikörpers, das Enzym kann dann das fluoreszierende Spaltprodukt als Funktion der Konzentration der freien Verbindung freisetzen (vergl. a. Radioimmunoassay, Abschn. 4.5, S. 170). Im Gegensatz zum Radio-immunoassay ist es hier nicht notwendig, die freie und die an den Antikörper gebundene Form des Substrates zu trennen, da nur die frei gelöste Form enzymatisch hydrolysiert werden kann und fluoreszieren-des Produkt freisetzt. So kann man eine Eichkurve der Fluoreszenz (in % des Maximums) gegen die Konzentration der zu bestimmenden Verbindung auftragen, in dem bekannte Mengen der Verbindung mit geeigneten Mengen des an Antikörper gebundenen Substrats inkubiert werden, nach dem Zusatz des Enzyms mißt man die freigesetzte Fluoreszenz. Antiserum und Enzym können in Lösung gemischt werden, da meist die Affinität des Antikörpers für das Substrat viel größer ist als die Affinität des Enzyms für das Substrat.

Als Beispiel sei die Bestimmung des Antibiotikums Gentamicin genannt, wobei SLFIA eine lineare Beziehung zwischen dessen Kon-zentration und der freigesetzten Fluoreszenz im Bereich von 0–24 ng Gentamicin erkennen läßt, im linearen mittleren Bereich schwankt die Bestimmung um weniger als 3 %. So kann man etwa menschliche Seren noch 10^3fach verdünnen und die Konzentration des Medikaments immer noch bestimmen. Damit wird auch die Kontrollbestimmung der natürlichen Fluoreszenz der Seren überflüssig. Andere Verbindungen, die heute routinemäßig durch SLFIA bestimmt werden, sind Tobramy-cin, Kanamycin, Theophyllin, Phenobarbital, IgG und IgM.

Verzögerter Fluoreszenzimmunoassay durch Lanthanide DELFIA

Das Verfahren vereint die Empfindlichkeit, die Reproduzierbarkeit und die Genauigkeit der Radioimmunobestimmungen mit der Geschwindig-keit und breiten Anwendbarkeit der Enzymimmunobestimmungen. Man benötigt dazu einen Antikörper, der mit dem Chelat des lantha-niden Metalls Europium markiert ist. Das schwache Fluoreszenz des Europium-Chelat wird durch den Zusatz einer *aktivierenden Lösung* 10^6fach gesteigert. Sie setzt das Europium frei und bildet einen neuen Komplex in Mizellen, die das Metall vor den löschenden Effekten der Wassermoleküle schützen. Die Lanthanid-Chelate haben lange Fluo-reszenzabklingzeiten (10–1000 µs). So kann man *nach der Zeit aufge-löste Fluoreszenzimmunobestimmungen* (Abb. 4.**22 a**) anstellen, indem man die Lanthanid-Fluoreszenz ausmißt, nach dem Störungen durch gestreutes Licht und der natürlichen kurzlebigen Fluoreszenzen (1–20 ns) biologischer Proben abgeklungen sind. Meist mißt man die ausgestrahlte Fluoreszenz des Lanthanid-Chelats 400–500 µs nach der Bestrahlung bei der 340 nm während 1 µs mit einer Xenon-Lampe. Weitere Vorteile der Lanthanid-Chelate sind die sehr starke Stokes-Verschiebung (S. 357), etwa von 340 nm–613 nm (Abb. 4.**22 b**), eine sehr schmale Emissionsbande mit einer Halbintensitätsbreite von etwa 10 nm (Abb. 4.**22 b**), dadurch ein schmaler spektraler Bereich der Bestimmung und ein breiter spektraler Exzitationsbereich mit Halbintensitätsbreite mit etwa 50 nm (Abb. 4.**22 b**). Die Bestimmung wird dadurch sehr empfindlich, reproduzierbar und beeinflußt biologische Eigenschaften wenig, dadurch unterscheidet sie sich von Radioisotopen und Enzymen.

DELFIA wird meist nach der Anheftung an eine feste Phase in der Sandwich-Methode wie bei dem ELISA mit 2 Antikörpern durchgeführt (Abb. 4.**19**); doch verwendet man hier einen Überschuß des mit Europium markierten zweiten Antikörpers anstelle des mit Enzym markierten Antikörpers und anstelle des Enzymsubstrats die Lösung des *aktivierenden Chelatbildners*.

Unter Standardbedingungen ist die freigesetzte Fluoreszenz der Menge des spezifischen Antigens in der Ausgangslösung direkt proportional. Man kann bis zu etwa 10^{16} Mol Europium pro Probe herabmessen, dann ist die Genauigkeit des DELFIA immer noch $\pm\,5\%$, mit Sicherheit noch bis 10^{-12} Mol Europium. Kommerziell verfügbare Testpackungen benutzen Mikrotiterplatten und sind heute für DELFIA des Hepatitis-B-Antigens, für Digoxin, Thyroxin, Testosteron, Progesteron, Östradiol, Cortisol, menschliches follikelstimulierendes Hormon und menschliches luteinisierendes Hormon verfügbar. Die Ergebnisse sind meist nach 1–5 h verfügbar.

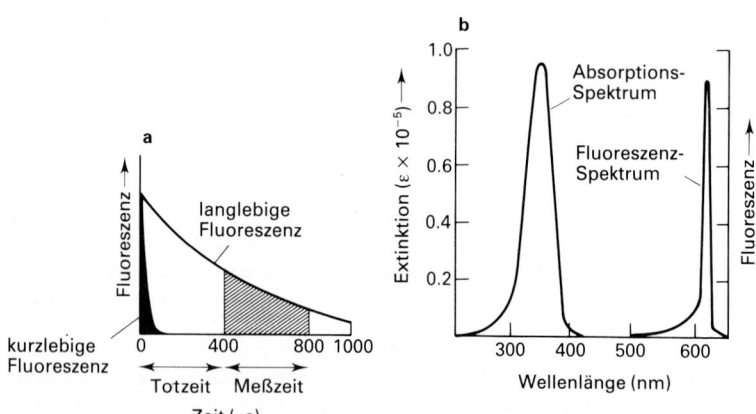

Abb. 4.**22**   Verzögerte Fluoreszenz durch Lanthanide: **a** zeitlicher Verlauf der Fluoreszenz bei 613 nm nach der Anregung durch einen Impuls von 1 μs bei 340 nm, **b** Absorptions- und Fluoreszenzspektren eines Europium-Chelats

Durchflußzytofluorimetrie und Zelltrennungen nach Fluoreszenzmarkierung FACS

Der Zytofluorograph oder Durchflußzytofluorimeter mißt die Fluoreszenz, die einzelne Zellen aus einem Gemisch (S. 31) aussenden. Die monoklonalen Antikörper haben die Empfindlichkeit der Durchflußzytofluorimetrie und des FACS sehr gesteigert. Da heute ein breites Spektrum monoklonaler Antikörper gegen Leukozytenoberflächenantigene verfügbar sind, dient die Methode heute der Charakterisierung verschiedener Zellinien der Leukozyten und ihrer Aufgabe bei der Immunantwort.

4.8   Partikelgebundene Immunoassays PACIA

PACIA benutzt die Tatsache, daß die Zahl der freigelösten mit Antigen beladenen Partikel während einer Agglutination abnimmt und außerdem die Winkel, nach denen eingestrahltes Licht gestreut wird, von der Größe der Partikel abhängt.

Man hat schon seit Jahrzehnten die Agglutination der Zellen zum Nachweis von Oberflächenantigenen benutzt. Die notwendigen relativen Konzentrationen der Antikörper gegenüber den Zelloberflächenantigenen bestimmt man durch den Einsatz jeweils verdoppelter Verdünnungen des Antiserums durch sorgfältig standardisierte Bedingungen unter denen man den Endpunkt der Zellagglutination ausmißt. Für weitere Antikörper ist die Methode durch Anheftung des zuständigen Antigens an Erythrozyten ausgebaut worden. Die relative Konzentration eines Antigens in einer Lösung wird durch Agglutinationshemmungstests bestimmt, hier setzt man jeweils verdoppelte Verdünnungen der Antigen-Lösungen ein. Allerdings sind die Erythrozyten labil und können nicht beliebig lange aufbewahrt werden. Auch sind diese Verfahren arbeitsintensiv und schlecht automatisierbar. Stabile Polystyrol-Perlen (meist 0,8 μm Durchmesser, als Latex bezeichnet) können mit Antikörper überzogen werden und dann dazu dienen, das entsprechende Antigen durch Agglutination (Latex-Bindungstest) zu bestimmen. Die Antikörper werden entweder physikalisch an einfaches Latex adsorbiert oder mit Carbodiimid an Latex gekoppelt, das chemisch carboxiliert wurde. Ähnliche Methoden dienen zur Bestimmung von Antikörpern und Immunkomplexen. Mittels eines nach der Größe sortierenden Zählers werden nur die nicht agglutinierten Teilchen gezählt, diejenigen mit Durchmessern unter 0,6 μm und über 1,2 μm werden nicht registriert. Auch ein nach dem elektrischen Widerstand arbeitendes Zählgerät (S. 32) kann zur Zählung der nicht agglutinierten Teilchen benutzt werden. Beide Zählmethoden geben empfindliche und exakte Auswertungen für die nicht agglutinierten

Teilchen und damit für das Ausmaß der Agglutinationsreaktion. Die Lösungen des Antigens und die Suspension der mit Antikörper überzogenen Latex-Perlen werden gemischt und dann so verdünnt, daß eine Zählung bei 3000–4000 Teilchen pro s zustande kommt.

Die Vorteile des PACIA bestehen in der einfachen Verfahrensweise der Anheftung von Proteinen an Latex, der relativen Haltbarkeit der Latex-Suspension, der Empfindlichkeit der Bestimmung ($0,1-1$ ng Antigen cm^{-3}) und der Automatisierbarkeit des Verfahrens. Begrenzungen der Methode liegen in der Anfälligkeit gegenüber einer unspezifischen Agglutination und Agglutinationshemmung, allerdings kann man diese Störungen durch den Einsatz durch Fab$_2$-Fragmenten des Antikörpers anstelle der gesamten Ig-Moleküle klein halten, auch durch ein Milieu hoher Ionenstärke und Kontrollseren. Sowohl Antikörper wie Haptene lassen sich durch Agglutinationshemmung mit PACIA mesen.

4.9   Komplementbindung

Diese sehr empfindliche semiquantitative Technik zum Nachweis sehr kleiner Antigen-Mengen (< 1 μg) ist heute zum Teil durch RIA und ELISA verdrängt worden, wird jedoch in der naturwissenschaftlichen und klinischen Mikrobiologie noch eingesetzt. Hier soll sie deshalb nur kurz besprochen werden.

Grundlagen

Erst nach der Reaktion mit ihrem zugehörigen Antigen binden fast alle Antikörper Faktoren des Komplementsystems. Nach dieser Anheftung werden z.B. in der Umgebung der spezifischen Antikörper, die ihr Antigen auf Schafserythrozyten gefunden haben, diese Zellen lysiert; durch die Freisetzung des Hämoglobins kann man die Reaktion leicht verfolgen. Der Nachweis des intakten Komplementsystems gelingt also, wenn man es mit Schafserythrozyten inkubiert, die mit Kaninchenantikörpern sensitiviert worden sind (d.h., die spezifische Antikörper aus Kaninchen gebunden haben, aber in Abwesenheit des Komplementsy-

Abb. 4.**23**   Schematische Darstellung der Komplementbindungsreaktion: ▶
a Lyse sensitiver Schafserythrozyten (S-RBC) durch das Komplement, **b** Bindung des Komplements durch Antigen-Antikörper-Komplexe und ihr Nachweis durch den Ausfall der lytischen Reaktion am sensitiven Schafserythrozyten, **c** Ausfall der Bindungsreaktion des Komplements durch Antikörper in Abwesenheit des spezifischen Antigens und Nachweis dieses negativen Testergebnisses durch die Lyse sensitiver Schafserythrozyten

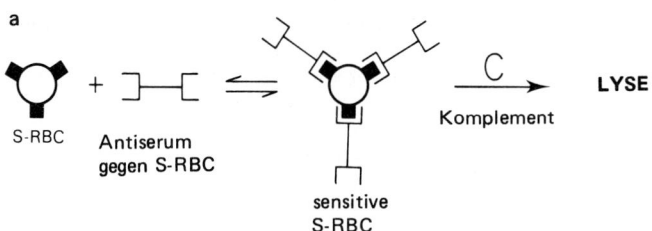

a

S-RBC   Antiserum
gegen S-RBC

sensitive
S-RBC

$\xrightarrow{\text{C}}$ **LYSE**
Komplement

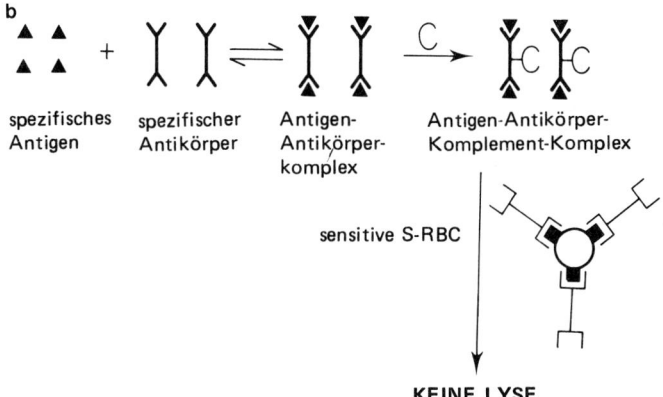

b

spezifisches   spezifischer   Antigen-   Antigen-Antikörper-
Antigen   Antikörper   Antikörper-   Komplement-Komplex
                                komplex

sensitive S-RBC

KEINE LYSE

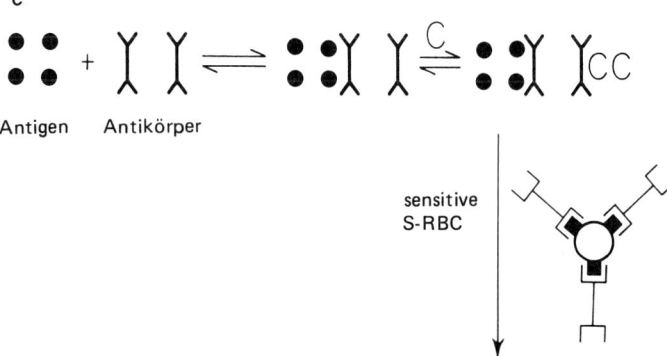

c

Antigen   Antikörper

sensitive
S-RBC

LYSE

stems nicht lysiert werden). Nun kann man die Anwesenheit irgendeines vermuteten Antigens nachweisen, indem man es, wie in Abb. 4.**23** gezeigt, zunächst mit seinem komplementbindenden Antikörper in Gegenwart einer begrenzten Menge des Komplementsystems (meist Meerschweinchenserum) inkubiert. Kommt es zur Reaktion, so wird das Komplement abgebunden, so daß nach Hinzufügen der sensitivierten Schafserythrozyten nun keine Lyse mehr zu beobachten sein wird. Die Versuchslösung enthielt dann also tatsächlich das vermutete Antigen. War es in der Probe nicht enthalten, so wird das Komplement nicht gebunden, und die sensitivierten Erytrozyten werden lysiert. Führt man den Test mit Verdünnungsreihen einer Standardantigen-Lösung und der unbekannten Lösung durch, so läßt sich die Konzentration der unbekannten Lösung ausmessen. Natürlich kann man das System ebenso gut zum Nachweis oder zur Messung von komplementbindenden Antikörpern einsetzen.

Praktische Durchführung

Alle Seren, deren Antikörper man in Komplementbindungsreaktionen einsetzt, müssen 30 min auf 56 °C erhitzt werden, um in ihnen essentielle, aber thermolabile Komponenten des Komplementsystems zu denaturieren. Ein beträchtlicher Teil der Versuchsarbeit liegt in der Festlegung der begrenzten Menge des komplementhaltigen Serums, damit das System auch durch kleine Mengen des Antigens schon erschöpft wird. Klinisch-serologische Anwendungen sind der Wassermann-Test in der Diagnostik der Syphilis und der Nachweis von Autoantikörpern, z.B. gegen thyreoidale Antigene.

Literatur

Colowick, S.P., Kaplan, N.O (Hrsg.) (1980–1984) Immunochemical techniques in Methods in Enzymology, vols 70, 73, 74, 84, 92, 93, 108, Academic Press London (umfassende und grundlegende Darstellungen aller der hier genannten Verfahren).

Hudson, L., Hay, F.C. (1981) Practical Immunology, 2. Aufl. Blackwell Scientific Publications, Oxford (ausgezeichnete Einführung in die Praxis vieler immunologischen und einiger immunochemischen Verfahren).

Hunter, W.M., Corrie, J.E.T. (Hrsg.) (1983) Immunoassays for Clinical Chemistry, Churchill Livingstone, London (enthält eine umfassende Darstellung der meisten immunochemischen Bestimmungen in der klinischen Chemie).

Lefkovits, I. (Hrsg.) (1979) Immunological Methods, Academic Press, London (enthält nützliche detaillierte, einzelne Artikel über die klassischen immunochemischen Verfahren).

Marchalonis, J.J., Warr, G.W. (Hrsg.) (1982) Antibody as a Tool – The Applications of Immunochemistry, J. Wiley and Sons, New York (gut lesbare umfassende Darstellung der meisten Verfahren dieses Kapitels mit einigen detaillierten praktischen Beispielen).

Roit, S.M. (1985) Essential Immunology, 5. Aufl. Blackwell Scientific Publications, Oxford (sehr gutes Lehrbuch der Immunologie).

Steward, M.W. (1974) Immunochemistry, Chapman and Hall, London (ausgezeichnete Einführung in die Immunochemie).

Weir, D.M. (Hrsg.) (1986) Handbook of Experimental Immunology, 4. Aufl. Blackwell Scientific Publications, Oxford (grundlegendes Referenzwerk aller immunologischen und immunochemischen Verfahren mit ausführlichen Details jeder Methode).

Kapitel 5

Molekularbiologische Verfahren

5.1 Einführung

Formen und Funktionen aller Zellen werden durch ihre Proteine bestimmt. Diese Moleküle katalysieren die Reaktionen, die Membranen, Zellwände und Pigmenteaufbau. Sie gewinnen Energie aus Substraten des Stoffwechsels. Membranständige Proteine sind für den Transport der Moleküle aus einem Zellkompartiment in ein anderes verantwortlich, auch aus der Zelle heraus und in sie hinein. Die Synthese der Proteine wird selbst wieder durch Proteine katalysiert, dieser Vorgang wird jedoch durch die DNS gesteuert, die alle die Informationen für die Struktur jedes Proteins der Zelle enthält. So steht also die DNS hinter allen Aktivitäten der Zelle. Aus dieser Erkenntnis ergab sich die Entwicklung der Molekularbiologie, die biologische Vorgänge nach den Regeln der Strukturen und Wechselwirkungen zwischen Nucleinsäuren und Proteinen beschreibt. Obwohl dieser Wissenschaftszweig noch recht jung ist, hat er doch unsere Vorstellung über die Wege, auf denen Zellen ihre genetische Information bewahren und abgeben, revolutioniert. Viele andere Zweige sind dadurch sehr stark beeinflußt worden, auch die Immunologie und die Medizin.

Die Molekularbiologie führte dann auch zu der machtvollen und potentiell nutzbringenden Methode der genetischen Manipulation *(genetic engineering)*. Heute wird viel Arbeit (und Geld) investiert, um mittels der genetischen Manipulation oder des Genetic engineering von Mikroorganismen wertvolle Polypeptide, wie Insulin, Gerinnungsfaktor VIII, Wachstumshormon und Interferon, herzustellen. Durch klassische biochemische Verfahren wären sie nicht oder nur sehr mühsam herzustellen; die Mikroorganismen produzieren sie allerdings normalerweise nicht. Da diese leicht und billig in großem Maßstab angezüchtet werden können, bieten sie sich als potentielle Quellen der Polypeptide an. Die genetische Manipulation von Pflanzen und Nutztieren könnte nützliche Merkmale einführen, wie die Resistenz gegen

Herbizide oder Krankheiten, wie sie die Züchtungsforschung nur langsam erreichen kann.

5.2   Struktur der Nucleinsäuren

Bausteine und Primärstruktur der Nucleinsäuren

Für das Verständnis der Analyse und Manipulation von Nucleinsäuren sind einige Grundkenntnisse über Strukturen und Funktionen notwendig. Dafür sind die Lehrbücher der Biochemie zuständig, die wichtigsten Einzelheiten werden hier kurz zusammengefaßt.

Obwohl dies sehr komplizierte Makromoleküle sind, sind Ribonucleinsäure (RNS) und Desoxyribonucleinsäure (DNS) aus einigen wenigen Bausteinen zusammengesetzt. Beide enthalten eine Pentose (Ribose in der RNS, 2'-Desoxyribose in der DNS), an die eine Purin- oder Pyrimidin-Base zu einem **Nucleosid** gebunden ist. Die Kohlenstoff-Atome des Zuckers werden wie in Abb. 5.1 gezeigt numeriert, man benutzt einen kleinen hochgestellten Strich ('), um zu definieren, daß das Kohlenstoffatom zu dem Zucker und nicht zu der Purin- oder Pyrimidin-Base gehört. So wird also die Base an die 1'-Position der

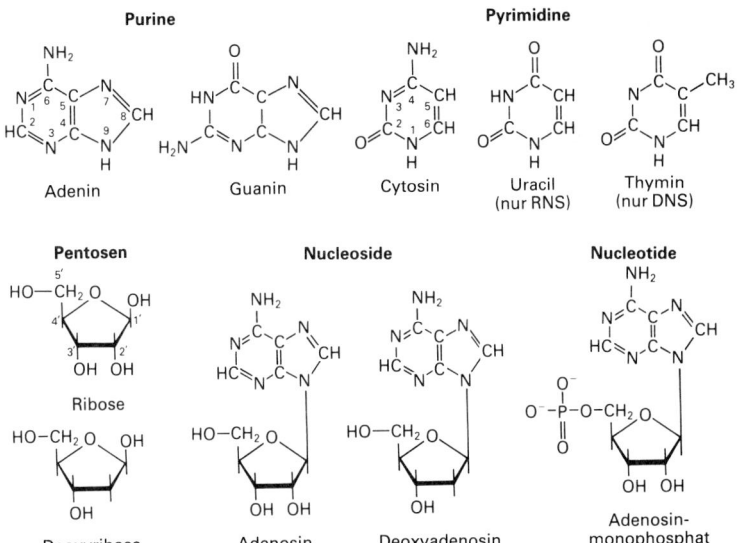

Abb. 5.1   Strukturen der Basen, Nucleoside und Nucleotide

Pentose gebunden. Ein **Nucleotid** oder **Nucleosidphosphat** wird durch die Anheftung an einer Phosphorsäure an die 5'-Position eines Nucleosids als Ester gebildet. Solche Nucleotide lassen sich dann durch die Ausbildung einer zweiten Ester-Bindung kettenförmig verknüpften; sie wird zu der 3'-OH-Gruppe eines zweiten geschlagen. Zwischen benachbarten Zuckern entsteht also eine *5'- nach 3'-Phosphodiester-Bindung.* Dieser Vorgang wird zu sehr langen Polynucleotid-Molekülen wiederholt. Jede Polynucleotid-Kette wird an einem Ende eine freie Phosphorsäure tragen, an dem anderen ein freies 3'-Hydroxy. Die Moleküle sind also *polar,* man spricht von *3'- und 5'-Enden* (Abb. 5.**2**). Die Purin-Basen Adenin und Guanin finden sich sowohl in der RNS wie in der DNS, auch das Pyrimidin Cytosin. Die beiden verbleibenden Pyrimidine sind jeweils nur in einer der beiden Nucleinsäure-Sorten zu finden: Uracil nur in der RNS, Thymin nur in der DNS. RNS und DNS unterscheiden sich also durch den Gehalt an Ribose und Uracil in der RNS, an Desoxyribose und Thymin in der DNS. Die individuellen Unterschiede der Ribonucleinsäuren (oder Desoxyribonucleinsäuren)

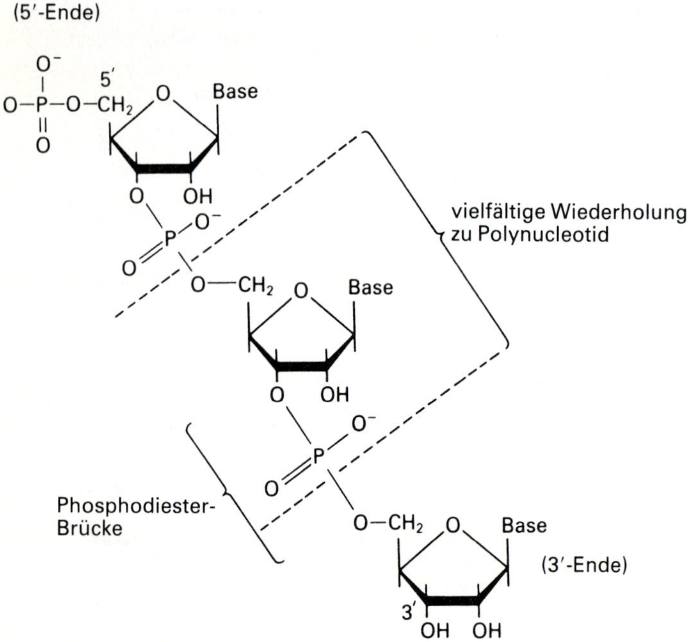

Abb. 5.**2**   Struktur eines Polynucleotids

liegen allerdings in der **Sequenz** der Basen längs des Moleküls. Man schreibt eine Nucleinsäure-Sequenz vom 5'-Ende des Moleküls angefangen, indem man einfache große Buchstaben für jede der Basen einsetzt, z.B. CGGATCT. Es ist dabei nicht notwendig, Zucker oder Phosphorsäuren mitanzugeben, da diese ja im Rückgrat der Kette stets identisch vorkommen. Die endständigen Phosphorsäure-Gruppen können, wenn notwendig, durch ein kleines p angegeben werden, so ist also die Sequenz 5'pCGGATCT3' am 5'-Ende des Moleküls eindeutig phosphoriliert.

Sekundärstruktur der Nucleinsäuren

Die DNS kommt nur selten in einzelsträngiger Form vor, meist als doppelsträngige sogenannte **Doppelhelix,** in der die Basen der beiden Einzelstränge in der Mitte des Moleküls liegen, die beiden Zucker-Phosphosäurediester-Ketten an der Außenseite (Abb. 5.3). Diese Struktur ist allerdings nur beständig, wenn die Sequenz der Basen in

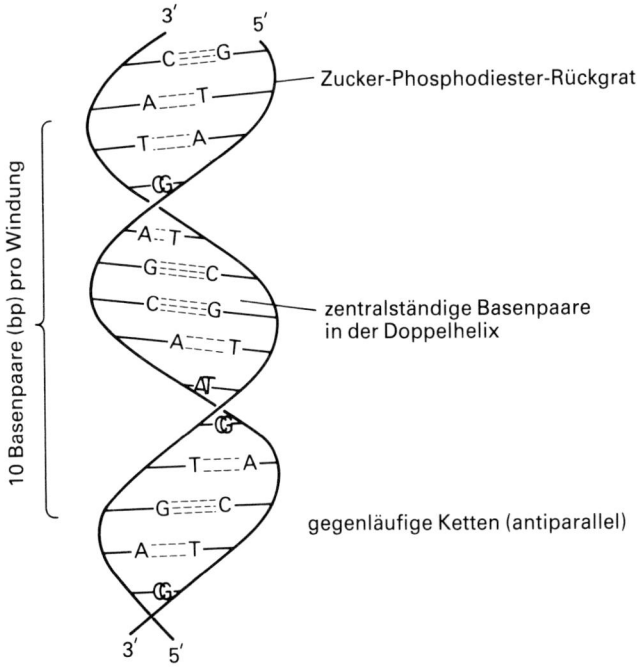

Abb. 5.**3**   Doppelhelix der DNS

einem Strang *komplementär* zu der im anderen Strang ist. Wie in Abb. 5.**4** gezeigt, kann Thymin mit Adenin Wasserstoff-Brücken bilden, ebenso Cytosin mit Guanin; dabei bleibt der Abstand zwischen den $C_{1'}$-Atomen der einander gegenüberstehenden Desoxyribosen gleich. Nur wenn also Adenin immer mit Thymin und Cytosin immer mit Guanin *basengepaart* ist, bildet sich eine stabile Doppelhelix, und dann liegen die Zucker-Phosphosäurediester-Ketten der beiden Stränge in konstantem Abstand. Ist also die Sequenz des einen Stranges bekannt, so kann die des anderen direkt vorhergesagt werden. Man bezeichnet die beiden Stränge als *plus* (+) und *minus* (−), einer der beiden wird während der Transkription kopiert (S. 200). Wichtig ist weiterhin, daß die beiden Stränge der DNS *antiparallel* verlaufen, sie sind in entgegengesetzter Richtung polar. Ein Beispiel:

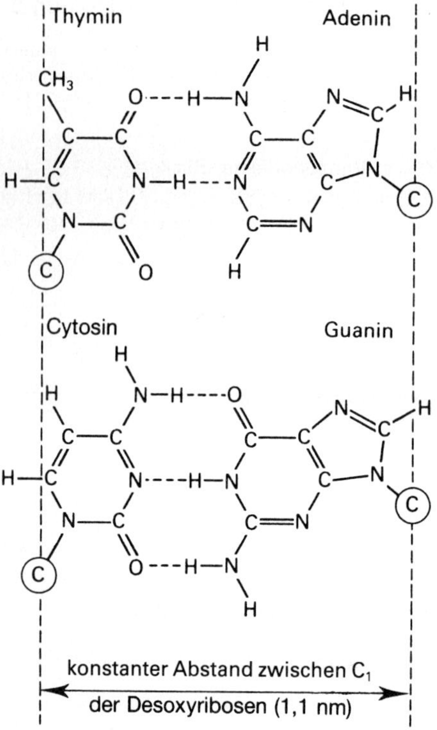

Abb. 5.**4**   Basen-Paarung der DNS, © stellt die $C_{1'}$–Atome der Desoxyribose dar

5' CGGTAACT 3'
3' GCCATTGA 5'

Man beachte, daß die beiden Stränge der DNS nur durch die schwachen Kräfte der Wasserstoff-Brücken zwischen den komplementären Basen zusammengehalten werden, außerdem durch die hydrophoben Bindungen zwischen den benachbarten, übereinander geschichteten Basen-Paaren. Um einige von ihnen auseinanderzudrängen, benötigt man nur geringe Energie, deshalb werden schon wegen der kinetischen Energie der Moleküle einige wenige kurze Strecken der DNS in der Einzelstrangkonfirmation vorliegen. Bei Zimmertemperatur sind solche Strecken jedoch sehr kurzlebig, so daß das Molekül als ganzes fast vollständig doppelsträngig vorliegt. Wird jedoch eine Lösung der DNS auf ungefähr 90 °C erwärmt, steigt die kinetische Energie so stark an, daß das Molekül völlig *denaturiert* wird. Man erhält dann Einzelstränge. Diese Denaturierung kann photospektrometrisch verfolgt werden, indem die Extinktion bei 260 nm gemessen wird. Die geschichteten Basen der doppelsträngigen DNS absorbieren weniger Licht als die freien Basen des Einzelstrangmoleküls, deshalb nimmt die Extinktion der DNS bei 260 nm während der Denaturierung zu. Der Effekt wird als *Hyperchromie* bezeichnet.

Trägt man die Extinktion bei 260 nm gegen die Temperatur der DNS-Lösung auf, so erhält man eine *Schmelzpunktkurve* (Abb. 5.**5**). Sie zeigt, daß unterhalb etwa 70 °C nur geringe Denaturierung eintritt,

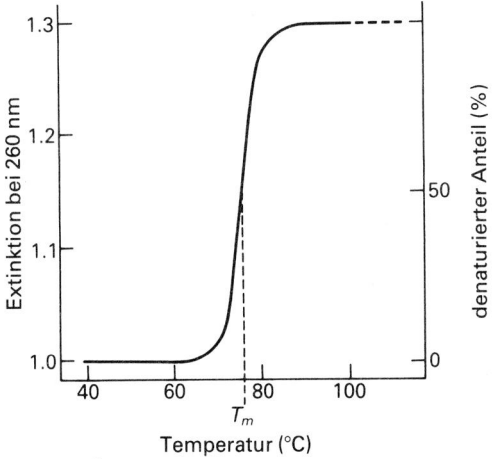

Abb. 5.**5**   Schmelzpunktkurve der DNS

3'-Ende (Akzeptor hier für Phenylalanin)

eine weitere Zunahme der Temperatur ergibt dann sehr deutliche Zunahmen der Denaturierung. Schließlich wird die Temperatur erreicht, bei der die Probe völlig denaturiert oder *geschmolzen* ist. Die Halbwertstemperatur, bei der die DNS zu 50 % aufgeschmolzen ist, wird als *Schmelzpunkt* oder T_m bezeichnet. Er hängt von der Art der DNS ab. Werden verschiedene Proben der DNS geschmolzen, so findet sich der höchste T_m für jene Desoxyribonucleinsäuren, die den höchsten Gehalt an Cytosin und Guanin besitzen. Man kann so aus dem T_m den Prozentsatz an (C + G) in einer DNS abschätzen. Diese Beziehung zwischen T_m und (C + G)-Gehalt folgt aus den 3 Wasserstoff-Brücken, die sich zwischen Cytosin und Guanin bilden können, während ein Thymin-Adenin-Paar nur 2 besitzt (Abb. 5.**4**). Die Aufspaltung eines CG-Paares benötigt also mehr Energie. Kühlt man die Lösung einer aufgeschmolzenen DNS ab, so können die beiden Einzelstränge reassoziieren, dies wird als *Renaturierung* bezeichnet. Allerdings bildet sich eine stabile doppelsträngige Helix nur dann wieder, wenn die komplementären Stränge zu einer vollständigen Basen-Paarung zusammentreten. Bei einer sehr langen und *komplexen* DNS ist das unwahrscheinlich (*komplex* bedeutet hier den Gehalt einer großen Zahl an verschiedenen Genen). Die Messung der Geschwindigkeit der Renaturierung ergibt daher eine Information über die Komplexität einer DNS-Präparation (S. 215).

Obwohl RNS fast immer als Einzelstrang vorliegt, enthält dieser Strang oft Sequenzen, die zueinander komplementär sind und deshalb durch geeignete Faltung des Moleküls zu Basen-Paaren zusammentreten können. Dies zeigt sich am Beispiel der **Transfer-RNS** (tRNS), dort liegen 4 komplementäre Sequenzpaare innerhalb der 70–80 Nucleotide vor (Abb. 5.**6**). Der Einzelstrang faltet sich deshalb zu einer kleeblattähnlichen Sekundärstruktur. Wie in der DNS paart dabei Cytosin mit Guanin, in dieser RNS paart sich Adenin allerdings mit Uracil.

Wenn ihre Sequenzen komplementär sind, so assoziieren RNS und DNS zu doppelsträngigen *hybriden* Molekülen (Uracil der RNS basenpaart dabei mit Adenin der DNS). So können auch Strangstücke

---

◄ Abb. 5.**6** Sekundärstruktur der Hefe-tRNS[Phe]. Ein Einzelstrang von 76 Ribonucleotiden bildet 4 doppelsträngige „Arm"-Regionen, in denen die Basen-Paarung zwischen komplementären Sequenzen möglich wird. Das Anticodon basenpaart mit UUU oder UUC (beide Codons für Phenylalanin). Phenylalanin wird an das 3′-Ende durch eine spezifische Aminoacyl-tRNS-Synthetase angeheftet. Einige „ungewöhnliche" Basen sind eingebaut: D = Dihydrouridin, T = Ribothymidin, ψ = Pseudouridin, Y = stark chemisch modifizierte Base, häufig aus A oder G abgeleitet. „mX" = methylierte Base X (m_2X = Dimethylierung), „Xm" = Methylierung an der 2′-Position der Ribose

radioaktiv markierter DNS oder RNS, setzt man sie zu einer denaturierten DNS-Präparation zu als *Sonden* für DNS-Strecken dienen, zu denen sie kompementär sind. Diese Hybridisierung komplementärer Stränge von Nucleinsäuren stellt ein wichtiges Instrument zur Abtrennung eines spezifischen Stückes der DNS aus einem komplexen Gemisch dar (Abschn. 5.9, S. 233).

5.3   Funktionen der Nucleinsäuren

Ribonucleinsäure-Familien

Die genetische Information aller Zellen und der meisten Viren ist in der DNS festgelegt. Sie wird benutzt, um die Synthese von RNS-Molekülen zu steuern, die in den 3 Formen der Messenger-RNS, ribosomalen RNS und Transfer-RNS zusammenarbeiten müssen.

Die **Messenger-RNS** (mRNS) enthält Ribonucleotid-Sequenzen, die die Aminosäure-Sequenzen der Proteine codieren. Eine individuelle mRNS codiert eine individuelle Polypeptid-Kette bei Eukaryont. Bei Prokaryonten kann sie den Code für mehrere Polypeptide enthalten. Die **ribosomale RNS** (rRNS) baut einen Teil der Struktur von *Ribosomen* auf, an denen die Proteine synthetisiert werden. Jedes Ribosom enthält nur 3 oder 4 verschiedene rRNS-Moleküle, an die 55–75 Proteine angelagert sind. Die **Transfer-RNS-** (tRNS-)Moleküle transportieren kovalent gebundene Aminosäuren zu den Ribosomen, dort treten sie mit der mRNS so in Wechselwirkung, daß ihre Aminosäuren nach der Information auf der mRNS verknüpft werden. Für jede Aminosäure gibt es zumindest einen Typ einer tRNS.

Jeder Block auf der DNS, der die Information für eine individuelle RNS oder ein Protein enthält, wird ein *Gen* genannt, die Gesamtheit aller Gene in einer Zelle, Organelle oder in einem Virus bildet das *Genom*. Zellen und Organellen können mehr als eine Kopie ihres Genoms enthalten.

Replikation der DNS

Die chromosomale DNS muß mit einer Geschwindigkeit repliziert werden, die zumindest der der Zellteilung nicht nachhinkt. Die Replikation beginnt an einer Sequenz, die man als *Ursprung (origin) der Replikation* bezeichnet, dabei müssen über eine kurze Strecke die beiden DNS-Stränge getrennt werden, so daß Enzyme einschließlich der *DNS und RNS-Polymerasen* (Abb. 5.7) sich anheften können.

Bei Prokaryonten synthetisiert die RNS-Polymerase kurze komplementäre RNS-Ketten an jedem freigelegten Einzelstrang, sie benutzt also die DNS als Vorlage. Dann synthetisiert die DNS-Polymerase III

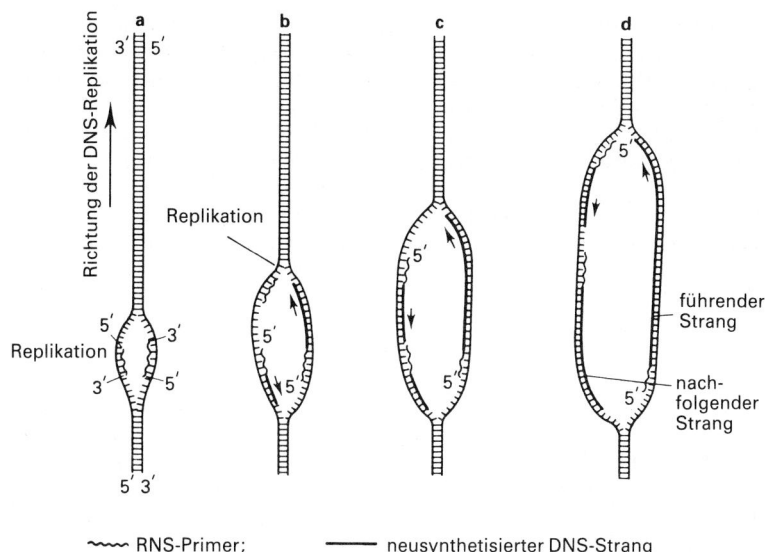

~~~ RNS-Primer;   ━━━ neusynthetisierter DNS-Strang

Abb. 5.**7**   Replikation der DNS: **a** Die doppelsträngige DNS trennt sich am *Initiationspunkt (origin) der Replikation*. Die RNS-Polymerase synthetisiert kurze RNS-Primer-Stränge, die zu beiden DNS-Strängen komplementär sind. **b** DNS-Polymerase III (Pol III) synthetisiert neue DNS-Stränge in der Richtung von 5′ nach 3′. Sie sind komplementär zu den freigelegten Eltern-DNS-Strängen und setzen 3′-Ende jedes RNS-Primer an. Die DNS-Synthese läuft deshalb in der gleichen Richtung wie die DNS-Replikation für den einen Strang (den *führenden Strang*), aber in der entgegengesetzten Richtung für den anderen Strang (den *nachfolgenden Strang*). Die RNS-Primer-Synthese wird mehrfach neu angesetzt, um die Synthese von Teilen des nachfolgenden Stranges zu ermöglichen. **c** Während sich die *Replikationsgabel* vom Ursprung der Replikation entfernt, setzt die Pol III die Synthese des führenden Strangs fort, ebenso die Synthese der DNS zwischen den RNS-Primer des nachfolgenden Stranges. **d** DNS-Polymerase I (Pol I) verdaut die RNS-Primer am nachfolgenden Strang, dann füllt sie die entstandenen Lücken mit DNS auf. Die DNS-Ligase verbindet die fertigen Fragmente und stellt so einen kontinuierlichen DNS-Strang her

(Pol III) ebenfalls mit der DNS als Vorlage DNS-Stränge, wobei die kurzen RNS-Stücke als *Primer* (Starter) benutzt werden. Die Synthese der DNS-Stränge verläuft nur in der Richtung von 5' nach 3', da aber die beiden Stränge der DNS antiparallel verlaufen, kann nur einer von ihnen kontinuierlich weitersynthetisiert werden. Der andere wird in verhältnismäßig kurzen Stücken fabriziert, ebenfalls in der Richtung von 5' nach 3', wobei immer wieder ein RNS-Primer für jedes Stück vorsynthetisiert wird. Diese RNS-Primer werden dann durch DNS-Pol I abverdaut, die hier 5'- nach 3'-Exonuclease arbeitet. Die entstandenen Lücken werden durch das gleiche Enzym, nun als Polymerase, wieder aufgefüllt. Die einzelnen Fragmente werden dann durch die DNS-Ligase verknüpft, so daß ein kontinuierlicher Strang der DNS entsteht. Die Replikation eukaryontischer DNS ist bis jetzt noch weniger gut charakterisiert. Sie verläuft sicher komplizierter als die der Prokaryonten, in beiden Fällen wird jedoch die Synthese der DNS-Stränge in Richtung von 5' nach 3' durchgeführt. Im Endergebnis wird die ursprüngliche DNS durch 2 neue Stränge ergänzt, so daß jede der beiden neuen Doppelhelices einen alten und einen neuen Strang enthält. Deshalb bezeichnet man den Vorgang auch als *semikonservative Replikation.*

Transkription

Zu allen Zeitpunkten ist immer nur ein kleiner Anteil der vielen Gene in einem Genom tatsächlich in Gebrauch. Diese Gene, die dann *exprimiert* werden, unterliegen dem Vorgang der Transkription, dabei wird ein RNS-Molekül, das zu einem der DNS-Stränge des Gens komplementär ist, neu synthetisiert.

Die meisen prokaryontischen Gene bestehen aus 3 Abschnitten (Abb. 5.**8**).

In der Mitte steht die Sequenz, die als RNS geschrieben werden soll, als Transkriptionseinheit bezeichnet. Auf der 5'-Seite *(upstream, oberhalb)* des Stranges, der kopiert wird (der +-Strang) liegt eine als *Promotor* bezeichnete Region, *downstream (unterhalb)* von der Transkriptionseinheit liegt die *Terminator*-Region. Die Transkription beginnt mit der Bindung der DNS-abhängigen RNS-Polymerase an die Promotor-Region, sie bewegt sich dann an der DNS entlang bis zu der Transkriptions-Einheit. Am Startpunkt der Transkriptionseinheit beginnt die Polymerase ein RNS-Molekül zu synthetisieren, das zu dem −-*Strang* der DNS komplementär ist, wobei sie diesen Strang in der Richtung von 3' nach 5' abliest und somit die RNS in der Richtung von 5' nach 3' synthetisiert. Die Bausteine sind die Nucleosid-Triphosphate. Die RNS wird dann eine mit dem +-Strang der DNS identische Sequenz

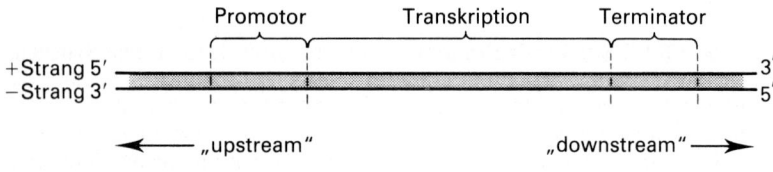

Abb. 5.**8**　Struktur eines Gens

aufweisen, aber anstelle der Thymine jeweils Uracile tragen. Am Übergang zur Terminatorregion hört die Transkription auf und das RNS-Molekül wird freigesetzt.

Sowohl die tRNS und rRNS werden als *Vorläufer* (precursor) synthetisiert, die dann durch *Ribonucleasen* auf ihre endgültige Größe getrimmt werden. Die mRNS der Prokaryonten wird ohne weitere Modifikation zur Steuerung der Proteinbiosynthese eingesetzt. Bei Eukaryonten ist noch eine *posttranskriptionale Verarbeitung* (processing) notwendig. Dazu wird an das 5'-Ende der RNS eine *Cap*-Sequenz, außerdem an das 3'-Ende etwa 150–200 Adenosin-Bausteine angefügt. Die mRNS erhält so einen *Poly-A-Schwanz*. Die meisten eukaryontischen Gene enthalten Strecken nichtcodierender DNS, *Introns* genannt, die die codierenden Abschnitte *(exons)* unterbrechen (Abb. 5.**9**). Die Transkription dieser Gene setzt zunächst die *heterogene nucleare RNS* oder hnRNS frei, aus der die Introns ausgeschnitten und die Exons zu einer fertigen mRNS zusammengefügt werden müssen.

Translation

In jeder mRNS ist die Primärstruktur, die Aminosäure-Folge eines Proteins, verschlüsselt, dabei steht jedes *Triplett* der Nucleotide für eine Aminosäure. Ein solches Triplett bezeichnet man als *Codon,* da es 64 mögliche Tripletts aber nur 20 verschiedene Aminosäuren gibt, werden die meisten Aminosäuren durch mehr als ein Codon determiniert.

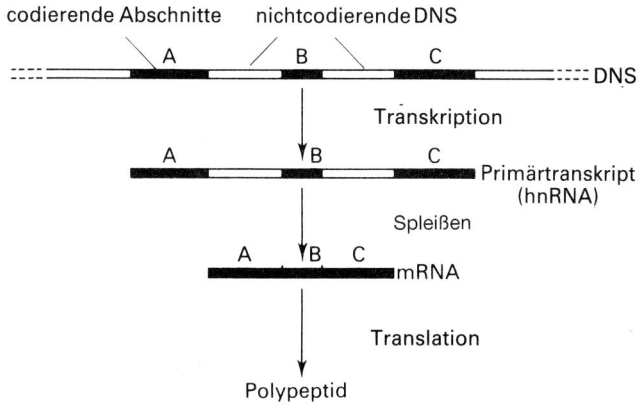

Abb. 5.**9**   Spleißen der RNS unter Ausschluß der Introns. Die Regionen A, B und C; die Exons sind die codierenden Sequenzen für das Protein und müssen zusammengefügt werden. Das Primärtranskript enthält noch Introns und wird als *heterogene nukleare RNS* (hnRNS) bezeichnet

Außerdem gibt es Start- und Stopcodons. Der *genetische Code* ist heute bekannt für die DNS; für alle Chromosomen, Chloroplasten und Ribonucleinsäuren ist er bis jetzt universell; bei den Codewörtern aus Mitochondrien haben sich einige Unterschiede ergeben.

Die mRNS werden an den Ribosomen ausgewertet, die Proteine werden dort gebaut. Ribosomen sind ein komplexes Gemisch aus rRNS und Proteinen. Jedes Ribosom besteht aus einer großen und einer kleinen Untereinheit, die während des Vorgangs der Proteinsynthese oder *Translation* zusammenlagern. Die Ribosomen der Prokaryonten und der Organellen haben einen *Sedimentationskoeffizienten* (Abschn. 2.2, S. 56) von 70 S, während diejenigen aus dem eukaryontischen Zytoplasma 80 S ergeben. Transfer-RNS-Moleküle (Abb. 5.6) sind

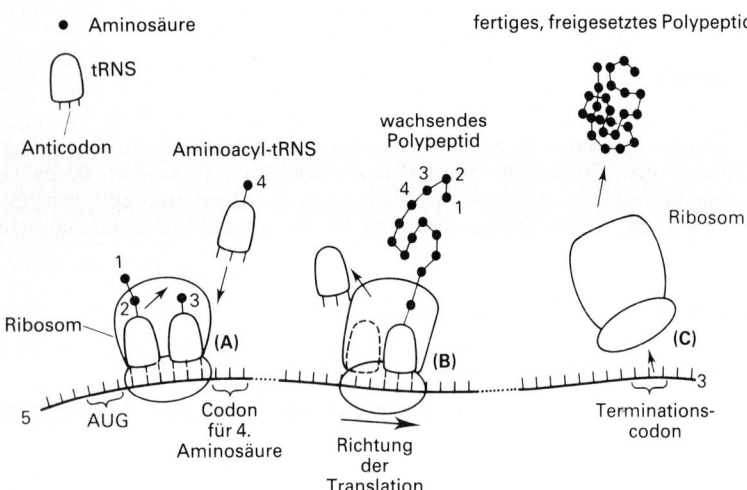

Abb. 5.**10** Translation: Das Ribosom **A** hat sich nur ein kleines Stück vom 5′-Ende der mRNS wegbewegt, es ist ein Dipeptid gebildet worden (an einer tRNS), das nun auf die 3. Aminosäure übertragen werden soll (an der tRNS 3 angeheftet). Das Ribosom **B** ist nun auf der mRNS weitergelaufen und hat ein Oligopeptid synthetisiert, das eben auf die letzte Aminoacyl-tRNS übertragen worden ist. Die freigewordene tRNS verläßt das Ribosom und wird mit einer neuen Aminosäure beladen. Das Ribosom bewegt sich zum 3′-Ende der mRNS um weitere 3 Nucleotide hin, so daß das nächste Codon mit der zuständigen Aminoacyl-tRNS im Ribosom zusammengebracht werden kann. Das Ribosom **C** hat das Terminationscodon erreicht, dabei wird das fertige Polypeptid freigesetzt und das Ribosom von der mRNS abgelöst und in seine Untereinheiten dissoziiert

Hilfswerkzeuge bei der Translation. Sie werden an eine spezifische Aminosäure kovalent zu einer *Aminoacyl-tRNS* gebunden, aus jeder tRNS ragt ein Basen-Triplett heraus, das zu dem Codon der betreffenden Aminosäure komplementär ist. Dieses Triplett nennt man *Anticodon,* damit dient die tRNS als ein Adaptermolekül, das eine Aminosäure ihrem zuständigen Codon zuordnet.

Nachdem es sich an eine spezifische Sequenz nahe des 5'-Endes mRNS, die *Shine-Dalgarno-Sequenz,* bei Prokaryonten gebunden hat, bewegt sich das Ribosom zum 3'-Ende hin. Dabei wird eine Aminoacyl-tRNS nach der anderen mit den einzelnen Codons basengepaart, so daß die Aminosäuren in der richtigen Reihenfolge für die Synthese dieses Proteins angeordnet werden. Während es entlang der mRNS läuft, knüpft das Ribosom Peptidbindungen zwischen diesen Aminosäuren. Erreicht es *Terminationscodon* (UAA, UGA, UAG), so wird die fertige Polypeptid-Kette freigesetzt (Abb. 5.**10**). Das erste Codon nach der Bindungsstelle des Ribosoms, das *Initiationscodon,* ist immer AUG das Startsignal.

Da die mRNS in der Reihenfolge der Tripletts abgelesen wird, würde eine Verschiebung des Ribosoms um eines oder 2 Nucleotide ein gänzlich falsches Polypeptid entstehen lassen. Das Ribosom muß während der Translation den richtigen *Leserahmen* (reading frame) einhalten. In Prokaryonten wird dies durch eine Basen-Paarung zwischen der Shine-Dalgarno-Sequenz und einer komplementären Sequenz auf einer der ribosomalen Ribonucleinsäuren gewährleistet, die den richtigen Startpunkt für den Lauf des Ribosoms auf der mRNS festlegt.

5.4   Reinigung der Nucleinsäuren

DNS

Bevor Nucleinsäuren zerlegt oder anders manipuliert werden können, muß man sie weitgehend abtrennen und reinigen; der Reinheitsgrad richtet sich nach dem Zweck der Präparation.

Die DNS wird durch *Scherkräfte* sehr leicht verletzt. Sogar schnelles Rühren ihrer Lösung kann diese sehr großen Moleküle in kürzere Fragmente zerreißen. Eine weitere Gefahr liegt im Abbau durch *Desoxyribonucleasen (DNasen),* die sich in fast allen Zellen finden, aber auch im Staub und als Verunreinigung von Glasgeräten auftreten. Die DNS wird deshalb aus den Zellen durch besonders vorsichtigen Aufschluß unter Zusatz von EDTA freigesetzt, um Mg^{2+}-Ionen, die für die Aktivität der DNase notwendig sind, abzufangen. Zellwände, wenn vorhanden, sollten am besten enzymatisch abgebaut werden (z.B.

Behandlung von Bakterien mit Lysozym). Die Zellmembran solubilisiert man mit Detergenzien. Ist ein physikalisches Zerreißen notwendig, so sollte es so kurz und schonend wie möglich eingesetzt werden, und die Zellen aufschneiden oder zerquetschen, nicht aber Scherkräfte einsetzen. Der Aufschluß (und die meisten Folgenschritte) sollten bei 4 °C in autoklavierten Glasgeräten und Lösungen vorgenommen werden, um die DNase-Aktivitäten auszuschließen.

Nach der Freisetzung der Nucleinsäuren aus Zellen läßt sich die RNS durch Zusatz von Ribonuclease (RNase) entfernen. Das Enzym wird vorher kurzzeitig erhitzt, um Verunreinigungen an DNase abzutrennen, Ribonuclease ist gegenüber der Hitzebehandlung verhältnismäßig stabil, da sie viele Disulfid-Brücken enthält, die eine rasche Renaturierung des Moleküls nach der Abkühlung möglich machen. Eine zweite größere Verunreinigung besteht einfach aus Protein, das man durch vorsichtiges Ausschütteln der Enzymlösung mit wassergesättigtem Phenol oder mit einer Phenol-Chloroform-Mischung entfernen kann. Beide Zusätze *denaturieren* Proteine (Abschn. 3.1, S. 98), während Nucleinsäuren unversehrt bleiben. Zentrifugiert man die Emulsion dieses Gemischs, so trennt sich eine untere organische Phase ab, die von der oberen wäßrigen Phase durch eine Zwischenschicht denaturierten Proteins getrennt ist. Die wäßrige Phase wird abgetrennt und mehrfach von Protein befreit, bis in der Zwischenschicht kein Intermediat mehr auftaucht. Schließlich wird die proteinfreie DNS-Präparation mit dem doppelten Volumen an absolutem Alkohol verdünnt, dann fällt in einer Tiefkühltruhe die Substanz aus. Nach dem Abzentrifugieren wird das DNS-Präzipitat wiederum zum Schutz gegen DNasen in einem EDTA-haltigen Puffer gelöst, diese Lösung kann bei 4 °C mindestens 1 Monat aufbewahrt werden. DNS-Lösungen können auch in gefrorenem Zustand gelagert werden, wiederholtes Einfrieren und Auftauen setzt allerdings Scherkräfte, die die langen Moleküle beschädigen können; häufiger benutzte Präparate werden deshalb meist bei 4 °C aufbewahrt. Diese Vorschrift eignet sich für die Extraktion der DNS aus der gesamten Zelle. Möchte man die DNS aus einer spezifischen Organelle oder einem Viruspartikel erhalten, so sollte die Organelle oder das Virus zunächst aufgereinigt werden, da die Abtrennung eines bestimmten Typus der DNS aus einem Gemisch meist sehr schwierig ist. Die Reinigung von *Plasmiden* (S. 223) wird unten beschrieben.

RNS

Die Verfahren zur Reinigung von RNS sind den oben beschriebenen für DNS sehr ähnlich, allerdings sind RNS-Moleküle verhältnismäßig kurz und deshalb auch weniger empfindlich gegen Scherkräfte. Der Zellaufschluß ist deshalb energischer gehalten. RNS ist andererseits sehr empfindlich gegen den Abbau durch RNasen, die zum Beispiel auch an der Oberfläche der Hand vorkommen, deshalb sollte man Handschuhe tragen und im Milieu ein starkes Detergens einsetzen, um RNasen sofort zu denaturieren. Auch die anschließende Abtrennung von Proteinen sollte streng durchgeführt werden, da die RNS oft mit Proteinen eng vergesellschaftet ist. DNase-Behandlung dient zur Entfernung von DNS, RNS kann ebenfalls mit Ethanol ausgefällt werden.

Häufig sucht man mRNS für eine Translation *in vitro* oder für die Synthese einer cDNS-Sonde (S. 233) zu isolieren. Da fast alle mRNS-Moleküle, die aus chromosomaler DNS abgeschrieben worden sind, an ihrem 3'-Ende Adenosin-Reste in einem Poly-A-Schwanz tragen, lassen sie sich aus einem Gemisch von RNS-Molekülen durch eine Affinitäts-chromatographie an Oligo(dT)-Cellulose-Säulen (Abschn. 6.7, S. 286) abtrennen. Bei hohen Salz-Konzentrationen (ca. 0,5 mol/l NaCl) bindet sich Poly-A-Schwanz an die komplementären Oligo(dT)-Einheiten der Affinitätssäule, so daß die mRNS festgehalten wird. Alle anderen RNS-Moleküle können durch diese Salzlösung auf der Säule ausgewaschen werden. Schließlich löst man die gebundene mRNS durch niedrige Salz-Konzentrationen ab (weniger als ca. 50 mol/l NaCl).

5.5   DNS-Analyse

Elektrophorese

Elektrophoresen in Agarose – oder Polyacrylamid-Gelen – sind häufige Trennungen der DNS-Moleküle nach ihrer Größe. Man kann die Trennung im analytischen oder präparativen Maßstab durchführen, sie kann qualitativ oder quantitativ sein. Die Elektrophoresen werden in Kap. 7 beschrieben, dort folgen die praktischen Einzelheiten. Die einfachste und auch meistangewandte Methode ist die Elektrophorese in horizontalen Agarose-Gelen, die dann mit Ethidiumbromid gefärbt werden. Der Farbstoff wird von der DNS durch eine Insertion zwischen die geschichteten Basen-Paare *(Interkalation)* gebunden, dann beobachtet man im ultravioletten Licht eine starke orangerote Fluoreszenz (Abschn. 8.5, S. 357). Man benutzt die Elektrophorese oft um zu überprüfen, ob eine Restriktion (S. 218) oder eine Ligation (S. 219) vollständig abgelaufen ist, oder um die Reinheit und Unversehrtheit eines DNS-Präparates auszuwerten. Für solche Kontrollen eignen sich besonders *Minigele,* da sie kleine Probenmengen benötigen und schnelle Resultate liefern. Agarose-Gele (Abschn. 7.5, S. 316) trennen Moleküle mit mehr als etwa 200 Basen-Paaren (bp), für kürzere Moleküle muß man Polyacrylamid-Gele (Abschn. 7.6, S. 321) verwenden.

Durch Eichen gegen DNS-Moleküle bekannter Größen, etwa aus *Restriktionsfragmenten* (S. 218), lassen sich die Längen der Moleküle in einer Probe ausmessen. So kann man etwa die Größe von Einschüben in *Klonierungsvektoren* (Abschn. 5.8, S. 223) bestimmen oder die Abstände von *Restriktionsschnittstellen* auf einer DNS-Strecke kartieren. Eine *Restriktionskartierung* beinhaltet die Größenbestimmung der einzelnen Restriktionsfragmente nach Spaltung mit verschiedenen *Restriktionsenzymen* (S. 218), die einzeln oder in einer Kombination eingesetzt werden. Das Prinzip einer solchen Kartierung zeigt Abb. 5.**11**, in der die Restriktionsschnittstellen zweier Enzyme, A und B, kartiert werden. Die Spaltung mit A ergibt aus einem 9 Kilobasen (kb) langen Molekül die Fragmente 2 und 7 kb. Die einzige Schnittstelle für A liegt deshalb 2 kb von einem Ende entfernt. Andererseits ergibt B die Fragmente 3 und 6 kb, es hat also eine Schnittstelle 3 kb von einem Ende des Moleküls her. Daraus kann man noch nicht aussagen, ob die beiden Schnittstellen mehr zu einem oder jeweils an entgegengesetzten Enden der DNS liegen. Dazu

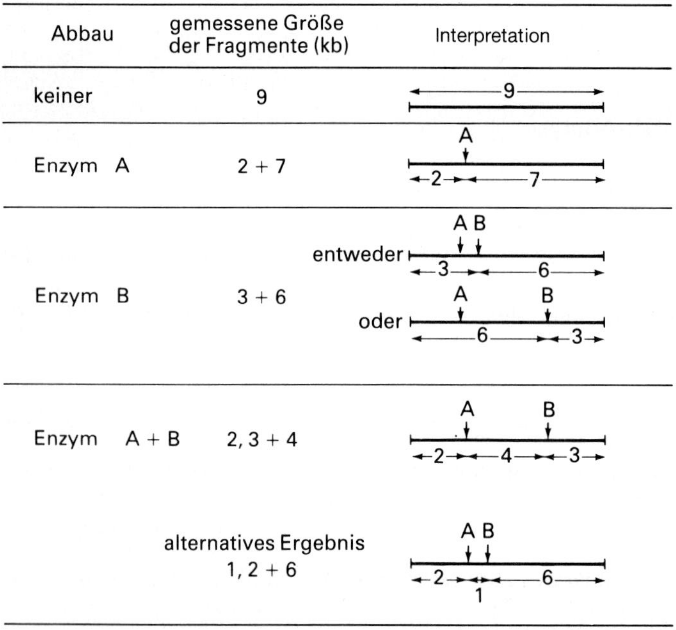

Abbau	gemessene Größe der Fragmente (kb)	Interpretation
keiner	9	
Enzym A	2 + 7	
Enzym B	3 + 6	entweder / oder
Enzym A + B	2, 3 + 4	
alternatives Ergebnis	1, 2 + 6	

Abb. 5.**11** Restriktionskartierung der DNS. Die Ergebnisse und ihre Interpretationen sollten nacheinander ausgewertet werden, so daß eine zunehmend eindeutige Karte entsteht

stellt man einen doppelten Abbau mit beiden Enzymen an. Sind die neuen Fragmente dann 2, 3 und 4 kb, dann schneiden A und B nahe den entgegengesetzten Enden des Moleküls. Sind sie 1, 2 und 6 kb, dann liegen die beiden Schnittstellen einander benachbart. Die Kartierung ist in Wirklichkeit wohl sehr selten so einfach, meist benötigt man die Unterstützung durch einen Computer, um aus den Restriktionsfragment-Längen wirklich eine Karte zu erstellen.

Wenn solche Elektrophoresen *präparativ* benutzt werden, so wird das Gel-Stückchen mit dem gewünschten DNS-Fragment ausgeschnitten und die DNS daraus mit verschiedenen Methoden extrahiert, z.B. nach *Zerquetschen* mit einem Glasstab in einem kleinen Puffervolumen oder durch *Elektroelution.* Dabei wird dann das Gel-Stückchen in ein Stück Dialysenschlauch mit Puffer eingeschweißt und zwischen 2 Elektroden in einer Pufferschale angebracht. Der elektrische Strom zwischen den Elektroden läßt die DNS aus dem Gel-Stückchen herauswandern, es bleibt aber im Dialysenschlauch eingesperrt und kann dann abgesaugt werden. Zunächst muß man natürlich die Bande des gewünschten DNS-Stückes im Gel sichtbar machen. Dazu kann die DNS unter denaturierenden Bedingungen aus dem intakten Gel auf ein Stück Nitrocellulose-Papier transferiert werden, das eng angepreßt ist, so daß die DNS in genau dem gleichen Muster wie auf dem ursprünglichen Gel an das Papier gebunden wird. Diese Übertragung, nach ihrem Erfinder als **Southern blot** benannt, kann entweder durch Elektrophorese vollzogen werden oder indem man ein größeres Volumen des Puffers durch das Gel und das Papier saugt und so die DNS aus dem Gel auf das Papier mitführt (Abb. 5.**12**).

Der Sinn dieser Übertragung liegt darin, daß man nun das Papier mit einem radioaktiv markiertem DNS-Molekül behandelt, das als *Sonde* wirkt, z.B. eine cDNS (S. 233). Wie bei der Hybridisierung in Kulturen

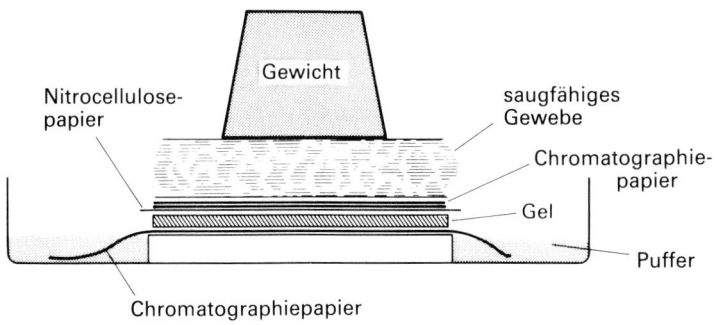

Abb. 5.**12**   Gerät für einen Southern blot

(S. 239) läßt sich so feststellen, welche Bande der DNS Sequenzen besitzen, die zu der Sonde komplementär sind. Mit gleichen Methoden kann man RNS aus Gelen auf Nitrocellulose-Papier übertragen, um spezifische Sequenzen durch Hybridisierung zu identifizieren, dies bezeichnet man dann als *Nothern blot*. Wendet man die Methode auf Proteine an, die in Polyacrylamid-Gelen aufgetrennt wurden, so spricht man von **Western blot.**

Sequenzierung

Die Entwicklung der *Sequenzierung der DNS* hat unsere Kenntnis der Gen-Strukturen revolutioniert. Heute ist die Sequenzierung eines gewünschten DNS-Fragmentes nach seiner Reinigung schon Routine. 2 Methoden sind üblich, die *Didesoxy-* oder *Kettenabbruch-Methode* nach *Sanger* und die chemische *Spaltungsmethode* von *Maxam* und *Gilbert*. Beide Verfahren beuten die hohe Trennschärfe der Elektrophorese in 4 Bahnen der radioaktiv markierten Oligonucleotide aus, die aus der sequenzierten DNS freigesetzt werden, sie unterscheiden sich jedoch im Weg zur Erstellung dieser Oligonucleotide.

Für die Methode nach Sanger benötigt man einzelsträngige DNS. Man erhält sie durch Klonierung (Abschn. 5.6, S. 216) der DNS im Bakteriophagen M13, der seine DNS in einzelsträngiger Form verpackt.

Die DNS wird abgetrennt und mit einem kurzen Oligonucleotid hybridisiert, das zu einer M13-DNS-Sequenz direkt neben dem 3'-Ende der eingeschobenen DNS komplementär ist (Abb. 5.**13)**. Das Oligonucleotid ergibt dann den Starter (Primer) für die Synthese eines 2. Stranges der DNS durch eine DNS-Polymerase. Da der neue Strang von seinem 5'-Ende her synthetisiert wird, wird die neue DNS zu der eingeschobenen DNS, die wir sequenzieren wollen, komplementär sein. Eines (oder alle) der Desoxyribonucleosidtriphosphate (dNTP), die wir für die DNS-Synthese zugeben müssen, ist ^{32}P oder ^{35}S radioaktiv markiert. So wird auch der neu synthetisierte Strang markiert sein. Liegt im Gemisch ein 2', 3'-Didesoxynucleosidtriphosphat (ddNTP) vor, so kann es gelegentlich in die wachsende DNS-Kette anstelle des normalen dNTP eingefügt werden, da es mit den entsprechenden dNTP mit Ausnahme der fehlenden 3'-Hydroxy-Gruppe identisch ist. Geschieht das, so bricht die wachsende Kette ab, da die nächste 5'- nach 3'-Phosphodiester-Brücke ohne das 3'-Hydroxy nicht gebildet werden kann. Die Einfügung dieses ddNTP anstelle des dNTP ist ein statistisches Ereignis, die neu entstandenen Moleküle werden sich deshalb in ihrer Länge sehr stark unterscheiden, hören aber alle mit der gleichen Base auf. Man teilt die klonierte DNS in 4 Teilmengen auf und benutzt bei jeder eines der 4 ddNTP. So erhält man 4 Sätze von Oligonucleotiden, die jeweils am 3'-Ende mit einer bestimmten Base aufhören, alle aber haben das gleiche 5'-Ende (den Primer).

Fragment, das sequenziert werden soll, im Phagen M13 kloniert

3' – – – AG – – – CT**GCTCGCAT** – – – 5'

TC – – – GA

Primer

DNA-Polymerase
4 dNTP (radioaktiv)
ddGTP

Synthese komplementärer 2. Stränge

5' TC – – – GA**C**dd**G** 3'

5' TC – – – GA**CGA**dd**G** 3'

5' TC – – – GA**CGAGC**dd**G** 3'

Denaturierung zu Einzelsträngen
Elektrophorese im Sequenziergel neben den
Produkten aus den
ddCTP-, ddATP- und ddTTP-Reaktionen

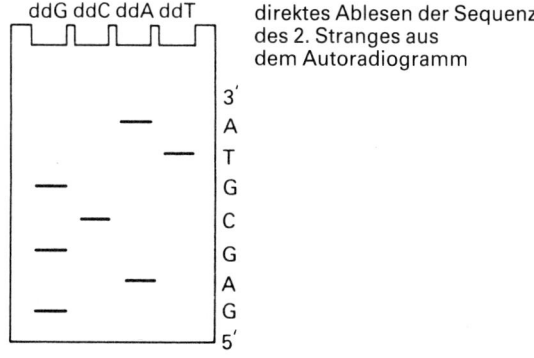

ddG ddC ddA ddT

3'
A
T
G
C
G
A
G
5'

direktes Ablesen der Sequenz
des 2. Stranges aus
dem Autoradiogramm

Abb. 5.**13** Sequenzierung der DNS nach Sanger

Die so gewonnenen 4 Proben werden dann denaturiert und nebeneinander zur Elektrophorese auf ein Polyacrylamid-Gel aufgetragen. Man fährt die Elektrophorese etwa bei 70 °C in Gegenwart von Harnstoff, um eine Renaturierung der DNS zu unterbinden. Auch eine teilweise Renaturierung würde die Wanderungsgeschwindigkeit der DNS-Fragmente stark beeinflussen. Man benutzt sehr dünne, lange Gele, um ein großes Spektrum an Fragmentlängen noch scharf trennen zu können. Nach der Elektrophorese wird die Lage der radioaktiven DNS-Banden auf dem Gel durch eine **Autoradiographie** (S. 417) sichtbar gemacht. Nun muß jede Bande in der Spur aus der Probe, die mit Didesoxyadenosintriphosphat gewonnen wurde, aus Molekülen bestehen, die mit Adenin aufhören. Ebenso hören die Moleküle in der ddGTP-Bande mit Guanin auf usw. Die Sequenz des neu synthetisierten Stranges läßt sich so aus dem Autoradiogramm direkt ablesen, wenn das Gel die Längen der Fragmente bis zu einem Nucleotid Unterschied auflösen kann (Abb. 5.**13**). Unter Idealbedingungn können Sequenzen von etwa 300 Basen Länge aus einem Gel abgelesen werden.

Die chemische Spaltmethode von Maxam und Gilbert beginnt mit der enzymatischen radioaktiven Markierung entweder am 3'- oder 5'-Ende einer doppelsträngigen DNS (Abb. 5.**14**).

Die Stränge werden dann in der Elektrophorese unter denaturierenden Bedingungen getrennt und einzeln sequenziert. Die DNS, nun an einem Ende markiert, wird in 4 Anteilen eingesetzt. Jede Teilmenge wird mit Chemikalien behandelt, die an einer bestimmten Base (oder, in manchen Fällen, an 2 der 4 Basen) mit einer Methylierung oder Spaltung der Base angreift. Die Bedingungen werden dabei so vorsichtig gewählt, daß im Durchschnitt jedes DNS-Molekül in seiner ganzen Länge nur einmal getroffen wird; jede Base im DNS-Strang wird dabei mit der gleichen statistischen Wahrscheinlichkeit angegriffen. Nach den **Modifizierungsreaktionen** werden die verschiedenen Proben mit Piperidin behandelt, das die Phosphosäurediester-Bindung selektiv an beiden Seiten jenes Nucleotids spaltet, dessen Base modifiziert war. Die Produkte ähneln jenen aus der Sanger-Methode, da jede Probe jetzt radioaktive Moleküle verschiedener Länge enthält, die alle am markierten Ende die gleiche Sequenz haben und am anderen Ende bei bestimmten Basen abgeschnitten sind. Die Ablesung der Sequenz ist dann nach der Elektrophorese ebenso gut möglich, wie dies für die Sanger-Methode beschrieben wurde.

Da die Sanger-Methode Oligonucleotide produziert, die in ihrer ganzen Länge radioaktiv markiert sind und nicht nur an einem Ende, lassen sich die Moleküle intensiver markieren und daher leichter sichtbar machen. Für die Sequenzierung benötigt man dann weniger DNS. Hat man im Laboratorium einmal die M13-Klonierung eingerich-

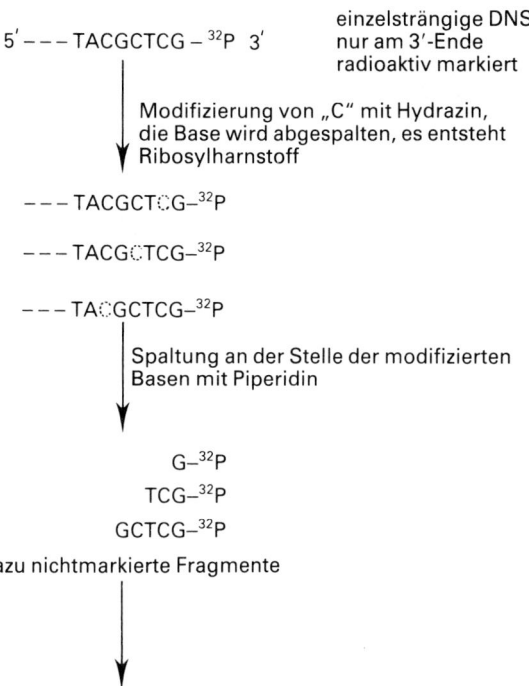

5′ – – – TACGCTCG – ³²P 3′   einzelsträngige DNS,
                               nur am 3′-Ende
                               radioaktiv markiert

Modifizierung von „C" mit Hydrazin,
die Base wird abgespalten, es entsteht
Ribosylharnstoff

– – – TACGCT○G–³²P

– – – TACG○TCG–³²P

– – – TA○GCTCG–³²P

Spaltung an der Stelle der modifizierten
Basen mit Piperidin

G–³²P

TCG–³²P

GCTCG–³²P

dazu nichtmarkierte Fragmente

Elektrophorese im Sequenziergel neben der
anderen Modifizierungs/Spaltungsreaktion (wie in Abb. 5.13)

Abb. 5.**14**   Sequenzierung der DNS nach Maxam und Gilbert. Hier ist nur die
Modifizierung und Spaltung von Desoxycytidin gezeigt, 3 weitere Anteile der am
Ende markierten DNS werden an den Positionen von G, G + A und T + C
modifiziert und gespalten. Die Spaltprodukte werden im Sequenzier-Gel neben
denen der „C"-Reaktion aufgetrennt

tet, so erhält man sehr bequem und schnell einzelsträngige DNS. Aus
diesen Gründen ist heute die Didesoxy-Sequenzierung von M13
klonierter DNS wahrscheinlich die meistverbreitete Methode, viele
Laboratorien benutzen allerdings auch noch die chemische Spaltung.

Proteinsequenzierung

Es mag scheinen, daß sie Sequenzierung von Proteinen in einem Kapitel
über die Analyse von DNS fehl am Platze ist, in der Molekularbiologie
ist jedoch eine zumindest teilweise Kenntnis der Sequenz eines Proteins
bei der Untersuchung einer DNS oft wichtig. Ist die Sequenz eines

Proteins bekannt, so kann ein Gen nach dem zugehörigen Code chemisch synthetisiert werden (auch wenn dies meist nur für kleine Polypeptide sinnvoll ist), vor allem aber kann man eine *Oligonucleotid-Sonde* synthetisieren, um damit das Gen des Proteins aus einer *Gen-Bank* herauszuziehen (S. 239).

Zur Zeit ist es noch nicht möglich, Polypeptide mit mehr als etwa 100 Aminosäuren zu sequenzieren. Größere Proteine müssen deshalb in Bruchstücke zerlegt werden, um sequenzierbare Polypeptide zu erhalten. Diese müssen dann natürlich vor der Sequenzierung getrennt werden. Durch chemische Methoden lassen sich verhältnismäßig spezifische, reduzierbare und begrenzte Spaltungen erhalten. So spaltet etwa Bromcyan nur bei der (seltenen) Aminosäure Methionin, BNPS-Skatol spaltet bei Tryptophan und Hydroxylamin zerlegt die Bindungen zwischen Asparaginsäure und Glycin. Auch haben mehrere proteolytische Enzyme, wie Trypsin und V8-Protease, recht spezifische Spaltstellen, so daß nur verhältnismäßig wenig Spaltprodukte entstehen. Die so gewonnenen Polypeptide werden vor der Sequenzierung voneinander getrennt, etwa mit der Molekularsiebchromatographie (Abschn. 6.6, S. 280) oder der HPLC (Abschn. 6.8, S. 293). Die Anordnung der Polypeptide in der Proteingesamtsequenz sucht man mittels sequenzüberlappender Polypeptide auf, die mit verschiedenen Methoden erzeugt wurde.

Alle Methoden zur Sequenzierung von Proteinen sind auf dem *Edman-Abbau* von Polypeptiden gegründet, dabei wird jeweils die N-terminale Aminosäure spezifisch abgespalten, so daß das neue Polypeptid um eine Aminosäure kürzer ist. Die verschiedenen Varianten benutzen dann verschiedene Methoden zur Identifizierung der abgespaltenen Aminosäure oder der nunmehr neuen N-terminalen Aminosäure. Durch mehrere Zyklen des Edman-Abbaus mit nachfolgender Identifizierung des Produktes wird das Polypeptid sequenziert.

Bei der *Edman-Reaktion* (Abb. 5.**15**) wird das Polypeptid mit Phenylisothiocyanat (PITC) umgesetzt, aus der N-terminalen Aminosäure entsteht dabei das Phenylthiocarbamyl- (PTC-)Derivat des Polypeptids. Mit wasserfreier Trifluoressigsäure wird dann das Molekül gespalten, dabei entsteht das 2-Anilino-5-thiazolinon der N-terminalen Aminosäure und das um eine Aminosäure kürzere Polypeptid. Das Thiazolinon wird vom Polypeptid abgetrennt und in das beständigere 3-Phenyl-2-thiohydantoin (PTH) überführt, das dann über eine HPLC oder TLC identifiziert wird. Durch wiederholte Zyklen wird so das Polypeptid vom N-terminalen Ende her sequenziert. Man hat das Verfahren automatisiert, entweder wird dabei das Protein auf einem inerten, festen Träger immobilisiert *(Festphasensequenatoren)*, oder das

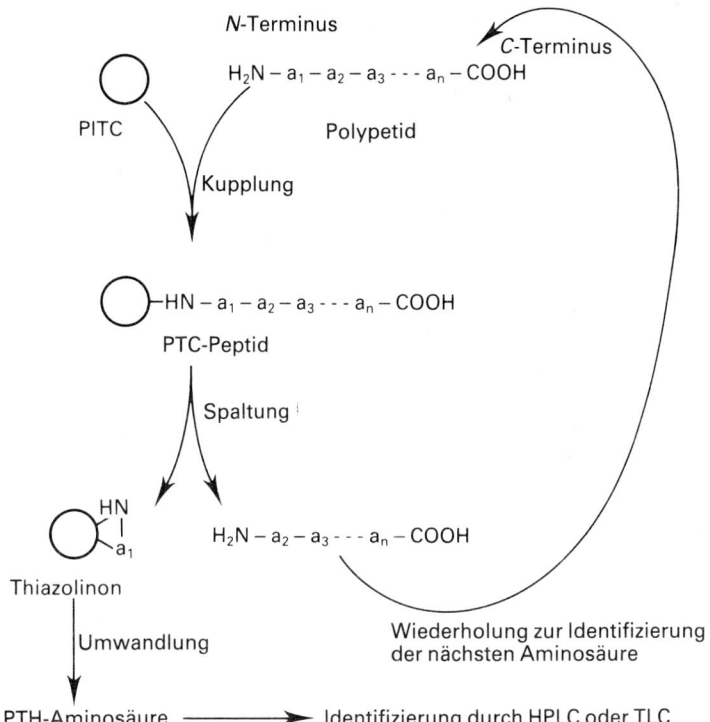

Abb. 5.**15**   Edman-Reaktion (PITC = Phenylisothiocyanat, PTC = Phenylthio-carbamyl-, PTH = 3-Phenyl-2-thiohydantoin). Jeder Zyklus des Abbaus spaltet eine Aminosäure vom N-Terminus des Polypeptids ab

Protein wird als sehr dünne Schicht in einem rotierenden Becher an der Wand aufgebracht, so daß die Reagenzien möglichst guten Zugang haben (Spinning-cup-Sequenatoren). Die Geräte können unter guten Bedingungen bis zu 100 Aminosäuren in einem Protein sequenzieren.

Die alternative *Dansyl-Edman-Methode* (Abb. 5.**16**) arbeitet sehr empfindlich, auch 1 nmol eines Polypeptids kann noch sequenziert werden. Sie ist deshalb für manuelle Sequenzierungen gut geeignet. Auch hier benutzt man Zyklen des Edman-Abbaus zur Abspaltung der N-terminalen Aminosäuren, identifiziert jedoch nicht die freigesetzten PTH-Derivate, sondern jeweils die neu entstandene N-terminale Aminosäure. Dazu wird der Dansyl-Rest nach jedem Zyklus der

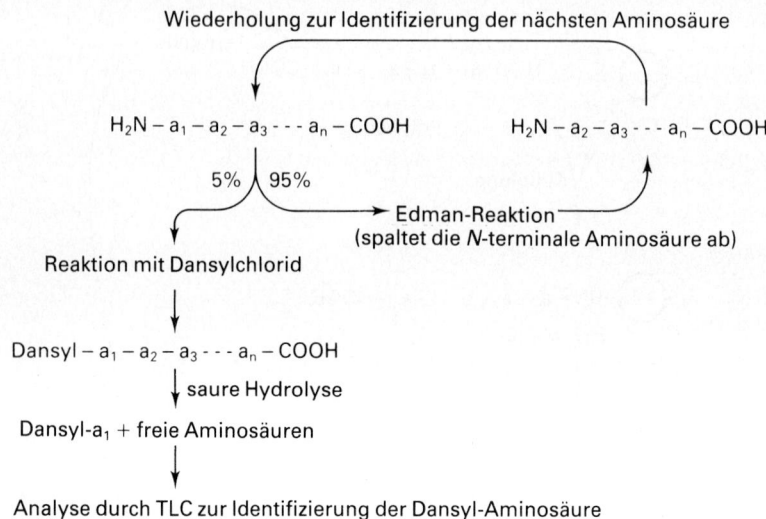

Wiederholung zur Identifizierung der nächsten Aminosäure

$H_2N - a_1 - a_2 - a_3 - - - a_n - COOH$ $H_2N - a_2 - a_3 - - - a_n - COOH$

5% ╲ 95%

Reaktion mit Dansylchlorid

Edman-Reaktion
(spaltet die N-terminale Aminosäure ab)

$Dansyl - a_1 - a_2 - a_3 - - - a_n - COOH$

saure Hydrolyse

$Dansyl-a_1$ + freie Aminosäuren

Analyse durch TLC zur Identifizierung der Dansyl-Aminosäure
(Fluoreszenz im UV)

Abb. 5.**16**   Dansyl-Edman-Verfahren. Nur die N-terminale Aminosäure wird dansyliert und kann durch Tlc identifiziert werden. Der Edman-Abbau dient zur Abspaltung jeweils der N-terminalen Aminosäure aus dem Polypeptid, die Dansylierung identifiziert jede neu freigesetzte N-terminale Aminosäure

Edman-Reaktion an die neue N-terminale Amino-Gruppe einer sehr kleinen Probe des Polypeptids angekuppelt. Nach Spaltung mit Salzsäure erhält man eine Dansyl-Aminosäure neben freien Aminosäuren. Das Dansyl-Derivat wird dann über eine zweidimensionale TLC auf Polyamid-Platten (S. 259) identifiziert. Man kann so etwa 15 Aminosäuren sequenzieren, bevor der kumulative Effekt der nicht ganz vollständigen Reaktionen und Nebenreaktionen die eindeutige Identifizierung der Dansyl-Aminosäure unmöglich machen.

Da wir den genetischen Code genau kennen, läßt sich aus der einmal bestimmten Sequenz eines Gens sehr leicht die Aminosäure-Sequenz des codierten Proteins ablesen. Voraussetzungen sind natürlich die Wahl des richtigen Leserahmens und die Abwesenheit von Intron-Sequenzen. Heute werden Aminosäure-Sequenzen von Proteinen häufig schon leichter über die DNS-Sequenzierung erhalten, vor allem, wenn das Protein für eine direkte Sequenzierung nicht in genügender Menge und Reinheit erhältlich ist. Jedoch ist die Isolierung eines spezifischen Gens immer noch mit viel Arbeit verbunden, so daß die Geschwindigkeit der DNS-Sequenzierung diesen Nachteil nicht aufwiegt. Die Sequenzierung ist heute so weit ausgearbeitet, daß einige Laboratorien Computer benutzen, um ihre Sequenzier-Gele auswerten zu lassen, auch hat man Datenbanken für Sequenzen eingerichtet, um den massiven Informationsfluß zu verarbeiten. Trotzdem wird es noch lange dauern, bis etwa das menschliche Genom vollständig durchsequenziert ist. Sogar bei einer Geschwindigkeit bei einer Base pro s würde es mehr als 100 Jahre dauern, bis das 3×10^6 kb große haploide Genom sequenziert wäre.

Kinetik der Renaturierung

Läßt man einzelsträngige DNS, die aus den Doppelsträngen durch Hitze oder Alkali-Behandlung gewonnen wurden, langsam renaturieren, so ergibt die Messung der *Renaturierungsgeschwindigkeit* wertvolle Informationen über die *Komplexität* der DNS, d.h. über ihren Gehalt an Information (in Basen-Paaren ausgedrückt). Die Komplexität eines solchen Moleküls kann viel kleiner sein als seiner Gesamtlänge entspricht, wenn es *repititive* Sequenzen enthält. Sind alle Sequenzen nur einmal vorhanden *(unique)*, so wird die Komplexität der Gesamtlänge entsprechen. In der Praxis zerschneidet man die DNS zunächst statistisch in etwa 1 kb lange Fragmente (S. 237) und denaturiert sie dann durch Erhitzen über ihren T_m. Die Renaturierung wird bei einer Temperatur um $10\,°C$ unter dem T_m durch die Abnahme der Extinktion bei 260 nm gemessen *(hypochromer Effekt)*. Auch die Chromatographie einzelner Proben zu verschiedenen Zeiten durch kleine Hydroxylapatit-Säulen, die nur die doppelsträngige DNS festhalten, findet Anwendung. Man bestimmt dann die Menge der gebundenen Substanz. Der Verlauf der Zeikurve der Renaturierung hängt ab von C_0, der Konzentration (ausgedrückt in Nucleotiden pro Volumeneinheit), der doppelsträngigen DNS vor der Denaturierung und von t, dem jeweiligen Zeitpunkt der Renaturierung.

Bei gleicher Konzentration C_0 hat offensichtlich ein Präparat der DNS aus dem Phagen λ (mit einer Genomgröße von 49 kb) viel mehr Kopien der gleichen Sequenz pro DNS-Einheit als eine Präparation menschlicher DNS (haploide Genomgröße 3×10^6 kb). Deshalb sollte die virale DNS viel schneller renaturieren, da viel mehr DNS-Abschnitte zueinander komplementär sind als bei dem menschlichen Genom und die Geschwindigkeit der Assoziation, der erneuten Dissoziation und der Wiederassoziation letztlich diffusionskontrolliert sind (Zeitkonstante 10^{-7}–10^{-9} s). Um die Geschwindigkeiten der Renaturierung verschiedener DNS-Proben vergleichen zu können, gibt man C_0 vor und mißt die Zeit bis zur Renaturierung von 50 % $(t_{1/2})$, dann multipliziert man diese Werte zu der $C_0 t_{1/2}$-Größe. Je größer $C_0 t_{1/2}$, desto größer die Komplexität der DNS. Die DNS aus dem Phagen λ hat deshalb einen viel kleineren $C_0 t_{1/2}$-Wert als das menschliche DNS.

Tatsächlich renaturiert die DNS aus dem menschlichen Genom sehr uneinheitlich. Trägt man den Grad der Renaturierung gegen log C_0t auf (man nennt das eine *Cot curve*), so zeigt ein Teil der DNS eine sehr schnelle Renaturierung, der Rest renaturiert sehr viel langsamer (Abb. 5.**17**). Es müssen also einige Sequenzen häufiger vorkommen als andere, ein Teil des Genoms besteht also aus *repititiven Sequenzen*. Diese repititiven Sequenzen lassen sich von den Einzelkopien der Gene in DNS abtrennen, indem man während der Renaturierung Proben durch eine Hydroxylapatit-Säule chromatographiert. In der frühen Phase der Renaturierung, wo noch ein niedriger Wert von C_0t vorherrscht, sind die schnell renaturierenden Sequenzen schon doppelsträngig, nur sie werden deshalb von der Säule zurückgehalten.

5.6   Grundzüge der genetischen Manipulation

Der Molekularbiologe kennt viele Techniken zur Untersuchung und Veränderung genetischer Strukturen und damit auch ihrer Funktionen. Die wichtigsten Schritte sind aber das Schneiden und Zusammenfügen

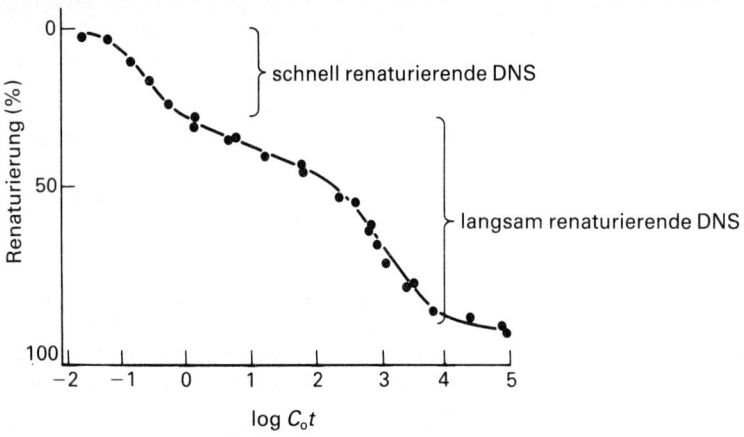

Abb. 5.**17**   *Cot*-Kurve menschlicher DNS. Die DNS wurde bei 60 °C inkubiert, nachdem sie durch Überhitzung völlig aufgeschmolzen war. Zu verschiedenen Zeiten wurden Proben entnommen und durch eine Hydroxylapatit-Säule gegeben, um den Gehalt an doppelsträngiger DNS zu bestimmen. In % ausgedrückt, ist er gegen log *Cot* aufgetragen (ursprüngliche Konzentration der DNS *x* Probenzeit)

mancher DNS-Strecken in einer reproduzierbaren Anordnung. Dazu benutzt man Restriktionsendonucleasen und Ligasen.

Durch solches Schneiden und Ligieren kann ein komplexes Genom in eine große Anzahl kleiner Fragmente, jedes etwa von der Größe eines einzelnen Gens, zerlegt werden. Diese lassen sich dann in einen Träger (oder *Vektor*) einfügen, die so gewonnene rekombinierte DNS kann dann in bakteriellen Zellen beliebig oft repliziert werden. Auf diese Art kloniert man Gene, um genügend Material für eine Strukturaufklärung zu erhalten, auch um es in das Genom einer Zelle einzufügen, die genetisch manipuliert werden soll. Die Grundzüge des Klonierens eines Gens zeigt die Abb. 5.**18**. Jeder Schritt wird nun im Detail beschrieben.

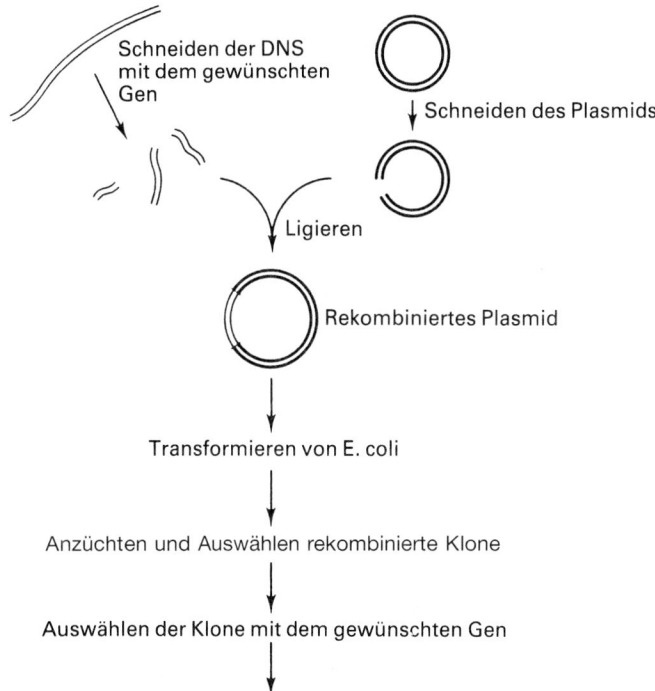

Abb. 5.**18**   Prinzip der Klonierung eines Gens

5.7   Enzyme für die genetische Manipulation

Restriktionsendonucleasen

Erst 1970 wurde das erste Enzym isoliert, das eine spezifische Sequenz auf der DNS erkennen konnte und das Molekül innerhalb dieser Sequenz spaltete. Solche Enzyme bezeichnen wir als *Restriktionsendonucleasen;* sie werden von Bakterien als Verteidigung gegen *fremde DNS*, z.B. virale DNS, gebildet, da sie solche eingedrungenen Moleküle erkennen und abbauen können. Die bakterielle DNS wird gegen den

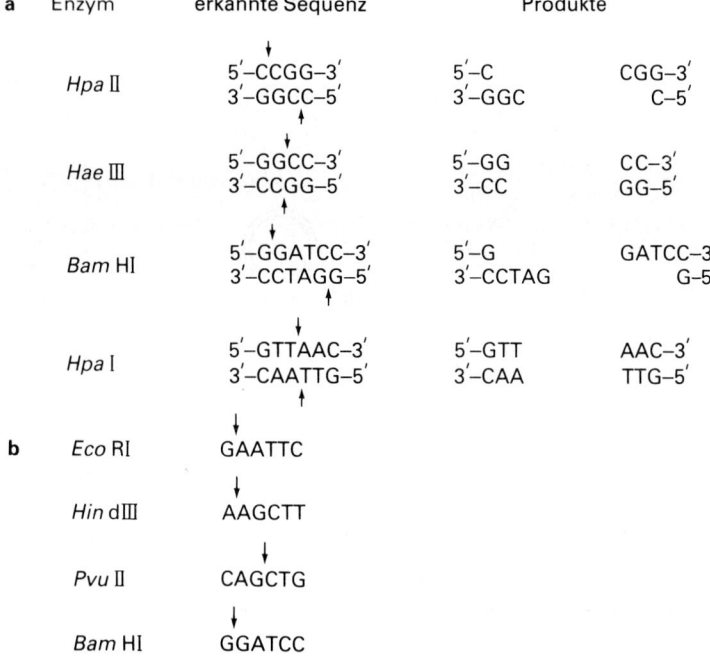

Abb. 5.**19**   Erkennungssequenzen einiger Restriktionsenzyme: **a** Darstellung der Ausgangssubstanz und der Produkte, **b** abgekürzte, konventionelle Schreibweise. Die Pfeile zeigen die Schnittstelle an. Die notwendige Information, die in **a** vollständig ausgeschrieben ist, kann auch aus einem Einzelstrang der DNS, wie in **b** abgelesen werden. Üblicherweise schreibt man deshalb nur einen Strang in der Richtung von 5′ nach 3′

Abbau durch zelleigene Enzyme durch die Methylierung einiger Basen innerhalb der verletzlichen Sequenz geschützt. Heute ist eine große Zahl solcher Restriktionsendonucleasen gereinigt worden, für den Molekularbiologen sind am besten die des Typ II brauchbar. Diese Enzyme erkennen eine spezifische Sequenz von 4–6 Nucleotiden und spalten die DNS innerhalb dieser *Restriktionsschnittstelle*. Natürlich kommt eine Sequenz aus 4 bestimmten Basen häufiger in einem DNS-Molekül vor als eine aus 6 Basen, ein Enzym, das eine Tetranucleotid-Sequenz erkennt, wird also mehr Fragmente produzieren als eine Hexanucleotid-Endonuclease. Manche dieser Enzyme schneiden die DNS einfach quer durch, so daß *glatte Enden* (blunt ends) entstehen, während andere die Einzelstränge gegeneinander versetzt schneiden, so daß an den Enden der beiden Einzelstränge jeweils einige Basen überstehen (Abb. 5.**19**). Da die Restriktionsschnittstellen symmetrisch sind, so daß die beiden Stränge die gleiche Sequenz haben, wenn man sie in der 5'- nach 3'-Richtung abliest, werden solche versetzten Schnitte identische Basen-Folgen zu beiden Seiten der Schnittstelle überstehen lassen. Diese Enden sind dann nicht nur identisch, sondern auch komplementär und können miteinander basenpaaren. Man nennt sie deshalb auch *kohäsive* oder *klebrige Enden* (sticky ends). Besonders wichtig ist nun, da ja die Restriktionsenzyme hochspezifisch sind, daß jedes einzelne DNS-Molekül einer bestimmten Sequenz den gleichen Satz an Fragmenten nach der Spaltung mit einem bestimmten Enzym liefert. Verschiedenartige DNS-Moleküle ergeben dann verschiedene Sätze an Fragmenten, wenn sie mit dem gleichen Enzym gespalten werden. Über 400 Enzyme des Typus II mit nahezu 100 verschiedenen *Restriktionsschnittstellen* sind heute gut charakterisiert, die Liste setzt sich ständig fort.

Ligasen

Für eine Analyse einer DNS ist diese reproduzierbare Möglichkeit des Schneidens natürlich sehr nützlich. Die vollen Möglichkeiten der Methodik entfalten sich jedoch erst, wenn man solche Fragmente nun wieder zu einer neuen Struktur zusammenfügt, die dann als *rekombinante DNS* bezeichnet wird. Dieses Zusammenfügen oder *Ligieren* wird wiederum mit einem geeigneten Enzym, einer DNS-Ligase, vorgenommen. Das am meisten benutzte stammt aus einem bakteriellen Virus, dem T4-Phagen.

Werden 2 verschiedene DNS-Moleküle mit dem gleichen Restriktionsenzym geschnitten, so werden die Sticky ends in beiden Präparaten identische Sequenzen haben. Vermischt man also die beiden Fragmentgruppen, so werden die Sticky ends wieder basenpaaren; dabei reihen sie auch Fragmente aneinander, die aus verschiedenen Molekülen stammen. Natürlich basenpaaren auch Fragmente aus dem gleichen

Molekül. Die Paarungen sind vorübergehend, da die wenigen Wasserstoff-Bindungen zwischen den nur kurzen Basen-Sequenzen der Sticky ends schwache Kräfte ausüben, die DNS-Ligase stabilisiert jedoch die Struktur, indem sie eine kovalente Bindung zwischen der 5'-Phosphorsäure am Ende des einen Stranges und dem 3'-Hydroxy des benachbarten Stranges schließt (Abb. 5.20). Die Reaktion verbraucht ATP, sie wird meist bei 4°C durchgeführt, um die kinetische Energie der Moleküle zu verringern und damit die basengepaarten Sticky ends möglichst so lange zusammenzuhalten, bis sie durch Ligase-Reaktion stabilisiert worden sind. Man benötigt dann allerdings lange Reaktionszeiten, um die niedrige Aktivität der DNS-Ligase bei niedriger Temperatur zu kompensieren.

Da die Ligase die ursprüngliche Spaltstelle wieder schließt, können solche rekombinierten Moleküle aus der Ligierung der Sticky ends danach auch identisch wieder gespalten werden, wenn man das gleiche Restriktionsenzym benutzt, das ursprünglich für die Darstellung der Fragmente eingesetzt wurde. Man kann also ein Fragment in eine Vektor-DNS einligieren und dann mittels der Restriktionsendonuclease nach dem Klonieren des rekombinierten Moleküls auch wieder herausschneiden.

Fragmente der Spaltung der DNS mit *Bam* HI

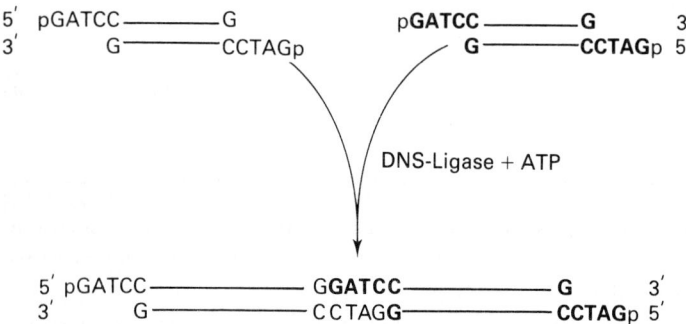

Abb. 5.**20**   Ligieren der DNS-Moleküle mit kohäsiven Enden. Komplementäre kohäsive Enden treten in die Basen-Paarung ein, so daß vorübergehend die beiden DNS-Fragmente aneinandergeknüpft sind. Durch die Ausbildung zweier kovalenter 3'- nach 5'-Phosphodiester-Bindungen zwischen kohäsiven Enden mittels der DNS-Ligase wird diese Assoziation der Fragmente stabilisiert

Auch stumpfendige DNS-Fragmente lassen sich ligieren, da aber hier keine Basen-Paarung möglich ist, um die Fragmente vorübergehend zusammenzuhalten, müssen hohe Konzentrationen an DNS und Ligase eingesetzt werden. Allerdings ist diese Ligierung von stumpfen Enden dann nützlich, wenn die DNS-Fragmente nicht mit dem gleichen Restriktionsenzym hergestellt worden sind und damit auch keine zusammenpassenden Sticky ends tragen. Solche nicht passenden Sticky ends lassen sich auch vor einer Ligierung abbauen, denn das Enzym S1-Nuclease hydrolisiert nur einzelsträngige DNS (Abb. 5.21). In diesem Fall allerdings wird nicht eine ursprüngliche Restriktionsschnittstelle wieder zusammengenäht, so daß ein Fragment nach dem Klonieren mit der betreffenden Restriktionsendonuclease auch nicht wieder ausgeschnitten werden kann. Man benutzt dann häufig sogenannte *Linker* (Verbindungsstücke) zum Verknüpfen der DNS. Linker sind kurze doppelsträngige Oligonucleotide mit stumpfen Enden, die mindestens eine bestimmte Restriktionsschnittstelle in ihrer Sequenz ausdrücken (Abb. 5.22).

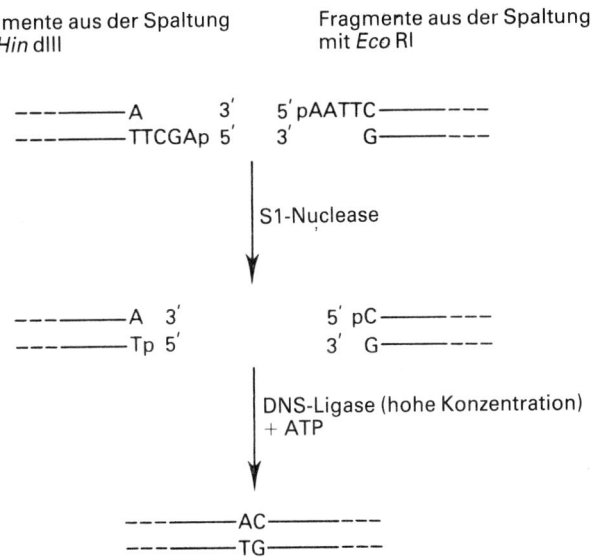

Abb. 5.**21** Erstellung und Ligieren stumpfer Enden. Verschiedenartige stumpfendige Fragmente können durch Basen-Paarung kohäsiver Enden nicht zusammengehalten werden, deshalb muß sowohl die DNS wie auch die Ligase in hohen Konzentrationen vorliegen, um die Wahrscheinlichkeit zu erhöhen, daß beide DNS-Fragmente gleichzeitig im aktiven Zentrum der Ligase stehen

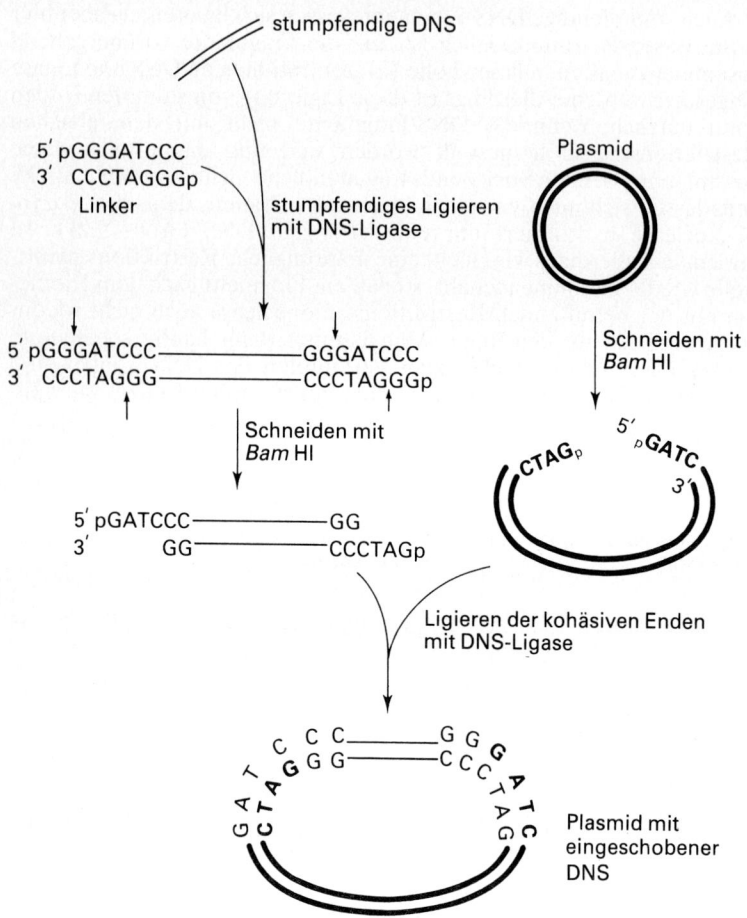

Abb. 5.**22**   Einsatz von Linkern. Bei diesem Beispiel wird eine stumpfendige DNS in eine spezifische Restriktionsschnittstelle auf einem Plasmid eingeschoben. Dazu wird zunächst ein Linker mit der gleichen Restriktionsschnittstelle an die stumpfendige DNS angefügt

Solche Linker können an ein DNS-Präparat durch stumpfendiges Ligieren angefügt werden, durch Spaltung der Linker mit einer geeigneten Restriktionsendonuclease entstehen dann die gewünschten Sticky ends. Man wählt den Linker so aus, daß das Sticky end dann mit dem eines anderen DNS-Präparats identisch ist, dann können beide Fragmente durch Ligieren der Sticky ends zusammengefügt werden. Es sind mehrere sehr vielseitige Linker verfügbar, die für verschiedene Restriktionsenzyme Schnittstellen enthalten, obwohl sie nur 8–10 Nucleotide lang sind (Abb. 5.**23**).

Mit der **Homopolymer-Verlängerung** *(homopolymer tailing)* genannten Technik kann man künstliche Sticky ends an stumpfendige Moleküle ansetzen (Abb. 5.**24**). Man behandelt etwa ein DNS-Präparat in Anwesenheit von dATP mit dem Enzym Terminaltransferase, dann entsteht eine Poly-(dA)-Kette am 3'-Ende jedes Stranges. Bei einem anderen Präparat würde man dann 3'-Schwänze von Poly(T) ansetzen, indem man das gleiche Enzym mit TTP speist. Mischt man die beiden, so basenpaaren diese komplementären Sticky ends, sie können dann ligiert werden. Ein Vorzug dieser Methode liegt darin, daß die Verknüpfung nicht zwischen Fragmenten des gleichen Präparats erfolgen kann.

5.8   Klonierungsvektoren

Plasmide

Durch Klonieren können wir beliebig große Mengen eines DNS-Fragmentes erzeugen. Dazu wird die DNS in eine geeignete *Wirtszelle* eingefügt, meist ein Bakterium wie *Escherichia coli*. Beim Wachstum und der Teilung der Zelle wird sie dann repliziert. Allerdings wird diese Replikation nur durchgeführt, wenn die DNS eine Sequenz enthält, die

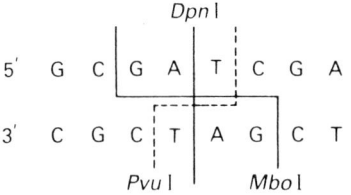

Abb. 5.**23**   Vielseitiger Linker. Die Spaltstellen dreier verschiedener Restriktionsenzyme sind eingezeichnet. Die zugehörigen Erkennungssequenzen sind: *Dpn* I, GA ↓ TC; *Mbo* I, ↓ GATC; *Pvu* I, CGAT ↓ CG. Die *Dpn* I erzeugt also stumpfendige Fragmente, *Mbo* I und *Pvu* I hingegen Fragmente mit kohäsiven Enden

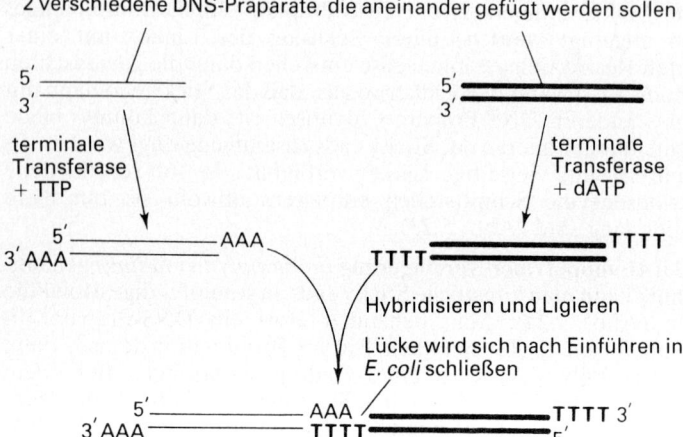

2 verschiedene DNS-Präparate, die aneinander gefügt werden sollen

Abb. 5.**24** Homopolymer-Verlängerung. An ein DNS-Präparat fügt man an den 3'-Enden Poly-(dA)-Schwänze an, an das andere Poly-(T)-Stücke. Diese Enden können miteinander basenpaaren. Die beiden Präparate werden gemischt und zur Stabilisierung der Verknüpfung ligiert. Sind die Stücke lang genug, so wird das Hybrid so stabil sein, daß die Ligase-Reaktion nicht benötigt wird

von der Wirtszelle als *Ursprung der Replikation (origin of replication)* erkannt wird. Solche Sequenzen kommen nicht häufig vor. Deshalb wird dieser Fall selten eintreten. Man muß also die zu klonierende DNS an einen *Träger (carrier)* oder *Vektor* anfügen, der einen Ursprung für die Replikation enthält. Viele Bakterien enthalten solche DNS-Stücke, die wir *Plasmide* nennen. Sie sind verhältnismäßig kleine, ringförmig geschlossene, extrachromosomale Moleküle, die Gene für bestimmte Eigenschaften, etwa Resistenzen gegen Antibiotika, Konjugation oder Verstoffwechselung ungewöhnlicher Substrate, tragen. Einige dieser Plasmide werden in Bakterien sehr häufig repliziert und sind damit ausgezeichnete potentielle Vektoren. Ausgehend von einer Auswahl natürlicher Plasmide sind künstliche Plasmide durch eine komplizierte Folge von Schnitt- und Ligase-Reaktionen konstruiert worden.

Eines der meistbenutzten Plasmide, pBR322, zeigt die vorteilhaften Eigenschaften, die in diese Vektoren eingebaut sind (Abb. 5.**25**):

1 Das Plasmid ist viel kleiner als das natürliche Plasmid, da es damit unempfindlicher gegen Verletzungen durch Scherkräfte wird und von Bakterien während der *Transformation* leichter aufgenommen wird (s. u.).

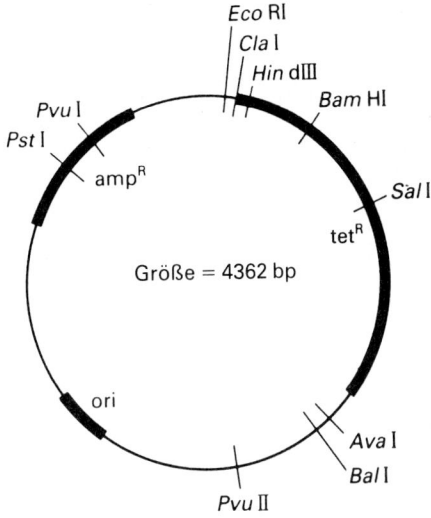

Abb. 5.**25**   Das Plasmid pBR322: amp^R und tet^R sind die Gene für Resistenzen gegen Ampicillin und Tetracyclin. ori ist der Ursprung der DNS-Replikation. Einzelne Schnittstellen gegen bestimmte Restriktionsendonucleasen sind eingezeichnet (z.B. *Eco* RI, *Cla* I)

2 Eine bakterielle Sequenz für den Ursprung der DNS-Replikation stellt sicher, daß das Plasmid in der Wirtszelle vermehrt wird. Manche solcher Ursprungssequenzen zeigen eine *stringente* Regulation der Replikation, d.h., die Replikation setzt mit der gleichen Häufigkeit wie die Teilung ein. Die meisten Plasmide, auch pBR322, haben eine *gelockerte (relaxed) Replikation,* deren Aktivität nicht mit der Zellteilung zusammenhängt. Das Plasmid kann dann sogar noch häufiger als die Chromosomen repliziert werden. Unter geeigneten Bedingungen wird die Zelle dann eine große Zahl der Plasmid-Moleküle produzieren.

3 2 Gene für Resistenzen gegen Antibiotika wurden eingebaut. Eine davon benutzt man zur Auswahl der Zellen, die das Plasmid tragen: Züchtet man die Zellen in einem Medium, die das zugehörige Antibiotikum enthalten, so werden nur die plasmidtragenden Zellen zu Kolonien anwachsen. Das zweite Resistenz-Gen kann, wie unten beschrieben, zur Auswahl jener Plasmide dienen, die den DNS-Einschub besitzen.

4 Eine Reihe von Restriktionsschnittstellen für verschiedene Endo-
nucleasen sind über die ganze Strecke des Plasmids verteilt, damit
kann man den Ring für den Einschub eines Stückes DNS, das kloniert
werden soll, an einer spezifischen Stelle öffnen. Dieses Anhäufen der
Schnittstellen macht es nicht nur leichter ein Restriktionsenzym, das
sowohl für den Vektor wie auch für die eingeschobene DNS geeignet
ist zu finden, da einige dieser Stellen in einem Resistenz-Gen gegen
ein Antibiotikum liegen; dadurch wird es auch möglich, den erfolgreichen Einschub durch den Verlust der Resistenz gegen das Antibiotikum aufzufinden.

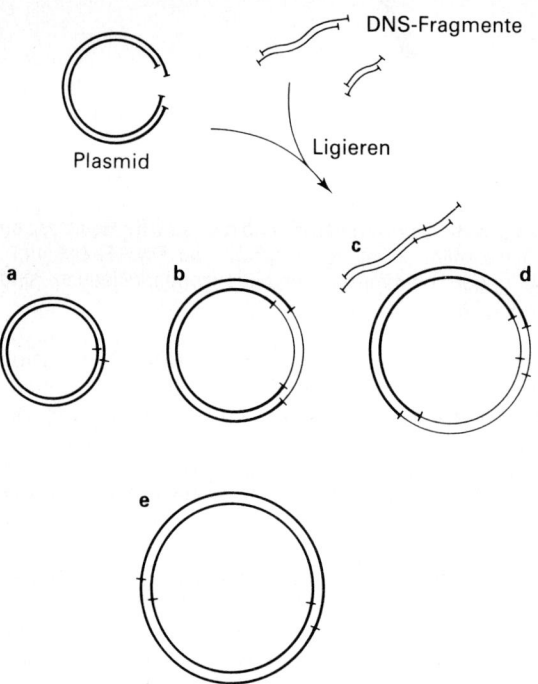

Abb. 5.**26** Produkte des Ligierens. Das linearisierte Plasmid wurde mit
DNS-Fragmenten in Anwesenheit der DNS-Ligase gemischt. Das Gemisch der
Produkte enthält **a** geschlossenes Plasmid, **b** geschlossenes Plasmid mit
einem einzelnen DNS-Einschub, **c** aneinander geknüpfte DNS-Fragmente, **d**
geschlossenes Plasmid mit mehr als einem eingeschobenen Fragment, **e** 2
aneinander geknüpfte Plasmide, die zu einem dimeren Ring geschlossen
sind

Der Wert des pBR322 läßt sich leicht am Beispiel der Klonierung eines DNS-Fragmentes darstellen. Nehmen wir an, daß das Fragment aus einem größeren Molekül mit dem Restriktionsenzym *Bam* H I hergestellt worden ist. Die verschiedenen Fragmente wurden dann in der Gel-Elektrophorese aufgetrennt, und das gewünschte Fragment wurde durch Quetschen oder Elektroelution (S. 205) aus dem Gel gewonnen. Das Plasmid wurde dann auch an einer einzigen Schnittstelle mit *Bam* H I geöffnet und beide DNS-Präparate wurden von Protein befreit, um die Restriktionsendonuclease zu inaktivieren. *Bam* H I schneidet zu Sticky ends, damit wird es leicht, das Fragment und das Plasmid mit T-4-DNS-Ligase zu verknüpfen. Die Produkte aus dieser Verknüpfung beinhalten auch Plasmide mit einem einzigen eingeschobenen DNS-Fragment, daneben aber unerwünschte Bestandteile, etwa Plasmide, die ohne Einschub wieder geschlossen wurden, Dimere des Plasmids, Fragmente, die aneinander geheftet wurden und Plasmide mit mehr als einem eingeschobenen Fragment (Abb. 5.**26**). Die meisten dieser unerwünschten Moleküle lassen sich durch die folgenden Schritte eliminieren.

Die ligierte DNS muß nun zur *Transformation* von *E.coli* eingesetzt werden. Bakterien nehmen normalerweise keine DNS aus dem Milieu auf, behandelt man sie jedoch in der Kälte mit Ca^{2+}, so wird dies möglich. Man nennt die Zellen dann *kompetent,* da die DNS nach dem Zusatz zu kompetenten Zellen während eines leichten Hitzeschocks aufgenommen wird. Kleine ringförmige Moleküle werden am besten akzeptiert, lange lineare Moleküle dringen nicht in die Bakterien ein.

Nach einer kurzen Inkubation gibt man die Zellen auf Kulturplatten mit einem Milieu, das das Antibiotikum Ampicillin enthält. Kolonien, die auf diesen Platten wachsen, müssen aus Zellen stammen, die das Plasmid enthalten, da es das Gen für die Resistenz gegen Ampicillin trägt. Dabei kann man noch nicht unterscheiden zwischen solchen Plasmiden, die den Einschub tragen und solchen, die einfach wieder geschlossen worden sind. Um diese herauszufinden, werden die Kolonien als *Replika* umgesetzt. Mit einem sterilen Samtstempel setzt man sie auf Platten um, die im Milieu Tetracyclin enthalten (Abb. 5.**27**). Da die *Bam*-H-I-Schnittstelle im Tetracyclin-Resistenzgen liegt, wird das Gen durch den Einschub inaktiviert. In den einfach wieder geschlossenen Plasmiden wird das Gen intakt sein. Die Kolonien, die auf Ampicillin, aber nicht auf Tetracyclin wachsen, müssen dann Plasmide mit Einschüben enthalten. Da das Umsetzen als Replika das gleiche Kolonienmuster auf beiden Plattensorten erzeugt, lassen sie sich leicht auswählen und von der Ampicillin-Platte für weiteres Aufzüchten abnehmen. Damit wird die Bedeutung eines zweiten Resistenz-Gens gegen ein weiteres Antibiotikum in einem Vektor klar.

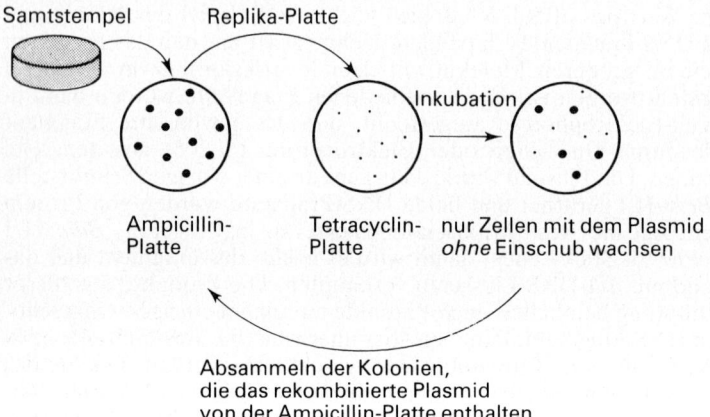

Samtstempel   Replika-Platte

Inkubation

Ampicillin-   Tetracyclin-   nur Zellen mit dem Plasmid
Platte   Platte   *ohne* Einschub wachsen

Absammeln der Kolonien,
die das rekombinierte Plasmid
von der Ampicillin-Platte enthalten

Abb. 5.27 Replika-Plattieren um rekombinierte Plasmide aufzufinden. Ein steriler Samtstempel wird auf die Oberfläche einer Agar-Platte gedrückt, dabei nimmt er von jeder Kolonie auf der Platte einige Zellen auf. Der Stempel wird dann auf eine frische Agar-Platte gedrückt, so daß sie mit den Zellen im identischen Muster der ursprünglichen Kolonien geimpft wird. Zellklone, die auf der zweiten Platte nicht wachsen (z.B. wegen des Verlustes der Resistenz gegen das Antibiotikum), lassen sich dann aus der ersten Platte aus den entsprechenden Kolonien aufzüchten

Obwohl man also die einfach wieder geschlossenen Plasmide eliminieren kann, senkt ihre Anwesenheit doch die Ausbeute der rekombinierten Plasmide mit Einschüben. Behandelt man das aufgeschnittene Plasmid vor der Ligierung mit alkalischer Phosphatase, so kann es sich nicht wieder schließen, weil das Enzym die 5'-Phosphorsäure-Gruppen abgespaltet, die für die Ligierung notwendig sind. Die Bindung kann sich aber noch zwischen der 5'-Phosphorsäure des Einschubes und der 3'-Hydroxy-Gruppe des Plasmides schließen, so daß nur rekombinierte Plasmide und Ketten von aneinandergeknüpften Fragmenten entstehen. Dabei macht es nichts aus, daß nur einer der beiden Stränge ligiert wird, da dieser Einzelstrangbruch durch die transformierten Bakterien repariert werden kann.

Sowohl vor wie nach der Klonierung muß das Plasmid aus den Bakterien abgetrennt werden. Eine an Plasmiden stark angereicherte DNS-Präparation erhält man durch sehr vorsichte Lyse der Zellen mit Lysozym und Detergens, danach wird das *Lysat* durch Zentrifugation *geklärt*. Bei der Zentrifugation setzt sich die hochmolekulare DNS (vorwiegend chromosomal) mit den zellulären Überresten ab, Plasmide und RNS bleiben im Überstand. Unverletzte Plasmide sind besonders kompakt, da sie überdreht sind *(supercoiled),* denn sie besitzen einige Windungen der Doppelhelix zu wenig pro Längeneinheit. Man kann sich eine solche Supercoil leicht darstellen, indem man ein Stück Schnur, das an einem Ende festgehalten ist, überdreht. Andere Trennmethoden benutzen die leichtere Denaturierung der linearen DNS durch Hitze oder Alkali, durch eine Zentrifugation wird sie dann vom ringförmigen Plasmid abgetrennt.

Eine weitere Reinigung des Plasmids gelingt durch eine Ultrazentrifugation in einem Cäsiumchlorid-Dichtegradienten in Anwesenheit von Ethidiumbromid (S. 85). Ethidiumbromid wird von der DNS gebunden und verursacht eine Einwindung, gleichzeitig nimmt die Schwebedichte ab. Da die Supercoil der Plasmid-DNS sich nur in sehr begrenztem Umfang entwinden, bindet es nicht soviel Farbstoff wie die lineare und geöffnete Ring-DNS. Das Plasmid weist dann bei Sättigungskonzentrationen von Ethidiumbromid eine höhere Dichte als die anderen DNS-Sorten auf. Aufgrund dieses Dichteunterschiedes kann die DNS der Plasmide von anderer DNS durch isopyknische Ultrazentrifugation abgetrennt werden (S. 70).

Virale DNS

Die Klonierung einzelner Gene benutzt am besten Plasmide, da der Einschub selten größer als 2 kb sein wird. Wie unten besprochen, muß man aus mehreren Gründen noch viel größere Stücke an DNS klonieren, vor allem bei der Einrichtung von *Genbanken (gene libraries)* (S. 237) aus Genomen höherer Eukaryonten. Große Einschübe vergrößern aber das Plasmid so stark, daß eine effiziente Transformation nicht mehr möglich ist, eine solche rekombinierte DNS muß also auf anderen Wegen in die bakteriellen Zellen gelangen.

Eine Möglichkeit dazu besteht in der Benutzung der DNS von *Bakteriophagen* (bakterielle Viren) als Vektoren. Die Viruspartikel injizieren diese großen Moleküle in die Bakterien. Ein häufiger Vektor ist der des Phagen λ mit 49 kb Länge. Für die Klonierung großer DNS-Fragmente bis zu 20 kb wird das meiste der überflüssigen λ-DNS weggeschnitten und durch den Einschub ersetzt. Die rekombinierte DNS wird dann *in vitro* in die Viruspartikel verpackt, mit denen man anschließend bakterielle Zellen auf einer Agar-Platte infiziert (Abb. 5.**28**). Da die DNS in die Zellen injiziert wird, ist der Wirkungsgrad der Transformation sehr hoch. In den Zellen wird die rekombinierte virale DNS repliziert. Alle Gene für das normale lytische Wachstum sind auf der DNS noch vorhanden, so daß das Virus auch durch Zyklen der Zell-Lyse und Infektion weiterer Zellen vermehrt wird. Man sieht dann aufgehellte *Plaques* lysierter Zellen auf einem trüberen Hintergrund, dem Zell*rasen* der Bakterien. Die klonierte DNS kann aus den Viren in diesen Plaques isoliert werden.

Kosmide

Zur Analyse sehr komplexer Genome müssen noch längere Fragmente der DNS kloniert werden. Um das dazu notwendige Verfahren zu verstehen, muß man die Grundzüge der viralen DNS-Verpackung kennen. Die virale DNS wird in die Wirtszelle als lineares Molekül eingeschoben, an jedem Ende stehen dabei kohäsive, komplementäre Enden von 12 Basen Länge. In der Wirtszelle werden diese Basen gepaart und durch Ligieren zu einer ringförmigen DNS geschlossen, diese Bindung wird an der sogenannten *cos*-Stelle geschlagen (Abb. 5.**29**). Die Replikation der DNS nach dem Mechanismus des abrollenden Ringes läßt ein *Konkatamer* entstehen, ein langes Molekül aus vielen Kopien der viralen DNS, die jeweils an den Enden der *cos*-Stellen verknüpft sind. Verpackt wird diese DNS, indem die Bereiche zwischen den *cos*-Stellen als Schlaufen in den Vorläufer des viralen Kopfes gezogen werden. Wenn ein Kopf gefüllt ist, so sollten die *cos*-Stellen an der Mündung des Kopfes liegen, dort können sie gespalten werden, so daß wieder ein lineares Molekül mit kohäsiven Enden entsteht. Danach

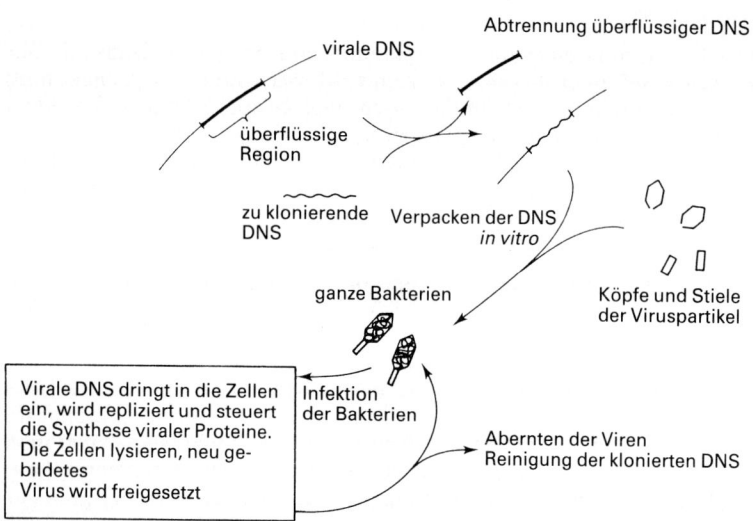

Abb. 5.**28**   Klonierung von DNS im Bakteriophagen. Überflüssige DNS wird aus der λ-DNS mit Restriktionsenzymen ausgeschnitten und von den essentiellen DNS-Fragmenten durch Elektrophorese abgetrennt. Essentielle DNS und die zu klonierende DNS werden ligiert und in leeren Köpfen der Viruspartikel verpackt. Zufügen der Stiele ergibt infektiöse Viren (zu der Verpackung Abb. 5.**29**, S. 231)

werden die Proteine der Stiele angesetzt und erzeugen infektiöse Partikel.

Die einzige Voraussetzung für die Verpackung einer DNS in virale Köpfe ist also ihr Gehalt an *cos*-Stellen im richtigen Abstand. In der Praxis kann dieser Abstand zwischen 37 und 52 kb betragen. Man hat nun *Cosmide* genannte Vektoren konstruiert, die die *cos*-Stellen und die essentiellen Gene eines Plasmids enthalten, nämlich einen Replikationsursprung, ein Gen für eine Resistenz gegen ein Medikament und mehrere geeignete Schnittstellen für einen DNS-Einschub (Abb. 5.**30**). Wird ein Cosmid durch ein Restriktionsenzym geöffnet und an die zu klonierende DNS ligiert, so erhält man neben anderem auch Konkata-

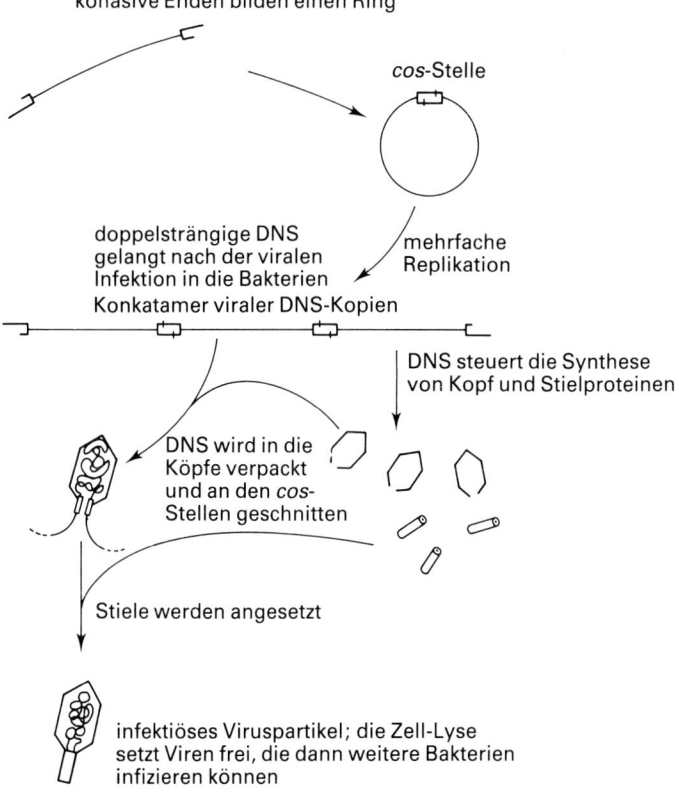

kohäsive Enden bilden einen Ring

cos-Stelle

doppelsträngige DNS gelangt nach der viralen Infektion in die Bakterien

mehrfache Replikation

Konkatamer viraler DNS-Kopien

DNS steuert die Synthese von Kopf und Stielproteinen

DNS wird in die Köpfe verpackt und an den *cos*-Stellen geschnitten

Stiele werden angesetzt

infektiöses Viruspartikel; die Zell-Lyse setzt Viren frei, die dann weitere Bakterien infizieren können

Abb. 5.**29**   Verpackung der λ-DNS

mere des Cosmids mit Einschub. Eine solche DNS kann *in vitro* verpackt werden, wenn man Vorläufer des Bakteriophagenkopfes, Stielproteine und verpackende Proteine zusetzt. Die *cos*-Stellen müssen dazu nur 37–52 kb auseinander liegen. Da das Cosmid sehr klein ist, werden Einschübe von ungefähr 40 kb Länge sehr gut verpackt. Einmal in die Wirtszelle gelangt, wird die DNS über die *cos*-Stellen wieder zu Ringen geschlossen und verhält sich danach genauso wie ein Plasmid.

Vektoren für Eukaryonten

Auch in eukaryontischen Zellen kann man Plasmide zum Klonieren von DNS verwenden. Sie brauchen dann einen eukaryontischen Replikationsursprung und kennzeichnende Gene, die durch eukaryontische Zellen exprimiert werden. Heute liegen die beiden wichtigsten Anwen-

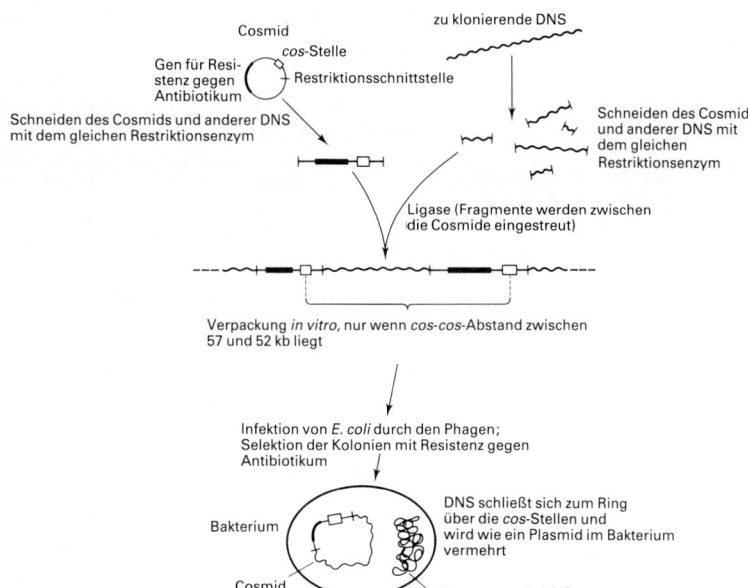

Abb. 5.**30** Klonierung in einem Cosmid. Bei eukaryontischen Systemen werden große Buchstaben zur Bezeichnung von charakteristischen Stellen auf der DNS verwendet (z.B. *COS*)

dungen der Plasmide in eukaryontischen im Klonieren in Hefen und in Pflanzen.

Die Hefe hat zwar ein natürliches Plasmid, das als *2-μ-Ring* bezeichnet wird, aber dies ist für Klonierungen zu groß. Man hat künstlich durch genetische Manipulation Plasmide erzeugt, die gelegentlich den Replikationsursprung aus dem 2-μ-Ring benutzen und meist noch ein Gen tragen, das ein defektes Gen in der Wirtszelle der Hefe ergänzt. Hat z.B. ein Hefestamm ein defektes Gen für die Biosynthese einer Aminosäure, so kann eine intakte Kopie dieses Gens auf einem Hefeplasmid als markierendes Gen für die Auswahl plasmidhaltiger Zellen dienen. Wie die Bakterien kann Hefe schnell angezüchtet werden, sie ist deshalb für Klonierungen gut geeignet. Außerdem ist sie nicht pathogen und kann auch *posttranslationale Modifizierungen* des Polypeptids wie Glykosylierung und partielle Proteolyse durchführen. Manchmal sind solche Modifizierungen für eine Aktivierung oder das Ausschleusen des Polypeptids aus der Zelle notwendig, Hefe ist deshalb für die Expression klonierter Gene in industriellem Maßstab besonders geeignet.

Das Bakterium *Agrobacterium tumefaciens* kann Pflanzen infizieren, wenn sie dicht am Boden verletzt worden sind. Dieser Infektion folgt oft die Ausbildung eines Pflanzentumors um die infizierte Region. *A.tumefaciens* enthält das *Ti-Plasmid*, von dem Anteile in die Kerne der durch das Bakterium infizierten Pflanzenzellen eindringen. Im Zellkern wird diese DNS in die chromosomale DNS eingefügt. Die integrierte DNS besitzt die Gene für die Synthese von Opinen (die von den Bakterien, nicht aber von den Pflanzen verstoffwechselt werden) und für die *Induktion* der *Tumoren* (daher die Bezeichnung Ti). Eine an geeigneter Stelle in das Ti-Plasmid eingeschobene DNS wird in die infizierten Pflanzenzellen mitgenommen, auf diesem Wege wurde es möglich, fremde Gene in pflanzlichen Zellen zu klonieren und zu exprimieren. Dies bildet die Voraussetzung für eine genetische Manipulation von Nutzpflanzen.

5.9 Reinigung spezifischer Nucleinsäure-Fraktionen

Komplementäre DNS

Der schwierigste Teil genetischer Manipulation ist nicht die Klonierung der DNS, sondern die Abtrennung und Reinigung desjenigen DNS-Stückes, das man klonieren möchte. Handelt es sich um ein Gen, dann ist es sehr hilfreich über das Genprodukt (das Protein) so viele Informationen wie möglich zu besitzen. Im Idealfall sollte man Antikörper gegen das Protein besitzen, um es oder seine Vorläufer nachweisen und präzipitieren zu können (s.u.). Schon die Kenntnis des

M_r kann nützlich sein. Häufig sucht man die mRNS aus einem gewünschten Gen zu erhalten. Steht sie für ein häufiges Protein in der Zelle, so sollte sie auch einen größeren Anteil der gesamten mRNS ausmachen. So besitzen etwa die B-Zellen aus der Pankreas einen hohen Gehalt an mRNS für Proinsulin. Manchmal kann man auch Polysomen, die mit der mRNS Protein synthetisieren, präzipitieren, indem man Antikörper gegen dieses Protein einsetzt. Die mRNS kann dann aus den präzipitierten Ribosomen ausgelöst werden. Häufig bildet die gewünschte mRNS aber nur einen kleinen Teil der gesamten zellulären mRNS. In diesen Fällen muß die mRNS nach der Größe aufgetrennt werden, etwa durch eine Zentrifugation im Saccharose-Dichtegradienten (Abschn. 2.6, S. 77). Aus jeder Fraktion läßt man dann Protein synthetisieren. Dazu gibt es *in vitro Translationssysteme* aus den Lysaten von Retikulozyten aus Kaninchen oder aus Extrakten von Weizenkeimlingen. Unter den vielen Produkten sucht man dann das Zielprotein durch Immunopräzipitation (Abschn. 4.3, S. 155) oder Polyacrylamid-Gelelektrophorese (Abschn. 7.6, S. 321) aufzufinden.

Kennt man die Fraktion mit der gewünschten mRNS, so benutzt man sie zur Synthese von DNS-Molekülen, die zu allen mRNS in dieser Fraktion komplementär sind. Diese cDNS *(komplementäre DNS)* erhält man über das Enzym Reverstranskriptase (Abb. 5.**31**).

Die Reverstranskriptase synthetisiert einen zu einer mRNS-Vorlage komplementären DNS-Strang. Dazu benötigt sie die 4-Desoxyribo-nucleosidtriphosphate und einen kurzen Starter (Primer), der mit dem 3'-Ende der RNS basengepaart. Da die mRNS an ihrem 3'-Ende ein Poly-A-Stück trägt, ist ein kurzes Oligo-dT-Molekül ein guter Starter für die Reverstranskriptase. Nach der Synthese des ersten DNS-Stranges wird an sein 3'-Ende ein Poly-dC-Stück mit einer Terminaltransferase und dCTP angesetzt. Nebenbei erhält man auch ein Poly-dC-Stück an dem Poly-A-Stück der mRNS. Durch eine alkalische Hydrolyse spaltet man den RNS-Strang, so daß eine einzelsträngige DNS übrigbleibt. An dieser kann man, wie an der mRNS einen komplementären DNS-Strang synthetisieren lassen. Diese Synthese des zweiten Strangs benötigt einen Oligo-dG-Starter, der mit dem Poly-dC-Stück basengepaart ist und wird mit dem *Klenow-Fragment* der DNS-Polymerase I durchgeführt. Man erhält das Fragment durch Spaltung der DNS-Polymerase mit Subtilisin zu einem großen Fragment, das keine 5'- nach 3'-Exonuclease-Aktivität trägt, aber noch als 5'- zu 3'-Polymerase arbeitet. Obwohl die Vorlage jetzt aus DNS besteht, kann diese Reaktion überraschend auch durch die Reverstranskriptase katalysiert werden. Das Endprodukt ist die doppelsträngige DNS, bei der einer der Stränge komplementär zur mRNS ist.

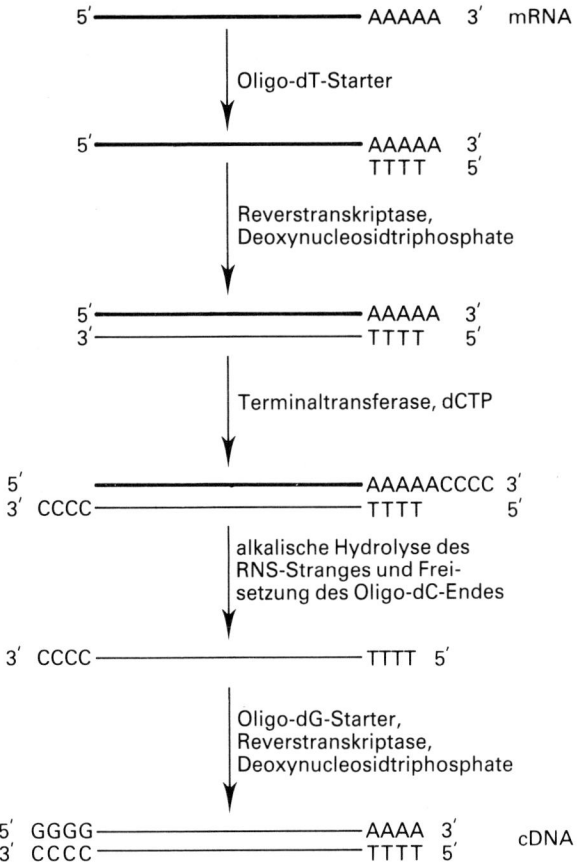

Abb. 5.**31**   Synthese einer cDNS. Obwohl aus jedem mRNS-Molekül nur ein cDNS-Molekül abgelesen werden kann, kann diese cDNS danach in einem Plasmidvektor kloniert werden, so daß sie in unbegrenzter Kopienzahl erhältlich ist

Das ganze Gemisch der cDNS-Moleküle wird jetzt in Plasmide eingeschoben und zur Transformation von Bakterien benutzt, die wiederum zu Kolonien angezüchtet werden. Da die klonierten cDNS-Moleküle keine Promotoren besitzen, werden sie auch nicht exprimiert. Die gewünschte Sequenz kann also nicht durch Nachweis mit Antikörpern gegen das entsprechende Protein aufgefunden werden. Um sie dennoch zu entdecken, bedarf es einer recht ausgeklügelten Methode.

Aus einem Anteil jeder Kolonie wird das Plasmid extrahiert, jedes Präparat wird dann denaturiert und auf einem Nitrocellulose-Filter immobilisiert (Abb. 5.32). Die Filter werden mit der gesamten zellulären mRNS unter *stringenten Bedingungen* getränkt (Temperatur nur wenige Grad unter T_m). Zwischen komplementären Strängen der

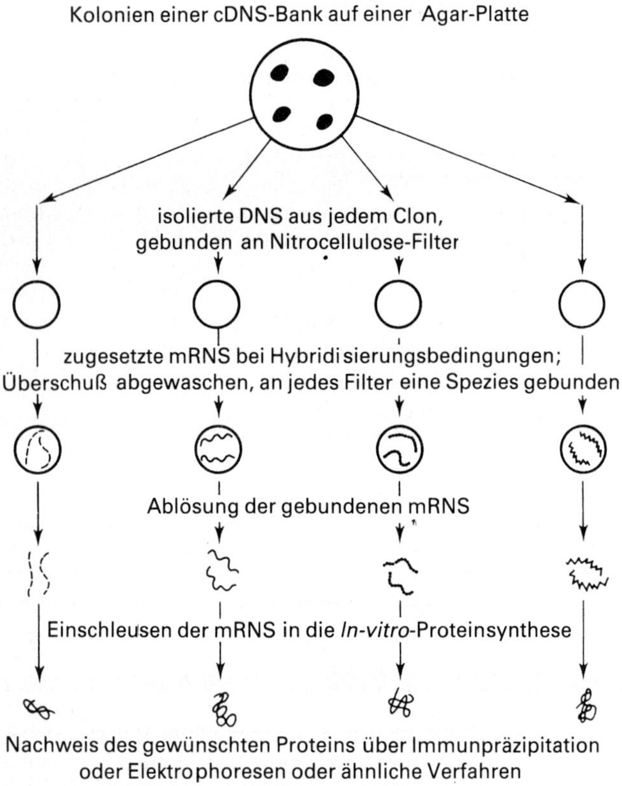

Kolonien einer cDNS-Bank auf einer Agar-Platte

isolierte DNS aus jedem Clon, gebunden an Nitrocellulose-Filter

zugesetzte mRNS bei Hybridisierungsbedingungen; Überschuß abgewaschen, an jedes Filter eine Spezies gebunden

Ablösung der gebundenen mRNS

Einschleusen der mRNS in die *In-vitro*-Proteinsynthese

Nachweis des gewünschten Proteins über Immunpräzipitation oder Elektrophoresen oder ähnliche Verfahren

Abb. 5.**32**   Hybrid-Freisetzungstranslation

Nucleinsäuren findet dann eine Hybridisierung statt. Da auf jedem Filter nur eine Sorte mRNA sitzt, wird auch nur eine Sorte der cDNS dort gebunden. Nichtgebundene mRNS wird von den Filtern abgewaschen und dann wird die gebundene mRNS freigesetzt und für die Biosynthese des Proteins *in vitro* eingesetzt. Dann kann auch Immunopräzipitation oder Elektrophorese des Proteinproduktes die mRNS für ein bestimmtes Protein entdeckt werden. So wird der Klon mit der zugehörigen cDNS aufgefunden. Man bezeichnet diese Technik als *Hybrid-Freisetzungstranslation (hybrid released translation)*. Eine verwandte ist die *hybridgebundene Translation (hybrid arrested translation)*. Hier wird das positive Ergebnis durch Abwesenheit eines bestimmten Proteinproduktes aufgezeigt, nachdem die gesamte mRNS mit cDNS hybridisiert wurde. Der Grund liegt darin, daß die mRNS, wenn sie mit einem anderen Molekül hybridisiert ist, nicht abgelesen werden kann.

In einigen Fällen muß nur die cDNS kloniert werden, wenn man z.B. in Bakterien ein Fremdprotein synthetisieren lassen möchte. Die cDNS-Sequenz wird dann in einen *Expressionsvektor* eingeschoben (Abschn. 5.10, S. 241) und sollte damit die Produktion des gewünschten Proteins bewirken. Diese cDNS wird oft nicht mit dem ursprünglichen Gen identisch sein, da die Mehrheit der eukaryontischen Gene Introns enthält, die die codierenden Strecken (Exons) unterbrechen. Während der Reifung der mRNS werden die Introns aus dem Molekül ausgeschnitten, so daß nur die zusammengefügten Exons übrigbleiben. Aus diesem gespleißten Molekül stellt man die cDNS her. Außerdem besitzen diese Gene an beiden Enden zusätzliche Sequenzen, die für die Regulation ihrer Expression wichtig sind, aber nicht als Teile der mRNS mit überschrieben werden. Muß man ein vollständiges Gen isolieren, so kann die cDNS als *Sonde* benutzt werden, um in einer *Genbank* nach dem gewünschten Gen zu forschen.

Genbanken

Genbanken errichtet man, indem man die gesamte genomische DNS aus einer Zelle isoliert und nahezu statistisch in Fragmente der gewünschten Durchschnittslänge zerschneidet. Das gelingt durch teilweise Restriktion mit einer Endonuclease, die als Kennsequenz ein Tetranucleotid hat. Eine vollständige Restriktion mit einem derartigen Enzym würde zu einer sehr großen Zahl sehr kurzer Fragmente führen (S. 218), läßt man aber das Enzym nur einige wenige seiner potentiellen Schnittstellen öffnen und stoppt die Reaktion dann ab, so werden die DNS-Moleküle nahezu statistisch in verhältnismäßig große Fragmente zerlegt. Die durchschnittliche Fragmentlänge hängt von der Konzentration der DNS und des Restriktionsenzym ab, außerdem von den Bedingungen und der Zeitdauer der Inkubation.

Das Gemisch der Fragmente wird mit einem Vektor ligiert und dann kloniert. Ergeben sich genügend Klone, so hat man gute Aussichten, daß jedes gewünschte Gen in wenigstens einem der Klone vorhanden ist. Eine solche Sammlung von Klonen nennt man eine Genbank. Um die Anzahl der Klone übersichtlich zu halten, benötigt man bei Prokaryonten Fragmente von etwa 10 kb Länge, für Genbanken aus Säugerzellen muß die Länge auf etwa 40 kb heraufgesetzt werden.

Hybridisierung in Kolonien

Die Technik der *Koloniehybridisierung* soll ein bestimmtes Gen aus einer Genbank abrufen (Abb. 5.**33**). Man züchtet eine große Anzahl von Klonen zu Kolonien auf einer oder mehrerer Platten an, diese werden dann als Replika auf Nitrocellulose-Filter abgestempelt, die auf

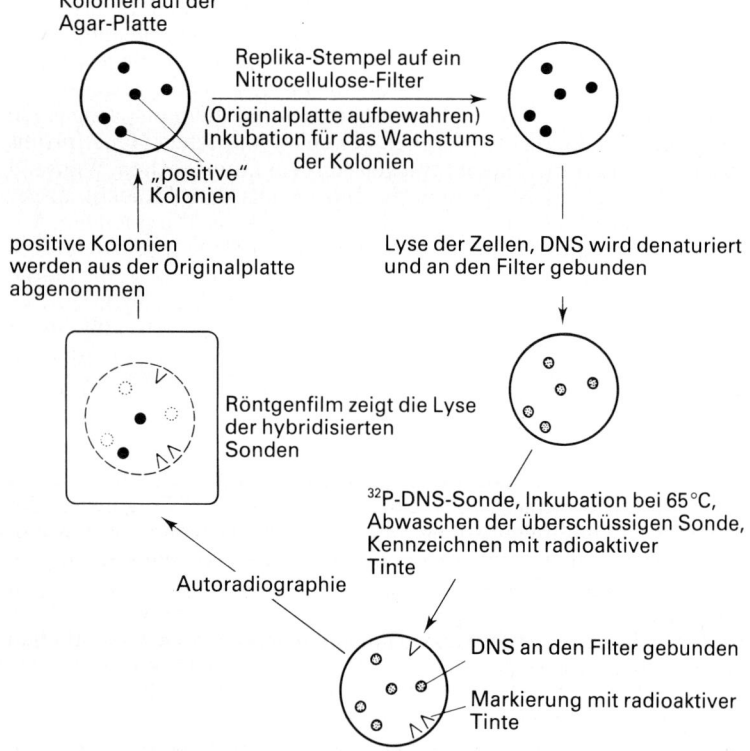

Abb. 5.**33**   Koloniehybridisierung

festem Agar liegen. Die Nährstoffe diffundieren durch das Filter hindurch und lassen die Kolonien anwachsen. Die Kolonien werden dann lysiert, und die freigesetzte DNS denaturiert man, so daß sie sich an die Filter bindet. Das ursprüngliche Muster der Kolonien wird dann durch ein identisches Muster an gebundener DNS ersetzt. Werden die Filter mit denaturierter, radioaktiver markierter cDNS unter hybridisierenden Bedingungen kopiert, so bindet sich die cDNS nur an die klonierten Fragmente, die wenigstens einen Teil des zugehörigen Gens enthalten. Diese Bindung läßt sich durch Autoradiographie der gewaschenen Filter nachweisen (S. 417). Hierbei stören die Introns eines Gens bei dieser Hybridisierung der cDNS nicht, da die Wechselwirkung zwischen den Exons und der cDNS stark genug für die Bindung ist. Vergleicht man nun die Autoradiogramme mit den Originalplatten der der Kolonien, so lassen sich diejenigen identifizieren, die das gewünschte Gen (oder einen Teil) enthalten. Aus diesen wird dann das Gen isoliert.

Nick-Translation

Eine radioaktive Markierung von cDNS wird am einfachsten durch eine *Einstrangbruchtranslation (nick translation)* ausgeführt. Dabei benutzt man die DNS-Polymerase I, um nur in einem der beiden Stränge eine Phosphodiesterbindung zu lösen (nick). Sie entfernt dann gleichzeitig das Nucleotid mit der freien 3'-Hydroxy-Gruppe. Die Lücke wird wieder geschlossen, wobei das Enzym das zuständige Desoxynucleosidtriphosphat (dNTP) benutzt und gleichzeitig auf der 3'-Seite der ersten eine zweite Lücke setzt (Abb. 5.**34**). Auf diese Weise wird die Lücke immer den Strang entlang geschoben und die DNS dort *translatiert*. Benutzt man dabei radioaktiv markierte dNTP, so werden diese zur Auffüllung der Lücken eingesetzt und die DNS kann mit hoher spezifischer Radioaktivität markiert werden.

Oligonucleotid-Sonden

Kennt man die Aminosäure-Sequenz eines Proteins, so braucht man keine cDNS-Sonde für das Gen zu erarbeiten. Aus der Kenntnis des genetischen Codes lassen sich die DNS-Sequenzen, die für das Protein codieren, vorhersagen. Man synthetisiert die geeigneten Oligonucleotid-Sequenzen auf chemischem Wege. Allerdings codieren ja mehr als ein Codon für die meisten Aminosäuren, so daß sich mehrere mögliche Nucleotid-Sequenzen ergeben, die für ein bestimmtes Polypeptid zuständig sind (Abb. 5.**35**). Je länger das Polypeptid, desto größer die Zahl der möglichen Oligonucleotid-Sonden, die synthetisiert werden müssen. Glücklicherweise benötigt man meistens nicht mehr als 20 Basen in einer synthetischen Sequenz, da die Hybridisierung mit komplementären Sequenzen dann schon sehr effizient ist, damit auch das Gen schon spezifisch markiert wird.

Man sollte deshalb einen Abschnitt des Proteins auswählen, der soviel wie möglich Tryptophan und Methionin enthält, da diese Aminosäuren jeweils nur ein Codon haben. Deshalb wird es weniger mögliche Basen-Sequenzen geben, die für diesen Teil des Proteins codieren. Die synthetischen Oligonucleotide können dann in der Kolonienhybridisierung als Sonden eingesetzt werden, wie oben für cDNS beschrieben.

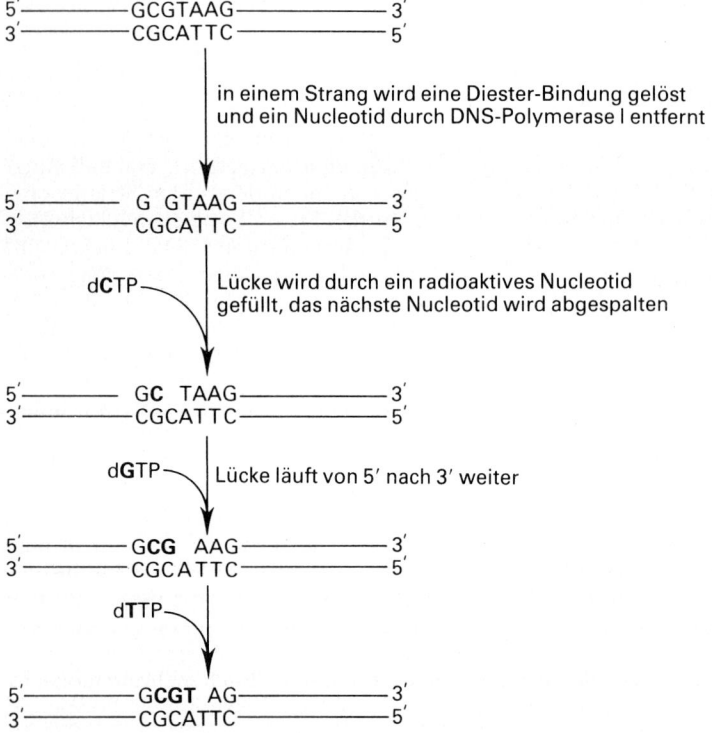

Abb. 5.**34** Nick-Translation. Ist eines (oder mehrere) der zugesetzten Desoxynucleosidtriphosphate radioaktiv markiert, so wird die DNS immer stärker radioaktiv markiert, während die Lücke in ihr wandert

Polypeptid		Phe	Met	Pro	Trp	His	
entsprechende Nucleotid-Sequenzen	5'	T TTC	ATC	T CCC A G	TGG	T CAC	3'

Abb. 5.**35**. Oligonucleotid-Sonden. Nur Methionin und Tryptophan haben nur ein einziges Codon. Es ist deshalb unmöglich zu sagen, welche der angegebenen Codons für Phenylalanin, Prolin und Histidin tatsächlich in dem untersuchten Gen eingesetzt worden sind, so müßte man alle möglichen Kombinationen synthetisieren (im obigen Beispiel 16)

5.10 Expression einzelner Gene

Eine vordringliche Absicht bei der genetischen Manipulation ist die Expression eines *fremden Gens*, das für ein wertvolles Polypeptid in bakteriellen Zellen zuständig ist. Allerdings muß das Gen für die erfolgreiche Expression in einer Bakterienzelle bestimmte Basen-Sequenzen tragen, die oberhalb des codierenden Abschnittes einen Promotor bilden. An diesen muß sich die RNS-Polymerase vor der Transkription des Gens anheften (S. 200). Dort muß auch eine Shine-Dalgarno-Sequenz genau vor dem codierenden Abschnitt stehen, die dann mit transkribiert wird und zu Beginn der Translation als Bindungsstelle für Ribosomen dient (S. 201). Enthält ein kloniertes Gen diese beiden Sequenzen nicht, so wird es in der bakteriellen Wirtszelle nicht exprimiert werden. Haben wir das Gen über eine cDNS aus einer eukaryontischen Zelle gewonnen, dann wird es diese Sequenzen sicherlich nicht tragen.

Man hat deshalb *Expressionsvektoren* entwickelt, die die Promotor- und Shine-Dalgarno-Sequenzen dicht vor einer oder mehreren Restriktionsschnittstellen für den Einschub fremder DNS tragen. Diese regulatorischen Sequenzen, häufig aus den *Lac*-Operon aus *E.coli,* werden meist aus Genen gewonnen, die nach einer Induktion in Bakterien stark exprimiert werden. Da die mRNS aus dem Gen in Triplett-Codons abgelesen wird, muß die eingeschobene Sequenz so angeordnet werden, daß der Leserahmen mit der regulatorischen Sequenz übereinstimmt. Dazu benutzt man 3 verschiedene Vektoren, die sich nur in der Anzahl der Basen zwischen Promotor- und Einschubstelle unterscheiden, der zweite und der dritte Vektor haben dort 1 bzw. 2 Basen mehr als der erste. Wird der Einschub in alle 3 Vektoren einkloniert, so muß er in einem der 3 den richtigen Leserahmen aufweisen. Die gewonnenen Klone werden durchgeprüft,

wobei man Antikörper, Enzymtest usw. zum Nachweis eines funktionstüchtigen Fremdproteins einsetzt. Ungefähr $1/3$ der Kolonien sollte dann
eine positive Reaktion zeigen.

Es ist nicht nur möglich, sondern manchmal unabdingbar, die cDNS
anstelle eines eukaryontischen Gens einzusetzen, um die Expression
eines funktionstüchtigen Proteins in Bakterien zu erzielen. Das liegt
daran, daß Bakterien eine RNS nicht von Introns befreien können, so
daß Fremdgene schon aus einer ausgereiften mRNS als cDNS gewonnen
werden müssen, wenn sie Introns enthalten. Ein weiteres Problem ergibt
sich, wenn das Protein, um funktionstüchtig zu sein, durch die
Ankupplung von Oligosacchariden an spezifische Stellen *glykolisiert*
werden muß. Auch diese Reaktion können Bakterien nicht durchführen. Hefezellen können solche *posttranslationale Modifizierungen* ausführen, dabei kommt ein Glykolisierungsmuster zustande, das meist
ausreicht, auch wenn es nicht mit den in tierischen Zellen identisch ist.
Obwohl Hefegene oft Introns enthalten, die auf der Stufe der DNS
herausgespleißt werden, kann die Hefe doch nicht die Introns in der
RNS anderer Eukaryonten herausschneiden. So muß man immer noch
cDNS zur Expression fremder Gene in Hefezellen benutzen.

5.11   Sicherheitsverfahren bei Klonierungen

Schon in der Frühzeit der Beschäftigung mit dem Klonieren der DNS
erhoben sich Bedenken zu den Gefahren dieser neuen Methode. Eine
offensichtliche Befürchtung richtete sich gegen Gene für möglicherweise toxische Polypeptide, die, in einem Bakterium kloniert, aus dem
zuständigen Labor entkommen könnten. Solche könnten entweder
Menschen direkt oder andere pathogene Organismen infizieren. So
könnte das klonierte Gen schließlich im Menschen exprimiert werden.
Noch bedenklicher ist die Möglichkeit, daß ein Stück DNS über einen
noch unbekannten Mechanismus Krebs erzeugen und auf ähnliche
Weise in Menschen übertragen werden könnte. Ähnliche Befürchtun-
gen richteten sich auf unabsichtliche Übertragungen schädlicher Gene
in Tiere und Nutzpflanzen. Man hat danach sehr strenge Richtlinien
entworfen, die zunächst das Klonieren von Virus- oder Tumor-DNS
untersagte und in den meisten anderen Fällen sorgfältige physikalische
Abgrenzungen vorsahen.

Allerdings wurden bald sehr *sichere Wirtszellen und Plasmide* aufgefunden. Ihre Eigenschaften machten es sehr unwahrscheinlich, daß
diese Zellen außerhalb der Laboratorien überleben konnten, vor allem
verhinderten sie die Übertragung der DNS in andere Organismen. Die
Erfahrung zeigte dann auch wie schwierig die Expression klonierter
fremder DNS ist, so daß die Wahrscheinlichkeit der Expression über

einen Zufallsmechanismus außerordentlich gering ist. Man ist sich deshalb heute sicher, daß die genetische Manipulation keine neuen Gefahren mit sich bringt, wenn die Abgrenzung von Mikroorganismen auf ihre und die pathogenen Eigenschaften der absichtlich klonierten Gene eingestellt ist. Allerdings wird mit Recht noch über die Freisetzung genetisch manipulierter Spezies in die Umgebung diskutiert, etwa um durch Mikroorganismen umweltverschmutzende Substanzen abzubauen. Es ist immerhin wahrscheinlich, daß dies im begrenzten Umfang bald genehmigt werden wird.

5.12   Anwendungen der Molekularbiologie

In der Grundlagenforschung haben die Methoden der Molekularbiologie von der Klonierung bis zur Sequenzierung unser Verständnis der Struktur und Funktion von Genen revolutioniert. Promotorabschnitte, Regulationsstellen, Bindungsstellen für Ribosome, Introns und andere Bindungsstellen für Proteine sind sequenziert worden. Man kann Sekundärstrukturen vorschlagen, mit Hilfe derer man den Mechanismus dieser Abschnitte klären könnte. Die *Oncogene* sind durch die Anwendung der Molekularbiologie entdeckt worden, dies hat die Ansatzpunkte der Erforschung der Mechanismen der Verhütung von bösartigen Tumoren völlig verändert. Da alle körperlichen Eigenschaften eines Individuums weitestgehend von der DNS bestimmt werden und nur identische Zwillinge identische Genome besitzen, könnte die Analyse der DNS einen letzten und absoluten Datensatz eines Menschen ergeben. Die Gerichtsmedizin entwickelt heute Methoden, um über die Restriktionsanalyse und Hybridisierung von DNS-Sonden Gewebsproben eindeutig zu identifizieren. Den gleichen Ansatz wählen Taxonomieuntersuchungen, um evolutionäre Verwandtschaften zwischen den Spezies festzustellen.

Mehr als 500 Erbkrankheiten, so die Sichelzellanämie und die β-Thalassämie, werden nach unserer heutigen Kenntnis durch eine Mutation in einem einzelnen Gen verursacht. Mehr als 40 dieser Krankheiten können schon in einem frühen Stadium der embryonalen Entwicklung durch Enzymbestimmungen an Probezellen aus einer Amniozentese nachgewiesen werden. Dabei wird die Fruchtblase über eine Hohlnadel durch die Bauchwand punktiert und eine kleine Menge der Amnionflüssigkeit abgenommen. Darin finden sich fötale Zellen, die man abtrennen und im Labor anzüchten kann. So ergibt sich genügend Material für diagnostische Untersuchungen. Man versucht heute auch über *Chorionproben* noch zu einem wesentlich früheren Zeitpunkt solche Angaben zu erhalten. Die Ergebnisse beeinflussen die Entscheidung über eine Abtreibung der Föten.

Leider sind solche Bestimmungen nur dann anwendbar, wenn das entsprechende Gen normalerweise in den Probezellen exprimiert wird. Man würde deshalb gerne die DNS selbst auf diese Mutation überprüfen. Dazu müßte allerdings eine Punktmutation einer einzelnen Base in einem Genom von 6×10^9 Basen nachgewiesen werden. Überraschenderweise gelingt dies in einigen Fällen. Es scheint, daß einige Erbkrankheiten fast immer durch Mutationen an der gleichen Stelle im Gen verursacht werden und diese Mutation dann eine Restriktionsschnittstelle eliminiert. In solchen Fällen wird die DNS mit Restriktionsendonucleasen behandelt, auf eine Gelelektrophorese gegeben und dem Southern blot unterzogen. Danach weist man die Fragmente mit radioaktiv markiertem, kloniertem Gen oder seiner cDNS nach. Damit kann man die Lage der Restriktionsfragmente, die Teile des Gens enthalten, im Gel nachweisen. Diese Positionen werden sich durch Mutationen, die eine Restriktionsschnittstelle zerstören, ändern. Man kann auch einen Southern blot mit chemisch synthetisierten Oligonucleotiden hybridisieren, die zu dem Abschnitt des Gens, der häufig Mutationen trägt, komplementär ist. Unter stringenten Bedingungen (S. 239) wird eine Hybridisierung nur eintreten, wenn das Gen nicht mutiert ist. So weist man Mutationen nach, die eine Restriktionsschnittstelle nicht berühren.

Die Molekularbiologie ist vor allem im Zusammenhang mit dem Genetic engineering an die Öffentlichkeit getreten. Heute sind Gene für Polypeptide, wie menschliches Insulin, Wachstumshormon, Interferone, Tumornekrosefaktor, Gerinnungsfaktor VIII und Virushüllproteine (zur Erzeugung von Impfstoffen), in Bakterien bis zur Expression kloniert; die Polypeptide lassen sich aus den Zellkulturen gewinnen. Man hat Gene *in vitro* leicht verändert, so daß Enzyme mit erhöhter Stabilität oder unterschiedlicher Reaktion entstehen; möglicherweise wird dies für die Produktion von industriell eingesetzten Enzymen von Bedeutung.

Man glaubt, daß die genetische Manipulation auf lange Sicht bei Pflanzen- und Tierzüchter eingesetzt werden wird, um Gene für bestimmte Eigenschaften zu übertragen. Dazu gehören Resistenzen gegen Krankheiten und verbesserte Erträge bei Nutzpflanzen und Haustieren. Allerdings können wir hier solche Eigenschaften selten einem einzelnen Gen zuschreiben und bevor unser Verständnis der Biochemie und Physiologie der Pflanzen und Tiere viel weiter fortgeschritten ist, werden wir noch gar nicht wissen, welche Gene wir verändern sollen.

Literatur

Mainwaring, W.I.P., Parish, J.H., Pickering, J.D., Mann, N.H. (1982), Nucleic Acid Biochemistry and Molecular Biology, Blackwell Scientific Publications, Oxford (detailliertes und umfassendes Lehrbuch der Molekularbiologie).

Maniatis, T., Fritsch, E.F., Sambrook, J. (1982), Molecular Cloning. Cold Spring Harbor, New York (außerordentlich wichtige Quelle praktischer Vorschriften, fast in allen molekularbiologischen Laboratorien in Benutzung).

Old, R.W., Primrose, S.B. (1985), Principles of Gene Manipulation, 3. Aufl. Blackwell Scientific Publications, Oxford (fortgeschrittenes Lehrbuch, mit Erklärungen der neueren Methoden).

Stryer, L. (1981), Biochemistry, 3. Aufl. Freeman, San Francisco (ausgezeichnetes allgemein biochemisches Lehrbuch, sehr gute Abbildungen).

Walker, J.M. (Hrsg.) (1984), Methods of Molecular Biology, Bd. 1 u. 2. Humana, Clifton (ausführliche Sammlung von Vorschriften in der Protein- und Nucleinsäure-Biochemie).

Walker, J.M., Gaastra, W. (Hrsg.) (1983), Techniques in Molecular Biology, Croom Helm, London (Schilderung der Grundlagen der Schlüsseltechniken der Molekularbiologie).

Watson, J.D., Tooze, J., Kurtz, D.T. (1983), Recombinant DNA: A Short Course, Scientific American Books, Freeman, New York (außerordentlich präzise Schilderung der Grundlagen des Gebietes).

Kapitel 6

Chromatographische Arbeitsweisen

6.1   Grundlagen der Chromatographie

Allgemeine Arbeitsvorschriften

Eine alltägliche Aufgabe in der Biochemie ist die Trennung und Reinigung einer oder mehrerer biochemischer Verbindungen aus einem Gemisch. Eine der häufigsten Arbeitsweisen für solche Trennungen ist der Einsatz chromatographischer Methoden. Sie sind ebenso für die Trennung größerer Mengen (mehrere g) wie für die sehr kleiner Anteile (pg) geeignet. Die Wahl einer bestimmten Form der Chromatographie hängt dabei von der Art des Materials ab; oft setzt man mehrere chromatographische Methoden nacheinander ein, um die Reinigung einer Verbindung zu erzielen.

Der **Verteilungskoeffizient** beschreibt die Gesetzmäßigkeit, nach der sich eine Verbindung zwischen 2 mischbaren Phasen verteilt. Bei 2 Lösungsmitteln ist der Wert dieses Koeffizienten für jede Verbindung bei vorgegebener Temperatur eine Konstante und wird als

$$\frac{\text{Konzentration im Lösungsmittel A}}{\text{Konzentration im Lösungsmittel B}} = \text{Konstante}$$

definiert. Die Verteilung einer Verbindung kann aber nicht nur für den Fall zweier nicht mischbarer Lösungsmittel, sondern auch zwischen 2 anderen Phasen beschrieben werden, wie zwischen einer festen und flüssigen oder einer gasförmigen und einer flüssigen Phase. So könnte z.B. der Verteilungskoeffizient einer Substanz für Kieselgel und Benzol 0,5 sein; dies bedeutet, daß die Konzentration der Substanz im Benzol doppel so hoch wie in Kieselgel. Dieses Konzept des Verteilungskoeffizienten ist das grundlegende Prinzip der Chromatographie. Man gibt im allgemeinen bei chromatographischen Arbeiten den Verteilungskoeffizienten als Konzentration in einer fließenden Phase, dividiert durch die Konzentration in einer stationären Phase an.

Unter dem **effektiven Verteilungskoeffizienten** versteht man die Gesamtmenge, nicht die Konzentration der Verbindung, in einer Phase, dividiert durch die Gesamtmenge in der zweiten Phase. Dies entspricht somit dem Verteilungskoeffizienten, multipliziert mit dem Verhältnis der Volumina der beiden Phasen. Ist z.B. der Verteilungskoeffizient einer Verbindung zwischen 2 Lösungsmitteln A und B gleich 1, dann wird bei einer Verteilung zwischen 10 ml von A und 1 ml von B die Konzentration in beiden Phasen gleich sein, die Gesamtmenge der Verbindung im Lösungsmittel A ist aber 10 mal größer als die Menge im Lösungsmittel B.

Im Grundsatz bestehen alle chromatographischen Systeme aus 2 Phasen. Eine ist die **stationäre Phase**, die fest, ein Gel, flüssig oder eine Flüssigkeit, die an einer Festsubstanz immobilisiert ist, sein kann. Die zweite Phase (**mobile Phase**) kann flüssig oder gasförmig sein und fließt über oder durch die stationäre Phase. Die Wahl der stationären und fließenden Phasen legt es darauf an, daß die zu trennenden Verbindungen verschiedene Verteilungskoeffizienten haben. Dazu benutzt man folgende Systeme:

- Ein Adsorptionsgleichgewicht zwischen einer stationären festen und einer mobilen flüssigen Phase (**Adsorptionschromatographie**).

- Ein Verteilungsgleichgewicht zwischen einer stationären flüssigen (oder halbflüssigen) und einer mobilen flüssigen Phase (**Gegenstromverteilung** und **Verteilungschromatographie**).

- Ein Verteilungsgleichgewicht zwischen einer stationären flüssigen und einer mobilen gasförmigen Phase (**Gas-Flüssigkeits-Chromatographie**).

- Ein Ionenaustauschgleichgewicht zwischen einem Ionenaustauscher als fester Phase und einer mobilen Elektrolytphase (**Ionenaustauschchromatographie**).

- Ein Gleichgewicht zwischen einer flüssigen Phase im Inneren und an der Außenseite einer porösen Struktur, eines „Molekularsiebs" (**Ausschlußchromatographie**).

- Ein Gleichgewicht zwischen einem Makromolekül und einem niedermolekularen Liganden, für den es hohe biologische Spezifität und daher Affinität aufweist (**Affinitätschromatographie**).

Das Prinzip der Trennung läßt sich beispielhaft mit einer Glassäule darstellen, die mit einer festen granulären stationären Phase 5 cm hoch gefüllt ist; umgeben wird sie von einer mobilen flüssigen Phase, deren Menge 1 cm^3 pro cm der Säule ausmacht (s. Abb. 6.**1**). Wenn 32 μg einer Verbindung, gelöst in 1 cm^3 des Lösungsmittels aufgetragen werden, so wird unten aus der Säule 1 cm^3 Lösungsmittel ausfließen, wenn die

Substanzlösung den Bereich A der Säule eingenommen hat. Die Verbindung soll einen effektiven Verteilungskoeffizienten von 1 haben, dann wird sie sich zu gleichen Teilen zwischen der flüssigen und der festen Phase verteilen. Wird nun ein weiterer cm^3 des Lösungsmittels auf die Säule gegeben, so wandert das Lösungsmittel aus dem Bereich A weiter in den Bereich B und nimmt 16 μg der Verbindung mit, 16 μg bleiben in A. Sowohl in A, wie in B verteilt sich die Verbindung um, so daß 8 μg im Lösungsmittel und 8 μg in der festen Phase liegen. Die Zufuhr eines weiteren Kubikzentimeters des Lösungsmittels in die Säule verdrängt das Lösungsmittel aus A in B und aus B in C, so daß nun die Verteilung der Verbindung über die Säule im Schritt **3** entsteht. Aufgabe von wiederum 1 cm^3 Lösungsmittel führt zur Verteilung des Schrittes **4** und ein weiteres Aliquot von 1 cm^3 zu den Verhältnissen des Schrittes **5**.

Offensichtlich ist nach diesen 5 *Gleichgewichtseinstellungen* die Verbindung über die ganze Säule verteilt, ihre höchste Konzentration liegt im mittleren Bereich der Säule. Läge der effektive Verteilungskoeffizient einer Verbindung unter 1, so würden jeweils mehr als 50% der Verbindung bei jeder Gleichgewichtseinstellung in der festen Phase verbleiben. Obwohl dann nach 5 Einstellungen ein Anteil der Menge überall in der Säule liegen würde, müßte der Gipfel der Konzentration im oberen Teil der Säule liegen. Umgekehrt würde er für eine Verbindung mit einem effektiven Verteilungskoeffizienten von über 1 unterhalb des Mittelpunktes dieser Säule liegen.

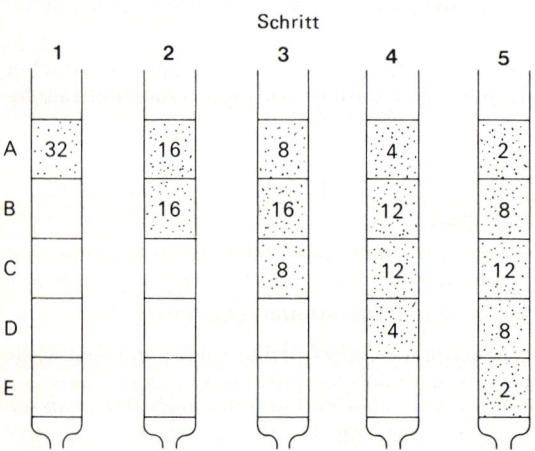

Abb. 6.**1** Prinzip der säulenchromatographischen Trennungen

Je größer die Anzahl der **Gleichgewichtseinstellungen** in einer Säule ist, desto größer wird die Konzentrierung der Verbindung in einem bestimmten Teil der Säule. Es gibt also 2 wichtige Faktoren, die das Muster der Trennung (**Auflösung**) eines Gemisches von Verbindungen beeinflussen. Die Wanderungsgeschwindigkeit einer Verbindung durch die Säule hängt von ihrem effektiven Verteilungskoeffizienten ab, die Breite der Verbindungsbande in der Säule von der Zahl der Gleichgewichtseinstellungen, die möglich sind.

In der Praxis kommt es kontinuierlich zu Gleichgewichtseinstellungen in der Säule, da das Lösungsmittel gleichmäßig nachfließt und unter normalen Arbeitsbedingungen tausende von Einstellungen stattfinden. Man betrachtet dabei die Chromatographiesäulen als eine Reihe von benachbarten Zonen; in jeder von ihnen wäre eben genug Platz, um eine Gleichgewichtseinstellung des gelösten Stoffes zwischen der mobilen und der stationären Phase zu erreichen. Jede Zone nennt man einen **theoretischen Boden**, seine Länge in der Säule heißt die **Bodenhöhe** H. Sie hat die Dimension einer Länge. Je effizienter die Säule, desto größer die Zahl der theoretischen Böden, die sie enthält. Den Einfluß der Zahl der theoretischen Böden N auf die Verteilung einer gelösten Substanz des effektiven Verteilungskoeffizienten 1 zeigt Abb. 6.**2**.

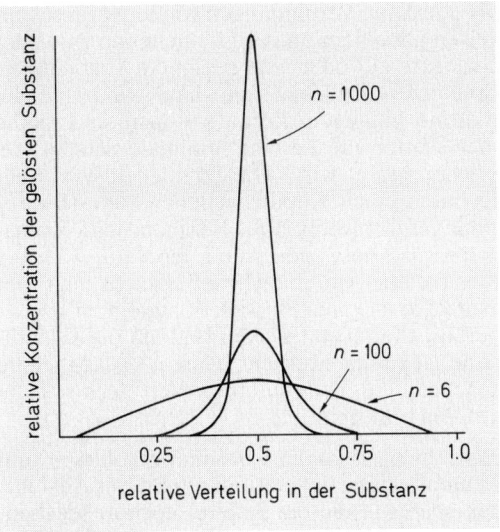

Abb. 6.**2**   Diagramm des Einflusses der Zahl der theoretischen Böden n auf die Form der Bande des gelösten Stoffes

In der Praxis führt man chromatographische Trennungen in 3 Arbeitsweisen durch: Bei der **Säulenchromatographie** wird die stationäre Phase in gläserne oder Metallsäulen gepackt, bei der **Dünnschichtchromatographie** wird die stationäre Phase in sehr niedriger Schicht auf Glas-, Kunststoff- oder Metallplatten aufgetragen, bei der **Papierchromatographie** halten die Cellulose-Fasern des Papierbogens die stationäre Phase fest. Jede dieser 3 Ausführungsformen hat ihre besonderen Vorzüge, Anwendungen und Arbeitsweisen.

Säulenchromatographie

Alle hauptsächlichen Chromatographiemethoden werden auch im Säulenverfahren betrieben. Gerätschaften und allgemeine Durchführung sind bei Säulen für Adsorptions-, Verteilungs-, Ionenaustausch-, Ausschluß- und Affinitätschromatographie recht ähnlich und werden im folgenden dargestellt. Einige für die einzelnen Formen spezifischen Punkte werden in den zugehörigen Abschnitten aufgeführt. Die Gaschromatographie und HPLC (high performance liquid chromatography) weisen jeweils ihre besonderen praktischen Methoden auf und kommen in den Abschn. 6.4, S. 267 bzw. 6.8, S. 293 zur Darstellung.

Säulen. Die meist benutzten Glassäulen sollten die stationäre Phase so nahe wie möglich am unteren Ende tragen können, um den *toten Raum* unter dem Träger klein zu halten, denn dort können sich nach dem Durchlauf durch die Säule getrennte Verbindungen wieder vermischen. Kommerzielle Säulen weisen nahe dem unteren Säulenende entweder eine eingeschmolzene Glasfritte auf oder eine geeignete Vorrichtung, um auswechselbare Nylonnetze einzulegen, die dann wiederum die stationäre Phase tragen. Eine billigere Alternative dazu sind kleine Ballen aus Glaswatte oder Watte, auf die eine minimale Schicht von Quarzsand oder Glasperlchen gelegt wird. Die Flüssigkeit wird üblicherweise aus der Säule durch einen Kapillarschlauch zum Monitor und/oder Fraktionssammler geführt (Abb. 6.**3**). Bei manchen chromatographischen Trennungen wird es notwendig, die Temperatur während des Versuches konstant zu halten. Am einfachsten erreicht man dies durch Säulen mit Glasmantel, so daß eine Flüssigkeit aus einem bei der benötigten Arbeitstemperatur thermostatisierten Bad um die eigentliche Chromatographiesäule gepumpt werden kann. Ausführlichere Apparaturen müssen manchmal die Säule in einen Heizblock oder in einen thermostatisierten Ofen einlegen.

Stationäre Phasen. Die einzelnen Arten der Chromatographie bestimmen die chemische Zusammensetzung der stationären Phase. Ausführliche Einzelheiten werden später in diesem Kapitel noch angegeben. Die meisten stationären Phasen sind kommerziell in verschiedenen Größen und Formen erhältlich. Beide Eigenschaften sind wichtig, da sie die Durchflußgeschwindigkeit und die Trennschärfe beeinflussen. Je größer die Partikel, desto größer die Durchflußgeschwindigkeit, demgegenüber aber besitzen kleinere Partikel ein größeres Verhältnis der Oberfläche zum Volumen und ermöglichen oft größere Trennschärfen. In der Praxis muß man dies gegeneinander abwägen. Die besten kombinierten Eigenschaften haben kugelförmige Partikel, deshalb kann man die meisten Phasen heute als Kügelchen oder zumindest stark abgerundet erhalten. Die Größe der Partikel wird meist als *Maschengröße* (*mesh size*) angegeben, darunter versteht man die Zahl der Löcher pro Zoll in einem Sieb. Je größer also die Maschenzahl, desto kleiner die Teilchen. Für die meisten Trennungen sind 100–120 mesh üblich, für hohe Trennschärfen werden 200–400 mesh angegeben.

Füllung der Säulen. Sie ist einer der entscheidenden Faktoren für eine erfolgreiche Trennung. Normalerweise erreicht man die Füllung durch langsames Eingießen einer Suspension der stationären Phase (Adsorptionsmittel, Kunstharz, Cellulose-Derivat oder Gel) in die Säule bei geschlossenem Auslaßhahn, wobei die oberen Anteile der Suspension in der Säule gerührt werden und/oder die ganze Säule leicht gerüttelt wird, um keine Luftblasen eingeschlossen zu lassen und sicherzustellen, daß sich die Füllung gleichmäßig absetzt.

Eine schlechte Einschichtung verursacht ungleichen Durchfluß (*Kanalbildung*) und damit verschlechterte Trennung. Die Suspension wird dann nachgegossen, bis die vorgesehene Höhe erreicht wird. Das Gesamtvolumen der stationären und mobilen Phase in der Säule wird als *Gesamtvolumen* (*bed volume*) bezeichnet, das Volumen der mobilen Phase *außerhalb* der stationären Phase als das *Leervolumen V_0*. Die Suspension wird dann nachgegossen, bis die vorgesehene Höhe erreicht wird. Danach öffnet man den Auslaßhahn und läßt das Lösungsmittel durch die gefüllte Säule so lange fließen, bis die Füllung sich ganz abgesetzt hat. Meist benötigt man für das ganze Verfahren beträchtliche Übung, um reproduzierbare Ergebnisse zu erhalten. Man legt häufig eine geeignete Schutzscheibe, etwa aus Filterpapier oder aus Nylon- oder Perlonnetz auf die Oberfläche der Säulenfüllung, um zu vermeiden, daß sie bei der Zugabe von Lösungsmittel oder beim Auftragen der Probe auf die Säule aufgerührt wird. Einige kommerzielle Säulen besitzen einen Adapter oder Ausgleichskolben, der sowohl die Oberfläche der Füllung schützt, wie auch einen Einlaß – meist einen Kapillarschlauch – besitzt, der das Lösungsmittel direkt auf die Oberfläche der Füllung gelangen läßt. Ist eine Säule einmal fertig gepackt, so darf sie keinesfalls mehr an einem Ende trockenlaufen, man läßt also immer eine Schicht des Lösungsmittels über der Füllung stehen. Es sind nur schwer allgemeine Angaben über das optimale Verhältnis der Säulenhöhe zu Säulenquerschnitt und Gesamtvolumen zu machen. Beides beeinflußt die Materialmenge, die auf der Säule getrennt werden kann und wird in der Praxis durch systematische

Vorversuche bestimmt werden müssen. Gewisse häufige Erfahrungen allerdings kann man angeben, bei der Gelfiltration z.B. ist ein Verhältnis der Höhe zum Querschnitt zwischen 10:1 und 20:1 meist günstig.

Auftragen der Probenlösung. Mehrere Methoden sind für die Aufgabe der Probenlösung auf die Säulenfüllung verwendbar. Der einfachste Weg besteht im Abheben fast des ganzen Lösungsmittels über der Säule, dann läßt man den Rest **gerade eben** in die Füllung einsickern. Die Probe wird anschließend vorsichtig mit einer Pipette aufgeschichtet und ebenfalls gerade noch ohne Trockenlaufen in die Säule eingelassen. Mit einem oder mehreren kleinen Volumina des Lösungsmittels spült man in der gleichen Weise nach, um kleine Reste der Probe in die Säule einzubringen. Dann wird das Lösungsmittel vorsichtig bis zu einer Höhe von 5–10 cm auf die Säule aufgelegt. Man schließt die Säule an ein geeignetes Reservoir des Lösungsmittels an, so daß die Höhe der Lösungsmittelsäule über der Packung bei 5–10 cm gehalten werden kann. Will man die Säule nicht bis zur Oberfläche der Füllung leerlaufen lassen, so kann man alternativ die Dichte der Probenlösung durch Zugabe von Saccharose bis zu einer Konzentration von etwa 1 % erhöhen. Wenn diese Lösung dann unter das Lösungsmittel über die Säulenfüllung unterschichtet wird, legt sie sich von selbst auf die Oberfläche der Packung und wird dann schnell quantitativ in die Säule eingebracht. Diese Methode setzt natürlich voraus, daß Saccharose bei der Trennung und nachfolgenden Analyse der Proben nicht stört. Eine dritte Methode benutzt Kapillarschläuche und/oder Spritzen oder peristaltische Pumpen, um die Probenlösung direkt an die Oberfläche der Säulenfüllung heranzuführen.

Es ist immer darauf zu achten, daß die Säule mit der Probenmenge nicht überladen wird, sonst erhält man unvollständige und nicht reproduzierbare Trennungen. Außerdem ist es von Vorteil, die Probe in einem möglichst kleinen Lösungsmittelvolumen aufzutragen, da man dann von Anfang an eine enge Bande des Materials bei der Trennung erhält. Die Probe sollte auch vor dem Auftragen entsalzt werden, um abnorme Adsorptionseffekte zu vermeiden.

Säulenentwicklung. Die Komponenten der aufgetragenen Proben werden durch kontinuierliches Nachwaschen mit einem geeigneten Eluens (mobile Phase) in der Säule getrennt. Man bezeichnet dies auch als *Entwicklung der Säule*. Das Volumen der mobilen Phase, das für die Elution einer bestimmten Komponente verbraucht wird, wird als *Elutionsvolumen* V_e bezeichnet. Die dazu notwendige Zeit bei vorgegebener Durchflußgeschwindigkeit wird die *Retentionszeit* t_r genannt.

Während dieses Vorganges muß der Fluß des Eluens gleichmäßig gehalten werden; dies erreicht man am einfachsten durch einen Nachlauf aus konstanter Höhe, also bei konstantem Druck. Die

Flußgeschwindigkeit kann dann durch Einstellung dieses Betriebsdrucks reguliert werden; er entspricht einfach der Höhendifferenz zwischen dem Spiegel des Lösungsmittels im Reservoir über der Säule und der Höhe des Auslaßendes der Säule (z.B. Ende des Kapillarschlauches am Fraktionssammler). Ein einfaches offenes Reservoir genügt dabei eigentlich nicht, da der Druck im Verlauf des Versuches mit dem Absinken des Spiegels des Lösungsmittels im Reservoir während der Elution der Säule absinken wird. Man kann dies mit einer Mariotteschen Flasche umgehen, die den Betriebsdruck konstant hält (Abb.

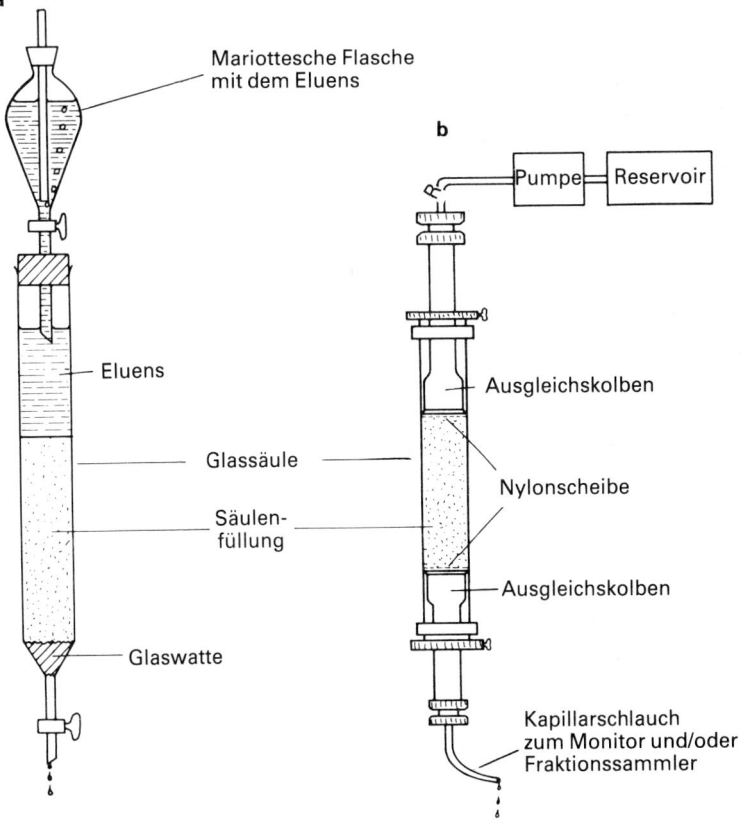

Abb. 6.**3**   Geräte für die Säulenchromatographie: **a** einfache Version **b** ausführlicheres Modell

6.**3**). Eine zweite Möglichkeit, konstante Flußgeschwindigkeit zu erhalten, besteht im Einsatz einer peristaltischen Pumpe, die das Lösungsmittel auf die Säule gibt oder aus ihr herauspumpt. Bei der Benutzung solcher Pumpen ist jedoch stets zu beachten, daß der Betriebsdruck die Säulenfüllung nicht zu stark zusammenpreßt und damit die Säule verstopft. Die Elution einer Säule mit einem einzigen Lösungsmittel als Eluens bezeichnet man als **isokratische Trennung**.

In vielen Fällen wird es aber zur Steigerung der Effizienz der Trennung durch das Eluent nötig, seinen pH-Wert, die Ionen-Konzentration oder die Polarität kontinuierlich zu ändern. Dies bezeichnen wir als **Gradientenelution**. Zur Erzeugung eines geeigneten Gradienten müssen 2 Lösungsmittel im geeigneten Verhältnis vor der Einfütterung in die Säule gemischt werden. Man kann dies durch kommerziell erhältliche Gradientenmischer oder einfach wie folgt erreichen: Die beiden Lösungen werden in getrennte Gefäße eingefüllt, nämlich ein Mischgefäß, das an die Säule angeschlossen ist, und ein zweites, Spender oder Reservoir genannt, das an das Mischgefäß durch einen Heber oder eine Schlauchverbindung angeschlossen ist. Während das Lösungsmittel aus dem Mischgefäß in die Säule abfließt, wird es aus dem Reservoir ersetzt und mit einem Magnetrührer eingemischt. Die Differenz des pH-Wertes, der Ionenstärke oder Polarität der Lösung im Reservoir im Verhältnis zu dem im Mischgefäß wird die Richtung der Gradientenform bestimmen. Außerdem legt das Verhältnis der Querschnitte der beiden Gefäße fest, ob der Gradient linear, konvex oder konkav ausfällt.

Sammeln der Fraktionen und Analyse. Wenn die aufgetrennten Verbindungen mit dem Lösungsmittel aus der Säule austreten, müssen sie nachgewiesen werden können, um sie für weitere Untersuchungen getrennt aufzufangen. Dafür bestehen 2 Möglichkeiten. Entweder wird das Effluens kontinuierlich ausgemessen und jeder Anteil, der eine bestimmte Verbindung enthält, wird einzeln aufgefangen, oder das Effluens wird in kleine Fraktionen (1–10 cm^3) aufgeteilt, das danach analysiert wird. Dann werden alle Fraktionen einer bestimmten Verbindung wieder zusammengegeben. Die kontinuierliche Messung kann auf verschiedenen Wegen erfolgen, jedenfalls läßt man aber die ausfließende Lösung durch eine Durchflußzelle mit kleinem Volumen (meist 8 mm^3) in einem Detektor laufen. Das elektrische Signal des Detektors registriert man kontinuierlich auf einem Schreiber. Jede austretende Verbindung ergibt einen charakteristischen Peak, man kann die Retentionszeit und/oder das Elutionsvolumen berechnen (Abb. 6.**4**). Für die Messung wird die Extinktion im ultravioletten oder sichtbaren Bereich benutzt, da ja die meisten ungesättigten Verbindungen, wie auch Proteine und Nucleinsäuren, bei 254 nm absorbieren. Auch die Fluoreszenz, Änderungen der Brechzahl des Effluens, eine radioaktive Markierung oder besondere Anfälligkeit gegenüber Oxidations- oder Reduktionsreaktionen der Verbindungen in einem elektrochemischen Detektor werden eingesetzt (Abschn. 10.7, S. 470).

Ist eine kontinuierliche Messung nicht möglich, so werden Fraktionen von etwa 2–5 % des Gesamtvolumens der Säule aufgefangen. Jede einzelne Verbindung kann in mehreren dieser Fraktionen enthalten sein, bei erfolgreicher Trennung wird die Anzahl der Fraktionen allerdings verhältnismäßig klein sein. Im Idealfall sind sie von den Fraktionen, die andere Verbindungen enthalten, sogar völlig getrennt durch Fraktionen, die nahezu keine dieser Substanzen enthalten.

Eine ganze Reihe automatischer Fraktionssammler ist heute erhältlich. Alle messen sie eine bestimmte Flüssigkeitsmenge in jedes Röhrchen ab, bevor ein neues in die Auffangposition geschoben wird. Die tatsächliche Fraktionsmenge kann auf verschiedene Weise festgelegt werden. Manchmal werden kleine Siphons oder ähnliche Vorrichtungen unter der Säule angebracht, die ein festgelegtes Volumen in die Röhrchen abfüllen, oder eine einstellbare Tropfzahl wird elektronisch in jede Fraktion abgezählt. Diese letztere Methode weist den kleinen Nachteil auf, daß bei Änderung der Zusammensetzung des Eluats (etwa bei der Gradientenelution) sich auch die Oberflächenspannung und damit die Tropfengröße ändern kann, so daß das reale Volumen der Fraktionen sich ebenfalls ändert. Man kann andererseits auch für jede Fraktion eine bestimmte Einflußzeit festlegen. In diesem Fall wird sich allerdings das Volumen der Fraktionen ändern, wenn sich die Flußgeschwindigkeit durch die Säule ändert. Die Fraktionen werden dann mit für die getrennten Substanzen spezifischen Methoden analysiert. Häufig ist die Kolorimetrie, UV-Absorption, Fluorimetrie, Szintillationszählung oder Radioimmunoassay.

Die einzelnen Peaks aus der Messung des Säuleneluats können auf die Menge der jeweils enthaltenen Substanz bezogen werden. Dazu benutzt man die Fläche des Peaks, die der Menge der Komponente, die aus der Säule, proportional ist. Die Fläche des Peaks bestimmt man aus der Gipfelhöhe h_p und Halbwertsbreite ω_{h_A}. Das Produkt dieser Abmessungen verwendet man als Fläche des Peaks. Man kann auch die Peakfläche aus dem Schreiberpapier ausschneiden und einfach auswiegen. Dabei gilt die Annahme, daß Fläche und Gewicht linear korreliert sind. Kennt man die Peakfläche, so kann die Menge der zugehörigen Substanz mit Hilfe einer Eichkurve erhalten werden, die man unter gleichen Bedingungen der Chromatographie mit bekannten Mengen der reinen Form der Verbindung erstellt. Als Hilfe bei diesen Bestimmungen dient der **innere Standard**, der auch die wechselnden Bedingungen der Chromatographie und vorangegangener Extraktionen auszugleichen sucht. Als innerer Standard dient eine Verbindung, deren physikalische Eigenschaften denen der untersuchten Verbindungen so ähnlich wie möglich ist, und die aus der Säule, dicht neben diesen, jedoch getrennt eluiert wird. Eine bekannte Menge des inneren Standards wird in die Versuchslösung so früh wie möglich im Aufarbeitungsgang eingegeben, so daß sie durch die vorbereiteten Schritte mitläuft. Jeder Verlust an innerem Standard während der ganzen Analyse wird daher dem Verlust der untersuchten Verbindungen gleichkommen. Die Fläche des Peaks einer vorgegebenen Menge an innerem Standard benutzt man zur Berechnung der **relativen Peakfläche** für jeden Peak der Eichkurve und der Analysendaten. Die Eichkurve besteht deshalb aus einer graphischen Darstellung der relativen Peakfläche gegen die vorgegebene Menge der Verbindung, so daß die unbekannte Menge in der Probe errechnet werden kann. Eine zweite Möglichkeit ist die des **externen Standards**. Bei dieser Methode wird der Standard unmittelbar vor der Chromatographie der Probe zugesetzt. Er läuft deshalb nicht durch vorgeschaltete Arbeitsgänge mit und kann auch Schwankungen der Ausbeute der einzelnen Extraktionsschritte nicht ausgleichen. Die Methode ist deshalb nur dann anwendbar, wenn die Ausbeute der Verbindung aus dem Rohmaterial praktisch quantitativ ist.

Die Auswertung der einzelnen Peakflächen mit den zugehörigen Berechnungen wird umständlich, wenn komplexe und/oder viele Analysen eingesetzt werden müssen. Man benutzt dann am besten eigens konstruierte Integratoren oder Mikrocomputer. Man kann sie auf die Berechnung der Retentionszeiten oder Peakflächen programmieren, auch unter Verwendung eines inneren Standards, so daß die Endgrößen berechnet werden können. Damit kann man wiederum eine bestimmte gelöste Substanz identifizieren und, mit Hilfe früherer gespeicherter Eichungen aus inneren oder externen Standards, quantifizieren. Das System kann sogar Fehler, die sich aus dem chromatographischen System ergeben, korrigieren. Solche Schwierigkeiten ergeben sich entweder aus der Charakteristik des Detektors oder der Effizienz der Trennung. Die Detektoren werfen z.B. die Schwierigkeit des *Anstiegs der Grundlinie* auf, wobei sich das Signal des Detektors langsam mit der Zeit ändert, oder die des *Rauschens der Grundlinie*, worunter wir Serien von schnelleren, kleineren Schwankungen des Detektorsignals verstehen, die meist als Folge notwendiger hoher Detektorempfindlichkeit entstehen.

Effizienz der Säule. Während die gelöste Substanz durch die Säule wandert, verursachen in der Praxis die kinetischen und mit dem Durchfluß verknüpften Einwirkungen eine Verbreiterung der Bande der gelösten Substanz. Es entsteht dann ein Konzentrationsprofil, das ungefähr einer Gauss-Verteilung entspricht (Abb. 6.**4a**). Die Breite der Basis eines solchen Gipfels entspricht 4 Standardabweichungen (4 σ).

Das Ausmaß der Gipfelverbreiterung entspricht der Varianz σ^2. Für symmetrische Gauss-Verteilungen ist die Standardabweichung σ gleich der Halbwertsbreite des Gipfels bei 0,607 h_{p}, dem Inflektionspunkt (Abb. 6.4 a). In vielen Fällen ist allerdings der Peak assymmetrisch und streut entweder zur *Front* (Ausbreitung vor dem eigentlichen Gipfel) oder zum *Schwanz* (Abb. 6.4 c) aus. Diese Assymmetrie eines Gipfels hat sehr verschiedenartige Ursachen. Sie tritt bei Überladung der Säule auf, bei schlechter Füllung, bei schlechtem Probenauftragen oder auch bei Wechselwirkungen zwischen der gelösten Substanz und der stationären Phase.

Der Erfolg jeder Chromatographie wird daran gemessen, ob sie die gewünschte Substanz aus einem Gemisch ähnlicher Verbindungen *trennen* kann. Die *Trennung der Peaks* R_s hängt von den Eigenschaften der Gipfel ab (Abb. 6.4):

$$R_s = \frac{2\,(t_{R_B} - t_{R_A})}{\omega_A + \omega_B} \tag{6.1}$$

t_{R_A} und t_R = Retentionszeiten der Verbindungen A und B
ω_A und ω_B = Breite der Gipfel für A und B auf der Grundlinie

Es zeigt sich, daß bei $R_S = 1,5$ die Trennung der beiden Gipfel zu 99,7 % vollständig ist. In den meisten Fällen sind Werte R_S von 1,0 zufriedenstellend, sie entsprechen einer Trennung von 98 %. Gemäß der Definition der Trennung liegen bis zu $R_S - 1$ zwischen den beiden so definierten Gipfeln. Die Auflösung der Peaks wird durch 3 Faktoren bestimmt: Die **Selektivität**, die die Trennschärfe des Systems ausmißt, die **Retention**, die die Fähigkeit des Trennsystems zur Retention

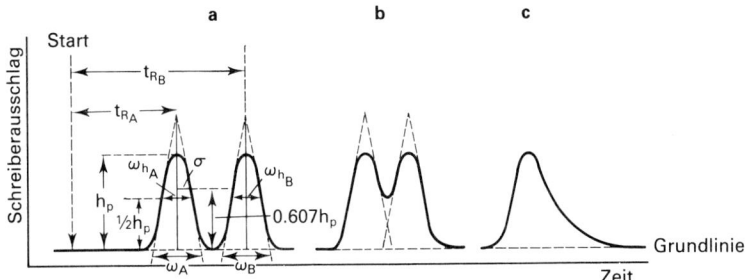

Abb. 6.4 a   Chromatographie zweier Verbindungen, die sich vollständig trennen lassen, Doppelbindung der Retentionszeiten; **b** Zwei Verbindungen mit unvollständiger Trennung und verschmierten Peaks; **c** Verbindung mit ausgeprägter Verbreitung zum Schwanz

ausmißt und mit den Verteilungskoeffizienten K_d der Verbindungen zusammenhängt; schließlich der **Effizienz**, die die relative Schlankheit der Peaks im Verhältnis der Retentionszeit zur Peakbreite bestimmt.

Meist ist es bei Chormatographien kaum möglich, 2 Peaks völlig voneinander zu trennen. Man erhält dann **verschmierte Gipfel**. Für die Analyse muß die Annahme gelten, daß die beiden nicht völlig getrennten Verbindungen sich gegenseitig nicht in der Charakteristik der Peaks beeinflussen (Abb. 6.**4 b**). Die Anzahl der theoretischen Böden (*plate number*) N bei der Elution einer bestimmten Verbindung ist:

$$N = 16 \left(\frac{t_R}{\omega} \right)^2 \qquad (6.2)$$

$$N = 5{,}54 \left(\frac{t_R}{\omega_h} \right)^2 \qquad (6.3)$$

ω = Grundlinienbreite des Peaks, entsprechend 4 σ
ω_h = Peakbreite bei halber Peakhöhe, entsprechend 2,355 σ

Der Wert N läßt sich deshalb leicht aus den Kurven des Schreibers errechnen. Die Zahl der theoretischen Böden kann man einfach durch die Verlängerung der Säulenlänge L erhöhen, doch wachsen die Retentionszeiten und die Peakbreiten proportional mit L, während die Höhe der Peaks mit der Quadratwurzel von N abnimmt. N ist ein Maß für die Effizienz der Säule, die Höhe des theoretischen Bodens, die man auch als **Höhenäquivalent eines theoretischen Bodens** (*HETP*) nützt zum Vergleich der Säulen unter verschiedenen Milieubedingungen. Es zeigt sich, daß

$$HETP = \frac{L}{N} = H \, . \qquad (6.4)$$

Die maximale Zahl der Peaks, die durch ein einzelnes chromatographisches System aufgelöst werden können, nennt man die **Peakkapazität** n. Sie bezieht sich auf die Retentionsvolumina des ersten und letzten Peaks (V_α und V_ω) und auf die Anzahl der theoretischen Böden:

$$n = 1 + \sqrt{\frac{N}{16}} \left(\ln \frac{V_\omega}{V_\alpha} \right) \qquad (6.5)$$

Die Peakkapazität wird durch die erreichbaren Trennungszeiten und die Empfindlichkeit der Visualisierung begrenzt. In der Praxis kann man sie entweder durch Gradientenelution in der Verteilungschromatographie (S. 254) oder etwa durch die Temperaturprogramme der Gaschromatographie (S. 267) erhöhen.

Dünnschichtchromatographie (DC oder TLC, thin-layer chromatography)

Prinzip. Auf einer dünnen Schicht kann man die Techniken der Verteilungs-, Adsorptions-, Molekularsieb-, High-performance liquidchromatographie durchführen. Die Methode hat die Vorteile der Einfachheit und der Schnelligkeit; sie kann auch eine Reihe von Proben parallel untersuchen. Sie eignet sich sowohl für analytische wie auch präparative Zwecke.

Herstellung der Dünnschicht. Eine dicke Suspension der stationären Phase, meist in Wasser, wird auf die Glas-, Kunststoff- oder Metallplatte als gleichförmige dünne Schicht mit Hilfe eines **Auftraggerätes** aufgelegt, wobei man an einem Ende der Platte anfängt und gleichmäßig zum anderen Ende durchzieht. Die Dicke der Suspensionsschicht wird durch die Art der gewünschten Trennungen festgelegt. Für analytische Verfahren liegt die Schichtdicke bei 0,25 mm, für präparative Trennungen bei bis zu 5 mm. Will man die stationäre Phase für Adsorptionschromatographien benutzen, so wird der Suspension ein Bindemittel wie Calciumsulfat beigegeben, um das Anhaften des Adsorbens an der Platte zu erleichtern. Ist die Schicht aufgezogen, so werden – eine Ausnahme bildet die Dünnschicht-Gelfiltration – die Platten getrocknet, so daß die stationäre Phase als dünner Überzug zurückbleibt. Im Fall von Adsorptionsschichten nimmt man die Trocknung im Ofen bei 100–120 °C vor. Damit wird das Adsorbens gleichzeitig aktiviert.

Viele vorgefertigte Dünnschichten sind kommerziell erhältlich. Die sogenannten **Polyamid-Dünnschichten** bestehen aus einer Folie von lösungsmittelresistentem Polyester, die *beidseitig* mit Poly-ε-caprolactam beschichtet sind. Sie sind semitransparent, so daß man unbekannte und Standardsubstanzen auf den gegenüberliegenden Seiten der Platte laufen lassen kann. Reinigt man sie sofort mit Ammoniakaceton, so kann man sie auch mehrmals benutzen. Sie finden häufig Anwendung bei der Sequenzierung von Proteinen zur Identifizierung von Phenylthiohydantoin und Dansyl-Aminosäuren (S. 211).

Auftragen der Probe. Man gibt die Probe mit Hilfe einer Mikropipette oder Spritze auf die Dünnschicht auf. Dieser Prozeß kann automatisiert werden. Meist wird die Probe 2,0–2,5 cm vom Rand der Platte plaziert; das Lösungsmittel kann aus dem Fleck durch vorsichtiges Erwärmen oder mit einem Fön abgedampft werden. Dieses Verfahren kann, wenn nötig, mehrmals wiederholt werden. Bei Adsorptionschromatographien läßt sich die Diffusion der Probe aus dem Auftragsfleck stark herabsetzen, wenn man ein Lösungsmittel verwendet, in dem die

Komponenten einen niedrigen R_F-Wert haben (S. 262). Bei präparativen Dünnschichtchromatographien legt man die Probe meist nicht als Einzelfleck, sondern als Streifen quer über die Dünnschichtplatte auf.

Entwicklung der Platten. Man führt die Trennung in Glaskammern durch, in die die Lösungsmittelsysteme etwa 1,5 cm hoch eingefüllt sind. Sie müssen vor der Trennung mindestens 1 h, mit einer Glasplatte oben abgedeckt, stehen, damit die Atmosphäre in der Kammer mit den Lösungsmitteldämpfen gesättigt wird (**Equilibrierung**). Unterläßt man dies, so wird während des Hochsteigens der Lösungsmittel durch die Kapillarkräfte der Platte die Verteilung der Lösungsmittel ungleichmäßig, die Qualität der Trennungen wird verschlechtert. Nach dem Equilibrieren wird die Kammer abgedeckt und die Dünnschichtplatte senkrecht in der Kammer in das Lösungsmittelgemisch eingestellt. Selbstverständlich sollten dabei die Probenflecken am unteren Rand stehen. Die Kammern werden wieder abgedeckt, die Trennung der Komponenten vollzieht sich während des Hochsteigens der Lösungsmittel. Es ist vorteilhaft, das System während der Entwicklung bei konstanter Temperatur zu halten, um Störungen durch ungleichmäßiges Hochsteigen zu vermeiden. Einer der größten Vorteile der Dünnschichtchromatographie liegt in der Geschwindigkeit der erreichbaren Trennung. Meist ist sie nach 10–30 min, selten nach mehr als 90 min beendet. Die Molekularsiebchromatographie auf Dünnschichten verläuft viel langsamer und benötigt auch besondere Verfahren (S. 280).

Um bei bestimmten Trennungen die Auflösung noch zu verbessern, wird die Technik der **zweidimensionalen Chromatographie** eingesetzt. Dabei wird das zu chromatographierende Gemisch als einzelner Fleck in die Nähe einer Ecke der Platte gesetzt und die Platte in einer Richtung entwickelt. Man nimmt sie aus der Kammer und läßt sie trocknen. In einem zweiten Lösungsmittelsystem wird sie dann im rechten Winkel

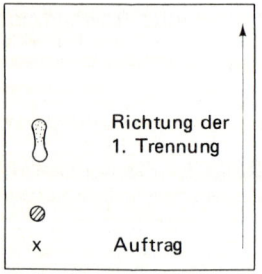
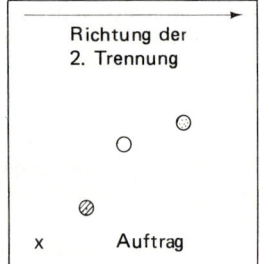

Abb. 6.**5**   Zweidimensionale Chromatographie

zur ersten Trennung erneut entwickelt (Abb. 6.5). TLC läßt sich auch mit der Dünnschichtelektrophorese TLE (S. 311) kombinieren.

Nachweis der Verbindungen. Eine Reihe von Nachweismethoden sind üblich. Ansprühen der Platte mit 50 oder 25 %iger Schwefelsäure in Ethanol und Erwärmen läßt die meisten organischen Verbindungen verkohlen und als braune Flecken hervortreten. Verbindungen, die im ultravioletten Bereich absorbieren oder zur Fluoreszenz angeregt werden, sieht man beim Betrachten der Platte im Dunkeln unter einer UV-Lampe. Viele kommerziell erhältliche Dünnschichtadsorbenzien enthalten einen Fluoreszenzfarbstoff, so daß beim Betrachten der Platte im ultravioletten Licht die getrennten Verbindungen als blaue, grüne oder schwarze Flecken auf hell fluoreszierendem Hintergrund auftauchen. Setzt man die Platten Iod-Dämpfen aus, so lassen sich ungesättigte Verbindungen häufig als braune Flecken erkennen. Für viele Verbindungen sind spezifische Sprühreagenzien entwickelt worden, z.B. Ninhydrin-Lösung für Verbindungen mit primären und sekundären Amino-Gruppen. Die meisten dieser Anfärbemethoden basieren auf spezifischen, quantitativen Farbreaktionen, wie sie auf S. 346 aufgeführt sind. Sind die Verbindungen radioaktiv markiert, so legt man die Platte zur Autoradiographie ein, wobei die Flecken auf dunkle Flächen auf dem Röntgenfilm erscheinen; für diese Fälle sind darüber hinaus eigens Detektorgeräte entwickelt worden (Radiochromatogrammscanner) (S. 402).

Obwohl auch für die Wanderungsgeschwindigkeit einer Verbindung in der TLC ein R_F-Wert (S. 263) angegeben werden kann, sind diese Werte nicht so zuverlässig wie jene für die Papierchromatographie. Meist identifiziert man deshalb die einzelnen Flecken mittels eines Vergleiches der Wanderungsgeschwindigkeit mit denen von Referenzverbindungen, die man auf der gleichen TLC-Platte nebenbei mitlaufen läßt.

Die Menge der Verbindung in einem bestimmten Fleck kann auf verschiedene Weise bestimmt werden. Quantifizierung auf der Platte läßt sich durch Radiochromatogrammscanner bei radioaktiv markierten Verbindungen erzielen, in anderen Fällen durch Densitometrie. Präzisionsdensitometer, die die Absorption im ultravioletten oder sichtbaren Bereich der Verbindungen ausmessen und gleichzeitig auch das gesamte Absorptionsspektrum der Verbindung für weitere Identifizierungen liefern, sind kommerziell erhältlich. Man kann auch den Fleck und die unmittelbar benachbarte stationäre Phase aus der Platte abkratzen, die Verbindung mit einem geeigneten Lösungsmittel extrahieren und dann eine Quantifizierung erreichen, indem die Menge der Verbindung in der Lösung mit Standardmethoden, meist der Kolorimetrie, ermittelt wird.

Papierchromatographie

Prinzip. Die Cellulose-Fasern des Chromatographiepapiers dienen als Träger der stationären Phase. Die stationäre Phase kann dabei Wasser sein, ein nicht polares Lösungsmittel, wie flüssiges Paraffin, oder imprägnierte Teilchen eines festen Adsorbens. Papiere mit verschiedener Laufcharakteristik, z.B. langsam, mittel und schnell, sind erhältlich. Säuregewaschenes Papier soll keinerlei Verunreinigungen enthalten, da diese manche Trennungen beeinflussen können. Bei eindimensionaler Chromatographie sollte das Papier immer in der „Faserrichtung" entwickelt werden, sie ist meist auf der Packung angegeben. Für die Adsorptions- und normale Phasenverteilungspapierchromatographie ist Papier in geeigneter Form kommerziell erhältlich. Papiere für umgekehrte Phasenchromatographie müssen unmittelbar vor Gebrauch vorbereitet werden.

Entwicklung des Papierchromatogramms. 2 Arbeitsweisen sind immer zur Entwicklung von Papierchromatogrammen eingesetzt worden – *aufsteigende* oder *absteigende* Methodik (Abb. 6.**6**). In beiden Fällen wird das Lösungsmittelsystem einige cm hoch auf dem Boden des dicht abdeckbaren Tanks oder der Glaskammer gegeben, so daß dort die Atmosphäre immer mit den Lösungsmitteldämpfen gesättigt ist. Bei der aufsteigenden Methode ähnelt das Verfahren dem der oben beschriebenen Dünnschichtchromatographie (S. 250).

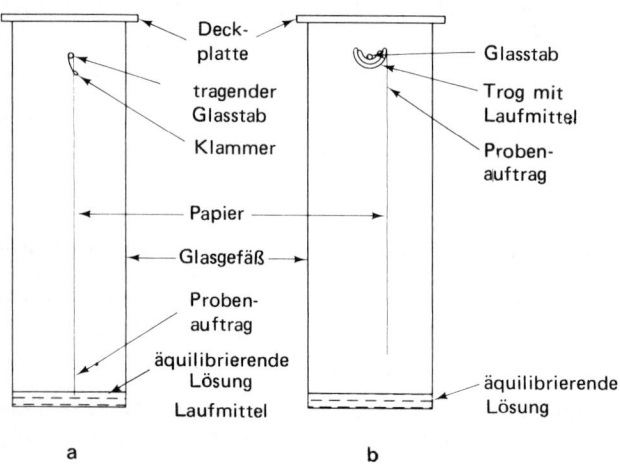

Abb. 6.**6 a** Aufsteigende und **b** absteigende Papierchromatographie

Die aufgesetzten Flecken oder Banden der Probe sollten oberhalb der Oberfläche des Lösungsmittels stehen. Während die Flüssigkeit durch die Kapillarkräfte des Papiers nach oben gesaugt wird, erfolgt die Trennung. Bei der absteigenden Technik wird der obere Rand des Papierbogens in einem Trog oben im Tank fixiert, dicht darunter sind die Flecken der Probe aufgesetzt. Der Rest des Papierbogens hängt vertikal nach unten, berührt aber natürlich nicht das Lösungsmittel am Boden der Kammer. Zum Start der Chromatographie wird das Lösungsmittelsystem in den Trog gegeben. Die Trennung erfolgt, während das Lösungsmittel durch Kapillarkräfte und die Schwerkraft nach unten wandert. Obwohl meist die aufsteigende Chromatographie vorgezogen wird, weil sie einfacher einzurichten ist, ist der Fluß des Lösungsmittels bei der absteigenden Technik schneller. Ähnlich wie bei der TLC beschrieben wurde, lassen sich auch hier zweidimensionale Chromatographien entwickeln.

Nachweis der Verbindungen. Die Methoden zum Nachweis einzelner Verbindungen in den Flächen oder Banden sind die gleichen wie für die DC, nur entfällt hier natürlich das Ansprühen mit Schwefelsäure, da das Chromatographiepapier rasch zerfällt.

Eine Substanz kann auf der Grundlage ihrer Wanderungsstrecke während der Entwicklung, verglichen mit der Wanderungsstrecke der Lösungsmittelfront identifiziert werden. Dieser R_F-Wert wird definiert als

$$\frac{\text{Wanderungsstrecke des gelösten Stoffes}}{\text{Wanderungsstrecke der Lösungsmittelfront}}.$$

Für jede Verbindung ist dieser Wert unter Standardbedingungen konstant, er ist dem Verteilungskoeffizienten der Verbindung eng korreliert. Bei Kohlenhydraten wird manchmal zur Vereinfachung die Bezeichnung R_G-Wert benutzt. Für sie gilt

$$\frac{\text{Wanderungsstrecke des Zuckers}}{\text{Wanderungsstrecke der Glucose}}.$$

6.2   Adsorptionschromatographie

Grundlagen

Nach der klassischen Definition ist ein **Adsorbens** eine feste Substanz, die Moleküle an ihrer Oberfläche festhalten kann, vor allem dann, wenn sie in porösem und fein gemahlenem Zustand vorliegt. Von einem Ionenaustauscher unterscheidet es sich (S. 274) dadurch, daß die Anheftung der Fremdmoleküle an der Oberfläche im Idealfall keine elektrostatischen Kräfte beinhaltet. Adsorptionen können recht spezifisch sein, so daß aus einem Gemisch eine gelöste Substanz selektiv adsorbiert wird. Die Trennung von Substanzen nach dieser Methode hängt von den Unterschieden sowohl im Grad der Adsorption durch das Adsorbens, als auch der Löslichkeit im Lösungsmittel, das für die Trennung eingesetzt wird, ab. Diese Faktoren werden durch die molekulare Struktur der Verbindung bestimmt. Die Adsorptionschromatographie kann sowohl in Säulen, wie auf Dünnschichten durchgeführt werden.

Träger und Anwendungen

Adsorbenzien. Verbindungen, wie Kieselsäure (Silicagel), Aluminiumoxid, Calciumcarbonat, Magnesiumcarbonat, Zinkcarbonat, Magnesiumoxid und Cellulose, können als stationäre Phase dienen. Die Wahl eines Adsorbens und des eluierenden Lösungsmittelsystems hängt von der gewünschten Trennung ab. Zur Trennung von Proteinen, Nucleinsäuren oder Viren dient häufig Hydroxylapatit (Calciumphosphat). Im Gegensatz zu den meisten anderen Adsorbenzien besitzt er auch einige Ionenaustauschereigenschaften, die die Trennung unterstützen. Bei Arbeiten über Nucleinsäuren ist er wegen seiner Fähigkeit, doppelsträngige DNS, nicht aber einzelsträngige DNS zu binden, durchaus wertvoll (S. 215).

Als Vorsichtsmaßregel bei der Wahl des Adsorbens muß dienen, daß manche Adsorbentien bestimmte Verbindungen während der Trennung zersetzen können. Einige von ihnen nehmen während der Lagerung auch leicht Wasser aus der Atmosphäre auf, was ihre Adsorptionskräfte stark herabsetzen kann. In solchen Fällen kann es notwendig werden, das Adsorbens während einiger Zeit durch Erhitzen bei 110 °C zu aktivieren, hierbei wird das anhaftende Wasser ausgetrieben. Andererseits werden solche Trennungen an Adsorbentien durch die Anwesenheit eines bestimmten Wassergehaltes im Adsorbens oft verbessert, da dann sowohl Adsorptions- als auch Verteilungseffekte bei der Trennung mitwirken.

Adsorbentien für die Dünnschichtchromatographie werden für die Herstellung der Platten oft mit verschiedenartigen Ionen imprägniert, was die Trennung günstig beeinflussen kann. Z.B. erhöht die Inkorporation von Silbernitrat in das Adsorbens die Trennschärfe für Verbindungen, die sich in der Zahl und Position von Doppelbindungen unterscheiden. Man bezeichnet dies als **Silber-TLC**. Die Dünnschichtplatten aus Poly-ε-Caprolactam (S. 250) sind besonders vielseitig anwendbar und benötigen keine Aktivierung.

Lösungsmittel. Man kann fast jedes organische Lösungsmittel als mobile Phase einsetzen, wenn es mit dem nötigen Reinheitsgrad erhältlich ist. Seine Wahl hängt von der Polarität der Verbindungen, die man trennen möchte, und von ihren Verteilungskoeffizienten ab. Für niedrige Polaritäten stehen die Lösungsmittel Hexan, Heptan, Toluol, Acetonitril, Diethylether und Chloroform zur Verfügung. Mittlere Polaritäten besitzen Essigsäure, Dichlormethan und Pyridin. Sehr polare Lösungsmittel sind 1-Propanol, 1-Butanol, Aceton, Ethanol, Methanol und Wasser. Bei Elution durch einen Gradienten benutzt man geeignete Mischungen dieser mischbaren Lösungsmittel, um einen allmählich polar ansteigenden Gradienten zu erzielen.

6.3   Verteilungschromatographie

Flüssig-flüssig-Chromatographie

Bei der **Normalphasen**verteilungschromatographie ist Wasser, in einem Träger gehalten, die stationäre Phase. Bei Säulenchromatographien können die Träger Cellulose, Stärke oder Kieselsäure sein. Bei Dünnschichtchromatographien nimmt man meistens Cellulose, hat dabei aber wahrscheinlich sowohl Absorptions- wie Verteilungseffekte. Während bei der Verteilungschromatographie in Papierbögen meist genügend Wasser im Papier enthalten ist, um eine stationäre Phase zu bilden, muß bei der Säulen- und Dünnschichtchromatographie die notwendige Menge Wasser dem Träger zugefügt werden, um eine korrekte Verteilung zu erzielen. Einige Träger können bis zu einer Massenkonzentration von 50 % Wasser aufnehmen und dennoch feinpulvrigen Charakter behalten, so daß sie ganz normal in Säulen eingefüllt oder auf Platten aufgelegt werden können. Die mobile Lösungsmittelphase liefert meistens ein mit Wasser nicht mischbares organisches Lösungsmittel oder ein wasserhaltiges Gemisch organischer Lösungsmittel mit einer kleineren Dielektrizitätszahl als die des Wassers.

Oft ist das Lösungsmittel mit Wasser mischbar. In solchen Fällen würde man eigentlich eine Verteilung der gelösten Substanz nicht erwarten, da anscheinend nur eine einzige Phase besteht. Man sollte vielleicht die stationäre Wasserphase besser als schwerlöslichen Komplex mit dem Träger betrachten, der dann effektiv nicht mit der mobilen Phase mischbar ist.

Bei der Verteilungschromatographie mit **umgekehrter Phase** bildet eine unpolare Verbindung – etwa flüssiges Paraffin – an einem Träger ähnlich denen in der normalen Phasenverteilung die stationäre Phase. Man stellt sich diese stationäre Phase her, indem man den Träger mit einer Lösung der Substanz in einem geeigneten unpolaren und flüchtigen Lösungsmittel vorbehandelt. Das Lösungsmittel wird dann durch Verdampfen entfernt.

In der Verteilungschromatographie zwischen Flüssigkeiten, vor allem in der Ausführung der HPLC, werden sehr verschiedenartige biologische Verbindungen getrennt. Bei der Arbeitsweise der Reversphase können vor allem polare Verbindungen getrennt werden.

Gegenstromverteilung

Dieser Trennprozeß wendet direkt die Verteilung einer Verbindung zwischen 2 nicht mischbaren flüssigen Phasen an. Die Phasen können Gemische von Lösungsmitteln, Puffern, Salzen und verschiedenen komplexbildenden Reagenzien sein. Mit normalen verteilungschromatographischen Methoden ist die Technik nur verwandt, insofern keine der beiden Phasen durch einen Träger gehalten wird. Dennoch ist die Trennung der gewünschten Verbindungen von den verschiedenen Verteilungskoeffizienten zwischen 2 nicht mischbaren Phasen abhängig – deshalb ist das Prinzip der Trennung das gleiche wie das der üblichen Verteilungschromatographie.

Das früher meistbenutzte Gerät ist der *Gegenstromverteilungsapparat nach Craig*. Er besteht aus 30–1000 eigens konstruierten und miteinander verbundenen Glasgefäßen (die *Kolonne*), wobei jedes ein bestimmtes Volumen der stationären flüssigen Phase enthält. Das gelöste Gemisch wird in das erste Gefäß in der Kolonne eingegeben und mit der nicht mischbaren und weniger dichten mobilen Phase durch mehrfaches Umschütteln des Gefäßes zwischen zwei $90°$ voneinander entfernten Stellungen ins Gleichgewicht gebracht. Nach Einstellung des Gleichgewichtes (1–2 min) wird die mobile Phase in das nächste Gefäß entleert, wozu das Gerät eine dritte Stellung der Gefäße vorsieht. Wenn dann die Gefäße in die ursprüngliche Position zurückgedreht werden, wird ein Aliquot der mobilen Phase automatisch in das erste Gefäß eingebracht. Der ganze Prozeß wird immer wieder wiederholt, so daß die mobile Phase schrittweise mit der ganzen Serie der Unterphasen ins Gleichgewicht gebracht wird. Die einzelnen gelösten Stoffe werden dabei nach Maßgabe ihrer Verteilungskoeffizienten und der relativen Volumina der beiden Lösungsmittel in den einzelnen Gefäßen mitgenommen. Jede gelöste Substanz häuft sich schließlich in einer bestimmten Gruppe der Gefäße an; die Trennschärfe wird durch die Gesamtzahl der Transfers und die Unterschiede in den Verteilungskoeffizienten determiniert.

Inzwischen sind neuere Arten der Gegenstromverteilung auf dem Markt. Die **Helix CCC** oder **Toroid CCC** benutzt eine helikal gewundene Röhre, die auf einem Zentrifugenrotor montiert ist. Das Zentrifugalkraftfeld fixiert eine der flüssigen Phasen in der Windung. Wird die zweite Phase durch die Röhre gepumpt, so erfolgt die Gleichgewichtseinstellung ohne die Verschiebung der stationären Phase. Eine eingeführte Substanzprobe macht deshalb eine Reihe von Verteilungen durch. Die gelösten Stoffe, die in der stationären flüssigen Phase besser löslich sind, treten deshalb langsamer aus der Röhre aus, als die, die sich in der durchfließenden zweiten Phase anreichern. Bei der **Tröpfchen-CCC** werden kleine Tröpfchen der mobilen Phase nach oben durch die stationäre Phase geperlt. Als Gefäß wird eine vertikal stehende Säule benutzt. Die **Locular-CCC** ist eine Abart dieser Tröpfchen-CCC; hier benutzt man eine Säule, die durch durchlöcherte Zwischenscheiben in kleine Kammern (*locules*) aufgeteilt ist. Die mobile Phase wird nach oben durch die stationäre Phase gepumpt, allerdings benötigt man hier keine Tröpfchenbildung. Der Verteilungseffekt wird durch Rotation oder helikale Bewegung der Säule verbessert.

Die Gegenstromverteilung ist die einzige Form der Chromatographie, die für die Fraktionierung von Zellorganellen von Erfolg war. Sie wurde auch zur Fraktionierung ganzer Zellen und für die Reinigung von membranständigen Rezeptoren benutzt. Die frühere Anwendung zur Reindarstellung von Nucleinsäuren ist heute durch andere Methoden abgelöst worden.

6.4 Gaschromatographie (GC oder GLC, gas-liquid chromatography)

Träger und Geräte

Diese Methode benutzt die unterschiedliche Verteilung verschiedener Verbindungen zwischen einer flüssigen und einer Gasphase. Sie wird heute auf breiter Basis zur qualitativen und quantitativen Analyse einer großen Anzahl von Verbindungen eingesetzt, da sie eine hohe Empfindlichkeit mit guter Reproduzierbarkeit und hoher Trenngeschwindigkeit vereint. Der hauptsächliche Anwendungsbereich liegt in der Trennung von Verbindungen mit verhältnismäßig niedriger Polarität. Dabei wird eine stationäre Phase von flüssigem Material, wie Siliconpaste auf einem inerten granulären Feststoff festgehalten. Dieses Material wird in enge aufgespulte Glas- oder Stahlsäulen von 1–3 m Länge und 2–4 mm innerem Durchmesser gepackt. Ein inertes Gas (die mobile Phase) wie Stickstoff oder Argon wird durchgepumpt. Die Säule wird in einem Ofen bei erhöhter Temperatur gehalten, so daß die zu analysierenden Verbindungen flüchtig werden. Zur Trennung der untersuchten Verbindungen dienen die unterschiedlichen Verteilungskoeffizienten der verdampften Verbindung zwischen flüssiger und Gasphase, während sie durch die Säule vom Gas mitgenommen werden. Nach dem Austritt aus der Säule wandern sie durch einen Detektor. Dieser wird über einen Verstärker an einen Schreiber angeschlossen, so daß sich dort ein Peak ergibt, wenn eine Verbindung durch den Detektor wandert (Abb. 6.**7 a**).

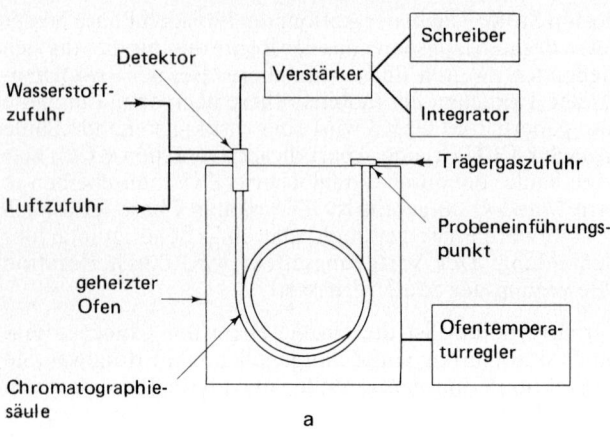

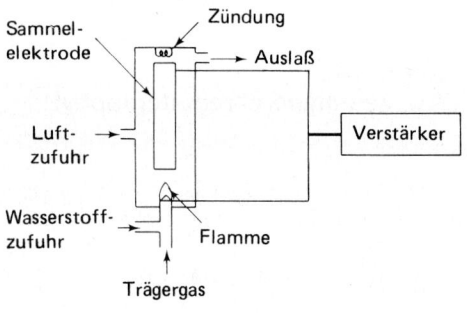

Abb. 6.7 Schematische Darstellung eines **a** Gaschromatographen und **b** Flammenionisationsdetektors

Die Gaschromatographie läßt sich auch in Kapillarsäulen durchführen, die aus Glas oder Metall bestehen und Durchmesser von 0,03–1,0 mm bei bis zu 100 Meter Länge haben. Es gibt 2 Typen derartiger Säulensysteme, die als *Wall coated open tubular*-(WOCT-) Säulen und *Support coated open tubular*-(SCOT-)Säulen. Für letztere gilt auch *Porous layer open tubular* (PLOT). Bei WOCT-Säulen wird die stationäre Phase direkt auf die Innenwand der Kapillare aufgelegt. Da dann nur kleine Mengen der stationären Phase verfügbar sind, können auch nur sehr kleine Probenmengen chromatographiert werden. Man muß deshalb ein Teilungsventil am Punkt des Probenauftrags installieren, das nur eine kleine Fraktion der Probe in die Säule einläßt. Der

Rest der Probe wird abgenommen. Die Konstruktion dieses Teilers ist bei quantitativen Analysen kritisch, da das Verhältnis der chromatographierten zur abgenommenen Menge genau reproduziert werden muß. Da die Länge dieser Säulen sehr viel größer ist als die der üblichen Gaschromatographiesäulen, läßt sich eine sehr hohe Effizienz und Trennschärfe bei komplizierten Gemischen erzielen (Gl. 6.4).

Bei den SCOT-Säulen wird ein Trägermaterial an die Wände der Kapillarsäule angekuppelt und anschließend die stationäre Phase auf diesen Träger aufgegeben. Damit wird die Kapazität der SCOT-Säulen beträchtlich höher als die der WCOT-Säulen. Ein Teilersystem wird bei kleinen Mengen überflüssig, da sie direkt in solche Säulen gegeben werden können. SCOT-Systeme sind deshalb für quantitative Bestimmungen einfacher einzusetzen als WCOT-Systeme, aber ihre Effizienz ist kleiner als die der WCOT-Systeme. Sie ist allerdings immer noch wesentlich besser als die der üblichen Gaschromatographiesäulen.

Die Effizienz einer Gaschromatographiesäule wird durch die Grundzüge auf S. 250 beschrieben. Für eine maximale Effizienz einer Säule läßt sich ein optimaler Gasfluß bestimmen (bei minimalen HETP). Bei Kapillärsäulen ist die maximale Zahl der theoretischen Böden unabhängig vom Trägergas. In diesen Fällen ergibt eine Abnahme des Säulendurchmessers eine proportionale Zunahme der Zahl der theoretischen Böden pro Längeneinheit (also HETP).

Fester Träger. Nachdem dieser nur die tragende Oberfläche liefern soll, auf die der Film der stationären Phase aufgelegt wird, muß er gegenüber den analysierten Proben inert sein. Dies ist meist einfach zu bewerkstelligen, wenn der Träger einen hohen Gehalt an stationärer Phase beherbergt, doch wird die Trennung oft dadurch behindert, daß der Gehalt niedrig wird und der Träger an der Oberfläche exponiert wird. Meist wird Celit als Träger eingesetzt (Diatomeen-Erde). Wegen der Schwierigkeiten der Wechselwirkung zwischen Träger und Proben wird er oft so vorbehandelt, daß die Hydroxy-Gruppen des Celits modifiziert sind. Dies erreicht man meist durch Silylierung des Trägers mit Verbindungen wie Hexamethyldisilazan. Ebenso wie der Träger werden auch gläserne Säulen, Glaswattestopfen und alle anderen Oberflächen, die mit der Probe in Kontakt kommen, silyliert. Die Trägerpartikel sind von gleichmäßiger Größe, bei den meisten üblichen Säulen ist die Siebzahl 60–80, 80–100 oder 100–120 BS Mesh.

Stationäre Phase. Die stationäre Phase muß bei den Temperaturen der Analysen nichtflüchtig und thermisch stabil sein. Meist benutzt man für diese Phasen hochsiedende organische Verbindungen. Sie werden auf dem Träger zu einem Gehalt von 1–25 % aufgelegt, je nach dem analytischen Anwendungsbereich. Dabei unterscheidet man 2 Arten solcher Phasen, entweder die **selektiven**, bei denen die Trennung unter

Ausnutzung verschiedener chemischer Charakteristika der Verbindungen erfolgt, oder die **nichtselektiven**, wobei die Trennung in Abhängigkeit von verschiedenen Siedepunkten der Probenkomponenten erreicht wird. Die Betriebstemperaturen der Analysen müssen also an die gewählten stationären Phasen angeglichen werden. Zu hohe Temperaturen verursachen ein übermäßiges *Ausbluten* der Säule, da die stationäre Phase abdunstet, den Detektor verunreinigt und Schwankungen der Grundlinie hervorruft. Die Wahl der stationären Phase für die gewünschten Trennungen hängt von der Verbindungsklasse im Versuch ab, meist kann man aus der Literatur Hinweise erhalten.

Häufige stationäre Phasen sind Polyethylenglykole, Methylphenyl- und Methylvinylsilicon-Kautschuk (sogenannte *OV-Phasen*), Apiezon L, auch die Ester der Adipinsäure, der Bernstein- und Phthalsäure, schließlich Squalen.

Die Säulen werden trocken mit einem leichten Gasüberdruck gestopft, danach müssen sie für 24–48 h „konditioniert" werden, indem man sie nahe der oberen Grenze der Betriebstemperatur hält und das Trägergas mit normaler Geschwindigkeit durch die Säule strömen läßt. Während dieser Zeit sollte die Säule nicht an den Detektor angeschlossen werden.

Vorbereitung und Auftragen der Probe. Die Mehrzahl der unpolaren und wenig polaren Verbindungen können direkt im Gaschromatographen analysiert werden, aber Verbindungen mit deutlich polaren Gruppen, wie –OH, –NH$_2$, –COOH haften bei unverändertem Auftrag extrem lange an der Säule. Diese starke Retention führt zu schlechten Trennungen und zu Peaks mit sehr verzögerter Rückseite. Dieses Problem versucht man zu überwinden, indem man solche funktionellen Gruppen derivatisiert. Dadurch wird die Flüchtigkeit erhöht und der effektive Verteilungskoeffizient dieser Verbindungen verbessert. Die häufigsten Methoden für Fettsäuren, Kohlenhydrate und Aminosäuren sind die Methylierung, Silylierung und Trifluoromethylsilylierung.

Die Probe wird in einem geeigneten Lösungsmittel, etwa in Ether, Heptan oder Methanol gelöst. Chlorhaltige organische Lösungsmittel sollte man vermeiden, da sie leicht den Detektor verschmutzen. Die Probe wird anschließend mit einer Mikrospritze durch ein Septum am oberen Ende der Säule eingespritzt. Meist genügen 0,1–10 mm^3 der Lösung. Üblicherweise hält man diese oberste Region der Säule bei etwas höherer Temperatur als die übrigen Anteile. Dies fördert eine schnelle und völlige Verflüchtigung der Probe. Bei vielen kommerziellen Geräten ist der Probenauftrag automatisiert.

Trennungsbedingungen. Stickstoff und Argon sind die am häufigsten benutzten Trägergase. Man läßt sie mit einer Geschwindigkeit von etwa

40–80 cm^3 min^{-1} durch die Säule fließen. Die Temperatur der Säule muß innerhalb der Betriebstemperaturen der gewählten stationären Phase liegen und wird so ausgewählt, daß möglichst geringe Retention der Gipfel und möglichst hohe Trennschärfe gegeneinander ausgewogen sind. Bei **isothermischer Trennung** verwendet man konstante Temperatur. Bei Trennungen von Verbindungen mit sehr verschiedenen Polaritäten oder sehr verschiedenen M_r ist es vorteilhaft, einen ansteigenden Temperaturgradienten einzusetzen. Man benutzt also ein **Temperaturprogramm**. Dies führt jedoch oft zu verstärktem Ausbluten der stationären Phase bei gesteigerten Temperaturen, so daß die Grundlinie wegdriftet. Deshalb haben manche Geräte 2 identische Säulen und Detektoren, 1 Paar davon wird als Referenz eingesetzt. Die Signale aus den 2 Detektoren werden gegeneinander geschaltet, man erhält so wieder eine stabile Grundlinie bei steigender Ofentemperatur, vorausgesetzt, daß das Ausbluten aus beiden Säulen gleichförmig geschieht.

Detektoren. Der meistbenutzte Detektor ist der **Flammenionisationsdetektor FID**. Er spricht auf fast alle organischen Verbindungen an, weist bis zu 1 ng nach und besitzt eine breite lineare Signalcharakteristik. Man führt ein Gemisch aus Wasserstoff und Luft in den Detektor ein, so daß man eine Knallgasflamme erhält, die die eine Elektrode bildet. Als zweite dient eine Messing- oder Platinschleife in der Nähe der Flammenspitze (Abb. 6.7 b). Treten die einzelnen Verbindungen aus der Säule aus, so werden sie in der Flamme ionisiert, ein erhöhtes Signal wird an den Schreiber weitergeleitet. Das Trägergas gibt im Detektor ein kleines Hintergrundsignal, das elektronisch abgezogen werden kann und die Grundlinie liefert.

Üblicherweise benötigt ein FID zum Nachweis eine Mindestmenge von $5 \cdot 10^{-12}$ g s^{-1} und arbeitet bis zu einer Obergrenze der Temperatur bis zu 400 °C.

Der **Stickstoff-Phosphat-Detektor** NPD, der auch **thermionischer Detektor** genannt wird, ähnelt dem FID. Hier ist aber auf die Elektrode ein Natrium-Salz aufgelegt. Alternativ ist eine Brennerspitze in einer Keramikröhre installiert, die ein Natrium- oder Rubidium-Salz enthält. Der NPD zeigt eine sehr gute Selektivität für stickstoff- und phosphathaltige Verbindungen, auf Verbindungen ohne diese beiden Elemente reagiert er kaum. Die Linearität (10^4), die Temperaturgrenze (300 °C) und die Empfindlichkeit (10^{-11} g s^{-1}) sind zwar nicht ganz so gut wie bei dem FID. Für die Analyse von Pestizidrückständen über organisch gebundenes Phosphat wird er häufig angewendet.

Der **Elektronenfang-Detektor** ECD spricht nur auf Verbindungen an, die Elektronen aufnehmen können, vor allem halogenhaltige Substanzen. Dieser Detektor ist deshalb besonders bei Analysen von polychlorierten Verbindungen, wie etwa der Pestizide DDT, Dieldrin und Aldrin in Gebrauch. Die Empfindlichkeit ist sehr hoch (10^{-12} g s^{-1}), bei einer Temperaturgrenze von 300 °C kann bis zu 1 pg einer Verbindung nachgewiesen werden. Die Breite der linearen Charakteristik (10^2–10^4) ist viel kleiner als beim FID. Der Detektor benutzt eine radioaktive Quelle (^{63}Ni), durch die das Gas aus der Säule ionisiert wird; die so freigesetzten Elektronen lassen zwischen den Elektroden bei geeigneter Spannung einen Strom fließen. Tritt eine elektronenaufnehmende Verbindung aus der Säule aus, so vermindern sich die freien Elektronen, der Strom fällt ab und diese Änderung wird registriert. In Verbindung mit dem ECD benutzt man als Trägergas meist Stickstoff oder ein Gemisch aus Argon und 5 % Methan.

Das flüchtige Lösungsmittel, das man beim Aufgeben der Probe benutzt, läßt zunächst einen *Lösungsmittelpeak* am Anfang des Chromatogramms erscheinen. Die 3 hauptsächlichen Detektorarten reagieren auf dieses Lösungsmittel mit unterschiedlicher Empfindlichkeit, es beeinflußt so den Nachweis und die Trennung schnell nachfolgender Substanzen. Hat man keine authentischen Proben der gesuchten Verbindungen zur Eichung zur Verfügung oder kennt man die gesuchte Verbindung in ihrer Struktur überhaupt nicht, so kann der Detektor durch ein Massenspektrometer ersetzt werden. Es gibt dann geeignete Trennvorrichtungen, um den größten Teil des Trägergases von der Substanz abzutrennen, die aus der Säule austritt, bevor sie in den Massenspektrometer gelangt (S. 386). In neuerer Zeit wurde die Gaschromatographie auch mit anderen Detektoren gekoppelt, etwa mit Infrarotspektrophotometern oder Kernresonanzspektrometern. Die aufgenommenen Spektren tragen zur Identifizierung der unbekannten Verbindungen bei.

Anwendungen

Vor der raschen Entwicklung der HPLC (Abschn. 6.8, S. 293) war wahrscheinlich die Gaschromatographie die meistbenutzte Methode der Chromatographie. Heute beschränkt sich ihre Anwendung auf flüchtige unpolare Substanzen, die nicht eigens derivatisiert werden müssen. Die Verbindungen werden nach ihrer Retentionszeit, meist nach der relativen Retentionszeit gegenüber einer Standardverbindung charakterisiert. Eine lineare Beziehung besteht zwischen dem Logarithmus der Retentionszeit und der Zahl der Kohlenstoff-Atome bei Verbindungen einer homologen Reihe, etwa bei den Methyl-Estern gesättigter Fettsäuren. Dies kann man etwa zur Identifizierung eines unbekannten Fettsäure-Esters im Hydrolysat eines Fettes benutzen. Ein weitverbreitetes System für quantitative Bestimmungen ist der **Retentionsindex** RI, der sich auf die relative Retention einer Verbindung gegenüber *n*-Alkanen bezieht. Die Verbindung wird gemeinsam mit einer Anzahl *n*-Alkanen chromatographiert. Danach erstellt man eine halblogarithmische Darstellung der Retentionszeit gegen die Anzahl der Kohlenstoff-Atome. Jedem *n*-Alkan ordnet man ein RI von 100 · Zahl der enthaltenen Kohlenstoff-Atome zu (Pentan hat deshalb einen RI von 500). Daraus kann man den RI der unbekannten Substanz errechnen. Viele kommerzielle Apparaturen für die Gaschromatographie können heute über einen Rechner die RI-Werte automatisch errechnen.

6.5 Ionenaustauschchromatographie

Grundlagen

Das grundlegende Prinzip dieser Form der Chromatographie besteht in der Wechselwirkung zwischen entgegengesetzt geladenen Partikeln. Viele biologische Verbindungen wie z.B. Aminosäuren und Proteine tragen ionisierbare funktionelle Gruppen, so daß ihre Fähigkeit, positive oder negative Nettoladungen zu tragen, zur Trennung von Gemischen solcher Verbindungen ausgenutzt werden kann. Die Nettoladungen solcher Verbindungen hängt von ihrem pK_a ab, außerdem, entsprechend der Henderson-Hasselbalch-Gleichung, vom pH-Wert der Lösung (S. 6).

Trennungen an Ionenaustauschern werden meist in Säulen durchgeführt, die mit diesem Material gefüllt sind. Wir unterscheiden 2 Arten der Austauscher, nämlich **Kationen-** und **Anionenaustauscher**. Kationenaustauscher tragen negativ geladene Gruppen, so daß sie positiv geladene Moleküle anziehen können. Diese Austauscher nennt man auch **saure Ionenaustauscher**, da ihre negativen Ladungen aus der Protolyse saurer Gruppen herrühren. Anionenaustauscher haben positiv geladene Gruppen, die dann negativ geladene Moleküle fixieren können. Auch hier verwendet man den entsprechenden Ausdruck **basische Ionenaustauscher**, da ihre positiven Ladungen meist aus der Aufnahme von Protonen an basische funktionelle Gruppen stammen.

Der in der Praxis ablaufende Prozeß einer Ionenaustauschchromatographie wird in 5 sequenzielle Schritte unterteilt:

1 Diffusion eines Ions an die Oberfläche des Austauschers. Sie läuft in homogenen Lösungen sehr schnell ab.

2 Diffusion des Ions durch die Trägerstruktur des Austauschers zur austauschenden funktionellen Gruppe. Sie hängt z.B. vom Grad der Quervernetzung eines Austauscherharzes und von der Konzentration der Lösung ab. Man nimmt an, daß dies der geschwindigkeitsbestimmende Schritt des gesamten Ionenaustauschvorganges ist.

3 Austausch der Ionen an der funktionellen Gruppe. Hier nimmt man einen sehr schnellen Gleichgewichtsschritt an.

Kationenaustauscher:

$$RSO_3^- \dots Na^+ + \overset{+}{N}H_3\text{–}R^1 \rightleftharpoons RSO_3^- \dots \overset{+}{N}H_3\text{–}R^1 + Na^+$$

Aus-   Gegen-   auszu-
tauscher   Ion   tauschendes
                  geladenes
                  Molekül

Anionenaustauscher:

$$\overset{+}{(R)_4N} \dots Cl^- + {}^-OOC\text{–}R^1 \rightleftharpoons \overset{+}{(R)_4N} \dots {}^-OOC\text{–}R^1 + Cl^-$$

Je höher die Ladung des auszutauschenden Moleküls ist, desto stärker ist seine Bindung an den Austauscher und desto weniger leicht wird es durch andere Ionen verdrängt.

4 Diffusion des ausgetauschten Ions durch den Austauscher zur Oberfläche.

5 Selektive Desorption des Moleküls durch das Eluens und Diffusion in die Umgebung. Eine selektive Desorption des noch gebundenen Moleküls erreicht man durch Änderungen des pH-Wertes und/oder der Ionen-Konzentration oder durch eine Affinitätselution. Im letzten Fall wird ein Ion mit größerer Affinität für den Austauscher als die des gebundenen Moleküls in das System eingeführt.

Träger

Die ersten erfolgreichen und auch heute noch vielfach benutzten Ionenaustauscher zur Trennung von biologischen Verbindungen basieren auf Copolymeren von Styrol mit Divinylbenzol.

Polystyrol selbst bildet einen linearen Polymer, der in mehreren Lösungsmitteln löslich bleibt. Kondensiert man es mit Divinylbenzol, so bilden sich Quervernetzungen zu einem schwerlöslichen Harz. Durch Variation des Verhältnisses zwischen Divinylbenzol und Styrol erhält man unterschiedliche Grade der Quervernetzung. Je höher der Gehalt an Divinylbenzol, desto größer der Grad der Quervernetzung. Harze mit geringer Quervernetzung lassen hochmolekulare Verbindungen leichter permeieren, sie sind aber auch weniger hart und quellen in einer Pufferlösung stärker auf. Diese Quellungscharakteristik muß bei der Herstellung von Säulen zur Chromatographie berücksichtigt werden. Eine Sulfonierung von quervernetztem Polystyrol liefert ein sulfoniertes Polystyrolharz wie Dowex 50, ein stark saurer, also Kationenaustauscher. Die SO_3H-Gruppe ist nur bei sehr niedrigen pH-Werten nicht ionisiert. Einen analogen basischen Austauscher erhält man durch Reaktion zwischen quervernetztem Polystyrol mit Chlormethylether und der Substitution des Chlors durch tertiäre Amine.

Diese angekuppelten Amine sind nur bei sehr alkalischem pH-Wert nicht ionisiert. Ein großer Nachteil der üblichen Ionenaustauscherharze liegt darin, daß das auszutauschende Ion durch den Träger diffundieren muß. Dies ist ein langsamer Vorgang. Verkleinert man die Korngröße des Harzes, so verbessert dies zwar die Eigenschaften, doch wird die Durchflußgeschwindigkeit kleiner, da die Körner fester gepackt werden. Man hat diese Schwierigkeit durch die Entwicklung der sogenannten **pellikulären Harze** umgangen (S. 294).

Chemisch modifizierte Cellulosen und Dextrane haben sich, vor allem in der Proteinchromatographie als besonders nützliche Alternativen gegenüber den alten und sehr hydrophoben Polystyrol-Austauschern erwiesen. Beide können als hochmolekulare Verbindungen in sehr reiner Form dargestellt werden. Carboxymethyl-Derivate (z.B. CM-Cellulose), bei denen die $-CH_2OH$-Gruppen zu $-CH_2OCH_2COOH$ umgesetzt sind, und DEAE-Derivate $[-CH_2OCH_2CH_2N(CH_2CH_3)_2]$ sind die Hauptbeispiele der praktisch eingesetzten Formen. Sie sind kommerziell in gelähnlicher und in Perlenform erhältlich, Durchflußgeschwindigkeiten und Austauschereigenschaften sind besonders gut. Nahe verwandt diesen Austauschern sind jene des Sepharose-Typs, der sich von quervernetzter Agarose ableitet.

Sowohl die Sephadex- wie Sepharose-Typen eignen sich besonders für die Trennung von Proteinen und Nucleinsäuren von hohem M_r. Da diese Austauscher den Trägern der Ausschluß- oder Molekularsiebchromatographie nahe verwandt sind und die gleiche Grundstruktur aufweisen, besitzen sie auch Ausschlußgrenzen, so daß es möglich wird, Molekularsiebeigenschaften mit Ionenaustausch zu kombinieren und dadurch eine noch bessere Trennung zu erreichen (S. 283).

Alle Austauscher sind durch ihre **Gesamtaustauschkapazität** gekennzeichnet, sie wird als die Zahl der Milliäquivalente austauschbarer Ionen, und zwar entweder pro g des trockenen Austausches oder pro Volumeneinheit des gequollenen Austauschers, angegeben. So ist die Austauscherkapazität von Bio-Rad AG1-X4 1,2 meq cm^{-3}, von Bio-Rex70 3,3 meq cm^{-3}, von DEAE-Sephadex A-25 0,5 meq cm^{-3} und von CM-Sepharose CL-6B 0,12 meq cm^{-3}. Manchmal wird auch die **verfügbare Kapazität** benutzt, um die Kapazität für ein willkürlich ausgewähltes Molekül, wie Hämoglobin, anzugeben. So ist die verfügbare Kapazität von DEAE-Sephadex A-25 für Hämoglobin 0,07 g cm^{-3}. Diese Austauscherkapazitäten erlauben eine Abschätzung des Substitutionsgrades mit Austauschergruppen und sind deshalb hilfreich bei der Planung des Größenmaßstabes einer bestimmten Anwendung.

Einzelheiten für einige kommerziell erhältliche Austauscher gibt Tab. 6.1. Die Polystyrol-Austauscher sind in verschiedenen mesh-Zahlen erhältlich. Alle Austauscher werden meist mit einem geeigneten **Gegen-Ion** beladen geliefert, meist Natrium oder Chlorid. Deshalb wird

Tabelle 6.1 Beispiele einiger Ionenaustauscher

Typ	Polymer	funktionelle Gruppe	Beispiele kommerzieller Produkte
Kationenaustauscher			
schwach sauer	Polyacrylsäure	$R-COO$	Amberlit IRC 50 Bio-Rex 70 Zeocarb 226
	Cellulose, Dextran	$-CH_2COO^-$	CM-Sephadex Cellex CM
	Agarose	$-CH_2COO^-$	CM-Sepharose
stark sauer	Polystyrol	$-SO_3^-$	Amberlit IR 120 Bio-Rad AG 50 Dowex 50 Zeocarb 225
	Cellulose, Dextran	$-CH_2CH_2-CH_2SO_3^-$	SP-Sephadex
Anionenaustauscher			
schwach basisch	Polystyrol	$-CH_2\overset{+}{N}HR_2$	Amberlit IR 45 Bio-Rad AG3 Dowex WGR
	Cellulose, Dextran	$-CH_2CH_2\overset{+}{N}H(CH_2CH_3)_2$	DEAE-Sephadex Cellex D
	Agarose	$-CH_2CH_2\overset{+}{N}H(CH_2CH_2)_2$	DEAE-Sepharose
stark basisch	Polystyrol	$-CH_2\overset{+}{N}(CH_3)_3$	Amberlit IRA 401 Bio-Rad, AG 1 Dowex 1
		$-CH_2\overset{+}{N}(CH_3)_2$ $\quad\vert$ $\quad CH_2CH_2OH$	Amberlit IRA 410 Bio-Rad AG2 Dowex 2
	Cellulose	$-CH_2CH_2\overset{+}{N}(CH_2CH_3)_2$ $\quad\vert$ $\quad CH_2CH(OH)CH_3$	QAE-Sephadex
		$-CH_2CH_2N(CH_2CH_3)_3$	Cellex T

in manchen Fällen eine Behandlung des bereits gequollenen und in die Säule gepackten Austauschers mit Säure oder Alkali notwendig, um die gewünschte Gegen-Ionform zu erhalten.

Die Chromatographie auf **Ionenaustauschpapieren** hat sich bei manchen Verbindungen ebenfalls nützlich erwiesen. Da die Chromatographiepapiere fast ausschließlich aus Cellulose bestehen, war es sinnfällig, chemisch DEAE-Cellulose (stark basisch) und CM-Cellulose (schwach sauer) am fertigen Papier herzustellen, ebenso Cellulosephosphat (stark sauer), Cellulosecitrat (schwach sauer) und Aminoethylcellulose (schwach basisch). Auch kunstharzimprägnierte Papiere sind kommerziell erhältlich, beispielsweise Amberlite SA-2 (stark sauer) und Amberlite SB-2 (stark basisch).

Durchführung und Anwendungen

Die Wahl des Ionenaustauschers wird durch die Beständigkeit der untersuchten Verbindungen, durch ihre M_r und durch spezifische Anforderungen an die Trennung bestimmt. Viele biologische Materialien, insbesondere Proteine, sind nur in einem recht kleinen pH-Bereich beständig, so daß der Austauscher in diesem Bereich sein Optimum haben muß. Ist eine Verbindung unterhalb ihres isoionischen Punktes besonders beständig, so wird im allgemeinen ein Kationenaustauscher gewählt, ist sie mehr oberhalb des isoionischen Punktes beständig, so kommt ein Anionenaustauscher in Betracht, Verbindungen mit guter Stabilität in einem breiten pH-Bereich können auf beiden Sorten der Austauscher getrennt werden.

Die Wahl zwischen einem starken und einem schwachen Austauscher wird auch durch die Stabilität der Substanz und die Auswirkung des pH-Wertes auf die Ladung der Substanz bestimmt. Schwache Elektrolyten, die entweder bei einem sehr niedrigen oder bei einem sehr hohen pH-Wert ionisiert werden, lassen sich nur auf starken Austauschern trennen, da nur diese einen großen pH-Bereich überstreichen. Im Gegensatz dazu benötigt man für starke Elektrolyten schwache Austauscher. Sie tragen nicht so sehr zur Denaturierung der Substanz bei und binden auch schwach geladene Verunreinigungen schlechter. Außerdem vereinfacht sich die Elution. Der Grad der Quervernetzung eines Austauschers beeinflußt den Ionenaustauschmechanismus weniger, hingegen stark die Kapazität. Deshalb wird die M_r der untersuchten Verbindung bei der Wahl des spezifischen Austauschers, der eingesetzt werden soll, wichtig. Die mesh-Zahl der Polystyrol-Harze bestimmt die erreichbaren Durchflußgeschwindigkeiten.

Der pH-Wert des eingesetzten Puffers sollte mindestens eine pH-Einheit über oder unter dem isoionischen Punkt der untersuchten Verbindung liegen. Im allgemeinen werden kationische Puffer, wie Tris,

Pyridin und Alkylamine bei Anionenaustauschern, anionische Puffer, wie Acetat, Barbiturat und Phosphat bei Kationenaustauschern, benutzt. Der gewählte Anfangs-pH-Wert des Puffers und die dazugehörige Ionenstärke sollten so ausgewählt sein, daß die Proben eben fest an den Austauscher gebunden werden. Außerdem sollte man einen Puffer möglichst kleiner Ionenstärke, die eben noch eine Elution bewirkt, als nächste Stufe bei der Entwicklung der Säulen einsetzen. Dieses Vorgehen bewirkt, daß zunächst schon eine möglichst kleine Zahl unerwünschter Substanzen an den Austauscher gebunden werden und in der Schlußphase eine möglichst große Zahl dieser Verunreinigungen an der Säule haften bleiben. Die auftragbare Probenmenge hängt von der Größe der Säule und der Kapazität des Austauschers ab. Will man die Säule mit dem Startpuffer auch durchentwickeln (isokratische Elution), so sollte das Probenvolumen 1–5 % des Füllvolumens nicht übersteigen. Bei Gradientenelutionen werden die Bedingungen jedoch so gewählt, daß die gesamte Probenmenge am oberen Ende der Säule durch den Austauscher abgebunden wird. In diesem Fall ist das Probenvolumen nicht sehr wichtig, man kann große Volumina verdünnter Lösungen auftragen, wobei zusätzlich eine Konzentrierung bewirkt wird.

Die Gradientenelution wird heute weit öfter als die isokratische Entwicklung geübt. Kontinuierliche oder schrittweise pH- und Ionenstärke-Gradienten kommen zum Einsatz, im allgemeinen liefern kontinuierliche Gradienten bessere Auflösungen und weniger verzögerte Peaks. Bei Anionenaustauschern setzt man meist pH-Gradienten in absteigender Richtung mit steigender Ionenstärke ein, bei Kationenaustauschern steigt sowohl der pH-Wert als auch die Ionenstärke.

Als Beispiel sei hier die Trennung von Aminosäuren (z.B. aus einem Proteinhydrolysat) gegeben, die meist auf einem stark sauren Kationenaustauscher durchgeführt wird. Die Probe wird in die Säule bei einem pH-Wert von 1–2 gegeben, so daß sie völlig abgebunden wird. Eine Gradientenelution mit steigendem pH-Wert und steigender Ionenstärke schließt sich zu einer sequenziellen Elution der einzelnen Aminosäuren an. Die sauren Aminosäuren Asparaginsäure und Glutaminsäure erscheinen als erste, danach die neutralen Aminosäuren, wie Glycin und Valin. Basische Aminosäuren, wie Lysin und Arginin, behalten ihre positive Ladung bis zu pH-Werten von 9–11 bei und kommen deshalb als letzte aus der Säule. Man hat dieses von Moore und Stein entwickelte Verfahren in kommerzielle **Aminosäure-Analysatoren** übertragen. Abb. 6.**8** gibt eine schematische Darstellung eines solchen Gerätes. Das Eluat aus der Säule wird mit Ninhydrin-Farbreagenz-Lösung gemischt und zusätzlich durch Stickstoff in durch Blasen getrennte Portionen geteilt. Das Gemisch wird dann 20 min lang auf 105 °C erhitzt, die Farbintensität der Ninhydrin-Reaktion wird anschließend bei 570 nm in

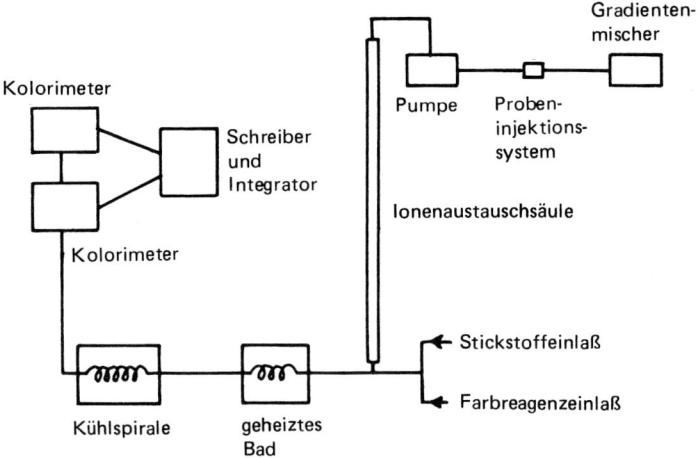

Abb. 6.8 Schematische Darstellung eines Aminosäure-Analysators

einem Kolorimeter und bei 440 nm in einem zweiten Kolorimeter ausgemessen, letzteres verwertet die braunrote Färbung aus der Reaktion von Prolin und Hydroxyprolin. Viele Aminosäure-Analysatoren benutzen 2 getrennte Säulen, die kürzere zweite trennt bei schon erhöhtem Anfangs-pH-Wert basische Aminosäuren und Ammoniak schneller und effektiver.

Die Ionenaustauschchromatographie von Proteinen wird fast ausschließlich auf den schwach basischen oder schwach sauren Austauschern aus der Familie der Cellulose-, Dextran- oder Agarose-Derivate durchgeführt. Proteine mit einem isoelektrischen Punkt kleiner als 7 werden am besten auf DEAE-Derivaten mit Puffern niedriger Ionenstärke und pH-Werten von 8–9 getrennt, Proteine mit einem isoelektrischen Punkt größer als 7 auf CM-Derivaten mit Puffern bei pH-Werten von 4–5. Proteine mit isoelektrischem Punkt um 7 lassen sich auf beiden Typen chromatographieren, hier würde die Wahl durch die Beständigkeit des Proteins in schwach sauren oder schwach basischen Lösungen entschieden. Die Technik der **Chromatofokussierung**, deren Prinzip ähnlich dessen der isoelektrischen Fokussierung ist (Abschn. 7.7, S. 322), ist bei gut löslichen Proteinen besonders geeignet. Hier wird ein linearer pH-Gradient im Inneren der Säule hergestellt, indem man die Pufferwirkung des Austauschers ausnutzt und Pufferampholyte einsetzt, die über einen großen Bereich der pH-Skala Pufferwirkung ausüben. Die Proteine werden durch solche Gradienten nach ihren isoelektrischen Punkten aufgetrennt. Es kommt dann eine Fokussie-

rung zustande, die die Konzentration des Proteins in einer engen Bande
bei hoher Trennschärfe ergibt.

6.6   Ausschlußchromatographie
(Molekularsiebchromatographie)

Grundlagen

Eine Reihe von porösen Materialien werden als **Molekularsiebe** eingesetzt, sie trennen Moleküle nach ihrer Größe und Form. Die wohl
meistbenutzten Substanzen kommen aus einer Gruppe polymerer
organischer Verbindungen, deren dreidimensionale Struktur ein Netzwerk von hydrophilen Poren besitzt. Sie erhalten dadurch gelähnliche
Eigenschaften. Deshalb benutzt man auch die Bezeichnung **Gelfiltration**, um die Trennung von Molekülen verschiedener Größe auf diesen
Gelen zu beschreiben. So hat man poröse Glasperlen als Molekularsiebe benutzt und die Bezeichnung **Controlled-pore glass chromatography**
für diese Trennungen eingeführt. Die Bezeichnungen **Ausschluß- oder
Permeationschromatographie** beschreiben Trennungen verschiedener
Moleküle mit Molekularsieben. In diesem Abschnitt soll vor allem die
Gelfiltration zur Sprache kommen, da ihre Grundlagen und Anwendungen am besten untersucht sind, doch ist zu beachten, daß die
Controlled-pore glass chromatography und andere Molekularsiebe
hiermit viel gemeinsam haben.

Die Grundlage der Molekularsiebchromatographie ist ganz einfach
eine mit Gelperlen, porösen Glasperlen oder anderen Molekularsieben

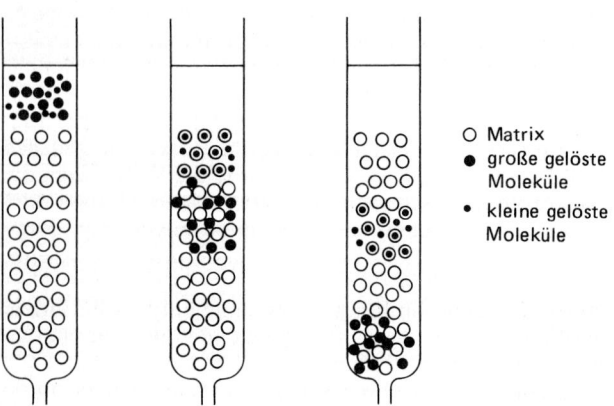

Abb. 6.**9**   Schematische Darstellung der Trennung durch Gelfiltration

gefüllte Säule, sie steht mit einem geeigneten Lösungsmittel für die zu trennenden Moleküle im Gleichgewicht. Große Moleküle, die keine der vorhandenen Poren durchwandern können, müssen durch die interstitiellen Räume – also durch ein relativ kleines Volumen – wandern, während kleinere Moleküle sich zwischen dem Lösungsmittelkompartiment innerhalb und außerhalb des Molekularsiebs verteilen – also in einem wesentlich größeren Volumen – und dann langsamer durch die Säule wandern. 3 Phasen einer solchen Säulenchromatographie sind schematisch in Abb. 6.**9** dargestellt.

Das durch ein gequollenes Gel im Inneren aufgenommene Lösungsmittel steht der gelösten Substanz soweit zur Verfügung, wie dies die Porenweite des Gelperlchens und die Größe der gelösten Moleküle erlaubt. Die Verteilung einer gelösten Substanz in einer Säule aus gequollenem Gel wird also nur durch die Gesamtvolumina des Lösungsmittels im Inneren und zwischen den Gelpartikeln, die ihm zur Verfügung stehen, bestimmt.

Für jeden Geltyp wird die Verteilung einer gelösten Verbindung zwischen dem inneren und äußeren Lösungsmittelkompartiment auch hier als Verteilungskoeffizient K_d bezeichnet, der hier aber eine Funktion der Molekülgröße ist. Wird das gelöste Molekül sehr groß und vom inneren Lösungsmittelkompartiment völlig ausgeschlossen, wird K_d gleich 0, ist es genügend klein, um alle Molekularsiebteilchen zu durchdringen und das innere Lösungsmittelkompartiment zu durchwandern, so wird K_d gleich 1. Da die Porengrößen bei allen Molekularsieben nie einheitlich sind, gibt es für Moleküle einer Zwischengröße Partikel, deren inneres Kompartiment verfügbar wird, andere, bei denen die gelöste Verbindung außen herum wandern muß. Deshalb schwanken die K_d-Werte zwischen 0 und 1. Dieser breite Schwankungsbereich des K_d-Werts zwischen diesen beiden Grenzen erlaubt Trennungen gelöster Moleküle auf einem vorgegebenen Gel auch innerhalb enger Bereiche der molekularen Größe.

Das **Elutionsvolumen** V_e einer bestimmten Verbindung hängt vom Lösungsmittelvolumen zwischen den Gelperlen V_o (das sog. **Leervolumen**) ab, vom Verteilungskoeffizienten und vom Lösungsmittelvolumen im Inneren der Gelperlchen V_i. Es gilt

$$V_e = V_o + K_d V_i. \tag{6.6}$$

Das **innere Volumen** V_i läßt sich aus dem bekannten Trockengewicht des Gels a und dem Wasseraufnahmewert W_r berechnen:

$$V_i = a\, W_r. \tag{6.7}$$

Der numerische Wert von V_e wird für eine bestimmte Verbindung mit der Größe der Säule veränderlich sein, während K_d ein charakteristischer Wert für die Verbindung ist und nicht von der Geometrie der Gelsäule abhängt.

Für 2 Substanzen verschiedener M_r und verschiedener K_d-Werte (K_{d^1} und K_{d^2}), wird die Differenz ihrer Elutionsvolumina V_s

$$V_s = V_{e^1} - V_{e^2} = (V_o + K_{d^1} V_i) - (V_o + K_{d^2} V_i),$$

d.h.

$$V_s = (K_{d^1} - K_{d^2})V_i. \tag{6.8}$$

Für eine vollständige Trennung der beiden Substanzen darf also das Probenvolumen nicht größer als V_s sein. In der Praxis machen es Abweichungen von den Idealbedingungen, etwa wegen einer schlechten Füllung der Säule, ratsam, das Probenvolumen deutlich unter den Wert von V_s zu nehmen, da das Verhältnis zwischen Probenvolumen und innerem Lösungsmittelkompartiment sowohl die Trennschärfe als auch den Grad der Verdünnung der Probenlösung bestimmen. Die Gl. (3.1) und (3.2) kann man auch benutzen, um das optimale Füllvolumen für die Reinigung einer bestimmten Substanz zu errechnen.

Die Gelfiltration läßt sich auch nach der Dünnschichtmethode durchführen. **Dünnschichtgelfiltration** TLG und TLC sind verwandte Methoden, doch gibt es einige wichtige Unterschiede. Bei der Dünnschichtgelfiltration wird die Schicht des gequollenen Gels auf eine Glasplatte gespreitet. Die Gelperlen haften an der Platte ohne Fixiermittel fest, sie bilden die stationäre Phase, das interstitielle Flüssigkeitsvolumen bildet die mobile Phase. Im Gegensatz zur TLC darf die Schicht hier nicht trocknen, deshalb gibt es hier auch keinen kontinuierlichen Durchfluß durch die gesamte Gelschicht und damit keine *Lösungsmittel*. Die Dünnschichtgelplatte wird in einen luftdicht abgeschlossenen Behälter eingestellt und an beiden Enden über Brücken aus Filtrierpapier mit Vorratsgefäßen verbunden. Die Platte wird zu einem Winkel von 20° gegenüber der Horizontalen geneigt, so daß die mobile Phase aufgrund der Schwerkraft durch die Schicht wandert. Das System muß dann mindestens 12 h equilibriert werden. Dieses Equilibrieren dient vor allem zu einer Stabilisierung des Verhältnisses der Volumina der stationären und mobilen Phase. Man kann die Platte auch horizontal legen und den Lösungsmittelfluß dadurch erzeugen, daß das eine Vorratsgefäß höher liegt. Die Probe wird als Fleck oder Bande aufgetragen und die Platte über eine geeignete Zeitspanne hin entwickelt. Die getrennten Flecken werden durch geeignete Methoden nachgewiesen.

Während die TLC vor allem für die Trennung von Aminosäuren, Zuckern, Oligosacchariden, Alkaloiden, Steroiden und allgemein lipophilen Substanzen in Gebrauch ist, benutzt man die Dünnschichtgelfiltration zur Trennung sehr hydrophiler Substanzen unter schonenden Bedingungen, vor allem für Proteine, Peptide, Nucleinsäuren, also hochmolekulare biologische Verbindungen.

Der große Vorteil der TLG gegenüber der Säulengelfiltration liegt darin, daß mehrere Proben nebeneinander unter identischen Bedingungen chromatographiert werden können. Man benötigt auch nur sehr kleine Probenmengen – sie ist also besonders für klinische Anwendungen geeignet.

Träger

Häufig benutzte Gele umfassen quervernetzte Dextrane (Handelsname Sephadex). Agarose (Sepharose, Bio-Gel A, Sagavac), Polyacrylamid (Bio-Gel P), Polyacryloylmorpholin (Enzocryl Gel) und Polystyrole (Bio-Beads S).

Die Dextran-Gele werden durch Quervernetzung des Polysaccharids Dextran mit Epichlorhydrin hergestellt. Dadurch wird das wasserlösliche Dextran schwerlöslich, behält aber seinen hydrophilen Charakter und quillt in wäßrigen Medien schnell auf, so daß Perlchen für die Gelfiltration entstehen. Mehrere Typen des Sephadex unterscheiden sich durch den Grad der Quervernetzung, somit auch der Porengröße, so daß sie für verschiedene Molekülgrößenbereiche eingesetzt werden können. Wegen der rein statistischen Verteilung der Quervernetzungspunkte schwankt auch die Porengröße bei jedem Geltyp stark. Damit können Moleküle verschiedener Größen unterhalb der Ausschlußgrenze entweder alle oder nur einen Teil der Partikel durchdringen. Jeder Typ wird durch sein Quellungsvermögen charakterisiert, d.h. durch die Menge an Wasser, die 1 g des trockenen Sephadex bei vollständiger Quellung aufnehmen kann.

Agarose-Gele, die aus Agar hergestellt werden, sind lineare Polysaccharide, deren Kette abwechselnd D-Galactose und 3,6-Anhydro-L-galactose enthält. Ihre gelbildenden Eigenschaften führt man auf zahlreiche Wasserstoff-Brücken inter- und intramolekularer Art zurück. Wegen ihrer stark hydrophilen Eigenschaften und dem nahezu völligen Fehlen geladener Gruppen verursachen Agarose-Gele wie die Dextrane nur sehr wenig Denaturierung und Adsorption empfindlicher biochemischer Substanzen.

Wegen ihrer größeren Porenweiten ergänzen die Agarose-Gele die Dextran-Gele. Letztere ermöglichen Trennungen sphärischer Moleküle, wie globuläre Proteine mit Dimensionen, die einer M_r von bis zu 800 000 entsprechen. Die unregelmäßig geknäuelten Polymeren, wie Dextrane, können bis zu M_r von etwa 200 000 chromatographiert werden, während die Agarose-Gele Moleküle und Partikel bis zu M_r von mehreren Millionen trennen können. Man hat sie deshalb häufig bei der

Untersuchung von Viren, Nucleinsäuren und Polysacchariden eingesetzt.

Die Polyacrylamid-Gele werden durch Copolymerisation von Acrylamid und Methylenbisacrylamid hergestellt. Durch Veränderung des Verhältnisses der beiden Monomeren erhält man eine Reihe von Gelen mit verschiedenen Porenweiten. Ihre Eigenschaften sind denen der Agarose- und Dextran-Gele sehr ähnlich. Ihre Ausschlußgrenzen liegen zwischen den M_r 1 800 und 400 000.

Poröse Glasperlen werden mittels eines Verfahrens, das ein Netzwerk kommunizierender Poren bestimmten Durchmessers entstehen läßt, aus Boranglas hergestellt. Ihre Ausschlußgrenze liegt normalerweise zwischen etwa 3 000 und 9 Millionen. Man konnte zeigen, daß gelöste Substanzen in Chromatographiesäulen aus solchen Perlen sich ähnlich wie in den Gelen verhalten.

Einige häufig benutzte Gele sind in der Tab. 6.2 aufgeführt.

Die Sephadex- und Polyacrylamid-Gele muß man vor Gebrauch quellen lassen, Sephacryl- und Agarose-Gele werden vorgequollen geliefert. Viele Gele sind auch in mehreren Korngrößen lieferbar: superfein, fein, mittel und grob. Je gröber das Korn, desto höher die Durchflußgeschwindigkeit, aber desto kleiner die Trennschärfe. Für analytische Arbeiten bevorzugt man daher die feinen und superfeinen Partikel, für präparative Zwecke die groben. Die **Kapazität** eines bestimmten Gels ist ein Maß des Gewichtes einer gelösten Substanz, das ein bestimmtes Gewicht an Gel durchwandern kann. Sie gibt daher die Menge gelöster Substanz an, die durch eine bestimmte Säulenfüllmenge aufgetrennt werden kann.

Anwendungen

Reinigung. Die häufigste Anwendung findet die Molekularsiebchromatographie bei der Reinigung biologischer Makromoleküle. Durch geeignete Gele oder Glasperlen sind Viren, Proteine, Enzyme, Hormone, Antikörper, Nucleinsäuren und Polysaccharide getrennt und gereinigt worden. Auch Gemische niedermolekularer Verbindungen könnten getrennt werden, beispielsweise Aminosäuren von Peptiden, Peptide aus Partialhydrolysen eines Proteins oder Oligonucleotide aus dem Hydrolysat einer Nucleinsäure. Niedermolekulare Dextrane, wie sie etwa in Maischen vorkommen, lassen sich ebenfalls trennen.

Bestimmungen von M_r. Die Elutionsvolumina globulärer Proteine werden vorwiegend durch ihre M_r determiniert. Man konnte zeigen, daß über einen breiten Bereich der M_r die Elutionsvolumina eine etwa lineare Funktion der Logarithmen der M_r sind. Stellt man eine

Tabelle 6.2 Einige häufig benutzte Gele für die Molekularsiebchromatographie

Polymer	Präparatname		Trennbereiche* (Daltons)	Säulenvolumen (cm^3 g^{-1} Trocken-Gel)
Dextran	Sephadex***	G10	<700	2–3
		G25	$1 \cdot 10^3 - 5 \cdot 10^3$	2–3
		G50	$1,5 \cdot 10^3 - 3 \cdot 10^4$	4–6
		G100	$4 \cdot 10^3 - 1,5 \cdot 10^5$	15–20
		G200	$5 \cdot 10^3 - 6 \cdot 10^5$	30–40
	Sephacryl***	S200	$5 \cdot 10^3 - 2,5 \cdot 10^5$	**
		S300	$1 \cdot 10^4 - 1,5 \cdot 10^6$	**
		S400	$2 \cdot 10^4 - 8 \cdot 10^6$	**
Agarose	Sepharose***	2B	$1 \cdot 10^4 - 4 \cdot 10^6$	**
		4B	$6 \cdot 10^4 - 2 \cdot 10^7$	**
		6B	$7 \cdot 10^4 - 4 \cdot 10^7$	**
	Bio-Gel****	A5m	$1 \cdot 10^4 - 5 \cdot 10^6$	**
		A15m	$4 \cdot 10^4 - 1,5 \cdot 10^7$	**
		A50m	$1 \cdot 10^5 - 5 \cdot 10^7$	**
		A150m	$1 \cdot 10^6 - 1,5 \cdot 10^8$	**
Polyacrylamid	Bio-Gel****	P2	$1 \cdot 10^2 - 1,8 \cdot 10^3$	3–4
		P6	$1 \cdot 10^3 - 6 \cdot 10^3$	7
		P30	$2,5 \cdot 10^3 - 4 \cdot 10^4$	11
		P100	$5 \cdot 10^3 - 1 \cdot 10^5$	15
		P300	$6 \cdot 10^4 - 4 \cdot 10^5$	30

* bestimmt für globuläre Proteine; der Bereich ist für einzelsträngige Nucleinsäure, kleinere Faserproteine und doppelsträngige DNS ungefähr gleich
** vorgequollen geliefert
*** hergestellt von der Pharmacioa Biotechnologie, Uppsala, Schweden
**** hergestellt von Bio-Rad, Richmond, California, USA

Eichkurve mit Proteinen ähnlicher Form und bekannter M_r auf, so läßt sich die M_r unbekannter Proteine auch in Rohextrakten bestimmen.

Konzentrieren von Lösungen. Man kann Lösungen von hochmolekularen Substanzen durch Zugabe von trockenem Sephadex G-25 (grob) konzentrieren. Das quellende Gel absorbiert Wasser und niedermolekulare Substanzen, während die hochmolekularen Verbindungen in Lösung bleiben. Nach 10 min wird das Gel durch Zentrifugation abgetrennt, so daß die hochmolekulare Verbindung in einer Lösung zurückbleibt, deren Konzentration erhöht wurde, deren pH-Wert und Ionenstärke jedoch gleich geblieben sind.

Entsalzen. Zum Entsalzen von Lösungen hochmolekularer Verbindungen benutzt man meist Säulen von Sephadex G-25. Die hochmolekularen Verbindungen laufen mit dem Ausschlußvolumen, während sich die niedermolekularen Verbindungen zwischen mobiler und stationärer Phase verteilen und deshalb langsamer wandern. Diese Entsalzungsmethode ist schneller und effizienter als die Dialyse. Beispiele ihrer Anwendung sind die Abtrennung von Phenol aus Präparationen von Nucleinsäuren, von Ammoniumsulfat aus Präparationen von Proteinen oder von Monosacchariden aus Lösungen von Polysacchariden und Aminosäuren aus Lösungen von Proteinen.

Proteinbindungsmessungen. Häufig wird die Molekularsiebchromatographie für die Untersuchung der reversiblen Bindung eines Liganden an ein Makromolekül, etwa ein Protein oder einen Rezeptor benutzt (Abschn. 3.7, S. 135). Eine Probe des Gemisches aus Protein und Ligand wird auf eine Säule eines geeigneten Gels (z.B. G-25) aufgesetzt, die zuvor mit einer Lösung des Liganden in der gleichen Konzentration wie im Gemisch equilibriert wurde. Die Probe wird mit Puffer im üblichen Verfahren durchgewaschen, danach bestimmt man die Konzentration an Ligand und Protein im Eluat. Die ersten Fraktionen enthalten den freien Liganden, wenn jedoch das Protein eluiert wird, so erhöht sich die Konzentration des Liganden (gebunden + frei). Man erstellt eine Versuchsreihe mit verschiedenen Konzentrationen des Liganden und kann daraus die Bindungskonstante errechnen.

6.7　　Affinitätschromatographie

Grundlagen

Die Affinitätschromatographie dient zur Reinigung biologischer Verbindungen; sie unterscheidet sich von allen anderen Chromatographieformen und von Methoden wie Elektrophorese und Zentrifugation dadurch, daß sie nicht Unterschiede in den physikalischen Eigenschaften der zu trennenden Moleküle ausnutzt. Vielmehr sucht sie Trennungen und Reinigungen nur durch außerordentlich spezifische biologische Wechselwirkungen zu erzielen. Folglich kann die Affinitätschromatographie, zumindest in der Theorie, eine absolute Reinigung einer Verbindung auch aus komplexen Gemischen in einem einstufigen Prozeß erreichen. Man hat die Technik ursprünglich zur Reinigung von Enzymen entwickelt, doch ist sie inzwischen auf Nucleotide, Nucleinsäuren, Immunoglobuline, membranständige Rezeptoren, sogar auf ganze Zellen und Zellfragmente ausgedehnt worden.

Voraussetzung der Methode ist, daß die gewünschte Verbindung reversibel einen spezifischen Liganden binden kann, der an einen schwerlöslichen Träger gekuppelt ist:

$$
\begin{array}{cccc}
M & + & L & \underset{k_{-1}}{\overset{k_{+1}}{\rightleftharpoons}} & ML \\
\text{Makro-} & & \text{Ligand} & & \text{komplex} \\
\text{molekül} & & \text{(am Träger)} & &
\end{array}
$$

Wird ein komplexes Gemisch, das die gewünschte spezifische Komponente enthält, mit dem schwerlöslichen Liganden, der meist in einer üblichen Chromatographiesäule enthalten ist, in Berührung gebracht, so wird unter geeigneten experimentellen Bedingungen nur diese Komponente den Liganden binden. Andere Verbindungen können deshalb ausgewaschen werden, die gewünschte Komponente erhält man durch Abdrängen vom Liganden (Abb. 6.**10**).

Die Methode setzt also schon eine detaillierte Kenntnis der Struktur und biologischen Spezifität der zu reinigenden Verbindung voraus, nur dann können die günstigsten experimentellen Bedingungen sorgfältig geplant werden. Bei Enzymen können die Liganden Substrate oder reversible Inhibitoren oder Aktivatoren sein. Die experimentellen Bedingungen würde man hier beim Optimum der Enzym-Effektor-Bindung wählen. Da der Erfolg der Methode einmal von der reversiblen Bildung des Komplexes, zum anderen von den numerischen Werten von k_{+1} und k_{-1} abhängt, wird bei Zugabe des Enzyms zum unlöslichen

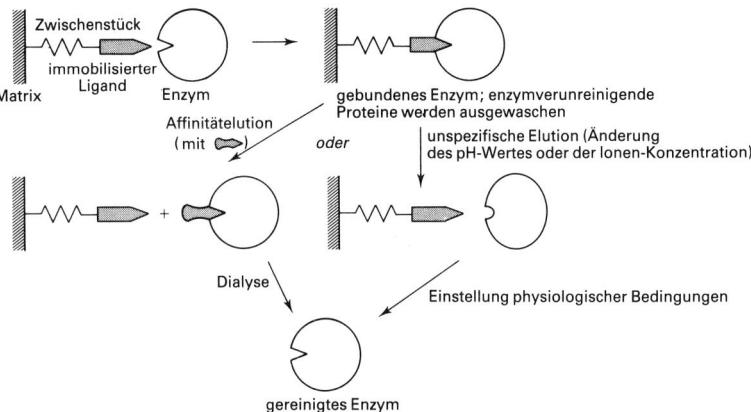

Abb. 6.**10** Schematische Darstellung der Reinigung eines Enzyms durch Affinitätschromatographie

Liganden in der Säule die Bindung der Enzymmoleküle an den Liganden induziert. Im Verlauf der Chromatographie nimmt die Konzentration des Komplexes und der Grad der Anheftung zu. Wegen dieser zunehmenden Effektivität während der Einführung der Probe in die Säule sind hier Säulenverfahren immer erfolgreicher als einmalige Anheftung an Suspensionen der Gesamtmenge des Trägers.

Dennoch sind auch alternative Arbeitsweisen entwickelt worden, die sich vor allem für größere Mengen eignen. Sie umfassen die **Affinitätspräzipitation**, bei der der Ligand an einen löslichen Träger gebunden ist, der danach, etwa durch Änderung des pH-Wertes, präzipitiert werden kann, und die **Affinitätsverteilung**, bei der der Ligand an wasserlösliche Polymere, wie Polyethylenglykol, gebunden ist, die sich dann auch mit angeheftetem Liganden vorzugsweise in eine wäßrige Polymerphase im Gleichgewicht mit der reinen Wasserphase verteilen.

Träger

Das ideale unlösliche Trägermaterial für Affinitätschromatographien muß folgende Eigenschaften aufweisen: Es muß

- genügend geeignete funktionelle Gruppen tragen, an die der Ligand kovalent gekuppelt werden kann, und es muß unter den Bedingungen der Kupplung beständig bleiben,

- während der Anheftung des Makromoleküls und seiner anschließenden Elution beständig bleiben,

- mit anderen Makromolekülen in höchstens schwache Wechselwirkungen treten, um unspezifische Adsorptionen zu vermeiden und

- die Durchflußgeschwindigkeit hoch genug sein.

In der Praxis benutzt man Partikel, die einheitlich, sphärisch und mechanisch resistent sind. Am meisten kommen quervernetzte Dextrane (z.B. Sepharose 4B und 6B), Agarose (z.B. Bio-Gel A), Polyacrylamid-Gele (z.B. Bio-Gel P), Polystyrole (z.B. Bio-Beads S), poröses Glas und Kieselgel zur Anwendung (S. 283).

Wahl und Ankupplung der Liganden. Der chemische Charakter des Liganden wird durch die vorher ermittelte Kenntnis der biologischen Spezifität der gewünschten Verbindung bestimmt. In der Praxis kann man meistens einen Liganden auffinden, der **absolute Spezifität** aufweist, der also ausschließlich von einer bestimmten Verbindung gebunden wird. Man kann alternativ auch Liganden einsetzen, die **Gruppenspezifität** zeigen, so daß sie an eine Familie naher verwandter Verbindungen mit ähnlicher chemischer Spezifität angeheftet werden. Ein Beispiel dieses zweiten Typs von Liganden ist 5'-AMP, das reversibel an eine Reihe von NAD^+-abhängigen Dehydrogenasen gebunden wird, weil 5'-AMP einem Teil des NAD$^+$-Moleküls nahe verwandt ist. Außerdem muß der Ligand eine geeignete funktionelle Gruppe tragen, die von der reversiblen Bindung des Liganden an das Makromolekül nicht berührt wird, mit Hilfe derer man aber den Liganden an den Träger kuppeln kann. Solche funktionellen Gruppen sind häufig –NH$_2$, –COOH, –SH und –OH (Phenole oder Alkohole). Um zu vermeiden, daß die Kopplung des Liganden an den Träger seine Affinität für das Makromolekül zu stark herabsetzt, wird häufig ein **Zwischenstück (spacer arm)** zwischen den Liganden und die Matrix einsynthetisiert. Die optimale Länge solcher Zwischenstücke scheint bei 6–10 Kohlenstoff-Atomen oder ihrem Äquivalent zu liegen. In einigen Fällen wird der chemische Charakter dieses Zwischenstücks für den Erfolg der Trennung entscheiden. Manche Zwischenstücke sind rein hydrophob, meist bestehen sie dann aus Methylen-Gruppen, andere sind hydrophil, weil sie Carbonyl- oder Imido-Gruppen tragen.

Die häufigste Kupplungsmethode beinhaltet eine Vorbehandlung des Trägers mit Bromcyan (BrCN) bei pH 11, um ihn für die Anheftung des Liganden zu aktivieren. Reaktionsbedingungen und Konzentrationsverhältnisse der Reagenzien bestimmen dabei die Zahl der Moleküle des Liganden, die an jedes Trägerpartikel angeheftet werden können. BrCN-aktivierte Polysaccharide, wie Sepharose 4B und 6B sind auch kommerziell in gefriergetrockneter Form erhältlich. Man hat eine Reihe von Zwischenstücken untersucht. Als Beispiele seien 1,6-Diaminohexan, 6-Aminohexancarbonsäure und 1,4-Bis(2,3-epoxypropoxy)butan genannt. Sie müssen eine zweite funktionelle Gruppe tragen, an die man den Liganden durch übliche organische synthetische Methoden anhängen kann, wobei häufig Säureanhydride, wie Bernsteinsäureanhydrid oder wasserlösliche Carbodiimide ins Spiel kommen. Eine Reihe von Trägern aus der Familie der Agarose-, Dextran-, und Polyacrylamid-Derivate sind mit schon angehefteten Zwischenstücken und aktivierten funktionellen Gruppen zur Anheftung des Liganden erhältlich.

Viele verschiedene Zwischenstücke wurden benutzt. Beispiele sind 1,6-Diaminohexan, 6-Aminocapronsäure und 1,4-Bis(2,3-epoxypropoxy)butan. Sie brauchen eine zweite funktionelle Gruppe, an die der Ligand durch übliche synthetische Methoden angekoppelt werden kann. Häufig acyliert man mit Bernsteinsäureanhydrid und aktiviert mit einem wasserlöslichen Carbodiimid. Mehrere Träger aus der Gruppe der Agarose-, Dextran- und Polyacrylamid-Gele sind schon kommerziell mit verschiedenen Zwischenstücken und angehefteten Liganden zum sofortigen Gebrauch erhältlich. Beispiele einiger Liganden zeigt Tab. 6.**3**.

Tabelle 6.**3**   Gruppenspezifische Liganden für Affinitätschromatographien

Ligand	Spezifität
5′AMP	NAD$^+$-abhängige Dehydrogenasen und einige Kinasen
2′, 5′-ADP	NADP$^+$-abhängige Dehydrogenasen
	Verbindungen mit koplanaren cis-Diol-Gruppen, z.B. Zucker, Nucleoside, Nucleotide, Catecholamine
	Proteine mit SH-Gruppen
Poly U	m-RNA mit angehefteter Poly-A-Sequenz
Poly A	Ribonucleinsäuren mit einer Poly-U-Sequenz, RNA-bindende Proteine, wie RNA-Polymerasen
Lysin	Ribosomale RNA, Plasminogen
Concanavalin A	Glykoproteine und Glykopeptide, Glykolipide, Membranfragmente mit α-D-Mannopyranosyl- und α-D-Glucopyranosyl-Resten
Calmodulin	Proteine, die durch Calmodulin reguliert werden
Heparin	eine Reihe von Proteinen, z.B. Lipoproteine, Lipasen, Gerinnungsproteine und Steroid-Rezeptoren
Protein A (Protein aus der Zellwand von S. aureus)	IgG und Moleküle, die den Fc-Teil des IgG enthalten
Cibracron Blue F3GA (reaktiver Anthrachinon-Farbstoff)	nucleotidabhängige Enzyme, Koagulationsfaktoren, Albumin
Lectin (aus Triticulum vulgare)	Zellen und Makromoleküle, die N-Acetylglucosamin-Reste enthalten
Lectin (aus Helix pomatia)	Zellen und Makromoleküle, die N-Acetylgalactosamin-Reste enthalten

Arbeitsvorschriften. Bei der Affinitätschromatographie geht man ähnlich wie bei den anderen Arten der Flüssigkeitschromatographie vor. Der Träger mit dem angehefteten Liganden wird für die Trägersorte üblicher Weise in eine Säule gefüllt (S. 250). Man benutzt Puffer, welche die Bindung des Makromoleküls möglichst fördern. Sie besitzen meist hohe Ionenstärke, um unspezifische Adsorptionen von Polyelektrolyten an die geladenen Gruppen des Liganden zu unterdrücken. Der Puffer muß zudem notwendige Cofaktoren wie Kationen zur Bindung zwischen Liganden und Makromolekülen enthalten. Nach Auftragen der Probe und Anheftung des Makromoleküls wird die Säule mit dem Startpuffer gewaschen, um unspezifisch gebundene Verunreinigungen zu entfernen. Die gereinigte spezifische Verbindung wird danach entweder durch **spezifische oder unspezifische Elution** abgedrängt. Eine unspezifische Elution wird durch starken Wechsel des pH-Wertes oder der Ionenstärke hervorgerufen. pH-Änderungen bis hin zur verdünnten Essigsäure oder verdünntem Ammoniak verändern die Ladung funktioneller Gruppen im Liganden und/oder dem Makromolekül, die mit für die Wechselwirkung zwischen den beiden verantwortlich sind. Eine starke Steigerung der Ionenstärke, manchmal auch ohne jeglichen Wechsel im pH-Wert, ruft ebenfalls eine Verdrängung des Makromoleküls vom Liganden hervor; für diesen Zweck wird häufig 1molare NaCl-Lösung eingesetzt. Die häufigere **spezifische Elution** setzt Substrate oder reversible Inhibitoren und Aktivatoren des Makromoleküls ein, wenn es sich um ein Enzym handelt. In anderen Fällen sucht man nach Verbindungen, für die der Ligand eine höhere Affinität besitzt als für das gebundene Material. Die gereinigte Verbindung wird schließlich in gepufferter Lösung anfallen, die aber mit spezifischen Abdrängungsreagenzien oder mit hohen Salz-Konzentrationen versetzt sein kann, so daß diese vor der endgültigen Reinigung abgetrennt werden müssen.

Anwendungen

Eine große Reihe an Enzymen und anderen Proteinen, auch Rezeptoren und Immunoglobuline, ist durch Affinitätschromatographie gereinigt worden. Die Anwendung der Methode wird nur durch Verfügbarkeit an immobilisierten Liganden begrenzt. Das Verfahren ist auch auf Nucleinsäuren ausgedehnt worden und hat in jüngster Zeit sehr zur Entwicklung der Molekularbiologie beigetragen. Messenger-RNS wird heute üblicherweise durch selektive Hybridisierung an Poly-U-Sepharose 4B, virale RNS an das entsprechende Poly-A-Präparat gereinigt. Immobilisierte einzelsträngige DNS benutzt man zur Abtrennung komplementärer RNS und DNS. Obwohl diese Trennung auch in Säulen durchgeführt werden kann, benutzt man meistens einzelsträngige DNS, die auf Nitrocellulose-Filter immobilisiert wurde (S. 233). Immobilisierte Nucleotide dienen zur Reinigung von Proteinen im Nucleinsäure-Stoffwechsel. Die Affinitätschromatographie kann zur Konzentrierung sehr verdünnter Lösungen dienen oder native und denaturierte Makromoleküle voneinander trennen.

Cibacronblau aus der Reihe der Triazin-Farbstoffe kann als Ligand zur Reinigung von Proteinen immobilisiert werden. Diese Farbstoffe enthalten ionisierte Gruppen und ein konjugiertes Ringsystem, das an manche katalytischen oder Effektorzentren in Proteinen bindet. Diese Wechselwirkung ist nicht eigentlich spezifisch, so daß man hier den Terminus **Farbstoffligandenchromatographie** benutzt. Auf diese Weise sind Interferon, Plasminogen und einige Restriktionsendonucleasen gereinigt worden. Die **Metallchelatchromatographie** oder **Affinitätschromatographie** an *immobilisierten Metallen* ist eine weitere logische Anwendung dieser grundlegenden Technik. Man kann damit Proteine mit ähnlichen M_r und isoelektrischen Punkten nach ihrer unterschiedlichen Bindungsfähigkeit für Metall-Ionen, die durch Chelate immobilisiert worden sind, trennen. Eine Bindung an Metallkomplexe, die Zn^{2+}, Cu^{2+}, Cd^{2+}, Hg^+, Co^{2+} und Ni^{2+} enthalten, ist pH-abhängig. Man trägt die Probe bei neutralem pH-Wert auf und eluiert die Verbindung durch Absenken des pH-Wertes sowie der Ionenstärke des Puffers oder durch Zugabe von EDTA im Puffer. Die beiden häufigsten chelierenden Verbindungen für Metall-Ionen sind hier Iminodiessigsäure und Tris-(carboxymethyl)-ethylendiamin. Die Bindung des Metall-Ions an das Protein umfaßt immer eine Histidin-Seitenkette. Auf diese Weise wurden Fibrinogen, Superoxid-Dismutase und Non-Histon-Kernproteine gereinigt. Eine wertvolle Entwicklung der Affinitätschromatographie ist die Anwendung zur Trennung eines Gemisches von Zellen in homogene Populationen. Hierzu nutzt man die Antigenmuster auf der Zelloberfläche aus oder auch die chemische Charakteristik der oberflächlichen Kohlehydrat-Gruppen der Zelloberfläche. Auch spezifische Membranrezeptor-Liganden-Wechselwirkungen kommen zur Anwendung. Immobilisierte Liganden sind hier etwa Protein A, das an die Fc-Region der IgG bindet, Lectine oder die spezifischen Liganden für den membranständigen Rezeptor. Die **kovalente Chromatographie** unterscheidet sich von den anderen Formen der Affinitätschromatographie durch die Ausbildung einer kovalenten Bindung zwischen dem gebundenen Liganden und der zu trennenden Verbindung (meist Protein). Die häufigste Form benutzt die Schließung einer Disulfid-Bindung zwischen Thiol-Gruppen in der Verbindung und an dem Liganden. Kommerziell erhältliche Liganden sind Thiopropyl-Sepharose und Thiol-Sepharose. Die Elution gelingt dann mit Dithiothreitol oder Cystein. Der Erfolg der Methode hängt von der Zahl der Sulfhydryl-Gruppen im Protein ab und von der Möglichkeit, die Disulfid-Bindungen durch Eluens wieder zu reduzieren. Papain und Urease, die beide viele Sulfhydryle tragen, lassen sich so leicht reinigen. mRNS konnte von anderen RNS und DNS durch ein ähnliches Verfahren getrennt werden. Die Methode wurde auch zur Isolierung ganzer Gene benutzt, indem man teilweise einzelsträngige DNS mit komplementärer Mercuri-mRNS hybridisierte, die dann mit thiolhaltigen Trägern reagierte.

6.8 High-performance (pressure) liquid chromatography HPLC

Grundlagen

Wie aus den Gl. (6.1) und (6.5) ersichtlich ist, nimmt die Trennschärfe einer chromatographischen Säule mit der Säulenlänge und der Anzahl der theoretischen Böden pro Längeneinheit zu. Allerdings wird die Länge der Säule durch zunehmende Verbreiterung der Elutionsgipfel begrenzt. Da die Zahl der theoretischen Böden von der Oberfläche der stationären Phase abhängt, wird die Trennung besser ausfallen, je kleiner die Teilchen der stationären Phase sind. Allerdings steigt mit zunehmender Reduktion der Teilchengröße der Widerstand gegen den Durchfluß an. Bei den bisher dargestellten Formen der Säulenchromatographie wurde das Lösungsmittel einfach mit der Schwerkraft oder mit Niederdruckpumpen eingespeist. Deshalb waren die Durchflußgeschwindigkeiten verhältnismäßig niedrig, die längere Zeit des Betriebes führt durch einfache Diffusion zu stärkerer Verbreiterung der Peaks. Man kann hier aber keine größeren Durchflußgeschwindigkeiten verwenden, da der Druck in der Säule so ansteigen würde, daß der Träger der stationären Phase zusammengepreßt wird, bis es dann zu immer höheren Drücken und wiederum langsameren Durchflußge-

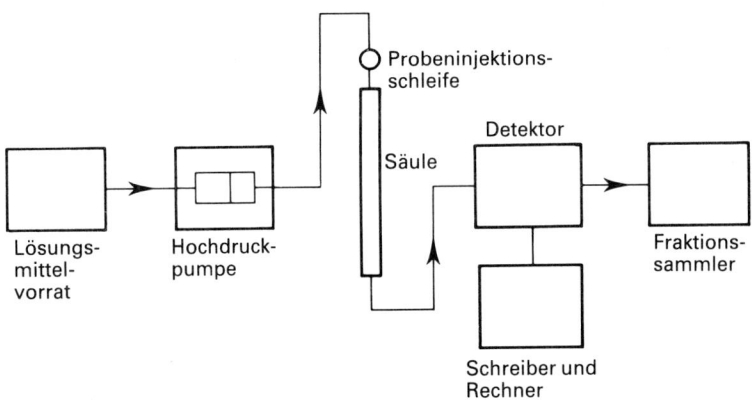

Abb. 6.**11** Schematische Darstellung der Bestandteile eines isokratischen HPLC-Systems

schwindigkeiten kommt. In den letzten 20 Jahren hat sich die Technologie der Säulenchromatographie sehr stark entwickelt, es standen dann
neue stationäre Phasen mit sehr kleinen Teilchen zur Verfügung, die den
hohen Druck aushalten, mit dem brauchbare große Durchflußgeschwindigkeiten erzielt werden. Diese Entwicklungen, die die Adsorp-
tions-, Verteilungs-, Ionenaustausch-, Molekularsieb- und Affinitätschromatographie betrafen, führten zu schnelleren und besseren Trennungen und erklären, warum heute die HPLC als die am weitesten
verbreitete, leistungsfähige und vielseitige Form der Chromatographie
besteht. Ursprünglich bezeichnete man die HPLC als Hochdruckflüs-
sigkeitschromatographie, doch zieht man nun die Bezeichnung einer
Hochleistungsflüssigkeitschromatographie (high-performance liquid
chromatography) vor, da sie die Charakteristik der Chromatographie
besser beschreibt und nicht den Eindruck erweckt, daß die hohen
Drücke die notwendige Voraussetzung für die scharfen Trennungen
liefern. Man weiß, daß dies nicht der Fall ist, für einige Anwendungen
wurde auch die Bezeichnung **Mitteldruckflüssigkeitschromatographie
(medium-pressure liquid chromatography)** MPLC geprägt. Die grundlegenden Bestandteile eines HPLC-Gerätes zeigt die Abb. 6.**11**. Die
neu entwickelten stationären Phasen führten auch zu Dünnschichtchromatographien, die man als **High-performance thin-layer chromatography** HPTLC bezeichnet. Allerdings war der Einfluß dieser Neuentwicklungen dort nicht so groß wie bei der Säulenchromatographie.

Geräte und Träger

Säulen. Die Säulen für die HPLC werden meist aus V2A-Stahl
hergestellt, da sie bis zu $5,5 \cdot 10^7$ Pa (8 000 p.s.i.) aushalten müssen. Man
benutzt meist gerade Säulen von 20–50 cm Länge und 1–4 mm
Durchmesser. Die besten Säulen besitzen standardisierten Durchmesser mit innerer Verspiegelung, so daß eine sehr effiziente Füllung
möglich wird. An den Enden der Säulen setzt man zur Stützung der
Füllung poröse Stopfen aus V2A-Stahl oder Teflon ein. Ihre Poren
müssen homogen sein, um einen gleichmäßigen Durchfluß durch die
Säule zu gewährleisten. Bei manchen Trennungen, die Gleichgewichts-
verteilungen und Ionenaustausch beinhalten, muß die Säulentempera-
tur während der Analyse konstant gehalten werden.

3 Arten von Säulenfüllungen auf der Basis eines starren Trägers (im
Gegensatz zu einem Gel) sind verfügbar:

- **mikroporöse Träger,** bei denen die Partikel durch Mikroporen von
  5–10 µm durchzogen sind,

- **pellikuläre** (oberflächlich poröse) **Träger**, bei denen poröses Material
  auf einen inerten Kern, wie Glasperlen von 40 µm Durchmesser
  aufgelegt ist und

- **gebundene Phasen,** bei denen die stationäre Phase an einen Träger chemisch gekuppelt ist.

Für die Adsorptionschromatographie sind Adsorbenzien wie Kieselgel oder Aluminiumoxid als mikroporöse oder pellikuläre Formen mit großem Bereich der Partikelgröße verfügbar. Pellikuläre Systeme haben meist hohe Trennschärfen, aber geringe Probenkapazitäten, deshalb werden, wenn möglich, mikroporöse Träger vorgezogen.

Alle Arten der HPLC-Säulenfüllungen sind durch ihre exakte Kugelform ausgezeichnet, die sie von älteren üblichen Trägern unterscheidet. Diese kleinen Kügelchen schichten sich ideal in die Säule ein und erlauben guten Durchfluß.

Bei Flüssigkeitsverteilungssystemen kann die stationäre Phase auf den inerten Träger aufgelegt sein. Sowohl mikroporöse, wie auch pellikuläre Träger werden hier benutzt. Ein Nachteil dieses Systems liegt im allmählichen Auswaschen der flüssigen Phase durch das Lösungsmittel der mobilen Phase bei wiederholtem Einsatz. Die gebundenen Phasen wurden entwickelt, um diese Schwierigkeit zu umgehen; hier wird die flüssige stationäre Phase kovalent an das Trägermaterial gekuppelt, meist an Kieselgel oder ein Silicon-Polymer. Die gebundenen Phasen auf der Basis der Silicone besitzen neben dem Schutz gegen eine Elution durch die mobile Phase auch noch den besonderen Vorzug, daß sie chemisch, thermisch und gegenüber Hydrolysen besonders stabil sind. Bei der Flüssigkeitschromatographie mit normalen Phasen benutzt man als stationäre Phase eine polare Verbindung, wie Derivate von Alkylnitrilen oder Alkylaminen, und als mobile Phase ein unpolares Lösungsmittel wie Hexan. Für die Chromatographie mit umgekehrten Phasen dient als stationäre Phase eine unpolare Verbindung, etwa ein C_8- oder C_{18}-Kohlenwasserstoff und als mobile Phase ein polares Lösungsmittel, wie Gemische aus Wasser/Acetonitril oder Wasser/Methanol.

Auch eine Reihe von Ionenaustauschern sind hier einsetzbar, meist werden quervernetzte mikroporöse Polystyrol-Harze verwendet. Auch ihre pellikulären Formen gibt es, ebenso kovalent an eine quervernetzte Silicon-Grundschicht gebundene Austauscher. Man bezeichnet diese Harze als „harte Gele", sie halten ohne weiteres die für die Analysen benötigten Drücke aus.

Stationäre Phasen für Molekularsiebtrennungen bestehen meist aus porösem Kieselgel, aus Glas, aus Perlen von Polystyrol oder Polyvinylacetat. Diese benutzt man meist bei einem organischen Lösungsmittel als Eluens; die Perlen besitzen verschiedene Breiten der Porengröße. Halbfeste Gele wie Sephadex oder Bio-Gel P und weiche Gele, wie

Tabelle 6.4 Beispiele stationärer Phasen und ihrer Anwendungen

Prinzip der chromato-graphischen Trennung	Handelsname	Art der stationären Phase	Trägertyp	Anwendungen
Adsorption	Corasil	Kieselgel	pellikulär	Steroide, Vitamine, chlorierte Pestizide, polare Herbizide, Pflanzenpigmente, Triglyceride, Alkaloide
	Pellumina	Aluminiumoxid	pellikulär	
	Partisil	Kieselgel	mikroporös	
	MicroPak A1	Aluminiumoxid	mikroporös	
Verteilung	Bondapak C₁₈/Corasil	Octadecylsilan	pellikulär	dansylierte Aminosäuren, Medikamente, Pestizide
	µBondapak-C₁₈	Octadecylsilan	porös	
	UltroPac TSK ODS	Octadecylsilan	porös	Aflatoxine, Saccharide, Fettsäuren
	µBondapak-NH₂	Alkylamin	porös	
	UltroPac TSK-NH₂	Alkylamin	porös	
Ionenaustauscher	Partisil-SAX	starke Base	porös	Aminosäuren, Peptide, Proteine, Adrenalin-Derivate, Medikamente und ihre polaren Metaboliten
	Micropak-NH₂	schwache Base	porös	
	Partisil-SCX	starke Säure	porös	
	AS Pellionex-SAX	starke Base	pellikulär	
	Zipak-WAX	schwache Base	pellikulär	
	Perisorb-Kat	starke Säure	pellikulär	
Molekularsieb	Bio-Glas	Glas	starrer Festkörper	Proteine, Peptide, Nucleinsäuren, Nucleotide,
	Styragel	Polystyroldivinylbenzol	halbfestes Gel	
	Sephadex	Agarose	weiches Gel	Polysaccharide, Oligosaccharide
	Fractogel TSK	Polyvinyl	halbfestes Gel	

Sepharose und Bio-Gel A, sind bei der HPLC kaum anwendbar, da sie nur niedere Drücke aushalten.

Die Träger für Affinitätstrennungen sind denen für Molekularsiebe ähnlich. Das Zwischenstück und der Ligand werden an diesen Träger durch ähnliche chemische Verfahren, wie bei den älteren konventionellen Trägern für die Affinitätschromatographie bei niederen Drücken angeheftet (S. 288). Tab. 6.4 führt einige häufige stationäre Phasen und ihre Anwendungen auf.

Füllung der Säulen. Fertig gepackte Säulen mit charakterisierten Eigenschaften der Füllungsstruktur und -dimension können kommerziell erhalten werden. Viele Anwender ziehen es aber vor, ihre eigenen Säulen zu füllen, da diese natürlich gegenüber den fertig gepackten Säulen billiger sind. Für die Füllung gibt es verschiedene Arbeitsweisen, die Wahl hängt von der Art des Füllmaterials und der Dimension der Teilchen ab. Das vorrangige Ziel bei der Füllung einer solchen Säule ist, eine einheitliche Struktur des Materials ohne Ritzen oder Kanäle zu erhalten. Starre Festkörper und harte Gele sollten so dicht wie möglich gepackt werden, ohne jedoch die Teilchen während der Füllung zu brechen. Die häufigste Methode der Füllung ist das Einschlämmen unter hohem Druck. Man bereitet sich eine Suspension der Packung in einem Lösungsmittel vor, das dieselbe Dichte wie der Träger aufweist. Das Gemisch wird dann schnell bei hohem Druck in eine Säule eingepumpt, die am unteren Ende durch einen porösen Stopfen verschlossen ist. Die gepackte Säulenfüllung kann dann für die Trennungen durch längeres Einpumpen des später benutzten Lösungsmittels in die Säule vorbereitet werden. Damit equilibriert man das System aus Träger und Entwicklungsflüssigkeit. Werden harte Gele eingefüllt, so müssen sie zunächst in dem Lösungsmittel, das man später für die chromatographischen Trennungen einsetzen will, aufquellen, bevor sie unter Druck eingefüllt werden. Weiche Gele kann man nicht unter Druck füllen, sie müssen sich aus der Suspension in der Säule unter Einwirkung der Schwerkraft absetzen, ähnlich wie dies für das Füllen von Säulen für klassische Säulenchromatographie beschrieben wurde (S. 250).

Lösungsmittel für die Chromatographie (mobile Phase). Die Wahl der mobilen Phase für eine Versuchsserie hängt von der Art der gewünschten Trennung ab. Isokratische Trennungen können mit einem einzigen Lösungsmittel oder mit einem gleichbleibenden Gemisch mehrerer Lösungsmittel durchgeführt werden. Auch hier werden Gradientenelutionen durchgeführt, wobei die Zusammensetzung der entwickelnden Flüssigkeit kontinuierlich mit Hilfe eines Gradientenprogramms, wie es in kommerzielle HPLC-Systeme eingebaut ist, geändert wird. In den meisten Fällen benutzt man dazu 2 Pumpen. Alle Lösungsmittel für HPLC-Systeme müssen eigens hoch gereinigt werden, da schon Spuren von Verunreinigungen die Säule verschmutzen und den Detektor stören können. Dies wird besonders wichtig, wenn der Detektor Messungen der Lichtabsorption unter 200 nm vornimmt. Gereinigte Lösungsmittel für die HPLC sind kommerziell erhältlich, doch filtriert man sie auch dann noch mit einem 1- bis 5-μm-Mikrofilter, das meist vor der Pumpe ins System montiert ist. Zusätzlich müssen alle Lösungsmittel vor Gebrauch „entgast" werden, da sonst in den meisten Pumpen Gasblasen auftreten. Sehr störend ist dies bei wäßrigen Methanol- und Ethanol-Gemischen. Treten Luftblasen im Lösungsmittel auf, so wird dies die Trennung, aber auch die kontinuierliche Überwachung des Effluenz im Detektor stören. Man kann die Lösungsmittel durch Erwärmen, durch heftiges Rühren mit einem Magnetrührer, durch kurzzeitiges Evakuieren, durch Ultraschallbehandlung oder durch Durchblasen eines kleinen Helium-Stromes durch das Lösungsmittelvorratsgefäß entgasen.

Pumpensysteme. Die Pumpen sind das Herzstück eines HPLC-Systems. Die engen, mit kleinen Teilchen fest gepackten Säulen setzen dem Lösungsmittelfluß einen hohen Widerstand entgegen, deshalb sind hohe Drücke für zufriedenstellende Geschwindigkeiten notwendig. Gute Pumpen müssen deshalb vor allem einen Druck von bis zu $3,45 \cdot 10^7$ Pa (5 000 p.s.i.) erzeugen können, im Idealfall darf der Druck während der Trennung auch nicht pulsieren. Für die üblichen Trennungen benötigt man einen Durchfluß von mindestens 10 cm^3 min^{-1}, für präparative Trennungen von bis zu 30 cm^3 min^{-1}. Alle Bestandteile der Pumpe sollten gegenüber allen Lösungsmitteln chemisch resistent sein. Verschiedene Pumpensysteme werden kommerziell vertrieben, sie arbeiten nach dem Prinzip des konstanten Druckes oder des konstanten Stromes.

Pumpen mit konstantem Druck leisten einen nicht pulsierenden Durchfluß durch die Säule, doch wird jedes Absinken der Permeabilität der Säule niedrige Durchflußgeschwindigkeiten hervorrufen, die die Pumpe nicht kompensieren kann. Sie arbeiten durch Einpressen von Gas unter hohem Druck in die Pumpe, das Gas drückt dann das Lösungsmittel aus der Pumpenkammer in die Säule. Eine Zwischenflüssigkeit zwischen Gas und Eluens vermeidet, daß gelöstes Gas direkt in das Lösungsmittel und die Säule gelangt und dort die Trennung stört.

Pumpen mit konstantem Strom halten unabhängig von wechselnden Bedingungen in der Säule eine konstante Durchflußgeschwindigkeit aufrecht. Eine Art dieser Pumpen verwendet motorgetriebene Kolbenspritzen, wobei ein konstantes Volumen des Lösungsmittels aus der Pumpe durch einen motorgetriebenen Stempel in die Säule gebracht wird. Bei gleichbleibender Geschwindigkeit liefern derartige Pumpen einen nicht pulsierenden Lösungsmittelstrom. Dies ist deshalb wichtig, weil manche Detektoren gegenüber der Durchflußgeschwindigkeit empfindlich sind. Auch **Stößelpumpen** werden in der HPLC häufig benutzt. Der Kolben wird dabei durch eine motorgetriebene Kurbelwelle vor- und zurückbewegt, der Einsatz des Lösungsmittels aus dem Vorratsgefäß in die Pumpenkammer und der Auslaß in die Säule wird jeweils durch ein Ventil geregelt. Während der Kompressionsbewegung wird das Lösungsmittel aus der Pumpenkammer in die Säule gedrückt, wohingegen sich bei der Gegenbewegung das Auslaßventil schließt und das Lösungsmittel über das Einlaßventil in die Pumpenkammer gesaugt wird, so daß es bei dem nächsten Zyklus wieder auf die Säule gepumpt werden kann. Derartige Pumpen liefern einen pulsierenden Strom, deshalb werden Dämpfungen dafür in das System eingebaut, um den pulsierenden Effekt herabzusetzen. Pumpen mit konstantem Strom haben eingebaute Überdruckschalter, so daß sie bei Anstieg des Drucks im chromatographischen System über eine eingestellte Obergrenze abgeschaltet werden.

Detektoren. Da die aufgetragene Substanzmenge hier oft sehr klein ist, müssen die Detektoren besonders empfindlich und stabilisiert arbeiten. Meist benutzt man als Detektor ein Spektrophotometer mit variabler Wellenlänge im ultravioletten und sichtbaren Bereich, ein Flurimeter, ein Meßsystem für die Brechzahl oder einen elektrochemischen Detektor. Neuere Entwicklungen koppeln die HPLC mit einem Massenspektrometer.

Arbeitsvorschriften. Das exakte Probenauftragen ist bei der HPLC ein zweiter besonders wichtiger Faktor für gute Trennungen. Im Idealfall würde die Probe als unendlich schmale Bande in die Säule eingebracht werden. Meist benutzt man eine von 2 Arbeitsweisen. Bei der ersten wird eine Mikrospritze eingesetzt, die den hohen Druck aushalten kann. Die Probe wird durch ein Septum in einem Einlaßventil entweder direkt auf die Säulenfüllung oder auf einen kleinen Tropfen inerten Materials unmittelbar über die Füllung injiziert. Das System kann dabei unter hohem Druck stehen, oder man kann die Pumpe vor der Injektion abstellen und sie dann vornehmen, wenn der Druck bis nahe zum Normalwert abgefallen ist und danach die Pumpe wieder in Gang setzen. Man bezeichnet das als **Stop-flow-Injektion**. Bei der zweiten Methode benutzt man zur Einführung der Probe einen **Schleifeninjektor**. Er besteht aus einer metallenen Rohrschlaufe mit kleinem Volumen, in die man die Probe einsetzt. Mittels eines geeigneten Drehventils wird dann das Eluens aus der Pumpe durch die Schleife, deren Auslaß direkt in die Säule führt, geleitet. Die Probe wird so durch das Eluens in die Säule mitgenommen, ohne daß der Lösungsmittelfluß zur Pumpe unterbrochen würde. Automatische Versionen der Schleifeninjektoren sind kommerziell erhältlich.

Mehrfache Chromatographie sehr unreiner Proben, wie Seren, Urin, Plasma oder Vollblut, die man am besten vorher enteiweißt, kann schließlich die Trennschärfe der Säule sehr stark herabsetzen. Um dies zu vermeiden, legt man zwischen den Injektor und die analytische Säule eine **Vorfiltersäule**. Sie besteht aus einem kurzen (2–10 cm) Säulenstück des gleichen inneren Durchmessers, das mit ähnlichem Trägermaterial wie das in der analytischen Säule gepackt ist. Die Füllung dieser Filtersäule kann man somit in regelmäßigen Abständen auswechseln.

Anwendungen

Die breite Anwendbarkeit, Geschwindigkeit und Empfindlichkeit der HPLC ließen sich die Methodik gegenüber allen anderen Formen der Chromatographie durchsetzen. Nahezu alle Arten der biologischen Moleküle sind über sie gereinigt worden. Die *Verteilung* in *umgekehrter Phase (reverse phase partition)* ist in der Ausführung der HPLC vor allem für die Trennung polarer Verbindungen, wie Medikamente und ihre Metaboliten, Peptide, Vitamine, Polyphenole und Steroide, nützlich. Vor der Einführung dieser Form der Chromatographie war die Trennung dieser polaren Verbindungen schwierig und mußte oft den Umweg über eine Derivatisierung zu weniger polaren Stufen gehen. In der klinischen und pharmazeutischen Forschung wird die Technik besonders häufig angewandt, da auch biologische Flüssigkeiten, wie Serum und Urin direkt, meist mit einer Vorsäule, in das System eingegeben werden können. Die Trennung stark polarer Verbindungen, wie Aminosäuren, organische Säuren und Katecholamine, die durch die reverse phase-Chromatographie schlecht aufgelöst werden können, gelingt oft mit 2 Verfahrensweisen: Die eine ist die **Ionensuppression**, bei der die Dissoziation einer Verbindung durch Chromatographie bei entsprechend hohem oder niederem pH-Wert unterdrückt wird. Schwache Säuren können etwa in einer angesäuerten mobilen Phase chromatographiert werden. Die andere ist die **Ionenpaarmethode**, bei der ein *Gegen-Ion* mit entgegengesetzter Ladung der mobilen Phase zugesetzt wird, so daß das entstehende Ionenpaar genügend lipophilen Charakter gewinnt, um durch die unpolare stationäre Phase des Reverse-phase-Systems verlangsamt zu werden. Um etwa die Trennung saurer Verbindungen, die als Anionen vorliegen müßten, zu erleichtern, wird ein Quaternäralkylamin-Ion, wie Tetrabutylammonium, als Gegen-Ion benutzt werden. Für die Trennung von Basen, die als Kationen vorliegen, setzt man ein Alkylsulfonat, wie Natriumheptansulfonat, zu. Der Mechanismus der verbesserten Trennung durch das Ionenpaaren ist unklar, 2 Theorien wurden vorgeschlagen. Zum einen nimmt man an, daß das Ionenpaar sich wie eine einzige neutrale Spezies verhält, zum anderen könnte auch eine aktive Ionenaustauschoberfläche erstellt werden, bei der das Gegen-Ion, das deutlich lipophile Eigenschaften besitzt und die zu trennenden Ionen an der hydrophoben unpolaren stationären Phase adsorbiert werden. In der Praxis wechselt der Erfolg der Ionenpaarung, man muß die Trennung empirisch erarbeiten. Die Größe des Gegen-Ions, seine Konzentration und der pH-Wert der Lösung tragen sehr stark zum Ergebnis der Trennung bei.

Am meisten hat die HPLC wohl die Trennung von Oligopeptiden und Proteinen verändert. Geräte für die Trennung von Proteinen entwickelten die Technik der **schnellen Proteinflüssigkeitschromatographie** *(fast protein liquid chromatography)* FPLC. Dabei unterscheidet sie sich nicht grundsätzlich von der HPLC, sie benutzt die Reverse-phase- und Ionenaustauschchromatographie, sowie die Chromatofokussierung (S. 270). Mit Glas ausgekleidete V2A-Säulen kleiner Bohrung von 1 mm Durchmesser und 2,5 cm Länge sind für die Trennung von sehr kleinen Substanzmengen in nur etwa 10 min entwickelt worden. Damit kann man komplizierte Gemische, etwa tryptische Verdauungsansätze von Proteinen oder Kulturüberstände von Mikroorganismen direkt auf die Säule auftragen, die meist mit einem Ionenaustauscher arbeitet. Proteingemische aus Zellextrakten müssen meist vor der Untersuchung noch durch eine Vorfraktionierung gehen (S. 103). Obwohl die Molekularsieb- und Ionenaustausch-HPLC für Proteintrennungen so erfolgreich waren, können nicht alle Proteine damit völlig gereinigt werden. In diesen Fällen kann die Technik der **hydrophoben Chromatographie**, die hydrophobe Abschnitte auf der Oberfläche von Proteinen ausnutzt, von Erfolg sein. Die stationäre Phase ist stark hydrophob, meist Octyl- oder Phenyl-Agarose. Die hydrophoben Abschnitte der Proteinoberfläche reagieren mit diesen Phasen über π-π-Wechselwirkungen. Dadurch wird die Wechselwirkung des Proteins mit dem wäßrigen Milieu klein gehalten. Die Anheftung wird in verdünnten Puffern (0,01 mol/l) vorgenommen, die Elution mit wäßrigem Ethylenglykol oder Ethanol oder mit sogenannten **chaotropen Verbindungen** (Perchlorat-, Trifluoracetat- oder Thiocanat-Ionen oder Harnstoff). Sie lösen die Struktur des Wassers auf und setzen hydrophobe Wechselwirkungen herab. Mit dieser Methode wurden Aldolase, Transferin, Cytochrom *c* und Thyroglobulin gereinigt.

6.9   Wahl eines chromatographischen Trennsystems

Bis zu einem gewissen Grad kann man die Wahl des günstigsten Chromatographiesystems für die Trennung von Verbindungen, deren physikalische Eigenschaften man kennt, schematisieren. Die Abb. 6.**12** versucht dies als Pfeildiagramm darzustellen.

Die meisten chromatographischen Arbeitsweisen versuchen Unterschiede der physikalischen Eigenschaften der Verbindungen auszunutzen. Die Ausnahme stellt die Affinitätschromatographie dar, die die

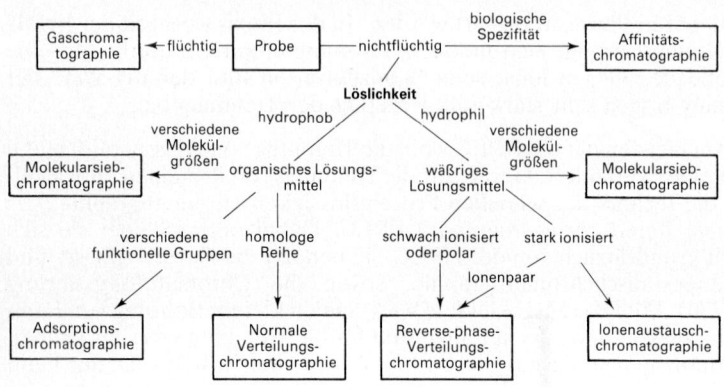

Abb. 6.12 Schematische Darstellung für die Wahl eines Chromatographie-Systems

spezifische Ligandenbindung an biologische Makromoleküle zur Grundlage hat. Kann diese Form der Chromatographie angewandt werden, so wird sie mit größter Wahrscheinlichkeit erfolgreich. Im übrigen werden flüchtige Verbindungen am besten über die Gaschromatographie, nichtflüchtige Verbindungen, die in organischen Lösungsmitteln löslich sind, am besten durch die Adsorptions- oder normale Verteilungschromatographie getrennt. Besitzen die Verbindungen verschiedene funktionelle Gruppen, so ist wahrscheinlich die Adsorptionschromatographie an Kieselgel mit unpolaren Lösungsmitteln besser geeignet. Verbindungen einer homologen Reihe werden vorzugsweise über Verteilungschromatographie getrennt, wobei eine polare stationäre Phase mit einer unpolaren mobilen Phase, wie Hexan, kombiniert wird. Sind wasserlösliche Verbindungen nicht ionisiert oder schwach ionisiert, so zieht man die Reverse-phase-Verteilungschromatographie vor, wobei eine unpolare stationäre Phase, wie ein Kohlenwasserstoff mit einer polaren mobilen Phase, wie Wasser-Acetonitril- oder Wasser-Methanol-Gemischen kombiniert wird. Stark ionisierte wasserlösliche Verbindungen werden am besten über die Ionenaustauschchromatographie getrennt; entweder auf einem anionischen oder kationischen Träger mit geeigneten Puffersystemen der Elution. Stark ionisierte Verbindungen können aber auch über die Reverse-phase-Verteilungschromatographie mittels der Ionenpaarung getrennt werden. Für Verbindungen unterschiedlicher molekularer Größe eignet sich am besten die Molekularsiebchromatographie.

Welche Form der Chromatographie man für eine bestimmte biochemische Untersuchung auch wählt, die Entscheidung, ob man konventionelle Flüssigkeitschromatographie bei niederem Druck oder HPLC einsetzen will, hängt von vielen Faktoren ab, etwa von der Verfügbarkeit der Geräte, den Kosten, einer notwendigen präparativen oder analytischen Trennung, einer qualitativen oder quantitativen Bestimmung und von erfolgreichen analogen Trennungen der Literatur. Heute neigt man meist zur HPLC, die oft schnelle, genaue und eindeutige Daten liefert. Doch folgt dies auch etwas der Mode und übersieht zum Teil die Vorteile der Gaschromatographie und der Dünnschichtchromatographie. HPLC-Geräte und -Lösungsmittel sind teuer und nicht immer ohne Komplikationen einsetzbar. Die Einfachheit der TLC vor allem für qualitative Arbeiten und die Möglichkeit gleichzeitig viele Proben und Vergleiche aufzutragen, bleibt weiterhin attraktiv. Die Neuentwicklungen der Kapillargaschromatographie machen es zu einem schnellen und empfindlichen System für flüchtige Verbindungen.

Literatur

Bertsch, W., Jennings, W.G., Kaiser, R.E. (Hrsg.) (1982), Recent Advances in Capillary Chromatography, Huthig, Amsterdam (gute Darstellung neuerer Entwicklungen in diesem wichtigen Beispiel der Säulenchromatographie).

Fritz, J.S., Gjerde, D.T., Pohlandt, C. (1982), Ion Chromatography, Huthig, Amsterdam (umfassende Darstellung aller Komponenten dieser Chromatographieart).

Grob, R.L. (Hrsg.) (1985), Modern Practice of Gas Chromatography, 2. Aufl. Wiley-Interscience, New York (ausgezeichnete neuere Übersicht über das Gebiet).

Heftmann, E. (Hrsg.) (1983), Chromatography-Fundamentals and Application of Chromatographic and Electrophoretic Methods. Bd. 22A und 22B der Journal of Chromatography Library, Elsevier, New York (umfassende Darstellung der theoretischen Seite der Chromatographie und einiger Anwendungen).

Scott, R.P.W. (1977), Liquid Chromatography Detectors. Bd. 11 der Journal of Chromatography Library, Elsevier, New York (ausführliche Darstellung der Eigenschaften der Detektoren für die Chromatographie).

Scouten, W.H. (1981), Affinity Chromatography-Bioselective Adsorption on Inert Matrices, Bd. 59 Chemical Analysis, Wiley-Interscience, New York (gute, ausführliche Darstellung des Themas).

Sulkowski, E. (1985), Purification of Proteins by IMAC. Trends in Biotechnology, **3(1)**, 1–7 (ausgezeichnete Übersicht über diese wichtige neue Methode zur Reinigung von Proteinen).

Yau, W.W., Kirkland, J.J, Bly, D.D. (1979), Modern Size-Exclusion Liquid Chromatography, Wiley-Interscience, New York (umfassende Darstellung der Grundlagen und Anwendungen der Molekularsieb-Chromatographie).

Kapitel 7

Elektrophorese

7.1 Einführung

Viele wichtige biologische Moleküle, wie z.b. Aminosäuren, Peptide, Proteine, Nucleotide und Nucleinsäuren tragen ionisierbare Gruppen und können deshalb in Lösung als elektrisch geladene Verbindungen, entweder als Kationen (+) oder Anionen (–) vorliegen. Sogar weitgehend unpolare Verbindungen, wie Kohlenhydrate, können schwache Ladungen durch Derivatisierung, beispielsweise als Borate oder Phosphate, zugeordnet erhalten. Moleküle mit ähnlichen Ladungen werden wiederum verschiedene Ladungsdichten aufweisen, wenn ihre M_r unterschiedlich sind. In ihrer Summe bilden diese Unterschiede eine ausreichende Basis für eine differenzierte Wanderung solcher gelöster Ionen in einem elektrischen Feld. Dies ist das Prinzip der **Elektrophorese.**

Die Ausrüstung für Elektrophoresen besteht grundsätzlich aus 2 Teilen: einem *Strom-Spannungs-Netzgerät* und der *Elektrophoreseeinheit* (S. 311). Das Netzgerät versorgt mit *Gleichstrom* zwischen den Elektroden der Elektrophoreseeinheit.

Die Geschwindigkeit der Wanderung der Kationen zur Kathode (–) und der Anionen zur Anode (+) hängt von der treibenden Kraft des elektrischen Feldes auf die Ionen und den Reibungs- und elektrostatischen Widerständen zwischen den Verbindungen und dem umgebenden Milieu ab. Die Probe muß zur Elektrophorese in einer Pufferlösung gelöst oder suspendiert sein, ebenso sind alle Trägermaterialien mit Pufferlösung getränkt, um den Strom fortzuleiten (S. 306). Darüber hinaus dient der Puffer dazu, den Ionisationsgrad konstant zu halten, da Änderungen des pH-Wertes während der Trennung die Ladungen auf den Molekülen vor allem bei Zwitter-Ionen verändern würden.

Während des ganzen Verlaufes wird ein Strom durch Elektrolyse an beiden Elektroden aufrechterhalten, sie tauchen in große Puffervorratsgefäße. So werden während der Elektrolyse Hydroxid-Ionen und Wasserstoff an der Kathode, Sauerstoff und Wasserstoff-Ionen an der Anode erzeugt:

$$2e + 2H_2O \xrightarrow{\text{Kathode}} 2OH^- + H_2 \uparrow$$

$$H_2O \xrightarrow{\text{Anode}} 2H^+ + \frac{1}{2}O_2 \uparrow + 2e$$

Die an der Kathode erzeugten Hydroxid-Ionen verursachen eine steigende Dissoziation der schwachen Säure (HA) des Puffersystems (Kap. 1.2, S. 11), wobei mehr A^- gebildet wird, das den Strom zur Anode leitet. An der Anode verbinden sich die A^--Ionen mit H^+-Ionen zu neuem HA, während die Elektronen in den elektrischen Stromkreis einfließen. Der weitaus größere Teil des Stromes zwischen den Elektroden wird also durch Puffer-Ionen der Lösung geleitet, die Proben-Ionen tragen nur einen kleinen Teil bei. Sorgt man dafür, daß das elektrische Feld abgeschaltet wird, bevor die Ionen der Probe zu den Elektroden gelangen, so werden die Komponenten nur nach ihrer **elektrophoretischen Wanderungsgeschwindigkeit** getrennt. Man kann die Elektrophorese dann als unvollständige Elektrolyse bezeichnen.

Man kann die Elektrophorese in freier Lösung ohne jegliche Träger ausführen, dies bietet den Vorteil minimalen Reibungswiderstandes und schneller Wanderung. Dazu benutzt man heute die **kontinuierliche Durchflußelektrophorese** (*continuous flow electrophoresis*) (Abschn. 7.9, S. 328), die für präparative Trennungen im großen Maßstab dient. Ähnlich oder gleich geladene Moleküle wandern als breite Banden, wobei sich Grenzen zwischen Substanzen bilden, die gering unterschiedliche elektrophoretische Wanderungsgeschwindigkeit besitzen. Diese Technik nennt man deshalb **Zonengrenzen-** *(moving boundary-)* **Elektrophorese.** Diese erste Technik der Elektrophorese wurde von Tiselius und seinen Mitarbeitern in Schweden entwickelt. Ihre Auswertung bedarf komplizierter optischer Systeme („Schlieren"-Optik). Präparativ war sie kaum zu benutzen. Das gleiche Meßprinzip wird aber heute in der analytischen Methode der **Isotachophorese** (Abschn. 7.8, S. 326) angewandt. Auch bei einigen Formen der Elektrophorese, die in *Trägern* abläuft, wird dieses Prinzip der Zonengrenzen noch ausgewertet, etwa bei der **isoelektrischen Fokussierung** (Abschn. 7.7, S. 322).

Gegenüber dieser ursprünglichen Methode brachte die Entwicklung inerter und verhältnismäßig homogener Träger die heute so vielseitige Anwendung der Elektrophorese bei der Trennung geladener Substanzen, angefangen von kleinen anorganischen Ionen bis zu großen biologischen Makromolekülen. Die Trennung einer Probe auf solchen Trägern läßt wegen der verringerten Diffusion die einzelnen Komponenten als diskrete und getrennte Banden wandern, die danach durch geeignete analytische Verfahren sichtbar gemacht werden können (Abschn. 7.10, S. 330). Man hat dies auch als **Zonen- oder Banden-elektrophorese** bezeichnet; heute wird diese Technik bei analytischen und präparativen Untersuchungen häufig benutzt.

Es sind sehr verschiedenartige Träger gebräuchlich: Filterpapiere, Celluloseacetat, Dünnschichten von Kieselgel oder Aluminiumoxid, Stärke-, Agar- oder Polyacrylamid-Gele. Sie haben jeweils gewisse Vorzüge für bestimmte Trennungen. Alle Träger weisen ein kapillares Netzwerk auf, das die Diffusion der zu trennenden Substanzen herabsetzt. Gelegentlich wird das Milieu spezifisch geplant, damit es eine Wechselwirkung mit den Ionen der zu trennenden Substanzen eingehen kann, d.h. um Unterschiede in den Ladungs-Masse-Verhältnissen auszunutzen und der Analyse dienliche spezielle verzögernde Kräfte einzuführen.

7.2   Einflüsse auf die Wanderungsgeschwindigkeit

Elektrisches Feld

Spannung. Der Abstand beider Elektroden sei d (m), die Potentialdifferenz zwischen ihnen U (V), so ist der **Spannungsgradient** Ud^{-1} (Vm^{-1}). Die treibende Kraft an einem Ion der Ladung Q (C) beträgt dann UQd^{-1} (N). Die Wanderungsgeschwindigkeit muß dieser treibenden Kraft UQd^{-1} proportional sein. Die Wanderungsgeschwindigkeit bei einem Standardpotentialgradienten von 1 wird *Beweglichkeit des Ions* genannt. Steigende Spannungsgradienten werden also mit proportionalem Verhältnis die Wanderungsgeschwindigkeit steigern.

Strom. Liegt eine Potentialdifferenz zwischen den Elektroden, so fließt ein Strom, den man in C^{-1} oder Ampere mißt. Die Größe des Stroms wird durch den Widerstand des Mediums in direktem Verhältnis zur Spannung festgelegt. Der Strom wird in der Lösung zwischen den Elektroden vor allem durch die Ionen des Puffers aufrechterhalten, die Ionen der zu trennenden Substanz selbst tragen nur geringfügig bei. Nimmt die Spannung zu, so wird auch die pro s zur Elektrode transportierte Gesamtladung zunehmen. Die von den Ionen zurückgelegte Strecke wird der Zeit und dem Strom proportional.

Widerstand. Das Ohmsche Gesetz beschreibt die Beziehung zwischen dem Strom I (in Ampere A), der Spannung U (in Volt V) und dem Widerstand R (in Ohm Ω):

$$\frac{U}{I} = R \tag{7.1}$$

Der Strom und damit die Wanderungsgeschwindigkeit sind deshalb dem Widerstand umgekehrt proportional. Der Widerstand wird vom Milieu, dem Puffer und seiner Konzentration festgelegt (s. S. 310). Mit der Länge des Trägers nimmt der Widerstand zu, mit dessen Querschnittsfläche und steigender Puffer-Ionenkonzentration nimmt er hingegen ab. Während der Elektrophorese beträgt die Energie, die im Trägermilieu verlorengeht (W in Watt):

$$W = I^2 R \tag{7.2}$$

Eine Zunahme der Temperatur läßt den Widerstand absinken. Nur ein Teil dieses Effektes ist darauf zurückzuführen, daß die Beweglichkeit der Ionen zunimmt, weil der Reibungswiderstand der Flüssigkeit gegenüber den Ionen mit steigender Temperatur abnimmt. Die Erwärmung verursacht auch ein Abdunsten des Lösungsmittels aus dem Träger, was wiederum zur Abnahme des Widerstandes führt. Obwohl also die Wanderungsgeschwindigkeit und der Gesamtladungstransport pro s zur Elektrode zunehmen, führt die Zunahme der Puffer-Ionenkonzentration zu einer langsameren Wanderung der Proben (S. 310). Um die Ergebnisse möglichst reproduzierbar zu halten, benutzt man Stromversorgungsgeräte, die trotz der Widerstandsänderungen, etwa wegen der Temperaturschwankungen, automatisch entweder konstante Spannung oder konstanten Strom einstellen. Bei konstanter Spannung wird der Strom während der Elektrophorese zunehmen, da der Widerstand des Milieus mit steigender Temperatur abnimmt. Es wird also mehr Wärme freigesetzt werden, so daß es zu stärkerer Verdunstung des Lösungsmittels und zur Abnahme des Widerstandes kommen wird. Hält man den Strom konstant, so umgeht man zwar diese Schwierigkeiten, doch fällt dann auch die Spannung wegen des verringerten Widerstandes ab, damit wird auch die Beweglichkeit kleiner.

Wenn eine Reihe von Trägerelektrophoresen in Parallelschaltung gefahren wird, so nimmt der Gesamtwiderstand ab, da

$$1/R = 1/r_1 + 1/r_2 + 1/r_3 \ldots + 1/r_n . \tag{7.3}$$

Dabei ist der Gesamtwiderstand R; $r_1, r_2, r_3 \ldots 1/r_n$ usw. bedeuten die Widerstände der einzelnen Trägerelektrophoresen. Man könnte nun bei konstanter Spannung die gleiche Trennung wie bei einer einzelnen Elektrophorese erreichen, doch machen die unkontrollierbaren Wärmeeffekte dies unpraktisch. Man läßt sie deshalb bei konstantem Strom laufen, doch muß dieser entsprechend der Zahl der einzelnen Systeme erhöht werden, wobei gleiche Widerstände für alle Komponenten vorausgesetzt werden.

Die eingesetzten Spannungen sind meist niedrig (100–500 V), manchmal auch hoch (500–10 000 V). Die Spannungsgradienten betragen zwischen 20 und 2 000 V cm^{-1}. Hochspannungen benutzt man vor allem für die Trennung von niedermolekularen Verbindungen, wie unten beschrieben (Abschn. 7.4, S. 314). Bei der Papierelektrophorese mit niedrigen Spannungen ist die erzeugte Wärme geringfügig und leicht abzuführen, deshalb kann sie mit konstanter Spannung oder konstantem Strom gefahren werden. Bei allen Gelen und bei Celluloseacetat ist die Abführung der Wärme schwieriger. Man hält dort den Strom konstant, um die Wärmeproduktion in Grenzen zu halten. In allen Fällen muß natürlich Gleichstrom eingesetzt werden. Man hält die Apparatur luftdicht abgeschlossen, um die Verdunstung abzusenken. Beim Einsatz der Hochspannung ist eine zusätzliche maschinelle Kühlung anzuraten.

Proben

Die Eigenschaften geladener Verbindungen beeinflussen ihre Wanderungsgeschwindigkeit verschiedenartig:

Ladung. Die Wanderungsgeschwindigkeit nimmt mit der Nettoladung zu. Die Größe der Ladung ist meist, nach der Henderson-Hasselbalchschen Gleichung, vom pH-Wert abhängig (S. 6).

Größe. Die Wanderungsgeschwindigkeit nimmt für größere Moleküle ab, da Reibungs- und elektrostatische Hemmungen der Wanderung durch das umgebende Milieu zunehmen.

Form. Moleküle ähnlicher Größe, aber verschiedener Form, also etwa fibröse und globuläre Proteine, weisen verschiedene Wanderungseigenschaften auf, da Reibungs- und elektrostatische Wechselwirkung unterschiedlich angreifen.

Pufferlösungen

Diese bestimmen und stabilisieren den pH-Wert des Systems. Der Puffer kann auch auf verschiedene Art die Wanderungsgeschwindigkeit der Verbindungen beeinflussen.

Zusammensetzung. Häufig benutzte schwache Säure- und Basen-Ionen sind Formiat, Acetat, Citrat, Barbiturat, Phosphat, Tris, EDTA und Pyridin. Der Puffer sollte die zu trennenden Verbindungen nicht ligandieren, da dies die Wanderungsgeschwindigkeit beeinflussen kann. In manchen Fällen allerdings wird dies gezielt eingesetzt, so benutzt man Borat-Puffer, um Kohlenhydrate zu trennen, da sie mit ihnen geladene Komplexe bilden.

Eine gewisse Diffusion der Proben in dem Lösungsmittel des Puffersystems ist unvermeidbar, deutlich wird sie bei kleinen Molekülen, wie Aminosäuren und Zuckern. Man kann sie herabdrücken, wenn man Überladung des Trägers vermeidet, die Proben als enge Banden aufträgt, Hochspannungen so kurz wie möglich einsetzt und indem man den Träger nach der Elektrophorese so schnell wie möglich trocknet und fixiert.

Konzentration. Mit steigender Ionenstärke des Puffers nimmt auch der Anteil des Stromes, den die Pufferionen liefern, zu, und damit der Anteil der Probenionen ab; sie wandern deshalb langsamer. Puffer hoher Ionenstärke produzieren auch höhere Stromdichten und setzen damit mehr Wärme frei.

Umgekehrt wird bei niedrigen Ionenstärken der Anteil des Stromes durch die Pufferionen abnehmen, der Anteil der Probenionen zunehmen, ihre Wanderungsgeschwindigkeit zunehmen, der Gesamtstrom abnehmen und damit weniger Wärme freisetzen. Durch erhöhte Diffusion tritt allerdings ein gewisser Verlust an Trennschärfe ein.

Die Wahl der Ionenstärke stellt deshalb einen Kompromiß dar, meist liegt sie im Konzentrationsbereich zwischen 0,05 und 0,1 mol/l.

$$\text{Ionenstärke} = \frac{1}{2}\Sigma cz^2 \tag{7.4}$$

c = molare Konzentration des Ions
z = Ladung des Ions

pH-Wert. Bei völlig dissoziierten Verbindungen, wie anorganischen Salzen, ist er von geringem Einfluß. Bei organischen Verbindungen allerdings legt der pH-Wert den Grad der Dissoziation fest (S. 6). Die Dissoziation organischer Säuren nimmt mit steigendem pH-Wert zu, das Gegenteil gilt für organische Basen; ihre Wanderungsgeschwindigkeit ist also pH-abhängig. Gleichzeitig treten beide Effekte bei Verbindungen wie Aminosäuren auf, da sie sowohl basische wie saure funktionelle Gruppen haben.

Sowohl die Wanderungsrichtung wie auch die -geschwindigkeit sind bei Ampholyten pH-abhängig, für verschiedene gewünschte Trennungen stehen Puffer zwischen pH 1–pH 11 zur Verfügung.

$$\underset{\text{R}}{\text{H}_3\text{N}^+-\text{CH}-\text{COOH}} \underset{\text{H}^+}{\overset{\text{OH}^-}{\rightleftharpoons}} \underset{\text{R}}{\text{H}_3\text{N}^+-\text{CH}-\text{COO}^-}$$

pH:	sauer	isoionischer Punkt
Ion:	Kation	Zwitterion
Wanderung:	zur Kathode	keine Wanderung

$$\overset{\text{OH}^-}{\underset{\text{H}^+}{\rightleftharpoons}} \underset{\text{R}}{\text{H}_2\text{N}-\text{CH}-\text{COO}^-}$$

pH:	alkalisch
Ion:	Anion
Wanderung:	zur Anode

Die Puffer in beiden Vorratsgefäßen sind mit dem Träger identisch (**kontinuierliches Puffersystem**). Bei einigen Gelelektrophoresen aber, etwa bei der SDS-Polyacrylamid-Gelektrophorese (S. 321), bei denen der Puffer ein Teil des Trägers wird, benutzt man verschiedenartige Pufferlösungen in den Vorratsgefäßen und im Gel (**diskontinuierliches Puffersystem**).

Trägermaterialien

Obwohl der Träger verhältnismäßig inert sein muß, wird seine Zusammensetzung Effekte wie Adsorption, Endosmose oder Ionenausschluß aufweisen, die die Wanderungsgeschwindigkeit verschiedener Bindungen beeinflussen können. Die Besprechung dieser Eigenschaft und ihres Einflusses auf zu trennende Ionen und auf die Wahl des Trägers für bestimmte Trennungen erfolgt auf S. 311 u. S. 316.

Adsorption. Sie bewirkt eine Retention der Probenmoleküle durch den Träger, wie bei der Adsorptionschromatographie. Die Adsorption verursacht zudem Banden mit stark ausgezogener Rückfront, so daß keine diskrete, kompakte Bande zustande kommt und die Geschwindigkeit und Schärfe der Trennung herabgesetzt wird.

Endosmose (Elektroosmose). Dieser Effekt rührt von den relativen Ladungen zwischen den Wassermolekülen des Puffers und geladenen Gruppen an der Oberfläche des Trägers her. Die Ladung kann durch oberflächliche Adsorption von Ionen aus dem Puffer, oder durch Carboxy-Gruppen auf Papierfasern oder Sulfonsäure-Gruppen in Agar entstehen. Dies führt zu einer antreibenden Kraft für fixierte Anionen zur Anode, die als Gegenwirkung die Wanderung von Hydroxonium-Ionen (H_3O^+) im Puffer zur Kathode bewirkt, von der neutrale Substanzen durch den Lösungsmittelfluß mitgenommen werden. Diese *Elektroosmose* beschleunigt die Wanderung von Kationen, bremst aber

Anionen ab. Meist kann man endosmotische Effekte vernachlässigen, versucht man jedoch, den isoelektrischen Punkt einer Verbindung zu bestimmen, so muß man sie in Rechnung stellen. Dazu mißt man meist die Wanderung neutraler Substanzen, wie Harnstoff oder Glucose, im gleichen System.

Sowohl die Wanderungsrichtung wie auch die -geschwindigkeit sind bei Ampholyten pH-abhängig, für verschiedene gewünschte Trennungen stehen Puffer zwischen pH 1–pH 11 zur Verfügung.

Meist verwendet man ein **kontinuierliches Puffersystem,** bei dem die Puffer in beiden Vorratsgefäßen mit dem im Träger identisch sind. Bei einigen Gelelektrophoresen aber, bei denen der Puffer ein Teil des Trägers wird, benutzt man verschiedenartige Pufferlösungen in den Vorratsgefäßen und im Gel **(diskontinuierliches Puffersystem).** Seine Bedeutung für eine Feintrennung wird bei der Disc-Elektrophorese besprochen (Abschn. 7.2, S. 321).

7.3   Niederspannungselektrophoresen in dünnen Schichten

Träger

Diese Form der Elektrophorese ist die einfachste und billigste; sie wurde für analytische Routinebestimmungen sehr vieler geladener Verbindungen benutzt. Der Träger kann aus Papier, Celluloseacetat oder einer Dünnschicht, wie Kieselgel, bestehen. Für alle diese Träger sind Ausstattung und Arbeitsweisen sehr ähnlich.

Papier. Normales Chromatographiepapier eignet sich direkt für elektrophoretische Trennungen und muß nur zugeschnitten werden. Die üblichen Papiere verursachen immer Adsorptionseffekte, die man durch Puffer bei einem pH-Wert, der über dem des isoelektrischen Punktes liegt, unterdrücken kann, daneben wird man immer eine Endosmose in Kauf nehmen müssen. Die Elektrophorese auf Papier bei Niederspannungen wurde in der Vergangenheit für sehr viele geladene Verbindungen genutzt, etwa für Aminosäuren, Peptide, Proteine, Nucleotide, Nucleinsäuren und geladene Kohlenhydrate. Kleine Moleküle diffundieren stark im Papier während dieser Niederspannungselektrophoresen. Bessere Trennungen lassen sich durch Hochspannungselektrophoresen erzielen, da dann die Zeit für die Trennung und damit die Diffusion reduziert wird. Heute ist Papier für viele Trennungen durch andere Träger verdrängt worden, die bessere Trennschärfe liefern.

Celluloseacetat. Folien aus hochgereinigtem Celluloseacetat sind als dünne Streifen erhältlich, ihre Mikrostruktur ist sehr homogen. Die

Adsorption ist auch für Makromoleküle klein. Die Folien haben sich deshalb für Trennungen von radioaktiv markierten Substanzen und für Mikromethoden, wie Immundiffusion und Immunelektrophorese bewährt (Abschn. 4.4, S. 165). Für präparative Arbeiten sind sie natürlich nicht geeignet. Celluloseacetat ist weniger hydrophil als Papier, das Puffervolumen ist kleiner, die Trennungen lassen sich deshalb in kürzerer Zeit durchführen (S. 306). Infolge des kleineren Puffervolumens ergibt sich jedoch unter den Bedingungen konstanten Stromes oder konstanter Spannung leicht eine überhöhte Wärmeproduktion, so daß man vor allem bei höheren Spannungen Maßregeln ergreifen muß, um ein Austrocknen der Streifen zu verhindern. Die Folien können nach beendeter Elektrophorese und der Anfärbung mit geeigneten Agenzien, Whitemor-Öl 120 transparent gemacht werden, wodurch eine leichtere Quantifizierung möglich wird. Im allgemeinen lassen sich auf Celluloseacetat die gleichen Verbindungen wie auf Papier trennen, doch haben sie in der Klinik häufige Anwendung zur Trennung von Blutproteinen, auch Glykoproteinen, Lipoproteinen und Hämoglobinen gefunden.

Dünnschichtelektrophorese TLE. Die wie für die TLC auf Glasplatten gespreiteten Dünnschichten (S. 259), Kieselgel, Kieselgur, Aluminiumoxid oder Cellulose, können direkt horizontal in das Elektrophoresegerät eingelegt werden. Man equilibriert dann die Dünnschichten mit dem Elektrophoresepuffer durch Diffusion aus den Vorratsgefäßen über Dochte. Die Dünnschichtelektrophorese verläuft, wie die TLC, sehr schnell und behält dabei ihre gute Trennschärfe und Empfindlichkeit. Zusammen mit der Chromatographie liefert diese Methode eine sehr gute Möglichkeit zur zweidimensionalen Trennung von Protein- und Nucleinsäurehydrolysaten. Die oben beschriebenen Dünnschichten lassen sich auch für Hochspannungstrennungen benutzen (Abschn. 7.4).

Geräte und Verfahren

Geräte. Ein Strom-Spannungs-Gerät liefert stabilisierten Gleichstrom und läßt sowohl Spannung wie auch Strom konstant einstellen. Geräte für Niederspannungen sind kommerziell erhältlich, sie liefern etwa 0–500 V und 0–150 mA, jeweils kann Spannung und Strom konstant gehalten werden. Die Elektrophoreseeinheit umfaßt Elektroden, Puffervorratsgefäße, eine Halterung für den Elektrophoreseträger und einen durchsichtigen Deckel (Abb. 7.**1**). V2A-Elektroden werden benutzt, doch sind Platine-Elektroden besser geeignet, da sonst einige Puffer Korrosionen setzen.

Die beiden Vorratsgefäße für den Puffer werden meist in 2 kommunizierende Abteilungen aufgetrennt. In der einen steht die Elektrode, die andere vermittelt über einen Docht oder ein Zwischenstück den

Kontakt mit dem Elektrophoreseträger. Diese Kompartimentierung hat den Vorteil, daß pH-Änderungen im Bereich der Elektroden nur langsam den Puffer um den Träger erreichen. Der Kontakt zwischen dem Trägerpuffer (der Träger wird immer vor der Elektrophorese mit dem Puffer benetzt) und den Vorratsgefäßen wird durch „Dochte", die aus mehreren Lagen Filtrierpapier oder Gaze bestehen, aufrechterhalten. Bei der Niederspannungselektrophorese kann man auf die Dochte verzichten und den Kontakt einfach dadurch herstellen, daß der Träger in das Vorratsgefäß einhängt. Der Träger mit der aufgetragenen Probe liegt meistens horizontal auf einer flachen isolierenden Unterlage aus Kunststoff, wie Plexiglas (Abb. 7.1). Horizontale Elektrophoresen sind für Papier, Celluloseacetat und Dünnschichten erhältlich, daneben auch einfachere vertikale Anordnungen, etwa für die Niederspannungspapierelektrophorese.

Sättigen des Trägers. Mit Ausnahme von Gelen müssen alle Träger vor der Elektrophorese mit Puffer gesättigt werden, da dieser ja den Stromfluß liefert. Meist wird dies vor dem Auftragen der Probe vorgenommen, um ein Ausdiffundieren der Probe während der Puffersättigung zu vermeiden. Man taucht Papier in Puffer ein und entfernt den Überschuß durch Abpressen mit Filterpapier. Celluloseacetat-Streifen werden mit Puffer benetzt, indem man sie einfach in einem flachen Trog einige Zeit darauf schwimmen läßt; hier bleiben bei einem schnellen Eintauchen Luftblasen zurück, die schwer zu entfernen sind. Dünnschichten werden am besten benetzt, indem man den Puffer, wie beschrieben, aufsteigen läßt.

Auftragen der Probe. Die Probelösung wird meist mit einer Mikropipette auf einen möglichst kleinen Fleck ode eine enge Bande gesetzt. Haben die einzelnen Komponenten eines Gemisches entgegengesetzte Ladungen, erwartet man also eine Wanderung in Richtung auf beide Elektroden, dann liegt der Start etwa in der Mitte des Trägers – wegen der Endosmose etwa auf die Anode zu verschoben. Sind alle Kompo-

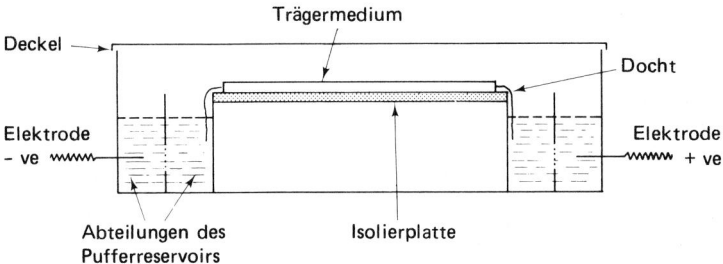

Abb. 7.**1**   Horizontale Elektrophoresekammer

nenten entweder positiv oder negativ geladen, so werden sie nur in Richtung auf eine der Elektroden zuwandern; dann wird der Start soweit wie möglich von der Elektrode entfernt sein, um große Wanderungsstrecken für die Trennung zu ermöglichen.

Wichtig ist dabei eine Überladung zu vermeiden, die zu einer übermäßigen Diffusion in den umgebenden Bereich führt. Bei analytischen Elektrophoresen liegen die Konzentrationen meist bei 1–5 mg cm^{-3}, die Volumina zwischen 1–5 mm^3.

Elektrophorese. Nach Auftragen der Probe wird der Strom bei der ausgewählten Spannung für die notwendige Zeit der Trennung eingeschaltet. Die Elektrophoreseeinheiten sollten immer durch einen Deckel, schon für die elektrische Isolierung abgeschirmt sein, aber auch um Verdunstungen zu verhindern. Die Geräte sollten während der Elektrophorese überwacht werden, auch wenn stabilisierte Strom-Spannungs-Geräte eingesetzt werden, da Überhitzung und z.B. Verkohlen des Papiers auftreten können, wenn der Träger nicht richtig vorbereitet wurde. Wenn man bei Niederspannungselektrophoresen deutliche Wärmeentwicklungen erwartet, setzt man das ganze Gerät in eine Kältekammer (0–4 °C). Die Niederspannungstrennung von Proteinen auf Papier benötigt viele Stunden.

Nach beendeter Elektrophorese muß der Strom abgeschaltet werden, bevor der Träger herausgenommen wird. Papier, Celluloseacetat-Streifen und Dünnschichtplatten können danach direkt an der Luft oder in einem Ofen bei 110 °C getrocknet werden, wenn nicht ausgesprochen wärmeempfindliche Verbindungen vorliegen. Zur Visualisierung der getrennten Verbindungen benutzt man Methoden, die in Abschn. 7.10, S. 330 beschrieben sind.

7.4   Hochspannungselektrophorese HVE

Bei der Trennung niedermolekularer Verbindungen in der Papierelektrophorese macht sich die Diffusion recht störend bemerkbar. Dies kann durch höhere Spannungen, die einmal bessere, zum anderen sehr schnelle Trennungen (10–60 min) ermöglichen, umgangen werden. Hochspannungsversorgungsgeräte sind erhältlich, die bis zu 10 000 V und 500 mA liefern, so daß Spannungsgradienten von bis zu 200 V cm^{-1} möglich werden.

Bei diesen Elektrophoresen wird soviel Wärme freigesetzt, daß eine direkte Kühlung notwendig wird. Bei Papierelektrophoresen, aber auch Gelelektrophoresen benutzt man hierfür Kühlplatten (Abb. 7.**2**). Die beiden Platten, meist aus Aluminium oder aus Glas mit einer unterliegenden Kühlflüssigkeit, werden im Falle des Aluminiums vom Träger

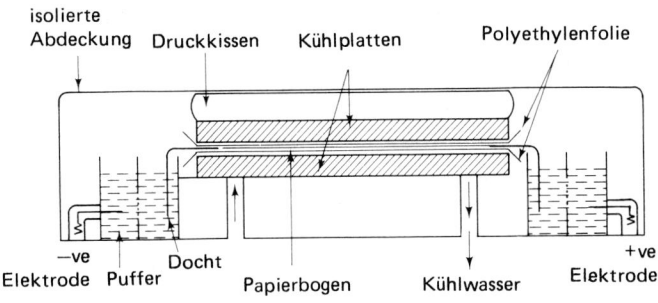

isolierte
Abdeckung   Druckkissen   Kühlplatten   Polyethylenfolie

−ve   Docht   +ve
Elektrode   Puffer   Elektrode
              Papierbogen   Kühlwasser

Abb. 7.2   Gekühlte Hochspannungselektrophorese

durch Polyethylen-Folien isoliert; bei manchen Geräten werden die einzelnen Schichten durch aufblasbare Druckkissen gegeneinander gepreßt. Käufliche Geräte besitzen Kühlplatten von etwa bis zu 50 · 50 cm, so daß größere Papierbogen (meist Whatman 3 MM) aufgelegt werden können. Hier wird kaltes Wasser durch Rohre innerhalb der Kühlplatten gepumpt, bei größeren Platten benötigt man eine Durchflußgeschwindigkeit zwischen 10 und 15 l min^{-1}, um die Wärme abzuführen. In heißen Ländern sollte das Kühlwasser vorgekühlt sein, in Gegenden mit sehr hohen Wasserhärten wird ein Wasserenthärter zugeliefert, um den Niederschlag in den Kühlröhren kleinzuhalten. Die Temperaturgradienten durch die Kühlplatten müssen möglichst kleingehalten werden, da eine Temperaturänderung von 1 °C eine Änderung von 3 % der Wanderungsgeschwindigkeit hervorruft; dies betrifft die Reproduzierbarkeit der Trennungen. Wegen der hohen, jedenfalls tödlichen Spannungen muß das Gerät völlig isoliert sein. Auch wenn die Geräte eine Reihe von automatischen Abschaltsicherungen besitzen, sollte man die Sicherheitsvorschriften im Umgang mit ihnen sorgfältig beobachten.

Zur Trennung von Proteinhydrolysaten wird die Hochspannungselektrophorese in der ersten Richtung in Kombination mit einer Papierchromatographie in der zweiten Richtung häufig eingesetzt. Dieses zweidimensionale System liefert charakteristische „Fingerprints" der Proteine, ähnlich wie die zweidimensionale Dünnschichtelektrophorese (S. 312).

Die HVE hat sich als sehr effektive Trennung kleiner Peptide und Aminosäuren bewährt.

7.5   Gelelektrophoresen

Träger

Gelträger haben heute die Niederspannungselektrophorese auf dünnen Folien verdrängt (Abschn. 7.3, S. 311). Vor allem bei der Trennung von hochmolekularen Substanzen, wie Proteinen und Nucleinsäuren, ist die Trennschärfe viel besser. Dies beruht auf den physikalischen Eigenschaften der Gele, die zwar wasserschwerlösliche aber hydrophile halbfeste Kolloide sind. Kurz vor Gebrauch kann man geeignete Gele aus mehreren pulverförmigen Vorstufen herstellen, wie bei Stärke, Agar und Polyacrylamid. Die Molekularsiebeigenschaften dieser halb flüssigen Gele trägt zur Trennung großer geladener Substanzen wie Proteinen noch bei, die zwar ähnliche Ladungen tragen, sich jedoch in Größe und Form unterscheiden. Kleine Moleküle können nur in Gelen vom Sephadex-Typ getrennt werden (S. 310).

Stärke. Stärke-Gele stellt man durch Erhitzen und Abkühlen eines Gemisches aus teilweise hydrolysierter Stärke in einem geeigneten Puffer her. Dadurch vernetzen sich die verzweigten Ketten des Amylopektins zu einem halbfesten Gel. Die Puffer für solche Systeme wurden vorwiegend empirisch in einem großen Bereich zusammengestellt. Schwache, *großporige* Gele lassen sich durch eine Massenkonzentration von weniger als 2 % Stärke im Puffer, starke, *kleinporige* Gele durch 8–15 % Massenkonzentration Stärke herstellen. Die genaue Porengröße solcher Stärke-Gele kann man allerdings nicht exakt feststellen, verschiedene Chargen der Stärke stimmen auch in der Porengröße bei gleichem Gehalt nicht überein.

Stärke-Gele kommen präparativ oder analytisch mit kontinuierlichem oder diskontinuierlichem Puffersystem zur Anwendung. Die Molekularsiebeigenschaften der Stärke bieten sie für die Trennung komplizierter Gemische struktureller Moleküle und biologisch aktiver Proteine an. Eine wichtige Anwendung der Stärkegel-Elektrophorese ist Analyse von Isoenzymen *(Zymogramme)*. Nach der Elektrophorese kann man hier leicht histochemische Bestimmungen ablaufen lassen, dafür ist heute allerdings die isoelektrische Fokussierung mehr in Gebrauch (Abschn. 7.7, S. 322). Dicke Stärkeblöcke dienen zur präparativen Elektrophorese (Abschn. 7.9, S. 328).

Agar. Agar ist ein billiges, nicht toxisches, chemisch wenig definiertes, komplexes, pulvriges Gemisch, in dem 2 galactosehaltige Polymere, Agarose und Agaropektin enthalten sind. Agar löst sich in wäßrigen Puffern oberhalb von 40 °C, er erstarrt zu einem Gel unterhalb 38 °C. Als 1%iges Gel in einer Pufferlösung *(m/V)* besitzt er einen hohen Wassergehalt, starke geordnete Struktur (die die Diffusion gut unterdrückt), große Porengrößen und geringen Reibungswiderstand. Die

Beweglichkeit der einzelnen Ionen während der Elektrophorese ist recht schnell, so daß die Trennung dadurch unterstützt wird. Der Nachteil liegt aber in der hohen Endosmose, wenn man nicht ein Material verwendet, dessen Sulfonsäure-Gehalt durch vorherige Reinigung herabgedrückt wird. Agar-Gele sind einer chemischen Färbung nach der Trennung sehr gut zugänglich; der geringe Widerstand gegenüber Diffusionen macht sie besonders für die Trennung und Visualisierung antigener Proteine durch Isotachophorese und Immunelektrophorese (S. 326 u. S. 165) geeignet.

Heute benutzt man gereinigte Agarose-Gele für die Trennung von Nucleinsäuren und Restriktionsfragmenten aus der DNS, da sie geringe Molekularsiebeffekte und Endoosmose aufweist.

Polyacrylamid. Polyacrylamid-Gele werden unmittelbar vor Gebrauch aus einer Reihe sehr toxischer niedermolekularer Substanzen hergestellt. Das Monomer Acrylamid ($CH_2 = CHCONH_2$) wird mit einem Quervernetzungsreagenz, meist N,N'-Methylenbis-(acrylamid) [$CH_2(NHCOCH = CH_2)_2$, Kurzform „Bis"), in der Gegenwart eines Katalysators zum Kettenstart copolymerisiert. Im Gemisch kann etwa Ammoniumpersulfat als Katalysator (0,1–0,3 % m/V), zusammen mit der etwa äquivalenten Menge einer geeigneten Base, etwa Dimethylaminopropionitril DMAP oder N,N,N',N'-Tetramethylendiamin TEMED als Initiatoren vorliegen. Meistens wird TEMED benutzt; die Geschwindigkeit der Gelbildung nimmt mit seiner Konzentration zu.

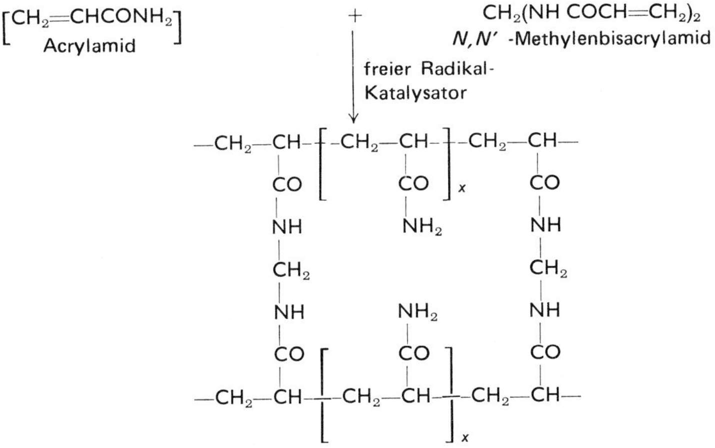

Abb. 7.**3** Polyacrylamid-Polymerisation

Die Lösungen müssen vorher entgast werden, da molekularer Sauerstoff die chemische Polymerisation unterdrückt. Man kann das Gel auch fotopolymerisieren, indem man Riboflavin und TEMED zusammen einsetzt, dann benötigt man allerdings geringe Mengen von Sauerstoff. Weitere Chemikalien, wie Detergenzien, Enzymsubstrate oder Enzyme können im Puffer enthalten sein, um spezielle Gele anzufertigen. Wie Abb. 7.**3** zeigt, bildet die Vinyl-Polymerisation das Grundgerüst.

Die Porengröße des Gels wird durch das Verhältnis der Konzentrationen des Acrylamid-Monomers zu der des Quervernetzungsagens bestimmt.

Häufig ist die Angabe einfach des Prozentgehaltes an Acrylamid. Die Gele enthalten zwischen 3 und 30 % Acrylamid, was etwa einer Porengröße von 0,5 nm und 0,2 nm Durchmesser entspricht. Acrylamid-Gele niedrigen Prozentgehaltes haben also größere Poren und setzen der Wanderung großer Moleküle weniger Widerstand entgegen. Grob abgeschätzt sind 30 %-Gele für die Trennung von Verbindungen bis 10^4 Daltons (Da) geeignet, 3 %-Gele trennen noch Verbindungen um 10^6 Da M_r. Die meisten Proteintrennungen laufen in Gelen zwischen 5–15 % Acrylamid. Polyacrylamid-Gele lassen sich sehr gut reproduzierbar herstellen, darüber hinaus kann die Porengröße dazu dienen, die Trennung von Molekülen ähnlicher Ladung aber verschiedener Form und Größe zu unterstützen. Diese Eigenschaften machen die Gele besonders für Proteintrennungen geeignet. Andere für Trennung von Makromolekülen besonders förderliche Eigenschaften umschließen die sehr geringe Adsorption, die niedrige Elektroosmose und die Eignung zur quantitativen Bestimmung *in situ* (sie absorbieren kein ultraviolettes Licht) und für verschiedene histochemische Nachweise. Polyacrylamid-Gele werden in einigen spezialisierten Elektrophoresen benutzt, die später beschrieben werden. Hierzu gehören die SDS-Polyacrylamidgel-Elektrophorese (Abschn. 7.6) und die isoelektrische Fokussierung (Abschn. 7.7).

Geräte und Verfahren

Gerät. Die Netzgeräte sind die gleichen wie bei der Niederspannungselektrophorese (S. 312). Man kann die Gele horizontal in Kammern wie in Abb. 7.**1** laufen lassen. Häufiger sind vertikale Gelschichten, eine ganze Reihe von transparenten Kunststoffgeräten, wie in Abb. 7.**4**, sind heute kommerziell erhältlich. Für einige analytische Trennungen werden vertikale kleine Zylinder des Gels benutzt, die in genormten Glasröhrchen in eigens konstruierten Geräten stehen. Flach-Gele erlauben im Gegensatz zu diesen Zylindern mehrere parallele Trennungen (bis zu 25 Proben auf einer einzelnen Gelplatte), sie sind also sparsamer und erlauben den oft wichtigen Vergleich mehrerer Proben, die unter gleichen Bedingungen elektrophoriert wurden.

Herstellung. Die Gele werden in den Glas- oder Plexiglas-Gefäßen hergestellt, in denen sie dann auch in Betrieb genommen werden. Bei Flach-Gelen wird das Gel zwischen 2 Glasplatten gehalten, die durch Kunststoff-Abstandshalter getrennt sind. Sie werden durch eine Klammer oder Schraube zusammengehalten. Für Stärke- und Agarose-Gele sind die Abmessungen 12 × 25 cm üblich, ihre Dicke beträgt etwa bis zu 6 und 3 mm. Für Polyacrylamid-Gele sind typische Abmessungen 12 × 14 cm, die Dicke reicht von 1–3 mm. Vertikale Flach-Gele liegen zwischen 2 Glasplatten. Bei horizontalen Flach-Gelen nimmt man vor dem Lauf die oben bedeckende Platte ab.

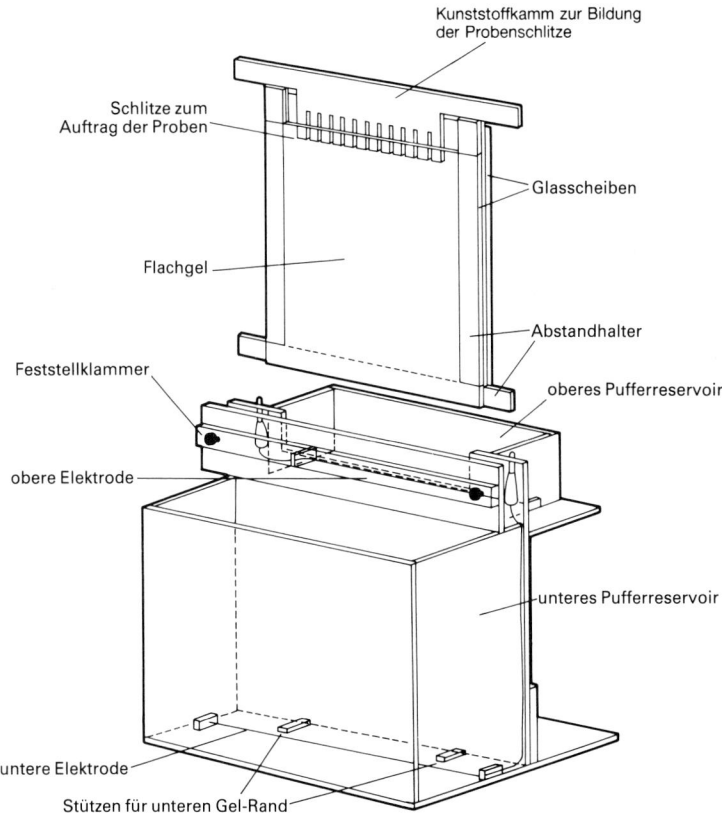

Abb. 7.**4**   Vertikale Gelelektrophorese

Probenauftrag. Gelöste Proben können auf die Oberfläche horizontaler Flach-Gele mittels Filterpapierstreifen aufgebracht werden, aber sowohl bei horizontalen wie bei vertikalen Platten injiziert man meist die Probenlösungen in kleine Schlitze oder Vertiefungen im Gel. Man erhält sie, indem man vor der Polymerisation einen Musterkamm in das Gel einlegt (Abb. 7.**4**). Der Probenpuffer enthält oft Saccharose oder Glycerin (10–15 %), um seine Dichte zu erhöhen. Die Lösung sinkt dann auf die Oberfläche des Gels ab. Man setzt einen markierenden Farbstoff, meist Bromphenolblau zu, um die Beladung und die anschließende Wanderung leichter beobachten zu können. Zur besseren Lösung von Proteinen gibt man Harnstoff oder Natriumdodecylsulfat zu, schließlich ein Reagenz zur Reduktion von Disulphid-Brücken, wie Dithiothreitol oder 2-Mercaptoethanol. Für analytische Gele benötigt man nur μg von Proteinen und Nucleinsäure. Meist beträgt das Probenvolumen dann nur etwa 1 mm^3, die Konzentrationen liegen dann bei 1–3 mg cm^{-3}.

Elektrophoreselauf. Bei horizontalen Gelen stellt man den Kontakt zwischen Gel und Puffer in den Vorratsgefäßen über Papierdochte her (S. 312). Man kann auch das Gel im Puffer eintauchen lassen, so daß der Strom direkt ankommt, dabei führt der Puffer auch Wärme vom Gel ab. Bei vertikalen Gelen (Abb. 7.**4**) wird das Gel zwischen seinen Glasplatten in das untere Pufferreservoir gestellt, der obere Rand des Gels hat dann Kontakt mit dem Puffer im oberen Reservoir. Das Gel schließt so den elektrischen Stromkreis zwischen Elektroden im oberen und unteren Vorratsgefäß. Obwohl der Puffer geringe Mengen der Wärme, die durch den Strom erzeugt wird, abführt, kann eine zusätzliche Kühlung, vor allem bei langen Läufen, notwendig sein. Man kann dafür die Elektrophorese in der Kältekammer durchführen oder Puffer durch ein Kühlschlangensystem leiten. Die exakten Einstellungen der Spannung und der Zeit für optimale Trennungen hängt natürlich von der Art der Probe und dem Typ des Gels ab. Meist benötigt man mehrere Stunden bei einigen 100 V. Die Markierungsfarbstoffe Bromphenolblau bei Proteinen und Ethidiumbromid bei Nucleinsäuren lassen die Wanderung im Gel beobachten. Nach dem Lauf können die Substanzbanden durch die im Abschn. 7.10, S. 330 beschriebenen Methoden sichtbar gemacht werden.

7.6   Natriumdodecylsulfat-(SDS-) Polyacrylamidgel-Elektrophorese

Grundlagen

Diese Form der Polyacrylamidgel-Elektrophorese ist eine der meistbenutzten Methoden zur Trennung von Proteingemischen und zur Bestimmung von M_r. Natriumdodecylsulfat SDS ist ein anionisches Detergens, das stark an Proteine bindet und sie denaturiert.

Im Überschuß an SDS binden etwa 1,4 g des Detergens pro g Protein, so daß alle Proteine eine beständige negative Ladung pro Masseneinheit tragen. Die Protein-SDS-Komplexe wandern deshalb während der Elektrophorese alle zur Anode. Infolge der Molekularsiebeigenschaften des Gels sind die Beweglichkeiten (damit die Strecken, die sie in einer bestimmten Zeit wandern) dem $\log_{10}$ der M_r umgekehrt proportional. Läßt man Eichproteine bekannten M_r mitlaufen, so kann man die M_r der unbekannten Proteine bestimmen.

Geräte und Verfahren

Normale **SDS-Polyacrylamid-Gele** werden in einem vertikalen Apparat wie in Abb. 7.4 durchgeführt, die Anode liegt unten. Die Proteinproben werden meist in einem Tris-Puffer vom pH-Wert 6–8, der SDS, 2-Mercaptoethanol für die Reduktion der Disulphid-Brücken, Saccharose oder Glycerin (um die Dichte zu erhöhen) und Bromphenolblau (als Markierung) enthält, gelöst. Die Auflösung der einzelnen Proteinbanden wird sehr viel besser, wenn man die Proben auf ein kurzes Sammel-Gel *(stacking gel)* aufsetzt, das über dem Trenn-Gel *(seperating gel)* liegt. Unterschiede im pH-Wert und der Konzentration beider Gele führen dazu, daß die Proteine in enge Banden konzentriert werden, bevor die weitere Trennung im Haupt-Gel erfolgt. Diese verbesserte Auflösung ist dem Mechanismus der **Isotachophorese** (Abschn. 7.8) verwandt. Man erhält gute Trennungen meist in 3–4 h bei einem Strom von 20–30 mA.

Gradienten-Gele enthalten einen Konzentrationsgradienten des Acrylamids zwischen etwa 20–25 %. Damit nimmt die Porenweite ständig ab, dies erhöht die Trennschärfe. Zur Ausbildung der Gradienten füllt man die hohe und die niedrig konzentrierte Acrylamid-Lösung zwischen die Glasplatte über einen Gradientenmischer ein. Die Wanderung der Proteine wird verlangsamt, wenn die Poren allmählich zu klein werden, so daß schmälere Banden und damit bessere Trennungen auftreten. Man kann damit auch Proben auftrennen, in denen die Proteine sehr unterschiedliche M_r aufweisen. Sind die M_r ähnlich, so erhält man immer noch eine bessere Trennung als in einem einheitlichen Nichtgradienten-Gel. Obwohl man Gradienten-Gele auch ohne SDS und

Sammel-Gele durchführen kann, sollte man auch diese Komponenten benutzen, um optimale Trennungen zu erhalten.

Zweidimensionale Gele. Proteine aus sehr komplexen Gemischen lassen sich hier noch besser auftrennen. Die Proben werden zunächst über eine isoelektrische Fokussierung (Abschn. 7.7) nach den Unterschieden der isoelektrischen Punkte getrennt, dazu benutzt man ein zylindrisches Stäbchen-Gel. Dieses Gel wird dann oben auf ein Sammel-Gel einer SDS-Gelelektrophorese aufgelegt. In dieser zweiten Dimension erfolgt die Trennung dann nach unterschiedlichem M_r. Man kann je nach Fragestellung einheitliche oder Gradienten-SDS-Gele benutzen.

7.7 Isoelektrische Fokussierung

Grundlagen

Auch diese Methode, manchmal als Elektrofokussion bezeichnet, leitet sich eher von der freien Elektrophorese als von der Bandenelektrophorese in Trägern ab (Abschn. 7.1, S. 304). Amphotere Substanzen, wie Aminosäuren und Peptide, werden in einem elektrischen Feld getrennt, wobei zwischen den Elektroden sowohl ein Spannungs- wie auch ein pH-Gradient liegt. Die Umgebung der Anode bildet das saure, die der Kathode das alkalische Ende, zwischen beiden liegt ein stabiler pH-Gradient. Man wählt dafür einen pH-Bereich, in dem die zu trennenden Verbindungen ihren isoelektrischen Punkt besitzen. Substanzen, die zunächst in pH-Bereichen unterhalb ihres isoelektrischen Punktes liegen, sind dort positiv geladen und wandern zur Kathode, dabei erhöht sich jedoch der pH-Wert ihrer Umgebung ständig, bis er ihrem isoelektrischen Punkt entspricht. Dann liegen sie in der Zwitter-Ionenform vor, die keine Nettoladung trägt und deshalb keine weitere Bewegung mehr zuläßt. Ebenso werden Substanzen in einem pH-Bereich oberhalb ihres isoelektrischen Punktes zunächst negativ geladen sein und zur Anode wandern, bis sie ihren isoelektrischen Punkt erreichen und liegen bleiben. Amphotere Substanzen werden so in enge stationäre Banden konzentriert (Abb. 7.**5**). Da die Proben immer in Richtung auf den isoelektrischen Punkt wandern, ist es zunächst gleichgültig, wo man sie aufträgt. Man kann so verschiedene Komponenten mit sehr hoher Schärfe trennen, weshalb die Technik besonders zur Charakterisierung von Isoenzymen geeignet war, da schon Unterschiede der isoelektrischen Punkte von 0,01 pH-Einheiten zur Trennung ausreichen.

Der stabile pH-Gradient zwischen den Elektroden kommt durch ein Gemisch niedermolekularer Trägerampholyten zustande, deren einzelne isoelektrische Punkte einen vorgewählten pH-Bereich überstreichen. Diese Trägerampholyte sind meist synthetische aliphatische Polyaminopolycarbonsäuren und kommerziell als Gemische mit breiten pH-Bereichen erhältlich (etwa 3–10) oder auch mit engen pH-Ausschnitten (etwa 4–5). Kommerzielle Ampholyte sind **Ampholin** (LKB), **Bio-Lyte** (Bio Rad), und **Pharmalyte** (Pharmacia).

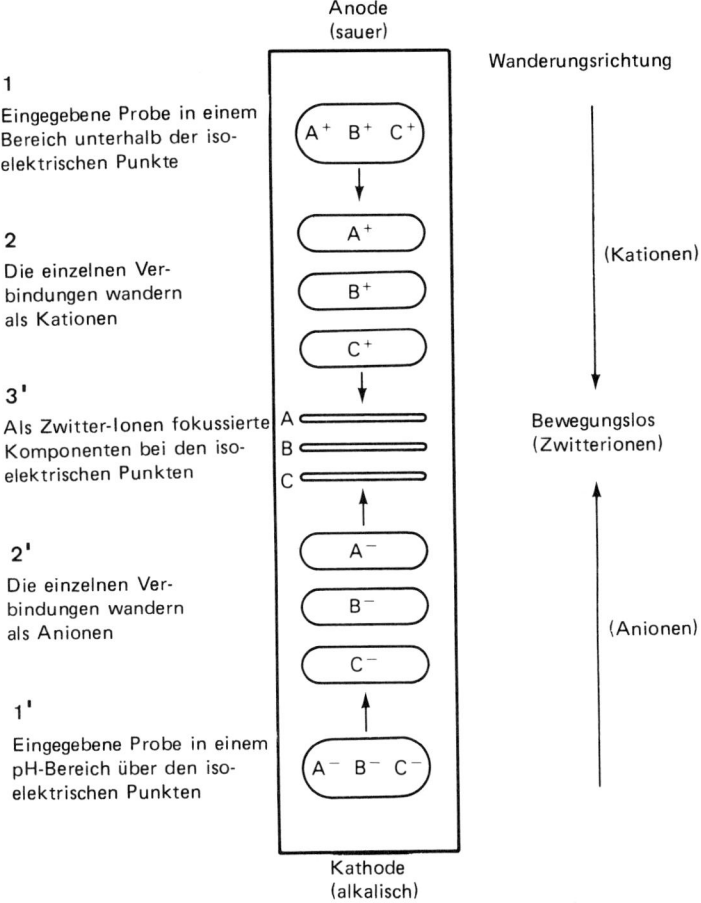

Abb. 7.**5**   Prinzip der isoelektrischen Fokussierung

Die Trennung kann in vertikalen Säulchen oder auf horizontalen Flachgelen durchgeführt werden, in beiden Fällen benötigt man spezielle Geräte.

Geräte und Verfahren

Vertikale Säulen-Methode. Die Säulen wurden zuerst entwickelt, sind aber heute durch die Flach-Gele weitgehend verdrängt worden. Für präparative Isoelektrofokussierung sind Säulen aber immer noch ein wertvolles Instrument. Zur Bereitung der Säulen wird eine wassergekühlte Glassäule mit einem Gemisch der Trägerampholyte in einem Saccharose-Dichtegradienten zur Vermeidung der Diffusion der Banden gefüllt. Das obere, anodische Ende der Säule ist mit einem Vorratsgefäß und einer sauren Lösung (z.B. Phosphorsäure) verbunden, das untere, kathodische Ende mit einem Vorratsgefäß mit alkalischer Lösung (z.B. Natriumhydroxid). Öffnet man die 2 Ventile zu den Vorratsgefäßen, so können die beiden Lösungen von den beiden Enden her in die Säule eindiffundieren und einen pH-Gradienten zwischen der sauren Anode und der alkalischen Kathode errichten. Die Ventile werden dann geschlossen, nach Einschalten des Stromes wandern die Trägerampholyte so lange, bis sie pH-Bereiche aufstellen, in denen sie keine Nettoladung haben. Dort bleiben sie und stabilisieren damit den pH-Gradienten. Dann läßt man die Probe in das obere Ende der Säule durch ein geöffnetes Ventil ein, so daß die geladenen Komponenten in der Säule wandern können, bis sie den pH-Bereich der Röhre erreichen, in dem sie keine Nettoladung mehr aufweisen. Dort werden sie fokussiert. Nach vollendeter Trennung (bis zu 3 Tage) wird der Strom abgeschaltet, und die Säule am unteren Ende durch ein Ventil abgelassen, meist in einen Fraktionssammler, um weitere Analysen vornehmen zu können.

Die angelegte Spannung sollte konstant bleiben, um thermische Durchmischungen zu vermeiden.

Man kann solche Säulen auch mit Polyacrylamid-Gel füllen, das man mit den Trägerampholyten getränkt hat; dadurch wird die Zeit für eine isoelektrische Fokussierung auf etwa 1,5–3 h reduziert.

Horizontale Gelfokussierung. Die meistbenutzte Methode der Isoelektrofokussierung verwendet allerdings horizontale Flach-Gele, die in Ampholytlösungen polymerisiert wurden und auf Glasplatten oder Plattenfolien ruhen. Meist finden Polyacrylamid- oder gereinigte Agarose-Gele Anwendung, letztere vor allem für sehr hochmolekulare Proteine, da die Molekularsieb-Effekte des Polyacrylamids dort schon stören.

Die Lösung der Trägerampholyte im geeigneten pH-Bereich wird mit einer Acrylamid-Lösung niedrigen Gehaltes gemischt, bevor man das

Gel auf der Platte polymerisieren läßt. Die Photopolymerisation wird hier mit Riboflavin als Katalysator durchgeführt, da Ammoniumpersulfat die isoelektrische Fokussierung stört (S. 262). Gele von 1–2 mm Dicke waren üblich, doch kommen heute mehr und mehr **ultradünne Gele** von nur 0,15–0,25 mm Dicke auf. Die Vorteile liegen bei den niedrigeren Kosten (Ampholyte sind sehr teuer), den geringeren Probenmengen, kürzeren Laufzeiten (höhere Spannungen können eingesetzt werden), verbesserter Trennung und verkürzte Zeiten des Färbens und Endfärbens. Allerdings sind ultradünne Gele sehr fragil und benötigen besondere Sorgfalt bei der Herstellung und Manipulation.

Fertige dünne Flach-Mischgele mit fixiertem pH-Gradienten sind auch, in Folien eingeschmolzen, kommerziell erhältlich, sie erlauben eine sehr zuverlässige Trennung. Man kann sie mit Ampholyten in verschiedenen pH-Bereichen auswählen; bis zu 24 Proben lassen sich auf einer Platte unterbringen.

Für schnelle Trennungen benutzt man verhältnismäßig hohe Voltzahlen (bis zu 2 000 V). Hier sollte man pulsierende oder sehr gut stabilisierte Stromversorgungsgeräte nutzen, die sowohl die Leistung, wie auch Spannung und Strom konstant halten können, um thermische Schwankungen zu unterdrücken. Kühlplatten werden eingesetzt, da verhältnismäßig viel Wärme abgeführt werden muß, die Geräte ähneln denen für die Hochspannungs-Elektrophorese (Abb. 7.**2**). Man tränkt dicke Streifen Filtrierpapiers in den zugehörigen Säuren oder Alkalien (z.B. Phosphorsäure- oder Natriumhydroxid-Lösungen) und legt sie auf den anodischen und kathodischen Kanten der Platte an. Es stehen Platindraht-Elektroden zur Verfügung, die man mittels eines isolierenden kleinen Kunststoffrahmens auf die gesamte Länge der Dochte auflegen kann. Man sollte Probenlösungen mit hohem Gehalt an anorganischen Ionen vor dem Auftragen entsalzen, um den pH-Gradienten nicht zu zerstören. Die Proben können auf die Geloberfläche aufgetragen werden, indem man kleine Stückchen von Filtrierpapier in die verdünnte Lösung taucht (z.B. 1–5 mg/cm^3 Protein) und diese einfach auf die Geloberfläche auflegt, von wo die Proben in das Gel absorbiert werden. Man benötigt nur wenige µg Protein für eine Analyse. Das Gel wird dann luftdicht mit einem Deckel abgedeckt, das Kühlsystem eingeschaltet und der Strom für 30 min angestellt. Danach sind die Proben in das Gel eindiffundiert und eine kurze Strecke gewandert; man stellt den Strom ab und entfernt die Filterpapierstückchen vorsichtig, um spätere Wechselwirkungen mit dem Gel auszuschließen. Der Lauf wird dann noch 1–2 h fortgesetzt. Will man die exakten isoelektrischen Punkte der einzelnen Komponenten bestimmen, so kann man nach dem Lauf den pH-Gradienten im Gel ausmessen, indem man eine Aufsetzelektrode benutzt und den pH-

Wert in jeweils etwa 1-cm-Abständen bestimmt. Während dieser Zeit können die Banden wieder etwas diffundieren, deshalb stellt man danach den Strom noch einmal etwa 10 min an.

Aufsetzelektroden sprechen manchmal langsam an und sind wenig empfindlich. Der pH-Gradient kann deshalb oft besser bestimmt werden, indem man ein Gemisch von Eichproteinen mit bekannten isoelektrischen Punkten mitlaufen läßt. Geeignete Zusammenstellungen sind kommerziell sowohl über große wie kleine pH-Bereiche erhältlich, meist sind auch gefärbte Eichproteine enthalten. Die Fixierung, Färbung und Endfärbung werden wie in Abschn. 7.10 beschrieben, durchgeführt.

Die IEF ist nur für amphoterische Substanzen brauchbar, sie wird vor allem für die Trennung von Proteinen und Peptiden benutzt, dort ist sie heute wohl als eine sehr leistungsfähige Methode der Trennung anerkannt. Die Empfindlichkeit und die hohe Auflösungsfähigkeit haben dazu geführt, daß die Methode sehr ausführlich angewandt wird, obwohl die Geräte und Chemikalien sehr teuer sind. Zur Anwendung kommt sie in den klinischen, gerichtsmedizinischen und humangenetischen Laboratorien zur Trennung und Identifizierung von Serumproteinen. Die Industrie benutzt sie zur Zeit im Bereich der Landwirtschaft und der Lebensmittel, die Grundlagenforschung im Bereich der Enzymologie, der Membranbiochemie, der Mikrobiologie, Immunologie, Zytologie und Taxonomie. Obwohl die IEF in Gelen meist analytischen Zwecken dient, kommen auch präparative Trennungen mittels der IEF in flachen, granulierten Trägern vor, dort beträgt die Laufzeit 14–16 h.

7.8   Isotachophorese

Grundlagen

Wie die isoelektrische Fokussierung (Abschn. 7.7), leitet sich diese Methode von der freien Elektrophorese ab (Abschn. 7.1, S. 304). Das Prinzip der Isotachophorese wird auch bei den Sammel-Gelen der SDS-Polyacrylamid-Elektrophorese benutzt (S. 321).

Der Name der Methode, aus dem Griechischen abgeleitet, betont die Tatsache, daß die zu trennenden Ionen alle mit der gleichen (iso) Geschwindigkeit (tacho) wandern (phoresis). Alle geladenen Substanzen können durch Isotachophorese getrennt werden, auch anorganische Ionen. Man trennt die ionisierten Komponenten eines Gemisches, indem man sie nach Maßgabe ihrer Beweglichkeit in begrenzten Zonen stapelt, wobei eine sehr scharfe Trennung erhalten wird.

Zur Trennung eines Gemisches von Anionen wird ein führendes Anion (z.B. Chlorid) gewählt, das eine höhere Mobilität als die zu trennenden Ionen hat, außerdem ein nachfolgendes (oder abschließendes) Anion (z.B. Glutamat), das eine niedrigere Beweglichkeit als die gewünschten Verbindungen besitzt. Alle Anionen müssen durch ein gemeinsames Kation (z.B. Tris) kompensiert sein. Ebenso benötigt man für die Trennung von Kationen, wie z.B. Metall-Ionen, führende und abschließende Kationen und ein gemeinsames Anion. Beim Einschalten des Stromes werden die führenden Ionen zu ihrer Elektrode wandern, die weiteren Ionen folgen nach Maßgabe ihrer Beweglichkeit, und das abschließende Ion wandert am Schluß. Hat sich das Gleichgewicht eingestellt, so wandern alle Ionen mit der gleichen Geschwindigkeit, nach Maßgabe ihrer Beweglichkeit in aufeinanderfolgenden scharf abgegrenzten Banden (Abb. 7.6).

Geräte und Verfahren

Kommerzielle Geräte zur analytischen Isotachophorese erlauben vollständige Trennungen in 10–30 min. Spannungen bis zu 30 kV sind notwendig, deshalb wird ein thermostatisiertes Kühlbad angeschlossen.

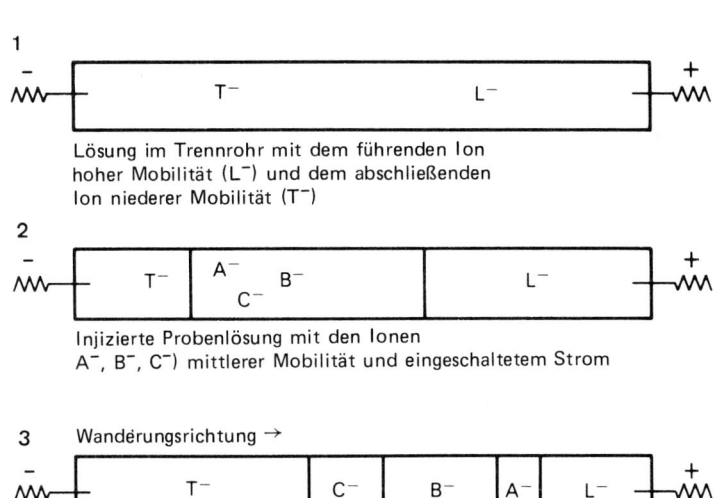

1

Lösung im Trennrohr mit dem führenden Ion hoher Mobilität (L^-) und dem abschließenden Ion niederer Mobilität (T^-)

2

Injizierte Probenlösung mit den Ionen A^-, B^-, C^-) mittlerer Mobilität und eingeschaltetem Strom

3   Wanderungsrichtung $\rightarrow$

Vollständige Trennung, bei der die Ionen nach ihrer Beweglichkeit aufeinanderfolgend mit gleicher Geschwindigkeit wandern

Abb. 7.**6**   Prinzip der Isotachophorese

Man führt die Trennung in einem Kapillarröhrchen durch, in das die Proben zwischen führende und abschließende Ionen injiziert werden. Die analytische Isotachophorese läuft in wäßrigem Milieu.

Man fügt nur die wäßrige Lösung der führenden und abschließenden Elektrolyten und der Proben ein. Da die Breite der abgetrennten Bande der Menge des Ions proportional ist, kann man die Trennung auch quantitativ – etwa durch Ausmessung der Absorption im UV – gestalten.

Sind die Beweglichkeiten der Proben-Ionen sehr ähnlich, so läßt sich ihre Trennung durch Zugabe synthetischer Ampholyten verbessern, man nennt sie auch **Spacer-Ionen**. Sie haben Beweglichkeiten, die zwischen denen der Proben-Ionen liegen und deren Trennung bewirken, indem sie Positionen zwischen den einzelnen Verbindungen einnehmen. Die Spacer-Ionen sind ähnlich gebaut wie die Ampholyten der isoelektrischen Fokussierung (S. 322).

Isotachophorese wird für die Trennung geladener Substanzen benutzt, angefangen von anorganischen Ionen und organischen Säuren bis zu Proteinen und Nucleinsäuren. Man kann Proben von wenigen µg quantitativ trennen, recht große Mengen lassen sich präparativ gewinnen. Außer der Anwendung in Forschungslaboratorien hat sie einige industrielle Anwendungsgebiete gefunden, etwa bei der Analyse von Abwassern (zum Nachweis von Detergenzien und anorganischen Ionen) und bei der Qualitätskontrolle in der Nahrungsmittel-, Brauerei- und pharmazeutischen Industrie.

7.9 Präparative Elektrophoresen

Die bisher beschriebenen Methoden der Elektrophorese werden meist für analytische Trennungen benutzt, allerdings können Gele auch präparativ gefahren werden. Die hier beschriebenen Methoden sind vorwiegend für präparative Anwendungen gedacht.

Blockelektrophoresen. Sie werden meist für präparative Fragestellungen verwendet, da man große Probemengen eingeben kann (bis zu 1 g). Die schlechtere Trennung begrenzt allerdings die analytische Anwendung. Das Trägermaterial ist ein trockenes Pulver, das Wasser abbinden kann; es wird mit Puffer aufgerührt und dann in Blockform eingegossen. Das Material muß Wärme ableiten können, keine Konvexionsströme zeigen, die die Probe nicht adsorbieren und möglichst wenig Ladungen an seiner Oberfläche tragen. Sehr häufig wird körnige Kartoffelstärke benutzt, zur Anwendung kommen auch Cellulose, Agarose, Sephadex, gepulvertes Kunststoffmaterial (z.B. Polyvinylchlorid) und zermahlene Glasfasern. Man gießt die dicke Suspension in einen rechteckigen

Kunststoff- oder Glasbehälter (etwa $20 \times 10 \times 1{,}5$ cm) und saugt die überstehende Flüssigkeit mit dickem Filterpapier von der Oberfläche ab. Die Proben werden in Schlitze eingefüllt, die man aus dem Block ausgeschnitten hat. Zwischen den Puffer-Elektroden-Vorratsgefäßen und dem Block stellen Papierdochte den Kontakt her. Der Block bleibt während der Trennung zugedeckt in seinem Behälter. Meist werden die Trennungen über Nacht in der Kältekammer bei einem Strom von etwa 25 mA durchgeführt. Nachdem man die Banden sichtbar gemacht hat (Abschn. 7.10), werden sie ausgeschnitten und die Komponenten entweder durch Filtration oder Zentrifugation ausgelöst. Die Blockelektrophorese war für präparative Trennungen eine Reihe von Makromolekülen von Nutzen, etwa bei Enzymen, Proteinen aus Blut, Nucleoproteinen und Nucleinsäuren.

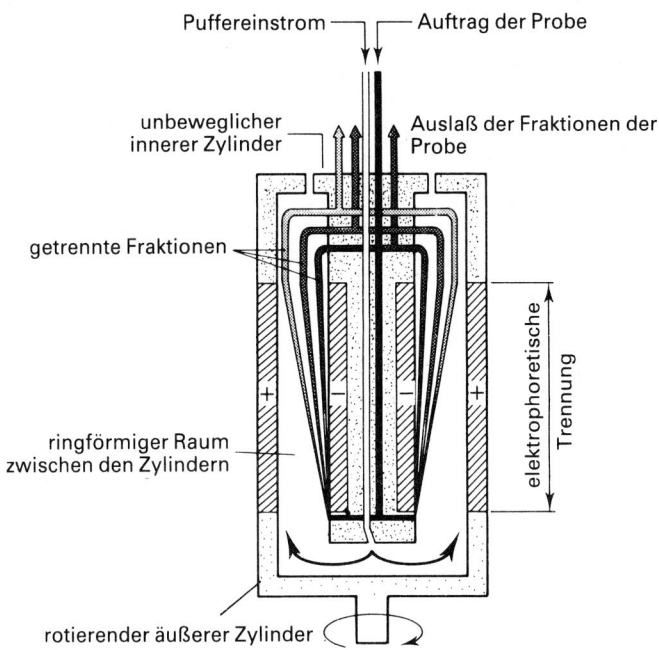

Abb. 7.**7**   Gerät zur Durchflußelektrophorese. Die Probe wird über ihren Einlaß in den ringförmigen Raum eingegeben und während der Elektrophorese nach oben transportiert. Man erhält eine Trennung in eine Reihe von Banden (Fraktionen), die über eigene Auslässe abströmen (Druck nach Erlaubnis durch AERE Harwell)

Kontinuierliche Durchflußelektrophorese. Sie wird für Trennungen in freier Lösung in größerem präparativen Maßstab benutzt. Wie die isoelektrische Fokussierung und die Isotachophorese ist sie eine Anwendung der Zonengrenzenelektrophorese (Abschn. 7.1, S. 305). Die Elektrophorese verläuft kontinuierlich, während das zu trennende Material durch einen Pufferstrom in einem ringförmigen Raum zwischen 2 vertikalen konzentrischen Zylindern nach oben transportiert wird (Abb. 7.7). Der äußere Zylinder rotiert dabei, um eine stabile laminare Strömung der Pufferlösung zu gewährleisten. Das elektrische Feld liegt zwischen den beiden Zylindern, das Probenmaterial wird also radial getrennt, während es durch den Pufferstrom nach oben transportiert wird. Am oberen Ende des inneren Zylinders tritt der Pufferstrom durch eine Reihe von radialen Öffnungen aus und kann in etwa 30 Einzelfraktionen zerlegt werden.

Kommerziell sind heute auch Apparaturen für Trennungen im größeren Maßstab erhältlich. Man kann sie nicht nur zur Trennung von Proteinen, etwa von Fraktionen des Blutplasmas oder von Enzymen benutzen, sondern auch zur Abtrennung von Partikeln, wie Zellen, Zellorganellen und Viren. Die Trennung ist sehr schnell (die Teilchen wandern während etwa 1 min durch den ringförmigen Raum), große Mengen lassen sich umsetzen (bis zu 100 g Protein pro h). Da der Vorgang unter milden Bedingungen abläuft, erhält man auch große Ausbeuten unter guter Bewahrung biologischer Aktivitäten. Diese Durchflußelektrophorese wurde auch während eines Raumflugs getestet, um den Einfluß der fehlenden Gravitation auf den Trennungsprozeß kennenzulernen. In der Biotechnologie wird sie wahrscheinlich steigende Anwendung finden.

7.10   Nachweis, Rückgewinnung und Auswertung

Man identifiziert unbekannte Verbindungen im Elektropherogramm nach dem Lauf, indem man die Wanderungscharakteristiken der getrennten Gemische mit reinen Proben bekannter Verbindungen, die mit gleichen Bedingungen aufgetrennt wurden, vergleicht. Das Verfahren ist das gleiche wie bei der Chromatographie.

Einzelne Verbindungen werden meistens *in situ* nachgewiesen und identifiziert. Absorbieren sie ultraviolettes Licht oder lassen sich dadurch zur Fluoreszenz anregen, so kann dies als Nachweis dienen, z.B. bei Nucleinsäuren und Proteinen im UV-Bereich zwischen 260 und 280 nm. Der Träger darf diese Eigenschaften natürlich nicht haben; dies ist bei transparenten Polyacrylamid-Gelen mit niedrigen Anteilen an Quervernetzern gewährleistet. Man kann auch die gesuchten Verbindungen mit Substanzen zur Reaktion bringen oder komplexieren, die dann erst unter der UV-Bestrahlung Fluoreszenz zeigen; für Amino-säuren, Peptide und Proteine eignet sich hierfür Fluorescamin oder Dansylchlorid.

Die meisten biologischen Moleküle sind farblos und müssen mit spezifischen Reagenzien zur Anfärbung behandelt werden. Viele der für eine Identifizierung nach einer Chromatographie beschriebenen Methoden (Tab. 7.1) sind auch zum Nachweis dieser Verbindungen nach der Elektrophorese geeignet. Ein Überschuß an Farbstoff oder färben-dem Reagenz muß durch Elution in einem geeigneten Lösungsmittel oder durch weitere Elektrophorese aus dem Träger entfernt werden. Vor der Anfärbung kann man die Elektropherogramme zur Vermeidung von Zonenverbreiterung mit einem Fixiermittel behandeln.

Dies ist besonders wichtig für Gele der isoelektrischen Focussierung (S. 322), die wie folgt behandelt werden. Nach Ablauf werden die Banden zur Vermeidung einer Diffusion sofort fixiert, indem man das Gel für 30 min in eine Fixierlösung (z.B. 10 % Trichloressigsäure)

Tabelle 7.1   Färbemethoden zum Nachweis verschiedener Verbindungen auf Elektrophoreseträger

Verbindung	Reagenz	Bemerkungen
Proteine	Nigrosin in Eisessig oder Trichloressigsäure. Bromphenolblau/$ZnSO_4$/Eisessig Lissamingrün in wäßriger Essigsäure Coomassie-Brillantblau R-250 Silberfärbung	sehr empfindlich quantitativ quantitativ quantitativ und sehr empfindlich überempfindlich, aber nicht quantitativ
Glykoproteine	Periodsäure-Oxidation und Umsetzung mit Schiffs-Reagenz	quantitativ
Lipoproteine, Peptide	Sudanschwarz in 60 % Ethanol, ClO_2 oder NaOCl-Chlorierung, danach KI/Stärke oder Benzidin/Eisessig	reagiert mit allen NH_2-Verbindungen
Nucleinsäuren	Methylgrün/Pyronin Ethidiumbromid Silberfärbungen	RNA-Rot, DNA-Blau fluoresziert im UV nach der Bindung an DNS sehr empfindlich für DNS und RNS
Polysaccharide	Iod	
saure Mucopo-lysaccharide	Toluidinblau in Methanol/Wasser	

einlegt. Dann kann man die Gele färben, indem man sie in eine geeignete Lösung (Coomassie-Brillantblau R-250 vor allem für Proteine) während 10 min einlegt. Der Überschuß des Färbemittels muß durch mehrfaches Waschen in Entfärber (wäßrige Lösung von 25 % Ethanol und 8 % Essigsäure) entfernt werden. Nach Antrocknen kann man das so gefärbte Gel durch Einschmelzen in Kunststoffolie konservieren. Ultradünne Gele können auf ihren Folien zum Trocknen gebracht werden.

Der Nachweis von Enzymen *in situ* auf unbehandelten Elektrophoresen nutzt die Methoden der Histochemie aus. Hier werden spezifische Substrate in möglichst schwerlösliche gefärbte Produkte umgesetzt. Nichtionische Substrate können manchmal in Gelen während der Vorbereitung immobilisiert werden, so daß die Enzymaktivität nach der Elektrophorese einfach durch Inkubation in einem geeigneten Puffer nachgewiesen werden kann. Zum anderen wird auch nach der Elektrophorese ein zweiter geeigneter Träger, der das Substrat enthält, mit dem Elektropherogramm in Kontakt gepreßt, so daß die Aktivität – z.B. im Papier, im Abklatsch – nachweisbar wird. Sind die getrennten Verbindungen radioaktiv markiert, so legt man den Träger zur Autoradiographie ein oder mißt ihn in einem Radiochromatogramm-Scanner durch (Abschn. 9.2, S. 417).

Eine quantitative Analyse wird auch bei Elektrophoresen möglich, nach denen man die getrennten Verbindungen aus dem Träger herauslöst. Die häufigste Methode besteht darin, den Träger in kleine Abschnitte zu zerschneiden und aus diesen dann mit geeigneten Elutionsmitteln die Verbindungen herauszulösen. Aus Papier lassen sich viele Verbindungen schlecht auslösen, da es hohe Adsorption zeigt. Celluloseacetat löst sich in Aceton auf, so daß die schon vorgefärbten Materialien in der Lösung bleiben, ihre Adsorption kann bei einer geeigneten Lichtwellenlänge direkt gemessen und quantifiziert werden. Stärke-Gel läßt sich nach mechanischem Zerreiben (gelegentlich auch zusätzlicher Amylasebehandlung) oder mehrfachem Einfrieren und Auftauen leicht eluieren. Man kann auch Makromoleküle aus solchen Stärke-Gelen durch Elektrodialyse gewinnen, indem man das Gel in eine Dialysemembran gibt, die ihrerseits wieder in einem Elektrophoresegerät hängt. Polyacrylamid-Gele lassen sich schlecht eluieren; sie können im halbgefrorenen Zustand gut geschnitten werden, die Gelstruktur kollabiert aber nicht bei mehrfachem Frieren und Auftauen und muß durch Elektrodialyse eluiert werden. Radioaktiv markierte Verbindungen kann man direkt in Gefäßchen eluieren, die eine geeignete Szintillatorflüssigkeit zur Zählung enthalten. Der Quencheffekt der Gele kann durch geeignete chemische Umsetzung, z.B. durch Zersetzen mit Wasserstoffperoxid bei 60 °C, herabgesetzt werden. Man sollte große Volumina des Eluens vermeiden, vor allem bei Enzymen, da die Verdünnungseffekte rasch schwer beherrschbar werden (S. 403).

Bei einigen Formen der Elektrophorese gelingt es auch, die Verbindungen dadurch zu gewinnen, daß man den Lauf so lange fortsetzt, bis die gewünschte Komponente aus dem Träger herauswandert. Bei präparativen Polyacrylamid-Stabgelen ist dies durchgeführt worden, obwohl dann spezielle apparative Zusätze am unteren Ende der Säule notwendig sind, um die Verbindung abzusondern, während sie aus dem Gel kommt.

Man kann diese einfachen Verfahren zum Nachweis *in situ* und zur Elution für qualitative Bestimmungen nach der Elektrophorese auch quantitativ auswerten. Die Extinktionskoeffizienten der getrennten Verbindungen müssen natürlich bei der Quantifizierung in Rechnung gestellt werden. Messung nach Anfärben ist bei quantitativen Bestimmungen in der Praxis durch sehr verschiedenartige Aufnahme und teilweises Auswaschen der Farbstoffe kompliziert, dennoch läßt sich die Methode standardisieren und wird häufig angewandt. Wenn die Aufnahme eines Farbstoffes standardisiert werden kann, läßt sich eine Analyse *in situ* auch direkt durch Densitometrie vornehmen. Densitogramme sind graphische Darstellungen der Lichtabsorption gegen die Wanderungsstrecke; zur exakten Quantifizierung sollte die Peakfläche der Konzentration proportional sein. Diese Bedingung gilt nur für enge Konzentrationsbereiche, wo das Lambert-Beersche Gesetz anwendbar ist. Das Gerät muß geeicht werden; dafür benutzt man Elektrophoresen von bekannten Mengen bekannter Verbindungen. Die fertigen Densitogramme und die zugehörigen Elektrophoresen werden häufig für die Dokumentation fotografiert.

Literatur

Gaal, O., Medgyesi, G.A., Vereczkey, L. (1980), Electrophoresis in the Separation of Biological Macromolecules, Wiley, Chichester (ausführliche Darstellung der Grundzüge und Anwendungen aller elektrophoretischen Methoden).

Righetti, P.G. (Hrsg.) (1983), Isoelectric Focusing: Theory, Methodology and Applications, in Laboratory Techniques in Biochemistry and Molecular Biology, Bd. II (Work, T.S. und Burdon, R.H., Hrsg.), Elsevier, Amsterdam (ausführlicher und auf neuen Stand gebrachter Text vor allem für wissenschaftliche Arbeiten).

Simpson, C.F., Whittaker, M. (Hrsg.) (1983), Electrophoretic Techniques, Academic Press, London (auf neuen Stand gebrachte Sammlung von Artikeln über die aktuellen Methoden).

Smith, I. (Hrsg.) (1976), Zone Electrophoresis. Chromatographic and Electrophoretic Techniques, Bd. 2, 4. Aufl. Heinemann Medical, London (Standardbuch über die älteren Methoden).

Walker, J.M. (Hrsg.) (1984), Methods in Molecular Biology, Bd. 1 Proteins und Bd. 2 Nucleic Acids. Humana Press, Clifton, New Jersey (für Laborzwecke sehr gute Informationen).

Walker, J.M., Gaastra, W. (Hrsg.) (1983), Techniques in Molecular Biology, Croom Helm, London (kurze Kapitel mit vielen praktischen Hinweisen).

Detaillierte Informationen über spezifische Elektrophoresegeräte und ihre Anwendungen erhält man von den Herstellern.

Kapitel 8

Spektroskopische Verfahren

8.1 Grundlagen

Strahlung, Energie und Atomstruktur

Licht, Wärme und andere **elektromagnetische Strahlungen** bestehen aus elektromagnetischen Wellen, die sich mit $3 \cdot 10^{-8}$ m s^{-1} fortpflanzen. Andererseits können solche Strukturen auch als Folge kleiner Energieteilchen betrachtet werden, die wir Quanten oder **Photonen** nennen. Die Energiemenge in jedem Quant bestimmt die Wellenlänge der Strahlung.

Im **Grundzustand** eines Atoms nehmen die Elektronen die niedrigsten Energieniveaus, die nach den Gesetzen der Quantenmechanik möglich sind, ein. Der Grundzustand des Natrium-Atoms, das 11 Elektronen hat, wird in Abb. 8.**1 a** dargestellt. Um vom Energieniveau des Grundzustandes in einen **angeregten Zustand** überzugehen, muß die Energie eines Elektrons durch Aufnahme einer exakt festgelegten Energiemenge angehoben werden, sie muß der des Überganges genau äquivalent sein. Andererseits emittiert ein Elektron Strahlung einer spezifischen Wellenlänge (S. 357 u. S. 369), wenn es aus dem angeregten Zustand zum Grundzustand zurückkehrt.

Dies bedingt die spektroskopischen Auswertungen der Fluoreszenz und Emissionsflammenphotometrie. Wenn sich Atome zu einem Molekül verbinden, so nehmen manche Elektronen neue Positionen im System ein, daraus resultieren neue Energieniveaus. Außerdem können Atome in einem Molekül Schwingungen und Rotationen um eine Bindung eingehen, so daß **Schwingungs-** und **Rotationsenergieunterniveaus** zustande kommen, wie in Abb. 8.**1 b** gezeigt. Wie bei den Atomen nehmen die Elektronen in einem Molekül meist das niedrigste mögliche Energieniveau ein, d.h., sie sind im Grundzustand. Auch hier kann unter geeigneten Bedingungen ein Elektron Energie aufnehmen und somit auf ein höheres Energieniveau, d.h. in einen angeregten Zustand,

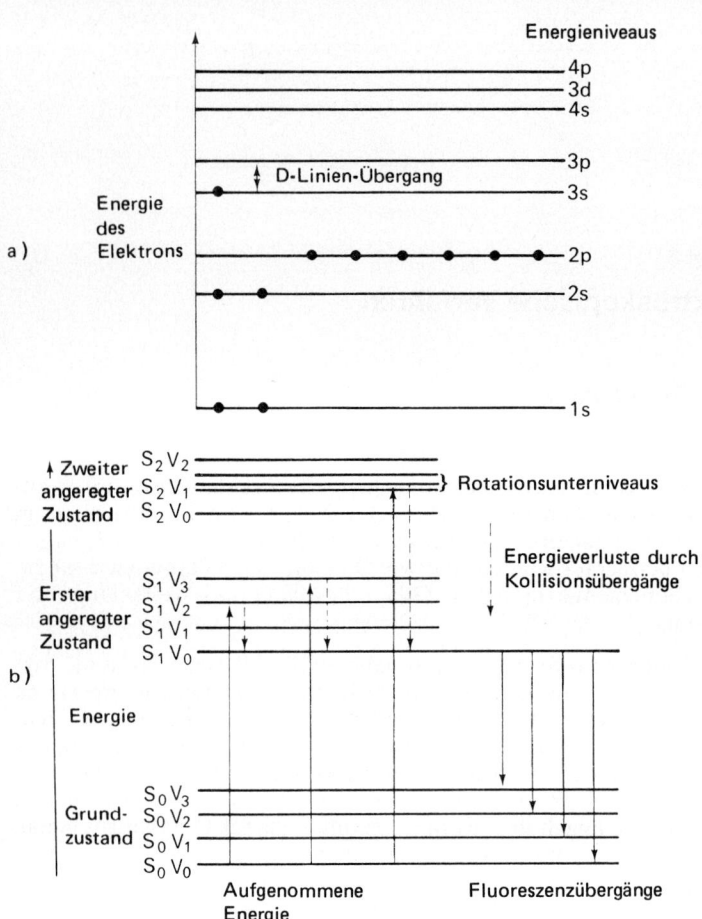

Abb. 8.1   Energieniveaus und Übergänge von Elektronen: **a** im Natrium-Atom und **b** in einem fluoreszierenden organischen Molekül. Wegen der Übersichtlichkeit sind Unterniveaus der Rotation nur für die Schwingungsunterzustände S_2V_1 angegeben

angehoben werden. Da bei Molekülen jeder Grund- und angeregte Zustand in Wirklichkeit in eine Anzahl von Unterniveaus unterteilt ist, sind die molekularen Spektren meist **Bandenspektren.** Wegen des Fehlens von Schwingungsenergieniveaus in elementaren Systemen sind Atomspektren meist einfache **Linienspektren.**

Wie für Atome beschrieben, können Elektronen in einem Molekül ihr Energieniveau nur wechseln, wenn ganz bestimmte Strahlungsquanten absorbiert oder emittiert werden: Hiervon stammen die Bezeichnungen **Absorptions-** und **Emissionsspektren.**

Die Frequenz der absorbierten oder ausgesandten Strahlung ist eine direkte Funktion der Änderung der Energie des Elektrons:

$$E = E_1 - E_2 = h\,v$$

E = Energie der Strahlung, die vom Molekül absorbiert oder emittiert wird
E_1 = Energie des Elektrons im Ausgangsniveau
E_2 = Energie des Elektrons im Endniveau
h = Plancksches Wirkungsquantum = $6{,}63 \cdot 10^{-34}$ J s
v = Frequenz der Strahlung in Hertz = c/λ
c = Lichtgeschwindigkeit = $3 \cdot 10^8$ m s^{-1}
λ = Wellenlänge der Strahlung = $1/\tilde{v}$
$\tilde{v}$ = Wellenzahl der Strahlung in Schwingungen $\cdot$ cm^{-1} (veraltet: kaysers)

Die Wellenlänge wird meist in Mikrometer (μm), Zentimeter (cm), Nanometer (nm) oder Pikometer (pm) angegeben; mμ, μ und Ångström (Å) sollten nicht mehr benutzt werden.

Aufzählung verschiedener Spektren und ihre biochemische Anwendung

Moleküle treten mit Strahlungen über einen riesigen Bereich von Wellenlängen in Wechselwirkung, daraus resultieren Spektren in verschiedenen definierten Bereichen (Abb. 8.2). Für diese benötigt man jeweils verschiedene Geräte. Manche der Spektren geben dem Biochemiker leicht zugängliche und sehr nützliche Informationen – sie werden häufig benutzt, andere benötigen sehr spezialisierte Apparate und Erfahrungen und werden nur zu speziellen Zwecken der Untersuchung von biologischen Makromolekülen und anderer subzellulärer Strukturen eingesetzt.

Ein Spektrum kann man als graphische Darstellung der aufgenommenen oder emittierten Energiemenge eines Systems gegen die Wellenlänge oder einen ähnlichen elektromagnetischen Parameter angeben.

Elektronenspektren entstehen durch die Anregung äußerer Atom- oder Molekülelektronen zu höheren elektronischen Energieniveaus. Elektronenspektren kommen im **sichtbaren** und **ultravioletten Bereich** vor, meist werden sie durch Änderung der Rotations- und Schwingungsenergienievaus begleitet. Solche Spektren werden in der Biochemie häufig benützt (Abschn. 8.2 und 8.7, S. 340 und 369). Aus solchen Übergängen können auch Fluoreszenzspektren hervorgehen (Abschn. 8.3).

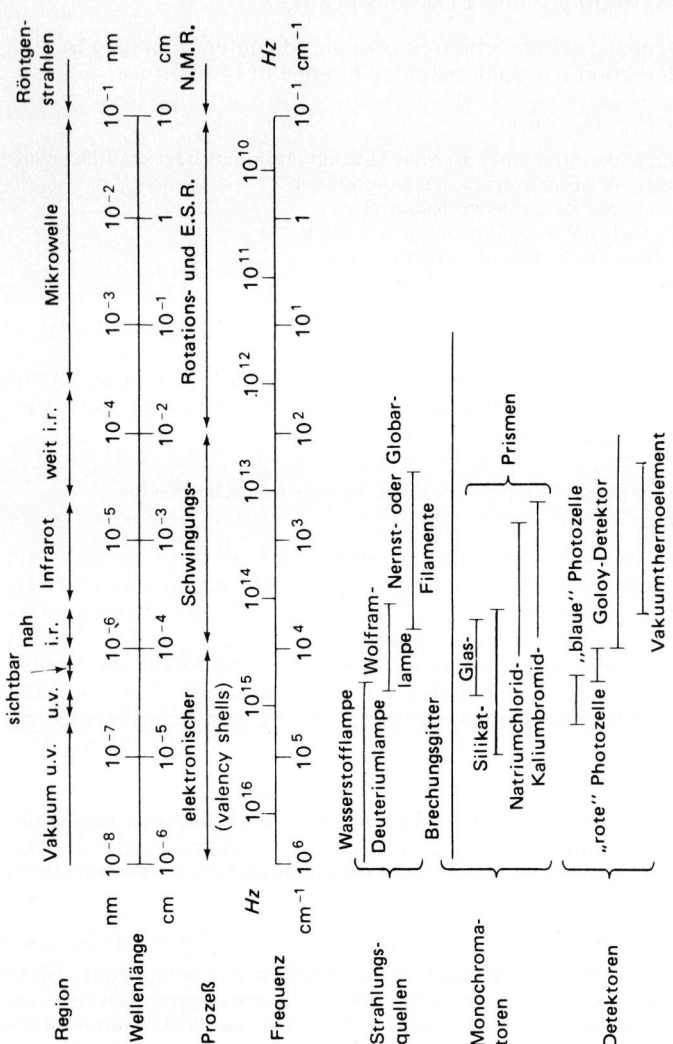

Abb. 8.**2**   Das elektromagnetische Spektrum und spektrale Charakteristiken einiger Spektrophotometer

Schwingungs- und Rotationsspektren kommen durch Wechsel der Energieniveaus der Schwingung zustande. Sie treten im **nahen Infrarotbereich** auf und können durch Wechsel der Rotationsenergieniveaus differenziert werden. Diese Spektren werden manchmal bei detaillierten Untersuchungen der Struktur biologischer Makromoleküle in nicht-wäßrigen Lösungen benutzt (Abschn. 8.3).

Elektronenspinresonanzspektren und **Kernresonanzspektren** rühren vom Wechsel des Spins von Elektronen bzw. Kernen in einem magnetischen Feld her. Zur Untersuchung biologischer Makromoleküle haben sie sich als äußerst wichtige und unerläßliche Werkzeuge erwiesen (Abschn. 8.8, S. 375 und 8.9, S. 379).

Die molekularen Bandenspektren lassen sich in eine Anzahl sehr dichter Linienspektren auflösen, die den Schwingungs- und Rotationsenergien der Elektronenhüllen zugeordnet sind, dies allerdings nur bei sehr hoher Auflösung (Auflösung ist die Fähigkeit des Gerätes, zwischen 2 dicht benachbarten Absorptionslinien zu unterscheiden).

Grundgesetze der Lichtabsorption

Bei einem einheitlich absorbierenden Milieu wird der Anteil der Strahlung, der davon durchgelassen wird, die **Transmission** T genannt:

$$T = \frac{I}{I_0} \tag{8.2}$$

I_0 = Intensität der fallenden Strahlung,
I = Intensität der austretenden Strahlung

Das Ausmaß der Absorption der Strahlung wird üblicherweise aber als **Absorption** A oder **Extinktion** E bezeichnet, sie ist dem Logarithmus der reziproken Transmission gleich.

$$A = E = \log 1/T = \log I_0/I$$

Die obsolete Bezeichnung optische Dichte OD ist in der Biochemie noch häufig in Benutzung, sollte aber eliminiert werden.

Die Transmission wird meist im Bereich 0–100 % ausgedrückt, die Extinktion besitzt keine Einheit und schwankt zwischen 0 und ∞.

Nach dem **Lambert-Beerschen Gesetz** ist die Extinktion proportional der Konzentration der absorbierenden Substanzen und der Schichtdicke:

$$E = E_\lambda\, cd \tag{8.3}$$

E_λ = **molarer Extinktionskoeffizient** des absorbierenden Körpers bei der Wellenlänge λ (in der Einheit 1000 cm^2 mol^{-1})
c = molare Konzentration der absorbierenden Lösung (in mol l^{-1})
d = Länge des Lichtweges in der absorbierenden Lösung (in cm)

Da der molare Extinktionskoeffizient einer Verbindung E_λ sehr groß sein kann, gibt man die Extinktion einer 1%igen Lösung der Verbindung bei der Schichtdicke von 1 cm an, d.h. $E_{1cm}^{1\%}$.

Aus verschiedenen Gründen ist das Lambert-Beersche Gesetz auf ein System manchmal nicht anwendbar. Zum einen kann die Verbindung ionisierbar sein, oder sie kann bei höheren Konzentrationen polymerisieren, oder sie kann zu höhermolekularen Aggregaten und einer trüben Lösung koagulieren, so daß die scheinbare Extinktion überhöht oder unterspielt ist. Zum anderen kann das eingesetzte Gerät gegenüber Lichtstreuungseffekten besonders empfindlich sein, oder seine Emission benutzt zu enge Bandenspektren.

8.2 Spektren im sichtbaren und ultravioletten Bereich (UV)

Grundlagen

Das **Absorptionsspektrum,** exakter das **absolute Absorptionsspektrum** einer Verbindung, wird oft als graphische Darstellung der absorbierten Lichtmenge (Extinktion) durch die Verbindung gegen die Wellenlänge aufgezeichnet. Für jede gefärbte Verbindung wird eine solche Darstellung ein oder mehrere Absorptions (Extinktions)maxima in der sichtbaren Region des Lichtspektrums (400–700 nm) geben, wie dies in Abb. 8.3 für die reduzierte Form des Cytochroms c dargestellt ist, die normalerweise kirschrot aussieht. Absorptionspektren im ultravioletten (200–400 nm) und im sichtbaren Bereich rühren von den Übergän-

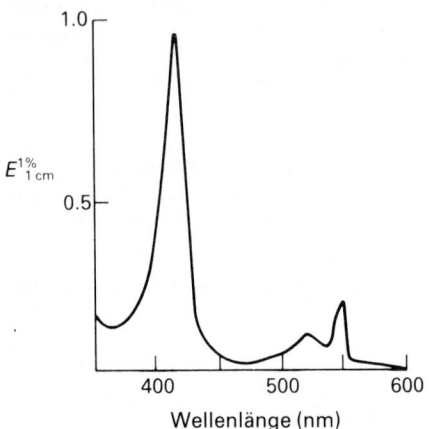

Abb. 8.3 Absolutes Absorptionsspektrum des reduzierten Cytochroms c

gen der bindenden und der nicht an einer Bindung beteiligten äußeren Elektronen des Moleküls her. Oft sind delokalisierte Elektronen beteiligt, etwa die π-bindenden Elektronen von Kohlenstoff-Doppelbindungen oder die Valenzelektronen von Stickstoff- oder Sauerstoff-Molekülen. Da die meisten Elektronen eines Moleküls bei Zimmertemperatur im Grundzustand verharren, liefern die Spektren in diesem Bereich Informationen über diesen Zustand und das nächste Energieniveau. Die absorbierten Wellenlängen werden nun durch die tatsächlichen Übergänge bestimmt, deshalb können spezifische Absorptionsmaxima bekannten molekularen Untereinheiten zugeordnet werden. Man bezeichnet mit **Chromophor** einen kleineren Teil eines Moleküls, der für sich zu bestimmten Maxima eines Absorptionsspektrums beitragen kann; als Beispiel sei die Carbonyl-Gruppe $>C = O$ genannt. Konjugation mehrerer Doppelbindungen setzt den Energiebedarf elektronischer Übergänge herab und verursacht damit eine Zunahme der Wellenlänge, bei der ein Chromophor absorbiert. Man bezeichnet dies als **bathochrome Verschiebung,** demgegenüber führt ein **hypsochromer** Effekt zu einer Abnahme der Wellenlänge. **Hyperchrome** und **hypochrome** Effekte bezeichnen eine Zu- bzw. Abnahme der Extinktion.

Manchmal überlappen Absorptionsbanden in einem Spektrum. Dieser Effekt läßt sich durch Messungen bei Temperaturen gegen 0 herabmindern, da dann die thermischen Schwankungen geringer werden.

Geräte

Zur Erstellung eines Absorptionsspektrums muß die Extinktion einer Substanz bei einer definierten Reihe von Wellenlängen durchgemessen werden. Absorption im sichtbaren und im ultravioletten Bereich kann schon mit dem Auge oder durch eine fotografische Platte festgestellt werden (diese Geräte wurden als **Spektroskope** und **Spektrographen** bezeichnet). Die Technik der Spektrophotometrie nutzt ein Potential aus, das in einer photoelekrischen Zelle proportional der Intensität der einfallenden Strahlung erzeugt wird. Das optische System eines **einfachen Spektralphotometers,** das im sichtbaren Bereich arbeitet, zeigt Abb. 8.4.

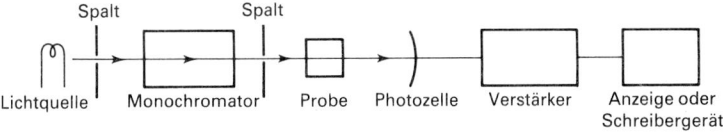

Abb. 8.**4** Hauptbestandteile eines einfachen Spektralphotometers

Moderne Geräte benutzen, wo immer möglich, anstatt der älteren Linsensysteme Spiegel; einmal, weil sie billiger sind, zum anderen, weil reflektierende Systeme weniger Strahlung als refraktive Systeme durch chromatische Aberration verlieren. Als Lichtquelle benutzt man meist eine Wolfram-Lampe für den sichtbaren Bereich und eine Wasserstoff- oder Deuterium-Lampe für den ultravioletten Bereich.

Monochromatoren. Ein Monochromator ist ein optisches Gerät, das aus der Strahlung einer Lichtquelle mit sehr breitem Spektrum einen parallelen Strahl monochromatischen Lichtes, also in der Theorie einer Strahlung mit nur einer Wellenlänge selektioniert. Meist benutzt man die Brechung durch ein Prisma oder die Difraktion durch ein Gitter. Prismen bestehen für den sichtbaren Bereich aus Glas, müssen jedoch für den ultravioletten Bereich aus Quarz gefertigt sein, da Glas bei Wellenlängen unter 400 nm absorbiert. Das von den Monochromatoren in der Praxis gelieferte Licht besitzt natürlich nicht nur eine Wellenlänge, sondern eine Bande von Wellenlängen, die man als **spektrale Spaltbreite, Bandenbreite** oder **Wellenband** bezeichnet. Die Bandbreite ist zur Kenntnis der Wellenlängen, die tatsächlich für eine Extinktionsmessung benutzt werden, wichtig. Zur Kennzeichnung dieser spektralen Reinheit ist der Begriff der **Halbintensitätsbandenbreite** $\Delta\lambda$ nützlich; er bezeichnet den Bereich der Wellenlängen, für die die ausgestrahlte Intensität größer als die Hälfte der Intensität der ausgewählten Wellenlänge ist. Er ist eine Funktion der **Spaltbreite** (die Bandenbreiten für einfache Spektralphotometer liegen je nach der Qualität des Gerätes zwischen 5 und 35 nm, aufwendigere Spektralphotometer besitzen Bandenbreiten von weniger 3 nm/mm Spaltbreite).

Streuungsgittermonochromatoren bestehen aus einer sehr engen Reihe gerader Striche, die auf einer transparenten oder reflektierenden Platte eingeritzt sind. Die Streuung weißen Lichtes führt zu einer Reihe überlappender Spektren. Meist baut man deshalb in den Monochromator ein Vorprisma ein, das einen Bereich des Spektrums einer Lichtquelle auswählt; er wird dann am Gitter zu monochromatischem Licht gestreut. Der große Vorteil solcher Gittermonochromatoren liegt darin, daß ihre Auflösung der Dichte der Linien direkt proportional ist. Man kann sie deshalb so perfektionieren, daß sie den Prismen überlegen werden. Außerdem liefern sie eine lineare Auflösung des Spektrums, während Prismen kleine Wellenlängen besser auflösen als große.

Photozellen wandeln Lichtquanten in elektrische Energie um, die verstärkt, gemessen und registriert werden kann. Bei den Photoemissionszellen setzen Photonen, die im Vakuum auf eine Metalloberfläche einfallen, Elektronen proportional der Intensität der Strahlung frei. Eine positiv geladene Elektrode zieht die emittierten Elektronen an, so daß ein Strom fließen kann, der über einen Widerstand im System eine Potentialdifferenz hervorruft. Sie wird elektronisch verstärkt und gegen ein Potentiometer verglichen, das direkt in Extinktionseinheiten geeicht wurde und somit eine direkte Messung des absorbierten Lichtes erlaubt.

Typische Photozellen sind in einem Wellenlängenbereich um 400 nm besonders empfindlich, ihre Leistung läßt bei Wellenlängen oberhalb 550 nm stark nach. Für diesen Bereich schaltet man deshalb häufig auf eine rotempfindliche Photozelle um. Die theoretische Genauigkeit solcher Zellen beträgt $1 \pm 0,003$ Extinktionseinheiten, also 0,3 %.

Photomultiplierröhren sind empfindlicher als einfache Photozellen. Hier werden die aus der Oberfläche freigesetzten Elektronen durch eine hohe angelegte Spannung stark beschleunigt und erzeugen durch Zusammenstöße in der Gasphase sekundäre Elektronen, so daß ein größerer Strom zustande kommt.

Spalt. Da die Spaltbreite sowohl die Bandenbreite des eingestrahlten Lichtes als auch die Änderungen der Empfindlichkeit der Photozelle mit der Wellenlänge beeinflußt, hängt die gemessene Extinktion stark von ihr ab. Man sollte, um zuverlässige Messungen zu erhalten, immer die kleinstmögliche Spaltbreite einstellen. Setzt man sie um den Faktor 2 herauf oder herab, so sollte dies keine Änderungen der gemessenen Extinktion hervorrufen. Sie liegt dann im günstigen Meßbereich.

Mit der Spaltbreite kann man bei den meisten Spektralphotometern eine Extinktion von Null erreichen. Bei guten Geräten läßt sich die Verstärkung des Stromes oder des Potentials aus der Photozelle verändern, so daß man mit verschiedenen vorgegebenen Bandbreiten arbeiten kann.

Küvetten. Die zu untersuchenden Verbindungen sind normalerweise in einem geeigneten Solvens gelöst und befinden sich in einer optisch transparenten Zelle (Küvette). Die Referenzküvette ist optisch identisch mit der Probenküvette, sie enthält das gleiche Lösungsmittel (und die gleichen Verunreinigungen); mit ihrer Hilfe stellt man am Spektrophotometer den Nullpunkt der Extinktion ein. Bei exaktem Arbeiten muß man die optische Identität der beiden Küvetten überprüfen. Da Glas und Kunststoffe unterhalb von 310 nm lichtstark absorbieren, müssen Quarzküvetten, die bis zu 180 nm sehr gut durchlässig sind, im ultravioletten Bereich benutzt werden. Für flüchtige oder sehr aggressive Lösungsmittel gibt es verschließbare Küvetten.

Bringt man eine Absorptionsküvette in den Lichtweg ein, so wird sie in das optische System des Gerätes integriert – sie sollte also mit der gleichen Sorgfalt behandelt werden, wie dies für andere optische Komponenten üblich ist. Verkratzte oder verunreinigte Küvettenwände reflektieren und absorbieren Strahlung, wodurch die Messungen verfälscht werden. Da alle organischen Moleküle zumindest im kurzwelligen UV Absorptionen aufweisen, sollten die transparenten Wände der Küvette nicht mit der Hand berührt werden.

Will man zuverlässige Messungen erhalten, so muß der Inhalt einer Küvette offensichtlich homogen sein. Es wird aber oft übersehen, daß die Entwicklung von Gasblasen oder von Trübungen in der Lösung oder die Kondensation von Dämpfen an der Außenfläche völlig verfälschte Ergebnisse liefern.

Für exakte Messungen werden meist Küvetten mit einer Schichtdicke von 1 cm und einem minimalen Füllvolumen von 2,5–3 cm^3 benutzt. Außerdem sind Küvetten mit Schichtdicken von 100, 20, 5, 2 und 1 mm erhältlich. Die letzteren beiden benötigen nur 0,3–0,5 cm^3 Minimalfüllung und sind besonders nützlich, wenn teuere Reagenzien wie Enzyme eingesetzt werden. Thermostatisierte Küvettenhalter und -gehäuse kommen zur Anwendung, wenn die Temperatur die Ergebnisse beeinflussen kann. Zur kontinuierlichen Messung, etwa des Effluens aus Chromatographiesäulen, sind auch Durchflußzellen erhältlich.

Spezialisierte Spektralphotometer. Registrierende Spektralphotometer können meist einen vorgegebenen Spektralbereich abfahren oder auch die Extinktionsänderungen mit der Zeit bei festgelegter Wellenlänge messen. Ein deutlicher Unterschied zwischen diesen Geräten und denen der Abb. 8.**4** liegt darin, daß der Strahl in 2 Teilstrahlen zerlegt wird; damit wird die gleichzeitige Messung der Absorption sowohl der Proben wie auch der Referenzküvette möglich. Meist werden die Werte auf Papier geschrieben, neuere Geräte stellen sie auf einem *Bildschirm (visible display unit* VDU) dar und speichern sie auf Floppydisks. Gute Geräte machen eine Aufzeichnung bei verschiedenen Geschwindigkeiten möglich, lassen das Spektrum mit verschiedenen Geschwindigkeiten durchmustern oder auch einen bestimmten Teil der Extinktionsskala dehnen. Die maximale Höhe der Aufzeichnung kann dann etwa für Extinktionen von 0–0,1, 0–1,1, 1–2, 2–2,1 festgelegt werden. Einige Geräte haben auch automatische Küvettenwechsler, so daß man die Extinktionen bei vorgegebener Wellenlänge in einer Reihe von Proben zu vorgegebenen Zeitwerten bestimmen kann. **Tiefsttemperaturspektralphotometer** bestimmen Spektren bis zu $-196\,°C$, dabei wird die Küvettenhalterung mit flüssigem Stickstoff gekühlt. Die Auflösung erhöht sich wegen der verringerten thermischen Bewegung deutlich, außerdem sind die Extinktionskoeffizienten erhöht, weil in der gefrorenen Probe durch innere Reflektion der Strahlung die Weglänge erhöht ist. **Reflektionsspektralphotometer** messen die absorbierte Strahlung, nachdem ein Lichtstrahl von der Oberfläche der Probe reflektiert worden ist. Damit lassen sich die Absorptionsspektren fester und halbfester Substanzen messen, auch von Suspensionen von Mikroorganismen, die infolge ihrer hohen optischen Dichte keine Strahlung mehr durchlassen. Da diese Geräte die Absorption nach einer inneren Reflektion und Brechung messen, ist die tatsächliche optische Weglänge unbekannt. Eine Quantifizierung der Werte ist kompliziert. Als Referenz der reflektierenden Oberfläche benutzt man meist Magnesiumoxid. **Registrierende Mehrstrahlspektralphotometer** können Extinktionsänderungen bei 2 vorgegebenen Wellenlängen zur gleichen Zeit aufzeichnen. Sie sind heute auch kommerziell erhältlich, Geräte zur Messung von mehr als 2 Wellenlängen sind konstruiert und eingesetzt worden. **Mikroskopspektralphotometer** benutzen einen sehr scharf gebündelten Strahl monochromatischen Lichtes in einem Mikroskop. Man kann mit diesen Geräten Extinktionen in verschiedenen Orten einer einzelnen lebenden Zelle bestimmen.

Anwendungen

Kolorimetrie. Viele Substanzen, die selbst keine ausreichende Extinktionskoeffizienten im sichtbaren Bereich aufweisen, können quantitativ mit einem Reagenz zu einem gefärbten Produkt umgesetzt werden. Diese Eigenschaft benutzt man zur quantitativen Messung solcher Verbindungen. Die Farbe (Chromophor) wird unter Standardbedingungen mit bekannten Mengen der Substanz erzeugt, die Extinktionen dieser Proben werden gemessen, wobei die Referenzküvette (blank) alle Reagenzien außer der untersuchten Substanz selbst enthält. Die Referenz dient zur Einstellung des Nullpunktes der Extinktion mit Hilfe der Spaltbreite. Die gemessenen Extinktionen werden gegen die zur Farbreaktion eingesetzten Mengen oder Konzentrationen der untersuchten Substanz aufgetragen. Diese grafische Darstellung wird als **Eichkurve** bezeichnet. Man kann dann unbekannte Mengen der Substanz bestimmen, indem man die Farbreaktion unter den gleichen Standardbedingungen vornimmt, die Extinktionen mißt und anhand der Extinktionen der Eichkurve die Substanzmenge abliest. Da man häufig recht hohe Extinktionen mit recht kleinen Substanzmengen erzeugen kann, wird in der Biochemie die Kolorimetrie zur Bestimmung eines großen Spektrums biologisch wichtiger Moleküle benutzt. Tab. 8.1 gibt einige Beispiele häufiger Methoden. Einige wichtige Punkte, die bei Durchführung der Kolorimetrie zu beachten sind, werden im folgenden aufgeführt:

- Im Gegensatz zur direkten Spektralphotometrie ist die Kolorimetrie eine zerstörende Methode. Die eingesetzte Substanzprobe läßt sich also nicht wieder rückgewinnen.

Tabelle 8.1 Gebräuchliche kolorimetrische Untersuchungsmethoden

Substanz	Farbreagenz	Wellenlänge (nm)
anorganisches Phosphat	Ammoniummolybdat, H_2SO_4, 1,2,4,-Aminonaphthol, $NaHSO_3$, Na_2SO_3	660
Aminosäuren	a Ninhydrin	570 (Prolin 420)
	b Kupfer-Salz	620 oder 230
Peptidbindungen	Biuret (NaOH, Na-K-tartrat, $CuSO_4$)	540
Phenol	Folin (Phosphomolybdat,	660
Tyrosin	Phosphowolframat, Kupfer-Salz)	(750)
Protein	a Folin	660
	b Biuret	540
	c BCA Reagenz (Bicinchoninsäure)	562
	d Coomassie-Blau	595
Kohlenhydrat	a Phenol, H_2SO_4	Verschiedene z.B. Glucose 490, Xylose 480
	b Anthrone (Anthron, H_2SO_4)	620 oder 625
reduz. Zucker	Dinitrosalicylat, alkal. Tartrat-Puffer	540
Pentosen	a Bials Reagenz (Orcin, Ethanol, $FeCl_3$, HCl)	665 380–415
	b Cystein, H_2SO_4	
Hexosen	a Carbazol, Ethanol, H_2SO_4	540 oder 440
	b Cystein, H_2SO_4	380–415
	c Arsenomolybdat	Gewöhnlich 500–570
Glucose	Glucose-oxidase, Peroxidase 2-Dianisidin, Phosphat-Puffer	420
Ketohexosen	a Resorcin, Thioharnstoff, Essigsäure, HCl	520
	b Carbazol, Ethanol, Cystein, H_2SO_4	560
	c Diphenylamin, Ethanol, Eisessig, HCl	635
Hexosamine	Ehrlich (Dimethylaminobenzaldehyd, Ethanol, HCl)	530
DNA	Cystein, H_2SO_4	420
RNA	Bials Reagenz	665
α-Oxosäuren	Dinitrophenylhydrazin Na_2CO_3; Ethylacetat	435
Sterine	Liebermann-Burchardt-Reagenz (Essigsäureanhydrid/H_2SO_4 / Chloroform)	625 425 (Hormone)
Cholesterin	Cholesterin-oxidase; Peroxidase; 4-Aminoantipyrin; Phenol	500

- Ein Chromophor zeigt für das Auge die Komplementärfarbe zu der, die er absorbiert, d.h., eine Verbindung sieht gelb aus, weil sie blaues Licht absorbiert. Sie muß also im blauen Bereich des Spektrums gemessen werden.

- Kolorimetrische Bestimmungen sind meist beim Extinktionspeak des erzeugten Chromophors am empfindlichsten. Dieses Spektrum sollte also vor Beginn der Bestimmungen aufgenommen werden, wenn man darüber im Zweifel ist (dies verhilft zu exakten Bestimmungen bei schlecht geeichten Geräten).

- Die Referenzküvette sollte außer der zu bestimmenden Substanz alle Reagenzien in der gleichen Konzentration enthalten, wie sie in der Probenküvette vorliegen.

- Die Referenzküvette und ihr Inhalt müssen eigentlich noch sorgfältiger vorbereitet werden als die Probenküvetten, denn ein Irrtum dabei kann eine ganze Bestimmungsreihe verfälschen.

- Man sollte Bestimmungen wenn möglich als Doppelwerte erstellen und dann die einzelnen Messungen, nicht ein Mittel, grafisch auftragen. Dieses Verfahren erlaubt es, fehlerhafte Extinktionswerte – sog. Ausreißer – mit Berechtigung aus der Meßkurve herauszulassen, wenn der zweite Bestimmungswert auf der Kurve der übrigen Meßwerte liegt.

- Es sollte eine möglichst exakte Kurve durch die Meßpunkte und nicht notwendigerweise die exakteste Kurve durch den Ursprung und die Meßwerte erstellt werden. Damit kann man grundsätzliche Fehler des Leerwertes oder der Bestimmung korrigieren.

- Die Eichkurve kann sich jeweils für die einzelnen Zubereitungen des Reagenzes und der Standardverbindung ändern. Deshalb sollte man bei jeder neuen Meßserie auch eine neue Eichkurve erstellen, wenn sich nicht deutliche Hinweise ergeben, daß die alte noch gültig ist. Es können Eichkurven also nicht als **Standardkurven** benutzt werden.

- Man sollte Eichkurven nie über den höchsten Meßwert hinaus extrapolieren. Manchmal ist es einfach, Kurven mit Extinktionswerten bis 1,0 zu erstellen. Man erhält aber immer genaue Werte bei Konzentrationen, die im genauesten Abschnitt der Eichkurve liegen. Dieser Bereich reicht von 0,0–0,6 aufgrund der logarithmischen Natur der Extinktionsskala.

- Liegt der Extinktionswert einer Probe außerhalb des Bereiches der Eichkurve, so sollte man am besten die Probe noch einmal in einer Konzentration bestimmen, die in den Bereich der Eichkurve fällt. Gehorcht das System dem Lambert-Beerschen Gesetz, so kann man häufig auch Küvetten mit kleinerer Schichtdecke verwenden.

- Bei kolorimetrischen Bestimmungen ist die Reproduzierbarkeit der Methode viel wichtiger als die Gültigkeit des Lambert-Beerschen Gesetzes. Wie bei allen analytischen Verfahren ist es die Reproduzierbarkeit der Bestimmung in den Händen des Experimentators, die schließlich die Genauigkeit der Werte ausmacht, nicht die Aussage der Vorschrift oder der Literatur.

Qualitative Analyse. Spektren im sichtbaren und im ultravioletten Bereich dienen dazu, Verbindungsklassen sowohl im Reinzustand wie im biologischen Gemisch zu charakterisieren. Dabei erhält man auch Informationen über chemische Strukturen und Zwischenprodukte in einem System. Für wirklich genaue Analysen wird man jedoch weitere Spektren, z.B. Auflösungen im Infrarot, benötigen (Abschn. 8.3., S. 352).

Quantitative spektrophotometrische Analyse. Mehrere wichtige Familien biologischer Verbindungen können mit Hilfe eines Spektralphotometers im ultravioletten und im sichtbaren Bereich semiquantitativ ausgemessen werden, z.B. Proteine bei 280 nm und Nucleinsäuren bei 260 nm (S. 102).

Bekannte Verunreinigungen können auskorrigiert werden, wenn man die Extinktion auch bei jenen Wellenlängen mißt, bei denen die Verunreinigungen stärker als die untersuchte Verbindung absorbieren und dann geeignete algebraische Formeln einsetzt. So lieferten Morton und Stubbs eine Korrektur für Vitamin A in verseiften Extrakten natürlicher Öle, oder man benutzt auch das Verhältnis $E_{280/260}$ bei der Proteinbestimmung in Gegenwart von Nucleinsäuren.

2 Komponenten mit überlappenden Spektren, wie etwa die Chlorophylle a und b in ätherischer Lösung, können noch exakt bestimmt werden, wenn ihre Extinktionskoeffizienten bei 2 definierten Wellenlängen bekannt sind. Für n Komponenten benötigt man Extinktionswerte bei n Wellenlängen.

Sucht man die Konzentration großer DNS-Moleküle bei 260 nm zu messen, so kann die Interferenz der *Lichtstreuung* nach *Rayleigh* durch eine Extrapolation aus den Extinktionswerten korrigiert werden, die man aus den nicht absorbierenden Bereichen des DNS-Spektrums gewinnt (z.B. 330–430 nm).

Enzymbestimmungen und kinetische Analyse. Die Spektralphotometrie im ultravioletten oder sichtbaren Bereich liefert die meistbenutzten Tests für Enzyme und ihre Substrate (Abschn. 3.4, S. 123 und 3.5, S. 130).

Differenzspektren. Der besondere Vorteil der Differenzspektrophotometrie liegt in der Messung verhältnismäßig kleiner Extinktionsänderungen in einem System, das eine große Hintergrundextinktion aufweist. Ein Beispiel sind die Änderungen des Oxidationszustandes der Komponenten der Atmungskette in intakten phosphorylierenden Mitochondrien und Chloroplasten.

Ein **Differenzspektrum** mißt die Differenz zwischen 2 Absorptionsspektren. Man kann es indirekt erstellen, indem man ein absolutes Absorptionsspektrum von einem anderen abzieht, z.B. grafisch das Absorptionsspektrum des Ubihydrochinons von dem des Ubichinons subtrahiert, wie in Abb. 8.5 gezeigt. In der Praxis erhält man ein Differenzspektrum allerdings meist dadurch, daß man die eine Verbindung, also Ubihydrochinon, in der Referenzküvette gelöst hat, während man in der Meßküvette das Absorptionsspektrum der anderen Verbindung, also Ubichinon, durchmißt, so daß direkt das Differenzspektrum Ubichinon minus Ubihydrochinon geschrieben wird.

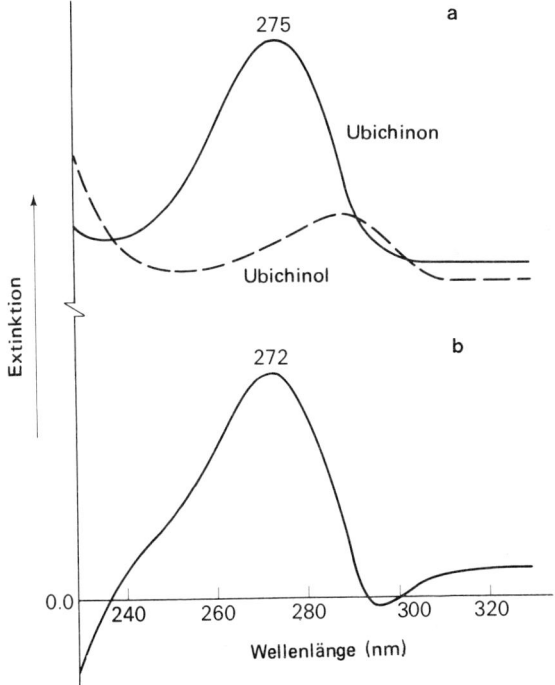

Abb. 8.**5 a** Absolute und **b** Differenzspektren des Ubichinons und des Ubihydrochinons

Die Abb. 8.**5 b** stellt das Differenzspektrum des Ubichinons nach Abzug des Ubihydrochinons dar; dabei kommen mehrere wichtige Aspekte der Differenzspektren zum Tragen:

- In Differenzspektren erhalten wir auch negative Extinktionswerte.

- Sowohl die Absorptionsmaxima als auch die -minima sind oft verschoben; auch die Extinktionskoeffizienten sind verschieden von denen der absoluten Absorptionspeaks.

- Die Extinktionsnullpunkte im Differenzspektrum entsprechen jenen Wellenlängen, bei denen sowohl die reduzierten wie die oxidierten Formen der Verbindung identische Extinktionen aufweisen; man nennt sie **isobestische Punkte,** sie dienen zum Nachweis von Verunreinigungen.

Benutzt man Mitochondrien unter Ausschluß von Sauerstoff in der Referenzküvette und das gleiche System unter CO-Vergiftung in der Meßküvette, so erhält man ein Differenzspektrum zwischen Cytochrom a_3CO minus Cytochrom a_3, da Cytochrom a_3 der endständige Elektronentransport ist und zugleich die einzige Komponente, die mit Kohlenmonoxid reagiert.

Häufig wird, vor allem bei Komponenten der Atmungskette, die Bezeichnung „Differenzspektrum" für das Spektrum der **reduzierten minus der oxidierten Verbindung** gebraucht; so steht die Bezeichnung „Differenzspektrum" des Cytochroms c für Cytochrom $c_{reduziert}$ minus Cytochrom $c_{oxidiert}$. Ein solches „Differenzspektrum" für eine Mitochondriensuspension läßt sich auch nach der **Umkehrtechnik,** d.h. durch Messung der Extinktionsänderungen bei vorgebenden Wellenlängen während des Überganges der Suspension aus einer aeroben in eine anaerobe Phase, erhalten. Dadurch ergibt sich ein kombiniertes „Differenzspektrum" für die Cytochrome a, a_3, b, c, c_1, NAD^+ und Flavoproteine.

Schultern der Gipfel in Differenzspektren, die bei Zimmertemperatur ausgeprägt sind, können sich bei $-196\,°C$ in deutliche eigene Gipfel auflösen, d.h. also bei der Messung eines **Tieftemperaturdifferenzspektrums.**

Bindungsspektren, genauer **Substratbindungsdifferenzspektren,** können manchmal die Wechselwirkung zwischen einem Enzym und seinem Substrat wiedergeben. So verändert die Bindung eines Substrats an eine Häm-Gruppe mit einem Fe^{3+}-Ion in der Hochspinform durch Abdrängungen eines Wassermoleküls von der 6. Position am Eisen-Ion, das dadurch in die Niedrigspinform übergeht. Dies läßt sich spektrophotometrisch leicht beobachten. Die Bindung etwa eines medikamentösen Substrats an die Monooxigenase (mischfunktionelle Oxidase) aus Leber verursacht so eine Blauverschiebung der Cytochrom-P-450-Komponente des Spektrums des Enzyms von 420 nm nach 390 nm.

Proteinstrukturen. Das Spektrum eines Chromophor hängt von der Polarität seiner Umgebung ab. Ändert sich also die Polarität des Lösungsmittels, indem ein Protein gelöst ist und gleichzeitig das Spektrum eines Chromophors eines Aminosäure-Bausteines, ohne daß sich die Konfirmation des Proteins geändert hat, so muß diese Aminosäure-Seitenkette dem Lösungsmittel zugänglich sein; d.h., sie muß an der Oberfläche des Proteins stehen. Man bezeichnet dies als **Perturbation** durch das *Lösungsmittel*. Perturbierende Lösungsmittel sind etwa Lösungen von Dimethylsulfoxid, Dioxan, Glycerin, Mannit, Saccharose und Polyethylenglykol. Verschiebt andererseits die Auffaltung einer Polypeptid-Kette (Denaturierung) ein Tyrosin aus dem inneren (hydrophoben) Milieu an die Oberfläche (hydrophiles Milieu), so lassen sich damit Einflüsse des pH-Wertes, der Temperatur und der Ionenstärke auf die Denaturierung des Proteins untersuchen. Auch wenn die Wechselwirkung zwischen Proteinen oder die Bindung eines Liganden eine Tyrosin-Seitenkette betrifft, läßt sich dies ausmessen, etwa bei der Bindung eines Substrats oder Inhibitors an das aktive Zentrum eines Enzyms. Ausbauen lassen sich solche Untersuchungen mit Hilfe von **Reportergruppen.** Das sind künstliche Chromophore, die an einen wichtigen Abschnitt des Proteins gekuppelt werden. Man kann eine Reportergruppe, wie Dimethylaminobenzol oder Arsanilsäure, an das aktive Zentrum eines Enzyms heften und dann die Wechselwirkung eines Metalls mit diesem aktiven Zentrum aufgrund der Änderungen des Spektrums nach Zugabe des Metall-Ions untersuchen.

Nucleinsäure-Strukturen. Wird doppelsträngige DNS in Lösung über ihren Denaturierungspunkt der helikalen Struktur erhitzt, so nimmt die Extinktion bei 260 nm zu (Hyperchromie) (S. 341). Bei Renaturierung der DNS durch Abkühlung läuft der entgegengesetzte Vorgang ab. Damit kann man nun die Auswirkungen des pH-Wertes, der Temperatur und Ionenstärke auf die Sekundärstruktur der DNS untersuchen. Die Lösungsmittelperturbation der Spektren von Nucleinsäuren durch Ersatz des Wassers mit 50 % D_2O ändert nur die spektralen Komponenten der ungepaarten Nucleotide. Man kann also aus der Auswirkung von 50 % D_2O auf das Spektrum einer RNS den Anteil der ungepaarten Basen abschätzen, etwa in der tRNS.

Aktionsspektren. Ein Aktionsspektrum oder Wirkungsspektrum wird durch Auftragen eines biologischen Parameters, nicht der Extinktion, gegen die Wellenlänge erhalten. Auch für komplizierte biologische Systeme entspricht ein solches Spektrum oft dem Absorptionsspektrum eines einzelnen Schlüsselmoleküls. Trägt man z.B. die Geschwindigkeit der Sauerstoff-Entwicklung durch grünes pflanzliches Gewebe gegen die Wellenlänge des Lichtes, mit dem man das System bestrahlt. auf, so erhält man eine Kurve, die dem Spektrum der Chlorophylle sehr ähnlich sieht.

Turbidometrie und Nephelometrie. Sehr verdünnte Suspensionen kann man mittels der Turbidometrie ausmessen, indem man die scheinbare Extinktion bei einer Wellenlänge bestimmt, die nicht absorbiert wird. Glücklicherweise ändert sich die Streuung einer Strahlung viel weniger mit der Wellenlänge als die Absorption. Die Beziehungen sind allerdings nicht linear, und die Standardisierung dieser Technik ist sehr schwierig, da die Partikelgröße eingeht. Dennoch kann man sie etwa dazu benutzen, eine Abschätzung der Konzentration bakterieller Zellen bei 600 nm vorzunehmen (S. 103).

Nephelometrie mißt die Intensität der durch eine Suspension erzeugten *Streustrahlung* und wird häufig zur Abschätzung der Konzentration von Mikroorganismen, aber auch in der Immunologie zur Bestimmung der Präzipitatkonzentrationen benutzt (*wichtig:* genaugenommen ist also die Nephelometrie *keine* spektrophotometrische Methode).

8.3 Infrarot-(IR-)Spektrophotometrie

Für ein asymmetrisches Molekül mit n Atomen sagt die **Theorie der molekularen Schwingungen** 3 n–6 Grundschwingungen voraus, von denen 2 n–5 Änderungen des Bindungswinkels und n–1 Änderungen der Bindungslänge verursachen. Schwingungen, die eine Änderung des *Dipolmomentes* bewirken, d.h. eine Ladungsverschiebung, werden im infraroten Bereich gemessen. Die übrigen Schwingungen lassen sich im *Ramanspektrum* feststellen.

Molekulare Infrarotspektren sind deshalb absolut spezifisch und erlauben eine eindeutige Charakterisierung der untersuchten Moleküle, man benutzt die Bezeichnung **Fingerprint** für das charakteristische Infrarotmuster.

Für einfache Moleküle, wie CO_2 und Wasser, ist es nicht schwierig, die Absorptionsbanden zuzuordnen; in der Biochemie dreht es sich allerdings meist um große und komplizierte Moleküle. Ein Molekül mit 50 Atomen weist allein 144 Grundschwingungen auf!

Allerdings sind *Infrarotspektren* nicht immer so kompliziert, wie sie aus der Theorie abgeleitet werden. Manche Banden, die immer wieder bei derselben Wellenlänge auftauchen, können spezifischen molekularen Gruppierungen zugeordnet werden, ganz ähnlich dem Verfahren für Chromophore, die im ultravioletten und sichtbaren Bereich absorbieren. Diese „Gruppenfrequenzen" sind bei Strukturarbeiten sehr wertvoll. Hier sollte angemerkt werden, daß Infrarotspektren Schwingungsspektren sind, deshalb geben die einschlägigen Arbeiten meist Frequenzen in Hertz Hz, seltener in Wellenlänge an. Glücklicherweise zeigt eine bestimmte Molekülgruppierung nicht immer bei der gleichen Frequenz ihr Absorptionsmaximum, da die molekulare Umgebung einigen Einfluß ausübt. Wäre dies nicht so, so würden die IR-Spektren dem Biochemiker bei Strukturuntersuchungen viel weniger helfen. Man kann z.B. zwischen den C–H-Schwingungn der $>CH_2$-Gruppe und der einer $-CH_3$-Gruppe unterscheiden. Nimmt die Bindungskraft zwischen 2 Atomen zu, z.B. bei der Ausbildung einer Doppelbindung, so erhöht sich die Frequenz in der Bindungsrichtung, d.h., die absorbierte Wellenlänge wird kleiner.

Trotz vieler Versuche, die Infrarotspektroskopie zur Untersuchung biologischer Makromoleküle und Membranen heranzuziehen, blieb doch der Anwendungsbereich der Methode in der Biochemie bei der Struktur gereinigter Moleküle von mittleren M_r, etwa einiger Medikamente. Meist benutzt man sie in Kombination mit Methoden wie Kernresonanz und Massenspektrometrie. Die Ankopplung eines Infrarotspektralphotometers an eine Gaschromatographie liefert eine sehr gute Technik zur Analyse von Metaboliten aus Medikamtenten (GC/IR). Eine weitere biologische Anwendung der Infrarotspektroskopie ist die **infrarote Gasanalyse.** Man kann damit leicht und empfindlich Unterschiede der Konzentrationen mancher Gase, wie Kohlendioxid, Kohlenmonoxid oder Acetylen, in biologischen Proben bestimmen. Die häufigste Anwendung ist wohl die Messung des Kohlendioxids während der Photosynthese und Photorespiration in Pflanzen.

8.4   Zirkulardichroismus CD

Grundlagen

Über die dreidimensionale Struktur (Konfirmation) der Makromoleküle in Lösung kann man einige Informationen aus der Absorption des polarisierten Licht erhalten, dazu benutzt man die *Spektren* des *Zirkulardichroismus.* Diese Spektroskopie mißt die unterschiedliche Absorption des rechts-*R*- und links-*S*-zirkulär polarisierten Lichtes in Abhängigkeit von der Wellenlänge. Die ältere Methode der Messung der **optischen Rotationsdispersion** ORD bestimmt die Fähigkeit eines optisch aktiven Chromophors, die Ebene des polarisierten Lichtes als Funktion der Wellenlänge zu drehen. CD und ORD entspringen also der gleichen Wurzel, beide dienen nur der Darstellung der Wechselwirkung polarisierten Lichtes mit optisch aktiven Molekülen. Da ORD-Spektrophotometer vor den CD-Geräten konstruiert wurden, bestimmte man eben zunächst die ORD-Spektren. Allerdings macht die verhältnismäßig einfache Struktur der CD-Spektren diese Analyse der ORD-Messung überlegen. Heute wird ORD nur selten benutzt. Außerdem ist die CD-Analyse bei der Auflösung jener Banden überlegen, die den Elektronenübergängen verschiedener optisch aktiver Zentren zuzuordnen sind.

Ein monochromatischer Lichtstrahl besteht aus elektromagnetischen Wellen, die senkrecht zum Strahl in allen Richtungen schwingen. **Polarisiertes Licht** einer *Ebene* besteht aus Wellen, die nur in dieser Ebene verlaufen. Man erhält es, indem man einen monochromatischen Lichtstrahl durch ein Nicol-Prisma oder ein polarisierendes Gitter (Polaroid) laufen läßt. Zirkulär polarisiertes Licht hingegen resultiert, wenn zwei polarisierte Strahlen der gleichen Wellenlänge und Amplituden, die jedoch in der Phase um ein Viertel der Wellenlänge und in der Ebene der Polarisation um 90 °C unterschieden sind, übereinander gelagert werden. Der Strahl kann dann entweder rechts-*R*- oder links-*S*-zirkulär polarisiert sein, je nach den relativen Lagen der Gipfel der beiden polarisierten Wellenkomponenten. Überlagert man wiederum *R*- und *S*-Wellen gleicher Amplitude und gleicher Wellenlänge, so entsteht polarisiertes Licht einer Ebene. Ebenso kann man aber einfach polarisiertes Licht in 2 *R*- und *S*-Wellen zerlegen. Asymmetrische (chirale) Moleküle, also solche, die spiegelbildlich verkehrt sind, treten mit einfach polarisiertem Licht so in Wechselwirkung, daß die *R*- und *S*-Wellen verschieden stark absorbiert und gebrochen werden. Dies bedingt, daß die austretenden *R*- und *S*-Wellen zusammen einen neuen Strahl polarisierten Lichtes bilden, der gegenüber dem einfallenden Strahl eine veränderte Polarisationsebene hat. Der ausgemessene Verdrehungswinkel der Rotation wird als spezifische Rotation bezeichnet. Außerdem bewirkt die unterschiedliche Absorption der *R*- und *S*-Wellen, daß sie nunmehr verschieden hohe Amplituden erhalten, so daß der austretende Strahl nunmehr elliptisch, nicht mehr zirkulär polarisiert ist. Die Elliptizität θ wird exakter als die Extinktionen ausgemessen:

$$\theta = 2{,}303 \; \Delta E \; \frac{180°}{4\pi} \tag{8.4}$$

$$= 33 \; \Delta E \; (\text{Grad}) \tag{8.5}$$

ΔE = Unterschied der Extinktion für *L*- und *R*-Wellen

Ein CD-Spektrum ist daher meist eine Darstellung der Änderung der Elliptizität mit der Wellenlänge.

Geräte

Die hauptsächlichen Bestandteile eines CD-Spektralphotometers sind in Abb. 8.**6** aufgeführt. Meist wird S- und R-zirkulär polarisiertes Licht aus einem einzelnen Monochromator ausgesandt, indem man in einer Ebene polarisiertes Licht durch einen elektrooptischen Modulator laufen läßt. Er besteht aus einem Kristall, der unter Wechselspannung steht. Er läßt entweder die R- oder S-Komponente des Lichtes durch, je nach der Polung des elektrischen Feldes, unter dem er steht. Der Detektor, ein Photomultiplier, erzeugt Spannung im direkten Verhältnis zur Elliptizität der Polarisation des in ihn eingestrahlten Lichtes.

Anwendungen

Proteinkonformationen. Das CD-Spektrum eines Proteins kann über die Haupttypen der Sekundärstruktur (α, β und random coil) des Proteins in Lösung Auskunft geben.

Bis heute können CD-Spektren keine detaillierte Aussage über die spezifische Tertiärstruktur eines Proteins machen, da die zugehörige

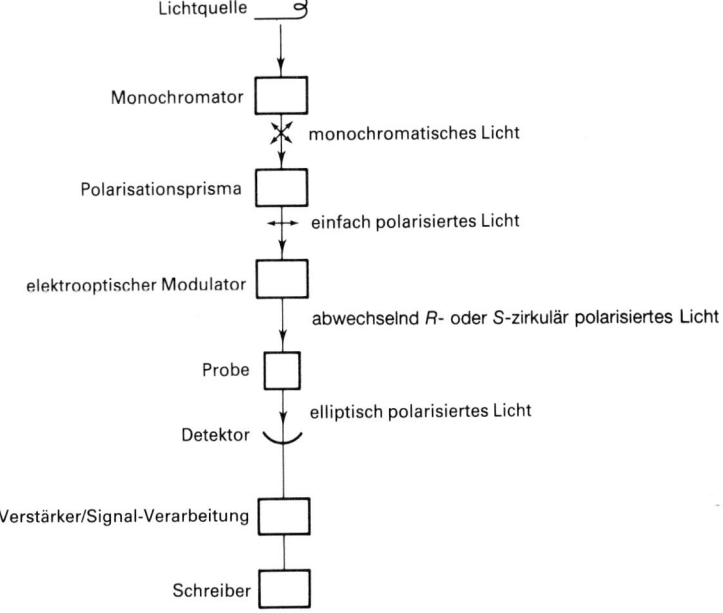

Abb. 8.**6**   Die hauptsächlichen Bestandteile eines CD-Spektralphotometers

Theorie der Interpretation noch nicht entwickelt ist; sie schließt die Auswirkungen anderer Konformationen als der oben genannten, auch Disulfid-Brücken, aromatische Seitenketten und prostethische Gruppen, nicht ein. Bevor man jedoch davon ausgeht, daß der CD für die Untersuchung von Proteinstrukturen nicht weiterführend ist, sollte bedacht werden, daß Daten der hochauflösenden Röntgenstrukturanalyse, die heute spezifische Tertiärstrukturen liefern, nur für verhältnismäßig wenige kristalline Proteine erhältlich sind und daß ihre Erhebung teuer, schwierig und für die meisten Proteine möglicherweise nicht möglich ist.

Die CD-Spektren einer α-Helix, des β-Faltblattes und der statistischen Knäuel bei Poly-L-Aminosäuren sind bekannt, sie unterscheiden sich deutlich voneinander. Man hat sie als Standard benutzt, um den Prozentsatz jeder Form der Sekundärstruktur in Proteinen aus den CD-Spektren zu errechnen. Dazu dienten Computerprogramme, die die Kurven anpassen konnten.

Wichtiger ist noch, daß der CD eines Makromoleküls gegenüber Konformationsänderungen sehr empfindlich reagiert. Auch wenn das CD-Spektrum eines Proteins viel zu komplex für die Auflösung seiner Struktur ist, kann man doch sehr viele Wechselwirkungen mit dem Protein untersuchen. So kann man etwa die CD-Spektren zur Ausmessung der Bindungskonstanten von Substraten, Cofaktoren, Inhibitoren oder Aktivatoren jedes Enzyms benutzen. Die Bindung der 3'-Cytidinsäure an das aktive Zentrum der Ribonuclease aus Pankreas verändert den CD eines Tyrosins, das weit entfernt steht. Dies zeigt, daß die Anheftung dieses Inhibitors einen Konformationswechsel in einem anderen Teil des Enzyms auslöst. Da die Denaturierung die Umwandlung der α- und β-Strukturen in eine ungeordnete Form beinhaltet, läßt sie sich schnell und empfindlich durch die CD-Spektroskopie ausmessen.

Konformation der Nucleinsäuren. Das CD-Spektrum einer einzelsträngigen Nucleinsäure läßt sich verhältnismäßig exakt aus der Kenntnis der Häufigkeit der einzelnen Basennachbarschaften berechnen. Unterschiede zwischen der berechneten und gemessenen CD-Kurve müssen dann durch eine Änderung der Struktur bedingt sein, etwa durch Assoziationen zu Doppelsträngen. Die CD-Theorie für doppelsträngige Nucleinsäuren ist noch nicht vollständig. Allerdings scheint das CD-Spektrum der doppelsträngigen DNS im üblichen Wellenlängenbereich von der Basenzusammensetzung unabhängig zu sein. Die große Zunahme des CD von Mononucleotiden nach der Verknüpfung auch zu kurzen Oligonucleotiden gab ursprünglich den Hinweis darauf, daß hydrophobe Wechselwirkungen zwischen den übereinander geschichteten Basen zur Stabilisierung der doppelsträngigen Struktur der DNS beitragen.

Obwohl alle Nucleotide optisch aktiv sind, nimmt der CD der Polynucleotide noch deutlich zu, wenn sie in helikale Konformation kommen. Deshalb verwendet man CD-Spektren häufig, um Änderungen in der Struktur der Nucleinsäuren nachzuweisen, etwa Auflösungen helikaler Strukturen in einzelsträngige Nucleinsäure als Funktion der Temperatur oder des pH-Wertes, Änderungen bei der Bindung von Kationen und Proteinen, Auswirkungen der Bindung einer Aminosäure an ihre zugehörige tRNS, Übergänge zwischen einzel- und doppelsträngiger Nucleinsäure, DNS-Histon-Wechselwirkungen in Chromatin und die Struktur der rRNS in Ribosomen.

8.5   Spektrofluorimetrie

Grundlagen

Eine Reihe von Molekülen senden, nachdem sie zuerst Licht absorbiert haben, eine Strahlung längerer Wellenlänge aus, dies bezeichnet man als Fluoreszenz. So kann eine Verbindung z.B. Licht im ultravioletten Bereich absorbieren und sichtbares Licht emittieren. Diese Zunahme der Wellenlänge wird als **Stokessche Verschiebung** bezeichnet.

Bei Zimmertemperatur befinden sich die meisten organischen Moleküle im Grundzustand (S_0V_0 in Abb. 8.**1 b**, S. 336). Absorbierte Photonen heben die Elektronen in diesen Molekülen in weniger als 10^{-15} s in ein höheres Energieniveau (S_1, S_2 usw.). Nach der Absorption geht Energie sehr schnell durch Kollisionen (als Wärme) verloren, so daß die Energie der angeregten Moleküle schnell auf das Energieniveau der minimalen Schwingungsenergie im niedrigsten angeregten Zustand abfällt (S_1V_0 in Abb. 8.**1 b**). Fallen diese Moleküle in einer Zeit von weniger als 10^{-8} s in den Grundzustand zurück, so produziert die dabei ausgestrahlte Energie einen Fluoreszenzpeak mit entsprechender Stokesscher Verschiebung. Obwohl viele organische Moleküle Licht im sichtbaren und im ultravioletten Bereich absorbieren, produzieren nur wenige Fluoreszenz.

Während die Kenntnis der Struktur organischer Moleküle Voraussagen über ihre Absorptionsspektren erlaubt, können solche Strukturinformationen nicht dazu dienen, eine Fluoreszenz vorherzusagen. Während jedoch flexible Moleküle, wie aliphatische Verbindungen, eher zur **Photodissoziation** als zur Fluoreszenz neigen, fluoreszieren manchmal aromatische Moleküle, die delokalisierte π-Elektronen enthalten. Für den Biochemiker günstig ist der recht hohe Anteil biologischer Moleküle, die fluoreszieren.

Da die ausgesandte Strahlung, je nach den Schwingungs- und Rotationsenergieniveaus, die schließlich erreicht werden, eine ganze

Reihe nahe benachbarter Wellenlängen aufweisen kann, sind Fluoreszenzspektren immer Bandenspektren. Meist sind sie weitgehend unabhängig von der Wellenlänge des absorbierten Lichtes und zeigen eine spiegelbildliche Symmetrie zum Absorptionspeak der längsten Wellenlänge.

Offensichtlich können Fluoreszenzspektren nur Information über Vorgänge von weniger als 10^{-8} s Dauer liefern. Die **Quantenausbeute** Q, die gleich der Zahl der emittierten Quanten, geteilt durch die Zahl der absorbierten Quanten ist, bleibt meist unabhängig von der Wellenlänge des anregenden Lichtes λ. Bei niedrigen Konzentrationen gilt für die Beziehung der Intensität der Fluoreszenz I_f zur Intensität des eingestreuten Lichtes I_0 die folgende einfache Gleichung:

$$I_f = I_0\, 2{,}3\; \varepsilon_\lambda cdQ, \qquad \text{i.e. } I_f \alpha c \tag{8.6}$$

c = Konzentration der fluoreszierenden Lösung (mol·l^{-1})
d = Weglänge des Lichts in der fluoreszierenden Lösung (cm)
ε_λ = molarer Extinktionskoeffizient der absorbierenden Substanz bei der Wellenlänge λ (Einheit dm^3 mol^{-1} cm^{-1})

Die elektronische Verschaltung in Fluorimetern ist einfach, da die Fluoreszenzintenstät direkt der Konzentration proportional ist.

Die Spektrofluorimetrie arbeitet am genauesten bei sehr niedrigen Konzentrationen, wo die Absorptionsspektrophotometrie am wenigsten genau ist; so lassen sich etwa 100 pg Catecholamin oder NADH im Spektralfluorimeter messen, während man im Absorptionsspektrophotometer etwa 100 μg der Catecholamine oder des Serotonins benötigt. Die Empfindlichkeit der Fluorimeter läßt sich meist über einen breiten Bereich durch Veränderung der Verstärkung des Stromes aus der Photozelle oder dem Photomultiplier einstellen. Die Spektralfluorimeter können mit großer spektraler Selektivität arbeiten, da dank der Stokesschen Verschiebung 2 Monochromatoren eingesetzt werden, von denen einer die anregende Wellenlänge und der andere die emittierte Wellenlänge festlegt. Man benötigt keine Referenzküvette, doch muß eine Eichkurve aufgestellt werden.

Nachteile der Spektrofluorimetrie beinhalten ihre Empfindlichkeit gegenüber Milieubedingungen und die praktische Unmöglichkeit, die eventuelle Fluoreszenz einer Verbindung vorherzusagen. Das größte Problem der Fluorimetrie sind die **Quencheffekte,** durch die Energie, die als Fluoreszenz ausgestrahlt werden könnte, auf andere Moleküle übertragen wird. Man muß berücksichtigen, daß Detergenzien, Hahnfett, Filterpapier und auch Laborwischtücher die Florimetrie sehr stören können, weil sie stark fluoreszierende Substanzen abgeben.

Geräte

Die grundlegenden Bestandteile eines kompletten Spektralfluorimeters sind, wie Abb. 8.7 zeigt:

- eine Lichtquelle mit kontinuierlichem Bandenspektrum, z.b. eine Quecksilberdampflampe oder ein Xenonbogen,

- ein Monochromator M_1 zur Einstrahlung in die Meßküvette mit einstellbaren Wellenlängen,

- ein zweiter Monochromator M_2, der unter konstant einfallender Strahlung einer Wellenlänge die Bestimmung des Fluoreszenzspektrums der Probe ermöglicht,

- ein Detektor, meist eine sehr empfindliche Photozelle, z.b. ein rotempfindlicher Photomultiplier für Wellenlängen oberhalb 500 nm und

- ein Verstärker.

Da die Intensität der Fluoreszenz manchmal unter 10–50 % abfallen kann, wenn die Meßtemperatur 20 °C anstatt 30 °C beträgt, ist bei allen

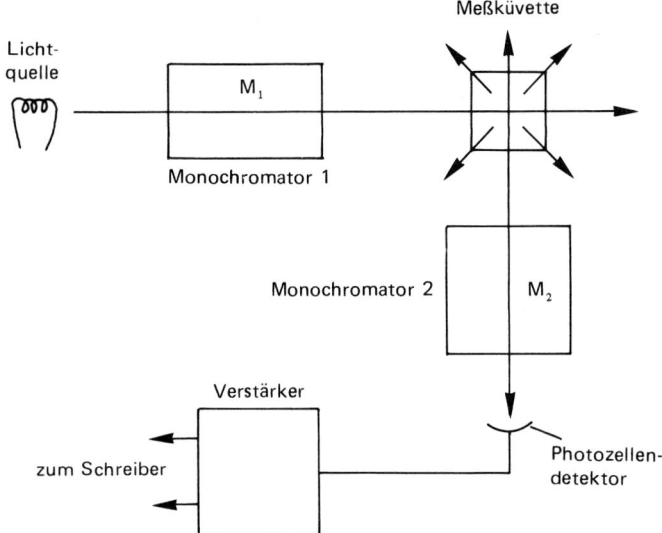

Abb. 8.**7** Hauptbestandteile eines Spektralfluorimeters, für Einstrahlung bei 90° dargestellt

fluorimetrischen Messungen eine exakte Temperaturkontrolle notwendig.

Mikrozellen können sowohl **Vorfilter-** wie auch **Nachfiltereffekte** herabsetzen, die vor allem in konzentrierten Lösungen auftreten. Die Vorfilterabsorption reduziert die Menge an Einstrahlungsenergie, die die fluoreszierenden Moleküle, die am weitesten von der Lichtquelle entfernt sind, überhaupt erreicht; die Nachfiltereffekte setzen durch Absorption die Menge an Fluoreszenzstrahlung, die aus der Küvette herauskommt, herab, wie dies Abb. 8.8 a zeigt.

Anstelle der Einstrahlung unter einem Winkel von 90°, wie in Abb. 8.7 illustriert, kann man zur Verminderung dieser Störungen auch die

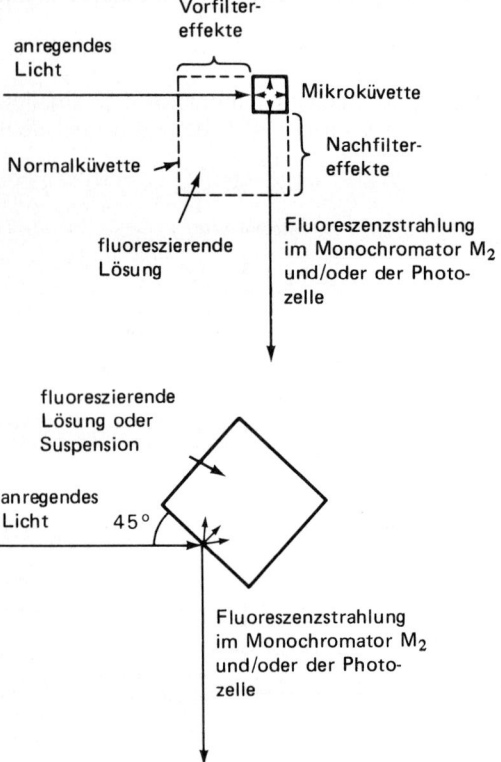

Abb. 8.8 Verkleinerung der Störeffekte **a** unter Benutzung von Mikroküvetten, **b** unter Benutzung der Oberflächenfluoreszenz

Oberflächenfluoreszenz benutzen, die bei Suspensionen zur Methode der Wahl wird. Sie benötigt Küvetten mit nur einer transparenten Seite – man kann also auch normale Spektralphotometerküvetten einsetzen. Die Geometrie des Systems ist so angeordnet, daß die Fluoreszenz durch die Küvettenwand hindurch gemessen wird, die auch die Einstrahlung eingelassen hat, wie dies Abb. 8.**8 b** zeigt. Diese Meßtechnik ist allerdings weniger empfindlich als die 90°-Einstrahlung.

Anwendungen

Qualitative Analyse. Bestimmungen und Vergleiche der Absorptions- wie der Fluoreszenzspektren einer Verbindung können zu ihrer Identifikation beitragen. Die Einwirkungen des pH-Wertes und der Lösungsmittelzusammensetzung auf die Fluoreszenz einer Verbindung sowie die Polarisation seiner Fluoreszenz können Informationen über die Struktur geben. Schließlich trägt auch die Messung der **Phosphoreszenz** und der **Phosphoreszenzlebensdauer** einer Verbindung zu ihrer Identifizierung und Kenntnis bei (bei der Phosphoreszenz rührt die Ausstrahlung von Licht aus einem Übergang zum niedrigsten Tripletzustand her; Phosphoreszenzen benötigen deshalb verhältnismäßig lange Zeit und liegen bei längeren Wellenlängen als Fluorszenzen).

In Chromatogrammen und Elektrophoresen lassen sich Aminosäuren und Peptide sichtbar machen, indem man ihre primäre Amino-Gruppe mit Dansylchlorid oder o-Phthalaldehyd umsetzt, wobei eine fluoreszierende Verbindung ensteht. Die letzteren Derivate fluoreszieren so intensiv blau, daß der gesamte Oligopeptid-Fingerprint von nur 10^{-5} g Protein ausgewertet werden kann. Der extrinsische Fluoreszenzfarbstoff Acridinorange läßt sich zur Ausmessung der Assoziation von Polynucleotiden verwenden, da die Stockessche Verschiebung verschieden ist, je nach der Bindung an doppel- oder einzelsträngige Polynucleotide; die Fluoreszenz erscheint dann grün oder rot.

Quantitative Analyse. Sie liefert heute die meisten Anwendungsbeispiele der Biochemie, da die Technik bei Konzentrationen, die für die Absorptionsspektralanalyse zu niedrig sind, noch genau, reproduzierbar und empfindlich arbeiten. Typische Anwendungen umfassen die Bestimmung des Vitamins B_1 in Nahrungsmitteln, NADH in intakten Mitochondrien und Mikroorganismen unter verschiedenen Stoffwechselzuständen, Hormone, wie Cortisol und Östradiol, Medikamente, wie Lysergsäure und Barbiturate, im Blut, phosphorhaltigen Peptiden im Boden und in tierischen Geweben sowie Karzinogenen im Tabakrauch. Chlorophyll, Cholesterin, Porphyrine und einige Metall-Ionen lassen sich ebenfalls spektrofluorimetrisch bestimmen. Häufig benutzt man einen **inneren Standard,** d.h., man mißt die Fluoreszenz einer unbekannten Menge einer reinen Verbindung vor und nach Zugabe einer bekannten Menge eines Standards, wodurch Löschung sowohl durch Selbstabsorption als auch durch Verunreinigungen korrigiert wird.

Ethidiumbromid wird fest von DNS gebunden, wobei seine Fluoreszenz stark zunimmt, so daß die DNS quantitativ bestimmt werden kann. Diese Eigenschaft ist vor allem bei der Gelelektrophorese nützlich (Abschn. 7.5, S. 316).

Statt die innere Fluoreszenz eines Moleküls zu vermessen, kann man häufig auch eine fluoreszierende Sonde ankuppeln oder absorbieren, um auf diese Weise die sogenannte **extrinsische Fluoreszenz** des Derivats zu bestimmen (dies ähnelt dem Einsatz von Reportergruppen bei der Absorptionsspektrophotometrie, S. 345). Im Idealfall sollte der Fluoreszenzfarbstoff an eine spezifische Stelle im Molekül fest gebunden sein, seine Fluoreszenz sollte gegenüber den Milieubedingungen empfindlich sein. Schließlich sollte der Farbstoff auch nicht das System beeinflussen, das man untersuchen möchte. Die Strukturen einiger fluoreszierender Sonden zeigt Abb. 8.**9**.

Quin-2, das Ca^{2+} bevorzugt bindet, läßt sich zur Bindung des freien zytoplasmatischen Calciums ausnutzen, da die Fluoreszenz des Quin-2 bei der Bindung Ca^{2+} ca. 5fach zunimmt. Man belädt die Zellen mit Quin-2-acetoxymethylester, der durch die Membran wandert. Die zytoplasmatischen Esterasen hydrolysieren die Substanz, so daß das

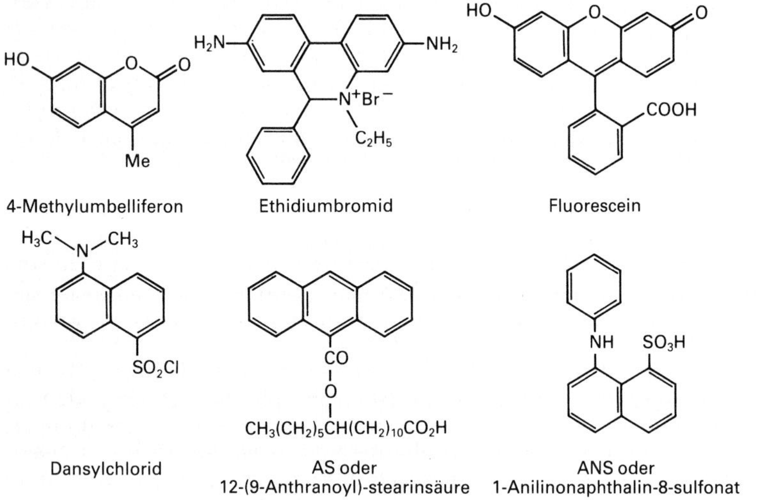
HO
O
O
Me
4-Methylumbelliferon
H2N
NH2
N+Br−
C2H5
Ethidiumbromid
HO
O
O
COOH
Fluorescein
H3C
N
CH3
SO2Cl
Dansylchlorid
CO
O
CH3(CH2)5CH(CH2)10CO2H
AS oder
12-(9-Anthranoyl)-stearinsäure
NH
SO3H
ANS oder
1-Anilinonaphthalin-8-sulfonat

Abb. 8.**9** Struktur einiger fluoreszierender Sonden

Quin-2-Anion, das nicht durch die Membran wandern kann, im Zytoplasma verbleibt. Die Eichkurven dieser Fluoreszenzbestimmung liegen im Bereich von $10^{-4}-10^{-2}$ mol·l⁻¹ Ca²⁺ linear. Anscheinend sind die kürzlich entwickelten Sonden Fura-2 und Indo-1 noch etwa 30fach empfindlicher als Quin-2 bei dieser Fluoreszenzbestimmung von Ca²⁺.

Die fluoreszierende Sonde Quin-1 läßt sich ähnlich zur Bestimmung des intrazellulären pH-Wertes benutzen, da sie im Wechsel des pH-Wertes von 5 nach 9 eine 30fache Zunahme der Fluoreszenz zeigt.

Enzymbestimmungen und Kinetik (S. 126). **Gruppenspezifische Hydrolasen** lassen sich häufig durch Messung der Zunahme der Fluoreszenz des Anions des 4-Methylumbelliferons bei 450 nm messen, indem man das Enzym auf ein Ether- oder Ester-Derivat des 4-Methylumbelliferons einwirken läßt. Absorptions- und Fluoreszenzspektren dieser Verbindungen werden in Abb. 8.**10 a** und **b** dargestellt.

Sie zeigt auch, daß bei der Einstrahlung des Lichtes zwischen 350 und 400 nm, praktisch die gesamte Fluoreszenz, die zwischen 450 und 500 nm gemessen, auf das anionische Produkt einer enzymkatalysierten Reaktion zurückzuführen ist. Die fluorimetrische Bestimmung der β-Galactosidase mit Fluoreszeindi(β-D-galactopyranosid) als Substrat ist so empfindlich, daß ein einziges Enzymmolekül nachgewiesen werden kann. Damit kann man dann die Zahl der Enzymmoleküle in einer einzelnen Bakterienzelle bestimmen, schließlich die Induktion

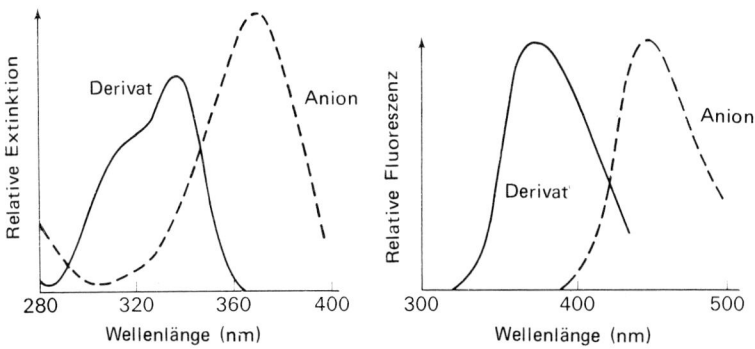

Abb. 8.**10**   Spektren des Methylumbelliferon-Anions und einiger Derivate des Methylumbelliferons bei pH 10: **a** Absorptionsspektren, **b** Fluoreszenzspektren

der Synthese des Enzyms in einzelnen Zellen einer bakteriellen Population.

Reaktionen mit NAD$^+$ und NADP$^+$ (Abschn. 3.4, S. 127). Da NADH und NADPH fluoreszieren, läßt sich die Spektrofluorimetrie auf viele Stoffwechselreaktionen anwenden, die mit der Oxidation von NADH oder NADPH oder mit der Reduktion von NAD$^+$ oder NADP$^+$ in Verbindung gebracht werden können. Die Empfindlichkeit der Methode erlaubt manchmal die Untersuchung von Enzymen in einem Milieu, wie es *in vivo* herrscht, also etwa bei niedrigen Konzentrationen an Substrat, Ezym und Cofaktoren. Manchmal muß man keine exogenen Cofaktoren zusetzen. Vielmehr läßt sich die Kinetik der Oxidation und Reduktion des endogenen Materials in intakten Organellen oder Zellen verfolgen (z.B. mitochondriales NADH).

Untersuchungen an Proteinen. Da einige Proteine fluoreszierende Chromophore (z.B. Tyrosin und FAD) enthalten, fluoreszieren sie. Die Anheftung von Substanzen, wie Inhibitoren, Coenzymen oder allosterischen Effektoren, kann dann durch Änderungen der Fluoreszenzspektren gemessen werden. Dies mag wiederum Informationen über die Konformation und Polymerisation der Proteine liefern.

Fluoreszenzsonden und Untersuchungen an Membranen. Da die Fluoreszenzeigenschaften mancher Moleküle mit ihrer Beweglichkeit und mit dem polaren Charakter ihrer Umgebung schwanken, läßt die Beobachtung solcher Effekte Informationen über die Umgebung einer fluoreszierenden Verbindung oder **Sonde** zu. Man hat mehrere fluoreszierende Sonden zur Auslotung spezifischer Bindungen in künstlichen und natürlichen Membranen entwickelt. Die fluoreszierenden Verbindungen Anilinonaphthalin-8-sulfonat ANS und *N*-Methyl-2-anilino-6-naphthalinsulfonat MNS, deren Formeln Abb. 8.**9** zeigt, enthalten sowohl geladene wie hydrophobe Strukturteile und lagern sich an der Grenzschicht zwischen Wasser und Lipiden an. Untersuchungen mit Hilfe solcher Verbindungen an Membranen geben Informationen über diese Grenzschicht. Lagert man Phospholipide, die 12-(9-Antroanoyl)stearinsäure und 2-(9-Antroanoyl)palmitinsäure (Abb. 8.**9**) enthalten, in Membranen ein, so liefert die Fluoreszenz Informationen über Bereiche, die 0,5 bzw. 1,5 nm von den polaren Köpfen der Lipiddoppelschicht in das Innere hinein entfernt sind. Solche Versuche charakterisieren nicht nur die Grundstruktur biologischer Membranen, sondern erlauben auch die Messung der Einwirkung der Temperatur und biologischer Wechselwirkungen auf die Membranstruktur. So zeigte der Einsatz der ANS-Sonde, daß in Mitochondrienmembranen während der Energieübertragungen Strukturänderungen ablaufen.

Diese Untersuchungen können auch auf Proteine ausgedehnt werden, die keine geeigneten intrinsischen fluoreszierenden Gruppen haben, indem man extrinsische Farbstoffe ankuppelt, wie etwa Anilinonaphthalin-8-sulfonat (ASN), Dansylchlorid und andere Derivate des Fluoresceins oder Rhodamins (Abb. 8.9). Beispiele sind etwa die Untersuchungen der Konformationsänderungen in Enzymen nach der Ligandierung durch ihre Substrate und der Bestimmung der Bindung von Fettsäuren an sogenanntes gereinigtes Rinderserumalbumin.

Fluoreszenzbleichung (fluorescence bleaching recovery) FBR. Diese Methode erlaubt, die Beweglichkeit spezifischer Komponenten eines komplizierten Gemisches auszumessen, wie dies etwa fluoreszenzmarkierte Phospholipide in biologischen Membranen darstellen. Unter dem Mikroskop wird ein Abschnitt, in dem der Farbstoff vertreten ist, einem Puls eines Lichtstrahls hoher Intensität ausgesetzt, so daß die Farbstoffmoleküle irreversibel ausgebleicht werden. Der gleiche Abschnitt wird dann unter Beleuchtung mit Licht niedriger Aktivität beobachtet, um das Wiedereindiffundieren der fluoreszierenden Moleküle zu messen, da sich nun die ausgebleichten und die nicht veränderten Moleküle ins Gleichgewicht setzen.

Die häufigste Anwendung der FBR liegt in der Untersuchung der lateralen Diffusion von Molekülen in biologischen Membranen, die von der Oberfläche her markiert wurden. Ein Beispiel ist das Rhodopsin in der Retina. Andere Anwendungen liegen in der Untersuchung der Polymerisation von Proteinen, etwa von Actin. Als Beispiel mag die Untersuchung an fluoreszenzmarkierten Proteinen dienen, die per Mikroinjektion in Zellen eingeschleust wurden. Dabei zeigte sich, daß das Zytoplasma eine stark erhöhte Viskosität besitzt und 85 % des Actins in Amöben an ein weiteres Protein gebunden sind, das die Polymerisation des Actins verhindert.

Energietransfer. Bei günstiger räumlicher Anordnung kann die Energie, die von einem fluoreszierenden Molekül (dem Donor) ausgesandt wird, von einem anderen fluoreszierenden Molekül (dem Akzeptor) über eine Resonanz der Energie absorbiert werden. Vorbedingung ist dabei, daß das Fluoreszenzspektrum des Donors das Absorptionsspektrum des Akzeptors überlappt und die beiden Partner einander nahe genug stehen. Die Ausbeute des Energietransfers ist eine Funktion des Abstandes zwischen dem Donor und dem Akzeptor. Diese Ausbeute läßt sich entweder als eine Löschung der Fluoreszenz des Donors durch den Akzeptor oder als Intensität der Fluoreszenz des Akzeptors messen, wenn das System in Gegenwart und Abwesenheit des Donors bestrahlt wird.

Die Energietransfermessungen innerhalb einzelner Proteine benutzen intrinsische fluoreszierende Reste, wie Tryptophan oder auch extrinsische Farbstoffe, die an Aminosäuren, Sulfhydryle oder Zucker angeheftet wurden. Auch fluoreszierende Analoga von Substraten,

Inhibitoren, Cofaktoren oder Phospholipiden finden Anwendung. Die Messungen sind nur auf $\pm$ 0,5 nm exakt. Sie schließen die Ortung von Metallen in Metallproteinen ein, auch das Ausmaß von Konformations-änderungen in Enzymen nach der Ligandierung der Substrate, schließ-lich die Abstände zwischen bestimmten Proteinpaaren im Ribosom und Abschätzungen der dreidimensionalen Struktur von tRNS.

Fluoreszenzdepolarisation. Man kann fluoreszierende Proben mit pola-risiertem Licht bestrahlen, indem man ein entsprechendes Filter zwischen den Monochromator (M_1 in Abb. 8.**7**) und die Probe setzt. Die emittierte Fluoreszenz ist dann entweder teilweise polarisiert oder gar nicht. Daher rührt der Name *Fluoreszenzdepolarisation*. Ihr Nachweis gelingt, wenn ein zweiter Polarisator zwischen den Monochromator der Ausgangsstrahlung (M_2 in Abb. 8.**7**) und den Detektor gesetzt wird.

Die Drehung durch den absorbierenden Chromophor und der Energietransfer zwischen Chromophoren sind die beiden Hauptfakto-ren, die die Fluoreszenzdeplarisation anregen. Bei hoher Viskosität und hoher Konzentration der Chromophoren ist sie leicht nachweisbar, bei niedriger Viskosität und niedriger Konzentration der Chromophoren überwiegen die Auswirkungen der molekularen Bewegung.

Die Methode dient zur Messung der Veränderung der Beweglichkeit von Molekülen oder einzelner ihrer Anteile. Meist muß man extrinsi-sche Fluorophore in die Proteine und Nucleinsäuren einführen, da diese Makromoleküle sich verhältnismäßig langsam bewegen. Die Lebens-dauer der intrinsischen Fluoreszenz ist dann zu kurz. Anwendungen der Methode beinhalten die Messung der Bindung von fluoreszierenden Substraten, Inhibitoren und Cofaktoren an Enzyme, die dann in ihrer Beweglichkeit behindert werden. Auch die Bindung fluoreszenzmar-kierten Antigens an sein Antikörper mindert die Beweglichkeit des Antigen-Antikörper-Komplexes. Das gleiche gilt für die Assoziation und Dissoziation von Proteinen mit mehreren Untereinheiten, wie Lactat-dehydrogenase und Chymotrypsin, schließlich für die Messung der Viskosität lebender Zellen.

Mikrospektrofluorimetrie. Die Kombination eines Mikroskops mit einem Spektralfluorimeter und mit optischen Glasfaserverbindungen erlaubt etwa die Messung der Fluoreszenz einzelner Bakterienzellen, an die sich fluoreszierende Antikörper anheften, auch der Fluoreszenz-Intensität subzellulärer Strukturen. Man benutzt dieses Verfahren, um maligne Zellen nachzuweisen, die häufig mehr Nucleinsäure als norma-le Zellen enthalten und deshalb mehr Fluoreszenzfarbstoff, wie Acri-dinorange, aufnehmen.

Fluoreszenzaktivierte Zellsortierung (FACS). Die Zellen werden mit einem fluoreszierenden Antikörper markiert und fließen durch eine feine Kapillare. Die ausgestreute Fluoreszenz dient zur physikalischen Abtrennung von nichtmarkierten Zellen (S. 30).

8.6 Luminometrie

Grundlagen

Die Luminometrie ist eine photometrische Methode, bei der das Licht einer chemischen Reaktion **(Lumineszenz)** mit einem Luminometer gemessen wird. Dadurch unterscheidet sie sich von den Messungen physikalischer Effekte (Fluoreszenz oder Atomemission, Abschn. 8.5 und 8.7). Sie ist keine echte spektroskopische Methode, da meist kein Monochromator eingesetzt wird. Hier wird sie jedoch als Technik angeführt, bei der freigesetztes Licht gemessen wird. In der Biologie gewinnt sie an Interesse.

Entsteht bei einer chemischen Reaktion ein fluoreszierendes Produkt im angeregten Zustand, so wird Licht ausgesandt, während die angeregten Elektronen in den Grundzustand zurückkehren (Chemilumineszenz), wie in Abb. 8.**1 b**, S. 336 dargestellt. Das chemilumineszente Spektrum einer Reaktion, etwa des Luminols mit Sauerstoff zu 3-Aminophthalat, ist mit dem Fluoreszenzspektrum des Produktes identisch. Die Biolumineszenz entsteht aus der Freisetzung von Licht während enzymkatalysierter Reaktionen (S. 127, 368). Die Farbe des ausgesandten Lichtes hängt von der eingesetzten Luziferase ab, sie schwankt zwischen grüngelb (560 nm) und rot (620 nm). Unter günstigen Bedingungen ist die Quantenausbeute beinahe 100 %.

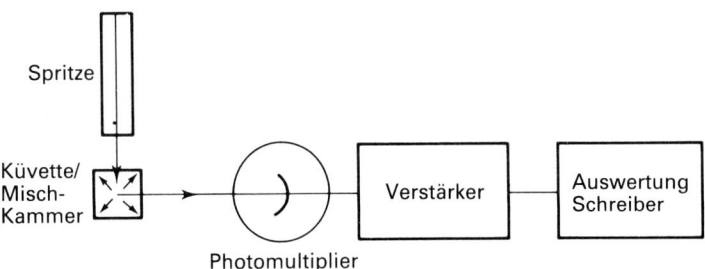

Abb. 8.**11** Schema der hauptsächlichen Bestandteile eines einfachen Luminometers

Geräte

Luminometer sind verhältnismäßig einfache Photometer, sie benötigen jedoch einen Verstärker und einen Schreiber für das Signal der Photozelle. Natürlich ist auch eine Thermostatisierung infolge der Temperaturempfindlichkeit enzymkatalysierter Reaktionen notwendig. Die optischen Anteile eines Luminometers (Abb. 8.**11**) sind ein Photomultiplier mit gut stabilisierter Hochspannungsquelle, um empfindliche, reproduzierbare Messungen des emittierten Lichtes zu gewährleisten, ein Gleichstromverstärker mit breitem Bereich der Empfindlichkeit und linearem Ausgang und ein thermostatisiertes Reaktionsgefäß, in dem die Reaktionspartner durchmischt werden können. Es muß Licht von außen abgeschirmt sein.

Anwendungen

Luziferase-System aus Leuchtkäfern zur Bestimmung der ATP-Konzentration. Diese Bestimmung von ATP läßt sich sehr schnell durchführen; sie ist so exakt wie die spektrophotometrischen und fluorimetrischen Messungen, aber viel empfindlicher (10^{-15} mol $\cdot$ l^{-1}). Der lineare Bereich der Bestimmung liegt zwischen 10^{-12} und 10^{-6} mol$\cdot$l^{-1} ATP. Die Bestimmung läßt sich auch auf ADP, AMP und cAMP in einem einzigen Ansatz anwenden, indem man geeignete Enzyme einsetzt. Dazu gehören die Pyruvat-Kinase für die Umwandlung von ADP in ATP, die Adenylat-Kinase zur Umwandlung von AMP in ADP und die Phosphodiesterase für die Hydrolyse von cAMP in AMP. Im Prinzip können alle Enzyme und Metaboliten, die Partner in Reaktionen mit ATP sind, so bestimmt werden, auch die Enzyme Creatin-Kinase, Hexokinase und ATP-Sulfurylase. Auch die Substanzen Creatinphosphat, Glucose, GTP, PEP und 1,3-Diphosphoglycerat gehören hierzu.

Bakterielles Luziferase-System. Dies kommt hauptsächlich zur Anwendung bei der Bestimmung von NADH, NADPH und FMNH$_2$ im Bereich zwischen 10^{-9} und 10^{-12} mol$\cdot$l^{-1}. Die Bestimmung ist viel empfindlicher als die entsprechende spektrophotometrischen und fluorimetrischen Methoden. Allerdings ist der Nachweis des NADPH etwa 20fach weniger empfindlich als der des NADH.

Aequorin-System zur Bestimmung der Calcium-Konzentration. Das Phosphoprotein Aequorin läßt sich aus lumineszierenden Quallen gewinnen. Obwohl inzwischen calciumspezifische Elektroden entwickelt wurden und auch gut brauchbare, auch Metall-Ionen ansprechende Indikatorfarbstoffe wie Arsenazo III, dient es als intrazellulärer Indikator für Calcium-Ionen. In ihrer Anwesenheit wird das kaum fluoreszierende gelbe Aequorin in blau fluoreszierendes Protein BFP umgewandelt, dabei wird Licht ausgesandt. Das Biolumineszenzspektrum dieser Reaktion ist identisch mit dem Fluoreszenzspektrum des BFP: 2 Ca^{+2}, aber verschieden von dem des BFP: Ca^{2+}.

Die Vorteile des Systems liegen in der leichten Anwendbarkeit, der hohen Empfindlichkeit gegenüber Calcium-Ionen; in lebende Zellen injiziert, wirkt es nicht toxisch. Nachteile sind die schwierige Gewinnung und die M_r von Aequorin, der Verbrauch daran während der Reaktion, das nicht lineare Verhältnis des emittierten Lichtes zur Calcium-Konzentration, die Empfindlichkeit der Reaktion gegenüber den chemischen Milieubedingungen und die begrenzte Geschwindigkeit, mit denen es schnellen Änderungen der Calcium-Konzentration folgen kann.

Luminol und Chemilumineszenz. Luminol und seine Derivate können chemilumineszente Reaktionen mit hoher Ausbeute eingehen. So kann man enzymatisch erzeugtes Wasserstoffperoxid anhand der Freisetzung des Lichtes bei 430 nm in Anwesenheit von Luminol und Mikroperoxidase bestimmen (S. 127). Niedrige Spiegel von Verbindungen wie Hormonen, Medikamenten und Metaboliten in biologischen Flüssigkeiten werden oft mit kompetitiven Bindungsmessungen bestimmt. Diese Methoden benutzen die Fähigkeit gewisser Proteine, wie Antikörper und Rezeptoren der Zelle, spezifische Liganden mit hoher Affinität zu binden (Abschn. 4.7). Oft läßt man die zu bestimmende Verbindung mit einer begrenzten Menge der radioaktiv oder mit Enzymen markierten Verbindung oder eines Analogons um eine begrenzte Menge von Bindungsstellen auf dem Protein unter standardisierten Bedingungen in Konkurrenz treten. Ist andererseits die Standardverbindung mit einem Luminol-Derivat markiert, so kann das nichtgebundene markierte Material vom Bindungsprotein abgetrennt und durch seine Chemilumineszenz bestimmt werden. Dann liest man die Menge der (nicht markierten) Verbindung in der ursprünglichen Probe aus einer Eichkurve ab, die die Konzentration der nichtmarkierten Verbindung zu der Konzentration der nichtgebundenen markierten Verbindung unter Standardbedingungen in Relation setzt. Mit geeigneter Anordnung lassen sich 10^{-12} mol·l^{-1} einer Verbindung nachweisen.

Während der Phagozytose weisen polymorphkernige Leukozyten eine Chemilumineszenz auf, da Moleküle des Singlet-Sauerstoffes entstehen. Diese Lumineszenz wurde für die Untersuchung pharmakologischer und toxikologischer Effekte an diesen und anderen phagozytierenden Zellen eingesetzt.

8.7   Atomabsorptions- und Flammenspektrophotometrie

Grundlagen

Die Verflüchtigung von Atomen, entweder in einer Flamme oder elektrothermisch durchgeführt, bedingt eine Emission und Absorption von Licht bei spezifischen Wellenlängen. Die Atom-/Flammenspektrophotometrie nutzt die Spezifität dieser Linienspektren aus, um die Menge eines spezifischen Elements in der Probe zu bestimmen. Die **Emissionsflammenspektrophotometrie** mißt die Emission des Lichtes einer spezifischen Wellenlänge durch Atome in einer Flamme. Die **Atomabsorptionsspektrophotometrie** mißt die Absorption eines monochromatischen Lichtstrahls durch Atome in einer Flamme oder durch Atome, die elektrothermisch in einem Graphittiegel verflüchtigt wurden. Die absorbierte Energie ist der Zahl der Atome im Strahlengang proportional.

Die am stärksten ausgestrahlten und absorbierten Wellenlängen im Spektrum eines Elementes sind diejenigen, bei denen der Energieinhalt minimal ist; ein Beispiel ist die tiefgelbe Strahlung der D-Linie des Natriumspektrums, bei der ein kleiner 3s-3p-Übergang zugrunde liegt (Abb. 8.1 a, S. 336). Da die möglichen Übergänge der Elektronen in jedem Atom durch die vorgegebenen Energieniveaus und die besetzten Energieniveaus determiniert werden, sind Atomspektren für jedes Element absolut charakteristisch. Theoretisch könnte man sogar für einfache Atome aus dem Linienspektrum die Elektronenstruktur ableiten.

Das von den Elementen bei der Anregung durch eine Flamme in der Gasphase ausgesandte Licht läßt sich leicht in einfache Linienspektren mit definierten Wellenlängen in einem Spektroskop, einem Spektrographen oder in einem registrierenden Spektralphotometer auflösen. Als Detektoren dienen dann das menschliche Auge, eine photographische Schicht oder eine photoelektrische Zelle. Die Intensität der ausgesandten Strahlung ist der Zahl der angeregten Atome proportional, diese wiederum hängt von der Temperatur der Zusammensetzung der Flamme ab. Man muß deshalb immer Standardlösungen zur Eichung des Systems benutzen. Die Zusammensetzung der Flamme ist sehr wichtig, da Natrium hohe Hintergrundstrahlung abgibt. Deshalb mißt man meist zunächst Natrium, um dann eine ähnliche Menge an Standardlösungen beizugeben. Die Chloride sind meist die am leichtesten flüchtigen Salze, deshalb sollten die untersuchten Lösungen einen Überschuß an Salzsäure enthalten. Alkalimetalle fördern die Emission anderer Atome, während Phosphat, Silicat und Aluminat zu nicht dissoziierbaren Salzen führen und damit die Emission des Calciums und Magnesiums unterdrücken können. Glücklicherweise kann man das durch Zugabe von Verbindungen, die Lanthan und Strontium freisetzen (**releasing agents**), kompensieren.

Oft benutzt man die **zyklische Analyse,** bei der jede störende Komponente im Gemisch grob bestimmt wird. Die Standardlösungen für alle zu bestimmenden Komponenten werden dann so angesetzt, daß sie die ungefähre Konzentration der Störsubstanzen enthalten. Wiederholt man nun die Bestimmungen mehrere Male und modifiziert dabei jeweils die Zusammensetzung der Standardlösungen, bis die Konzentration aller anderen Komponenten im Standard sich der in der unbekannten Probe annähert, so erhält man schließlich konstante und reproduzierbare Werte für die gesuchten Komponenten. Meist sind dann 2 oder 3 Zyklen von Bestimmungen und Veränderungen des Standards notwendig.

Da die Flammen nicht stabil sind, müssen alle Bestimmungen dreifach durchgeführt werden. Die Eichkurven sollte man jeweils bei neuen Serien nachprüfen oder neu aufstellen. Eine sehr genaue Ausführung benutzt das **Einklammern,** bei dem eine Standardlösung, die ähnliche Konzentrationen des gesuchten Elements wie die Probelösung enthält, vor und nach der eigentlichen Bestimmung durchgemessen wird. Wann immer möglich, sollte man auch innere Standards einschalten. Als allgemeiner innerer Standard wird oft Lithium benutzt. Da auch sehr sorgfältig gesäuberte Glasgefäße der besten Qualität Metall-Ionen absorbieren und freisetzen, werden die Proben und Standardverbindungen wenn möglich am besten in Polyethylen-Flaschen aufbewahrt.

Bei der Bestimmung von Metallen in biologischem Material entfernt man organische Moleküle meist vorher durch Veraschen. Dabei muß man Vorsichtsmaßnahmen gegen ein unerwünschtes Absublimieren der flüchtigeren Elemente treffen. Man verascht deshalb im Sauerstoff-Strom bei verhältnismäßig niedrigen Temperaturen oder durch flüssige Veraschung, d.h. durch oxidative Verdauung der Probe in einem Gemisch von Wasserstoffperoxid und konzentrierter Schwefelsäure. Selensulfat wird als Katalysator zugesetzt, Lithiumsulfat zur Erhöhung des Siedepunktes.

Atomabsorptionsspektrophotometrie mißt die Absorption eines monochromatischen Lichtstrahls durch Atome in einer Flamme. Die absorbierte Energie ist der Zahl der Atome im optischen Lichtweg proportional.

Geräte der Atomemissionspektrophotometrie

Die grundlegenden Bestandteile eines Flammen(Atom-)emissionsspektrophotometers sind in Abb. 8.**12** zusammengestellt. Man benutzt Geräte, wie sie für Parfümzerstäuber und andere Vernebler bekannt

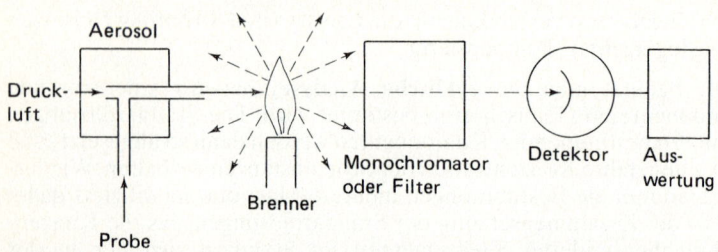

Abb. 8.12   Hauptbestandteile eines Flammenemissionsspektrophotometers

sind. Ein Durckluftstrahl streicht dabei über ein Kapillarrohr, das in die Probenlösung eintaucht. Größere und kleinere Tröpfchen der Lösung werden herausgerissen und kommen in einem direkten Injektionssystem mit dem Luftstrom in die Brennerflamme. Große Tropfen bleiben dabei allerdings oft nicht lange genug im heißesten Teil der Flamme, so daß ihre Bestandteile nicht völlig verdunsten und angeregt werden. Dies vermeidet man bei indirekten Injektoren, bei denen die Tropfen durch eine Nebelkammer geführt werden, wo sich große Tropfen durch die Gravitation abscheiden.

Natrium und Kalium werden bei etwa 1 500 °C bestimmt, man erreicht die Temperatur durch Verbrennung eines Gemisches von Luft und Erdgas. Auch Calcium kann bei dieser Temperatur gemessen werden, doch sind 2 000–2 500 °C vorzuziehen. Magnesium und Eisen benötigen ein Gemisch von Luft und Acetylen, um die notwendigen 2 500 °C zu erreichen. Für einfache Routineanalysen des Gehaltes an Natrium, Kalium und Calcium genügt statt des Monochromators ein einfacher Filter; bei genauen Untersuchungen benötigt man ein Prisma oder einen Gittermonochromator. Die am weitesten ausgearbeiteten Geräte besitzen eine Auflösung von 0,1–0,2 nm in einem Bereich von 200–1 000 nm. Die für die Analyse einzelner Metalle eingesetzten Wellenlängen und die Erfassungsgrenzen sind in Tab. 8.2 zusammengestellt. Meist werden Photozellen benutzt, doch beeinträchtigt die schwankende Emission der meisten Brennerflammen die potentielle Genauigkeit dieser Photozellen. Bei einigen Routineverfahren werden Multikanalpolychromatoren eingesetzt, die die Emission von bis zu 6 Elementen gleichzeitig messen können.

Geräte der Atomabsorptionssepktrophotometrie

Um einen Lichtstrahl sehr enger Wellenlängen-Bandbreite zu erreichen, verwendet man entweder weißes Licht in Verbindung mit einem doppelten Monochromator oder Hohlkathodenröhren. Die Röhren sind dabei für das zu untersuchende Element spezifisch. Eine Probe des anzuregenden Elementes liegt in einem kleinen Metallbecher, mit Hilfe einer Wolfram-Anode in Argon-Trägergas bei niedrigem Druck und hoher Spannung wird ein Bogenspektrum des betreffenden Elements erzeugt.

Seit kurzem verwendet man die Entladungen elektrodenloser Lampen, die einfacher einzusetzen sind, heller brennen, höhere Lebensdauer haben und höhere Empfindlichkeit erlauben. Sie sind nun auch kommerziell erhältlich.

Zerstäuber und Brenner sind ähnlich gebaut wie die der Atomemissions-Spektrophotometrie. Um die optische Weglänge in der Probe zu vergrößern, werden Brenner mit einer Flamme von 10 cm Länge benutzt. Sowohl Einstrahl- wie Doppelstrahlgeräte sind im Handel. Bei den letzteren kann ein *Zerhacker* im Lichtstrahl liegen, der mit einer geeigneten Schaltung verhindert, daß Streulicht im Detektor mitausgewertet wird. Die meistbenutzten Wellenlängen liegen zwischen 190 und 850 nm.

Atomabsorptionsspektrophotometrie ohne Flamme

1–100 mm^3 der Probe oder eines Standards werden in einer Graphitröhre in Anwesenheit eines inerten Gases elektrothermisch langsam und kontinuierlich oder in Stufen auf 3 000 °C erhitzt. Monochromatisches Licht, das für das zu bestimmende Element spezifisch ist, wird entweder durch eine Hohlkathodenlampe oder eine elektrodenlose Entladungslampe erzeugt und durch die Graphitröhre geleitet. Die Absorption dieses Lichtes wird kontinuierlich während der Temperaturerhöhung gemessen. Steuert man das System durch einen programmierbaren Mikrocomputer, so können die Ergebnisse auf einem Bildschirm als Überlagerung der Absorptions- und Temperaturkurven des Inhaltes der Graphitröhre als Funktion der Zeit erhalten werden. So ermittelt man die optimalen Bedingungen für die Analyse, die dann in späteren analytischen Programmen eingesetzt werden.

Diese flammenlose Technik ist manchmal mehr als 100fach empfindlicher als die Flammenatomabsorptionsspektrophotometrie (Tab. 8.**2**). Da das flammenlose System kein brennbares Gas benutzt, kann es auch ohne Risiko ohne Aufsicht laufen, so daß die im Verhältnis zur Flammenspektrophotometrie verhältnismäßig langsame Messung durch eine Automatisierung kompensiert wird.

Anwendungen der Flammenspektrophotometrie

Flammenemissionsfilterphotometer werden routinemäßig zur Bestimmung von Natrium, Kalium und Calcium eingesetzt. Für Natrium und Kalium erhält man leicht vollen Meßausschlag, wenn Standardlösungen von 1 bzw. 3 ppm Gehalt eingesetzt werden.

Flammenemissionspektrophotometer benutzt man heute zur Bestimmung von mehr als 20 Elementen in biologischen Proben, vor allem Calcium, Magnesium und Mangan.

Flammenabsorptionsspektrophotometer sind meist empfindlicher als die Emissionsspektrophotometer; eine Ausnahme bilden die Alkalimetalle. Sie können bei mehr als 20 Elementen weniger als 1 ppm nachweisen. Die Reproduzierbarkeit der Methode liegt bei 1 %, der optimale Arbeitsbereich bei dem 20- bis 200fachen der Erfassungsgrenze (s. Tab. 8.2).

Tabelle 8.2 Nachweisgrenzen verschiedener Elemente in der Emissions- und Absorptionsflammenspektrophotometrie, der flammenlosen Absorptionsspektrophotometrie und für ionenselektive Elektroden

Element	Emission		Absorption			ionen-selektive Elektrode
	Erfassungsgrenze (ppm)	Wellenlänge (nm)	Erfassungsgrenze (ppm) Emissions- und Absorptionsflammenphotometrie	flammenlose Absorptionsspektrophotometrie	Wellenlänge (nm)	Erfassungsgrenze (ppm)
Ca	0,005	442,7	0,1	0,00007	442,7	0,02
Cu	0,1	324,8	0,1	0,0001	324,8	0,0006
Fe	0,5	372,0	0,2	0,0001	248,3	
Pb			0,5	0,0002	283,3	0,21
Li	0,001	670,7	0,03	0,0001	670,7	
Mg	0,1	285,2	0,01	0,00001	285,2	
Mn	0,02	403,3	0,05	0,00004	279,5	
Hg			10,0	0,018	253,8	
K	0,001	766,5	0,03	0,00003	766,5	0,04
Na	0,0001	589,0	0,03	0,00001	589,0	0,02
Sr	0,01	460,7	0,06	0,0001	460,9	

Die Flammenphotometrie wird in klinisch-chemischen Laboratorien ausführlich benutzt, um die Zusammensetzung von Körperflüssigkeiten, wie Blut, Urin, Speichel, Milch oder Zerebrospinalliquor, zu analysieren. Abweichungen der Zusammensetzung vom Normalwert dienen häufig zur Diagnose von bestimmten Erkrankungen, außerdem kann die Überwachung solcher Informationen den Erfolg oder den weiteren Verlauf einer Behandlung anzeigen. Ähnlich benutzt man diese Methode, um Körperflüssigkeiten von Tieren bei physiologischen und pharmakologischen Versuchen zu überwachen. Natrium, Calcium, Magnesium, Cadmium und Zink lassen sich direkt messen, Kupfer, Eisen, Blei und Quecksilber müssen zunächst aus den biologischen Flüssigkeiten extrahiert werden.

Auch in der Boden- und Pflanzenanalyse werden diese Methoden ausführlich eingesetzt, wobei eine Extraktion der Metallsalze aus den Proben vorangeht. Mit Hilfe geeigneter Veraschungsverfahren läßt sich die Technik auch zur Bestimmung der Metallgehalte in Makromolekülen, Organellen, Zellen und Geweben benutzen.

Atomfluoreszenzspektrophotometrie

Diese Methode basiert auf einem Emissionsphänomen, das sich nicht von einer thermischen Anregung, sondern von einer Anregung der Atome durch Strahlung ableitet. Es besteht so eine Analogie zu fluoreszierenden Molekülen, doch untersucht man hier Atome in der Gasphase, nicht Moleküle in Lösung. Man benötigt einen intensiven Lichtstrahl. Doch muß er keine so hohe spektrale Reinheit aufweisen, wie für die Absorptionsspektrophotometrie gefordert, da nur die Resonanzwellenlängen absorbiert werden, die somit zur Fluoreszenz führen. Moduliert man den Verstärker des Detektors auf die gleiche Frequenz wie die der Lichtquelle, so läßt sich damit die Emission der Flamme ausschalten.

Obwohl sie heute noch auf einige Metalle eingeschränkt ist, ermöglicht diese Technik eine große Verfeinerung der Nachweisgrenzen. So lassen sich z.B. Zink und Cadmium in so niedrigen Bereichen wie $1\text{--}2 \text{ p} \cdot 10^{-10}$ nachweisen.

8.8   Elektronenspinresonanzspektrometrie ESP

Grundlagen

Mit dieser Technik weist man **Paramagnetismus** nach, also ein magnetisches Moment, das von einem ungepaarten Elektron ausgeht. Deshalb wird sie auch manchmal als **paramagnetische Elektronenresonanz** (e.p.r. anstelle von ESR) bezeichnet. Man kann die Methode zum

Nachweis von Übergangsmetallen, ihren Komplexen, freien Radikalen und angeregten Zuständen verwenden.

Da Elektronen sowohl eine Ladung tragen als auch einen Spin aufweisen, verhalten sie sich wie Magneten, d.h., sie weisen ein magnetisches Moment auf. Wird ein äußeres magnetisches Feld angelegt, so können sie in 2 Zuständen bestehen: entweder auf einem niedrigen Energieniveau auf dem Feld parallel angeordnet oder auf einem höheren Energieniveau antiparallel zum Feld. Für den Übergang vom niedrigen zum höheren Energieniveau muß das Elektron die zugeordneten Energiequanten absorbieren. Bei ungepaarten Elektronen kann man dafür elektromagnetische Wellen einsetzen, die den Spin umkehren, wenn sie mit der nötigen Energie in *Resonanz* stehen:

$$h\nu = g\beta H \tag{8.7}$$

h = Planksches Wirkungsquantum
ν = Frequenz der Einstrahlung
g = spektroskopischer Teilungsfaktor (Landé-Faktor)
β = magnetisches Moment des Elektrons, das **Bohrsche Magneton**
H = angelegte magnetische Feldstärke

In einem magnetischen Feld der Größenordnung von einem Tesla (10^4 Gauss) liegt die notwendige Energie im Strahlungsbereich der Mikrowellen des elektromagnetischen Spektrums, die dann eine *Elektronenspinresonanz ESR* hervorrufen können.

Wie die Gl. (8.7) zeigt, ist die Frequenz der bei Resonanz absorbierten Mikrowellen eine Funktion der paramagnetischen Elektronen (β) und der angelegten magnetischen Feldstärke. In der Praxis bestrahlt man die Probe mit einer konstanten Mikrowellenfrequenz, die etwa dem untersuchten Paramagnetismus entspricht, und variiert die angelegte Feldstärke, bis die Resonanz eintritt, die dann zu einem Absorptionssignal der Mikrowellen führt. Ein solcher Peak in einem ESR-Spektrum entspricht einem paramagnetischen Substrat. Die Fläche des Peaks ist ein Maß für die Konzentration dieses Substrates, das damit quantitativ bestimmt werden kann, wenn ein Standard, der eine bekannte Konzentration ungepaarter Elektronen enthält, zur Verfügung steht.

Für ein delokalisiertes Elektron ist g gleich 2,0023. Für Orbitalelektronen, speziell solche in Übergangsmetallen, schwankt $g;$ sein genauer Wert charakterisiert das Bindungssystem in der Umgebung des ungepaarten Elektrons im Molekül.

Die Resonanzabsorptionspeaks werden durch **Spin-Gitter-Wechselwirkungen** deutlich verbreitert, d.h. durch die Wechselwirkung des ungepaarten Elektrons mit dem Rest des Moleküls.

Die *Hyperfeinstruktur* eines ESR-Absorptionssignals, die durch die Wechselwirkung des ungepaarten Elektrons mit benachbarten Kernen zustande kommt, liefert Aussagen über die räumliche Anordnung der Atome im Molekül. Die Protonen(^{1}H-)hyperfeinstruktur liegt bei freien Radikalen im Bereich von $0–3 \cdot 10^{-3}$ Tesla; sie ergibt dann ähnliche Daten wie die hochauflösende kernmagnetische Resonanz NMR. ESR und NMR sind somit komplementäre Methoden.

Geräte

Die grundlegenden Komponenten eines ESR-Spektrometers gibt Abb. 8.**13** wieder. Für genaues Messen sind Elektromagneten notwendig, die Felder zwischen 50 und 500 mT mit einer Abweichung von nur einem Millionstel erzeugen. Die meisten Versuche laufen bei etwa 330 mT in Zusammenarbeit mit einem variablen Hilfsfeld von 10–100 mT ab. Ein Klystronoszillator erzeugt die monochromatische Mikrowellenstrahlung, und zwar gewöhnlich mit einer Wellenlänge von $3 \cdot 10^{-2}$ m (9 000 MHz).

Die Substanzen müssen in fester Form vorliegen, deshalb werden biologische Proben meist in flüssigem Stickstoff eingefroren. Die genaueste Auswertung ergibt sich, wenn man die erste Ableitung der Absorption (dA/dH), nicht die Absorption A selbst gegen die angelegte Feldstärke aufträgt. Anstatt symmetrischer Absorptionspeaks wie in Abb. 8.**14 a** weisen ESR-Spektren asymmetrische Peaks neben asymmetrischen Tälern auf, wie in Abb. 8.**14 b**.

Ein solches Peak-Tal-Paar wird in der ESR-Spektroskopie als *Linie* oder *Bande* bezeichnet. Da aber nur selten mehr als ein ungepaartes

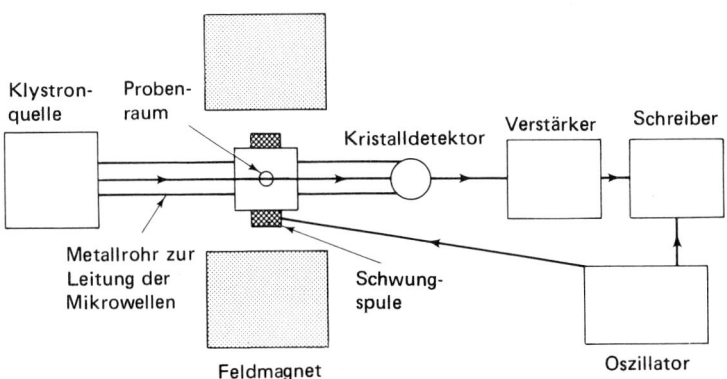

Abb. 8.**13**   Hauptbestandteile eines Elektronenspinresonanzspektrometers

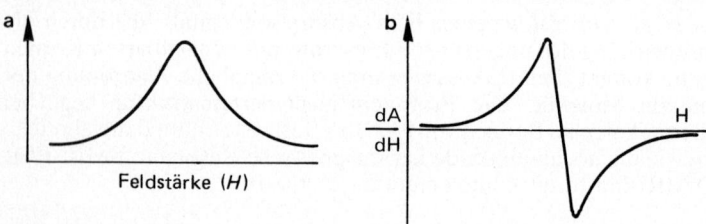

Abb. 8.14 Elektronenspinresonanzspektren: **a** Darstellung der Absorption A gegen die Feldstärke H und **b** Darstellung der ersten Ableitung von A (dA/dH)

Elektron in einem Molekül vorkommt, enthält ein typisches ESR-Spektrum weniger als 10 Linien, die nicht dicht beieinander liegen.

Anwendungen

Die Elektronenspinresonanzspektrometrie ist eine der hauptsächlichen Arbeitsweisen zur Untersuchung von metallhaltigen Proteinen, vor allem, wenn sie Molybdän (z.B. Xanthin-oxidase), Kupfer (z.B. Cytochrom-oxidase und kupferhaltige blaue Fermente) und Eisen (Cytochrome, Ferredoxin usw.) enthalten. Sowohl Kupfer als auch das „Nicht-Häm"-Eisen, die im sichtbaren und im ultravioletten Bereich kein Licht absorbieren, weisen in einer ihrer Oxidationsstufen ESR-Absorptionssignale auf. Das Auftreten und Verschwinden ihrer ESR-Signale wird deshalb benutzt, um die zugeordneten enzymatischen Aktivitäten in den Multienzymkomplexen der intakten Mitochondrien und Chloroplasten, auch in isolierten Teilkomplexen zu überwachen.

In den metallhaltigen Proteinen besitzt das Metallatom eine charakteristische Anzahl von Liganden, die in einer definierten geometrischen Anordnung mit ihm koordiniert sind. Häufig sind zumindest einige dieser Liganden Aminosäure-Seitenketten des Proteins. Die ESR-Untersuchungen haben in manchen Fällen Hinweise gebracht, daß diese Geometrie gegenüber derjenigen von Modellsystemen verformt ist. Dies weist darauf hin, daß die Verformung für die spezifische biologische Funktion des betreffenden Proteins essentiell ist.

Die ESR wurde auch häufig zur Untersuchung der freien Radikale nach Bestrahlung biologischen Materials eingesetzt.

Die Technik des ESR ist durch das sogenannte **Spin labelling** erweitert worden. Dabei kuppelt man ein stabiles und nichtreaktives freies Radikal, wie 2,2,6,6-Tetramethylpiperidin-1-oxyl (TEMPOL), an biologische Makromoleküle an, die selbst keine ungepaarten Elektronen besitzen. So hat man z.B. Glycerinphosphatide mit diesem stabilen

Nitroxid-Radikal versehen und damit die laterale Diffusion der markierten Moleküle in einer Membaran sowie ihre „Flip-flop"-Bewegung zwischen der inneren und äußeren Oberfläche der Lipiddoppelschicht untersucht.

8.9   Magnetische Kernresonanzspektrometrie NMR

Grundlagen

Diese Methode weist Atome nach, deren Kerne ein magnetisches Moment besitzen. Meist tragen sie eine ungerade Anzahl von Protonen im Kern. Wie Paare von Elektronen im gleichen Orbital entgegengesetzte Spinrichtungen besitzen und sich deshalb aus ihnen kein magnetisches Moment ergibt, so weisen auch Protonenpaare in einem Kern kein magnetisches Moment auf. Kerne mit ungerader Protonenzahl verleihen dem Molekül allerdings ein magnetisches Moment, das mit einem äußeren Magnetfeld in Wechselwirkung tritt. Sie ist die Grundlage der Kernresonanzspektrometrie. Ein ungepaartes Proton in einem solchen magnetischen Feld kann in 2 Zuständen vorliegen: einem Zustand niedriger Energie, in dem der Kernspin parallel zum äußeren Feld und einem Zustand höherer Energie, in dem er antiparallel zum äußeren Feld orientiert ist. Um den Übergang in das höhere Energieniveau zu erreichen, müssen die Kerne entsprechende Energiequanten absorbieren. In einem magnetischen Feld von mehreren 100 mT (mehrere 1 000 Gauss) absorbieren solche Kerne elektromagnetische Strahlung im Bereich der Radiowellen und weisen damit eine **kernmagnetische Resonanz** NMR auf. Die meisten Untersuchungen benutzen das leichte Isotop des Wasserstoffs ^{1}H (daher auch die Bezeichnung **protonenmagnetische Resonanz** PMR), doch werden heute zunehmend ^{13}C, ^{15}N, ^{19}F und ^{31}P für biochemische Charakterisierungen ausgenutzt. Alle diese Kerne haben einen Spinwert von 1/2. Die häufigsten Kerne in biologischen Molekülen, wie etwa ^{12}C, ^{16}O und ^{32}S, haben einen Spinwert von Null, besitzen also kein magnetisches Moment und geben keine NMR-Signale.

Die Frequenz der während der Signale absorbierten Radiowellen hängt zum einen vom untersuchten Isotop, zum anderen von der Größe des angelegten äußeren magnetischen Feldes ab. Anstatt ein konstantes magnetisches Feld und variable Einstrahlungswellenlängen zu benutzen, variiert man meistens das angelegte äußere magnetische Feld und verwendet eine monochromatische Radiowellenfrequenz. Deshalb werden NMR-Spektren meist in Form von Absorptionssignalen gegen die magnetische Feldstärke aufgetragen (nicht als Wellenlänge oder Frequenz). Dabei ist der Bereich des magnetischen Feldes, der durchgemessen wird, sehr klein gegenüber der gesamten angelegten magne-

tischen Feldstärke. Daher gibt man bei solchen Spektren die Gesamt-
feldstärke und die eingesetzte Frequenz der Radiowellen an. Sehr
häufig wird eine Radiowellenfrequenz von 40 MHz für die Auflösung
der Protonenspektren verwendet.

Das auf ein Proton „wirksame" Feld in einem Molekül hängt von der
molekularen Umgebung ab, da das äußere angelegte Feld durch
Wechselwirkung mit den Bindungselektronen in der Umgebung des
Protons sekundäre Felder ($15–20 \cdot 10^{-4}$ Tesla) erzeugt. Wenn dieses
induzierte Feld dem angelegten Feld entgegengerichtet ist, so muß ein
etwas höheres äußeres Feld angewandt werden, um den Kern zur
Resonanz zu bringen. Solche Kerne nennt man **abgeschirmt (shielded).**
Die Höhe der Abschirmung nimmt mit zunehmender Elektronenzug-
kraft naher Substituenten ab. Wenn das induzierte Feld das angelegte
Feld noch verstärkt, so nennt man den Kern **entschirmt (deshielded)**;
man benötigt dann ein kleineres Feld, um die Resonanz zu erreichen.
Solche Verschiebungen der Spektrallinien werden als **chemische Verschiebungen (chemical shifts)** bezeichnet. Meist gibt man für solche
Verschiebungen Millionstel (oder ppm) der angelegten magnetischen
Feldstärke in bezug zu dem Absorptionspeak einer Standardverbindung an. Üblich ist die Verwendung von Tetramethylsilan $Si(CH_3)_4$ als
interner Standard in organischen Lösungsmitteln und Natriumtri-
methylsilylpropansulfonat $(CH_3)_3SiCH_2CH_2SO_3^- Na^+$ in wäßrigen Systemen. Die meisten modernen NMR-Spektrometerschreibpapiere
sind in τ-Einheiten eingeteilt. Bei dieser Darstellung liegt der $Si(CH_3)_4$-
Peak bei τ_{10}; die meisten Protonverschiebungen liegen zwischen τ_0 und
τ_{10}. So lassen sich die Strukturdetails $^1H–O–$, $^1H–CH$, $^1H–CH_2$- usw.
durch charakteristische Peaks im NMR-Spektrum nachweisen. Außer-
dem wird bei jeder chemischen Verbindungsklasse die relative Zahl der
^1H-Atome in der Probe durch die Intensität der einzelnen Absorptionspeaks, d.h. durch die Fläche dieser Peaks angezeigt.

Kernresonanzspektren werden weiterhin durch die Wechselwirkung
zwischen gleichsinnigen und gegensinnigen Spins über die Bindungselektronen kompliziert. Diese **Spin-Spin-Kopplung** tritt zwischen Kernen mit einer Distanz von bis zu 4 oder 5 Bindungen auf. Man
beobachtet dabei eine Aufspaltung der bereits durch die chemischen
Verschiebungen aufgetrennten Absorptionspeaks (**Hyperfeinstruktur,
hyperfine splitting**).

Wie die IR- und die ESR-Spektren haben sich Kernresonanzspektren
für die Untersuchung chemischer Strukturen als sehr dienlich erwiesen.
Die chemischen Verschiebungen geben qualitative Informationen, die
Intensität der einzelnen quantitative Informationen über benachbarte
Kerne ab; die Breite dieser Aufspaltung wiederum sagt etwas über die
geometrischen Verhältnisse im Molekül aus. Wie bei den IR-Spektren

sind die Kernresonanzspektren sehr komplex und erfordern Erfahrung.

Geräte

Die Grundbestandteile eines NMR-Spektrometers sind denen der ESR-Spektrometer, wie sie in Abb. 8.**13** gezeigt sind, ähnlich. Man benutzt Elektromagneten, die 10^3–10^4 kg wiegen und auf weniger als $+ 0,1\%$ Felder von 1–10 Tesla erzeugen können. Generatoren für Hilfsfelder dienen dazu, das magnetische Feld im Bereich von etwa 10^{-2} T zu variieren. Anstelle eines Klystrons erzeugt ein Radiowellengenerator die monochromatische Strahlung, mit der die Probe bestrahlt wird. Für die PMR müssen die untersuchten Proben in verhältnismäßig großen Konzentrationen in einem protonenfreien Lösungsmittel, wie D_2O oder $CDCl_3$, gelöst sein. Um Schwankungen des magnetischen Feldes auszuschließen, wird die Probe in ein Röhrchen mit exakt definiertem inneren Durchmesser eingefüllt, das im Gerät durch eine Luftturbine schnell gedreht wird. Das Absorptionssignal wird durch einen Radioempfänger aufgenommen, dann verstärkt und geschrieben.

Computer enhancement (computerisierte Mittelungstechnik CAT) liefert Auswertungen, bei denen zwischen 10^1–10^3 Spektren der gleichen Probe einander überlagert werden, wodurch das Hintergrundrauschen völlig abgesenkt wird. Für schwach absorbierende biologische Proben ist die Methode unersetzlich.

Anwendungen

Auf breiter Basis wird die NMR zur Untersuchung der Struktur verhältnismäßig einfacher organischer Moleküle eingesetzt. Kernresonanzspektren haben z.B. zur Erklärung der biologischen Wirksamkeit der Antibiotika Gramicidin und Valinomycin beigetragen. Den Einfluß von Alamethicin und Cholesterin auf die Beweglichkeit der Lecithine in künstlichen und in Erythrozytenmembranen konnten Kernresonanzspektren weitgehend aufklären. Auch die relative Beweglichkeit verschiedener Teile der Fettsäureketten der Lecithine in Lipiddoppelschichten wurde mit Hilfe von Lecithinen untersucht, die in ihren Fettsäureketten in verschiedenen Positionen ^{19}F und ^{13}C enthielten.

Allerdings ist die Anwendung der Kernresoanz auf biologische Makromoleküle technich recht schwierig. Moleküle wie Proteine können mehrere 100 oder 1 000 Protonen enthalten, die alle in ähnlichen Bereichen Resonanzen aufweisen. Nur durch die Entwicklung hochauflösender Geräte und computerisierter Analysen konnten die Möglichkeiten der Methode auf diesem Sektor schon weit vorangetrieben werden. Dennoch bewegen sich bis jetzt die Obergrenzen der M_r

für vollständige Hyperfeinstrukturinformationen um 20 000. Bei Untersuchungen des katalytischen Mechanismus der Ribonuclease mittels deren Kernresonanz war es beispielsweise möglich, Protonenresonanzen der 4 Histidin-Seitenketten im Molekül zu identifizieren, da ihre NMR-Signale von denen der Hauptmasse der Protonen abgerückt ist. Danach wurde es möglich, die 4 Histidine aufzuspüren, die im katalytischen Zentrum stehen. Allerdings kannte man sie bereits aus chemischen Experimenten und der Röntgenstrukturanalyse, doch zeigt dies die künftigen Möglichkeiten auf. Der Hauptvorteil der Kernresonanz gegenüber Röntgenstrukturanalysen liegt in der Möglichkeit, Konformationsänderungen von weniger als 100 pm (1 Å) nachzuweisen. Deshalb hofft man heute, daß die Methode bei der Untersuchung kleiner Konformationswechsel, z.B. innerhalb biologischer Membranen oder bei der Bindung von Substanzen an Enzyme, von Medikamenten an Rezeptoren sowie von Antigenen an Antikörper, sehr wertvoll sein wird.

Auch bei der Untersuchung des Phosphat-Stoffwechsels war die NMR besonders nützlich. Die Empfindlichkeit der ^{31}P-NMR reicht aus, um die Konzentration anorganischen Phosphats, von AMP, ADP, ATP, Phosphokreatin und Zuckerphosphaten im Stoffwechsel zu messen und damit ihren Umsatz in lebenden Zellen und Geweben zu untersuchen. Auch die intra- und extrazellulären Konzentrationen des anorganischen Phosphats lassen sich unterscheiden, da die chemische Verschiebung anorganischen Phosphats sich mit dem pH-Wert ändert. Die Entwicklung der NMR-Fokussierung und größerer NMR-Geräte mit Scan erlaubt nun die Untersuchung ganzer Tiere und des Menschen. So haben etwa Messungen der Auswirkung von körperlichen Übungen auf normale, sportlich trainierte und kranke Menschen gezeigt, daß einige gesunde Organismen noch arbeiten, auch wenn der Spiegel an ATP um 60 % abgesunken ist, und daß andere die Absenkung des pH-Wertes im Muskel von 7,0–7,4 auf 6,0 vertragen. Auch zeigen diese Messungen Patienten mit bisher unbekannten Krankheitsbildern auf, wie z.B. mitochondriale Myopathien.

8.10 Massenspektrometrie

Grundlagen

Die *Massenspektrometrie* wird häufig zur Strukturaufklärung biologischer Verbindungen eingesetzt. Sie benutzt die Tatsache, daß ein bewegtes Ion durch ein magnetisches Feld als Funktion seiner Masse und seiner Geschwindigkeit abgelenkt wird. Ionen größerer kinetischer Energie werden weniger abgelenkt als die mit niedriger Energie, während ein Gemisch von Ionen verschiedener Masse, aber gleicher

Geschwindigkeit im Verhältnis ihrer Massen abgelenkt wird. In einem Massenspektrometer werden aus einer Verbindung entweder durch Herausschlagen eines Elektrons oder durch Einfangen eines Protons ionisierte Formen der Verbindung *(Molekül-Ion, parent molecular ion)* erzeugt. Durch die eingespeiste Energie wird es in eine Reihe ebenfalls **ionisierter Fragmente** *(fragment ions)* gespalten. Oft ist die Information über das Molekül-Ion und die hauptsächlichen Fragment-Ionen ausreichend, um die Struktur der Ausgangsverbindung eindeutig festzulegen. Die Methode ist sehr empfindlich und benötigt nur 10^{-6}–10^{-9} g Substanz. Ein Massenspektrum wird als Menge der einzelnen Ionen gegen ihre Massen aufgetragen; dadurch unterscheidet es sich grundlegend von den verschiedenen Arten elektromagnetischer Spektren, die bisher besprochen wurden.

Die meisten der bei der ursprünglichen Ionisierung gewonnenen Ionen besitzen eine einfach positive Ladung, aus dem Molekül oder Fragment ist also ein Elektron entfernt worden. Das *Masse/Ladungsverhältnis m/e* ist der Masse numerisch gleich. Die so erzeugten Ionen unterscheiden sich nur in ihrer Masse. Gelegentlich aber verlieren Moleküle mehr als ein Elektron, so entstehen mehrfach geladene Ionen. Erzeugt man die Ionen durch Beschuß mit Elektronen (Abschn. 8.10, S. 384), so hängt der Grad der Fragmentierung des Moleküls von der Energie der eingestrahlten Elektronen ab. Bei niedrigen Energien (1–$2 \cdot 10^{-18}$ J) wird nur ein Elektron aus dem Molekül geschlagen. Das entstandene positiv geladene molekulare Ion besitzt einen *m/e*-Wert, der der M_r der Stammverbindung entspricht. Bei der üblichen Elektronenstrahlenergie von 10^{-17} J werden die Moleküle in positiv geladene Fragmente verschiedener Massen zerschlagen. Die Bruchstellen, an denen die Verbindung zerfällt und so ein Massenspektrum produziert, ist für die einzelnen Verbindungen charakteristisch und wird **Spaltungsmuster** (**cracking pattern,** entsprechend den Fingerprints bei Infrarot- und Kernresonanzspektren, Abschn. 8.3, S. 352 und 8.9, S. 379) genannt. Aus diesem Muster läßt sich die Struktur der Moleküle ableiten. Für eine große Reihe von Verbindungen sind Spaltungsmuster tabellarisch erfaßt, so daß aus ihnen bei unbekannten Verbindungen nützliche Analogieschlüsse gezogen werden können. Meist vergleicht man Spaltungsmusterdaten mittels Computerprogrammen.

Massenspektren bestehen aus einer Reihe von Peaks oder Linien, die den einzelnen *m/e*-Werten der positiven Fragment-Ionen aus der Verbindung entsprechen. Die Höhe der Linien entspricht der relativen Menge an Substanzen. Man benutzt ein Referenz-Ion mit einem dem Molekül-Ion ähnlichen *m/e*-Wert, um die Massenachse (Abszisse) des Spektrums zu eichen.

Das Molekül-Ion ergibt die Linie der größten Masse, es muß aber nicht unbedingt der größte Peak (**Basispeak**) sein. Die Intensitäten der einzelnen Ionen eines Massenspektrums werden meist in Prozenten der Intensität des Basispeaks angegeben.

Kohlendioxid wird zu CO_2^+, CO^+, O_2^+, O^+ und C^+ ionisiert und fragmentiert, so daß ein Massenspektrum mit Hauptpeaks bei m/e-Werten von 44, 28, 32, 16 und 12 zustande kommt. Kleinere Linien sieht man wegen des geringen Gehaltes anderer natürlicher Isotopen der hier genannten Fragmente, z.B. bei $^{13}C^+$ (m/e 13) und $^{13}CO_2^+$ (m/e 45).

Geräte

Abb. 8.**15** zeigt die Hauptbestandteile eines doppelfokussierenden Massenspektrometers, wie man es für hohe Auflösungen benötigt.

Um Verluste oder Umlagerungen der Ionen durch Zusammenstöße mit nichtionisierten Molekülen zu vermeiden, muß die gesamte Analyse unter Hochvakuum durchgeführt werden.

Wie gut sich eine Verbindung für die Untersuchung im Massenspektrometer eignet, wird vor allem durch ihren Dampfdruck bei der

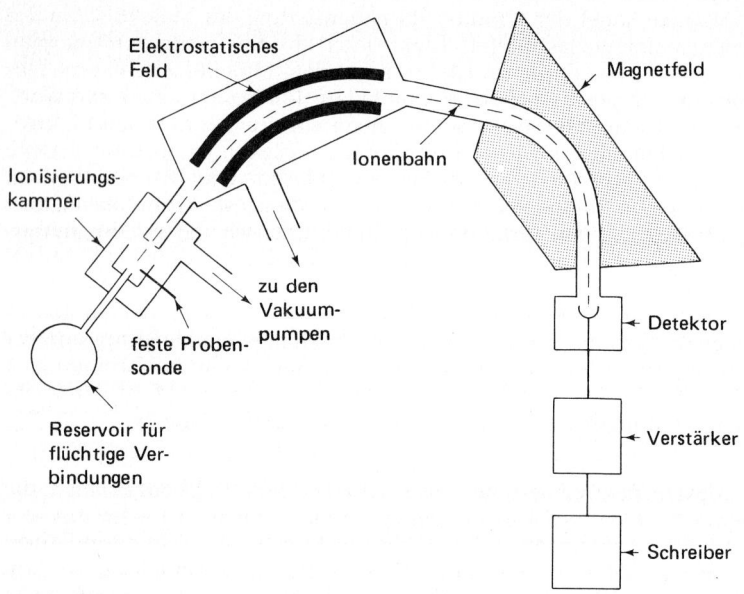

Abb. 8.**15**   Hauptbestandteile eines Massenspektrometers

Temperatur der Ionenquelle bestimmt. Besitzt die Verbindung bei 100–200 °C einen Dampfdruck von etwa 1,3 Pa, so kann sie in ein der Ionenquelle benachbartes Reservoir injiziert werden. Da dort der Dampfdruck höher liegt als im Bereich der Ionenquelle, die unter einem Vakuum von etwa 10^{-5} Pa steht, wird ein kleiner Strom des Dampfes der Verbindung durch eine winzige Öffnung in die Ionisierungskammer gesaugt. Proben von sehr niedrigem Dampfdruck oder kleine Mengen anderer Verbindungen können auch mittels einer Quarzsonde direkt in die Ionisierungskammer eingeführt werden, so daß die kleine Menge freigesetzten Dampfes direkt in die Kammer kommt.

Meist wird die Ionisierung organischer Verbindungen durch **Elektronenbeschuß** vorgenommen. Die Elektronen werden durch thermoionische Emission aus glühenden Wolfram-Drähten freigesetzt und durch ein angelegtes Feld von 50–100 V beschleunigt. Wird das Massenspektrometer in Kopplung mit einem Gaschromatographen betrieben, so liegt die Beschleunigungsspannung niedriger, um eine Ionisierung des Trägergases Helium zu vermeiden. In allen Fällen ist die Energie der Elektronen hoch genug, um Ionisierung und Fragmentierung der organischen Verbindung herbeizuführen, so daß die Fragment-Ionen vorherrschen und das Molekül-Ion nur schwach ausgeprägt ist. Eine zweite Methode der Ionisierung ist die **chemische Ionisierung,** bei der die ionisierende organische Verbindung durch die Ionen einfacher Kohlenwasserstoff-Moleküle, wie Methan und Butan, herbeigeführt wird. Der Kohlenwasserstoff wird mit Drücken bis zu 200 Pa in die Ionisierungskammer gepumpt, die gebildeten Ionen werden sofort mit den Molekülen der organischen Verbindung vermischt. Mit hoher Ausbeute findet dann ein Protonentransfer von den Kohlenwasserstoff-Ionen (z.B. CH_5^+ und $C_4H_{11}^+$) zu der organischen Verbindung statt, wodurch ihr M + 1-Ion entsteht. Die Fragmentierung ist dann seltener als bei Elektronenbeschuß, so daß Spektren aus chemischen Ionisierungen einfacher als die Elektronenionisierungsspektren sind. Außerdem sind sie komplementär dazu, da das Molekül-Ion leichter zu erkennen ist. Die **Feldionisierung,** die in elektrischen Feldern von bis zu 10 kV abläuft, ähnelt der chemischen Ionisierung. Auch sie produziert vorwiegend das Molekül-Ion der organischen Verbindung.

Die Ionen werden nach ihren m/e-Werten wie folgt analysiert: Durch eine Reihe negativ geladener elektrostatischer Platten werden sie zu konstanter Geschwindigkeit im Vakuum beschleunigt und dann von ihrer ursprünglichen Bahn durch ein magnetisches Feld abgelenkt. Für Ionen derselben Ladung ist der Grad der Ablenkung von der Masse abhängig, die Ionen kleinster Masse erfahren deshalb die größte Ablenkung. Indem man nun entweder das magnetische Feld oder die Beschleunigungsspannung verändert, werden die Ionenbahnen so eingestellt, daß Fragment-Ionen eines bestimmten m/e-Wertes gerade in den Eingangsschlitz des Detektors einfallen. Die Zahl der Ionen einer bestimmten Masse, die auf den Detektor trifft, ist ein Maß der Anteilmenge dieses Ions.

Der Detektor ist meist entweder eine *einfache Elektrode* (Faradayscher Käfig) oder ein Elektronenmultiplier. Der angeregte Strom wird verstärkt und aufgezeichnet. Da in einem einzigen Massenspektrum eine sehr große Vielfalt verschiedener Ionenintensitäten auftreten kann, registriert man es heute meist bei einer ganzen Anzahl von vorgewählten Empfindlichkeiten, die im Bereich 1–300 abgestuft sind, um die Intensitäten aller Linien exakt zu erhalten.

Als *Auflösungsvermögen* ($m_1/m_2 - m_1$) eines Massenspektrometers bezeichnet man die Fähigkeit, 2 Ionen ähnlicher Masse, m_1 und m_2, getrennt zu registrieren. Das Auflösungsvermögen ist eine Funktion der Spaltbreite des Detektors, jedoch wird die mögliche Größe des Spaltes nach unten durch die zunehmende Unempfindlichkeit des Gerätes begrenzt, bedingt dadurch, daß immer weniger Ionen an der Detektorelektrode ankommen.

Anwendungen

Schon frühzeitig fand die Massenspektrometrie Anwendung bei der Untersuchung der Stoffwechselwege in der Biochemie. Man verfütterte mit schweren Isotopen, z.B. ^{15}N oder ^{18}O, markierte Substrate an Versuchstiere und isolierte die Endprodukte des Stoffwechsels. Der relative Anteil des Isotops (das Verhältnis des schweren zum normalen Isotop) wurde dann mittels des Massenspektrometers in den verschiedenen Stoffwechselprodukten bestimmt. Dabei verglich man entweder die Intensitäten der Molekül-Ionen (die schweres und normales Isotop enthielten) oder die ihrer Abbauprodukte, z.B. $H_2^{18}O$ und $H_2^{16}O$. Diese Technik wird für ^{15}N und ^{18}O noch benutzt, heute ist sie jedoch weitgehend durch einfachere und billigere Bestimmungen mittels radioaktiver Isotope (Kap. 9), wie ^{14}C, ^{3}H und ^{32}P, verdrängt worden.

Die hauptsächliche Anwendung der Massenspektrometrie in der Biochemie bleibt die Bestimmung der Struktur und damit die Identifizierung einer Verbindung, d.h. also die qualitative Analyse kleiner Mengen verhältnismäßig kompliziert gebauter organischer Moleküle.

Die Atomgewichte aller Elemente werden nicht durch einfache ganze Zahlen ausgedrückt. Die genaue Bestimmung des Molekül-Ions (bis 4 Stellen hinter dem Komma) legt daher eine eindeutige Molekülformel fest. Durch die nachfolgende Analyse des Spaltmusters und der relativen Anteile lassen sich funktionelle Gruppen, oft auch die gesamte Molekülstruktur, etwa bei Steroiden, Ubichinonen und Triglyceriden, ableiten.

Solche Strukturinterpretationen einer Verbindung nach dem Massenspektrum setzen allerdings einen hohen Reinheitsgrad voraus. Besonders vorteilhaft sind daher Kopplung des Massenspektrometers an einen Gaschromatographen (S. 267). Ein Gemisch verschiedener Verbindungen wird auf das Trenngerät gegeben und in die einzelnen Komponenten zerlegt. So wie sie nach verschiedenen Zeitintervallen aus der Trennung kommen, werden sie in den Massenspektrometer eingespeist, analysiert und mit ihrem Spaltmuster in üblicher Weise registriert. Dafür benötigt man schnell durchlaufende Massenspektrometer, bei denen der m/e-Bereich von 10^1–10^3 in 2–5 s abgetastet wird. Derartig schnell abtastende Geräte erlauben auch die Identifizierung von Verbindungen, die durch die Gaschromatographie unvollständig aufgetrennt wurden, indem man Anfang und Ende breiter Peaks abtastet. Sehr gute Spektren lassen sich oft aus weniger als 10^{-7} g einer Komponente gewinnen, die nur unvollständig durch Gaschromatographie abgetrennt werden konnte. Da das Hochvakuum im Massenspektrometer erhalten bleiben muß, kann nicht mehr als 1 mm³ s^{-1} des Gases in die Ionenquelle des Massenspektrometers eingelassen werden. Deshalb entfernt man den größten Teil des Trägergases nach Ausströmen aus der Gaschromatographie und vor Einspeisung in das Spektrometer, indem man die schnelle Diffusion des Trägergases durch sehr feine Fritten ausnutzt.

Mittels der Massenspektrometrie wurde auch die Sequenz von Oligopeptiden bestimmt, wie sie etwa aus Proteinhydrolasen erhalten werden. Ursprünglich wurden dabei die Peptide durch Acetylierung und Permethylierung flüchtiger gemacht. Die Peptidbindungen wurden dann durch Elektronenbeschuß sehr leicht gespalten. Auch gelang so die Fragmentierung vom Carboxy-Ende her. Da außer Leucin und Isoleucin alle üblichen Aminosäuren voneinander verschiedene M_r haben, definiert die Differenz zwischen 2 nebeneinanderliegenden Banden im Spektrum die C-terminale Aminosäure des schweren Fragment-Ions eindeutig.

In neuerer Zeit wurde der *Beschuß mit schnellen Atomen (fast atom bombardement* FAB*)* benutzt, um Oligopeptide ohne vorherige Derivatisierung zu sequenzieren. Dazu wird eine Paste des Gemisches aus dem Peptid und Natriumchlorid in die Ionisierungskammer eingebracht und mit angeregten Argon-Atomen beschossen. Das Peptid wird ionisiert und fragmentiert. Man hat Computerprogramme aufgestellt, die die Aminosäure-Sequenz des Molekül-Ions aus den Massendifferenzen zwischen den einzelnen höhermolekularen Linien eines solchen Massenspektrums ablesen. Die Begrenzung dieser Methode zur Erstellung der Primärstruktur von Proteinen liegt nur in der Geschwindigkeit, mit der man geeignete Oligopeptide aus Proteinen isolieren kann und in der Gesamtmasse eines solchen Oligopeptids.

8.11 Tabellarische Zusammenfassung der spektroskopischen Verfahren

Art	Physikalisches Prinzip	Hauptsächliche Anwendungsbereiche
Spektrophotometrie im sichtbaren und UV-Bereich	Energieübergänge der bindenden und nichtbindenden äußeren Elektronen von Molekülen, häufig delokalisierten Elektronen	routinemäßige qualitative und quantitative biochemische Analyse mit einer sehr großen Zahl kolorimetrischer, enzymatischer und kinetischer Untersuchungen; Differenzspektren, Aktionsspektren, Turbidometrie und Nephelometrie
Infrarotspektrophotometrie	Atomschwingungen unter Beteiligung einer Änderung des Dipolmoments	qualitative Analyse und Fingerprinting gereinigter Moleküle mittlerer Größe, in der Biologie häufig infrarote Gasanalysen
Zirkulardichroismus	differentielle Absorption von rechts- und linkszirkulär polarisiertem Licht durch optisch aktive Chromophore	Untersuchung der Konformation von Proteinen und Nucleinsäuren, ihrer Änderungen unter verschiedenen experimentellen Bedingungen
Spektralfluorimetrie	absorbierte Strahlung, deren Energie teilweise bei längeren Wellenlängen wieder ausgesandt wird	routinemäßige quantitative Analyse, enzymatische und kinetische Bestimmungen, Messungen des Konformationswechsels in Proteinen; bei niedrigen Konzentrationen empfindlicher als Absorptionsspektrophotometrie im sichtbaren und UV-Bereich; qualitative Analyse
Luminometrie	Aussendung von Licht durch angeregte fluoreszierende Substanzen als Folge einer chemischen Reaktion	quantitative Bestimmung von ATP, NAD^+, Ca^{2+} und aller Verbindungen und Enzyme, die damit arbeiten; empfindlicher als die Fluorimetrie

Art	Physikalisches Prinzip	Hauptsächliche Anwendungsbereiche
Flammenspektrophotometrie (Emission und Absorption)	Energieübergänge äußerer Elektronen der Atome nach Verdampfen und Anregung in einer Flamme	qualitative und quantitative Analyse von Metallen, vor allem in der klinischen Biochemie; Emissionsmethoden, routinemäßige Bestimmung von Alkalimetallen; die Absorptionsmethoden erweitern die Reihe der bestimmbaren Metalle und erhöhen die Empfindlichkeit
Elektronenspinresonanzspektrometrie	Nachweis eines magnetischen Moments ungepaarter Elektronen	Forschung an Metallproteinen, insbesondere Enzymen, Charakterisierung der Milieuänderung freier Radikale in biologischen Strukturen wie Membranen
kernmagnetische Resonanzspektrometrie	Nachweis eines magnetischen Moments aus einer ungeraden Zahl von Protonen im Kern	Strukturerforschung organischer Moleküle bis zu einer M_r von etwa 20 000
Massenspektrometrie	Bestimmung der anteiligen Menge positiv ionisierter Moleküle und ihrer Fragmente	qualitative Analyse kleiner Substanzmengen (10^{-6}–10^{-8} g), häufig in Verbindung mit Trenngeräten, wie der Gaschromatographie. Meist in der Forschung benutzt; spezielle Entwicklungen, wie mikroskopische Techniken oder Peptidsequenz-Bestimmungen, sind möglich

Literatur

Brown, S.B. (1980), An Introduction to Spectroscopy for Biochemists, Academic Press, London (umfangreiche Abschnitte der Grundzüge, Geräte und chemischen Anwendung vieler der Methoden dieses Kapitels).

De Luca, M.A. (Hrsg.) (1978), Bioluminescence and Chemiluminescence, in Methods in Enzymology, Bd. 57, Academic Press, London (ausführliche Darstellung der Lumineszenz-Methoden).

Florkin, M., Stotz, E.H. (Hrsg.) (1967), Methods for the Study of Molecules, in Comprehensive Biochemistry, Bd. 3. Elsevier, Amsterdam (ausführliche Darstellung vieler Methoden dieses Kapitels)

Freifelder, D.M. (1982), Physical Biochemistry-Applications to Biochemistry and Molecular Biology, 2. Aufl. Freeman & Co. Ltd., San Francisco (gut einführende Darstellung der Methodik dieses Kapitels).

Galla, H.-J. (1988), Spektroskopische Methoden in der Biochemie, Georg Thieme Verlag, Stuttgart, New York. (Neueres Buch über alle Verfahren der Spektroskopie in der Biochemie.)

Gilbert, B. (1984), Investigation of Molecular Structure: Spectroscopy and Diffraction Methods, 2. Aufl. Bell and Hyman, London (Grundzüge der klassischen spektroskopischen Methodik).

Knowles, P.F., Marsh, D., Rattle, H.W.E. (1976), Magnetic Resonance of Biomolecules, John Wiley and Sons, London (umfassende Darstellung der ESR und NMR).

Lakowicz, J.R. (1983), Prinicples of Fluorescence Spectroscopy, Plenum Press (beginnt mit den Grundzügen, enthält aber auch aktuelle Anwendungen).

Moore, G.R., Radcliffe, R.G., Williams, R.J.P. (1983), NMR and the biochemist, in Essays in Biochemistry, Bd. 19, Academic Press, London (ausgezeichneter Artikel für fortgeschrittene Studenten, Darstellung der NMR in der Biochemie).

Williams, D.H., Fleming, I. (1989), Spectroscopic Methods in Organic Chemistry, 4. Aufl. McGraw Hill (Darstellungen der klassischen spektroskopischen Methoden).

Kapitel 9

Radioaktive Isotope

9.1 Eigenschaften der Radioaktivität

Struktur des Atoms

Ein Atom besteht aus einem positiv geladenen Kern, der von einer Hülle negativ geladener Elektronen umgeben ist. Die Masse des Atoms ist fast vollständig im Kern enthalten, obwohl er nur einen kleinen Anteil des Gesamtvolumens des Atoms ausmacht. Atomkerne setzen sich wieder aus 2 hauptsächlichen Bausteinen zusammen, den **Protonen** und **Neutronen.** Protonen sind positiv geladene Teilchen, deren Masse ungefähr 1850fach größer als die eines der Orbitalelektronen ist. Die Anzahl der Orbitalelektronen eines Atoms muß der Zahl der Protonen im Kern gleich sein, da das Atom als Ganzes elektrisch neutral ist. Diese Zahl wird die **Atomzahl** Z genannt. Neutronen sind geladene Teilchen, deren Masse der der Protonen nahezu gleich ist. Die Summe der Protonen und Neutronen eines Kerns ergibt die **Massenzahl** A.

Es ist somit

$A = Z + N$

A = Massenzahl
Z = Atomzahl
N = Neutronenzahl

Da die Zahl der Neutronen in einem Kern mit der Atomzahl nicht eng korreliert ist, beeinflußt sie die chemischen Eigenschaften des Atoms nicht. Die Atome eines bestimmten Elementes müssen deshalb nicht notwendigerweise die gleiche Zahl von Neutronen im Kern enthalten. Atome eines Elements mit verschiedenen Massenzahlen (also verschiedener Anzahl an Neutronen) werden als **Isotope** bezeichnet.

Die Symbolschreibweise setzt für einen Kern die Atomzahl als tiefgesetzten Index und die Massenzahl als hochgesetzten Index vor das chemische Symbol des Elements, z.B.

$$^{12}_{6}C; \; ^{14}_{6}C; \; ^{16}_{8}O; \; ^{18}_{8}O.$$

In der Praxis ist es üblich, nur die Massenzahl anzugeben (z.B. ^{14}C). Die Anzahl der möglichen Isotopen eines Elements ist unterschiedlich. Für Wasserstoff gibt es 3 Isotope (^{1}H, ^{2}H und ^{3}H), für Kohlenstoff 7 (^{10}C bis einschließlich ^{16}C), und einige Elemente von hoher Atomzahl haben 20 oder mehr Isotope.

Lebensdauer der Atome und Strahlung

Grundsätzlich bestimmt das Zahlenverhältnis zwischen Neutronen und Protonen im Kern, ob ein Isotop eines bestimmten Elements genügend stabil ist, um in der Natur vorzukommen. **Stabile Isotope** der Elemente mit niedriger Atomzahl haben oft gleichviel Neutronen und Protonen, bei Elementen mit höherer Atomzahl liegt bei den stabilen Isotopen das Neutronen/Protonen-Verhältnis über 1. Instabile Isotope oder **Radioisotope** werden meist künstlich erzeugt; einige der langlebig instabilen, beispielsweise ^{40}K, kommen in der Natur vor. Radioisotope senden als Folge der Änderung in der Zusammensetzung des Kerns Partikel und/oder elektromagnetische Strahlung aus. Diese Vorgänge werden als **radioaktiver Zerfall** bezeichnet.

Sie führen entweder direkt oder als Folge einer Zerfallsserie zum Endpunkt eines stabilen Isotops.

Zerfallsarten

Von den verschiedenen Arten des radioaktiven Zerfalls werden nur die wichtigsten hier aufgeführt.

Zerfall durch Emission von Negatronen. Hier wird ein Neutron durch Abstoßen eines negativ geladenen β-Teilchens, **Negatron** genannt, umgewandelt (β–v e):

Neutron → Proton + Negatron

Für alle praktischen Belange kann man das Negatron als Elektron bezeichnen, doch wird der Name Negatron, wenn auch nicht immer, gewählt, um den Ursprung des Teilchens aus dem Kern zu betonen. Als Ergebnis der Negatronenemission verliert der Kern ein Neutron und bekommt ein Proton hinzu. Das Verhältnis N/Z nimmt ab, die Atomzahl Z nimmt um 1 zu, die Massenzahl A bleibt gleich. Bei biologischen Untersuchungen wird häufig das Isotop ^{14}C eingesetzt, das durch Negatronenemission zerfällt:

$$^{14}_{6}C \longrightarrow {}^{14}_{7}N + \beta - ve$$

Zerfall durch Emission von Positronen. Manche Isotopen senden beim Zerfall positiv geladene β-Teilchen aus, die man **Positronen** nennt ($\beta + ve$). Dabei wird ein Proton in ein Neutron umgewandelt:

Proton $\longrightarrow$ **Neutron + Positron**

Positronen sind außerordentlich instabil und sehr kurzlebig. Wenn sie ihre kinetische Energie weitgehend verloren haben, treten sie mit Elektronen in Wechselwirkung und werden dabei „vernichtet". Masse und Energie der beiden Teilchen werden in 2 γ-Strahlen umgewandelt, die im Winkel von 180° zueinander abgestrahlt werden. Man beschreibt dieses Phänomen oft auch als „back to back emission".

Als Ergebnis dieser Positronenemission verliert der Kern ein Proton und bekommt ein Neutron hinzu, das Verhältnis N/Z nimmt zu, die Atomzahl nimmt um 1 ab, und die Massenzahl bleibt gleich. Ein Beispiel eines solchen Zerfalles unter Positronenabstrahlung ist ^{22}Na:

$$\,^{22}_{11}\text{Na} \longrightarrow \,^{22}_{10}\text{Ne} + \beta + ve$$

Zerfall unter Emission von α-Teilchen. Die Isotope der Elemente mit hoher Atomzahl senden beim Zerfall häufig α-Teilchen aus. Ein α-Teilchen ist ein Helium-Kern; es enthält 2 Protonen und 2 Neutronen ($^{4}_{2}\text{He}^{2+}$). Die Emission von α-Teilchen verkleinert den Kern mit einer Abnahme der Atomzahl um 2 und der Massenzahl um 4 deutlich. α-strahlende Isotopen sind in biologischen Untersuchungen selten. ^{226}Radium (^{226}Ra) zerfällt durch α-Strahlung in ^{222}Radon (^{222}Rn), das selbst wieder radioaktiv ist. Damit beginnt eine komplizierte **Zerfallsreihe,** die schließlich ein Blei-Isotop ($^{206}_{82}\text{Pb}$) als stabilen Endzustand findet:

$$\,^{226}_{88}\text{Ra} \longrightarrow \,^{222}_{86}\text{Rn} + \,^{4}_{2}\text{He}^{2+}$$

Zerfall unter Emission von γ-Strahlen. Im Gegensatz zu der Emission von α- und β-Partikeln beinhaltet eine γ-Emission elektromagnetische Strahlung, die Röntgenstrahlen ähnelt, aber eine kürzere Wellenlänge aufweist. Diese γ-Strahlen rühren von einer Umwandlung im Kern des Atoms her (im Gegensatz zu Röntgenstrahlen, die als Folge einer Anregung in der Elektronenhülle eines Atoms auftreten), sie sind häufig eine Begleiterscheinung der α- und β-Partikelstrahlung. Die γ-Strahlung selbst verursacht keine Veränderungen der Atomzahl oder -masse.

Energie der radioaktiven Strahlung

Die übliche Einheit bei der Charakterisierung von Energieniveaus bei radioaktiven Zerfällen ist das **Elektronenvolt** (ein Elektronenvolt eV ist die Energie, die ein Elektron bei der Beschleunigung durch eine

Potentialdifferenz von 1 Volt aufnimmt, sie entspricht $1{,}6 \cdot 10^{-19}$J). Bei den meisten Isotopen ist die Bezeichnung Megaelektronenvolt MeV besser geeignet. α-strahlende Isotopen gehören meist in die oberste Energieklasse von etwa 4,0–8.0 MeV, β- und γ-Strahler zeigen Zerfallsenergien unter 3,0 MeV.

Geschwindigkeit des radioaktiven Zerfalls

Radioaktive Zerfälle sind spontane Prozesse und verlaufen mit einer für die einzelnen Strahlungsquellen charakteristischen, definierten Geschwindigkeit. Diese Zerfallsrate folgt immer einer Exponentialfunktion. Die Zahl der Atome, die zu einem beliebigen Zeitpunkt zerfallen wird, ist jeweils der Zahl der vorhandenen Atome des Isotops zu diesem Zeitpunkt proportional. Der mathematische Zusammenhang einer solchen Exponentialfunktion (Abb. 9.**1**) wird durch Gl. (9.1) ausgedrückt:

$$-\frac{\mathrm{d}N}{\mathrm{d}t} = \lambda N \qquad (9.1)$$

Danach ist die Geschwindigkeit der Abnahme der Zahl der radioaktiven Atome proportional der vorhandenen Zahl solcher Atome N, multipliziert mit einer Zerfallskonstante λ. Diese Konstante ist für jedes radioaktive Isotop charakteristisch, sie wird als der Anteil des Isotops,

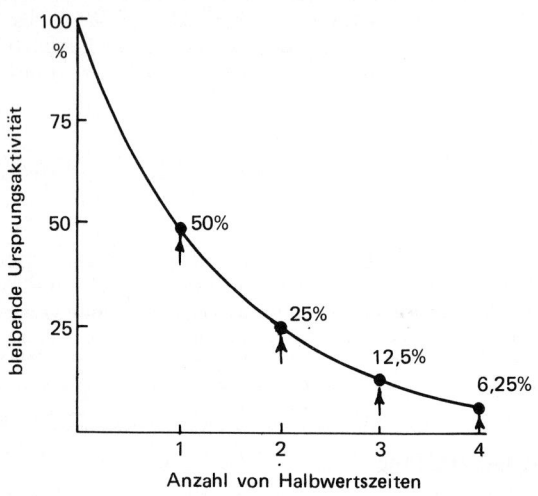

Abb. 9.**1** Darstellung des exponentiellen Charakters des radioaktiven Zerfalls

der pro Zeiteinheit t^{-1} zerfällt, definiert. Integriert man Gl. (9.1), so gelangt man zu der logarithmischen Form:

$$\ln \frac{N_t}{N_0} = \lambda t \tag{9.2}$$

N_t = Zahl der radioaktiven Atome zur Zeit t
N_0 = Zahl der radioaktiven Atome zum Zeitpunkt $t = 0$

In der Praxis drückt man die Zerfallswerte besser mit der **Halbwertszeit** $T_{1/2}$ aus. Sie ist als die Zeit definiert, nach der die Radioaktivität vom Ausgangswert auf die Hälfte dieses Wertes abgefallen ist. Wenn N_t in Gl. (9.2) $1/2\ N_0$ ist, dann wird t die Halbwertszeit des Isotops. Deshalb gilt

$$\ln\frac{1}{2} = \lambda T_{1/2} \tag{9.3}$$

$$\text{oder } 2{,}303 \log_{10} \left(\frac{1}{2}\right) = \lambda T_{1/2} \tag{9.4}$$

$$\text{oder} \qquad T_{1/2} = \frac{0{,}693}{\lambda} \tag{9.5}$$

Die Werte für $T_{1/2}$ schwanken sehr stark, für ^{204}Blei (^{204}Pb) ist er 10^{19} Jahre, für ^{212}Polonium (^{212}Po) nur $3 \cdot 10^{-7}$ s. Die Halbwertszeiten einiger Isotope, wie sie bei biologischen Untersuchungen häufig gebraucht werden, zeigt die Tab. 9.1. Man beachte, daß 2 wichtige Elemente, Sauerstoff und Stickstoff, in dieser Tabelle fehlen. Leider sind die Halbwertszeiten radioaktiver Isotope dieser Elemente für die meisten Experimente zu kurz (^{15}O hat ein $T_{1/2}$ von 2,03 min, ^{13}N ein $T_{1/2}$ von 10,00 min).

Tabelle 9.1 Halbwertszeiten einiger in biologischen Experimenten üblichen Isotope

Isotop	Halbwertszeit $T_{1/2}$	
^{3}H	12,26	Jahre
^{14}C	5760	Jahre
^{22}Na	2,58	Jahre
^{32}P	14,20	Tage
^{35}S	87,20	Tage
^{42}K	12,40	Stunden
^{45}Ca	165	Tage
^{59}Fe	45	Tage
^{125}I	60	Tage
^{131}I	8,05	Tage
^{135}I	9,7	Stunden

Einheiten der Radioaktivität

Das Internationale Einheitensystem (SI-System) benutzt als Einheit der Radioaktivität den **Bequerel** Bq. Die Einheit ist als ein Zerfall pro s definiert (1 d s^{-1}). Bis jetzt hat sich die Einheit noch nicht sehr gut durchgesetzt, oft werden noch **Curie** Ci benutzt. Diese Einheit bezeichnet die Menge an radioaktivem Material, in dem die Zahl der Kernzerfälle pro s gleich der in 1 g Radium ist, also $3{,}7 \cdot 10^{10}$ ($3{,}7 \cdot 10^{10}$ s^{-1} oder 37 gBq). Bei biologischen Arbeiten ist diese Einheit zu groß, man benutzt Mikrocurie (μCi) und Millicurie (mCi). Wichtig ist dabei, daß das Curie sich auf die Zahl der Zerfälle, die tatsächlich in einer Probe stattfinden, bezieht (d.h. d s^{-1}), nicht auf die Zerfälle, die ein Zähler feststellt. Letztere sind stets nur ein Anteil der realen Zerfälle und werden als *count* (d.h. ct s^{-1}) bezeichnet.

Bei Versuchen mit Radioisotopen setzt man meistens als „Träger" das natürliche stabile Isotop des Elements zu. Man muß dann die Menge des Radioisotops pro Masseneinheit angeben. Dies ist die **spezifische Aktivität,** die in verschiedenen Einheiten in der Literatur zu finden ist, etwa als Zerfallsgeschwindigkeit (d s^{-1} oder d min^{-1}), Zählrate (ct s^{-1} oder ct min^{-1}) oder Curie (mCi oder μCi) pro Masseneinheit des Gemisches (wobei die Masseneinheiten meist Mole oder Gramm sind). Selten benutzt man als Bezeichnung der spezifischen Aktivität die Einheit **Atomprozent-Überschuß.** Nach der Definition ist dies die Zahl der radioaktiven Atome pro 100 Atome des Elements in der Verbindung.

Einfluß radioaktiver Strahlung

α**-Teilchen** besitzen hohe Energie (3–8 MeV); alle Teilchen, die aus einem bestimmten Isotop stammen, weisen denselben Energieinhalt auf. Für die Reaktion mit umgebender Materie gibt es 2 Möglichkeiten. Einmal können sie **Anregungen** bewirken. Bei diesem Vorgang wird Energie vom α-Teilchen auf die Orbitalelektronen benachbarter Atome übertragen, so daß diese auf höhere Energieniveaus gelangen. Das α-Teilchen setzt seinen Weg mit einer um einen bestimmten Betrag verminderten Energie fort. Er ist etwas größer als die auf das Elektron übertragene Energiemenge. Das „angeregte" Elektron fällt schließlich auf sein ursprüngliches Niveau zurück, wobei Energie als Photonen im Bereich des sichtbaren oder nahen sichtbaren Lichtes frei wird. Zum anderen können diese α-Teilchen Atome auf ihrem Weg **ionisieren.** Dabei wird das Zielelektron aus der Hülle völlig entfernt. Das Atom wird dadurch ionisiert, und man erhält ein **Ionenpaar,** das aus einem positiv geladenen Ion und einem Elektron besteht. Wegen ihrer Größe, ihrer langsamen Bewegung und ihrer doppelten positiven Ladung stoßen α-Teilchen auf ihrem Weg häufig mit Atomen zusammen. Sie verursachen folglich sehr häufig Ionisierungen und Anregungen, wodurch ihre Energie rasch verbraucht wird. Deshalb können α-Teilchen trotz der hohen Ausgangsenergie keine dicken Schichten durchdringen.

Negatronen sind im Vergleich mit α-Teilchen sehr kleine und schnelle Partikel, die eine einzelne negative Ladung tragen. Genau wie die α-Teilchen verursachen sie bei ihrer Wechselwirkung mit Atomen Ionisierungen und Anregungen. Wegen ihrer hohen Geschwindigkeit und kleinen Größe aber sind die Chancen eines Zusammenstoßes mit Materie der Umgebung viel geringer, weswegen sie höhere Weglängen und weniger Ionisierungsereignisse als α-Teilchen zeigen.

Ein zweiter Unterschied zwischen α-Teilchen und Negatronen liegt im Energieinhalt. Während für einen bestimmten α-Emitter alle Teilchen dieselbe Energie aufweisen, werden Negatronen über einen **Energiebereich** emittiert; Negatronenstrahler haben also ein charakteristisches **Energiespektrum.** Die Obergrenze des Energieniveaus E_{max} ist sehr unterschiedlich; bei ^{3}H liegt sie bei 0,018 MeV, bei ^{38}Cl bei 4,81 MeV. Pauli konnte 1931 den Grund für diese Streuung der Energie der Negatronen aus ein und demselben Isotop aufklären, denn nach seinem Postulat ist hier zwar jeder radioaktive Zerfall mit einem Energieinhalt bis zu E_{max} verknüpft, doch wird die Energie zwischen einem Negatron und einem **Neutrino** aufgeteilt. Der Anteil der Gesamtenergie, der jeweils auf Negatron und Neutrino entfällt, ist bei jedem Zerfall verschieden. Neutrinos haben keine Ladung und vernachlässigbar kleine Massen, sie treten nicht mit umgebender Materie in Wechselwirkung.

γ-**Strahlen** gehören zu den elektromagnetischen Strahlen, sie haben also keine Ladung oder Masse. Deshalb treffen sie selten auf benachbarte Atome auf und legen einen verhältnismäßig großen Weg zurück, bevor ihre Energie verbraucht ist. Sie weisen daher eine hohe Durchdringungskraft auf. Mit Molekülen und Atomen können sie auf 8 verschiedene Arten in Wechselwirkung treten. Die 3 hauptsächlichen Wege führen zur Freisetzung von **Sekundärelektronen,** die anschließend wieder Anregungen und Ionisierungen verursachen können.

Bei der **photoelektrischen Absorption** treffen γ-Strahlen niedriger Energie auf äußere Orbitalelektronen. Ihre Energie wird auf das Elektron übertragen, das dann als Photoelektron abgestoßen wird. Das Photoelektron verhält sich hinterher als Negatron. Im Gegensatz dazu tritt bei γ-Strahlen mittlerer Energie nur ein Teil der Energie auf das Zielelektron über, das bei der **Compton-Streuung** herausgeschlagen wird. Der γ-Strahl wird abgelenkt und läuft mit reduzierter Energie weiter. Auch diese freigesetzten Elektronen verhalten sich wie Negatronen. Treffen schließlich γ-Strahlen sehr hoher Energie mit dem Kern eines Atoms zusammen, so kommt es zur **Paarbildung, bei der die**

gesamte Energie des γ-Strahls in ein Positron und ein Negatron umgesetzt wird.

9.2   Nachweis und Messung der Radioaktivität

Absolute oder relative Zählweise

Radioaktive Messungen werden auf 2 Wegen quantitativ ausgewertet. Entweder wird jeder einzelne radioaktive Zerfall in einer Probe registriert (**absolute Zählung**), oder man zählt einen konstanten Anteil (**relative Zählung**). Bei der absoluten Zählung muß man eine Methode einsetzen, die mit 100%iger Ausbeute arbeitet, oder die Ausbeute der Zählmethode mit geeigneten Standards bestimmen und die absolute Zählrate errechnen. Bei der relativen Zählung setzt man voraus, daß alle Proben mit der gleichen **Zählausbeute** ausgewertet werden. Dies sollte jeweils nachgeprüft werden; ist die Voraussetzung irrig, so muß eine absolute Zählung durchgeführt werden. 2 hauptsächliche Methoden werden zum Nachweis und zur Quantifizierung der Radioaktivität benutzt. Sie basieren auf der Ionisierung von Gasmolekülen oder auf der Anregung von festen bzw. gelösten Stoffen. Eine dritte Methode, die die Fähigkeit radioaktiver Substanzen zur Belichtung fotografischer Emulsionen ausnutzt, dient kaum für quantitative Arbeiten.

Methoden, die auf der Ionisierung von Gasen beruhen

Einfluß der Spannung auf die Ionisierung. Während ein energiereiches geladenes Teilchen durch ein Gas läuft, setzt sein elektrostatisches Feld äußere Elektronen aus genügend nahe benachbarten Atomen frei und verursacht dadurch Ionisierungen. Die Ionisierungsfähigkeit nimmt in der Reihenfolge

$$\alpha > \beta > \gamma \ (10\,000 : 100 : 1)$$

ab. α- und β-Teilchen lassen sich deshalb leicht durch Gasionisierungsmethoden nachweisen, γ-Strahlen aber nur schlecht.

Finden diese Ionisierungen zwischen einem Elektrodenpaar in einer geeigneten Kammer statt, so fließt durch sie ein Strom, dessen Größe der angelegten Spannung und der Zahl der ausgestrahlten Teilchen in der Kammer proportional ist (Abb. 9.**2**). Wir untersuchen nun die einzelnen „Bereiche" der Abb. 9.**2**.

Im Bereich der **Ionisierungskammern** der Kurve produziert jedes Teilchen der radioaktiven Strahlung nur ein Ionenpaar pro Kollision. Die Ströme sind sehr niedrig und benötigen sehr empfindliche Meßvorrichtungen. Diese Methode wird quantitativ wenig benutzt, doch sind einige **Elektroskope** benutzt worden, um die Eigenschaften der Radioaktivität nachzuweisen. Bei höherer Spannung wandern die bei den Ionisierungen freigesetzten Elektronen sehr viel schneller zur Anode. Deshalb können sie sekundäre Ionisierungen des Gases in der Kammer hervorrufen, die wiederum sekundäre Ionisierungselektronen freisetzen, so daß es zu Drittionisierungen kommt. Aus der ursprünglichen Kollision ergibt sich eine ganze Kaskade von Elektronen, die an der Anode ankommen. Dies ist das Prinzip der **Gasverstärkung**, es wird nach seinem Entdecker auch als **Townsendscher Lawineneffekt** bezeichnet. Als Folge dieser Verstärkung ist der Stromfluß hier viel größer. Wie aus Abb. 9.**2** ersichtlich, ist im **Proportionalzählerbereich** die Zahl der aufgefangenen Ladungen der angelegten Spannung direkt proportional, bis ein oberer Grenzwert der Spannung erreicht ist und sich ein Plateau abzeichnet. Bevor das Plateau tatsächlich erreicht ist, ergibt sich ein Bereich, den man als **begrenzt proportionale Zählregion** bezeichnet, die aber beim Nachweis und der Zählung von Radioaktivitäten selten benutzt wird und hier nicht weiter erwähnt werden soll.

Zähler, die im **Proportionalbereich** arbeiten, sind kommerziell erhältlich. Ein großer Nachteil liegt darin, daß sie sehr stabile Spannungsquellen benötigen, da kleine Änderungen der Voltzahl schon deutliche Schwankungen der Verstärkung hervorrufen. Proportionalzähler sind also nur beim Nachweis und der Zählung von α-Strahlen in

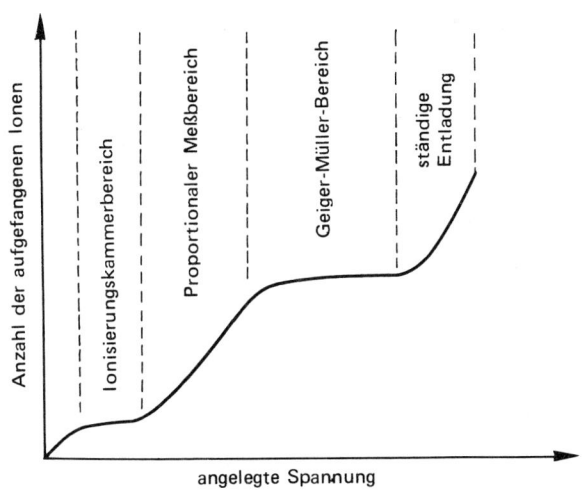

Abb. 9.**2**   Einfluß der Spannung auf Impulszahlen

Gebrauch, von denen es allerdings im biologischen Bereich sehr wenige verwendbare Isotopen gibt.

Im **Geiger-Müller-Bereich** führen alle eingestrahlten Teilchen, auch die schwachen β-Strahler, zu vollständigen Ionisierungen des Gases in der Kammer. Die Größe des erzeugten Stromes ist deshalb von der Zahl der primär erzeugten Ionen nicht mehr abhängig. Da in diesem Bereich die maximale Gasverstärkung eingetreten ist, bleibt die Größe des registrierten Impulses am Detektor über einen beträchtlichen Bereich der Spannung gleich (**Geiger-Müller-Plateau**). Es wird also weniger die Größe des eingestrahlten Energieimpulses gemessen, sondern vielmehr die Zahl der Impluse. Zwischen verschiedenen Isotopen wird damit kaum unterschieden.

Da für den Weg der Ionenpaare zu ihren Elektroden eine endliche Zeit notwendig ist, können weitere ionisierende Partikel, die die Kammer oder Röhre während dieser Zeit penetrieren, keine Ionisierung hervorrufen und werden somit nicht mitgezählt. Man bezeichnet dies als die **Totzeit** der Röhre, sie beträgt etwa 100–200 µs. In Proportionalzählern ist die Totzeit weniger wichtig als in Geigerzählern, da dort nicht die ganze Gasfüllung ionisiert wird. Bei hohen Zählraten kann dies ein Vorteil der Proportionalzähler sein. Wenn die Ionen ihre Elektrode erreichen, werden sie neutralisiert. Es ist unvermeidlich, daß einige vorbeifliegen und ihre eigene Ionisierungskaskade produzieren. Ohne entsprechende Kontrolle würde deshalb eine Geiger-Müller-Zählröhre sehr leicht zu einer **kontinuierlichen Entladung** übergehen. Um dies zu unterdrücken, wird die Röhre mit einer geeigneten Gasfüllung versehen, die die Energie der freien Ionen reduziert. Solche „Quench"-Agenzien sind z.B. Ethanol, Ameisensäureethylester oder Halogene.

Früher war die Geiger-Müller-Zählweise auch bei der Quantifizierung der radioaktiven Isotope in biologischen Präparaten die bevorzugte Methode. Heute hat sich die Szintillationszählung (s.u.) völlig durchgesetzt. Gelegentlich wird allerdings die Geiger-Müller-Zählung noch benutzt, eine kurze Darstellung ihres Gebrauchs ist hier notwendig.

Zählrohre. 2 der vielen Typen von Geiger-Müller-Zählrohren sind in Abb. 9.**3** dargestellt. Das **Endfensterzählrohr** (Abb. 9.**3 a**) wird am meisten eingesetzt. Dicke Endfenster (Glas) sind widerstandsfähig, können aber nur für β-Strahler mit hoher Energie (z.B. ^{32}P) benutzt werden, da diese Teilchen genügend Energie aufweisen, um durch das Glasfenster zu gelangen und dann noch Ionisierungen des Gases in der Röhre hervorzurufen. Dünnere Endfenster (Mica oder Mylar) dienen zum Nachweis schwacher β-Strahler (z.B. ^{14}C). Die **Rundtrogzählröhre** (Abb. 9.**3 b**) dient zur Zählung flüssiger Proben. Da sie aus Glas

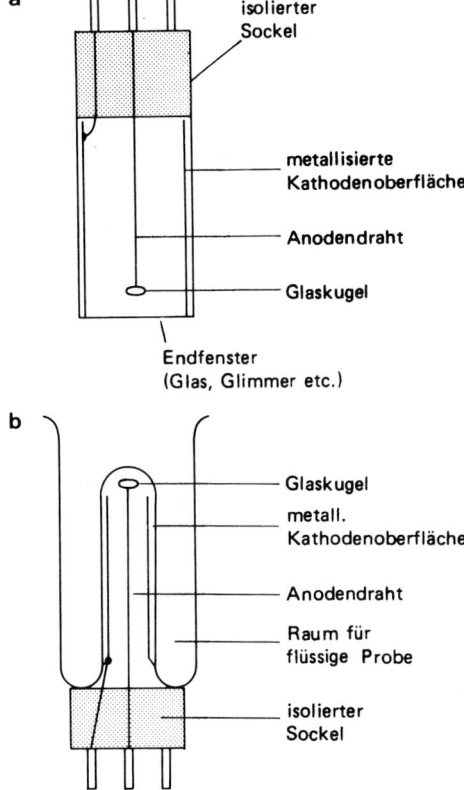

a isolierter Sockel

metallisierte Kathodenoberfläche

Anodendraht

Glaskugel

Endfenster
(Glas, Glimmer etc.)

b

Glaskugel

metall. Kathodenoberfläche

Anodendraht

Raum für flüssige Probe

isolierter Sockel

Abb. 9.**3**   Wichtige Ausführungen der Geiger-Müller-Zählrohre: **a** Endfenster-zählrohr; **b** Rundtrogzählröhre

gefertigt ist, ist sie nur für starke β-Strahler geeignet. Bei sehr weichen β-Strahlern (z.B. ^{3}H) und bei α-Strahlern werden bei sehr dünnen Endfenstern die meisten Teilchen absorbiert, bevor sie in den Meßteil des Rohres gelangen. Man kann dies mittels eines *fensterlosen* Zählrohres vermeiden, durch das ein Gasgemisch, z.B. 2 % Butan in Helium, langsam geblasen wird. Man bezeichnet dies als **Gasdurchflußzähler** oder **fensterlose Zähler.**

Röhrchencharakteristik. Für eine konstant strahlende Quelle zeigt Abb. 9.**4** eine Darstellung der Zählrate gegen steigende angelegte Spannung an ein Geiger-Müller-Zählrohr. Eine typische Kurve ergibt zunächst einen deutlichen Anstieg der Zählausbeute, in diesem Bereich

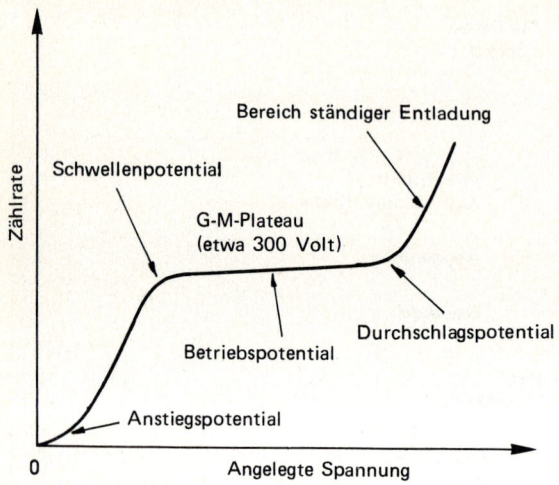

Abb. 9.4 Auswirkung der angelegten Spannung auf die Zählrate eines Geiger-Müller-Zählrohres

verursachen nur die energiereichsten β-Partikel eine Entladung im Rohr. Bei der Schwellenspannung flacht die Kurve in ein **Plateau** von etwa 300 V Länge ab. Die genaue Länge dieses Plateaus ist eine charakteristische Konstante der einzelnen Röhren. Bei höheren Spannungen tritt ein zweiter plötzlicher Anstieg der Zählrate ein. Hier ist die Spannung zwischen den Elektroden so hoch, daß gelegentliche Entladungen in der Röhre ablaufen, die nicht durch radioaktive Strahlung verursacht werden. In diesem Bereich der **kontinuierlichen Entladung** sollte man die Röhre nie betreiben, da sie sonst sehr schnell Schaden leidet.

Geräte. Vom einfachen billigen Zähler für Demonstrationszwecke bis zu sehr ausgearbeiteten Geräten ist eine Vielzahl von Geiger-Müller-Zählern kommerziell erhältlich. Obwohl heute die Szintillationszählung die meistgebrauchte Methode für die Quantifizierung von Radioisotopen bei biochemischen Arbeiten ist, kommen Geiger-Müller-Zähler bei spezifischen Anwendungen noch vor. Viele Experimente mit Radioisotopen beinhalten die Trennung markierter Metaboliten durch chromatographische oder elektrophoretische Verfahren. Man kann sie durch Inkubation der Papiere oder Platten mit Röntgenfilm nachweisen (S. 417) und danach eluieren und zählen. Dieses Verfahren kostet Arbeit und viel Zeit. Mit Hilfe von Scannern auf der Basis der Geiger-

Müller-Rohre, die fensterlos oder mit dünnen Endfenstern zählen, läßt sich der ganze Vorgang deutlich beschleunigen und präzisieren.

Methoden, die auf einer Anregung beruhen

Wie auf S. 396 beschrieben, treten die Strahlungen radioaktiver Isotope mit der Materie auf 2 Arten in Wechselwirkung. Die Ionisierung bildet die Grundlage der Geiger-Müller-Zählrohre. Die Anregung einer Verbindung – eines *Fluorochroms* – führt zur Emission von Photonen. Diese *Fluoreszenz* kann nachgewiesen und quantifiziert werden. Man bezeichnet den Vorgang als *Szintillation*, mittels eines Photomultipliers kann man sie zur *Szintillationszählung* ausnutzen. Der elektrische Impuls, der aus der Umwandlung der Lichtenergie im Photomultiplier entsteht, ist der Energie des ursprünglichen radioaktiven Zerfalles direkt proportional. Dies bildet die wichtige Grundlage der Szintillationszählung, da somit 2, manchmal auch mehrere Isotopen getrennt nachgewiesen und in der gleichen Probe gemessen werden können, wenn sie nur genügend unterschiedliche Spektren der Emissionsenergie besitzen (s.u.).

Typen der Szintillationszähler. In Abb. 9.5 sind die beiden grundsätzlichen Konstruktionen der Szintillationszähler schematisch dargestellt. Beim **Festkörperszintillator (externe Zählung)** wird die Probe dicht an einen Kristall des fluoreszierenden Materials gebracht. Der normaler-

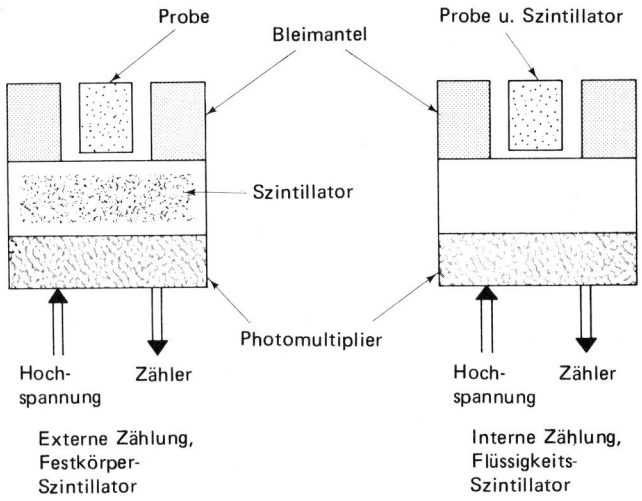

Abb. 9.**5**   Schematische Darstellung der **a** Festkörper-Zählung (externe) und **b** Flüssigkeits-Zählung (interne)

weise für γ-Strahler benutzte Kristall besteht aus Natriumiodid, für α-Strahler zieht man Zinksulfid-Kristalle vor, für β-Strahler dienen organische Szintillatioren wie Anthracen. Die Kristalle selbst liegen neben einem Photomultiplier, an den wiederum eine Hochspannung angelegt und ein Zähler angeschlossen wird. Die Festkörperszintillationszählung wird vor allem bei γ-Strahlern eingesetzt. Wie in Abschn. 1. dargelegt, sind nämlich γ-Strahlen elektromagnetische Wellen, die nur selten mit benachbarten Atomen unter Ionisierungs- und Anregungserscheinungen in Wechselwirkung treten. In einem Kristall sind aber die Atome so dicht gepackt, daß die Wahrscheinlichkeit von solchen Wechselwirkungen stark heraufgesetzt wird. Für schwache β-Strahler wie ^3H und ^4C ist umgekehrt die Festkörperszintillationszählung meist nicht brauchbar, da auch die energiereichsten Negatronen dieser Isotope kaum in der Lage sind, die Wände der Zählröhrchen zu durchdringen, in die die Proben zur Zählung eingefüllt werden. Da aber viele der Isotope im Radioimmunoassay (Kap. 4.5) γ-Strahler sind, wird heute die Festkörperszintillationszählung hierfür häufig benutzt.

Bei der **internen** oder **Flüssigkeitsszintillationszählung** wird die Probe mit einem Lösungsmittel aufgenommen, die einen geeigneten Szintillator gelöst enthält. Diese Zählweise ist für die weichen β-Strahler wie ^3H, ^{14}C und ^{35}S, wie sie in der Biochemie häufig benutzt werden, besonders gut bei quantitativen Arbeiten geeignet. Zumindest für diese Isotope ist die Flüssigkeitsszintillationszählung heute in allen Laboratorien die Standardzählweise. Sie wird deshalb nun ausführlicher besprochen, obwohl anzumerken ist, daß die meisten der im folgenden besprochenen Charakteristika auch für die Festkörperszintillationszählung zutreffen, die für die Quantifizierung der γ-Strahler benutzt wird.

Energieübertragung bei der Flüssigkeitsszintillationszählung. Nur eine kleine Zahl von organischen Lösungsmitteln fluoresziert nach Beschuß mit radioaktiven Strahlen direkt. Das dabei ausgesandte Licht hat eine sehr kurze Wellenlänge und läßt sich durch gängige Photomultiplier kaum nachweisen (Abb. 9.**6**). Ist jedoch in dem Lösungsmittel eine Substanz enthalten, die die Energie aus dem Lösungsmittel aufnehmen und selbst bei längerer Wellenlänge fluoreszieren kann, dann wird das Licht mit viel höherer Ausbeute nachgewiesen. Eine solche Verbindung wird als **primärer Szintillator (Fluorophor)** bezeichnet; die am häufigsten eingesetzte Verbindung ist 2,5-Diphenyloxazol (PPO). Allerdings wird das durch PPO ausgesandte Licht nur mit geringer Ausbeute gezählt, doch läßt sich dies durch Zugabe eines **sekundären Szintillators** oder „wavelength shifter", wie 1,4-Di-[2-(5-phenyl-oxazoyl)]-benzol (POPOP), umgehen. Die Energieübertragung verläuft dann über mehrere Stufen:

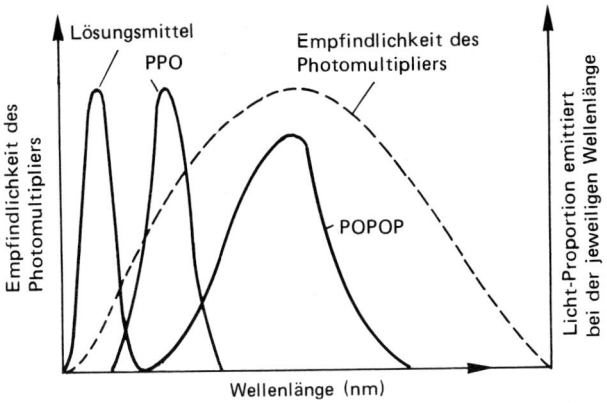

Abb. 9.6 Emissionsspektren verschiedener Szintillatoren im Verhältnis zur Empfindlichkeit der Photomultiplier

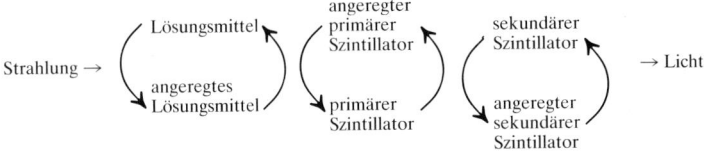

Es ergibt sich natürlich die Frage, warum ein primärer **und** ein sekundärer Szintillator notwendig sind, wenn doch der letztere Licht bei einer Wellenlänge aussendet, die die beste Zählausbeute erlaubt. Die Antwort liegt in der Unmöglichkeit eines direkten Energieüberganges zwischen Lösungsmittel und sekundärem Szintillator.

PPO und POPOP wurden schon in der Frühzeit dieser Zählmethode vorgeschlagen und sind auch heute noch die meistbenutzten Szintillatoren. Kürzlich hat sich allerdings mit Verbindungen wie 2-(4′-*t*-Butylphenyl)-5-(4″-biphenylyl)-1,3,4-oxadiazol (BUTYL-PBD) ein Fortschritt ergeben, da sie als primäre Szintillatoren Energie aufnehmen, aber Licht bei zur Zählung gut geeigneten Wellenlängen abgeben und damit einen sekundären Szintillator überflüssig machen. BUTYL-PBD hat aber für bestimmte Proben praktische Nachteile und muß vorsichtig eingesetzt werden.

Vorteile der Szintillationszählung. Schon die breite Anwendung der Szintillationszählung in biologischen Laboratorien weist ihre Vorteile gegenüber der Geiger-Zählung nach. Diese sind:

- Da die Abklingzeit der Fluoreszenz gegenüber der Totzeit in einem Geiger-Müller-Zählrohr viel kürzer ist, werden viel höhere Zählraten möglich.

- Gerade bei den weichen β-Strahlern sind viel höhere Zählausbeuten möglich. Im Geiger-Rohr liegt die Ausbeute für ^3H kaum über 5 %, bei der Flüssigkeitsszintillationszählweise erreicht man meist etwa 50 % Ausbeute. Dies hängt damit zusammen, daß die Negatronen nicht durch Luft oder durch ein Endfenster eines Geiger-Müller-Rohrs wandern müssen, wobei natürlich viel von ihrer Energie verloren geht, bevor sie Ionisierungn bewirken. Hier wirken sie direkt auf den Fluorophor ein. Der Energieverlust vor der Wechselwirkung, die gezählt wird, ist gering.

- Bei der Szintillationszählung läßt sich praktisch jeder Probentyp verarbeiten. So lassen sich Radioaktivitäten in Flüssigkeiten, Festsubstanzen, Suspensionen, Emulsionen, Gelen oder Chromatogrammen exakt zählen. Die Geiger-Rohre benötigen für verschiedene Probenarten spezialisierte Röhrentypen und häufig auch verschiedenartige Zusatzteile.

- Die Vorbereitung der Proben für die Szintillationszählung ist meist einfacher.

- Mit 2 oder 3 verschiedenen Isotopen markierte Proben können in Szintillationszählern differenziert ausgewertet werden, dies kann das Geiger-Rohr nicht leisten (genauere Besprechung s.u.). Dadurch werden *Doppelmarkierungsexperimente* möglich.

Nachteile der Szintillationszählung. Nachdem nun einige Vorteile der Methode hervorgehoben wurden, wäre es unangebracht, die Nachteile nicht ebenfalls aufzuzählen. Glücklicherweise sind die meisten charakteristischen Schwierigkeiten heute durch Fortschritte im Gerätebau überwunden:

- Die Kosten für die Szintillationszählung können, auf die einzelne Probe umgerechnet, sehr deutlich höher liegen als für die Geiger-Zählweise. Allerdings überwiegen gegenüber diesem Argument andere Faktoren wie Vielseitigkeit, Ausbeute, Einfachheit und Exaktheit bei den meisten Anwendungen.

- An die Photomultiplier müssen sehr hohe Spannungen angelegt werden. Dadurch treten elektronische Impulse im System auf, die nichts mit der radioaktiven Strahlung zu tun haben, aber einen verhältnismäßig hohen Leerwert ergeben. Man bezeichnet sie auch als **Photomultiplierrauschen;** durch Kühlung der Photomultiplier werden sie verringert. Da auch die Zählausbeute temperaturabhängig ist, liefert die Kühlung eine für die Zählung günstige gleichmäßige

Temperatur (Fortschritte beim Bau der Photomultiplier haben allerdings temperaturunabhängige Zähler hervorgebracht, die zudem verhältnismäßig billig sind). Die Kühlung allein unterdrückt allerdings das Photomultiplierrauschen nur ungenügend, deshalb wurden Zusatzschaltungen eingeführt. Hierzu gehört einmal ein **Impulshöhendiskriminator,** den man so einstellen kann, daß die meisten der Impulse niedriger Energie ausgefiltert werden (**Schwellen-** oder **Gate**-Einstellung). Der Nachteil liegt darin, daß auch sehr energiearme Impulse bei sehr weichen Strahlern unterdrückt werden (z.B. ^{3}H). Zum zweiten benutzt man – heute bei den meisten Szintillationszählern – eine **Koinzidenzschaltung.** Hierbei werden 2 Photomultiplier angesetzt. Sie sind so geschaltet, daß nur Signale, die gleichzeitig aus beiden Röhren kommen, zum *Zähler* weitergeleitet werden. Für einen radioaktiven Zerfall wird dies praktisch immer der Fall sein, für Rauschereignisse ist die Chance des gleichzeitigen Auftretens in beiden Photomultipliern klein.

Der größte Nachteil der Szintillationsmethode liegt wahrscheinlich im **Quenchen** (Unterdrücken, Auslöschen). Es tritt immer dann ein, wenn der oben beschriebene Vorgang der Energieübertragung an einem Punkt gestört wird. Wir unterscheiden demnach 3 hauptsächliche Mechanismen des Quenchens:

– **Optisches Quenchen** tritt auf, wenn verschmutzte Zählgefäße benutzt werden. Sie absorbieren ausgestrahltes Licht, bevor es den Photomultiplier erreicht. Man muß deshalb sorgfältig auf die Verwendung sauberer Zählgläschen achten, die so zu behandeln sind, daß die Oberfläche nicht verschmutzt wird.

– **Farbquenchen** tritt bei gefärbten Proben auf; hier wird ein Teil des Lichtes absorbiert, bevor es aus dem Zählgefäß austreten kann. Weiß man, daß bei Proben Farbquenchen größere Schwierigkeiten bereiten wird, so kann man es, wie unten besprochen, verringern.

– **Chemisches Quenchen** tritt auf, wenn durch eine Komponente in der Probe einer der Energieübergänge zwischen Lösungsmittel, primärem Szintillator und sekundärem Szintallator gestört wird. Werden homogene Serien gemessen (z.B. $^{14}CO_2$, das während der Verstoffwechselung von ^{14}C-Glucose freigesetzt und in Lauge aufgefangen wird, die man dann der Szintillatorlösung zur Zählung zusetzt), so wird sich die chemische Löschung in den einzelnen Proben nicht sehr unterscheiden. In solchen Fällen kann man die relativen Counts der einzelnen Proben (ct min^{-1}) direkt vergleichen. Bei den meisten biologischen Experimenten mit radioaktiven Isotopen ist allerdings eine solche Homogenität der Proben unwahrscheinlich, so daß man durch direkten Zahlenvergleich (d.h. ct min^{-1}) kein genügend genaues Ergebnis erhält. Nun muß eine geeignete Methode zur

Standardisierung eingeführt werden. Dazu muß die Zählausbeute jeder Probe bestimmt werden, so daß man die ct min^{-1} in absolute Zählwerte (d.h. d min^{-1}) umrechnen kann, wie unten beschrieben. Quenchen ist bei der (externen) Festkörperszintillationszählung ein viel kleineres Problem.

• Auch die **Chemilumineszenz** kann bei der Flüssigkeitsszintillationszählung Schwierigkeiten verursachen. Dabei treten chemische Reaktionen zwischen Komponenten aus den zu zählenden Proben und der Szintillatorlösung auf, die zu einer Emission von Licht führen, die mit der Anregung des Lösungsmittels und den Szintillatoren durch die Radioaktivität nichts zu tun hat. Diese Lichtemissionen sind meistens energiearm und werden durch die Schwellenwerteinstellung des Photomultipliers ebenso eliminiert wie das Rauschen des Photomultipliers. Tritt eine störende Chemilumineszenz auf, so stellt man die Proben am besten einige Zeit vor der Zählung beiseite, um die Lumineszenz abklingen zu lassen.

• Die **Phospholumineszenz** rührt von Komponenten der Probe, auch des Zählgefäßes her, die Licht absorbieren und wieder aussenden. Im Gegensatz zur Chemilumineszenz, die nur einmal auftritt, beobachtet man die Phospholumineszenz immer nach Belichten der Probe. Gefärbte Proben neigen am meisten zur Phosphoreszenz. Macht sie sich störend bemerkbar, so sollten die Proben vor der Zählung im Dunkeln aufbewahrt werden. Während des Zählvorganges muß dann die Probenkammer geschlossen bleiben.

Zählung doppelt markierter Proben. Man kann 2 verschiedene Isotope in einer Probe getrennt auszählen, wenn ihre Energiespektren genügend unterschiedlich sind. Beispiele solcher Isotopenpaare mit genügend getrennten Energiespektren sind ^3H und ^{14}C, ^3H und ^{35}S, ^3H und ^{32}P, ^{14}C und ^{32}P, ^{35}S und ^{32}P. Das Prinzip dieser Methode zeigt Abb. 9.7. Man sieht, daß die Spektren der 2 Isotope (S und T) sich nur geringfügig überlappen. Benutzt man Impulshöhendiskriminatoren, die so eingestellt sind, daß sie alle Impulse der Energie unterhalb X **(Schwelle X)** und oberhalb Y **(Fenster Y)** herausfiltern, dann einen zweiten Diskriminatorsatz mit einer Schwelle von A und einem Fenster von B, so lassen sich die 2 Isotope vollständig voneinander trennen. Diese Sätze von Diskriminatoren, die eine Schwelle und ein Fenster festlegen, werden als **Kanal** bezeichnet. Man benötigt also ein Gerät mit 2 Kanälen, um 2 Isotope in einer Probe auszählen zu können; sonst müßte man jede Probe zweimal in einem Einkanalgerät zählen und dabei den Kanal jeweils für die beiden Isotope umrüsten.

Mit drei- oder vierkanaligen Instrumenten lassen sich 3 Isotope in einer Probe gleichzeitig zählen, wenn Energiespektren nicht allzusehr überlappen. Dieser Einsatz von zweifachen und dreifachen Markie-

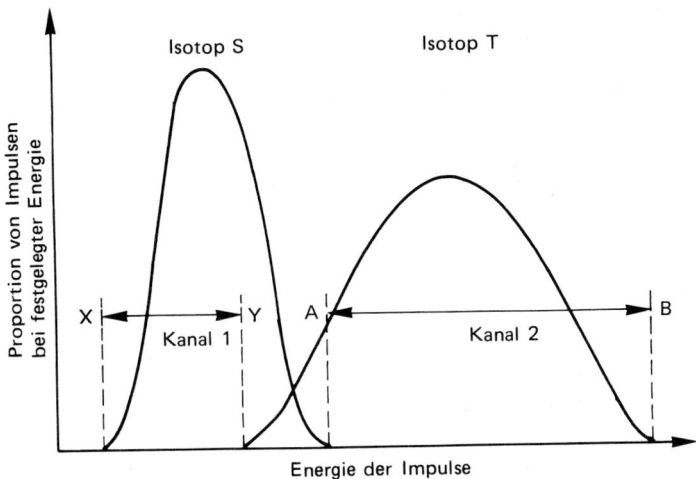

Abb. 9.7 Diagramm zur Zählung doppelt markierter Proben

rungstechniken war vor allem bei Untersuchungen der DNS/RNS-Hybridisierung von Nutzen. Anwendungsgebiete waren auch die Synthese der RNS anhand einer DNS-Matrize (Transkription), Mechanismen der ribosomalen Proteinbiosynthese oder auch differenzierte Stoffwechselwege (z.B. Steorid-Biosynthese).

Bestimmung der Zählausbeute. Wie oben erläutert, stellt das Quenchen das größte Problem bei der Szintillationszählung dar. Deshalb wird es oft notwendig, die Zählausbeute bei einigen, wenn nicht bei allen Proben einer Serie zu bestimmen. Man kann dies nach verschiedenen Standardisierungsmethoden durchführen; sie gelten alle sowohl für die Festkörper- wie für die Flüssigkeitsszintillation, wobei hier wiederum die letztere Methode hervorgehoben wird.

● **Innerer Standard.** Bei dieser Methode wird die Probe gezählt (A ct min^{-1}), danach wird in das Zählgefäß eine kleine Menge eines Standards mit bekannter Zerfallszahl pro min (B d min^{-1}) gegeben. Die Probe wird dann erneut gezählt (C ct min^{-1}). Die Zählausbeute der Probe läßt sich nun berechnen:

$$\text{Zählausbeute} = 100\,\frac{C - A}{B}$$

Offensichtlich ist dabei Voraussetzung, daß der innere Standard das gleiche Isotop enthält wie die zu zählende Probe und der Standard selbst kein Quenchen verursacht. Für ^{14}C sind geeignete Standards

^{14}C-Toluol, ^{14}C-Hexadecan und ^{14}C-Benzoesäure, für ^{3}H nimmt man ^{3}H-Toluol, ^{3}H-Hexadecan und ^{3}H-Wasser (Benzoesäure und Wasser sind selbst Quencher, sie dürfen deshalb nur in kleinen Mengen zugegeben werden). Der innere Standard ist einfach zu handhaben, zuverlässig und für alle Quenchtypen sicher. Andererseits müssen die Pipettiervorgänge bei der Zugabe eines Standards sehr exakt sein; außerdem kann man eine Probe nach einem vermuteten Meßfehler nicht noch einmal zählen, da sie nun den Standard zusätzlich enthält.

Außerdem verstreicht zwischen der ersten und der zweiten Zählung einige Zeit. Dabei können sich auch die Quencheigenschaften in den Proben ändern, so daß deutliche Meßfehler entstehen.

● **Externer Standard.** Bei dieser Methode zur Bestimmung der Zählausbeute benutzt man in den Szintillationszähler fest eingebaute γ-Strahler als *äußere Standards,* die mit Hilfe einer Eichkurve benutzt werden müssen. Diese Eichung kann man auf verschiedenen Wegen durchführen; die Auswahl hängt auch von der Konstruktion des Zählers ab. Es wird an dieser Stelle eine Methode beschrieben, um das Prinzip der externen Standards zu verdeutlichen. Zunächst wird ein Leerwert gezählt, der nur die Szintillator-Lösung enthält (S ct min^{-1}); dabei liegt der externe Standard, also ein γ-Strahler, dicht an der Außenseite des Zählgläschens. Der Leerwert wird dann aus dem Zähler herausgenommen und mit einer kleinen Menge einer quenchenden Substanz versetzt. Man verwendet dafür z.B. Anilin, Aceton oder Sudan III. Der Leerwert wird wiederum gezählt (T ct min^{-1}), dieser Zählwert wird dann als Prozentsatz der ursprünglichen, nicht gequenchten Leerwertzählung ausgedrückt ($[T/S]\cdot100$). Danach wird der Leerwert wiederum aus dem Zähler genommen, ein weiteres Aliquot der Quenchsubstanz-Lösung wird zugefügt, die Zählung wird wiederholt und in der gleichen Weise registriert. Der ganze Vorgang wird anschließend noch mehrfach durchgeführt, so daß man eine Meßreihe ($[T/S]\cdot100$) erhält, die in möglichst gleichen Abständen von einem niedrigen zu einem hohen Quench führt.

Nun wird ein zweites Zählgläschen vorbereitet, in dem eine bekannte Menge eines radioaktiven Standards enthalten ist (X d min^{-1}). Es wird gezählt (Y ct min^{-1}) und damit die Zählausbeute festgelegt ($[Y/X]\cdot100$). Die Probe wird herausgenommen, man füllt ein Aliquot der Quenchsubstanz-Lösung zu und bestimmt die Zählausbeute erneut. Dieser Vorgang wird mit genau den gleichen Mengen an Quenchsubstanz wie im Leerwert wiederholt, so daß man nun eine Meßreihe der Zählausbeute ($[Y/X]\cdot100$) über den gleichen Bereich der Lösung erhält. Aus diesen beiden Kurven (d.h. $[T/S]\cdot100$ und $[Y/X]\cdot100$) ergibt sich eine Eichkurve (Abb. 9.**8**).

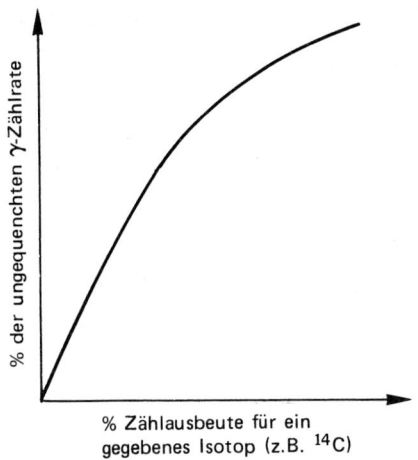

Abb. 9.8   Eichkurve zur Bestimmung der Zählausbeute mittels eines externen Standards

Zählt man nun unbekannte Proben aus, so muß zunächst ein Wert in Abwesenheit des externen Standards (D ct min^{-1}) erhoben werden und dann ein zweiter nach Anlegen des Standards (E ct min^{-1}). Man zählt auch einen Leerwert ohne zugesetzte Radioaktivität unter Anlegen des äußeren Standards durch (F ct min^{-1}). Danach läßt sich der Prozentsatz der Strahlung des externen Standards errechnen, der in den einzelnen Meßproben noch aufgefunden werden konnte:

$$100 \frac{E - D}{F}$$

Aus der Eichkurve läßt sich dann direkt die Zählausbeute ablesen.

Viele Szintillationszähler besitzen heute vollautomatisierte externe Standards; die Methode gewann damit den Vorteil gegenüber den inneren Standards, daß hier die Zählausbeute der einzelnen Proben automatisch bestimmt werden konnte. Außerdem fallen die Pipettierfehler weg, die Zusammensetzung der einzelnen Proben verändert sich nicht, und eine einzige Eichkurve reicht zur Korrektur aller Quencheffekte aus. Allerdings ist zu berücksichtigen, daß eine Eichkurve jeweils nur für ein bestimmtes Isotop gilt, das in einer bestimmten Szintillatorlösung und bei bestimmter Einstellung des Gerätes gezählt wird (es wird also notwendig, jeweils verschiedene Eichkurven für verschiedene Isotopen und verschiedene Szintillatorlösungen zu erstellen). Trotz der nun angeführten Vorteile der externen Standardisierung ist diese Methode zur Bestimmung der Zählausbeute wahrscheinlich die am wenigsten exakte, vor allem bei stark gefärbten und gequenchten Proben.

Zu dieser Ungenauigkeit tragen die Schwankungen in der Dicke der Zählgefäße bei. Dadurch dringen auch die γ-Strahlen unterschiedlich stark durch, außerdem werden die Proben im Verhältnis zur externen γ-Quelle nicht immer völlig gleich positioniert.

● **Kanalverhältnis.** Wie Abb. 9.**9** zeigt, vermindert ein Quench das durchschnittliche Energieniveau eines β-Spektrums. Je stärker gequencht wird, desto stärker nimmt die durchschnittliche Energie der Impulse ab. Diese Tatsache macht man sich bei der Methode der Bestimmung der Zählausbeute mittels des Kanalverhältnisses zunutze. Wie bei den externen Standards benötigt man bei dieser Methode eine Eichkurve. Man kann auch hier auf verschiedene Weise die Eichwerte erstellen; wieder wollen wir ein Beispiel bei einem Zweikanal-Zähler herausgreifen (Zweikanal- oder Dreikanalgeräte – die heute wohl ausschließlich eingesetzt werden – sind von Vorteil, aber hierfür nicht notwendig, da man auch in einem Einkanalgerät jede Probe zweimal bei verschiedenen Kanaleinstellungen zählen kann). Der eine Kanal wird so eingestellt, daß er das gesamte ungequenchte β-Energiespektrum

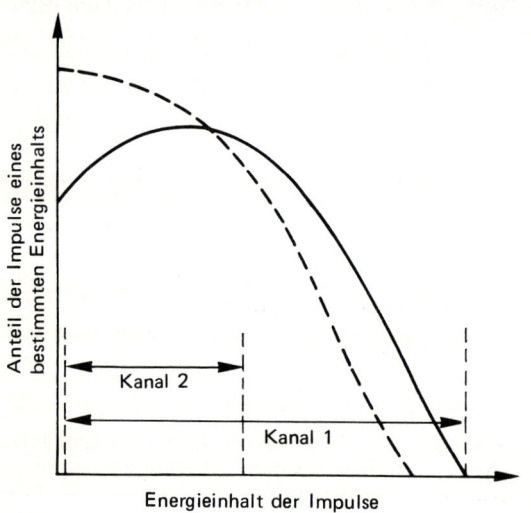

Abb. 9.**9**   Quencheffekt am Beispiel eines ß-Energiespektrums:
= —— ungequencht, = ----- gequencht

umfaßt, der zweite so, daß er ein Drittel bis zur Hälfte dieses Spektrums „sieht" (Kanal 1 bzw. Kanal 2 in Abb. 9.**9**). Man verwendet eine Probe, die eine bekannte Menge eines Isotopenstandards (P d min^{-1}) enthält, und zählt sie in beiden Kanälen (Q ct min^{-1} im Kanal 1 und R ct min^{-1} im Kanal 2). Danach erreicht man die Zählausbeute im Kanal 1 ($[Q/P] \cdot 100$) und das Kanalverhältnis. Man bildet es aus den Zählwerten des Kanals 2 und des Kanals 1 (R/Q). Dann wird das Zählgläschen aus dem Zähler genommen, man fügt ein Aliquot einer Lösung einer Quenchsubstanz zu und zählt die Probe erneut. Der Vorgang wird in einer Serie wiederholt, nach jeder Zugabe der Quenchsubstanz bestimmt man die Zählausbeute im Kanal 1 und das Kanalverhältnis. Daraus läßt sich eine Eichkurve (Abb. 9.**10**) erstellen, mit deren Hilfe man wieder die Zählausbeute – und damit errechnet man die Zählzahlen ohne Quencheffekt – einer Meßreihe im Versuch bestimmen kann. Man bestimmt jeweils das Kanalverhältnis für die einzelnen Proben und ermittelt die Zählausbeute aus der Eichkurve. Wie bei der externen Standardisierung gelten die Eichkurven jeweils nur für Proben, die das gleiche Isotop, die gleiche Szintillatorlösung usw., wie bei der Erstellung der Eichkurve, enthalten.

Die Kanalverhältnismethode läßt sich bei allen Quencharten und auch bei sehr hohem Quenchen einsetzen. In einem Zweikanalzähler benötigt man nur einen Zählvorgang, deshalb ist diese Methode nicht so zeitraubend wie die innere oder externe Standardkorrektur. In der

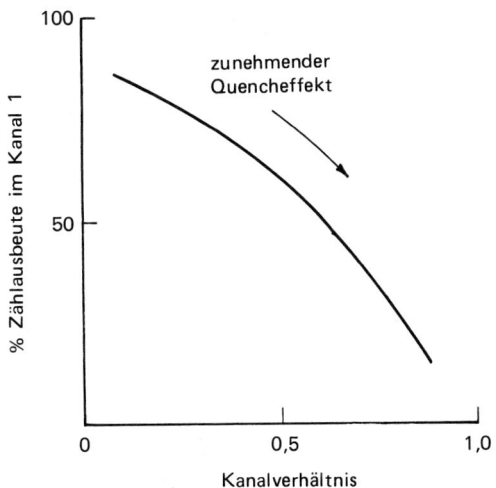

Abb. 9.**10** Quenchkorrekturkurve mittels des Kanalverhältnisses

Praxis ist sie jedenfalls die am meisten geübte, vielleicht auch die exakteste Methode zur Bestimmung der Zählausbeute, vorausgesetzt, daß die Erstellung der Eichkurve und ihre, heute meist automatisierte Ablesung sorgfältig durchgeführt werden.

Allerdings ist sie bei niedrigen Zählwerten deutlich ungenau, ebenso in stark gequenchten Proben; in beiden Fällen sollte man deshalb interne Standards verwenden.

Geräte. Heute ist ein breites Spektrum von Szintillationszählern kommerziell erhältlich, sie können hier nicht einzeln aufgeführt werden. So gibt es noch Einkanalzähler mit manueller Bedienung und am anderen Ende des Spektrums Multikanalzähler mit vollautomatischen Quenchkorrekturen bis zu 400 Proben. Die einfacheren Geräte können noch zwischen der Festkörper- und der Flüssigkeitsszintillationszählung umgestellt werden – sie sind für Lehrzwecke gut geeignet. Die meisten Laboratorien benutzen aber automatische Systeme, die Arbeitserleichterungen eingebaut haben.

Datenverarbeitung. Auch hier gibt es sehr verschiedene Ausführungen. Die Zählwerte können durch einen einfachen Drucker aufgezeichnet werden, der nur die Zahlen für eine vorgegebene Zeit für die Probe abgibt. Neuere Geräte haben eingebaute Prozeßrechner, die bei geeigneter Programmierung eine automatische Quenchkorrektur durchführen und die Zerfälle (d min^{-1}) errechnen. Fast alle modernen Geräte gehören hierzu.

Vorbereitung der Zählproben. Alle möglichen Varianten der Arbeitsweisen zur Probenvorbereitung für die Szintillationszählung können hier in der Kürze nicht beschrieben werden. Wichtige Richtlinien sollen dargestellt werden; darüber hinaus möchten wir auf die am Ende des Kapitels zitierten Bücher über das Thema verweisen.

Probengefäße. Bei der Festkörperszintillationszählung ist die Vorbereitung der Proben recht einfach. Meist muß man die Probe nur in ein Glas- oder Kunststoffgefäß (oder -röhrchen) überführen, das in den Zähler paßt. Bei der Flüssigkeitsszintillationszählung ist die Probenvorbereitung komplizierter. Zunächst muß man sich für ein bestimmtes Probengefäß entscheiden. Hier gibt es einfache Gläschen, Gläschen mit niedrigem Kalium-Gehalt (bei denen der Spiegel an ^{40}K als Hintergrundswert niedrig bleibt) oder Polyethylen (Polypropylen). Kunststoffgläschen sind billiger, können aber nicht wieder gereinigt und benutzt werden, während die Glasgefäße oft wieder zur Anwendung kommen können, wenn sie nur gründlich gereinigt werden. Kunststoffgefäße lassen das Licht besser durch und ergeben geringfügig höhere Zählausbeuten, andererseits ist die Gefahr der Phosphoreszenz hier größer als bei Glasgefäßen. In den letzten Jahren sind vermehrt

Minigefäße eingesetzt worden, die sehr viel kleinere Volumina der teueren Szintillatorlösungen aufnehmen. Meist werden sie in die bisher üblichen Gefäße hineingestellt, so daß sie auch in die älteren Probenständer hineinpassen. Allerdings kann dadurch die Stellung der Probe gegenüber dem Photomultiplier variieren, wenn nicht jedes Minigefäß genau in der gleichen Position innerhalb seines Trägergefäßes gehalten wird. Man muß also Sorge tragen, daß zumindest grobe Ungenauigkeiten dabei vermieden werden. Einige Szintillationszähler können nun sowohl die normal großen wie auch die Minigefäße direkt aufnehmen, dann entfällt diese Schwierigkeit.

Scintillation cocktails. Nach der Ausbeute sind Toluol-Cocktails die besten, doch lassen sich hier keine wassergelösten Substanzen zählen, zum einen wegen der Nichtmischbarkeit von Toluol und Wasser und zum anderen wegen der starken Quencheffekte. Man fügt deshalb dem Toluol ein zweites Lösungsmittel zu. Auch Cocktails auf der Basis von 1,4-Dioxan sind in Gebrauch, die bis zu 20 % aufnehmen können. Müssen mehr als 20 % wäßrige Anteile aufgenommen werden, dann können Detergenzien wie Triton X-100 zugesetzt werden, die, nach der Durchmischung mit Wasser, ein Gel bilden, das wiederum gezählt werden kann. Solche Gele sind auch zur Zählung von Suspensionen von Partikelproben geeignet, etwa abgeschabte Pulver aus Dünnschichtplatten. Hier muß hervorgehoben werden, daß wegen der Störungen durch Chemilumineszenzen nur hochgereinigte Lösungsmittel und gelöste Substanzen bei der Flüsssigkeitsszintillationszählung benutzt werden dürfen. Auch sollte man die Probengefäße vor der Auswertung einige Zeit im Dunkeln stehen haben, um eine störende Phosphoreszenz oder Chemilumineszenz auszuschalten.

Volumen der Zähllösung. Obwohl es bei den modernen Zählern kaum noch Schwierigkeiten bereitet, sollte man beachten, daß sich die Zählausbeute mit dem Volumen der Szintillatorlösung ändert. Deshalb sollten die Zählgläschen in einer Serie immer etwa das gleiche Volumen enthalten, auch sollte die Eichung des Gerätes mit Gläschen des gleichen Volumeninhalts wie bei den experimentellen Proben vorgenommen werden.

Ausbleichen gefärbter Proben. Bei stark gefärbten und stark gequenchten Proben ist eine Ausbleichung vor der Zählung möglich. Allerdings können die dazu geeigneten Agenzien, wie Wasserstoffperoxid, eine Chemilumineszenz in einigen Szintillatorlösungen hervorrufen.

Gewebslöser. Feste Proben wie Stückchen aus pflanzlichen und tierischen Geweben lassen sich am besten nach dem Auflösen in stark basischen Lösungen zählen. Solche Löserpräparate sind etwa Hyamin 10-X-Hydroxid, NCS-Löser oder Soluene. Man gibt die zu zählende Probe in ein Zählgläschen, das schon mit einer kleinen Menge des

Lösers beschickt ist, und inkubiert bis zur völligen Verdauung. Danach wird die Szintillatorlösung zugegeben und gezählt. Auch bei dem Gebrauch dieser Gewebslöser ist die Chemolumineszenz oft eine deutliche Schwierigkeit.

Verbrennungsmethoden. Eine geeignete Alternative zum Ausbleichen gefärbter Proben oder zur Auflösung von Gewebsteilen ist die Verbrennung. Dabei werden die Proben in einer Sauerstoffatmosphäre, meist in einem kommerziell erhältlichen Verbrennungsapparat, verascht. Enthalten sie ^{14}C, so würde $^{14}CO_2$ entstehen, das in einer geeigneten Falle aufgefangen und ausgezählt wird. ^3H-haltige Proben werden zu ^3H_2O umgesetzt.

Wie oben angemerkt, können nur einige wichtige Hinweise zur Probenvorbereitung gegeben werden; Einzelheiten lassen sich hier nicht abhandeln. Allerdings ist festzuhalten, daß fast alle Arten radiaktiver Proben, die β-Strahler enthalten, mit der einen oder anderen Methode in einem Flüssigkeitsszintillationszähler ausgewertet werden können. Dazu gehören auch Abschnitte aus Papierchromatogrammen oder Membranfiltern, was wiederum die Vielseitigkeit und Bedeutung dieser Technik zur Bestimmung der Radioaktivität betont.

Čerenkov-Strahlung. Bei harten β-Strahlern mit einem Energieinhalt der Teilchen von über 0,5 MeV werden Wassermoleküle zu einer blauweißen Lichtemission angeregt, die meist als **Čerenkov-Licht** bezeichnet wird. In einem Szintillationszähler kann man es direkt auswerten. Da man hier kein organisches Lösungsmittel und keine Szintillatoren benötigt, verursacht diese Methode kaum Kosten. Zudem ist die Vorbereitung der Proben sehr einfach, und es gibt auch kein chemisches Quenchen. Diese Zählweise der Čerenkov-Strahlung, die schon 1910 entdeckt wurde, wird jetzt häufiger eingesetzt. Tab. 9.2 führt einige Isotope auf, die für diesen Nachweis geeignete Strahlen aussenden. Sehr häufig wurde ^{32}P benutzt; 80 % seines Energiespektrums liegen oberhalb der Čerenkov-Schwelle und können dann mit etwa 40 %

Tabelle 9.2   Einige für Čerenkov-Zählweise brauchbare Isotope

Radioisotop	E_{max} (MeV)	β-Spektrum oberhalb 0,5 MeV (%)	Zählausbeute (%)
^{24}Na	1,39	60	30
^{32}P	1,71	80	40
^{36}Cl	0,71	30	10
^{42}K	3,5	90	80

Ausbeute gezählt werden. Aus der Tab. 9.**2** wird ersichtlich, daß mit steigendem Anteil des Energieinhalts der Strahlung oberhalb von 0,5 MeV die Zählausbeute steigt. Bisher sind die Möglichkeiten einer Kombination der Čerenkov-Zählung und der Szintillationszählung zur Auswertung von Doppelmarkierungen in einer Probe selten ausgenutzt worden, aber dies ist offensichtlich eine Möglichkeit. Man würde dazu nur ein Isotopenpaar benötigen, von dem ein Partner ein E_{max} unter 0,5 MeV aufweist, während der andere mit seinem Energieinhalt deutlich über dieser Schwelle liegt. Insbesondere erschiene es sinnvoll, einen weichen β-Strahler zu kombinieren, da γ-Strahler mit dieser Methode sehr leicht nachgewiesen werden können, während sie in der Flüssigkeitsszintillationszählung oft nicht mit sehr guten Ausbeuten ausgenutzt werden (normalerweise werden γ-Strahler durch Festkörperszintillationszählung erfaßt).

Methoden unter Zuhilfenahme photographischer Emulsionen

Die ionisierende Strahlung wirkt auf photographische Emulsionen ähnlich wie sichtbares Licht ein und hinterläßt dort eine latente Abbildung. Für eine Photographie benötigt man eine Lichtquelle, das abzubildende Objekt und die photographische Emulsion. Bei einer *Autoradiographie* liegt die Strahlungsquelle (d.h. Radioaktivität) in dem abzubildenden Material (Objekt) und wirkt direkt auf die empfindliche Emulsion ein. Die Emulsion besteht aus einer großen Zahl

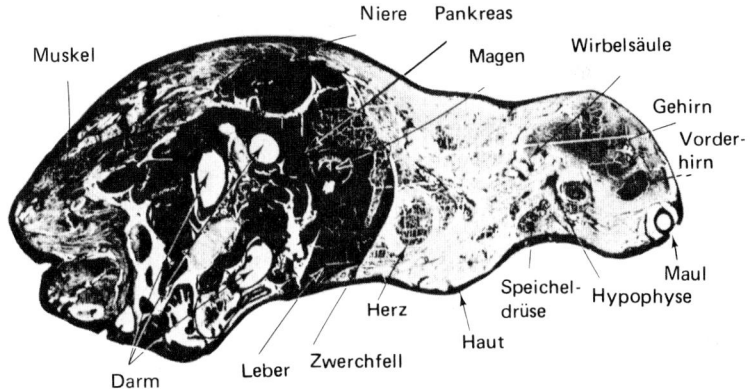

Abb. 9.**11** Ganzkörperautoradiographie einer Maus, der ^{14}C-L-DOPA injiziert wurde. Dunkle Zonen stellen die Konzentrierung der radioaktiven Verbindung dar und zeigen hohe Konzentrationen in der Leber, der Pankreas, der Niere, der Haut und dem Vorderhirn (mit Genehmigung der Roche Products Ltd, Welwyn Garden City)

kleiner Silberhalogenid-Kristalle, die in eine feste Phase eingebettet sind, etwa in Gelatine. Wirkt die Energie aus der radioaktiven Quelle auf die Emulsion ein, so werden die Silberhalogenide negativ geladen und zu metallischem Silber reduziert. So ergibt sich ein latentes Bild aus sehr kleinen Silberpartikeln. Photographische *Entwickler* verstärken diese Silberkörner als Schwärzung des Films, und *Fixiermittel* entfernen dann das überschüssige Silberhalogenid. So bleibt eine beständige Abbildung der ursprünglichen radioaktiven Quelle zurück. Der Vorgang, als Autoradiographie bezeichnet, ist sehr empfindlich und ist für sehr viele verschiedenartige biologische Experimente ausgenutzt worden. Meist will man dabei die Verteilung der Radioaktivität in verschiedenartigem biologischen Material untersuchen. So kann man etwa den Sitz und die Verteilung eines radioaktiv markierten Medikaments im Körper eines Versuchstiers bestimmen, indem man Schnitte durch den Gesamtkörper des Tieres an eine empfindliche Emulsion, etwa an einen Röntgenfilm, anpreßt. Nach einiger Bestrahlungszeit zeigt der Film nach der Entwicklung eine Abbildung der Details des Schnittes, sofern die Gewebe und Organe Radioaktivität enthielten (Abb. 9.**11**).

Auch radioaktive Metaboliten, die bei Stoffwechseluntersuchungen in Chromatogrammen oder Elektrophoresen getrennt wurden, können auf dem Chromatogramm oder der Elektrophorese nachgewiesen werden. Danach trennt man die radioaktiven *Flecken* ab, identifiziert und zählt sie (mit Hilfe eines Chromatogrammscanners kann die Zählung direkt auf dem Chromatogramm durchgeführt werden, die Geräte benutzen meist Geiger-Müller-Rohre; für die Flüssigkeitsszintillationszählung müssen die Substanzen aus Papier, Platte oder Gel eluiert werden).

Die Autoradiographietechnik ist durch die kürzlichen Entwicklungen der Molekularbiologie hervorgehoben worden (Kap. 5). Deshalb sollen hier einige Details der wichtigen Aspekte der Methode erläutert werden.

Geeignete Isotope. Meist sind die weichen β-Strahler (z.B. ^{3}H und ^{14}C) am besten für die Autoradiographie, vor allem zur Ortung in der Zelle und im Gewebe geeignet. Das liegt daran, daß die Negatronen eine niedrige Energie aufweisen. Die *Ionisierungsstrecke* des Isotops wird dann kurz sein, was zu einem scharf konturierten Bild führt. Vor allem bei Radioaktivitäten in subzellulären Organellen ist dies wichtig. Dafür ist ^{3}H das bestgeeignete Isotop, da die gesamte Energie in der Emulsion sehr schnell verloren geht. Man kann dann das Abbild auf dem entwickelten Film im Elektronenmikroskop auswerten. Für die Darstellung in Gesamtorganismen oder Geweben sind sowohl ^{14}C wie ^{3}H geeignet; härtere Strahler (z.B. ^{32}P) eignen sich weniger, da ihre energiereichen Negatronen viel längere Ionisierungsstrecken haben und damit weichere Abbildungen liefern, die im Mikroskop nicht mehr gut ausgewertet werden können. Für die Identifizierung von DNS-Banden in einer Gelelektrophorese ist andererseits ^{32}P sehr dienlich. In diesem Falle würden die energieärmeren Negatronen aus ^{14}C oder ^{3}H ihre Energie zum größten Teil schon im Gel verlieren (oder auch in der Ummantelung des Gels, die man meist benötigt, um das Ankleben des Gels an die Emulsion zu verhindern). Dadurch wird die Empfindlichkeit stark herabgesetzt. Die energiereicheren ^{32}P-Negatronen treten aus dem Gel aus und ergeben ein starkes Bild.

Wahl der Emulsion und des Films. Eine Reihe geeigneter Emulsionen ist heute verfügbar, sie unterscheiden sich in der *Packungsdichte* der Silberhalogenid-Kristalle. Man muß die Emulsion für die Zwecke des geplanten Experiments sorgfältig aussuchen, da die Empfindlichkeit der Emulision die Bildauflösung beeinflußt. Die Vorschriften der Hersteller müssen zu Rate gezogen werden, man kann auch die Firmen direkt um Instruktionen bitten. Für makroskopische Proben, wie Ganzkörperschnitte kleiner Säuger, Chromatogramme oder Elektrophoresen, ist meist der Röntgenfilm gut geeignet. Muß die Abbildung in der Emulsion mit dem Licht- oder Elektronenmikroskop dargestellt werden (zelluläre und subzelluläre Ortung der Radioaktivität), so benötigt man sehr empfindliche Filme. Auch muß dann die Probe sehr dicht an den Film herangedrückt werden. In solchen Fällen kann man auch eine *Stripping-Filmtechnik* verwenden, dafür wird der Film auf einem Träger angeliefert. Man zieht die weiche Emulsion vom Träger ab und legt sie direkt auf die Probe. Auch flüssige Emulsionen sind möglich, indem Streifen der Emulsion auf etwa 60 °C erhitzt werden. Die Emulsion wird dann entweder auf die Probe aufgegossen, oder die an einem Träger fixierte Probe wird eingetaucht. Man läßt dann die Emulsion vor der Trocknung fest werden. Man nennt das Verfahren oft *Eintauchfilmmethode*, sie kommt vor allem bei der Notwendigkeit sehr dünner Filme zur Anwendung.

Hintergrund. Durch versehentliche Lichteinwirkung, Chemikalien in der Probe, natürliche Hintergrundstrahlung (vor allem durch ^{40}K in Glasgefäßen) und schon durch Druck während der Manipulation und Lagerung des Films entsteht ein *Hintergrundnebel* (d.h. ein latentes Bild) auf dem entwickelten Film. Vor allem bei Arbeiten unter hoher Auflösung (z.B. in der Mikroskopie) kann dies Schwierigkeiten bereiten. In allen Phasen des Versuchs muß der Effekt kleingehalten werden. Während der Belichtungszeit nimmt der Hintergrund ständig zu, deshalb sollte man sie immer so kurz wie möglich halten.

Zeit und Bedingungen der Belichtung und Verarbeitung des Film. Die Zeit und die Bedingungen der Belichtung (z.B. Temperatur oder unter

Kühlung) hängen vom Isotop, von der Art der Probe, von der Stärke der Radioaktivität, vom Typ des Films und vom Versuchsziel ab. Das gleiche gilt für die Entwicklung des Films bis zum fertigen Bild. Meist muß man das Verfahren für den gewünschten Zweck optimieren. Durch viele Vorversuche gelangt man oft erst zu geeigneten Methoden.

Vorbelichtung. Die Prägung einer photographischen Emulsion durch die Belichtung verläuft nicht linear, meist folgt einer langsamen Anfangsphase (lag) eine lineare Phase. Man kann die Filme durch *Vorbelichtung* empfindlicher machen. Dazu benutzt man einen Lichtblitz von etwa 1 ms Dauer, bevor die Probe auf den Film gebracht wird. Die Methode eignet sich vor allem für hohe Auflösungen.

Fluorographie. Viele der in der Molekularbiologie häufig eingesetzten Methoden (Kap. 5) beinhalten die Trennung von Makromolekülen oder ihrer Fraktionen in einer Gelelektrophorese. Die getrennten Makromoleküle oder ihre Fraktionen bilden dann Banden in der Elektrophorese aus, die sichtbar gemacht werden müssen. Dies gelingt oft durch radioaktive Markierung der Makromoleküle mit ^3H oder ^{14}C und der Autoradiographie des Gels. Da es sich um weiche β-Strahler handelt, geht viel von ihrer Energie im Gel verloren, deshalb sind auch bei Markierungen mit hoher spezifischer Aktivität lange Belichtungszeiten notwendig. Inkorporiert man aber in das Gel einen Fluorophor (z.B. PPO), trocknet dann das Gel und legt es auf einen vorbelichteten Film, so kann die Empfindlichkeit um mehrere Größenordnungen gesteigert werden. Hierbei werden die Moleküle des Fluorophors durch die Negatronen aus dem Isotop angeregt und geben ihrerseits wiederum Licht ab, das den Film schwärzen kann. Somit benutzt man sowohl die ionisierende wie auch anregende Wirkung der Radioaktivität.

Verstärkerschirme. Will man ^{32}P- oder γ-Strahler-markierte Proben auswerten (z.B. ^{32}P-DNS oder ^{125}I-Proteinfraktionen in Gelen), so ergibt sich das gegensätzliche Problem wie bei den energiearmen Isotopen. Diese viel energiereicheren Teilchen und Strahlen belichten den Film nur schwach, da sie ihn einfach durchdringen und so ein schlechtes Bild liefern. Man kann das Bild sehr stark verbessern, indem man auf die der Probe gegenüberliegende Seite des Filmes einen dicken *Verstärkerschirm* legt, der aus festem Fluorophor besteht. Die Negatronen, die den Film durchdringen, bringen diesen dann zum Fluoreszieren; das ausgestrahlte Licht intensiviert die Abbildung auf dem Film. Auch hier kann man die Empfindlichkeit um mehrere Größenordnungen steigern.

Quantitative Bestimmung. Wie nun dargestellt, dient die Autoradiographie meist zur *Lokalisierung*, weniger zur Quantifizierung der Radioaktivität. Man kann aber auch quantitative Daten aus Autoradiogrammen erhalten, wenn die Intensität des Bildes mit einem Densitometer bestimmt wird. Die Intensität der Abbildung korreliert wieder mit der Menge der Radioaktivität in der ursprünglichen Probe. Viele verschiedenartige Densitometer sind erhältlich, die Wahl wird vom Versuchszweck abhängen.

9.3   Praxis der Zählung von Radioaktivitäten und ihre Auswertung

Zähler

Leerwert. Alle Zählgeräte registrieren auch ohne Einbringen radioaktiver Materialien eine niedrige Zählrate. Sie stammt vielleicht aus kosmischer Hintergrundstrahlung, natürlicher Radioaktivität in enger Nachbarschaft, aus Apparaten, die in nicht allzu großer Entfernung Röntgenstrahlen produzieren, oder aus dem Rauschen der Schaltkreise. Durch die verschiedenen schon besprochenen Verfahren und durch Einsatz von Bleiabdeckungen kann man diese **Hintergrundstrahlung** stark herabsetzen. Dennoch muß sie bei allen Versuchen ausgemessen und kontrolliert werden. Einige Geräte besitzen Schaltungen zur automatischen Subtraktion dieses Leerwerts.

Totzeit. Bei hohen Zählwerten gehen bei Geiger-Zählrohren nennenswerte Impulszahlen verloren. Für diese Fälle sind Korrekturtabellen erhältlich. Man kann mit ihrer Hilfe die Zahl der Zerfälle hochrechnen. Bei der Szintillationszählung ist die Totzeit kein Problem.

Geometrie. Bei einigen Zählweisen werden auch heute noch Proben für Geiger-Zählungen auf V2A-Stahlplättchen oder auf geschliffene Glasplatten aufgetrocknet und dann mit einem Fenster-Zählrohr ausgewertet. Dabei muß die Lage der Scheibchen zum Zählrohr standardisiert sein, sonst schwankt der Anteil der ausgesandten Strahlung, der in das Zählrohr gelangt, und damt auch der Zählwert. Darüber hinaus sollten alle Proben die gleiche Oberfläche aufweisen. Geometrische Probleme sind bei der Szintillationszählung verhältnismäßig unbedeutend.

Proben und Isotope

Selbstabsorption. Auch das Problem der Selbstabsorption gilt vorwiegend für die Geiger-Müller-Zählweise. Die radioaktive Strahlung von der Oberfläche einer festen Probe muß durch die Luft zwischen der Probe und dem Fenster und dann durch das Fenster dringen. Die Radioaktivität aus dem Inneren der Probe muß zusätzlich noch durch die feste Phase der Probe laufen. Es zeigt sich, daß Teilchen, die mehr als eine bestimmte Mindestdistanz in der Probe durchwandern müssen, schon vollständig absorbiert werden und den Zähler nicht erreichen. Man bezeichnet dann die Probe als *unendlich dick*. Vor allem bei den weichen β-Strahlern ist die Selbstabsorption ein Meßproblem. Man kann es umgehen, indem man entweder die Proben so dünn hält, daß keine Selbstabsorption auftritt, d.h., die Proben sind dann *unendlich dünn*. Oder man vermischt die Proben mit Trägermaterialien, und zwar so, daß alle Proben unendlich dick werden.

Die Selbstabsorption ist bei der Zählung der Radioaktivität im Szintillationszähler nur dann von Bedeutung, wenn die Probe aus suspendierten festen Teilchen besteht oder z.B. auf einem Membranfilter liegt. Man muß dann die Vergleichbarkeit der Proben sorgfältig sicherstellen, da die oben angeführten Methoden zur Standardisierung alle nicht zur Korrektur der Selbstabsorption geeignet sind. Kann man keine homogenen Proben erstellen, so sollten partikuläre Substanzen vor der Zählung abgebaut oder anders in Lösung gebracht werden.

Halbwertszeit. Die Halbwertszeit eines Isotops (S. 394) ist manchmal sehr kurz und muß dann bei Versuchsserien im Zeitraum dieses Wertes berücksichtigt werden.

Statistik. Radioaktive Zerfälle resultieren aus einem statistischen Vorgang. Man kann dies sehr leicht mit Hilfe eines langlebigen Isotops nachweisen, bei dem man Radioaktivitätsmessungen in jeweils gleichen Zeitabschnitten vornimmt. Die einzelnen Zählwerte werden dann in einem gewissen Bereich schwanken und eine Häufung um den Mittelpunkt dieses Bereiches aufweisen. Zählt man eine genügend große Zahl solcher Werte aus und trägt sie auf, so erhält man eine normale Verteilungskurve. Mit einer Einzelmessung kann man daher nicht die **wahre Zählrate** ermitteln. Das **Verteilungsgesetz** nach **Poisson** zeigt jedoch, daß der Mittelwert $\bar{n}$ eine gute Annäherung an den wahren Wert ergibt, wenn eine genügend große Zahl von Einzelwerten vorliegt. In der Praxis benutzt man die **Standardabweichung** σ, die als $\sqrt{\bar{n}}$ definiert ist. Bei einer normalen Verteilungskurve liegen nur 31,7 % der Werte außerhalb der Grenzen $\bar{n} \pm \sigma$, nur 5 % außerhalb des Bereichs $\bar{n} \pm 2\,\sigma$.

Dies gilt jedoch nur für mehrfache Zählungen einer Einzelprobe. Bei den Arbeiten mit markierten Verbindungen wird man darauf meist verzichten müssen; jede Probe wird nur ein- oder zweimal gezählt. In diesen Fällen erreicht man kein $\bar{n}$, aus dem man σ errechnen kann. Glücklicherweise kann man anhand der Poisson-Verteilungskurve die Standardabweichung einer Einzelbestimmung $\bar{n}$ aus der Gesamtzahl der Impulse ermitteln, d.h. $\sigma = \sqrt{\bar{n}}$. Im Zusammenhang damit steht die **relative Standardabweichung** σ_{relativ}, die als $100/\sqrt{\bar{n}}$ definiert wird. Je größer also die Zahl der Imupulse ist, desto kleiner ist σ_{relativ}. Um einen notwendigen Wert von σ_{relativ} zu erreichen, muß nur die Mindestzahl an Impulsen gezählt werden.

Bei radioaktiven Messungen legt man es meist auf ein $\sigma_{relativ}$ von etwa 1 % an. Dafür muß man etwa 10 000 Teilchen auszählen, da $100/\sqrt{\bar{n}} = 1\,\%$, wenn $\bar{n} = 10\,000$. Aus dieser Einzelbestimmung leitet sich deshalb ab, daß mit einer Wahrscheinlichkeit von 68,3 % der wahre Zählwert $10\,000 \pm 100$ ist. Um über die statistische Genauigkeit von 1 % hinauszukommen, müssen höhere Zählwerte erhoben werden; niedrigere Zählwerte führen zu weniger gesicherten Aussagen. Zählt man also eine Versuchsserie durch, so ist es im allgemeinen günstiger, eine vorgegebene Zahl von Impulsen anstatt einer vorgegebenen Zeit auszuzählen, da dann alle Proben bis zur gleichen statistischen Genauigkeit ausgewertet werden.

Erwerb, Lagerung und Reinheit radioaktiver Verbindungen

Eine ganze Reihe von Zulieferern radioaktiver Substanzen steht heute zur Verfügung. Sie geben meist für ihre Verbindungen die besten Lagerbedingungen und bestmöglichen Reinheitsprüfungen an. Meist werden Biochemiker markierte organische Verbindungen einsetzen, die im Stoffwechsel abgebaut werden können. Man sollte deshalb solche Präparate unter möglichst stabilisierenden Bedingungen lagern. Meist wird man aus dem käuflichen Material eine Standardlösung der gewünschten spezifischen Aktivität herstellen und sie in Tiefkühlgeräten lagern. Da sich aber einige Verbindungen auch unter diesen Bedingungen nicht sehr lange halten, muß man geeignete chromatographische Methoden einsetzen, um die Reinheit jeweils zu überprüfen. Die Lieferanten geben dazu meist chromatographische Einzelheiten wie Lösungsmittel, Sprühreagenzien und auch die ursprünglichen Reinheitskriterien an.

9.4 Immanente Vorteile und Begrenzungen der Versuche mit Markierungsverbindungen

Gegenüber den meisten chemischen und physikalischen Methoden in der Biochemie weisen die Techniken der radioaktiven Markierungen wohl vor allem den besonderen Vorteil der viel höheren **Empfindlichkeit** auf. Für trägerfreies Tritium z.B. beträgt die spezifische Aktivität 50 Ci/mmol. Davon ausgehend, sind Verdünnungen bis zu 10^{12} möglich, ohne den sicheren Nachweis der so markierten Verbindungen zu gefährden. Es lassen sich damit Stoffwechselprodukte nachweisen, die im Gewebe in Konzentrationen vorkommen, die auch mit den empfindlichsten chemischen Methoden nicht aufgefunden werden können. Ein zweiter großer Vorteil der radioaktiv markierten Substanz liegt in der alle anderen Methoden übertreffenden Möglichkeit, Untersuchungen an **intakten lebenden Organismen** durchzuführen.

Allerdings sind trotz dieser deutlichen Vorteile einige Einschränkungen zu beachten. Zum einen können isotopenmarkierte Verbindungen zwar in dieselben Reaktionen eingehen wie ihre stabilen Gegenspieler, aber mit verschiedenen Geschwindigkeiten, was als **Isotopeneffekt** bezeichnet wird. Die verschiedenen Reaktionsgeschwindigkeiten sind ungefähr den Massendifferenzen der Isotopen proportional. Einen Grenzfall stellen vielleicht die Isotopen des Wasserstoffs ^1H und ^3H dar; für ^{12}C und ^{14}C ist der Effekt schon viel kleiner, für ^{32}P und ^{31}P ist er kaum meßbar. Zum zweiten muß die Menge der eingesetzten Radioaktivität möglichst klein gehalten werden, um Wechselwirkungen der Strahlung mit dem Versuchsobjekt unter möglicher Verfälschung der Ergebnisse zu vermeiden, um aber andererseits auch die notwendigen Impulse für die Zählung zu erbringen. Schließlich werden manchmal die physiologischen Konzentrationen der Verbindung, die man in radioaktiver Form eingeben will, durch die Zugabe überschritten. Unter diesem Gesichtspunkt sollte man die Ergebnisse überprüfen.

9.5   Anwendung radioaktiver Substanzen in der Biologie

Stoffwechseluntersuchungen

Untersuchung von Stoffwechselreaktionen. Radioaktiv markierte Verbindungen werden häufig bei der Untersuchung von Stoffwechselvorgängen eingesetzt. Meist setzt man dabei ein radioaktives Substrat zu, zweigt dann Proben des Versuchsmaterials zu verschiedenen Bestimmungszeiten ab und arbeitet es durch Extraktion und Chromatographie auf. Die Verteilung der Radioaktivität wird mit einem Chromatographiescanner oder durch Autoradiographie auf Röntgenfilmen ausgewertet. Durch Nachweis der markierten Verbindungen und durch die Auszählung der spezifischen Aktivitäten und ihrer Auswertung in geeigneten Diagrammen lassen sich ausführliche Informationen über die Stoffwechselwege gewinnen.

Die Detektoren für Radioaktivität können auch an Säulen der Gaschromatographie oder der HPLC angeschlossen werden, so daß die Radioaktivität beim Austritt aus der Säule nach der Trennung gemessen werden kann.

Vermutet man, daß eine vorgegebene Verbindung in einem bestimmten Stoffwechselweg abgebaut wird, so läßt sich dies mit Hilfe radioaktiver Zwischenprodukte verifizieren. So ist es z.B. möglich, den Weg einzelner Kohlenstoff-Atome aus ^{14}C-Essigsäure bei der Passage durch den Tricarbonsäurezyklus zu verfolgen. Man hat zur Isolierung und zum gezielten Abbau der Zwischenstufen Methoden ausgearbeitet, die die Verteilung des Kohlenstoffes in den einzelnen Verbindungen festlegen. Auf diese Weise wurde ein **spezifisches Verteilungsmuster** erstellt. Stimmt das aufgefundene Muster mit der theoretischen Vorhersage überein, so ergibt sich daraus eine gute Bestätigung für den gedachten Weg solcher Stoffwechselvorgänge, wie etwa des Tricarbonsäurezyklus.

Ein zweites Beispiel des Einsatzes von radioaktiv markierten Verbindungen zur Bestätigung oder zum Ausschluß bestimmter Stoffwechselreaktionen findet sich beim Glucose-Stoffwechsel. Glucose wird auf verschiedenen Wegen abgebaut und oxidiert; die zwei Hauptwege liegen bei aeroben Organismen in der Glykolyse mit angeschlossenem Tricarbonsäurezyklus und im Pentosephosphat-Zyklus. Viele Organismen oder Gewebe sind mit den Enzymsätzen für beide Wege ausgestattet, weshalb man gerne die beiden Beiträge zur Glucose-Verwertung kennenlernen möchte. Auf beiden Wegen wird die Glucose zu Kohlendioxid oxidiert – die Herkunft des CO_2 aus den sechs Kohlenstoff-Atomen der Glucose ist dabei allerdings verschieden verteilt (dies gilt zumindest für die Anfangsstufen der Verwertung des zugefügten Substrats). Man kann nun Kohlendioxid aus der Veratmung einer spezifisch markierten Glucose (z.B. ^{14}C-6-Glucose oder ^{14}C-1-Glucose, in der jeweils nur das C-6- oder das C-1-Atom markiert ist) auffangen und damit den Anteil der beiden Wege der Glucose-Verwertung feststellen.

Tricarbonsäure-Zyklus und Glucose-Katabolismus sind nur 2 typische Beispiele der Verwendung von Radioisotopen bei der Aufklärung von Stoffwechselwegen. Weitere Details und andere Beispiele finden sich in den verschiedenen Literaturstellen, die am Schluß der Literaturvorschläge des Kap. 9.6, S. 430 zitiert sind.

Radioaktive Verbindungen bei der Bestimmung metabolischer Umsatzzeiten. Mit Hilfe radioaktiv markierter Verbindungen lassen sich die Umsatzzeiten (turnover times) bestimmter Verbindungen gut ausmessen. Als Beispiel sei hier der Umsatz von Proteinen in Ratten herausgegriffen. Man injiziert eine radioaktive Aminosäure in eine Versuchsgruppe von Ratten und wartet während etwa 24 h die Assimilation der Aminosäure in Proteine ab. Die Tiere werden dann nach verschiedenen Versuchszeiten geschlachtet. Schließlich bestimmt man die Verteilung der Radioaktivität in den untersuchten Organen oder Geweben. Dabei ergeben sich Aussagn über die biologische Lebensdauer von Proteinen. So fand man z.B. heraus, daß Leberproteine in 7–14 Tagen erneuert werden, Haut- und Muskelproteine in 8–12 Wochen, Kollagene aber nur zu weniger als 10 % pro Jahr ausgewechselt werden.

Radioaktive Isotope bei Untersuchungen der Absorption und des Transports. Sehr häufig sind radioaktive Isotope bei der Untersuchung der Mechanismen und der Geschwindigkeiten von **Absorptionen** und

Transportvorgängen anorganischer und organischer Verbindungen in Pflanzen und Tieren benutzt worden. Die Versuche dazu sind meist einfach angelegt und lassen auch Aussagen über den Transportweg und die Anhäufung biologischer Moleküle in der Zelle zu.

Pharmakologische Anwendung der Radioisotope. Die Entwicklung neuer Medikamente ist ein weiteres Gebiet, das durch Arbeiten mit Radioisotopen entscheidend beeinflußt wurde. Neben dem Nachweis der Wirksamkeit sind noch eine Reihe von Fragen zu beantworten, bevor ein Medikament klinisch eingesetzt werden kann. So muß z.B. die Akkumulation eines Medikaments, ihre Geschwindigkeit, die Geschwindigkeit der Verstoffwechslung und die Zahl und Art der Stoffwechselprodukte überprüft werden. Bei allen diesen Versuchen sind radioaktiv markierte Verbindungen außerordentlich wichtig, manchmal unabdingbar. So liefert z.B. die Autoradiographie ganzer Querschnitte von Versuchstieren (S. 417 u. Abb. 9.**11**) Informationen über den Ort und die Geschwindigkeit einer Akkumulation; die Methoden der Stoffwechseluntersuchungen können die Geschwindigkeit und die Endprodukte des Abbaues überwachen.

Analytische Anwendungen

Untersuchung der Bindung und Reaktionen an Enzymen. Man kann praktisch jede enzymkatalysierte Reaktion mit radioaktiv markierten Substraten, wie auf S. 127 skizziert, vermessen, wenn die markierte Verbindung erhältlich ist. Solche Enzymbestimmumgen mit radioaktiven Substraten sind teurer als andere Verfahren, doch haben die Messungen oft niedrigere Erfassungsgrenzen. Man hat radioaktive Markierungen auch zur Untersuchung von Enzymmechanismen und Ligandenbindung eingesetzt (Abschn. 3.7, S. 135).

Analyse durch Isotopenverdünnung. Viele Verbindungen in lebenden Organismen lassen sich durch klassische Methoden nicht exakt analysieren, da sie entweder in niedriger Konzentration oder in Gemischen verwandter Substanzen vorkommen. Die Analyse durch Isotopenverdünnung erlaubt diese Schwierigkeit elegant und schlüssig zu umgehen, da eine quantitative Isolierung der Verbindung überflüssig wird. Soll z.B. Eisen in einem isolierten Protein exakt bestimmt werden, so kann dies wegen der kleinen Menge mit konventionellen Methoden schwierig sein. Steht aber ^{59}Fe zur Verfügung, so mischt man dies mit der Proteinlösung, isoliert danach eine Probe des enthaltenen Eisens und bestimmt schließlich den Gesamtgehalt an Eisen und an Radioaktivität.

Bei einer ursprünglichen spezifischen Aktivität des Eisens von 10 000 d min^{-1} pro 10 mg und einer spezifischen Aktivität des aufgereinigten Eisens von 9 000 d min^{-1} pro 10 mg wurde die Verdünnung der spezifischen Aktivität durch das vorher im Protein enthaltene Eisen x hervorgerufen,

d.h. $\dfrac{9\,000}{10} = \dfrac{10\,000}{10 + x}$

$x = 1{,}1$ mg.

Man benutzt diese Methode häufig zur Bestimmung von Spurenelementen.

Radioisotope im Radioimmunoassay. Eine sehr wichtige Neuentwicklung biochemischer Methodik stellen die Radioimmunoassays RIA dar. Sie werden auf S. 170 besprochen.

Altersbestimmungen. Ein ganz anderer Anwendungsbereich der Radioisotope ist die Altersbestimmung von Gesteinen, Fossilien oder Sedimenten. Dabei setzt man voraus, daß jener Anteil eines Elements, der natürliche Radioaktivität aufweist, über die gesamte Lagerungszeit konstant geblieben war. Zum Zeitpunkt der Ablagerung in Gesteinen und Fossilien begann der normale radioaktive Zerfall. Bestimmt man nun den heute verbliebenen Rest des Radioisotops (oder die Menge eines Zerfallsproduktes), so läßt sich aus der Halbwertszeit das Alter der Probe errechnen. Ist z.B. der Gehalt an radiaktiven Isotopen eines Elements normalerweise 1 % und enthält die Probe nur 0,25 %, so werden seit der Ablagerung zwei Halbwertszeiten vergangen sein. Beträgt die Halbwertszeit 1 Million Jahre, dann kann die Probe mit einem Alter von 2 Millionen Jahren datiert werden.

Für Langzeitaltersbestimmungen muß man folglich Isotope mit langen Halbwertszeiten bestimmen, darunter ^{235}U, ^{238}U und ^{40}K; für Bestimmungen innerhalb kürzerer Zeiträume dient häufig die Analyse des Gehalts an ^{14}C. Man muß aber dabei betonen, daß die Voraussetzungen dieser Methode eine starke Streubreite einkalkulieren und die Paläontologen und Anthropologen, die sie benutzten, nur sehr ungefähre Zeiträume angeben können.

Weitere Anwendungen

Methoden der Molekularbiologie. Die neueren Entwicklungen der Molekularbiologie, die zu den Fortschritten bei der genetischen Manipulation geführt haben, wurden sehr weitgehend mit Hilfe radioaktiver Markierungen ermöglicht. Dies gilt für die Sequenzierung der DNS und RNS, für die DNS-Replikation und -Transkription, Synthese der cDNS, Methoden der rekombinanten DNS und ähnliche Ziele. Viele dieser Methoden sind in Kap. 5 ausführlich dargestellt.

Klinische Anwendungen von Radioisotopen. In der Medizin werden Radioisotope auf breiter Basis eingesetzt, vor allem für diagnostische

Zwecke. Lungenfunktionstests benutzen ^{133}Xenon (^{133}Xe) und dienen zur Diagnose der Abweichungen der Lungenventilation. ^{131}I-Jodhippursäure wird bei der Funktionsprüfung der Niere, etwa in der Diagnose von Niereninfektionen, Nierenstau oder unterschiedlicher Funktion der beiden Nieren benutzt. Schilddrüsenfunktionsprüfungen benutzen ^{131}I zur Feststellung eines Hypo- oder Hyperthyreoidismus.

Radioaktive Isotope in der Ökologie. Die größten Mengen an radioaktiven Substanzen werden in biochemischen, klinischen oder pharmakologischen Untersuchungen umgesetzt. Sie sind aber auch für Ökologen wichtig. So können **Verhaltensmuster** und **Wanderzüge** vieler Tiere mit ihrer Hilfe aufgeklärt werden. Eine zweite ökologische Anwendung liegt in der Untersuchung von **Nahrungsketten,** bei denen man primäre Erzeuger radioaktiv markieren und danach den Weg der Radioaktivität durch die ganze Kette verfolgen kann.

Radioisotope bei der Sterilisierung von Nahrungsmitteln und Ausrüstungsgegenständen. In der Nahrungsmittelindustrie werden heute starke γ-Strahler zur Sterilisierung von verpackten Nahrungsmitteln, wie Milch und Fleisch, auf breiter Basis eingesetzt. Dabei kommen meist ^{60}Co oder ^{137}Ce zur Anwendung. In einigen Fällen muß jedoch darauf geachtet werden, daß das Nahrungsmittel selbst keinen Schaden erleidet. Es sind deswegen bei diesem Verfahren die Strahlungsdosierungen oft so weit reduziert worden, daß zwar die Sterilisierung nicht abgeschlossen war, aber andererseits keine Schädigung des Nahrungsmittels eintreten konnte. ^{60}Co und ^{137}Ce werden auch bei der Sterilisierung von Laborgeräten aus Kunststoffmaterial eingesetzt, etwa bei Petrischalen, Spritzen usw., schließlich bei der Sterilisierung von Medikamentlösungen, die durch Injektionen eingebracht werden.

Radioisotope als Mutagene. Radioaktive Strahlen können **Mutationen** hervorrufen, in Mikroorganismen sind sie besonders leicht zu beobachten. Manchmal sind Mutanten bei mikrobiologischen Untersuchungen sehr erwünscht, häufig in der industriell betriebenen Mikrobiologie. Die Entwicklung neuer Stämme eines Mikroorganismus, die eine höhere Ausbeute eines erwünschten Produktes ermöglichen, beinhaltet häufig eine Mutagenese durch solche Radioisotope (Abschn. 1.7, S. 35).

9.6   Sicherheitsvorschriften

Jede Darstellung der Methodik, die Radioisotope einsetzt, muß auch die notwendigen Sicherheitsvorschriften berücksichtigen. Radioaktive Strahlung birgt Gefahren in sich; werden solche Strahlungsquellen aber sorgfältig und verantwortungsbewußt gehandhabt, so ist der Umgang mit ihnen nicht gefährlicher als der Einsatz nichtaktiver Verbindungen.

Für den Umgang mit radioaktiven Substanzen haben Bund und Länder eingehende Sicherheitsbestimmungen erlassen; der Umgang damit ist genehmigungspflichtig.

Die Umgangsgenehmigung setzt die obere Grenze des Erwerbs, der jeweils vorhandenen Menge, des niedrigaktiven Abfalls, schließlich auch die Pflicht zur Buchhaltung über Erwerb und Abgabe eines jeden Isotops fest.

Für starkstrahlende Isotopen müssen besondere Vorsichtsmaßnahmen getroffen werden, aber bei Umgang mit radioaktiven Stoffen sind bestimmte Vorsichtsmaßnahmen immer notwendig. So sollten Experimente immer in flachen Schalen durchgeführt werden, die mit absorbierendem Filterpapier ausgelegt sind. Die Experimentatoren müssen Handschuhe und einen gekennzeichneten Labormantel tragen, es darf nicht mit dem Mund pipettiert werden. In Laboratorien, die für radioaktive Arbeiten zugelassen sind, sind Nahrungsmittel, der Gebrauch von Kosmetika und Rauchen verboten. Kleine Verletzungen der Haut müssen mit einem wasserdichten Pflaster bedeckt werden. Vor allem aber müssen alle Spritzer und verschütteten Lösungen sofort aufgearbeitet werden. Dies gilt auch für die Kontaminierung der Haut oder der Kleidung.

Die Vorschriften des Strahlungsschutzes, wie z.B. Messungen der Personendosis bei genehmigtem Umgang mit radioaktiven Substanzen, können hier nicht ausführlich dargestellt werden. Personen, die mit radioaktiven Isotopen arbeiten werden, müssen einen Kurs mitmachen und dafür eine Bescheinigung erhalten. Dabei wird auch die Kenntnis der einschlägigen Strahlenschutzverordnungen verlangt.

Literatur

Aronoff, S. (1958), Techniques in Radiobiochemistry, Iowa State University Press, Iowa (sehr umfassende, wenn auch etwas überholte Darstellung der Anwendungen der Radioaktivität in der Biochemie).

Dyer, A. (1974), An Introduction to Liquid Scintillation Counting, Heyden, London (ausgezeichnete Darstellung der Arbeitsweise der Flüssigkeits-Szintillationszählung mit guter Bibliographie und einem Anhang, der Szintillatorlösungen und Probenlösungsmittel aufführt).

Gahan, P.B. (1972), Autoradiography for Biologists, Academic Press, London (ausführliche Darstellung der Autoradiographie-Technik, vor allem für subzelluläre Darstellungen).

Hendee, W.R. (1973), Radioactive Isotopes in Biological Research, John Wiley and Sons, New York (nützliche Darstellung aller Aspekte radioaktiver Markierung; gut dargestellt sind der Strahlenschutz und Dosisleistungen).

Noujaim, A.A., Ediss, C., Weibe, L.I. (1976), Liquid Scintillation, Science and Technology, Academic Press, New York, (umfassende Darstellung der Flüssigkeits-Szintillationszählung und Probenvorbereitung).

Rogers, A. (1979), Techniques of Autoradiography, Elsevier, New York, (alle Techniken der Autoradiographie gründlich dargestellt).

Wang, C.H., Willis, D.L. (1965), Radiotracer Methodology in Biological Sciences, Prentice-Hall, Englewood Cliffs, New Jersey (wahrscheinlich das ausführlichste und besonders instruktive Buch über die theoretischen und praktischen Aspekte der Radioaktivität).

N.B. Die oben angegebenen Quellen sind die zur Zeit besten Informationen. Mehrere davon sind allerdings etwas überholt. Für spezifische Zwecke, vor allem über neuere Entwicklungen geben mehrere Gerätehersteller umfassende Broschüren heraus. Zu empfehlen ist die Review Series, die von der Amersham International plc., Amersham, Bucks, England veröffentlicht wird.

Kapitel 10

Elektrochemische Verfahren

10.1 Einführung

Anwendungsbereich elektrochemischer Verfahren

Viele biochemische Untersuchungen beinhalten die Konzentrationsbestimmungen einiger Ionen, wie H^+, Na^+, Ca^{2+}, NH_4^+, Cl^-, in Lösungen oder auch die Bestimmung der Möglichkeit, bestimmte Substrate in Lösung zu oxidieren oder zu reduzieren. Diese Messungen beruhen auf der Tatsache, daß an der Oberfläche einer inerten Metallelektrode, etwa aus Platin, die in eine solche Lösung eintaucht, ein Potential aufgebaut wird. Eine Metallelektrode und die Lösung, in der sie steht, werden als **Halbzelle** bezeichnet. Das Potential einer einzelnen Halbzelle läßt sich nicht messen, verbindet man sie aber mit einer **Referenzhalbzelle,** so kann das Potential der Halbzelle im Verhältnis zu der Referenzhalbzelle bestimmt werden. Das ist die Grundlage elektrochemischer Methoden und der Herstellung einer Reihe von Elektroden für spezifische Messungen. Die Elektroden sind meist billig, tragbar und lassen sich ohne besondere Ausbildung leicht einsetzen. Im Gegensatz zu den spektrophotometrischen Methoden werden elektrochemische Messungen durch trübe oder gefärbte Lösungen nicht beeinträchtigt.

Da viele biologische Vorgänge durch die Wasserstoff-Konzentration (pH) des Milieus (S. 5) beeinflußt werden, ist die Messung des pH-Wertes und seine Einstellung bei praktisch allen biochemischen Versuchen wichtig. Die pH-Werte werden am exaktesten durch eine Glaselektrode (Abschn. 10.2, S. 443) gemessen. Grobe Abschätzungen lassen sich mittels pH-empfindlicher Farbstoffe erhalten, die ihre Farbe bei einem bestimmten pH-Wert ändern.

Neben den Wasserstoff-Ionen können andere Ionen durch spezialisierte Elektroden gemessen werden, die man meist als **ionenselektive Elektroden** (Abschn. 10.3, S. 448) bezeichnet. Sie sind für viele biologisch relevante Ionen erhältlich und können etwa zur Messung der

Natriumionen-Konzentration in so verschiedenartigen Proben wie Blut, Urin und Seewasser oder Ammoniumionen-Konzentraten nach Kjeldahl-Abbau eingesetzt werden (S. 103). Viele biologisch wichtige Verbindungen bestehen in einer oxidierten und in einer reduzierten Form. Die Cytochrome z.B. kommen in der Ferro- und in der Ferri-Form vor. Die Neigung, ein Elektron aufzunehmen oder abzugeben, wird durch das **Oxidations-Reduktions-(Redox-)Potential** (Abschn. 10.4, S. 452) ausgedrückt. Eine Verbindung mit negativerem Oxidations-Reduktions-Potential als eine zweite Verbindung kann gegenüber dieser als Elektronendonator wirken und wird dabei selbst oxidiert. Eine Reihe aufeinanderfolgender Oxidations-Reduktions-Reaktionen setzt die sogenannte **Elektronentransportkette** zusammen. Derartige Ketten finden sich in Mitochondrien, Chloroplasten, Bakterien, auch Mikrosomen. Meist dienen sie dazu, den Katabolismus und Anabolismus der Zelle an eine Energiegewinnung anzukoppeln, wozu die Oxidation vieler endogener und exogener Verbindungen dient. Das Redoxpotential einer bestimmten Verbindung läßt sich am besten über elektrochemische Methoden unter Zuhilfenahme einer Platin-Elektrode ausmessen. Eine grobe Abschätzung des Redox-Potentials gelingt über Redox-Farbstoffe, die ein Proton aufnehmen oder abgeben können und dabei ihre Farbe ändern. Redox-Farbstoffe dienen allerdings meist dazu, die *Geschwindigkeit* des Elektronentransports in Mitochondrien oder Chloroplasten auszumessen.

Für viele biologische Vorgänge ist der Verbrauch oder die Freisetzung von Sauerstoff grundlegend, deshalb sind Elektroden, die die Sauerstoff-Konzentration und ihre Änderungen messen können, sehr wertvoll. Die **Sauerstoff-Elektrode** (Abschn. 10.5, S. 456) wird bei Untersuchungen an Mitochondrien und Chloroplasten häufig eingesetzt. Sie dient aber auch bei den Untersuchungen anderer Reaktionen, bei denen Sauerstoff freigesetzt oder aufgenommen wird (S. 129).

Biosensoren (Abschn. 10.6, S. 464) dienen zum Nachweis von Chemikalien mit Hilfe biologischer Präparate. Ihre Bedeutung nimmt zu. Einfache Elektroden dienen zur Bestimmung von Ionen (etwa ionenselektive Elektroden). Biosensoren sprechen auf ein viel breiteres Spektrum von Molekülen an, etwa auf Medikamente, Glucose und Harnstoff. Sie enthalten biologisches Grundgerät in Form der Enzyme, Zellen oder Antikörper, die „spezifisch" auf Verbindungen auch bei niedriger Konzentration ansprechen. Ein Enzym in einem Biosensor kann etwa mit seinem Substrat, das quantitativ bestimmt werden soll, unter Änderung des pH-Wertes reagieren. In einen solchen Biosensor würde man als Komponente eine pH-Glaselektrode inkorporieren, die die Änderungen des pH-Wertes aufnehmen könnte.

HPLC trennt eine Reihe von ganz verschiedenartigen Verbindungen (Abschn. 6.8, S. 293).Während sie aus der Säule austreten,weist man sie entweder durch ihre Fluoreszenz oder durch ihre Absorption im UV-Bereich nach. Kann man die betreffende Verbindung jedoch leicht oxidieren oder reduzieren, so läßt sie sich auch mittels eines **elektrochemischen Detektors** nachweisen, etwa mittels einer Wall-jet-Elektrode (Abschn. 10.7, S. 470). Solche Detektoren sind sehr empfindlich; für einige Medikamente, z.B. Morphin, und Katecholamine, wie Noradrenalin, sind sie am besten geeignet.

Elektronentransport

Bei vielen biologischen Vorgängen sind Reihen von Oxidations-Reduktions-Reaktionen beteiligt, bei denen ein oder mehrere Elektronen von einem Träger zu einem anderen in einer Elektronentransportkette weitergegeben werden. Manchmal wird auch ein Wasserstoff-Atom mittransportiert. Beispiele der Komponenten solcher Elektronentransportketten sind Cytochrome, Flavoproteine und einige Chinone. Die oxidierten und reduzierten Zustände der einzelnen Komponenten können durch die allgemeine Gleichung

reduzierte Form $\rightleftharpoons$ oxidierte Form + ne^-

wiedergegeben werden, wobei n = Zahl der übertragenen Elektronen ist.

Werden 2 solche Reaktionen gekoppelt, so daß die Oxidation des einen die Reduktion des anderen bedeutet, so ist damit eine Änderung der freien Energie des gekoppelten Systems unter Standardbedingungen verbunden, die wiederum vom Unterschied der Oxidations-Reduktions-Potentiale (Abschn. 10.4, S. 452) der beiden Teilreaktionen abhängt:

$$\Delta G^{0'} = -nF\Delta E_0^{'} \tag{10.1}$$

$\Delta G^{0'}$ = Änderung der freien Energie unter Standardbedingungen

$\Delta E_0^{'}$ = Potentialdifferenz zwischen den beiden anteiligen Redox-Systemen, wobei n für beide Systeme gleich groß sein soll

Ist $\Delta E_0^{'}$ positiv, so wird $\Delta G^{0'}$ negativ sein; die gekoppelte Reaktion ist dann *exergonisch*. Damit wird freie Energie abgegeben, so daß die gekoppelte Reaktion thermodynamisch günstig liegt. Bei der Atmung in Mitochondrien und Bakterien gilt dies für alle Teile der Elektronentransportkette. Die Freisetzung der Energie einiger dieser gekoppelten Reaktionen genügt, um ATP zu produzieren. Dieser Prozeß wird als **oxidative Phosphorylierung** bezeichnet. Die einzelnen Komponenten der mitochondrialen Elektrotransportkette, auch die Abzweigungsstellen der ATP-Produktion, zeigt die Abb. 10.1.

Inhibitoren des *Elektronentransports* greifen spezifisch an einer Stelle der Kette ein und unterbrechen dort den Elektronentransport. Durch die Zugabe eines künstlichen oder natürlichen Elektronendonators kann die Kette manchmal wieder in Gang gesetzt werden (S. 455). So setzt die Bernsteinsäure den Elektronentransport dann wieder in Gang, wenn er durch Rotenon geblockt worden ist (Abb. 10.1).

Der Elektronentransport von NADH bis zum molekularen Sauerstoff läßt 3 Moleküle ATP pro Molekül Wasserstoff entstehen, während der Transport von Succinat die erste Stufe überspringt und damit nur 2 ATP pro Molekül Wasserstoff produziert. Die Zahl der erzeugten ATP-Moleküle nach dem Elektronentransport von einem bestimmten Substrat aus läßt sich feststellen, wenn man die Geschwindigkeit der Phosphorylierung des ADP mit der Geschwindigkeit des Elektronentransports vergleicht. Letztere läßt sich durch die Sauerstoff-Aufnahme feststellen.

Die Phosphorylierung läßt sich durch Abnahme von ADP und P_i (anorganisches Phosphat) feststellen; damit kann man auch das Verhältnis ADP/O oder P/O bestimmen. Die Aufnahme des Sauerstoffs mißt man meist mit einer Sauerstoff-Elektrode.

Während die Elektronen und Wasserstoff-Atome die Reihe der Träger in der Transportkette entlangwandern, wird ein pH-(oder Protonen-) Gradient zwischen den beiden Oberflächen der mitochondrialen inneren Membran aufgebaut. Er bekommt die Bezeichnung ΔpH. Gleichzeitig entsteht eine Ladung (Potential) an der Membran,

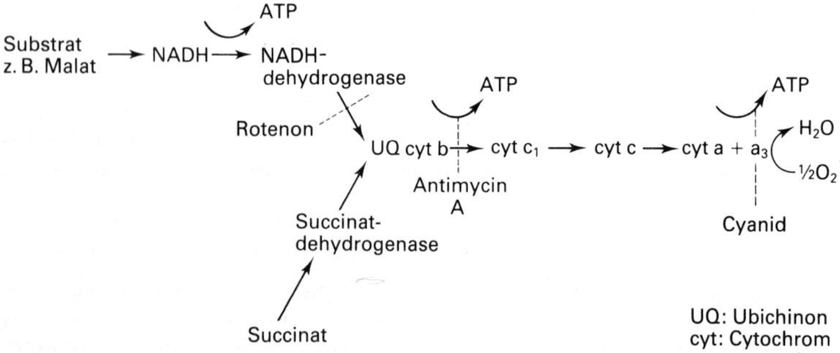

Abb. 10.**1** Die mitochondriale Atmungskette, die die Angriffsstelle einiger Inhibitoren ist, zeigt ebenso die Stellen der ATP-Produktion nach der oxidativen Phosphorylierung

da Elektronen an der inneren Oberfläche der Membran akkumulieren. Dafür besteht die Bezeichnung $\Delta\psi$. Messungen von ΔpH und $\Delta\psi$ werden auf S. 446 erläutert. Der Aufbau dieses ΔpH und $\Delta\psi$ folgt aus der transmembranen Struktur der Atmungskette. Nach der *chemiosmotischen Theorie* nach *Mitchell* sind ΔpH und $\Delta\psi$ die Energiequellen, mit deren Hilfe ein Enzym in der Membran, die *Protonentranslokase (ATPase)* in der Lage ist, ATP aus ADP und P_i zu bilden. Das Enzym zeigt Abb. 10.**2**; es wird dort auch deutlich, wie der Aufbau des ΔpH durch die Atmung die ATPase antreiben kann ($\Delta\psi$ wirkt synergistisch, läßt sich aber im Diagramm nicht so einfach darstellen).

Die meisten Mitochondrien in Geweben, auch vorsichtig präparierte Proben isolierter Mitochondrien, weisen eine *Atmungskontrolle* auf. Kann nämlich kein ATP mehr synthetisiert werden, da der Spiegl an ADP sehr stark abgesunken ist, verringert sich die Atmung (Sauerstoff-Aufnahme); das NADH bleibt dann erhalten. Setzt man ADP zu, kann die ATP-Synthese wieder anlaufen, und der Elektronentransport wird beschleunigt. Es besteht also eine enge Verbindung zwischen dem Elektronentransport und der oxidativen Phosphorylierung, man nennt dann die Mitochondrien *eng gekoppelt*. Das *Verhältnis* der *Atmungskontrolle* wird definiert:

$$\frac{\text{Sauerstoff-Verbrauch in Gegenwart von ADP}}{\text{Sauerstoff-Verbrauch in Abwesenheit von ADP}}$$

Die Messungen benutzen Sauerstoff-Elektroden. Ein großes Verhältnis der Atmungskontrolle zeigt, daß gekoppelte Mitochondrien vorliegen; ein Verhältnis von etwa 1 zeigt, daß die Mitochondrien *entkoppelt* sind. Nur eng gekoppelte Mitochondrien sind für Untersuchungen der Phosphorylierung brauchbar, etwa für die Messung der ADP/O- und P/O-Verhältnisse.

Entkoppelte Mitochondrien erhält man durch Zusatz eines künstlichen Entkopplers, etwa 2,4-Dinitrophenol. Die Membran wird dadurch durchlöchert, sowohl $\Delta\psi$ wie ΔpH werden zerstört, die ATPase verliert ihren Treibstoff. Die oxidative Phosphorylierung wird blockiert. Allerdings beschleunigt sich der Elektronentransport, da die Atmung weiterläuft, andererseits kein ΔpH und $\Delta\psi$ aufgebaut wird. Die Atmungskette muß also nicht Protonen gegen einen Gradienten bewegen oder Elektronen in der anderen Richtung gegen einen Gradienten weitertreiben. Die Wirkung der Entkoppler läßt sich mit Sauerstoff-Elektrode messen. Dies gilt auch für die Inhibitoren der oxidativen Phosphorylierung (z.B. Oligomycin), die sich an die ATPase binden, und zwar entweder in der Gegend des Stiels F_0 (Abb. 10.**2**) oder am aktiven Zentrum F_1. In diesem Fall ist die ATPase nicht aktiv,

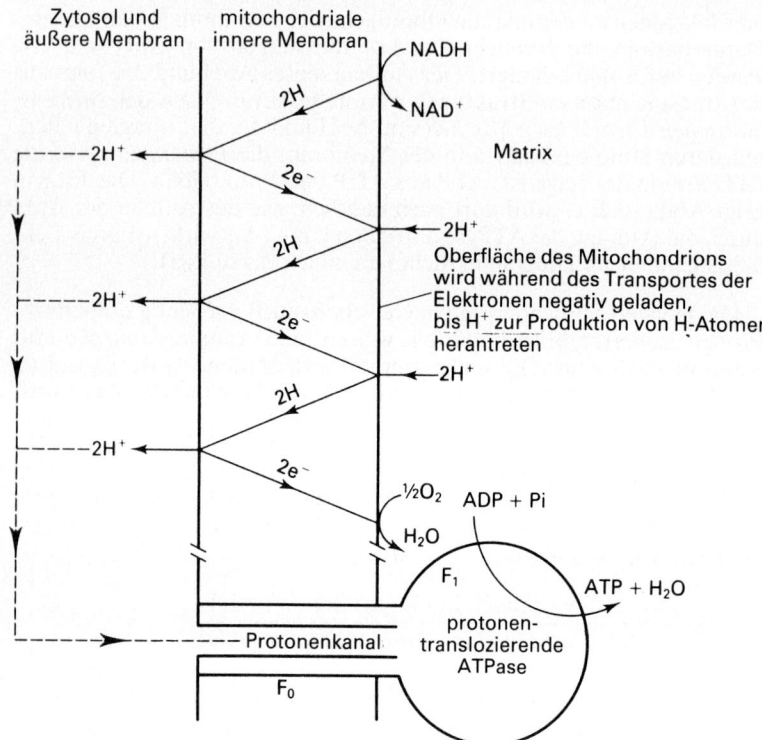

Abb. 10.2 Schematische Darstellung der Elektronentransportkette als transmembrane Reihe von Schleifen zum Endprodukt ATP

sowohl ΔpH wie $\Delta\psi$ werden erhöht, schließlich verlangsamt sich der Elektronentransport.

Zum Nachweis von Transportenzymen in der Membran und zur Untersuchung der Phosphorylierung dienen *Vesikel*. Sie sind kleine Bruchstücke der mitochondrialen Membran, die alle Transporter enthalten und in kleine spontane Bläschen abgeschlossen sind. Man kann auch *umgekehrte Vesikel (inverted vesicles)* erhalten, dort steht dann die ursprüngliche innere mitochondriale Membranoberfläche nach außen. Dort lassen sich dann die Reaktionen der Redox-Farbstoffe, der Inhibitoren des Elektronentransports oder der Antikörper gegen einzelne Trägermoleküle des Elektronentransports untersuchen. Auch sind Präparationen geläufig, die so kleine Abschnitte der mitochondrialen Membran enthalten, daß nur ein Komplex der Elektronentransportkette (z.B. Cytochrom-oxidase) enthalten ist. Dazu dient die vorsichtige Behandlung der Mitochondrien mit einem Detergens (etwa Gallensäure-Salze) und/oder einem organischen Lösungsmittel. Eine Ammoniumsulfat-Fraktionierung schließt sich an. Die so erhaltenen Partikel lassen sich austesten, so daß Inhibitoren und Redox-Farbstoffe sie charakterisieren können. Mit einer Sauerstoff-Elektrode läßt sich allerdings nur die Cytochrom-oxidase nachweisen, da nur dieses Enzym direkt molekularen Sauerstoff als Substrat hat.

Chloroplasten können den *photosynthetischen Elektronentransport* (Abb. 10.**3**) bewerkstelligen.

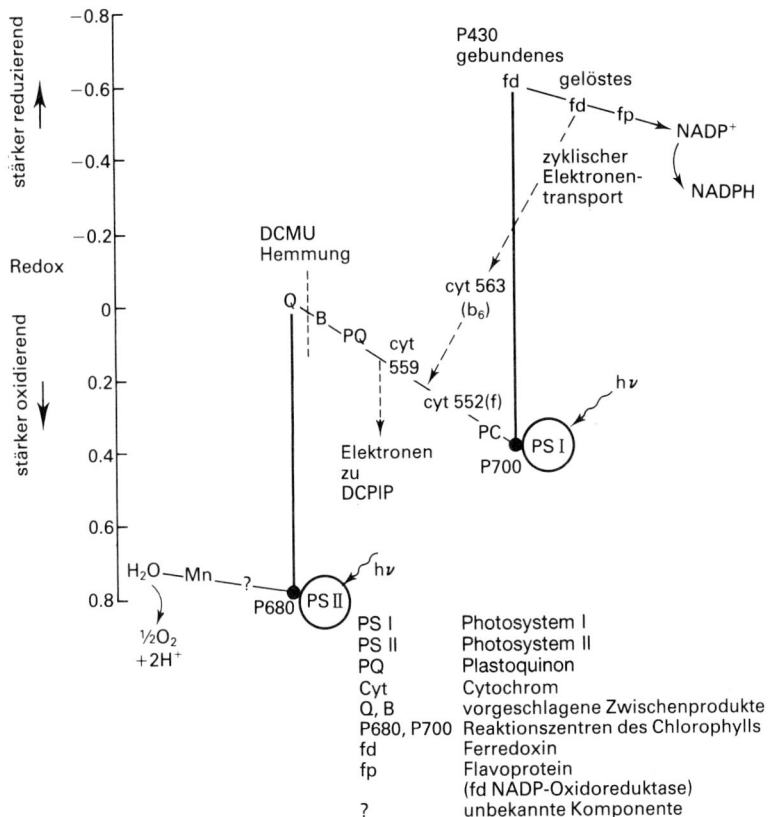

Abb. 10.**3**   Photosynthetischer Elektronentransport in Chloroplasten

An 2 Stellen dieses Transportsystems wird Lichtenergie absorbiert, so daß ein Elektron von einem Träger zu einem anderen mit negativerem Redox-Potential übertragen werden kann. Dies ist allerdings ein *endergonischer* Vorgang, der Energie benötigt. Elektronen können von Wasser über PS II und PS I zu NADP* wandern, dabei wird Sauerstoff und NADPH erzeugt. Der Vorgang wird als *nichtzyklischer Elektronentransport* bezeichnet; er erzeugt über die **nichtzyklische Photophosphorylierung** ATP. Auch über das PSI können Elektronen zyklisch eingesetzt werden. Dabei wird dann kein Sauerstoff aus Wasser freigesetzt, auch kein NADPH aus NADP$^+$ erzeugt, aber ATP gebildet. Dieser *zyklische Elektronentransport* bewirkt eine **zyklische Photophosphorylierung.**

Natürlich ähneln die Details des photosynthetischen Elektronentransports und der photosynthetischen Phosphorylierung dem mitochondrialen Elektronentransport und der oxidativen Phosphorylierung. Chloroplasten können deshalb mit den oben beschriebenen Methoden untersucht werden. Auch hier gibt es Inhibitoren, die an spezifischen Stellen des photosynthetischen Elektronentransports eingreifen, etwa mit Diuron oder DMCU [3-(3,4-Dichlorophenyl)-1,1-dimethylharnstoff]. Der Angriffspunkt liegt an der reduzierten Seite des PS II (Abb. 10.**3**). Redox-Farbstoffe, wie DCPIP (2,6-Dichlorphenolindophenol), treten mit den photosynthetischen Enzymen in Wechselwirkung (S. 455). Auch künstliche Donatoren können, sogar leichter als Wasser, Elektronen an die photosynthetische Elektronentransportkette abgeben (S. 455).

Wie in den Mitochondrien baut sich ein ΔpH und $\Delta\psi$ auf, wenn Elektronen oder Wasserstoff-Atome die Reihe der Enzyme entlangwandern, die durch die Chloroplastenmembran hindurchreichen. Allerdings besteht ein grundsätzlicher Unterschied gegenüber den Mechanismen der Mitochondrien. Beim photosynthetischen Elektronentransport werden die Protonen nach innen in die Chloroplasten abgegeben, nicht, wie beim respiratorischen Elektronentransport, nach außen. Das Vorzeichen von ΔpH und $\Delta\psi$ ist also gegenüber den Mitochondrien umgekehrt. Das Innere der Chloroplasten ist beträchtlich saurer als das äußere Milieu. $\Delta\psi$ ist niedrig, an der Außenseite jedoch leicht negativ. Deshalb sind die Reagenzien zur Messung des photosynthetischen ΔpH und $\Delta\psi$ nicht die gleichen wie bei den Mitochondrien (S. 446). Die ATPase der Chloroplasten ist zwar in ihrer Struktur, ihrer Form und der Anordnung der Untereinheiten derjenigen der Mitochondrien sehr ähnlich, jedoch in entgegengesetzter Richtung orientiert, dem ΔpH und $\Delta\psi$ entsprechend. Die ATPase liegt hier an der Außenfläche der Membran, nicht an der Innenfläche.

Photosynthetische Entkoppler, etwa NH_4^+, sind bekannt, die ähnliche Auswirkungen wie respiratorische Entkoppler zeigen. Sie beschleunigen den photosynthetischen Elektronentransport, unterbinden aber die Phosphorylierung, da sie Protonen durch die Membran dringen lassen. Inhibitoren der Photophosphorylierung sind ebenfalls bekannt, sie binden sich an die ATPase wie die Inhibitoren der oxidativen Phosphorylierung an einer bestimmten Stelle. Ein Beispiel ist das Antibiotikum Dio-9.

Die Sauerstoff-Elektrode ist für die Untersuchung der photosynthetischen Elektronentransportsysteme besonders gut geeignet. Der nichtzyklische photosynthetische Elektronentransport führt zur Freisetzung von Sauerstoff, die so gemessen werden kann. Auch der photosynthetische Elektronentransport in Cyanobakterien läßt sich mit der Sauerstoff-Elektrode verfolgen, andere zur Photosynthese befähigte Bakterien können allerdings keinen Sauerstoff freisetzen. Die Methoden zur Messung des ΔpH und $\Delta\psi$ in Chloroplasten lassen sich allerdings auch auf diese photosynthetischen Bakterien anwenden.

Auch in *Mikrosomen* aus dem glatten endoplasmatischen Retikulum laufen Elektronentransportvorgänge ab. Dort findet sich ein Flavoprotein, die NADPH-Cytochrom-P-450-Reduktase neben dem spezialisierten Cytochrom P-450. Die Mikrosomen katalysieren die Hydroxylierung vieler Substrate, wie Fettsäuren, Steroide, Squalen, einige Aminosäuren, und vieler Medikamente, wie Phenobarbital, Amphetamin, Morphin und Codein.

Grundzüge der elektrochemischen Verfahren

Referenzelektroden. Die elektrochemischen Verfahren, die für ein bestimmtes Experiment eine Elektrode einsetzen, die dann ein Potential liefert, benötigen eine zweite, sogenannte *Referenzelektrode* mit konstantem Potential, so daß man die Differenz zwischen den beiden Elektroden messen kann. Referenzelektroden benötigt man für pH-Glaselektroden, ionenselektive Elektroden und Redox-Elektroden. Eine der wichtigsten Referenzelektroden ist traditionsgemäß die **Standard-Wasserstoffelektrode,** in deren Innerem eine inerte Metallelektrode liegt, z.B. Platin, das mit Platinschwarz überzogen ist, wobei die Elektrode in Salzsäure bestimmter Konzentration (die H^+-Ionen liefert) eintaucht, während Wasserstoff-Gas mit einer 1 Atmosphäre Druck um die Elektrode perlt. Es gilt dann folgende Gleichung:

$$\tfrac{1}{2}H_2 \rightleftharpoons H^+ + e^-$$

Allerdings ist diese Elektrode sehr unbequem zu handhaben, da der Wasserstoff bei konstantem Druck zugeleitet werden muß, sauerstofffrei bleiben muß; auch wird das Platinschwarz leicht verunreinigt. In der

Praxis benutzt man also andere Referenzelektroden, obwohl die Oxidations-Reduktions-Potentiale immer unter Bezug auf die Standard-Wasserstoffelektrode angegeben werden.

Die häufigsten Referenzelektroden sind die *Kalomel-Elektroden* (Abb. 10.4 a). Sie bestehen aus einer Lösung von Quecksilber(I)-chlorid (Kalomel) und Kaliumchlorid in Kontakt mit festem Quecksilber(I)-chlorid und Quecksilber. Dieser Teil des Stromkreises wird folgendermaßen geschrieben:

$$\text{Hg} \mid \text{Hg}_2\text{Cl}_2 \mid \begin{array}{c}\text{gesättigte} \\ \text{KCl-Lösung}\end{array} \mid\mid \text{Probenlösung}$$

Der Doppelstrich zeigt eine semipermeable Salzbrücke an.

Alternativ zu der Kalomel-Elektrode wird die *Silber/Silberchlorid-Elektrode* eingesetzt. Ein Silberchlorid-Niederschlag liegt auf metallischem Silber in einer chloridhaltigen Lösung (z.B. KCl) auf:

$$\text{Ag} \mid \text{AgCl} \mid \text{KCl} \mid\mid \text{Probenlösung}$$

Ein weiterer Referenzelektrodentyp für Redox-Messungen ist die *Ross-pH-Elektrode,* die für Messungen bei extremen Temperaturen konstruiert wurde.

Jede Referenzelektrode muß mit der Probenlösung über eine *flüssige Verbindung* in Kontakt stehen. Dazu setzt man meistens Kaliumchlorid ein, das langsam aus der Elektrode ausdiffundiert und die Leitfähigkeit herstellt. Leider besitzen diese flüssigen Verbindungen ein unbekanntes *Brückenpotential,* das nicht vollständig ausgeschaltet werden kann. Man muß deshalb dafür sorgen, daß das Kaliumchlorid langsam aus der Elektrode herausdiffundiert, keinesfalls aber die Probenlösungen in die Elektrode hineingelangen. Obwohl diese Ausdiffusion eine gewisse Verunreinigung der Probenlösung verursacht, ist diese meist nicht bedeutsam. Mißt man allerdings die Konzentrationen von Kalium- und Chlorid-Ionen, so muß eine besondere Referenzelektrode, die *Doppelbrückenreferenzelektrode,* zur Vermeidung der Verunreinigung eingesetzt werden.

Mehrere solcher semipermeablen Brücken, durch die das KCl diffundieren darf, sind gebräuchlich: *Keramikfilter oder Fritten, Faserbrücken* und *Mantelbrücken.* Fritten bestehen aus kleinen Partikeln, die fest aneinander gepreßt vorliegen, so daß eine kleine Menge der eingefügten Lösung aus der Elektrode durch die Lücken zwischen den Partikeln diffundieren kann.

Die faserigen Brücken bestehen aus gewebten oder glatten Fasern, letztere erlauben einen etwas größeren Durchfluß. Die Mantelbrückenreferenzelektroden lassen eine enge ringförmige Öffnung zwischen dem äußeren Mantel und der Elektrode frei. Der Raum zwischen dem Mantel und der Elektrode erweitert sich oberhalb der Spitze und bildet das Reservoir für die Füllösung. Der Durchfluß geschieht durch einige Abschnitte der engen ringförmigen Öffnung. Eine solche Mantelbrücke ist leichter zu reinigen als die anderen Typen (da man den Mantel abnehmen kann). Auch ist der Durchfluß etwas größer, die Öffnung verstopft nicht so leicht.

Nernstsche Gleichung. Diese Gleichung betrifft die Geräte, die ein Potential erstellen, z.B. pH-Glaselektroden und ionenselektive Elektroden. Sie beschreibt die Charakteristik der Elektrode:

$$E = E_x + 2{,}303 \, \frac{RT}{nF} \, \log_{10} A \tag{10.2}$$

In vereinfachter Form:

$$E = E_x + S \, \log_{10} C \tag{10.3}$$

E = Gesamtpotential (mV) zwischen der Meß- und der Referenzelektrode
E_x = Konstante, die vorwiegend die Referenzelektrode betrifft

$2{,}303 \, \dfrac{R \cdot T}{nF}$ (oder S) = *Nernst-Faktor* oder *-Steigung*

n = Ladungszahl des Ions
A = Aktivität des Ions
C = Konzentration des Ions

Die *Aktivität* ist eine wichtige physikalisch-chemische Größe. Sie ist ein exaktes Maß des realen Einflusses des Ions auf chemische Gleichgewichte und Reaktionsgeschwindigkeiten und bedeutet die *effektive* Konzentration in der Lösung. Die Beziehung zwischen der Aktivität A und der Konzentration C lautet $A = \gamma \, C$, wobei γ der *Aktivitätskoeffizient* ist. Bei niedrigen Konzentrationen sind Aktivität und Konzentration gleich. Die Gl. (10.3) gilt deshalb nur in verdünnten Lösungen. Bei höheren Konzentrationen wird γ kleiner als 1, damit auch die Aktivität kleiner als die Konzentration.

Die Nernstsche Gl. (10.2) zeigt deutlich, daß das Potential der Elektrode sowohl von der Temperatur wie auch von der Zahl der Ladungen des Ions abhängt. Bei 25 °C ändert sich die Spannung um 59,16 mV bei einer 10fachen Veränderung der Aktivität eines einfach geladenen Ions, um 29,58 mV bei einem Ion mit 2 Ladungen. Gehorcht eine Elektrode der Nernstschen Gleichung, so zeigt sie eine Nernstsche Charakteristik. Bleiben die Änderungen des Potentials in Abhängigkeit von der Aktivität (den Steigungen) hinter den theoretischen Werten zurück (im Meßbereich), dann deutet das entweder auf eine Störung durch andere Ionen hin oder auf eine fehlerhafte Elektrode.

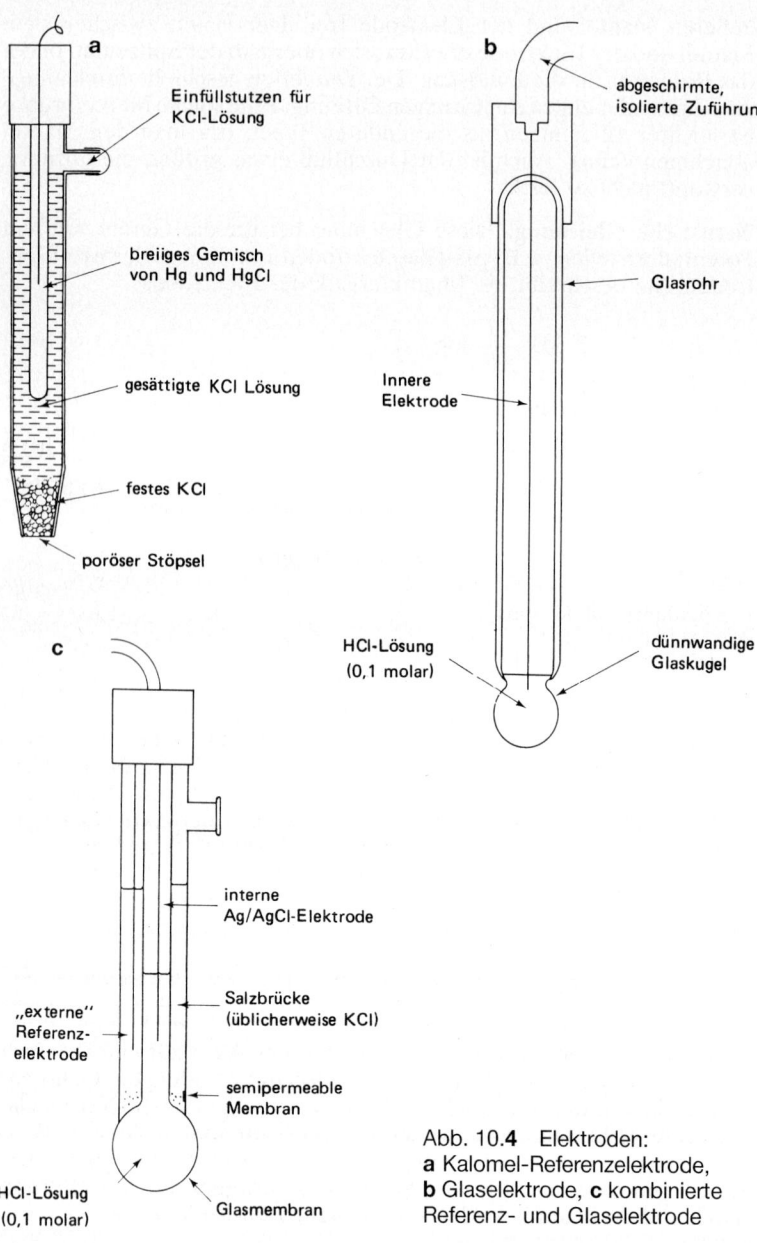

Einfüllstutzen für
KCl-Lösung

breiiges Gemisch
von Hg und HgCl

gesättigte KCl Lösung

festes KCl

poröser Stöpsel

abgeschirmte,
isolierte Zuführung

Glasrohr

Innere
Elektrode

HCl-Lösung
(0,1 molar)

dünnwandige
Glaskugel

interne
Ag/AgCl-Elektrode

Salzbrücke
(üblicherweise KCl)

„externe"
Referenz-
elektrode

semipermeable
Membran

HCl-Lösung
(0,1 molar)

Glasmembran

Abb. 10.**4**   Elektroden:
a Kalomel-Referenzelektrode,
b Glaselektrode, **c** kombinierte
Referenz- und Glaselektrode

10.2   pH-Messungen mit Glaselektroden

Grundlagen der Anwendung

Am bequemsten und genauesten mißt man den pH-Wert mit einer *Glaselektrode,* deren Potential auf dem Ionenaustausch in den hydratisierten Schichten auf der Glasoberfläche beruht. Glas besteht aus einem Netzwerk von Silikat, in dem Metall-Ionen koordinativ mit Sauerstoffatomen in Verbindung stehen; diese Metallionen können mit H^+ in Austausch treten. Die Glaselektrode arbeitet wie eine Batterie, deren Spannung von der Aktivität der H^+-Ionen in der Lösung, in die sie eintaucht, abhängt. Die Größe des Potentials E folgt der Gleichung:

$$E = 2{,}303 \, \frac{RT}{F} \, \log\frac{[H^+]_i}{[H^+]_o} \qquad (10.4)$$

$[H^+]_i$ und $[H^+]_o$ = molare Konzentrationen der H^+-Ionen an der Innen- und Außenseite der Glaselektrode

In der Praxis liegt $[H^+]_i$ fest, und zwar meist bei 10^{-1}, da die Elektrode 0,1 mol/l HCl enthält. Da der pH = -log $[H^+]$ beträgt, folgt daraus, daß das gemessene Potential dem pH-Wert der Lösung außerhalb der Elektrode direkt proportional ist. Glaselektroden sind besonders geeignet, da sie mit den Komponenten der Lösung nicht reagieren. Im allgemeinen werden die Elektroden nicht leicht durch Moleküle in der Lösung verunreinigt, auch interferieren andere Ionen kaum. In sehr alkalischen Lösungen sprechen sie allerdings auf Natrium-Ionen an. Auch in sehr sauren Lösungen treten Ungenauigkeiten auf.

Eine Glaselektrode (Abb. 10.**4 b**) enthält eine dünne Glasmembran am Ende einer Glas-, manchmal auch Kunststoffröhre. Im Inneren liegt eine innere Referenzelektrode, meist vom Silber/Silberchlorid-Typ (S. 440). Auf dem Silber liegt ein feiner Niederschlag von Silberchlorid, das Milieu besteht aus 0,1 mol/l HCl. Diese innere Elektrode liefert ein konstantes Potential. Das veränderte Potential der Glaselektrode muß mit dem konstanten Potential einer externen Referenzelektrode verglichen werden. Die Referenzelektrode ist entweder ein getrenntes Gerät (Abb. 10.**4 a**), bei den *kombinierten Elektroden* ist sie in die Glaselektrode integriert (Abb. 10.**4 c**). Wählt man eine kombinierte Elektrode, so muß der Spiegel der Probenlösung oberhalb der semipermeablen Membran liegen (flüssige Verbindung), nicht aber so hoch wie der Spiegel der inneren Lösung der Salzbrücke (KCl), da das KCl ja langsam in die Probenlösung ausdiffundieren soll.

Welche Referenzelektrode man auch immer wählt, die gemessene Spannung stammt aus der Differenz zwischen den Potentialen der Referenz- und Glaselektroden. In der Praxis liegen allerdings im System noch weitere Potentiale vor. Dazu gehört das sogenannte **Assymmetrie-potential,** das noch schlecht aufgeklärt ist, das jedoch an der Glasmembran liegt, auch wenn die H^+-Ionenkonzentration auf beiden Seiten gleich groß ist. Weitere Potentiale stammen von dem Ag-AgCl, aus der flüssigen Verbindung zur Referenzelektrode, die ein Potential erzeugt, da K^+- und Cl^--Ionen nicht genau gleichschnell diffundieren. So kommt ein kleines Potential an der Grenzfläche zwischen der Probe und dem KCl in der Referenzelektrode zustande.

Die pH-Elektrode wird an einen **pH-Meter** angeschlossen. Er zeigt das Potential aus der H^+-Ionenkonzentration an, entnimmt aber dem Schaltkreis sehr wenig Strom. Ein größerer Stromfluß würde die Ionen-Konzentrationen und damit pH-Werte verändern. Dagegen setzt man einen hohen Widerstand ein. Das gemessene Potential E'_G einer Glaselektrode bei 25 °C ist:

$$E'_G = E_{konstant} + 0,059 \text{ pH} \tag{10.5}$$

$E_{konstant}$ beschreibt die verschiedenen konstanten Potentiale im System.

Wie beschrieben, bewirkt eine 10fache Änderung der Konzentration eines einwertigen Ions eine Spannungsänderung von 59,16 mV; bei der Änderung um 1 pH-Einheit ergibt sich also eine Spannungsänderung von 59,16 mV. pH-Meter, Glaselektroden und Referenz-Kalomel-Elektroden werden so eingestellt, daß pH 7 das Postential 0 ergibt.

Man sieht aus Gl. (10.2), daß das gemessene Potential von der Temperatur abhängt (jede Änderung um 1 pH-Einheit ergibt bei 0 °C 54,20 mV, aber 61,54 mV bei 37 °C). Dieser Effekt läßt sich leicht berechnen und kompensieren. Je weiter man vom pH 7 (dem *Isopotentialpunkt,* bei dem die Temperatur keine Auswirkung auf das Potential hat) abrückt, desto wichtiger wird die Temperaturkompensation, da die Fehler sich rasch steigern. Vor der Messung des pH-Wertes werden die Geräte mit 2 Pufferlösungen mit großem pH-Abstand geeicht. Haben dabei diese Pufferlösungen und die Lösung mit unbekanntem pH-Wert verschiedene Temperaturen, so tritt ein Fehler auf.

Kürzlich wurde die Ross-pH-Elektrode entwickelt. Sie ergibt eine rasche Messung ohne Abdriften und ist auch in heißen oder kalten Lösungen sehr genau. Anstatt der Silberchlorid- oder Kalomel-Elektroden, bei denen eine feste Substanz im Gleichgewicht mit einer Flüssigkeit steht, werden Redox-Referenzzellen eingesetzt, in denen sowohl die oxidierte wie die reduzierte Komponente bereits in Lösung vorliegt; damit kann der Temperaturkoeffizient auf beinahe 0 gedrückt werden. Auch nach der Messung von kochenden oder eisgekühlten Lösungen bleibt die Eichung stehen, deshalb ist sie für Qualitätskontrollen bei Vorgängen in extremen Temperaturen dienlich.

Die äußere Schicht der Glaselektrode muß immer hydratisiert bleiben, meist bewahrt man sie in einer Lösung auf. Die dünne Glasmembran ist brüchig, man darf sie natürlich nicht zerbrechen, ankratzen oder auch nicht statische elektrische Energie durch Reiben erzeugen. Gelartige und eiweißhaltige Lösungen dürfen auf der Oberfläche nicht antrocknen, da sie die Anzeige hemmen würden. Für die verschiedenen Anwendungen sind Elektroden in einer Vielfalt von Formen und Größen erhältlich. Dazu gehören Elektroden zur Messung des pH-Wertes im Blut, Speichel, an flachen feuchten, etwa Isoelektrofokussierungsgelen, schließlich des pH-Wertes im Inneren fester Proben. Auch Außenarbeiten benötigen pH-Messungen. Mit Minielektroden kann man nach der Einstichmethode auch intrazelluläre pH-Werte messen.

Der pH-Stat

Mit diesem Gerät kann man den pH-Wert einer Lösung, die Protonen erzeugt oder verbraucht, während einer Reaktion konstant halten. Zeichnet das Gerät den Verbrauch der benötigten Lauge oder Säure gegenüber der Zeit auf, so läßt sich die Geschwindigkeit der Reaktion festhalten. Man benötigt eine Glaselektrode, ein pH-Meßgerät, einen Schreiber, eine Bürette und ein Titrationsgerät, wobei letzteres die Bürette mit einem magnetischen Ventil bedient oder sie als motorgetriebene Spritze betreibt. Das Titrationsgerät ist bei diesen Schaltungen unerläßlich, da es den Stromfluß zur Bürettenkontrolle immer dann unterbrechen muß, wenn der gewünschte pH-Wert erreicht ist. Bei differenzierten Geräten wird mit der Annäherung an den pH-Endpunkt immer weniger Lauge oder Säure zugefügt, so daß die Titration nicht „überschießt". Die pH-Glaselektroden sollten dabei besonders genau und für kinetische Arbeiten geeignet sein.

Einige begrenzende Widrigkeiten müssen allerdings in Kauf genommen werden. So muß die Lösung im Reaktionsgefäß ständig gerührt werden, sonst kann es zur Denaturierung von Proteinen und zur deutlichen Absorption von Kohlendioxid in der Lösung kommen. Weitere Probleme ergeben sich aus den möglichen unbekannten Diffusionspotentialen der Elektrode und aus der Diffusion der Titrationsflüssigkeit von der Bürettenspitze in die Lösung, in die diese eintaucht. Verwendet man eine Bürettenfüllung, deren Dichte unter der der Lösung im Reaktionsgefäß liegt, so läßt sich der zweite Effekt teilweise unterdrücken.

Häufig werden solche Geräte bei der Aufnahme einer Enzymkinetik eingesetzt, etwa bei proteolytischen Enzymen. Auch der Abbau von Peptiden oder Nucleinsäuren in der Bakteriologie und bei industriellen Ansätzen wird damit verfolgt (S. 129), so etwa bei der Penicillin-Produktion.

Messung des ΔpH- und $\Delta\psi$-Wertes

Hier bedient man sich oft einer *molekularen Sonde,* die auf $\Delta\psi$ (oder ΔpH) reagiert, indem sie einen Wechsel der Lichtabsorption oder der Fluoreszenz zeigt. Auch kann es zur *Anhäufung* einer Verbindung kommen, die von $\Delta\psi$ (oder ΔpH) abhängt.

Messung des $\Delta\psi$-Wertes. Membranpotentiale werden oft mit Hilfe eines fluoreszierenden Ions, etwa des Anilinonaphthalinsulfonats (ANS) (Abb. 8.**9**) bestimmt. Dies wirkt als Sonde, allerdings ist der Mechanismus der Reaktion auf das Membranpotential noch ungewiß. Die Sonde muß eine geeignete Ladung tragen (ein Kation, wenn die negativen Ladungen innen überwiegen, ein Anion, wenn die Innenseite positiv geladen ist, wie in Chloroplasten (S. 438).

Die Beweglichkeit eines Ions in Abhängigkeit von $\Delta\psi$ läßt sich mit einer ionenselektiven Elektrode messen (Abschn. 10.3, S. 448). Der Einstrom von K^+ in die Mitochondrien läßt sich so durch den Abfall der externen K^+-Ionen messen. Valinomycin, ein Inophor, läßt bestimmte Ionen in Abhängigkeit von $\Delta\psi$ durch die Membran strömen. K^+-Ionen werden dann auf beiden Seiten der Membran nach einer Modifikation der Nernst-Gleichung verteilt:

$$\Delta\psi = -2{,}303 \, \frac{RT}{nF} \log \frac{[K^+]_i}{[K^+]_o} \tag{10.6}$$

i = innen
o = außen
n = 1, da K^+ ein einwertiges Ion ist

Der Gradient der K^+-Ionen läßt sich aus dem Abfall der externen K^+-Ionen und dem Volumen der Binnenflüssigkeit, in der K^+-Ionen angereichert werden, errechnen. Synthetische Ionen, die die Lipiddoppelschichten durchdringen, können K^+-Ionen und Valinomycin ersetzen. Einige von ihnen lassen sich radioaktiv markieren und können dann zur Bestimmug von $\Delta\psi$ herangezogen werden.

Eine Methode, die die Abtrennung der Organellen (oder Vesikel) aus dem Medium nicht verlangt, ist die **Durchflußdialyse.** Dazu benutzt man eine kleine Durchflußzelle, ihre beiden Abteilungen sind durch eine Dialysenmembran getrennt. In die obere Abteilung gibt man das radioaktiv markierte permeierende Ion, ein Substrat und Puffer. Im Experiment werden auch Organellen oder Vesikeln in diese Abteilung zugegeben, eine Kontrolle verzichtet darauf. Der Puffer wird langsam durch die zweite Abteilung gepumpt, in Fraktionen gesammelt und nach der Radioaktivität in den einzelnen Fraktionen ausgemessen. Befindet sich kein bindendes biologisches Material in der ersten Abteilung, so wird die Radioaktivität sehr schnell in die zweite

Abteilung übertreten und in frühen Fraktionen auftauchen. Organellen oder Vesikel werden diese Diffusionsgeschwindigkeit herabsetzen, da die Markierung in sie einströmen muß. Man gibt Detergenzien und Entkoppler zu, um festzustellen, wieviel von der Markierung unter dem Einfluß von $\Delta\psi$ schon in die Organellen oder Vesikeln eingeströmt ist, wieviel an Proteinen einfach absorbiert und damit von $\Delta\psi$ unabhängig ist. Aus diesen unabhängigen Messungen kann man $\Delta\psi$ berechnen. Karotinoide sind in ihrer Lichtabsorption von $\Delta\psi$-Veränderungen abhängig. Photosynthetische Organismen tragen in ihrer photosynthetischen Membran Karotinoide, die als natürliche $\Delta\psi$-Sonden arbeiten, weil sie im Bereich von 515–520 nm des Spektrums Änderungen zeigen. Diese spektralen Änderungen verlaufen in Abhängigkeit von $\Delta\psi$ außerordentlich schnell (etwa ns), so daß die frühen Umwandlungen während der Photosynthese nachgewiesen werden können. Andere künstliche optische Indikatoren für $\Delta\psi$ sind verfügbar, liegen jedoch nicht in der Membran.

Messung des ΔpH-Wertes. Ursprünglich stellte man den pH-Wert mit Glaselektroden oder internen Farbstoffindikatoren fest. Heutzutage benutzt man für die Messung des pH-Wertes die Aufnahme einer radioaktiv markierten schwachen Säure HA in respiratorischen Systemen oder einer schwachen Base B bei photosynthetischen Vesikeln. Die Ionisierung dieser Elektrolyten ist pH-abhängig (s.a. Henderson-Hasselbalch-Gleichung, S. 7). Die nichtionisierte Form der Säure oder der Base (HA oder B) gelangt durch passive Diffusion durch die Membran. Die Akkumulation einer Radioaktivität auf der entgegengesetzten Seite der Membran hängt deshalb von der Differenz des pH-Wertes zwischen äußerem und innerem Milieu ab, also von ΔpH. In der Praxis inkubiert man die Organellen in einer Lösung der markierten Verbindung und trennt sie dann entweder durch eine Hochgeschwindigkeitszentrifugation oder durch eine Zentrifugation der Organellen durch Siliconöl oder durch die Filtration durch einen Cellulose-Filter schnell ab. Danach mißt man die Radioaktivität. Zum Teil stammt sie aus einer externen Verunreinigung und nicht aus dem Inhalt der Vesikel oder Organellen. Diesen Betrag kann man mit Hilfe einer zweiten, nicht permeierenden radioaktiven Verbindung korrigieren. Danach kennt man die Menge der radioaktiven Substanz, die durch die Membran eingedrungen ist, und muß nun das interne Wasservolumen bestimmen, um die Konzentration der markierten Substanz zu erhalten. Für die Messung des internen Wasservolumens benutzt man ^{14}C-Saccharose, die nicht durch Membranen permeiert. Hinzu tritt tritiiertes Wasser, das durch die Membranen eindringt. Außerdem muß noch der äußere pH-Wert gemessen werden; entweder mit einer Elektrode oder mit einem außen zugegebenen pH-Indikator.

Manchmal kann man anstatt der radioaktiv markierten schwachen Basen auch fluoreszierende Moleküle benutzen. Fluoreszierende Amine, wie 9-Aminoacridin, werden gequencht, wenn sie absorbiert sind (Abschn. 8.5, S. 357); aus dem Ausmaß dieser Lösung kann man die Aufnahme der Base errechnen. Auch die Durchflußdialyse dient zur Messung von ΔpH mittels radioaktiv markierter Säuren und Aminen, ähnlich wie für die $\Delta\psi$-Messungen beschrieben. ^{31}P-NMR kann ebenfalls zur Messung von ΔpH herangezogen werden, da sich das Phosphat-Signal aus anorganischem Phosphat ändert, wenn die benachbarten Sauerstoff-Atome durch Änderungen des pH-Wertes protoniert oder deprotoniert werden (S. 380). Man kann also ΔpH auf verschiedenen Wegen messen. In der Praxis benutzt man meist mehrere Methoden, da exakte und eindeutige Ergebnisse von einer einzigen Methode nicht zu erwarten sind.

Keinesfalls darf man bei ΔpH- und $\Delta\psi$-Messungen vergessen, daß mehrere Voraussetzungen als gegeben erachtet werden. Man nimmt an, daß die Indikatorverbindung überhaupt nicht an Membranen angeheftet wird (oder zu einem bekannten Anteil gebunden wird), daß sie nicht präzipitiert, daß sie den Gradienten, den man mit ihrer Hilfe messen will, nicht stört, daß sie durch Diffusion, aber nicht durch aktiven Transport eingeschleust wird und daß sie nicht in Stoffwechselreaktionen eingeht. Offensichtlich muß man die Gültigkeit dieser Annahmen nachprüfen.

10.3 Ionenselektive Elektroden ISE und Gasmessungen

Einführung

Schon die pH-Glaselektrode ist eigentlich eine ionenselektive Elektrode, da sie auf Wasserstoff-Ionen anspricht. Man hat Elektroden entwickelt, die andere Ionen bestimmen können, etwa Cl^-, NO_3^-, NH_4^+ und Na^+. Die Kennlinie ist logarithmisch, 10fache Änderungen der Ionenaktivität verursachen gleichförmige Inkremente auf der Meßskala.

Verschiedene Arten ionenselektiver Elektroden zeigt die Tab. 10.**1**. Sie benutzen alle (mit Ausnahme der Messungen von Gasen) Ionenbewegungen, die eine Potentialdifferenz hervorrufen. Man hat diese Elektroden modifiziert, etwa durch die Entwicklung von Mini- und Mikroelektroden. Eine Kombination von Mikroelektronik und ionenselektiven Feldeffekttransistoren nennt man ISFET. Zukünftig werden diese Minidetektoren wahrscheinlich häufiger benutzt werden.

Tabelle 10.1 Arten der ionenselektiven und gassensitiven Elektroden

Meßprinzip	Zusammensetzung	gemessenes Ion oder Gas	Begrenzungen oder Vorteile
Glas-ISE (mit fester Matrix)	Spezialglas, vor allem Aluminiumsilicat	Na^+	nicht geeignet für Anionen oder zweiwertige Kationen
Ionenaustauschelektroden in Flüssigkeiten (flüssige Membran)	organischer, flüssiger Ionenaustauscher, für ein Ion spezifisch, dünne poröse hydrophobe Membran	Ca^{2+}	begrenzte Lebensdauer, da der Ionenaustauscher abgebaut wird
neutrale Flüssig-Membran-Elektroden	organische Lösung eines ionenspezifischen Komplexbildners (Ionophor) in inerter polymerer Grundsubstanz	K^+ (Valinomycin als Ionophor)	begrenzte Lebensdauer
Festkörperelektroden	Kristall oder Festkörper als Teil einer Membran	Ag^+	lange Lebensdauer, da keine flüssige Komponente
gassensitiv	unterschiedlich, stets gasdurchlässige aber ionenundurchlässige Membran	NH_3	langsame Anzeige

Eine ionenselektive Elektrode registriert die *Aktivität* eines Ions. Wird das Instrument allerdings mit einem Standard bekannter Konzentration geeicht, dann kann man direkt die *Konzentration* der Probenlösung messen, wenn die Ionenstärken der Lösungen ähnlich sind. Um dies zu überprüfen, kann auch ein **Ionenstärkenadaptor ISA** zugefügt werden. Diese ISA enthalten hohe Ionen-Konzentrationen, auch pH-Puffer, einschließlich Reagenzien, die Komplexe unterdrücken oder Moleküle entfernen, die mit der Messung interferieren. Ist ein Anteil der Ionen allerdings nicht frei löslich, sondern als Komplex oder schwerlösliche Fällung gebunden, dann liefern die ionenselektiven Elektroden einen viel zu kleinen Wert, verglichen mit chemischen Methoden, die alle Ionen erfassen. Die Atomabsorptionsspektroskopie (S. 371) mißt die Konzentration. Ein Ion wie Calcium, das leicht Calciumphosphat bildet, wird dann mit einem höheren Wert aufscheinen als durch ISE gemessen. Dennoch sind die ISE-Ergebnisse wichtig, da häufig die freien Ionen für klinische/biologische Effekte verantwortlich sind. Im Gegensatz zur Atomabsorptionsspektrophotometrie gelten die ISE für breite Konzentrationsbereiche, sie zerstören die gemessenen Verbindungen nicht und sind schnell einzusetzen. In der Klinik, wo große Genauigkeit notwendig und die Spielbreite der Kationen-Konzentrationen im Blut klein ist, sind die ISE seltener in Gebrauch; hier kommt die Atomabsorptions- oder Emissionsspektrophotometrie zur Anwendung (Kap. 8.**11**, S. 388).

Eine Elektrode kann ionenselektiv sein, aber dennoch nicht ionenspezifisch. Die Daten der Hersteller führen dies aus, sie führen auch Chemikalien auf, die die Elektrode vergiften können. Wie bei den pH-Glaselektroden können die ionenselektiven Elektroden durch Proteine gestört werden, die sich an der Oberfläche als Film aufziehen.

Viele Ionen lassen sich direkt durch eine ISE messen, auch indirekt durch eine Titration. Eine Form der indirekten Messung ist der Einsatz der Elektrode als Endpunktindikator einer Titration. Die Elektrode spricht dann entweder auf das zu bestimmende Substrat oder auf das Ion an, mit dem man titriert. Titrationen sind ungefähr 10fach fehlerfreier als direkte Messungen, da diese Arbeitsweise die *Änderung* des Potentials, nicht aber den absoluten *Wert* bestimmt. Dies ist wichtig, da ISE an sich nicht sehr genau sind. Die Bestimmung der Konzentration von Calcium-Ionen in Lösung wird deshalb am besten durch eine Titration mit Ethylendiaminetetraessigsäure EDTA mit einer Calcium-Elektrode vorgenommen. Calcium wird in einen Komplex eingeschlossen. Die Elektrode spricht dabei im logarithmischen Verhältnis auf die Konzentration der Calcium-Ionen in der Lösung an. Nach der Zugabe der EDTA sieht man so einen scharfen Endpunkt mit einer Genauigkeit von 0,1 % oder weniger.

Bei 25 °C ändert sich das Potential einer ISE um 59,16 mV bei 10facher Änderung der Aktivität eines einwertigen Ions, um 29,58 mV bei einem zweiwertigen Ion (S. 441). Wie bei den pH-Elektroden ist das gemessene Potential, außer am **Isopotentialpunkt,** temperaturabhängig. Der Punkt verschiebt sich mit dem Elektrodentyp. Man muß deshalb die Temperaturkompensation beachten. Auch ist eine Referenzelektrode notwendig, so daß das wechselnde Potential der ISE mit dem konstanten Wert der Referenzelektrode verglichen werden kann (S. 439). Bei der Messung von Kalium- oder Chlorid-Ionen muß eine Doppelbrückenreferenzelektrode eingesetzt werden, um die Verunreinigug der Lösung durch die innere Lösung der Referenzelektroden zu vermeiden.

Anwendungen ionenselektiver Elektroden

Ionenselektive Elektroden sind einfach im Gebrauch, billig und leicht zu transportieren. Länger dauernder Betrieb ist ohne Risiko möglich, der Stromverbrauch ist gering. Wie Tab. 10.2 zeigt, werden sie sehr breit eingesetzt. Sehr kleine Elektroden, **Speerspitzen-Mikro-Elektroden** genannt, sind im Handel; damit kann man Ionen-Konzentrationen in Einzelzellen, in Muskeln und Nerven bestimmen.

Tabelle 10.**2**   Anwendungen ionenselektiver Elektroden ISE

nachgewiesenes Ion oder Gas	Anwendung
Na^+	Analyse von Meereswasser, Serum, Erden, Haut
K^+	Analyse von Serum (oft mit einer Na^+-Elektrode kombiniert)
Cl^-	schneller Test für zystische Fibrose, Nahrungsmittelanalyse
Ca^{2+}	Analyse von Serum, Bier
NH_3	Analyse nach dem Kjeldahl-Abbau von Proteinen (S. 103)
NO_3^-	Analyse von Trinkwasser, Düngemitteln, Bakterienwachstum
Stickoxide	Verunreinigungen der Luft

10.4   Oxidations-Reduktions-(Redox-)Potentiale

Grundlagen

Wie auf S. 433 besprochen, läßt sich das Gleichgewicht zwischen Verbindungen, die in einer oxidierten und in einer reduzierten Form vorliegen können, durch die Gleichung

reduzierte Form $\rightleftharpoons$ oxidierte Form $+ ne^-$

beschreiben. Das Gemisch der reduzierten und der oxidierten Form einer Substanz (z.B. Se^{2+}/Fe^{3+}, NADH/NAD$^+$) bezeichnen wir als **Redox-Paar.** Taucht eine inerte Elektrode (etwa Platin) in die Lösung eines Redox-Paars, so baut sich am Metall ein Potential auf. Die Potentialdifferenz zwischen dem Metall und der Lösung kann mit dem konstanten Potential einer externen Referenzelektrode verglichen werden.

Die Skala der Oxidations-Reduktions-(Redox-)Potentiale baut sich auf Werten auf, bei denen die Standard-Wasserstoffelektrode als Referenz benutzt wird. Verglichen wird sie mit dem Standardpotential E_0, das an einer Platin-Elektrode entsteht, die in Lösungen gleicher Konzentrationen der oxidierten und reduzierten Form einer Substanz bei Standardkonzentrationen (S. 439) eintaucht. Redox-Paare haben positive oder negative Redox-Potentiale; sie oxidieren entweder stärker oder schwächer als die Standard-Wasserstoffelektrode. Ferri/Ferrocyanid oxidiert stärker und hat ein Redox-Potential von 0,36 V, NAD$^+$/NADH reduziert stärker und hat ein Redox-Potential von $-0,32$ V. Das experimentell gemessene Potential hängt vom Verhältnis der oxidierten zur reduzierten Form ab, oft auch vom pH-Wert, nur wenig aber von der tatsächlichen Konzentration. Das gemessene Redox-Potential E_h hängt vom Standardpotential E_0 gemäß Gl. (10.7) ab, die eine Abwandlung der Nernstschen Gl. (10.2) ist. Diese Gleichung gilt, wenn H$^+$ *nicht* an dem Wechsel von der oxidierten zur reduzierten Form beteiligt ist:

$$E_h = E_0 + 2{,}303 \, \frac{RT}{nF} \, \log \frac{[\text{oxid}]}{[\text{red}]} \qquad (10.7)$$

E_h = gemessenes Redox-Potential eines Paares bekannter Zusammensetzung (z.B. eine Mischung von 0,03 mol/l oxidierter Form und 0,1 mol/l reduzierter Form)

E_0 = Standard-Redoxpotential, wenn alle Komponenten bei der Konzentration 1 mol/l und dem pH 0 vorliegen

Sind H$^+$-Ionen an der Reaktion beteiligt (das Redox-Paar verursacht eine pH-Änderung), dann ändert sich die Gleichung:

$$E_h = E_0 + 2{,}303\,\frac{RT}{nF}\,\log\frac{[\text{oxid}]}{[\text{red}]} + 2{,}303\,\frac{RT}{nF}\log\,[H^+]^a \quad (10.8)$$

a = Zahl der Protonen, die an der Reaktion beteiligt sind

In der Praxis sind E_0'-Werte für Biologen sehr dienlich; sie entsprechen E_0, doch ist der pH-Wert dabei nicht 0, sondern 7, wenn nicht anders angegeben. Ein Redox-Paar kann in der Theorie durch ein Paar mit positiverem E_0' oxidiert werden, es wird umgekehrt ein anderes Paar mit negativerem E_0' oxidieren. Das endgültige Gleichgewicht wird durch die Differenz der beiden Potentiale festgelegt. Die Änderung der freien Energie in einer gekoppelten Oxidations-Reduktions-Reaktion hängt von der Differenz des Redox-Potentials des Paares ab und von der Zahl der beteiligten Elektronen [Gl. (10.1)]. Es ist schwierig, für eine lebende Zelle den Ablauf zwischen 2 Redox-Paaren vorherzusagen, deren E_0' ähnlich ist. Er kann dann von den Bedingungen in der Zelle variiert werden, Faktoren, die dabei eine Rolle spielen, sind der pH-Wert, die relativen Konzentrationen der Moleküle oder Ionen und die Anwesenheit komplexierender Reagenzien.

Potentiometrische Titration bei Redox-Reaktionen

Die reduzierte Form eines Redox-Paares kann durch den Zusatz eines geeigneten (oxidierenden) Reagenzes oxidiert werden, die Potentialdifferenz läßt sich durch eine eingeschaltete Referenzelektrode überwachen. Eine graphische Darstellung der Potentialdifferenz gegen die Prozentsätze der oxidierten Form zeigt Abb. 10.5. Eine Titrationskurve der Reduktion der oxidierten Form würde eine spiegelbildliche Darstellung der Abb. 10.5 ergeben. Die tatsächliche Form der Kurven hängt davon ab, ob ein Einelektronenübergang (Kurve **A**) oder ein Zweielek-

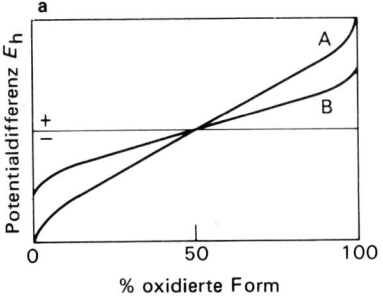

Abb. 10.**5** Potentiometrische Titrationskurve – Oxidation der reduzierten Form. Die Kurve **A** gehört zu einem Einelektronenübergang, die Kurve **B** zu einem Zweielektronenübergang

Tabelle 10.3 Redox-Indikatoren (künstliche Elektronenakzeptoren)

Indikator	E_0'-Wert	Nachteile	spezielle Anwendungen
Methylviologen	− 0,45	Autoxidation	Messung der Geschwindigkeit des Elektronentransports im System PS I der Chloroplasten
Benzylviologen	− 0,36	Autoxidation	wie Methylviologen
TTC (2,3,5-Triphenyl-tetrazoliumchlorid)	− 0,08	Reduktion sehr pH-abhängig, lichtempfindlich	Messung der Geschwindigkeit des Elektronentransports in Mitochondrien und Hefen; Anwendung in der Histologie, zur Lokalisation des respiratorischen Elektronentransports
Methylenblau	+ 0,01	Autoxidation	Bestimmung der bakteriellen Verunreinigung in der Milch
PMS Phenazinmethosulfat	+ 0,08	Geschwindigkeiten hängen von der Farbstoff-Konzentration ab; hemmt Enzyme, Autoxidation, reagiert mit mehreren Punkten des Elektronentransports, lichtempfindlich	Stimulierung der zyklischen Photophosphorylierung in Chloroplasten
DCPIP (2,6-Dichlorphenol-indophenol)	+ 0,22	Farbänderungen unterhalb pH 4	Messung der Geschwindigkeit des Elektronentransports im System PS II der Chloroplasten
Kaliumferricyanid	+ 0,36	Wechselwirkungen mit mehreren Punkten des Elektronentransports	Messung der Geschwindigkeit des Elektronentransports im System PS II der Chloroplasten, zur Messung der Aktivitäten der NADH- und Succinat-dehydrogenase

tronenübergang (Kurve **B**) abläuft. Manchmal gehen 2 Elektronen in 2 verschiedenen Schritten über, etwa bei Chinonen, die ein stabiles Zwischenprodukt besitzen, die Semichinone.

Redox-Indikatoren und ihre Anwendungen

Viele Redox-Indikatoren sind in der oxidierten Form kräftige Farbstoffe, in der reduzierten Form fast farblos, obwohl es natürlich Ausnahmen gibt, wie Tetrazolium-Salze und Viologene. Beispiele zeigt die Tab. 10.3. Man setzt sie ein, um das Redox-Potential einer bestimmten Lösung festzustellen, oder man benutzt sie als Elektronenspender oder -empfänger, um dann die Geschwindigkeit einer Reaktion (Oxidation oder Reduktion) zu verfolgen.

Eine solche Umsetzung des Farbstoffes, wie man sie im Spektrophotometer mißt, kann auch als Grundlage einer Enzymbestimmung dienen (S. 124), etwa bei der Succinatdehydrogenase aus Mitochondrien. Die Elektronentransportvorgänge in Chloroplasten, Mitochondrien und Bakterien können ebenfalls mit Indikatorfarbstoffen angezeigt werden. Wenn die Oxidations-Reduktions-Potentiale geeignet sind, werden die Elektronen durch den Indikator aufgenommen und nicht an den nächsten Elektronentransporter in der Kette weitergegeben.

Leider sind die meisten Indikatorfarbstoffe nicht sehr spezifisch, deshalb nehmen sie Elektronen aus verschiedenen Stationen der Elektronentransportkette auf. Durch Luftsauerstoff werden auch einige der reduzierten Farbstoffe leicht wieder oxidiert (Autoxidation). Diese Farbstoffe können dann eigentlich nur unter anaeroben Bedingungen, z.B. in Thunberg-Röhrchen, benutzt werden. Die Ergebnisse der Experimente, die mit Hilfe solcher Redox-Farbstoffe ablaufen, müssen vorsichtig interpretiert werden, da einige der Reaktionen nach den bisherigen Erfahrungen beeinflußt sein können. Die Farbstoffe können Enzyme hemmen oder als Gifte für einige Mikroorganismen wirken. Änderungen des pH-Wertes können Änderungen der Färbung oder auch des Redox-Potentials herbeiführen. Manchmal kann auch der Farbstoff nicht leicht durch die Membranen dringen und deshalb die untersuchte subzelluläre Bindungsstelle nicht erreichen. Andererseits läßt sich bei manchen Organellen oder künstlichen Vesikeln diese Tatsache der mangelnden Penetration der Membran durch Farbstoffe wieder ausbeuten. Das Ausmaß der Wechselwirkung einer Komponente des Elektronentransports in der Membran mit der von außen zugeführten Lösung des Redox-Farbstoffes zeigt dann an, welche Oberfläche der Membran die untersuchte Komponente beinhaltet. Mit entgegengesetzt orientierten Vesikeln kann man dann das Experiment wiederholen, so daß die andere Oberfläche der Membran dem Farbstoff zugekehrt ist (S. 436). Die subzelluläre Anordnung der Enzyme läßt sich so mit sorgfältig präparierten Gewebsschnitten unter Färbung mit diesen Farbstoffen festlegen (als histochemische Methode). Für diesen Zweck benutzt man häufig Tetrazoliumchlorid, das dann als schwerlöslicher Niederschlag nicht leicht aus dem Reaktionszentrum abdiffundiert.

Eigenschaften künstlicher Elektronendonatoren. Solche Substanzen sind nützlich, da sie im Elektronentransport die Bindungsstelle einiger Inhibitoren umgehen können oder den Elektronentransport wieder anlaufen lassen, wenn eine essentielle Komponente blockiert wurde. Damit gelingt es dann, den Angriffspunkt des Inhibitors oder der betroffenen Komponente exakt zu bestimmen. Als Elektronendonator kann die reduzierte Form eines Redox-Paares dienen. Bei Untersuchungen von Chloroplasten etwa können Mangan-Ionen Wasser als Elektronendonator für die Chloroplasten ersetzen. Auch Ascorbinsäure wird oft als künstlicher Donator eingesetzt, meist allerdings in Verbindung mit anderen Substanzen. Bei den Arbeiten an Chloroplasten etwa zeigte sich, daß Ascorbinsäure allein oder in Zusammenarbeit mit Phenylendiamin Wasser als Elektronendonator an das System PS II ersetzen kann. Im Gegensatz dazu speist Ascorbinsäure zusammen mit 2,6-Dichlorphenolindophenol Elektronen dicht vor dem PS I ein, also an einer ganz anderen Stelle. Untersuchungen an Mitochondrien benutzen Ascorbinsäure oft zusammen mit Cytochrom c oder mit N,N,N',N'-Tetramethyl-p-phenylendiamin TMPD. In beiden Fällen laufen die Elektronen zum Cytochrom c.

10.5   Sauerstoff-Elektrode

Grundlagen

An einer Kathode kann Sauerstoff reduziert werden, so daß ein Strom fließt, der der Aktivität des Sauerstoffs in der Lösung proportional ist. Dazu muß eine Spannung von 0,5–0,8 V zwischen den Elektroden liegen (meist kann man die Aktivität des Sauerstoffs in etwa der Konzentration gleichsetzen). Bei der Kopplung einer Platin- oder Silber-Kathode mit einer Silber/Silberchlorid-Anode werden an der Anode 4 Elektronen freigesetzt, die 1 Molekül Sauerstoff an der Kathode reduzieren.

Der Partialdruck des Sauerstoffs an der Kathode fällt dann auf 0 ab; dadurch diffundiert Sauerstoff dorthin, um das Defizit auszugleichen:

$$O_2 + 2 H_2 + 2 e^- \longrightarrow H_2O_2 + OH^-$$
$$H_2O_2 + 2 e^- \longrightarrow 2 OH^-$$

Bauweisen der Sauerstoff-Elektroden

Die kommerziell erhältlichen Sauerstoff-Elektroden unterscheiden sich beträchtlich in ihrer Bauart, sie lassen sich jedoch 4 Typenreihen zuordnen.

Die **offenen Elektroden** bestehen aus einem Platin- oder Gold-Draht, der in die Reaktionslösung eintaucht. Bei manchen Ausführungen erhöht man die Empfindlichkeit durch Rotation oder Vibration der Elektrode. Solche Elektroden sind dann besonders zur Messung schneller Änderung der Sauerstoff-Konzentration bei enzymkatylysierten Reaktionen geeignet. Allerdings werden diese Elektroden durch Chemikalien wie Ferricyanid, Cyanid, Ascorbinsäure und Indophenol-Farbstoffe, wie sie häufig in Versuchen zur Zellatmung benutzt werden, leicht „vergiftet".

Die **versenkten Mikro-Elektroden** bestehen aus einem Platin-Draht, der in Glas oder in Epoxidharz so eingeschmolzen ist, daß nur die Spitze in die Reaktionslösung mündet, die am Ende des Glases oder des Harzes in einer kleinen trichterförmigen Vertiefung liegt.

Die Vertiefung schützt die Elektrode, führt aber zur langsamen Reaktion. Heute sind deshalb meist die Clark-Elektroden in Gebrauch.

Da die exponierte Fläche der Elektrode so klein ist, wird ihr Sauerstoffverbrauch sehr niedrig. Die Lage und Form des Probengefäßes bedingt, daß nur unveränderte Sauerstoff-Konzentrationen, etwa im Blut oder Plasma, gemessen werden können.

Die **Clark-Elektroden** bestehen meist aus einer Platin-Kathode und einer Silber-Anode, die beide in die gleiche konzentrierte Kaliumchlorid-Lösung tauchen. Von der Probenlösung sind sie durch eine Membran abgetrennt.

Der Sauerstoff diffundiert aus der Lösung im Reaktionsgefäß durch die Membran ins Innere der Elektrode, wo er einen Strom erzeugt.

Dieser Elektrodentyp wird bei der Untersuchung biochemischer Reaktionen am häufigsten eingesetzt, da die Membran eine Verunreinigung der Elektroden durch chemische Substanzen in der Probenlösung verhindert. Damit wird einer der Nachteile der offenen Elektroden umgangen. Allerdings verursacht die Membran wiederum eine leichte Verzögerung der Anzeige. Der Stromfluß hängt von der Fläche der Kathode und von der Menge an Sauerstoff ab, die mit der Platin-Kathode in Kontakt kommt. Es gibt viele Varianten der Clark-Elektrode; sehr häufig werden die **Rank-Elektroden** benutzt (Abb. 10.**6**) oder die sondenförmigen Sauerstoff-Elektroden (Abschn. 10.7, S. 470).

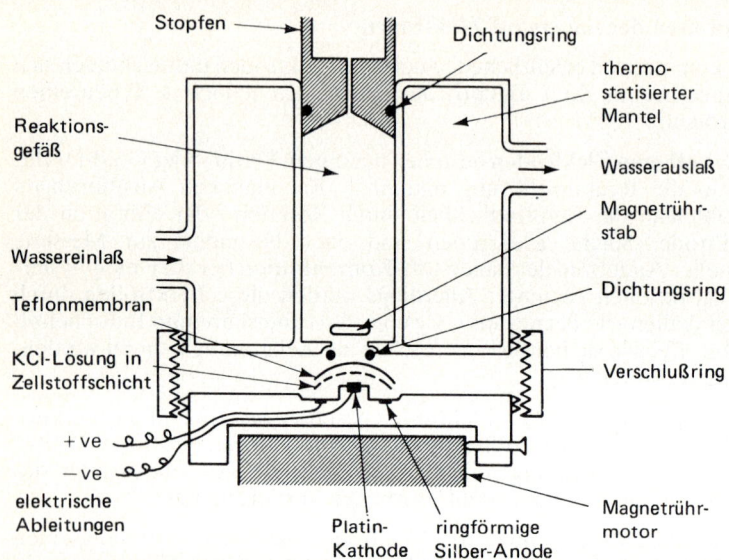

Abb. 10.**6** Querschnitt durch eine Rank-Elektrode

Galvanische Sonden. Solche Sonden, etwa die **Hersch-Zelle,** haben eine Blei-Anode und eine Silber-Kathode. Im Gegensatz zu anderen Sauerstoff-Elektroden entsteht hier eine EMK. Die Sonde baut also selbst eine Spannung ohne äußere Quelle auf. Die zugehörigen Reaktionen sind:

$$\text{Anode } 2\,Pb + 6\,OH^- \longrightarrow 2\,PbO_2H^- + 2\,H_2O + 4\,e^-$$

$$\text{Kathode } O_2 + 2\,H_2O + 4\,e^- \longrightarrow 4\,OH^-$$

Solche Elektroden lassen sich leicht sterilisieren und sind deshalb in der Industrie, vor allem bei Fermentationen, nützlich. Sie sprechen allerdings langsamer an als eine Clark-Elektrode.

Anwendung einer Clark-Elektrode (Rank-Elektrode)

Für die Membran benutzt man meist Teflon (12 μm Dicke), doch eignet sich auch jedes andere sauerstoffdurchlässige Material, also Cellophan, Polyethylen, Siliconkautschuk oder Klebefolie. Eine Verunreinigung der Membran muß sorgfältig vermieden werden – man sollte sie also nicht mit den Fingern berühren oder falten. Je dünner die Membranen, desto schneller die Anzeige, aber desto größer auch die Empfindlichkeit der Membran. Die Membran deckt die Elektroden ab und läßt Sauerstoff zu ihnen durchdiffundieren, verhindert aber ihre Verunrei-

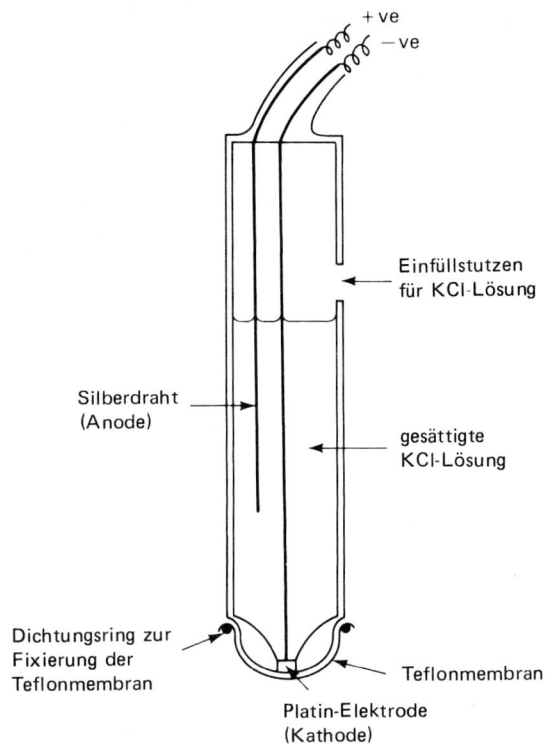

+ ve
− ve

Einfüllstutzen
für KCl-Lösung

Silberdraht
(Anode)

gesättigte
KCl-Lösung

Dichtungsring zur
Fixierung der
Teflonmembran

Teflonmembran

Platin-Elektrode
(Kathode)

Abb. 10.7   Sondenförmige Clark-Sauerstoff-Elektrode

nigung durch andere Komponenten in der Reaktionslösung. Die Elektroden stehen über die Kaliumchlorid-Lösung in leitender Verbindung. Die Lösung ist in einem kleinen Stück eines Cellstoff-Tüchleins oder eines Linsenpapiers aufgesaugt. Dadurch wird es auch leichter, Luftblasen aus dem Elektrodenraum auszuschließen. Die Elektroden sollten sauber sein und eine glänzende Oberfläche aufweisen. Verunreinigungen kann man mit verdünnter Ammoniak-Lösung entfernen. Wenn die Membran gewechselt worden ist, dauert es einige min, bis die Elektrode wieder konstante Werte abgibt.

Die Sauerstoff-Elektrode wird auf einen Rührmotor aufgesetzt und mit einem Magnetrührstäbchen im Reaktionsgefäß durchmischt. Die Lösung muß gerührt werden, weil die Platin-Elektrode Sauerstoff verbraucht und der angezeigte Sauerstoff-Wert bei stehendem Rührmotor absinkt (man kann die Geschwindigkeit der Anzeige überprüfen, indem man den Motor wieder anstellt und die Zeit bis zum Anstieg der Anzeige auf den ursprünglichen Wert mißt).

Die Temperatur des Reaktionsgefäßes muß reguliert werden können, nur dann kann man die Reaktionen unter geeigneten Bedingungen ablaufen lassen. Sowohl die Löslichkeit wie die Diffusionsgeschwindigkeit des Sauerstoffes sind temperaturabhängig, zudem verursacht der Rührvorgang eine geringe Temperatursteigerung. Man pumpt deshalb Wasser aus einem Thermostaten durch den Kühlmantel der Sauerstoff-Elektrode. Während des Versuchs sollte man überprüfen, ob die eingestellte Temperatur im Reaktionsgefäß auch tatsächlich vorherrscht. Pipettiert man etwa stark gekühlte Lösungen in das Reaktionsgefäß und läßt diese sich nicht lange genug aufwärmen, so kommen verfälschte Messungen zustande.

Eichungen sollten bei der gleichen Temperatur wie die Experimente durchgeführt werden.

Wichtig ist eine Vorrichtung, um exakt die notwendige Spannung an die Elektroden anzulegen und den Stromwert für den 100%-Sauerstoffwert einzustellen. Bei der Rank-Sauerstoff-Elektrode benutzt man hierzu Batterien. Weiterhin muß ein Schreiber angeschlossen werden, um den Sauerstoff-Wert kontinuierlich registrieren zu können. Man stellt den 100%-Sauerstoffwert an der Empfindlichkeitsskala ein, wobei man das Reaktionsgefäß mit destilliertem Wasser füllt, das mehrere Stunden bei der Temperatur des Reaktionsgefäßes an der Luft stand. Die Sauerstoff-Konzentration bei dieser Temperatur und dem herrschenden Druck kann man wissenschaftlichen Tabellen entnehmen, z.B. Landolt-Börnsteins Datensammlung. Noch genauer läßt sich das Gerät eichen, indem man mit Hilfe einer kleinen Menge von Mitochondrienpartikeln eine anhand des Spektrums genau ausgemessene Menge an NADH oxidieren läßt.

Dessen Menge wurde vorher spektrophotometrisch exakt festgestellt (Abschn. 3.5, S. 130). Der Nullwert der Sauerstoff-Konzentration läßt sich nach Zufügen einiger Körnchen Natriumdithionit, das Sauerstoff aus der Lösung quantitativ aufnimmt, einstellen; auf biologischem Wege auch durch Hefen, die Zucker veratmen; rein physikalisch, indem man Stickstoff durch die Lösung perlen läßt. Bei 0% Sauerstoff sollte kein Strom fließen, doch können kleine Fehler in der Isolierung der Platin-Elektrode dazu führen, daß ein schwacher Leckstrom verbleibt.

Das Reaktionsgefäß wird nun entleert (meist durch Absaugen) und die Versuchslösung einpipettiert. Der Stopfen wird dann so eingesetzt, daß keine Luftblase über der Lösung verbleibt und kein Sauerstoff aus der Luft zutreten kann. Während der Versuch abläuft und die Änderung der Sauerstoff-Konzentration geschrieben wird, können kleine Flüssigkeitsmengen (z.B. der Lösung eines Inhibitors) durch den Stopfen mit einer Injektions- oder Hamilton-Spritze eingegeben werden. Da viele Chemikalien an den Oberflächen der Membran und des Reaktionsgefäßes absorbiert werden, muß das Gerät nach jedem Versuch gründlich gereinigt werden. Organische Lösungsmittel im Reaktionsgefäß verlangen besondere Sorgfalt, da sie die Messung verfälschen können.

Soll die Sauerstoff-Elektrode ohne Wechsel der Membran wieder benutzt werden, so läßt man deionisiertes Wasser im Reaktionsgfäß stehen, um eine Austrocknung zu vermeiden.

Anwendungen der Sauerstoff-Elektroden

Da sie eine kontinuierliche Registrierung möglich machen, haben heute die Sauerstoff-Elektroden für die Aufnahme oder Abgabe von Sauerstoff die manometrischen Methoden (Abschn. 1.10, S. 49) weitgehend verdrängt.

Mitochondrien. Die Regulation und die Wirkung verschiedener Inhibitoren der Atmung in den Mitochondrien, auch ADP/O_2-Verhältnisse, werden am besten mit der Sauerstoff-Elektrode (S. 433) gemessen. Wie in Abb. 10.8 gezeigt, verläuft die Atmung in eng gekoppelten Mitochondrien zunächst langsam. Wenn ADP zugefügt wird, wird die Bildung von ATP gestartet; dadurch beschleunigt sich der Elektronentransport (die Steigung der Kurve aus der Sauerstoff-Elektrode nimmt zu). Dann stehen die phosphorylierenden Mitochondrien im Stadium 3 (ein aktives Stadium), im Diagramm wird dies mit der Geschwindigkeit X dargestellt. Ist das ADP in den Mitochondrien verbraucht, so können sie nicht länger phosphorylieren; die Geschwindigkeit des Elektronentransportes nimmt ab (Geschwindigkeit Y).

Dann sind die Mitochondrien im Stadium 4 (eine inaktive Phase). Das respiratorische Kontrollverhältnis (in Abb. 10.8 als Verhältnis der Geschwindigkeit X zur Geschwindigkeit Y gezeigt) ist ein Maß der Kopplung der Atmung mit der Phosphorylierung. Gibt man einen Inhibitor der Phosphorylierung zu, etwa Oligomycin, so wird in Anwesenheit von ADP die Atmung verlangsamt, wie Abb. 10.8 zeigt. Gibt man hingegen einen Entkoppler zu, wie 2,4-Dinitrophenol DNP, so steigert sich die Geschwindigkeit der Atmung; auch ADP kann sie dann nicht weiter erhöhen (Abb. 10.8).

Mit der Sauerstoff-Elektrode kann man auch Inhibitoren des Elektronentransportes untersuchen. Bei Zugabe von Elektronendonatoren, wie Succinat oder Tetraphenylendiamin TMPD, lassen sich die Angriffspunkte der Hemmung feststellen (Abb. 10.1, S. 434). Ein typisches Ergebnis zeigt Abb. 10.9.

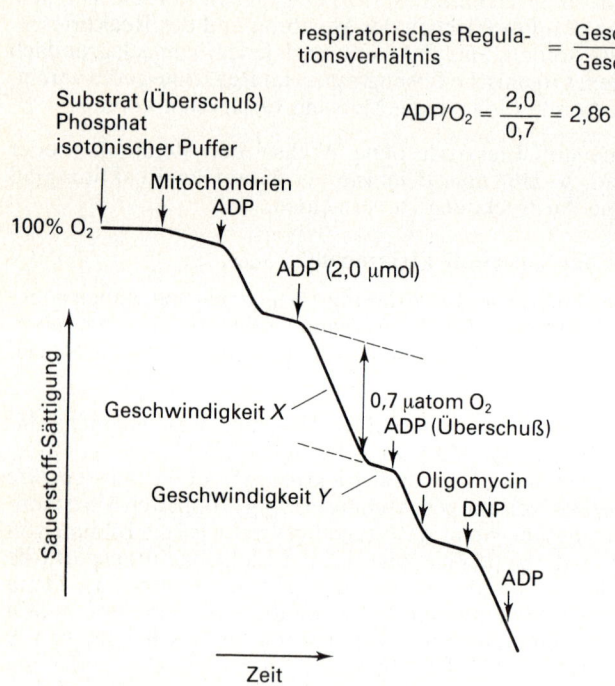

$$\text{respiratorisches Regula-}\atop\text{tionsverhältnis} = \frac{\text{Geschwindigkeit } X}{\text{Geschwindigkeit } Y}$$

$$\text{ADP/O}_2 = \frac{2{,}0}{0{,}7} = 2{,}86$$

Abb. 10.**8**   Typische Sauerstoff-Aufnahmekurve bei intakten Mitochondrien in der Aufzeichnung nach einer Sauerstoff-Elektrode

Chloroplasten. Die Freisetzung von Sauerstoff in Cyanobakterien, Algen, Chloroplasten und ihren Fraktionen, die alle das Photosystem II angereichert enthalten, läßt sich mit einer geeignet belichteten Clark-Sauerstoff-Elektrode messen. Normalerweise wird der Sauerstoffgehalt des Mediums durch Einblasen von Stickstoff unter 100 % abgesenkt. Der freigesetzte Sauerstoff bleibt dann in der Lösung und kann gemessen werden.

Klinische Anwendung. Schon früh benutzte man Sauerstoff-Elektroden, um während der offenen Herzchirurgie die Herz-Lungen-Maschinen zu überwachen. Wegen ihrer schnellen Anzeige und des einfachen Betriebes hat man Sauerstoff-Elektroden auch bei Patienten eingesetzt, die mit Sauerstoff behandelt werden. Einige speziell konstruierte Sauerstoff-Elektroden können in ein Blutgefäß eingeführt werden; im

Malat oder Pyruvat (Substrat im Überschuß)
Phosphat + ADP
isotonischer Puffer

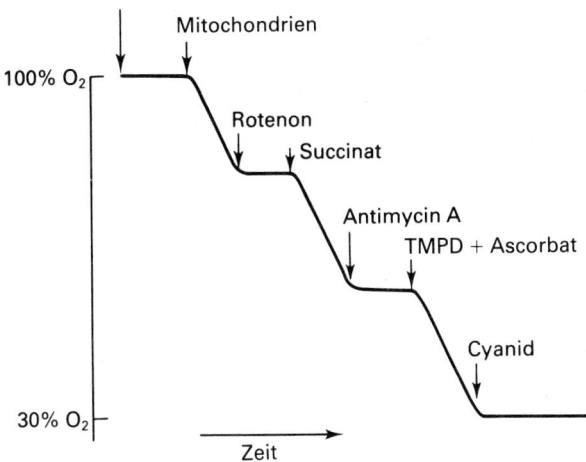

Abb. 10.**9**   Registrierte Kurve der Sauerstoff-Elektrode; der Effekt von Inhibitoren des Elektronentransports und von Elektronendonatoren auf die mitochondriale Atmung wird gezeigt

allgemeinen vermeidet man das aber wegen der Gefahr der Infektion oder der Bildung eines Blutgerinnsels. Statt dessen benutzt man kleine Blutproben aus dem Ohrläppchen oder der Fingerspitze. Kleine Sauerstoff-Elektroden vom Clark-Typ (meist als PO_2-Elektroden bezeichnet) werden zur Bestimmung des Sauerstoff-Gehaltes des Blutes benutzt.

Sauerstoff-Messungen im industriellen Bereich. Bei Gärungsprozessen wird die Sauerstoff-Konzentration ständig überwacht, ebenso in industriellen und allgemeinen Abwässern, auch in Flüssen und in Meerwasser. Dazu benutzt man eine galvanische Sonde wie die Hersch-Zelle (S. 458) oder eine Elektrode des Clark-Typs, hier als **Strömungssensor** (flush top sensor) bezeichnet. Sie hat eine große Kathode, die einen hohen Strom liefert (bei der Sauerstoff-Konzentration 0 allerdings sehr kleine Ströme). Die Geräte sind robust, leicht herzustellen; allerdings muß die Flüssigkeit über sie strömen, um Rühreffekte klein zu halten. Im Meerwasser und in Süßwasser ist die Löslichkeit des Sauerstoffs verschieden groß, die Geräte haben deshalb eine Korrekturmöglichkeit für den Salzgehalt der gemessenen natürlichen Wässer.

Enzymbestimmungen. Wird Sauerstoff in einer enzymkatalysierten Reaktion freigesetzt oder verbraucht, so kann die Clark-Elektrode für Enzymbestimmungen herangezogen werden (S. 129). Beispiele für diese Messungen sind die Glucose-oxidase, die D-Aminosäure-oxidase und Katalase.

Mikroorganismen. Bakterien, die Sauerstoff als terminalen Elektronenakzeptor benutzen, können mit Hilfe einer Sauerstoff-Elektrode untersucht werden. Meist interessiert der Effekt der Inhibitoren des Elektronentransportes. Die Atmung von Hefe kann verschiedene Zucker benutzen. Die am schnellsten verstoffwechselten Zucker steigern die Atmungsgeschwindigkeit bei ausgehungerten Hefen, die Kurve der Sauerstoff-Elektrode steigt dann steil an. Damit kann man nachweisen, daß der Zucker in die Zellen eindiffundiert und auch über die Atmung verstoffwechselt werden kann.

Messungen mehrerer Parameter. Die neueren Entwicklungen der Biochemie subzellulärer Systeme benutzen Kombinationen der Sauerstoff-Elektrode mit anderen Methoden, etwa mit pH- und/oder ionenselektiven Elektroden ISE, auch der Spektrophotometrie. Direkte Korrelationen können dann festgestellt werden, vor allem wenn Mikroprozessoren für die Aufzeichnung und Analyse zur Verfügung stehen. Dabei muß allerdings bedacht werden, daß Sauerstoff-Elektroden meist langsamer als andere reagieren. Die energieabhängige Aufnahme von Ionen in Mitochondrien kann so untersucht werden. Der Sauerstoff-Verbrauch läßt sich mit einer Sauerstoff-Elektrode messen, die pH-Änderungen über eine pH-Elektrode, die Schwellung der Mitochondrien über spektrophotometrische Messungen bei 546 nm, schließlich die Änderungen der Calcium-Konzentration mit einer ISE.

10.6 Biosensoren

Einführung und Grundlagen

Zur Erstellung von **Biosensoren** können Gewebe, Organellen, Bakterien, Hefen, Enzyme, Algen und Antikörper herangezogen werden. Biosensoren bestehen aus immobilisiertem biologischem Material in Kombination mit einem **Verbindungsstück** (transducer), das das biochemische Signal in ein elektrisches Signal umwandelt (ein Verbindungsstück übersetzt eine Energieform in eine andere). Ein Schema eines Biosensortyps zeigt die Abb. 10.**10**. Die heute geläufigen Verbindungsstücke zeigt die Tab. 10.**4**. Manchmal ist es schwierig, für ein bestimmtes biologisches System ein geeignetes Verbindungsstück zu finden.

Tabelle 10.4 Verbindungsstücke für Biosensoren

Typ	Arbeitsweise	nachgewiesene Reaktionen oder Moleküle
Amperometrie	vorgegeben ist die Spannung, das Molekül löst einen Strom aus	O_2 (Platin-Elektrode bei $-0,8$ V) (Abschn. 10.5, S. 456) H_2O_2 (Platin-Elektrode bei $+0,8$ V) I_2, NADH
ionenselektive Elektrode/ pH-Elektrode	Potential von der Ionen-Konzentration abhängig (Abschn. 10.2, S. 443 u. 10.3, S. 448)	H^+, Na^+, Cl^-
Elektrode zum Gasnachweis	Potential hängt von der Gaskonzentration ab (Abschn. 10.3, S. 448)	CO_2, NH_3
Photomultiplier mit Glasfaseroptik, Biolumineszenz	Nachweis der Lichtemission	in Anwesenheit von Luziferase ATP-Nachweis (S. 127)
Photomultiplier mit Photodiode	Lichtabsorption wird registriert, z.B. verursachen pH-Änderungen einen Farbwechsel eines Farbstoffes	Penicillin, Harnstoff
Thermistor	Reaktionswärme	beinahe universal (S. 129)
piezoelektrischer Kristall	Massenabsorption	Reaktionsbeteiligung flüchtiger Gase und Dämpfe
Mikrofeldeffekttransistor FET	Mikroelektronik	kann zu einem ionenselektiven Feldeffekttransistor ISFET ausgebaut werden, um Ionen nachzuweisen, oder zu einem chemisch empfindlichen Feldeffekttransistor CHEMFET, um Moleküle aufzufinden
unspezifische Ionenleitfähigkeit	mißt Änderungen der Gesamtzahl der Ionen	viele Reaktionen, z.B. Urease

Schon heute sind Biosensoren wichtig, mit der weiteren Entwicklung der Technologie wird sich ihre Bedeutung steigern. Für viele Moleküle, auch solche, die in der Industrie und Klinik von Interesse sind, geben sie ein spezifisches Signal hoher Empfindlichkeit. So kann etwa die Verunreinigung durch Pestizide auf diesem Weg gemessen werden. In der industriellen Qualitätskontrolle und in der Landwirtschaft kommen sie vor. In der Klinik beschäftigt sich die Forschung mit der kontinuierlichen Glucose-Bestimmung bei Diabetikern.

Enzymelektroden

Die Spezifität und Vielfalt der Enzyme kann zur Messung der Konzentration vieler verschiedener Substrate dienen. Einige Beispiele gibt die Tab. 10.**5**. Enzymelektroden können entweder in eine Lösung eintauchen (dieser Typ wird als **Biosonde** bezeichnet) oder als Säule aufgebaut werden (manchmal auch als poröses Filter), durch die die Lösung wandert (als **Bioreaktor** oder Durchflußsystem bezeichnet).

Bei den Biosonden wird das Enzym immobilisiert. Dazu dient ein Gel (z.B. Polyacrylamid), die Verkapselung, die ionische adsorptive oder kovalente Bindung am Träger, die Quervernetzung entweder an ein anderes Molekül des gleichen Enzyms oder an ein anderes Protein, z.B. Serumalbumin. Glutaraldehyd kann als bifunktionelles Reagenz dazu benutzt werden, solche Quervernetzungen zu bewirken oder um eine kovalente Bindung, etwa an Teflon- oder Nylon-Membranen, zu schließen.

Die zu messende Verbindung ist meist das Substrat für das Enzym, sie diffundiert zu dem Enzym. Auf das gebildete Produkt spricht dann die Elektrode an. Eine Penicillin-Elektrode etwa benutzt Penicillinase, die Penicillin abbaut. Die dabei auftretende pH-Änderung wird über eine pH-Elektrode registriert:

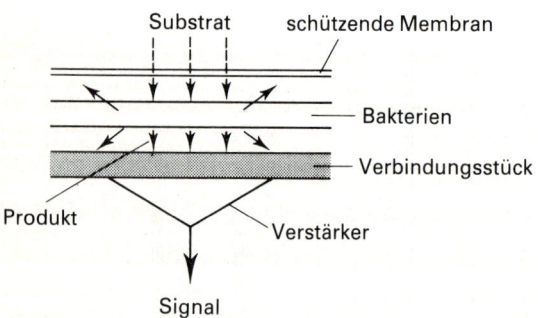

Abb. 10.**10**   Schematische Darstellung eines Biosensors

Penicillin   Penicillosäure

Die Lebensdauer der Enzymelektroden wird erhöht, wenn sie kühl lagern; dennoch beträgt sie meist wenig mehr als 1 Monat. Bei einigen Elektroden ist die Wahl des pH-Wertes im Betrieb schwierig, da der optimale pH-Wert des Enzyms verschieden von dem pH-Wert zum Nachweis des Produktes sein kann. Man muß dann einen zwischenliegenden Wert wählen.

Wie in Tab. 10.5 gezeigt, sprechen die Elektroden nicht sofort an. Das Substrat muß durch die Membran diffundieren, danach das Produkt zum Verbindungsstück (den Sensorgeräten). Dennoch ist die Anzeige bei immobilisierten Enzymen meist noch schneller als bei immobilisierten Zellen, bei denen die Zellmembran eine zusätzliche Barriere bildet.

Bakterienelektroden (Biosenoren auf Zellgrundlage)

Einige der Nachteile der Enzymelektroden lassen sich durch bakterielle Elektroden ausgleichen. Sie sind zum Beispiel gegenüber der Hemmung durch gelöste Stoffe weniger empfindlich, ebenso gegenüber nichtoptimalen pH- und Temperaturwerten. Auch haben bakterielle Elektroden oft eine längere Lebensdauer als Enzymelektroden (20 Tage oder mehr gegenüber durchschnittlich 14 Tagen). Sie sind billiger, da man die nativen Enzyme nicht isolieren muß. Allerdings enthalten solche Zellen sehr viele Enzyme; die Selektivität muß deshalb durch optimierte Lagerung oder durch den Zusatz spezifischer Enzym- oder Transportinhibitoren (um unerwünschte enzymkatalysierte Reaktionen auszuschließen) sichergestellt werden. Mutanten mit Enzymdefekten können eingesetzt werden. Bakterielle Elektroden haben aber auch Nachteile. Viele von ihnen sprechen langsamer an als Enzymelektroden; ein größeres Problem ist die Rückkehrzeit zum ursprünglichen Potential bei den zellulären Elektroden nach Gebrauch.

Tabelle 10.**5** Biosensoren

nachgewiesene Verbindung	biologische Grundlage	Sensor	Immobilisierung	Stabilität	Zeit der Anzeige
Alkohol	Alkohol-oxidase	O_2	Glutaraldehyd	2 Wochen	1–2 min
β-Glucose	β-Glucose-oxidase	O_2	chemisch	3 Wochen	1 min
Glutamat	Glutamat-decarboxylase	CO_2	Glutaraldehyd	1 Woche	10 min
Penicillin	Penicillinase	pH	Polyacrylamid	2 Wochen	15–30 s
Harnstoff	Urease	NH_4^+		19 Tage	20–40 s
Arginin	Streptococcus faecium	NH_3		20 Tage	20 min
Cholesterin	Nocardia erythropolis	O_2	physikalisch	4 Wochen	35–70 s
Nitrat	Azotobacter vinelandii	NH_3		2 Wochen	7–8 min
NAD^+	NADase + Escherichia coli	NH_3	Dialysenmembran	1 Woche	5–10 min

In der frühen Phase der Entwicklung bakterieller Elektroden waren aggressive Methoden für die Immobilisierung notwendig, etwa der Einschluß in Polyacrylamid-Gel. Auch künstlich permeabilierte Zellen mußten benutzt werden. Die Zellen waren daher meist nicht lebensfähig. Ihre Enzyme waren allerdings noch aktiv. Die neueren Immobilisierungsmethoden benutzen sanftere physikalische Methoden, so daß die Lebensfähigkeit erhalten bleibt. Der Vorteil liegt darin, daß solche Zellen über einen Multienzymweg Substrate in Produkte umwandeln können, die einzelnen Enzyme müssen dann nicht jeweils immobilisiert und mit teuren Coenzymen ausgestattet werden.

Man kann auch mehr als eine Spezies von Bakterien in eine Elektrode inkorporieren, dadurch steigt die Zahl der möglichen Anwendungen. So wird etwa das biochemische Sauerstoff-Defizit BOD in Abwässern, das durch organische Substanzen verursacht wird, mittels einer Mischkultur von Erdbakterien nachgewiesen, da ein einzelner Mikroorganismus nicht alle organischen Verbindungen in den Proben umsetzen könnte.

Auch ein Enzym kann mit Organismen kombiniert werden. Die Tab. 10.5 gibt dafür ein Beispiel, den Detektor für NAD^+. Die *Escherichia coli*-Zellen liefern das Enzym Nicotinamid-deaminase zu, es wird mit einer NADase aus *Neurospora crassa* kombiniert. Der freigesetzte Ammoniak

$$NAD^+ + H_2O \xrightarrow{\text{NADase}} \text{Nicotinamid} + \text{ADP-Ribose}$$

$$\text{Nicotinamid} + H_2O \xrightarrow{\text{Nicotinamid-deaminase}} \text{Nicotinsäure} + NH_3$$

wird mit einer geeigneten Elektrode nachgewiesen.

Der Nachweis des Cholesterins hat große klinische Bedeutung. Hierzu benutzt man *Nocardia erythropolis* nach einer Immobilisierung in Polyacrylamid über Agar auf einer Sauerstoff-Elektrode:

$$\text{Cholesterin} + O_2 \xrightarrow{\text{Cholesterin-oxidase}} \text{Cholest-4-en-3-on} + H_2O_2$$

Die Sauerstoff-Elektrode mißt die Geschwindigkeit der Sauerstoff-Aufnahme, die dann mit dem Cholesterin-Gehalt der biologischen Probe (Plasma) korreliert werden kann.

Wie die Enzymelektroden lassen sich die bakteriellen Elektroden in Biosonden oder Bioreaktoren umbauen. Bioreaktoren sind für die kommerzielle Erzeugung von Stoffwechselprodukten sehr geeignet, können aber auch als Biosensoren benutzt werden. In der Zukunft mag es möglich sein, die Lebensdauer der bakteriellen Elektroden zu erhöhen, indem man das Nachwachsen neuer Zellen auf der Oberfläche der Membran anregt.

Enzymimmunsonden

Mehrere Arten von Enzymimmunosensoren wurden entwickelt. Sie vereinigen die spezifischen Bindungseigenschaften der Antikörper mit der hohen Empfindlichkeit der analytischen Methoden der Enzymologie. Das Enzym reagiert spezifisch mit seinem Substrat, ein auftretendes Signal wird über ein Verbindungsstück umgesetzt (Tab. 10.**4**). Die Methode ähnelt dem ELISA (Abschn. 4.6, S. 174).

Der Enzymimmunosensor für IgG besteht aus einem an eine Membran gebundenen Anti-IgG in Verbindung mit einer Sauerstoff-Elektrode. An das IgG ist Katalase gebunden, die es auch markiert. Der Komplex wird dann mit der Probe gemischt, in der eine unbekannte Menge von nichtmarkiertem IgG enthalten ist. Um den Antikörper an der Membran konkurrieren dann das markierte und das nichtmarkierte IgG. Nach Inkubation mit einer IgG-haltigen Lösung wird der Sensor gespült, um unspezifisch absorbiertes IgG abzulösen, und dann in eine H_2O_2-Lösung getaucht, die das Substrat für die Katalase liefert. Je mehr nichtmarkiertes IgG vorhanden war, desto niedriger wird die Menge der Katalase sein, desto langsamer auch die Sauerstoff-Entwicklung. Ähnliche Bestimmungen gibt es für menschliches Choriongonadotropin HCG, ein Hormon in der Schwangerschaftsdiagnostik. Wiederum benutzt man die Katalase, um HCG zu markieren; die Sauerstoff-Entwicklung wird wie oben ausgenutzt.

Zur Entwicklung von Enzymimmunosensoren werden heute die Biolumineszenz, Chemilumineszenz und Fluoreszenz ausgenutzt; die Messungen sind dann sehr empfindlich. Eine Lumineszenzimmunobestimmung über Katalase wurde für menschliches Serumalbumin in Konzentrationen bis zu 1 ng cm^{-3} ausgearbeitet.

10.7   Elektrochemische Detektoren

Legt man ein geeignetes Potential an und erzeugt damit die notwendige Energie, um eine gewünschte elektrochemische Reaktion in Gang zu setzen, so lassen sich viele Substanzen verhältnismäßig einfach oxidieren oder reduzieren. In der Praxis muß das angelegte Potential das Reaktionspotential der Verbindung übertreffen. Ist die Reaktion jedoch in Gang gekommen, so führt eine weitere Steigerung des Potentials nicht zur Beschleunigung der Reaktion. Das Reaktionspotential ändert sich natürlich von Verbindung zu Verbindung, dies liefert die Grundlage für einen selektiven Nachweis. Häufig wird diese

Methode zum Nachweis gelöster Substanzen in Chromatographie-säuleneluaten verwendet, vor allem bei der HPLC.

Das Prinzip eines solchen elektrochemischen Detektors zeigt die Abb. 10.**11**. Der Stromfluß (der von der Geschwindigkeit der Oxidation oder Reduktion abhängt) wird als Funktion des angelegten Potentials aufgetragen. Man nennt die Kurve eine **elektrochemische Welle.**

Bei niedriger Spannung (zwischen A und B) ist der Stromfluß zu klein, um die Reaktion anzuwerfen. Beim Punkt B beginnt die Reaktion. Beim Punkt C (dem **Halbwellenpotenial**) hat die Welle ihre halbe Endhöhe erreicht. Da dieses Potential für eine Verbindung charakteristisch ist, kann es für ihre Identifizierung benutzt werden. Beim Punkt D ändern weitere Steigerungen des angelegten Potentials die Geschwindigkeit der Reaktion an der Elektrode nicht mehr. Die Höhendifferenz zwischen B und D hängt mit der Konzentration der Substanz zusammen. Beim Punkt B beginnt eine zweite unabhängige elektrochemische Reaktion.

Normalerweise wird für einen elektrochemischen Detektor das Potential zunächst so hoch gewählt, daß es die Reaktion ablaufen lassen kann. Dann wird dieses Niveau gehalten und der Strom als Funktion zur Zeit registriert. Tritt die gesuchte gelöste Substanz aus der HPLC-Säule aus, dann fließt die Lösung durch den Detektor, der einen Gipfel aufzeichnet. Die Kurven können denen bei der Messung im UV oder der Fluoreszenz sehr ähnlich sein, die Empfindlichkeit ist sehr verschieden.

Bei dem gewählten Potential verursachen nicht alle Komponenten in der Flüssigkeit einen Stromfluß. Sind also 2 Verbindungen nicht chromatographisch getrennt worden, wobei aber nur eine von ihnen

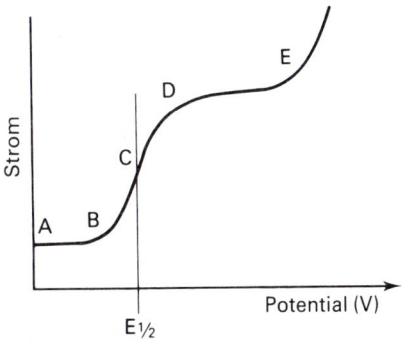

Abb. 10.**11**   Elektrochemische Welle

beim gewählten Potential einen Stromfluß erlaubt, so wird der elektrochemische Detektor nur einen Gipfel schreiben. Man kann dann auch in Anwesenheit der zweiten Substanz quantitative Bestimmungen vornehmen.

Dabei muß in der mobilen Phase ein Elektrolyt gelöst sein, so daß ein Strom fließen kann. Sowohl die Revers-Phase- wie auch die Ionenaustauschchromatographie (die beide mit wäßrigen Lösungen arbeiten) können an elektrochemische Detektoren angeschlossen werden, wenn genügend Elektrolyt eingesetzt wurde. Elektrochemische Detektoren sind gegenüber Änderungen des Durchflusses sehr empfindlich, man kann sie nur mit nichtpulsierenden Pumpen kombinieren (S. 294).

In einem **wandstrahlelektrochemischen Detektor** (wall jet electrochemical detector) sind die Elektroden in einem Teflon-Block montiert. Die zu messende Flüssigkeit fließt unter Druck nach oben zu den Elektroden und tritt dann in einem dünnen Strahl aus einer engen Öffnung so aus, daß sie auf die Oberfläche der Meßelektrode trifft. Deshalb wird dieser Typ des elektrochemischen Detektors eine Wandstrahlelektrode genannt (Abb. 10.**12**). Die Stromausbeute ist sehr hoch, auch bleibt die Meßelektrode sauber, da die Produkte der elektrochemischen Reaktion durch die Lösung abgewaschen werden. Neben der Meßelektrode (meist Kohle in Glasfiber) werden noch 2 weitere Elektroden eingesetzt. Eine ist eine Gegen- oder Hilfselektrode aus V2A-Stahl; sie bildet einen Teil der Einlaßöffnung. Eine Abweichung von der vorgegebenen Spannung der Meßelektrode kann durch die Hilfselektrode korrigiert werden. Die Referenzelektrode (Silber/Sil-

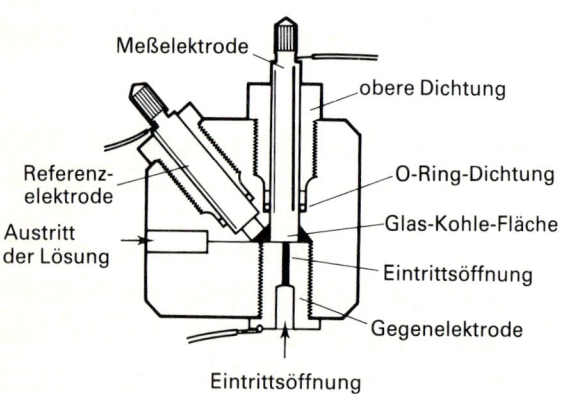

Abb. 10.**12**   Ein wandstrahlelektrochemischer Detektor

berchlorid) liefert ein konstantes Potential. Sie steht im Kontakt mit der Flüssigkeit, während sie durch die Wandstrahlzelle fließt.

Die gelösten Verbindungen können entweder durch eine Oxidation nachgewiesen werden, dann liegt an der Meßelektrode ein positives Potential, oder durch eine Reduktion, dann liegt dort ein negatives Potential. Bei sehr hohen positiven oder hohen negativen Potentialen wird der Stromfluß zu hoch, da auch das Lösungsmittel reagiert. Man bezeichnet dies als die *anodischen und kathodischen Grenzen des Lösungsmittels.*

Meist werden die Moleküle in ihre oxidierte Form überführt, die freigesetzten Elektronen verursachen den Stromfluß (Abb. 10.**13**). Die oxidierte Form ist oft instabil (z.B. ein freies Radikal) und reagiert irreversibel zu einem stabilen Produkt. Manchmal hängen die eingesetzten Reaktionen vom pH-Wert ab. Durch eine Oxidation, d.h. unter Verwendung positiver Potentiale, lassen sich aromatische Phenole, aromatische Amine, heterozyklische Stickstoff-Atome und Schwefel-Verbindungen nachweisen. Medikamente wie Aspirin, Paracetamol, Morphin, Nicotin und Coffein können mit dem oxidierenden Verfahren analysiert werden.

Oxidierende Verbindungen, wie Chinone, Peroxide und Amide, lassen sich unter Reduktion nachweisen. Auch für aromatische Nitro- und Nitroso-Gruppen, schließlich Halogen-Verbindungen ist dieser Weg gangbar. In der Elektrochemie sind allerdings Reduktionen schwieriger auszuführen als Oxidationen, da man schwer die optimalen experimentellen Bedingungen findet. Die Lösungsmittel müssen entgast werden, da Sauerstoff in die elektrochemischen Reaktionen einfließt, danach muß der Sauerstoff mit größter Sorgfalt ausgeschlossen werden. Bei negativeren Spannungen als $-0,8$ V beginnt Wasser Wasserstoff zu entwickeln; dieser Wert darf also nicht überschritten werden.

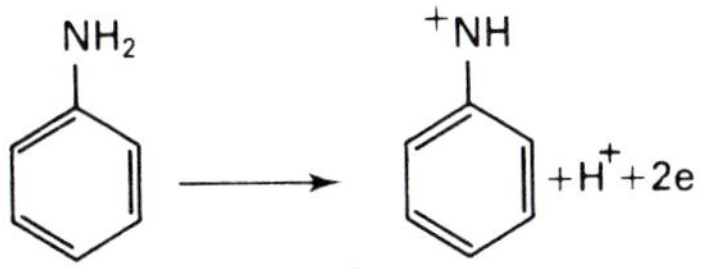

Abb. 10.**13** Oxidation eines aromatischen Amins zu einem freien Radikal

Literatur

Buck, R.P. (1984), Elektrochemistry of Ion Selective Electrodes. In Comprehensive Treatise of Electrochemistry, Bd. 8 Experimental Methods in Electrochemistry (White, R.E., Bockris, J.O'M., Conway, B.E. und Yeager, E.) (Hrsg.) Plenum Press, New York (ionenselektive Elektroden).

Corcoran, C.A., Rechnitz, G.A. (1985), Trends in Biotechnology **3**, 92–96 (zelluläre Biosensoren).

Gronow, M. (1984), Trends in Biochemical Sciences, **9**, 336–340, Biosensors (Enzym- und bakterielle Elektroden).

Harris, D.C. (1982), Quantitative Chemical Analysis, W.H. Freeman and Co., USA (pH- und ionenselektive Elektroden, Redoxreaktionen).

Lessler, M.A. (1982), Adaptation of Polargraphic Oxygen Sensor for Biochemical Assays in Methods of Biochemical Analysis. **28**, 175–99 (Glick, D., Hrsg.), Wiley-Interscience, New York (Sauerstoff-Elektroden).

Morf, W.E. (1981), The Principles of Ion Selective Elektrodes and Membrane Transport, in Studies in Analytical Biochemistry, Bd. 2. Elsevier, Amsterdam (ionenselektive Elektroden).

Nicholls, D.G. (1982), Bioenergetics: An Introduction to the Chemiosmotic Theory, Academic Press, London (Messung von Membranpotentialen und pH-Änderungen).

Orion Research (1982) Handbook of Electrode Technology, Orion Research Incorporated (ionenselektive Elektroden).

Rottenberg, H. (1979), Methods in Enzymology, **55**, 547–69 (Fleischer, S., Packer, L., Hrsg.), Academic Press, New York (Messung von Membranpotentialen und pH-Änderungen).

Weast, R.C. (1984), Handbook of Chemistry and Physics, 65. Aufl. The Chemical Rubber Co., Cleveland, Ohio (Eigenschaft des Sauerstoffs in Lösung).

Westcott, C.C. (1978), pH Measurements, Academic Press, London.

Sachverzeichnis